그림으로 쉽게 이해하는

열역학 강좌

김동진 지음

김봉환 · 정재천 감수

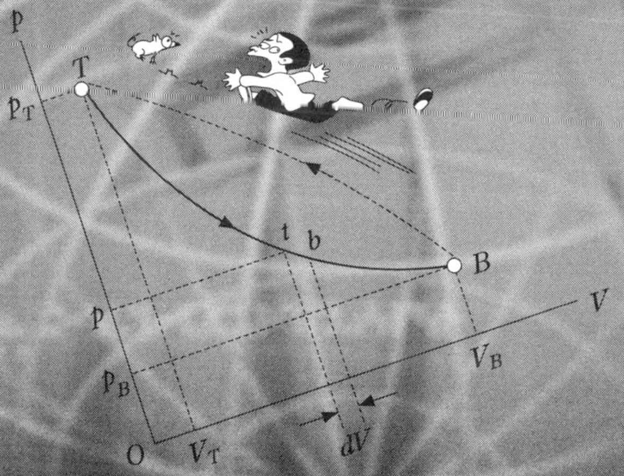

THERMODYNAMICS

KYOWOO CO. Publishing

教友社

머리말

가만히 생각해보면 내가 둔재이기는 확실히 둔재임에 틀림없나 보다. 누구는 일년이면 책을 세 권도 더 쓴다는데 한 권에 삼년도 아니고 그 곱절도 더 걸렸다.

오늘은 최종 교정보러 출판사 가는 날. 고속버스 안이다. 이제 이 모습으로 이대로 책이 태어날 것인가 하는 생각으로 원고를 들여다보니 한심한 생각이 든다.

20세기가 끝나던 해에 나름대로는 꽤나 비장한 결심을 했다. 세상에서 가장 쉬운, 그러나 가장 멋진 열역학 책을 쓰겠노라고... 그러나 21세기로 바뀌는 7년 세월동안 나름대로야 최선을 다 한다고 했건만 지금 이 순간 나의 결과물은 세상에서 가장 멋지다기보다는 초라하다 싶은 생각이 든다.

책 쓰기가 이리도 어려운 줄 미처 몰랐었다. 하긴 저자가 둔재가 아니라고 부정하는 것은 아니나 투자한 시간과 쏟아 부은 정열에 비하면 앞으로 며칠 후이면 세상에 얼굴을 내밀 내 분신이 겨우 이 수준인가 싶은 게 자신에게 먼저 한심한 생각을 지울 수 없다.

열역학 전공자가 아닌 저자가 열역학 책을 쓰겠다고 덤빈 자체부터 문제의 소지가 없었던 것은 아니지만 그렇기에 전공자가 아니면 좀체로 손에 잡혀지지 않는 열역학 개념을 누구라도 나만큼은 힘들이지 않고 조금이라도 쉽게, 그리고 확실히 이해할 수 있도록 딥고지 해서 이 책을 쓰게 되었던 것인데...

인제 끝이 날지도 모르게 늘어지던 원고작업이 이제 최종교정을 앞두고 출판사로 가는 버스 차창 밖으로는 오월의 신록이 더없이 싱그럽다. 옆자리 승객 대신에 자리를 차지하고 있는 원고뭉치는 책이 나오기도 전인데 마치 갓 세상에 태어난 갓난아이처럼 느껴진다. 오월 신록의 축복을 타고난 아기처럼 귀엽기만 하다.

정작 실망스러운건 본인 자신이지 원고가 아니기에.

아기가 세상에 태어날 땐 울면서 태어난다. 연약하고 조그맣게 태어난다.

그러나 성장하면서 튼튼하고 웃을 일이 많아야 한다. 나는 아기를 훌륭하게 키워야 한다. 이제 이 원고가 세상에 조그맣고 연약하게 얼굴을 내밀지언정 앞으로 세상에서 가장 멋진 열역학 책으로 거듭나도록 계속 보정, 개정해 나갈 것이다.

여건이 어려운 가운데 세상에서 가장 쉬운 그러나 가장 훌륭한 열역학 책이 태어나도록 도와주신 교우사와 만화작가 여러분께 감사의 뜻을 전한다.

2007년 3월

서울로 가는 길 위에서

하남석의 노래 '바람에 실려'를 같이 듣고 싶다.

차례

Chapter 1 열역학의 기초

Chapter 2 열역학 제 1 법칙

Chapter 3 이상기체(완전가스)

Chapter 4 열역학 제 2 법칙

Chapter 5 에너지의 유용성

기 호

A	단면적	L	길이
A	일의 열당량 (kcal / kg_f · m)	m	질량
C	상수, Const	M	분자량
C	열용량 (kcal / kg_f ℃)	n	매분 회전수 (rpm)
c_p	정압비열 (등압비열 : kcal / kg_f ℃)	n	몰 수
c_v	정적비열 (등적비열 : kcal / kg_f ℃)	n	폴리트로픽 지수
c_{pm}	몰당 정압비열 (kcal / kmol K)	N	뉴톤 (newton)
c_{vm}	몰당 정적비열 (kcal / kmol K)	p	압력 (kg_f / cm^2)
c_n	폴리트로픽 비열	P	동력
e	비에너지 (kg_f · m / kg_f, kcal / kg_f)	q	비열량 (kcal / kg_f)
E	에너지 (kg_f · m, kcal)	Q	열량 (kcal)
F	힘	R	기체상수 (kg_f · m / kg_f K)
F	자유에너지, Helmholtz 함수	R_0	일반 가스정수 (kg_f · m / kmol K)
g	중력가속도	s	거리, distance
G	중량 (kg_f), 중량유량	s	비엔트로피 (kcal / kg_f K)
G	Gibbs 함수, 자유엔탈피	S	엔트로피 (kcal / K)
h	비엔탈피 (kcal / kg_f)	T	절대온도 (K), 섭씨온도 (℃)
h	시간 (hour)	u	비내부에너지 (kcal / kg_f)
H	엔탈피 (kcal)	U	내부에너지 (kcal)
H_h	고위 발열량 (kcal / kg_f)	v	비체적 (m^3 / kg_f)
H_l	저위 발열량 (kcal / kg_f)	V	체적 (m^3)
I	비가역성	ν	속도 (m / s)
iPS	도시마력	w	일량 (kg_f · m / kg_f)
J	주울 (1 J = 1 N · m = 1 kg_f · m^2 / s^2)	W	일량 (kg_f · m)
Joule	열의 일당량 (kg_f · m / kcal)	x	거리
k	비열비, 단열지수	z	높이(낙차), 실린더 수
k	*kilo*	K	켈빈 (kelvin)

α	압력(상승)비	θ	온도
γ	비중량 (kg_f / m^3)	λ	마찰계수
ε	성적(능) 계수, ε_R, ε_H	μ	미크론 ($10^{-6} m$)
ε	압축비	π	원주율
ε_0	간극비	ρ	밀도(kg_m / m^3)
η	열효율, η_{th}	σ	차단비(절단비)
η_c	카르노 효율	τ	열역학적 절대온도
η_s	등엔트로피 효율	ϕ	(압축)압력비
η_{II}	엑서지 효율	ω	각속도

① Kelvin의 절대온도는 MKS 단위에서는 K(kelvin)을 사용한다.

② (kg_f · m)의 · 은 생략해도 된다.

u	무용, un-available
a	가용 (available)
c	카르노(carnot)
ex	엑서지(exergy)
lg	액체상태에서 기체상태로의 변화
rev	가역적 공정
sl	고체에서 액체로의 변화
gen	생성 (generation)
supp	압축 (suppress)
surr	주위 (surrounding)
sys	계 (system)
turb	터빈 (turbine)

정신차려!!!
내일 모레가
열역학 시험인데...
쿵
공부를 해야지...
착한 학생은 공부만
해야 돼!!!
그런데, 읽어도 읽어도
도대체가 무슨 말인지
돌아서면 또 모르겠으니...
째깍
째깍
시간만 흐르고..........
도저히 안되겠군... 아~하!!!
2층에 있는 이슬모 선배한테
물어봐야겠다.
선배님!
똑~
똑~
끼익..
비디오를 보고
계셨군요.
어서와라..
허허~ 뭘 그리 눈치를 봐...
들어오지 않고.. 어때 공부는 잘 되니?
열역학 때문에 가슴이
답답해요....
선배님!!
그렇잖아도 시험때문에
고민이에요...
열역학 시험으로 인해 가슴까지..........
그럼, 이 테이프를
가져다 보거라....
네~에~ㅇ
전 열역학 공부를
어떻게 해야
하는가를 여쭤
본건데...
비디오나 보라구요!!
선배님....
하하하!!!
그러니까 이 테이프를
가져다 보라는거다.
아마도
큰 도움이 될거다.
두
얼굴의
사나이
으으으~으윽!!
으으으~으윽!!
TWO
FACE
MAN
주연:헐크

열 = 내부에너지 + 일

Chapter 1

열역학의 기초

열역학은 열이라던가 온도를 다루는 학문으로 물리학 가운데서도 다루기 힘든 분야로 알려져 있다. 열에 관한 측정량으로서 따뜻하다든가 차다든가 하는 지표로서의 온도가 있다.

그리고 이 온도를 변화시키는 원인이 열이라고 함은 잘 알고 있는 그대로이다. 그러나 열의 근원이 되는 원소에 해당하는 물질이 없기 때문에 역학의 경우에서의 물체나 전자기학 경우의 전하에 상당하는 구체적인 대상이 존재하지 않는다.

이는 다시 말해 열역학에서는 추상적인 개념을 다루지 않으면 안 된다는 의미이기도 하다. 이것이 열역학을 어떻게 이해해야 하는지를 어렵게 하는 요인이다.

열역학은 기본적으로 열을 역학적 에너지로 변환시키는 문제와 관련되어 있다.

대부분의 이용 가능한 자연 그대로의 에너지는 열의 형태이므로 열역학은 기술분야에서 중심적 역할을 한다.

열을 역학적 에너지로 변환시키는 장치 또는 계를 열기관이라고 하는데 가솔린의 연소가 열원인 자동차 기관이거나 원자로가 열원인 증기 터빈이거나 태양이 열원인 지구의 대기이거나 또는 먹는 음식이 열원인 인간이거나 그 작동원리는 모두 같다.

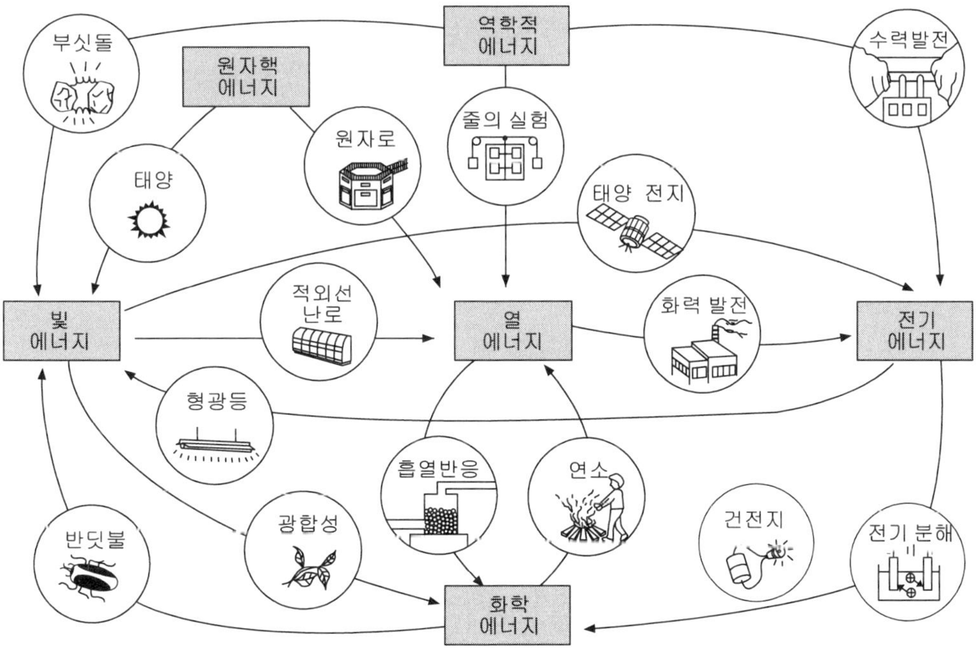

에너지의 변환과 보존

에너지의 형태는 기계적 에너지, 열에너지, 전기에너지, 화학적 에너지 등 여러 가지가 있는데, 이들은 본질적으로는 같으며 서로 변환시킬 수 있다. 즉 석탄이나 석유가 지닌 화학적 에너지는 보일러에 의해서 열에너지로, 열에너지는 터빈을 이용하여 기계적 에너지로 변환시킬 수 있고, 이 기계적 에너지는 다시 발전기를 이용하여 전기에너지로 변환시킬 수 있다.

전기에너지 : 다른 형태의 에너지로 변환시키거나 에너지의 수송 면에서 전기에너지가 가장 우수하므로, 오늘날 각종 에너지를 전기에너지로 변환시켜 사용하고 있다.

1.1 온도와 열 그리고 열현상

열은 우리의 생활과 밀접한 관계가 있는데, 우리의 주변에서 쉽게 볼 수 있는 열 현상은 물체를 구성하는 분자의 운동과 관계되어 있다. 겨울철에는 눈이 내리는가 하면 여름철에는 비가 온다.

이와 같은 자연 현상은 열에 의한 현상이다. 우리는 주위에서 여러 가지 열 현상을 볼 수 있는데, 이러한 열 현상들은 열과 어떠한 관계가 있으며, 또 어떻게 일어나는지 알아보자.

지금 어떤 물체의 온도를 높이려면 외부에서 열을 가해주면 된다.

모든 물질은 끝없이 움직이는 원자나 분자로 이루어져 있다. 분자의 진동상태에 따라 원자나 분자가 고체, 액체, 기체 또는 플라즈마[1] 상태를 이룬다. 이러한 진동으로 물질 내의 원자나 분자가 운동에너지를 얻게 된다.

개별 입자의 평균 운동에너지는 일상의 감각, 즉 물체의 뜨거운 정도와 직접적인 관계가 있다. 뜨거워지면 그것은 입자의 운동에너지가 증가한 것이다.[2]

고체, 액체 또는 기체는 뜨거워지면 이들의 원자나 분자가 보다 빨리 움직이게 된다.

즉, 물체의 원자나 분자가 보다 많은 운동에너지를 갖게 된다는 것이다.

열은 에너지의 한 형태로서 물체에 열을 가하면 그 물체에는 운동에너지에 의해 체적의 팽창이나 증발과 같은 변화가 일어난다.

이와 같이 온도와 열은 서로 다른 개념이지만 매우 밀접한 관계가 있다.

열역학(thermo-dynamics)[3]은 물질이 내부에서의 분자운동과 열 현상을 다루는 법칙으로 열에 의하여 물질이 한 형태로부터 다른 형태로 변화할 때 일어나는 물리적 변화의 상호관계를 연구하는 학문이다.

---

1) plasma : 대전(帶電)된 기체입자
2) 만약 망치로 동전을 내려치면 금속 내의 분자가 보다 빨리 움직이게 되어 동전이 뜨거워진다. 액체를 데우면 뜨거워지고, 타이어 안의 공기를 압축하면 공기가 뜨거워진다.
3) thermo-chemistry(열화학) : 열에 의한 화학적 변화를 다룬다.

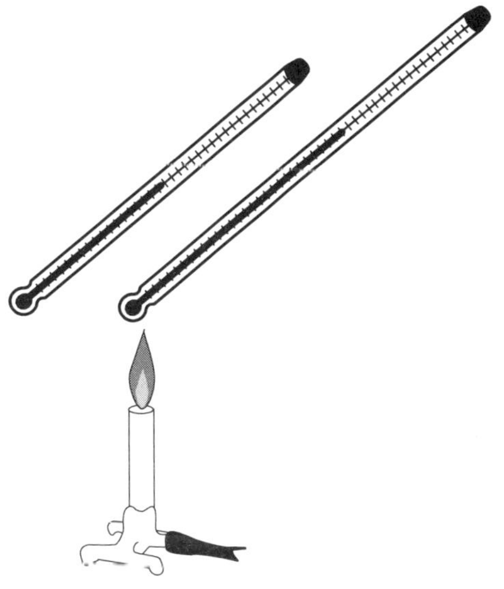

▷ 수은(또는 착색한 알코올)은 가열될 때 유리보다 더 많이 팽창하고 액체 온도계에서의 액체 기둥의 높이가 온도계 구상부의 온도의 척도가 된다.

▷ 물체는 에너지를 얻거나 잃고서 고체, 액체, 기체로 상태가 변한다.

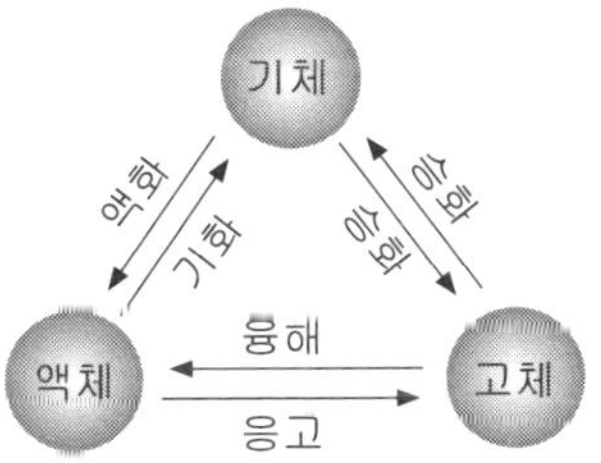

〈상태의 변화〉

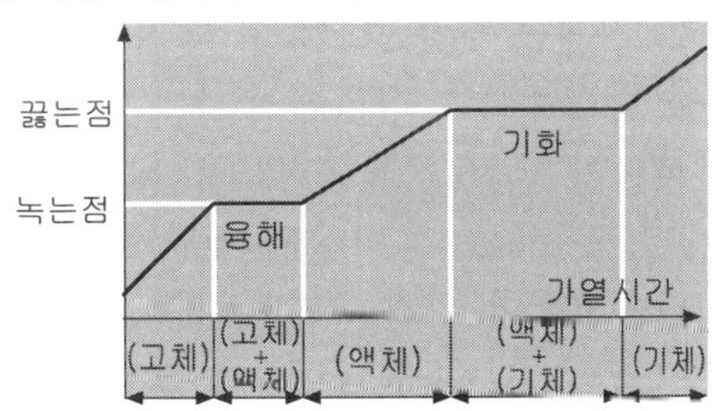

〈상태 변화의 그래프〉

(1) 온도(temperature)

물체의 뜨거운 정도를 측정하는 기준으로 온도가 사용된다.

어떤 기준에 따라 물체의 뜨거운 정도를 숫자로 표기한 것이 온도이다. 거의 모든 물질은 온도가 오르면 팽창하고 내리면 수축된다. 수은이나 알코올과 같은 액체의 팽창과 수축을 이용하여 온도를 측정하는 도구를 온도계라고 부른다.

(표준대기압에서) 물이 어는 온도를 '0', 물이 끓는 온도를 '100' 으로 표시하고 그 사이를 100 등분한 온도계가 섭씨온도계[4]이다.

한편, 물이 어는 온도를 '32', 물이 끓는 온도를 '212' 로 표시하고[5] 그 사이를 180 등분한 온도계가 화씨온도계[6]이다. 이들 섭씨나 화씨온도는 물리학적 개념의 기준이 될 수 없으므로 과학자들은 이와는 다른 온도척도, 즉 켈빈[7]척도를 사용한다.

켈빈척도는 물이 얼거나 끓는 점을 사용하지 않고 에너지의 양으로 온도를 표기한 것이다. 이 온도에서는 가장 낮은 온도를 '0' 으로 표시하는데 운동에너지가 없으므로 절대영도라 부른다. 따라서 켈빈척도로 음의 온도는 있을 수 없다.

원칙적으로 온도의 상한은 없다. 그러나 온도의 하한에는 한계가 있다.

가열하면 기체는 팽창하고 냉각시키면 수축된다. 실험에 의하면 압력이 일정할 때, 0 °C 의 기체의 온도를 1 °C 변화시키면 부피가 1/273 만큼 변하게 된다. 따라서 0 °C 의 기체를 273 °C 만큼 냉각시키면 부피는 273/273 만큼 수축되어 0 의 부피가 될 것이다. 그러나 어떤 물질도 부피가 0 이 될 수는 없다. 또한 그들의 실험에 의하면 부피가 일정할 때, 기체의 온도를 1 °C 변화시키면 압력이 1/273 만큼 변하게 된다.

따라서 부피가 일정한 기체를 영하 273 °C 만큼 냉각시키면 0 의 압력이 될 것이다. 그러나 모든 기체는 영하 273 °C 가 되기 전에 액화되어 버린다. 아무튼 부피나 압력이 1/273 만큼 줄어든다는 실험에서 온도의 하한이 −273 °C 임을 예상할 수 있다.

원자나 분자가 모든 운동에너지를 잃게 될 때의 온도를 절대영도라고 한다.

즉, 절대영도에서는 더 이상의 에너지가 없으며, 온도 또한 더 이상 낮출 수 없다.

절대영도는 정확히 섭씨 −273.145 °C 이며 화씨로는 −456.69 °F 이다.

절대온도눈금을 Kelvin눈금이라고 부르고 절대영도를 $0\,K$ 로 표기한다. 물론 Kelvin 눈금에 영하는 없다.

Kelvin눈금에서 1 Kevin은 섭씨눈금 1 °C와 같은 간격으로 설정되어 있다.

따라서 얼음이 녹는 점은 $273\,K$ 이고 물이 어는 점도 $273\,K$ 이다.

---

4) 스위스의 천문학자로 이와 같은 온도계를 제안한 Andres Celsius(1701−1744)를 기념하여 Celsius 온도계라고 부른다.

5) 사람이 대충 견딜 수 있는 온도의 하한을 0 °F(≒−18 °C), 상한을 100 °F(≒38 °C)로 표시한다.

6) 독일 물리학자인 Gabriel Daniel Fahrenheit(1686−1736)가 고안하였다.

7) 켈빈이란 용어는 스코틀란드의 물리학자 Lord Kelvin (1824−1907)을 기념하기 위한 것이다.

· 예를 들어, 끓는 물 $2\,l$ 의 총 운동에너지는 끓는 물 $1\,l$ 의 총 에너지의 두 배가 되지만 온도 자체는 동일하다. 왜냐하면 분자 하나의 평균 운동에너지가 같기 때문이다.

· 열운동이 증가하면 고체는 녹은 뒤 증발한다. 온도가 더 올라가면 분자들이 원자로 쪼개지고 원자는 다시 전자를 잃게 되어 전하 입자의 구름, 즉 플라즈마를 형성하게 될 것이다.
우주의 별들이 바로 플라즈마 상태로 온도는 섭씨로 수백만 도가 된다.

(2) 열(heat), 열에너지(thermal energy)

물체에 열을 가하면 상태의 변화가 일어난다는 사실을 우리는 경험을 통하여 알고 있다. 이렇게 열은 물질의 상태나 주위에 어떤 변화를 일으키는 일을 하는 능력[8]이 있으므로 열은 에너지이다. 예를 들어, 뜨거운 철편을 차가운 물에 넣으면 철편의 온도는 내려가고, 물의 온도는 올라가서 철편과 물의 온도가 같게 될 때까지 온도라는 상태의 변화가 일어난다. 이는 어떤 에너지가 철편으로부터 물로 이동했다는 것을 의미한다. 이 에너지는 물질의 상태[9]를 변화시킬 뿐 물체를 이동시키는 효과를 내지 않기 때문에 일이라고 부르지 않고 열이라 한다.

물이 높은 위치에서 낮은 위치로 흐르듯 열 역시 온도가 높은 곳에서 낮은 곳으로의 흐름이 있다. 그 흐름은 전도, 대류, 복사의 세 가지로 형태는 서로 다르지만 온도 차이에 의해 발생하는 공통점이 있다. 위의 예에서 철편을 하나의 계, 그리고 물을 외계로 설정하면, 열은 계의 경계를 통과하는 물질의 이동이 없이도 계와 외계 사이의 온도 차이에 의해 열의 흐름이 발생하였으므로 열을 에너지의 형태로 정의할 수 있을 것이다. 이 정의에서 열이란 계의 경계를 통과할 때만 그 값을 가진다는 사실을 의미한다. 열은 흐르며 옮겨 다니는 에너지를 뜻하며[10], 일단 열로서의 이동이 끝나면 내부에너지가 된다.

여기서 내부에너지란 분자나 원자 사이의 힘에 의한 분자위치에너지와 분자들의 운동에 의한 분자운동에너지 등 물질 내의 모든 에너지의 총합을 말한다. 물질은 열을 갖고 있는 것이 아니라 내부에너지를 갖고 있는 것이다. 물질이 열을 얻거나 잃으면 내부에너지가 바뀌게 된다. 따라서 열을 얻었거나 잃었을 때 분자의 운동에만 영향을 주는 것은 아니다[11]. 얼음이 녹을 때처럼 분자의 평균운동에너지의 변화없이 열을 흡수하기도 한다. 이때에도 물질의 상태가 변하였다고 말한다. 물체가 열적으로 접촉되어 있을 때 열은 높은 온도의 물체에서 낮은 온도의 물체로 흐른다.

이 때 열은 반드시 내부에너지가 많은 물체에서 적은 물체로 흐를 필요는 없다. 예를 들어, 작은 크기의 뜨거운 쇳조각보다 큰 물통의 미지근한 물이 더 많은 내부에너지를 갖고 있지만 뜨거운 쇳조각을 물통에 넣었을 때 열이 미지근한 물에서 뜨거운 쇳조각으로 흐르지는 않는다. 오히려 뜨거운 쇳조각에서 상대적으로 미지근한 물로 흐른다. 열은 결코 차가운 물질에서 뜨거운 물질로 흐르지 않는다. 다만 얼마나 많은 열이 흐르느냐는 물질의 온도차뿐만 아니라 물질의 양과 관련이 있다.

예를 들어, 큰 통 속의 뜨거운 물이 작은 통 속의 뜨거운 물보다 더 많은 양의 열을 차가운 물질로 옮긴다. 왜냐하면 많은 양의 물에 더 많은 내부에너지가 있기 때문이다.

---

8) 에너지 : 일을 하는 능력

9) 어떤 물체나 물질로 이루어진 공간으로서 물리·화학적인 해석을 목적으로 관심을 두고 정해진 공간을 계(系/system)라고 하며, 어떤 물체나 물질의 특정한 시간에서의 물리적·화학적 특성을 계의 상태(state)라 하며, 계의 상태를 나타내는 양들을 상태량(property)이라 한다.

10) 열에너지(thermal energy)

11) 분자의 상호위치에도 영향을 미친다.

후라이팬에 담긴 적은 양의 뜨거운 기름보다 큰 냄비에 담긴 많은 양의 미지근한 물의 분자 운동에너지가 더 크다.

비록 같은 양의 열이 더해져도 물의 양이 적은 물통의 온도가 더 올라간다.

온도와 열의 관계는 수위와 수량의 관계와 같다.
물이 수위가 높은 곳에서 낮은 곳으로 흐르듯 열이 이동두 이와 같이 온도가 높은 곳에서 낮은 곳으로 이동하며 열량의 많고 적음에 무관하다.
이때 어떤 물체가 보유하는 열에너지의 세기가 온도이고, 열에너지의 양의 열량이다.

열 = heat,   열에너지 = thermal energy

(3) 열량(heat quantity)과 열용량(heat capacity)

앞 절에서 열을 온도차에 의해서 한 곳에서 다른 곳으로 이동하는 내부에너지[12]라고 정의하였다. 열이 일을 할 수 있는 능력을 열에너지라 하며 그 물리량을 열량이라 한다. 온도와 열량의 관계는 수위와 수량과 같다.

물이 수위가 높은 곳에서 낮은 곳으로 흐르듯, 열의 이동 또한 물의 이동과 마찬가지로 온도가 높은 곳에서 낮은 곳으로 이동하며, 물의 이동이 수량의 많고 적은 것에 관계없듯이 열의 이동 또한 열량의 많고 적음에 관계되지 않는다.

어떤 물체가 지니고 있는 열의 양 즉, 열에너지의 양이 열량이므로 열량의 단위는 어떤 표준량만큼의 변화를 가져오는 에너지량으로 선택하는 것이 편리하다.

에너지량으로 가장 많이 쓰이는 열량의 단위는 칼로리(calorie, cal.)이다.

1 cal는 물 $1gr_f$ 의 온도를 1 °C 높이는데 필요한 열량으로 정의한다. 한편, 물질의 온도를 1 °C 올리는데 필요한 열량을 열용량이라 하며, 단위중량(질량)당의 열용량을 비열이라 한다.

$1gr_f$ 의 물을 1 °C 높이는데 1 cal의 열량이 필요하지만 $1gr_f$ 의 쇳조각인 경우에는 1/8 cal의 열량이면 된다[13]. 왜냐하면 물이 보다 많은 열을 흡수하기 때문이다.

이때 물의 열용량이 8배 크다. 혹은, 물의 비열이 8배 높다고 한다.[14]

물질의 종류에 따라 비열이 다른데 이는 내부에너지를 저장하는 용량이 다르기 때문이다. 즉, 동일 중량(질량)을 동일 온도만큼 올린다고 해도 물질의 종류에 따라 필요한 열량이 다른 것이다. 이는 물질에 따라 에너지를 흡수하는 방법이 다르기 때문이다. 한편, 어떤 물질이 동일한 양의 에너지를 흡수하더라도 어떤 경우에는 흡수된 에너지로 인하여 분자의 좌우 진동이 증가되어 온도가 상승되지만,[15] 어떤 경우에는 흡수된 에너지가 분자의 내부운동이나 회전운동을 변화시킬 뿐으로 온도가 변하지 않는[16] 경우도 있다.

---

12) 가장 간단한 물질이라도 내부에너지의 형태는 매우 복잡하다.
물질 내의 여러 형태의 모든 에너지를 통틀어서 내부에너지라고 부른다.
그러나 열역학에서는 단지 열의 변화나 흐름에 따른 내부에너지의 변화만을 조사한다.
이러한 내부에너지의 변화가 바로 온도의 변화로 나타난다.

13) 난로에서 물을 끓이기 위해서는 약 15분 정도가 걸리지만 쇳조각의 온도를 같은 정도로 올리는 데는 불과 2분이면 족하다. 은수저인 경우에는 단지 1분이면 충분하다.

14) 질량(중량) m (G)인 물질이 열량 Q를 흡수하여 온도가 ΔT 만큼 변할 때, 열용량 C는 $C = m \cdot c$(혹은 $G \cdot c$)로 정의된다.
즉, 열량 = 열용량 × 온도변화량 = 질량(중량) × 비열 × 온도변화량

15) 현열(顯熱)

16) 잠열(潛熱)

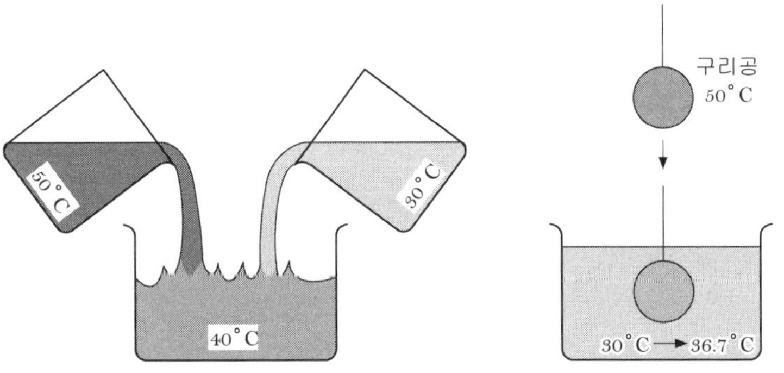

(a) 물의 혼합 (b) 물과 구리공

[그림 1.1] 온도가 다른 물체의 접촉

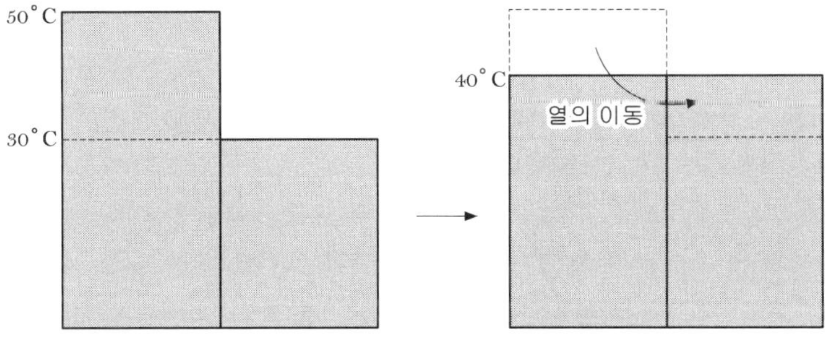

(a) 열의 이동, 열의 이동이 이루어진 후 열적평형에 도달한 두 물체

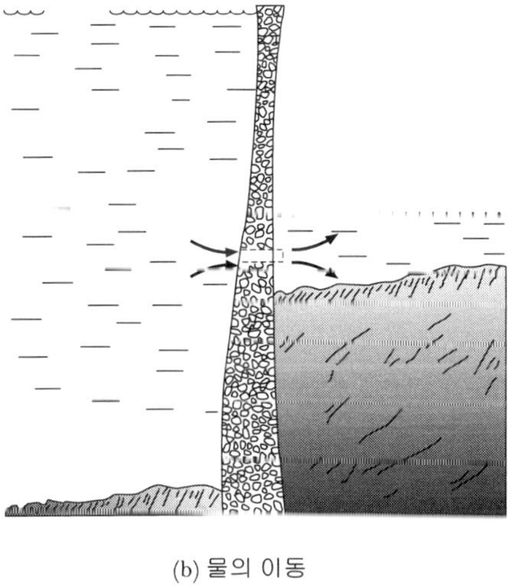

(b) 물의 이동

<열과 물의 이동>

(4) 온도계의 원리(열역학 제 0 법칙)

어떤 온도의 한 물체를 온도가 다른 물체에 접촉시키면, 열은 높은 온도의 물체로부터 낮은 온도의 물체로 전달되어 양쪽 물체의 온도가 동일하게 될 때 열전달이 멈추어지게 되며, 이때 두 물체는 열적평형 상태에 있다고 말한다.

동일한 온도는 열유동에 대한 구동력인 온도차를 가지고 있지 않으므로 열적평형의 조건이 된다.

지금 물체 A 와 B 가 평형을 이루고 있을 때, 「$A \sim B$」로 나타내기로 하자.

우리는 $B \sim A$이고, $C \sim A$라면, $B \sim C$ 가 됨을 경험법칙으로 알고 있다.

이 3 체계간의 열적평형의 법칙을 「열역학 제 0 법칙」이라 한다.

열적평형 상태란 온도가 다른 2 개의 물체를 접촉시켜 열이 이동하게 하여 얼마 후 양쪽 물체의 온도가 같게 되었을 때의 상태를 말한다.

여기서, 두 물체가 제 3 의 물체와 열적평형에 있다면 이 물체들은 서로 열적평형에 있다는 것을 의미한다.

지금, 제 3 의 물체를 온도계로 대체시키면, 열역학 제 0 법칙에 따라 열적평형 상태에 있는 두 물체의 온도는 온도계의 온도가 된다.[17)]

즉, 온도계의 눈금이 바로 온도계 자신의 온도를 나타낸다.[18)]

이렇게 두 물체가 어떤 체계를 이루며 계가 열평형으로 점점 옮아가는 추이율을 온도계 가능의 원리 또는 열역학 제 0 법칙이라 한다.

그러나 열역학 제 0 법칙이라 할 때는 단순히 열평형의 추이율만이 아니고 열평형 상태의 존재를 포함한 개념으로 이해해야 한다.

---

17) 물체의 온도를 말할 때, 온도계와 그 물체가 열적평형을 이루었다면,
온도계의 눈금으로서 그 물체의 온도를 표시할 수 있다는 것이다.

18) 방 안 공기의 온도를 측정할 때, 보통의 온도계는 충분히 작다.
그러나 물 한 방울의 온도를 측정하려고 보통의 온도계를 갖다대면 물방울의 온도는 온도계의 온도로 바뀔 것이다.

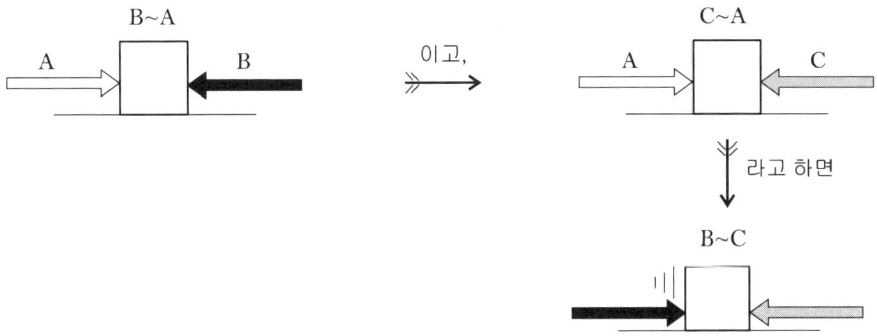

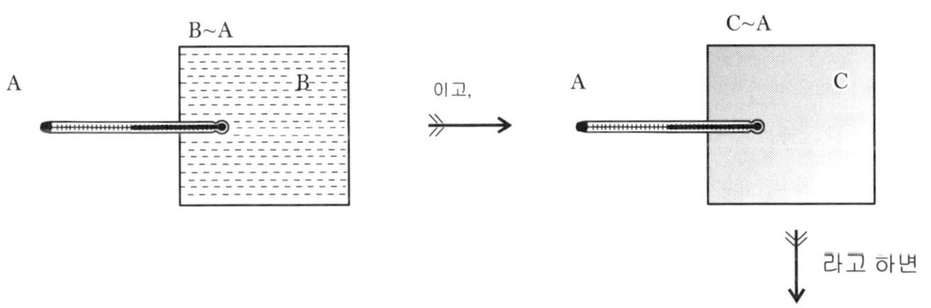

B~C : B와 C는 열평형, 온도가 같다.

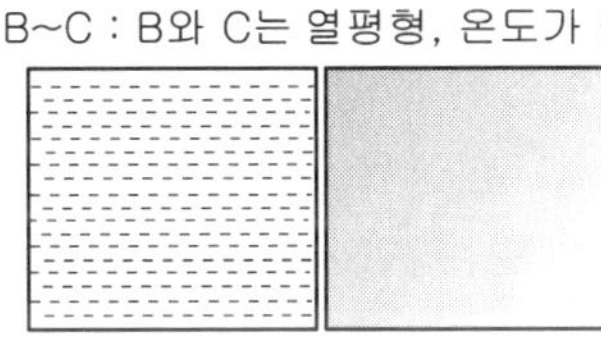

⇒ 온도계는 열역학 제 0 법칙을 이론적 근거로 하고 있다.

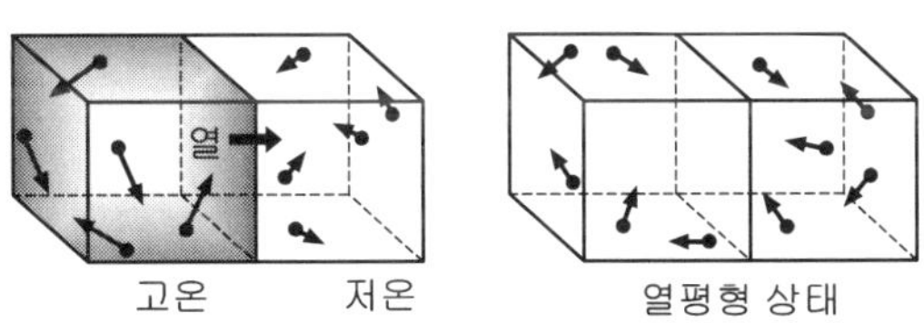

<분자 운동과 열의 이동>

열평형 : 온도가 다른 두 물체를 접촉시키면 접촉면에 있는 두 물체의 입자가 서로 충돌하여 빠른 입자의 속력은 느려지고 느린 입자의 속력은 빨라져 결과적으로 두 물체의 평균 운동에너지는 같아진다. 즉 고온의 물체는 온도가 내려가고 저온의 물체는 온도가 올라가서 결국 두 물체는 온도가 같아지는 열평형 상태에 이른다.

1.2 일(work)과 열(heat) 그리고 열역학

열과 일 사이에 어떠한 관계가 있는가를 다음과 같은 몇 가지 실제 보기를 들어 알아보기로 한다. 열은 다음과 같은 방법으로 물체 또는 계[19]에 더해진다.

- 뜨거운 물체와의 접촉에 의하여
- 뜨거운 물체로부터의 복사에 의하여

또한, 다음과 같은 방법으로 제거될 수 있다.

- 차가운 물체와의 접촉에 의하여
- 차가운 주위로의 복사에 의하여

어느 두 물체 사이에 힘의 차이가 있는 경우에 역학적 일로서 에너지의 이동[20]이 일어나는 것과 마찬가지로, 온도차가 있는 경우에는 열의 형태로 에너지가 이동하게 된다. 타이어 속에 들어 있는 공기에 외력을 가하여 압축하면 공기의 온도는 압축과 더불어 올라간다. 이러한 성질을 이용한 것이 피스톤 왕복동식 열기관이다. 디젤기관의 경우를 살펴보면, 이는 실린더 내로 흡입된 공기를 압축하여 고온고압이 되게 한 다음, 공기의 압축열로 미립으로 분사된 연료에 자연 착화시켜 연소시킴으로써 일을 얻는 기관이다. 또 하나의 간단한 예로, 철사를 구부렸다가 폈다 하는 일을 되풀이하면 구부러지는 부분이 뜨거워지는 것을 경험으로 알고 있다. 이러한 간단한 현상[21]으로부터 열과 일과는 불가분의 관계가 있음을 알 수 있다.
"열과 일은 그 현상은 다르지만 에너지의 한 가지 형태로서는 같은 성질을 갖는다."

열은 운동 또는 일로 변환할 수 있는 양으로서 에너지의 한 형태임을 알 수 있다. 따라서 에너지가 어느 상태로부터 다른 상태로 전환할 때 이들 사이에는 에너지의 보존법칙이 성립된다.

"일과 열은 에너지의 한 형태로서 일을 열로 변환시키는 것이나 열을 일로 변환시키는 것이 가능하다."

열역학이 어렵게 느껴지는 이유는 에너지라는 것이 추상적인 개념이기 때문일 것이다. 그러나 에너지는 모든 과학에서 중심이 되는 개념으로 물질과 에너지가 결합된 것이 우주이다. 물질은 실체적이고 에너지는 실체를 움직이게 한다. 물질은 볼 수 있고 느낄 수 있는 실체적인 것으로 질량을 가지고 공간을 차지한다. 물질에 반해서 에너지는 추상적인 개념이다. 이렇게 에너지는 추상적 실체일 뿐 아니라 물리적 과정이기 때문에 정의하기가 쉽지 않다.

모든 공간과 모든 물체는 에너지를 가지고 있지만 에너지의 형태가 전환될 때에만 에너지는 관측이 가능하다.[22]

---

19) 계(系/system) : 1-3.1절 참조

20) 두 물체 사이에 에너지 이동이 존재하는 것은 두 물체 사이에 강도성 상태량(1-3.3절)의 차이가 존재하기 때문이다. 흐르는 열의 양은 *Joule* 로 측정되며, 열의 흐름속도는 *Watt* (= *Joule* / sec .)로 측정된다.

21) 선반에서 절삭가공을 할 때 공작물과 바이트(공구) 모두가 절삭 열로 뜨거워진다.

22) 식물은 태양으로부터 에너지를 흡수하여 물질을 만들고 동물은 음식물로부터 에너지를 얻는다.

열이 장난을 쳤구만

(일을 저질렀구만!!)

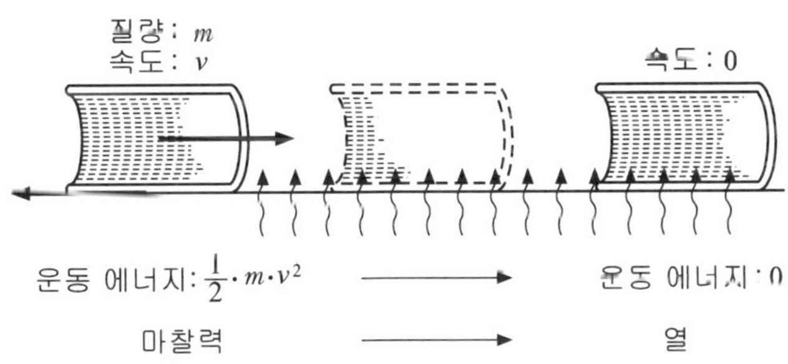

(1) 일(work)

Newton에 의해 도입된 기본적인 일의 정의에 따르면,

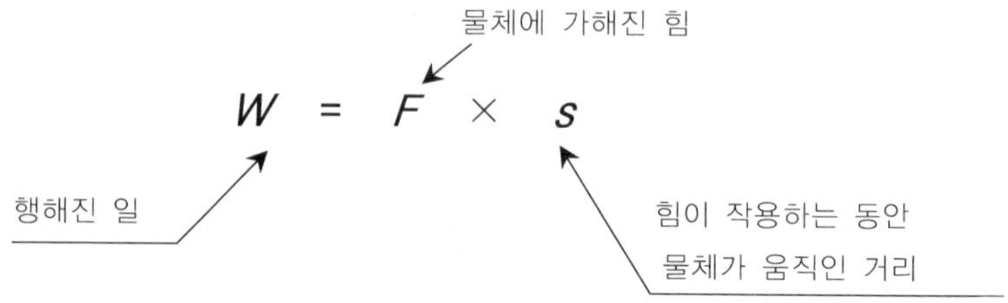

W(행해진 일) $= F$ (물체에 가해진 힘) × s (힘이 작용하는 동안 물체가 움직인 거리)

로 주어진다. 일반적인 경우로서 힘 F가 어떤 경로 c를 따라 거리 s의 함수로서 s에 따라 변하면서 작용한다고 하면,

$$W = \int_c \delta W = \int_{s=s_1}^{s=s_2} F \cdot ds \qquad (1-1)$$

로 나타내어진다.

여기서, 일 W의 미소량을 $\delta W = F \cdot ds$로 나타낸 것은 온도 T나 압력 p가 어느 순간에 있어서의 상태를 나타내는 상태량[23]인 것과는 다르게, 일 W나 열량 Q는 현재의 상태에 달하기까지 거쳐온 경로(path)에 따라 그 값이 변화하는 양이므로, 이러한 함수를 경로함수(path function)라고 부르고 그 미분치는 dT나 dp와 같은 완전미분[24]의 형태로 표시할 수 없으며, δW나 δQ와 같은 불완전미분[25]의 형태로 나타내어야 한다.

지금, 힘 F가 거리 s의 함수이고 s가 1에서 4까지 구간에서 경로가 각각,

a) $F_{a1} = s^2 + 2 \ / \ s = 1 \sim 2, \qquad F_{a2} = s^2 + 2 \ / \ s = 2 \sim 4$

b) $F_{b1} = s + 10 \ / \ s = 1 \sim 2, \qquad F_{b2} = s^2 - 4s + 16 \ / \ s = 3 \sim 5$

일 때의 일을 W_a, W_b라고 하면, 그림 1.2에 나타낸 바와 같이

$$W_a = \int_1^4 \delta W_a = \int_1^2 F_{a1} \cdot ds + \int_2^4 F_{a2} \cdot ds = \int_1^4 (s^2+2)\, ds = 27.000$$

$$W_b = \int_1^4 \delta W_b = \int_1^2 F_{b1} \cdot ds + \int_2^4 F_{b2} \cdot ds = \int_1^2 (s+10)\, ds + \int_2^4 (s^2-4s+16)\, ds = 38.167$$

이와 같이 일은 경로함수이기 때문에 상태변화의 경로에 따라 그 사이에 한 일은 달라진다.

23) 점함수(point function)라고도 한다.

24) 完全미분(exact differential)을 全미분(total differential)이라고도 한다.

25) inexact differential

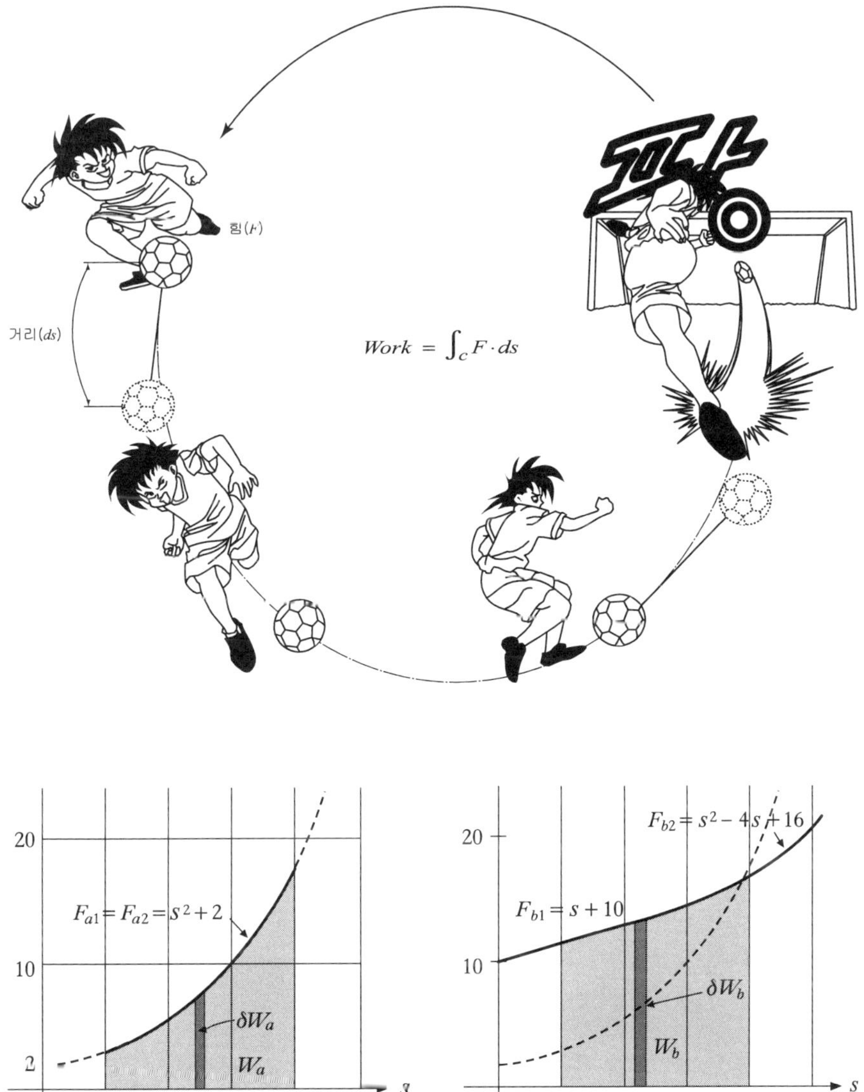

(a) W_a　　(b) W_b

[그림 1-2] 일(Work)

일상생활에서 무거운 짐을 들고 서 있는 사람은 힘든 일을 하고 있다고 말한나.
그러나 물리에서는 이 사람은 아무런 일도 하지 않고 있다고 말한다.
축구선수가 공을 차는 것은 노는 게 아니고 일을 하는 것이다.

(2) 일의 종류

I. F · S 일

앞 절에서 논의한 일, [W]ork = [F]orce × di [S]tance를 $F \cdot S$ 일이라고 한다. 일반적으로 일은 어떤 물체에 힘 $\vec{F}$ 를 가하여 변위 $\vec{ds}$ 가 생겼다면,

$$\delta W = \vec{F} \cdot \vec{ds} \tag{1-2}$$

여기서, $\vec{F}$ 와 $\vec{ds}$ 는 각각 벡터량이고, ' · '는 두 벡터의 scalar product이다. 그림 1-3에서 경로 c를 따르는 일은

$$W = \int_c \delta W = \int_c \vec{F} \cdot \vec{ds} = \int |F| \cdot \cos\theta \cdot |ds| \tag{1-3}$$

로 나타내진다.

상태 1 과 2 사이에 어떤 경로를 따라 이루어진 일을 $W_{1\sim 2}$ 로 표시하며[26], 다음 식으로 주어진다.

$$W_{1\sim 2} = \int_1^2 \delta W = \int_{s_1}^{s_2} F \cdot ds \tag{1-4}$$

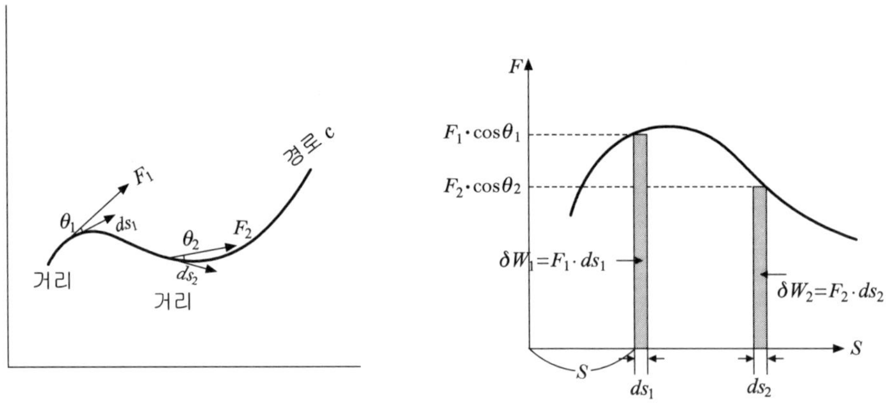

[그림 1.3] F · S 일

26) $W_{1\sim 2}$ 를 간단히, W_{1-2} 또는 W_{12} 로 표기하기도 한다.

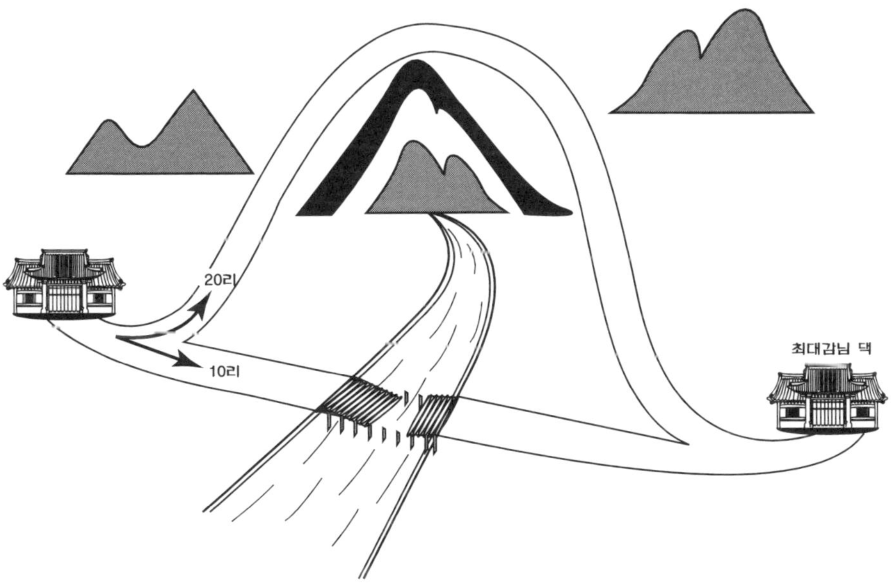

우리는 흔히 "일"이라고 하면, 피곤을 먼저 떠올리곤 한다. 근무시간을 정해놓고 하는 "일", 즐겨하는 일이라도 하지 않을 수 없기에 하는 "일" [힘드는 일!!] 즉, '일이 힘들다'라고 말하는 것은 말은 [일 = 힘 * 거리]라는 개념을 알고 있기 때문일 것이다.

(3) 일의 종류

Ⅱ. $p \cdot V$ 일

$p \cdot V$ 일은 실린더 내에 갇혀 있는 공기가 압축 · 팽창할 때의 공정에 대하여 유용한 일의 정의이다.

피스톤이 움직임에 따라 기체에 의하여 행해진 일은 실린더에서 기체의 압력과 부피를 재면 알 수 있다.

피스톤의 단면적을 A 라고 하면 피스톤에 의해 행해진 일은,

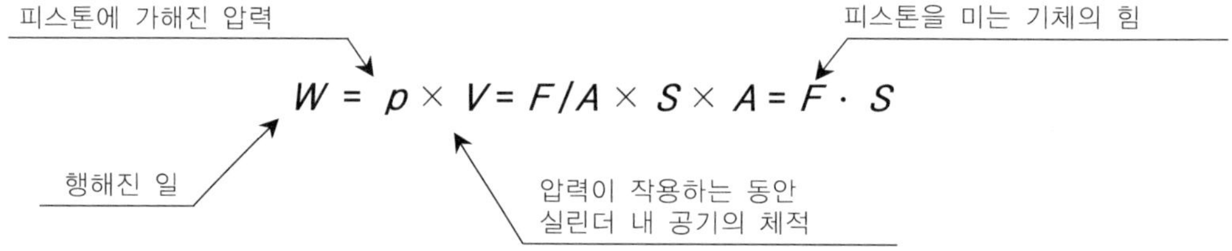

W(행해진 일) = F (물체에 가해진 힘) × S (힘이 작용하는 동안 물체가 움직인 거리)

로 주어지므로 결국, $F \cdot S$ 일과 같게 됨을 알 수 있다. 일반적인 경우로서, 압력 p가 체적 V의 함수로서 V에 따라 변하면서 작용한다고 하면[27],

기체에 의해 이루어진 일 W는,

$$W = \int_1^2 \delta W = \int_{V_1}^{V_2} p \cdot dV = \int_{(s_1 \cdot A)}^{(s_2 \cdot A)} (F / A) \cdot d(s \cdot A) = \int_{s_1}^{s_2} F \cdot ds \quad (1-5)$$

로 나타내진다. 이 일은

- 일부는 실린더 주위의 대기를 밀어내는데 쓰인다.
- 일부는 축을 미는 데 쓰인다.
- 일부는 마찰에 의하여 열을 발생시킨다.

만일 피스톤이 왕복운동을 한다고 하면,
대기를 밀어내는데 쓰인 일은 피스톤이 출발점으로 되돌아올 때 되돌려진다.
따라서 이 항의 일은 소거되므로 무시할 수 있다.
또한 마찰은 무시될 수 있는 정도로 작은 양이다.
그러므로 피스톤–실린더 공정에서 기체가 한 일은 대부분 축으로 전달된다고 할 수 있다.

---

27) $F \cdot S$ 일 : 일반적인 경우로서, 힘 F가 거리 S의 함수로서 S에 따라 변하면서 작용한다고 하면,

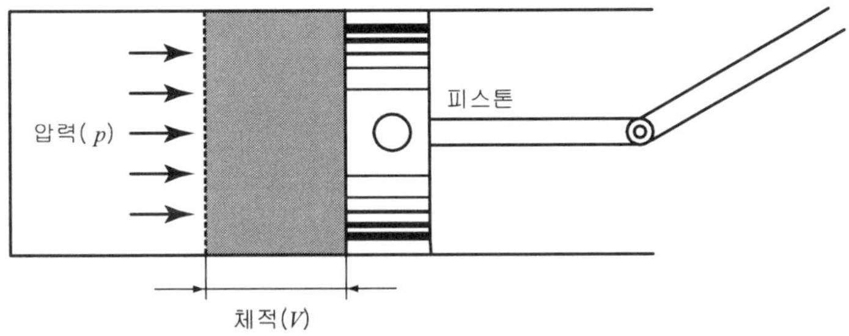

: $p \cdot V$ 일

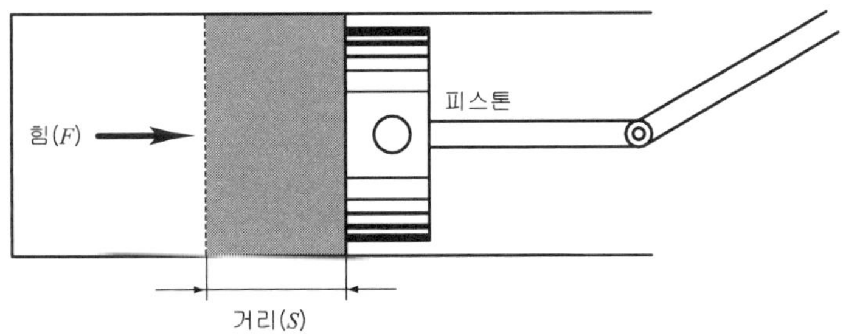

: $F \cdot S$ 일

힘[N] × 거리[m] = 일[Joule]
압력[N / m²] × 체적[m³] = 일[Joule]
F·S 일이나 p·V 일이나 이름만 다르지 똑같은 일이다.

이름 Name	홍 길 동
국적 Nationality	한 국
성별 Sex	남

이름 Name	*gil dong Hong*
국적 Nationality	*KOREA*
성별 Sex	*Male*

한국이나 *KOREA*나 다 대한민국이잖아!!

(4) 일의 열당량, 열의 일당량

열과 일 사이의 관계에 대하여 Joule(James P. Joule, 1818～1889)은 그의 실험에서 열과 일 사이에는

$$Q(kcal) \Leftrightarrow W(kg_f \cdot m) \tag{1-6}$$

의 관계가 있음을 밝혔다.

$Q\ kcal$와 $W\ kg_f \cdot m$ 사이에는

$$Q = A \cdot W\ [kcal] \tag{1-7}$$

$$W = J \cdot Q\ [kg_f \cdot m] \tag{1-8}$$

의 관계가 있다.

여기서, A는 일의 열당량(heat equivalent of mechanical work)이고,
J는 열의 일당량(mechanical equivalent of heat)으로서,

$$\begin{aligned} J &= 426.80\ kcal / kg_f \cdot m\ (J \fallingdotseq 427\ \ kcal / kg_f \cdot m\ ) \\ &= 4.1855\ kcal / kJ\ (J \fallingdotseq 4.2\ \ kcal / kJ\ ) \end{aligned} \tag{1-9}$$

이다. A는 J의 역수로서,

$$A = \frac{1}{427}\ kg_f \cdot m / kcal = \frac{1}{4.2}\ kJ / kcal \tag{1-10}$$

이다. 한편, SI 단위계에서는

$Q(Joule)$과 $W(N \cdot m)$ 사이에

$$Q = A \cdot W\ [Joule] \tag{1-11}$$

$$W = J \cdot Q\ [N \cdot m] \tag{1-12}$$

의 관계가 있다. 여기서,

$$J \fallingdotseq 1 \quad N \cdot m / J \tag{1-13}$$

$$A \fallingdotseq 1 \quad J / N \cdot m \tag{1-14}$$

이므로, 결국 SI 단위계에서는,

$$W\ [N \cdot m] = Q\ [Joule] = W\ [Joule]$$

가 됨을 알 수 있다.

이와 같이 열의 본질은 에너지이며 미시적으로 보면 분자의 운동에너지 그 자체이다. 동일한 열용량에 대해서는 분자의 운동이 크면 열에너지는 크고 따라서 온도도 높게 된다. 그러면 에너지란 무엇인가 그 본질에 대하여 세부적으로 알아보기로 한다.

(a) 열을 가한다 (b) 일을 가한다

[물의 온도를 올리는 방법]

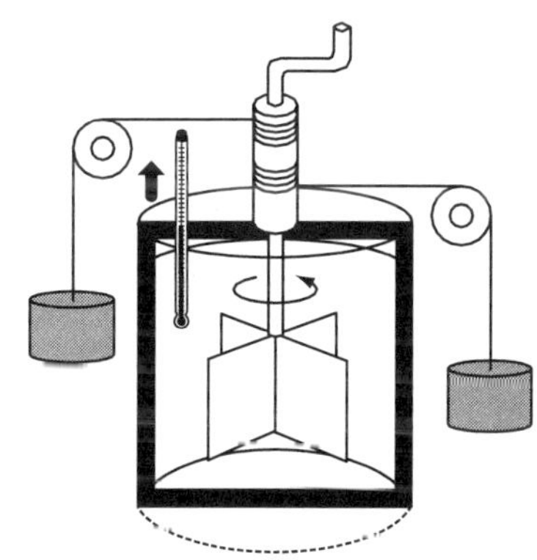

추가 내려가면서 물을 교반한 일이 열로 변환되어 가해진 일의 양만큼 열량이 물에 공급되어 물의 온도가 상승한다.

열과 일은 그 현상은 다르지만 에너지로는 같은 성질을 갖는다.

(5) 에너지(energy, erg[28]))

앞 절에서, 열은 주어진 온도에 있는 어떤 계의 경계를 넘어 보다 낮은 온도에 있는 또 하나의 계로 온도차에 의하여 전달되는 에너지의 한 형태라고 정의하였다. 물질은 열이 아니라 분자의 운동에너지를 갖고 있으며, 열은 물체의 온도를 변화시키는 원인이 된다. 따라서 열은 분자의 운동상태를 나타낸다. 물이 수위가 높은 곳에서 낮은 곳으로 수위 차에 의해 흐르는 것과 마찬가지로 열은 보다 높은 온도의 계로부터 보다 낮은 온도의 계로 단지 2개 계 사이의 온도차에 의해 흐른다. 따라서 흐름이 없으면 이것은 열이라는 말로 표현할 수 없다. 물이 낮은 곳으로 흘러가서 더 이상 갈 곳이 없으면 그 곳에 모여 있는 것과 같이 열 역시 흘러갈 곳이 없으면 그 곳에 고이게 되어 계의 내부에너지를 증가시킨다.

이러한 열의 성질은 다음과 같은 양면성을 지닌다. 먼저 열은 온도라는 낙차를 만들어 놓으면 틀림없이 저절로 흐른다는 점이다. 이 때, 흐름이 있으면 유동에너지에 의한 일이 있게 되므로 흐름은 매우 바람직한 면을 지니고 있다. 지금 열의 흐름에 주목하면 흐름이 시작되는 고온열원과 열이 도달하고 거기서 흐름이 멈추는 저온열원이라는 2개의 열원을 필요로 하게 된다. 저온열원이란 열이 최후에 당도하는 종착역이 된다. 종착역에 다다른 열은 여기서 흐름이 멈추게 된다. 열의 흐름은 종착역을 향해서 나아가기만 할 따름으로 이 열을 다시 모아서 상류로 돌려보내는 일은 불가능하며 저절로 돌이킬 수 없다. 이것이 이번에는 열이 지닌 어려운 성질로 바람직하지 못한 면이다. 저온열원에 다다른 열은 쓸모없는 존재라 할 수 있다. 결국 열은 흐름에 따라 가치가 점점 떨어지는 것이다. 일을 얻기 위해서는 고온과 저온이라는 2개의 열원이 필요하게 되고 저온열원이 열의 종착역이기는 하나, 이론상 저온이라고 하더라도 저온이라는 온도레벨의 분자의 운동에너지는 있기 마련이므로 저온의 열원이 보다 낮은 온도를 지니고 있으면 두 열원 사이에서 일로 이용 가능한 폭은 더 커지게 된다. 그러나 상온이 되면 이 시점에서 저온의 열원은 종착역에 닿았다고 할 수 있다. 만일 가능한 일의 폭을 키우고자 상온 이하의 열원을 또 다시 마련하려고 하면 냉장고와 같이 밖에서 동력을 끌어와서 일부러 온도를 낮추지 않으면 안되므로 이를 바꾸어,

> 고온의 열원은 가치가 높은 에네르기원
> 저온의 열원은 가치가 낮은 에네르기원

라고 말할 수 있다. 즉, 열은 이동에 따라 점점 가치를 떨어뜨리는 것이다. 열은 같은 열량을 가지고 있어도 온도라는 요인을 고려하지 않으면 안 된다. 바다처럼 물의 온도가 낮아도 양이 엄청나기 때문에 전체로서의 열량은 크지만 그것만으로는 이용가치가 낮은 것이다. 이런 이유로 열역학에서 열량과 온도는 뗄레야 뗄 수 없는 관계라는 점을 인식해야 할 것이다.

---

28) 그리이스어

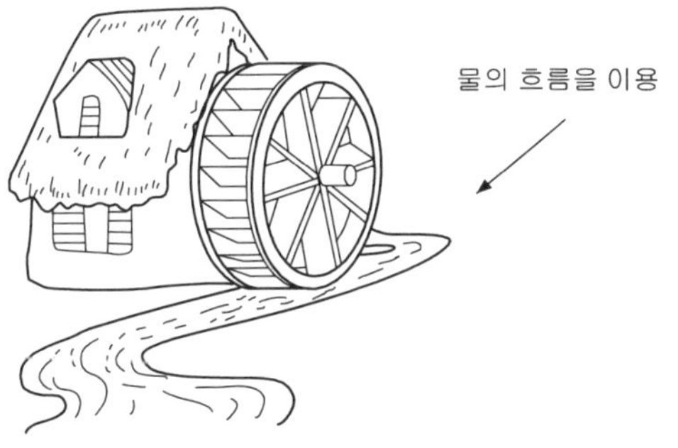
물의 흐름을 이용

바람의 흐름을 이용

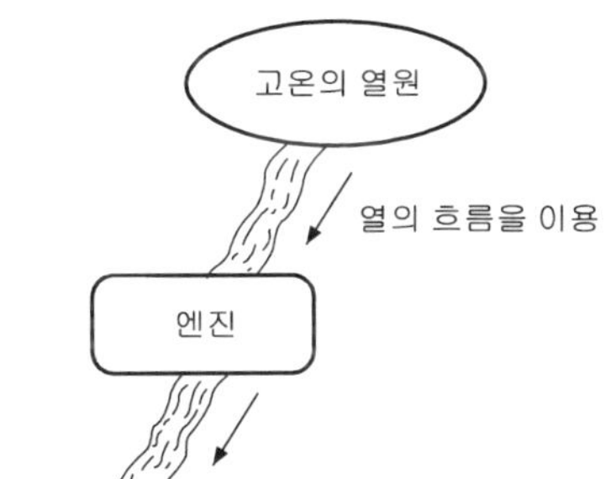
고온의 열원
열의 흐름을 이용
엔진
저온의 열원

흐르는 것은 다 좋은 것이여!!
흐른다고 다 좋은 것일까?

(6) 외부에너지와 내부에너지 / ① 외부에너지(External Energy[29]))

I. 위치에너지(Potential Energy)

지금 어떤 계가 어떤 기준면의 높이에 정지하고 있다고 생각하자.
이 물체에 대해서 dz 만큼 높이를 올리는 크기의 수직력 F를 작용시키면,

$$\delta W = -F \cdot dz = -d(PE) \quad \cdots\cdots \ (1-2)$$

여기서, $F = m \cdot a = m \cdot g$ 이므로

$$d(PE) = F \cdot dz = m \cdot g \cdot dz \qquad (1-15)$$

이를 적분하면,

$$PE = \int_{PE_1}^{PE_2} d(PE) = m\int_{z_1}^{z_2} (g \cdot dz) \ ^{30)} \qquad (1-16)$$

중력가속도 g가 z에 따라 변화하지 않는다고 가정하면[31] 다음과 같이 쓸 수 있다.

$$(PE)_2 - (PE)_1 = m \cdot g(z_2 - z_1) \qquad (1-17)$$

II. 운동에너지(Kinetic Energy)

운동에너지에 관한 식도 위치에너지와 같은 방법으로 구할 수 있다. 지금 어떤 물체에 수평외력 F를 가하여 위치에너지 및 내부에너지의 변화없이 거리 dx 만큼의 변위가 생겼다면,

$$\delta W = F \cdot dx = d(KE) \quad \cdots\cdots \ (1-2)$$

이고, 여기서 $F = m \cdot a$ 이므로

$$F = m \cdot a = m \cdot \frac{dv}{dt} = m \cdot \frac{dx}{dt} \cdot \frac{dv}{dx} = m \cdot v \cdot \frac{dv}{dx} \qquad (1-18)$$

따라서 운동에너지(Kinetic Energy) $d(KE)$는

$$d(KE) = m \cdot v \cdot dv \qquad (1-19)$$

가 되므로, 이를 적분하면,

$$KE = \int_{KE_1}^{KE_2} d(KE) = m\int_{v_1}^{v_2} (v \cdot dv) = \frac{1}{2} \cdot m \cdot v^2 \ ^{32)} \qquad (1-20)$$

---

29) (내부에너지와 구별하여, 외부에서 계에 행하여진) 외부일과 같은 기계적 에너지를 가리킨다. P.E와 K.E를 '역학적 에너지' 라고도 한다.

30) 수학적으로 $\int(g \cdot dz)$의 표기가 타당하나, 편의상 $\int g \cdot dz$와 같이 표기한다. 독자의 양해를 구하는 바이다.

31) $m\int_{z_1}^{z_2} g \cdot dz = m \cdot g\int_{z_1}^{z_2} dz$

32) $m \cdot v \cdot \frac{dv}{dx} \cdot dx = m\int_{v_1}^{v_2} v \cdot dv$

일을 할 수 있는 능력을 에너지라고 하며,

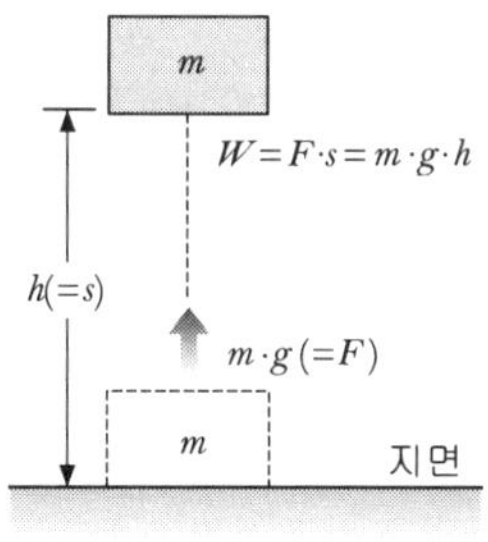

위치 에너지 : PE

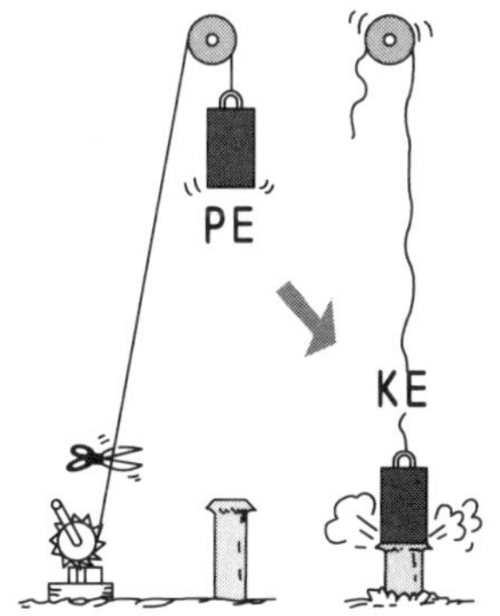

높이 올라간 해머의 위치에너지는 해머를 놓을 때 운동에너지로 전환된다

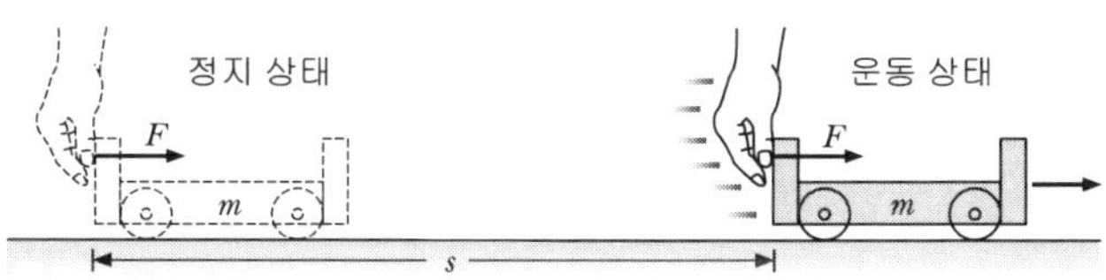

운동 에너지 : KE

움직이는 물체는 일을 할 수 있는 능력이 있다.
흐르는 물은 수차를 돌리기도 하고
돌덩어리를 옮겨 놓기도 한다.
이와 같이 움직이는 물체가 가지고 있는
에너지를 운동에너지라 한다.

외부에너지란,
(내부에너지와 구분하여) 외부에서 계에 행하어진 외부일과 같은 기계적 에너지를 가리킨다.
즉, 물체에 일을 하면 물체의 역학적 에너지를 변화시킬 수 있다.
자연현상에서는,
역학적에너지가 보존되지 않고 감소한 역학적에너지가 열에너지로 나타나는 경우가 대부분이다.

(7) 외부에너지와 내부에너지 / ② 내부에너지(Internal Energy)

물체가 보유하는 총 에너지는 외적 에너지와 내적 에너지로 대별된다. 전자인 외적 에너지는 운동에너지와 위치에너지와 같은 역학적 에너지와 전장이나 자장 등에서의 전기·자기 에너지와 같은 외계와의 관계에 의해 좌우되는 에너지를 말하며, 후자인 내적에너지는 물체의 온도나 압력 등과 같은 내적인 조건에 따라 좌우되는 그 자신의 내부에 갖는 에너지를 말한다.[33]

따라서 내부에너지는 물체가 갖는 총 에너지 중에서 운동에너지나 위치에너지 등의 외적에너지를 제외한 에너지를 말하며, 다음과 같이 쓸 수 있다.

$$\begin{aligned}
\text{물체가 보유하는 총 에너지} &= [\ \text{외적 에너지}\ ] + [\text{내적 에너지}] \\
E &= [(\text{역학적 에너지}) + \text{전기·전자 에너지 등}] + [\text{내부 에너지}] \\
E &= [(\ E_p\ ,\ E_k\ ) + E_{etc}\ ] + [\ U\ ] \\
\text{물체의 내부에너지},\ U &= Q - W
\end{aligned}$$

물체가 갖는 내부에너지를 미시적으로 생각해 보면 물체는 미소한 많은 분자로 구성되며, 각 분자는 끊임없이 불규칙한 운동을 하며 그 상태에 따라 물체 내의 전 분자가 갖는 에너지의 총합은 물체의 내부에너지와 같다.

일반적으로 온도가 높아지면 분자운동도 활발해지므로 온도가 상승함에 따라 물체의 내부에너지는 상승한다. 물체가 가열되거나 냉각되면 그 상태(p, T 등)가 변하므로 그 내부에너지도 변화한다. 그러나 온도를 측정함으로써 반드시 내부에너지가 측정되는 것은 아니다. 그 이유는 증발열이나 융해열과 같은 잠열[34]의 대부분은 내부에너지로서 이와 같이 온도에 비례하지 않는 내부에너지도 있기 때문이다. 실린더장치에 열을 가하면 가해진 열은 피스톤을 미는 일, 즉 내부에 대하여 외적인 기계적 일을 하고 나머지 열은 실린더 내 공기의 온도를 상승시키는데 쓰인다. 이와 같이 물체의 온도를 상승시켜 분자운동을 활발하게 하는 일 에너지의 형태가 내부에너지이다.[35]

---

33) 모든 물질 내에는 여러 가지 형태의 에너지가 들어있다.
모든 물질은 에너지를 내장하고 있으며 분자들은 일정한 운동 상태에 있다.
주변 분자들과의 상호작용에 의한 분자위치에너지와 분자운동에 따른 분자운동에너지가 있다.
또한 종이 같은 물질은 쉽게 태울 수 있으므로 화학에너지도 있다.
한편, 물질의 원자핵 내에도 엄청난 양의 에너지가 들어있다.
즉, $E = m \cdot c^2$ 으로 기술되는 질량에너지가 있다.
이와 같은 여러 형태의 에너지를 합한 물질 내의 모든 에너지를 통틀어서 내부에너지라고 부른다.

34) 잠재에너지

35) 우리는 다른 사람으로부터 흔히 스트레스를 받을 때 '열 받는다'고 말한다.
이는 열역학적 관점에서 매우 적절한 표현이라 하겠다.
스트레스로 가슴 속이 끓어오르면 얼굴이 벌게지면서 온도가 오르는 것을 느끼게 된다.
그러다가 어디엔가 화풀이라도 하고 나면 얼굴색이 조금은 가라앉아 있을 것이다.

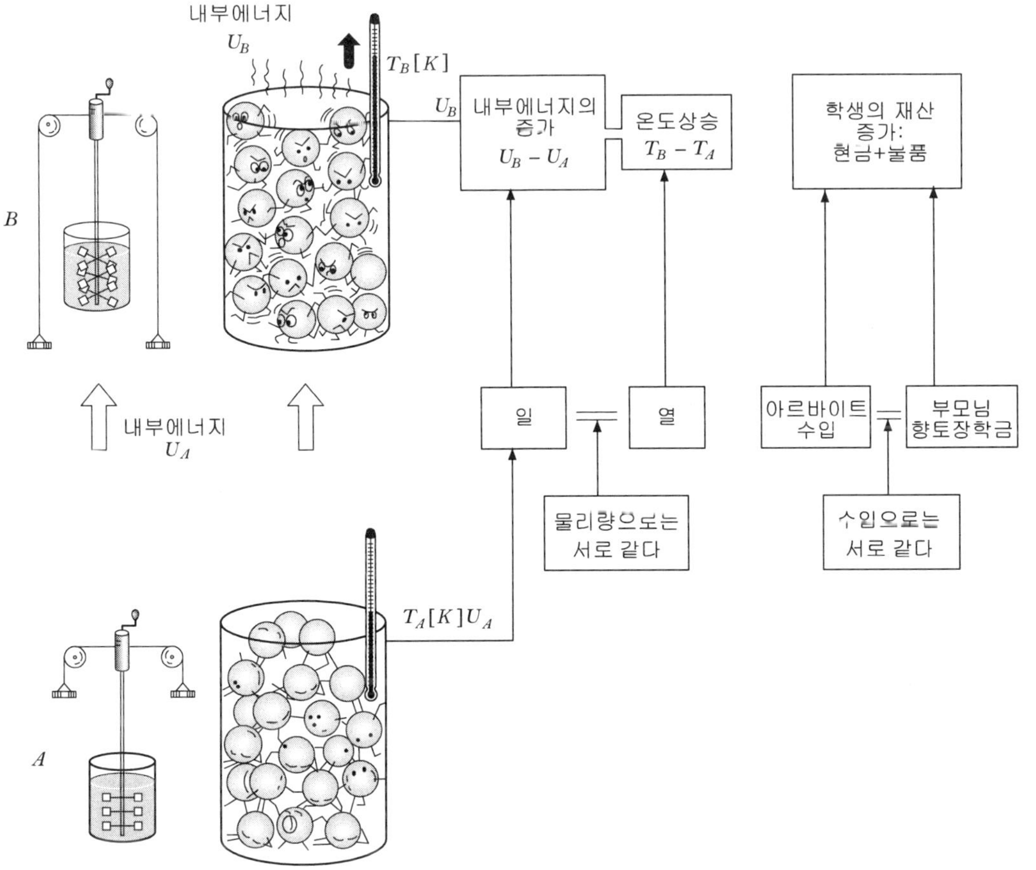

열은 에너지를 증감시키는 움직임으로 에너지 자체는 아니다.

(8) 에너지 식(Equation of Energy)[36]

그림 1−4와 같이 실린더 속에 들어 있는 공기를 밑면으로부터 가열하는 경우, 공기는 열을 받아 팽창하면서 무게 G의 피스톤을 높이 z 만큼 밀어 올리는 외부 일을 하고 나머지는 내부에너지의 증가로 온도가 상승하게 된다.

이때 공기에 가해진 열량은 공기의 내부에너지의 증가와 외부일의 합이 된다.

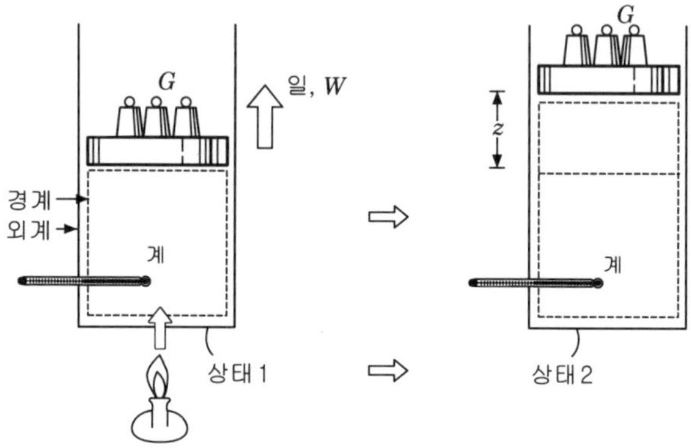

(공기에 가해진 열량, δQ) = (내부에너지의 증가, dU) + (외부에 한 일, δW)

[그림 1−4] 내부에너지와 에너지 식

즉, 정지하고 있는 물체에 열량 Q_{12} 를 가하여 물체의 내부에너지가 U_1 에서 U_2 로 변화하였을 때 외부에 대하여 한 일을 W_{12}[37] 라 하면,

$$Q_{12} = (U_2 - U_1) + W_{12} \tag{1−21}$$

의 관계가 있다. 이 때의 Q, U, W 는 모두 *Joule* 로 나타내었다.[38]

미소 변화를 생각하면,

$$\delta Q = dU + \delta W \tag{1−22}$$

가 된다. 한편, 단위중량(질량)에 관하여는,

$$\delta q = du + \delta w \tag{1−22′}$$

이들 식을 에너지식이라 하며, 열역학 제 1 법칙을 나타내는 식이 된다.

열역학 제 1 법칙에 관해서는 제 2 장에서 자세히 다루기로 한다.

---

36) 에너지 관계식 이라고도 함 2~3절 참조

37) $W_{12} = G(kg_f) \cdot z(m) = G \cdot z(kg_f \cdot m)$

38) Q와 U를 $kcal$, W를 $kg_f \cdot m$로 나타낼 경우,
$\delta Q = dU + A \cdot \delta W$ [$kcal$]

교우 시네마
암흑가의 두 사람
주연:알랑들롱, 쟝가방
알랑들롱
쟝가방
이번 사건
네가 한 짓이지?
바른대로 불어!
가해진 열량 : Q
어휴!!
열받어
내부에너지의 증가 : ⊿U
폐차장
외부에 행한 일 : W
열역학이란
무엇인가?
아! 열받는다?!
Q=⊿U + W

1.3 열역학의 용어와 정의

열역학(thermo−dynamics)은 열에 의한 물리적 변화, 즉 에너지의 전달 및 변환에 의한 어떤 물질의 열적·기계적 그리고 화학적 거동의 상호관계를 연구하는 학문이다.

자연계에서의 모든 변화에는 항상 에너지 전달 및 에너지 변환과정이 따른다.

즉, 물체에 열을 가하거나 제거하면 그 물체에는 어떤 변화가 일어난다.

그 변화는 열에 의한 체적의 팽창이나 증발과 같은 물리적 변화와 연소 등과 같은 화학적 변화 등이다.

따라서 인간은 이와 같은 과정을 늘 경험하면서 살고 있으며, 이 같은 경험을 토대로 하여 에너지전달 및 변환에 관한 기본법칙으로 열역학 제 1 법칙 및 열역학 제 2 법칙이 확립되었다.

핵발전과 같은 복잡한 문제로부터 단진자운동 같은 단순한 문제에 이르기까지 자연계의 모든 물리·화학적 현상들은 이들 법칙이 만족되어야 하기 때문에 자연계의 모든 물리·화학적 현상들은 '열역학' 이라는 과학의 토대 위에서 이해되어야 한다.

이 절에서는 열역학을 학습하는 데 있어 필수적으로 알아야 할 개념과 용어를 살펴보기로 한다.

열역학
제1법칙
제2법칙

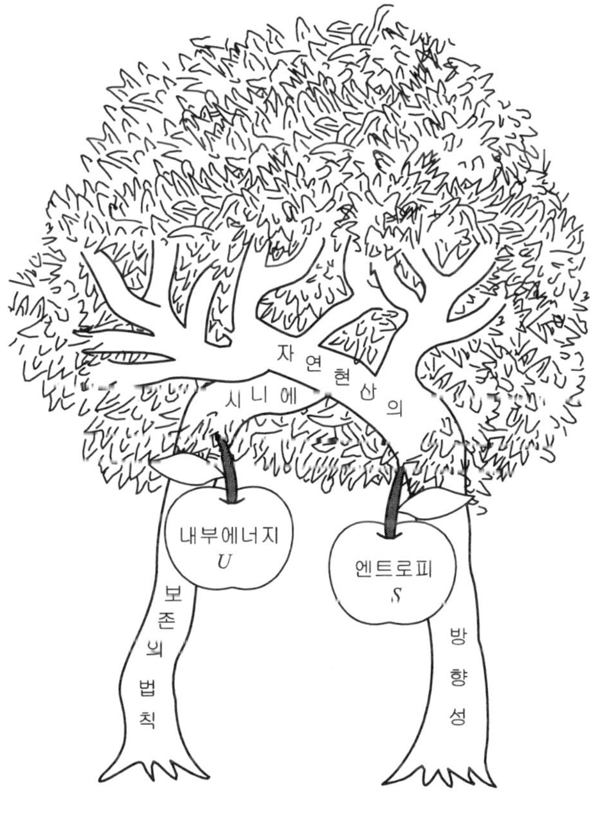
자연현상의
시니에
내부에너지
U
엔트로피
S
보존의 법칙
방향성

(1) 열역학적 계(界, system)

어떤 물질이나 공간의 물리・화학적인 현상을 해석하기 위해서는 우선 계(system)를 설정하게 되는데, 계는 해석을 목적으로 관심을 두고자 하는 정해진 어떤 양의 물질이나 혹은 공간으로 정의한다. 계가 설정되면, 계에 대하여 외부에 있는 모든 것들은 외계(external)가 되며 계와 외계 사이의 구분을 경계(system boundary)라고 한다.

열역학적 계, 혹은 간단히 말하여 계의 개념은 실질적으로 모든 열역학적 문제의 해석에 있어서 필수적인 것으로 계는 고정되어지거나 움직일 수 있는 상상적인 경계에 의해 만들어진 영역이다. 계는 관심의 대상이 고정 질량인가 아니면 고정 체적인가에 따라 밀폐되어 있거나 개방되어 있게 된다.

검사질량(control mass)이라고도 하는 밀폐계[39](closed system)는 고정된 양의 질량으로 구성되므로 질량은 계의 경계를 통과하여 출입할 수 없다. 그러나 질량과 달리 에너지는 열이나 일의 형태로 계의 경계를 통과하여 출입할 수 있다.

밀폐계는 고정 질량이지만 체적까지 고정되어야 하는 것은 아니다.

그림 1-4에서와 같이 피스톤-실린더 장치를 가열하였을 때 계 안에 있는 기체의 변화에 대하여 알아보자. 관심의 대상이 기체이므로 계는 기체영역이 되어야 한다.

피스톤과 실린더의 내부표면이 경계를 이루며 질량은 이 경계를 통과하여 출입할 수 없으므로 이는 밀폐계에 해당한다.[40]

에너지는 계의 경계를 통과하고 이에 따라 경계의 일부인 피스톤이 움직이게 되고, 피스톤-실린더장치의 바깥의 모든 것은 외계(外界)가 된다.

검사체적(control volume)이라고도 하는 개방계(open system)[41]에 있어서는 계가 물질이 아니고 공간이 된다. 일반적으로 이것은 터빈, 보일러, 내연기관과 같이 질량유동을 포함하는 장치를 둘러싼 공간 내의 영역이다. 이들 장치를 통하여 유입되고 분출되는 유체유동을 해석하고자 한다면 장치 내의 영역을 검사체적으로 설정하여야 한다.

개방계에서는 질량과 에너지 모두가 검사체적의 경계를 통과할 수 있으며 이 경계를 검사면이라 한다.

한편, 질량뿐만 아니라 에너지조차 계의 경계를 통과하여 출입할 수 없는 계는 고립계(isolated system)[42]라고 한다.

---

39) 물질의 유통이 없으므로 비유동과정(nonflow process)이다.

40) 왕복동식 피스톤 엔진의 피스톤-실린더 장치를 한 사이클 동안의 전 행정을 통하여 보면 흡・배기 밸브를 통하여 질량의 유입・유출이 있으므로 개방계로 취급할 수 있으나, 질량의 출입을 무시하고 이를 에너지의 출입으로 간주하면 밀폐계로 취급이 가능하다. 단, 개방계로 취급할 경우와 밀폐계로 취급할 경우에 따라 계가 행하는 외부일은 공업일과 절대일로 구분된다(*. 열역학 제 1 법칙의 응용 참조).

41) 이 경계를 통하여 이동하므로 유동과정(flow process)이다.

42) 절연계라고도 한다. (단열계/adiabatic system : 경계를 통한 열의 출입이 없는 계)

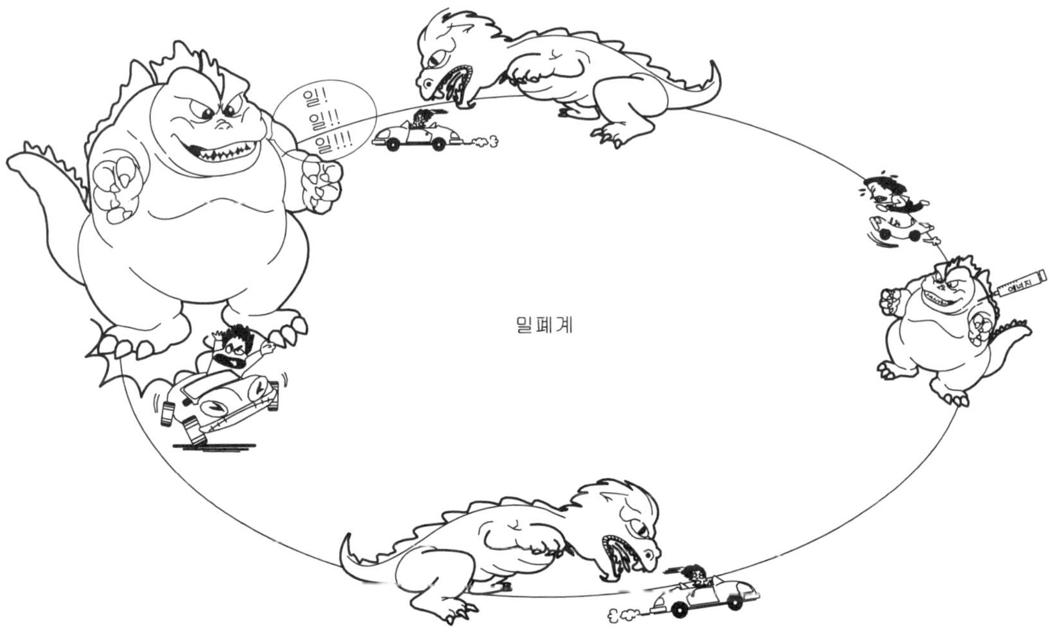

▲ 움직이는 경계를 가진 밀폐계
▼ 고정된 경계를 가진 개방계

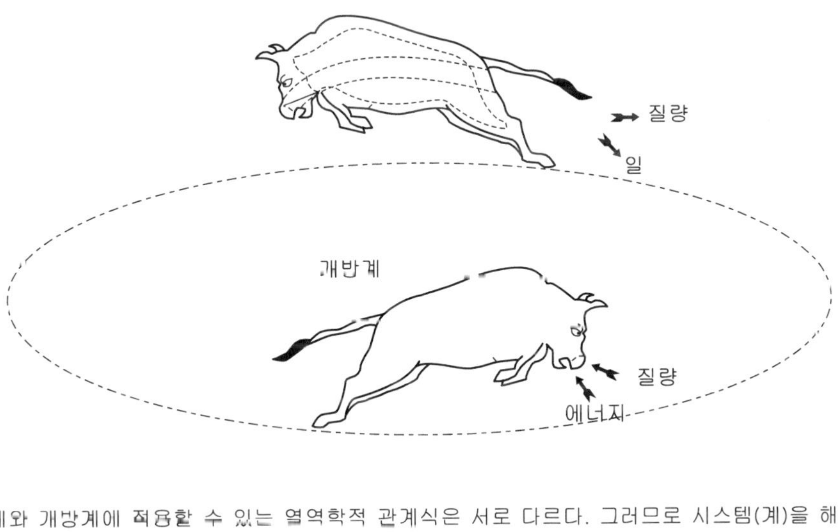

▶ 밀폐계와 개방계에 적용할 수 있는 열역학적 관계식은 서로 다르다. 그러므로 시스템(계)을 해석하기 전에 시스템(계)의 형태를 파악하는 것이 매우 중요하다.

(2) 상태(state) 및 상태량(property)

계의 특정한 시간에서의 물리적 · 화학적 특성을 상태라 하며, 계의 상태는 어떤 관찰 가능한 물리적 특성값들로서 나타내지게 된다. 상태를 나타내는 量들을 상태량이라 하는데 예를 들어, 온도, 압력, 체적, 질량 등이 그것이며 이외에도 속도, 높이, 전기저항, 탄성률, 열전도율 등이 계의 물리적 특성을 나타내는 값이다.[43] 계의 상태량이란 계의 특정한 시간에서의 상태를 나타내는 量으로 정의되므로 그 계가 과거로부터 현재상태에 도달될 때까지의 경력을 제시해 주는 것은 아니다. 이는 상태량이란 과거의 상태에서 현재의 상태까지 도달되는 경력에는 무관하다는 것을 의미한다. 따라서 상태량은 수학적으로 점함수(point function)의 특성을 지니게 된다. 하나의 보기로서 온도 T 를 생각하자. 물체의 온도가 처음 1의 상태로부터 최종 2의 상태까지 변화하는 사이의 온도변화량은,

$$\int_{T=T_1}^{T=T_2} dT = T_2 - T_1 \qquad (1-23)$$

으로 표시할 수 있다. 여기서 T_1과 T_2는 각각 변화 초와 변화 말의 온도이다.

이 적분식과 그 결과는 적분의 도중 경로에 관한 언급은 없이 적분값이 변화의 처음 상태와 최종상태에만 의존하고 있음을 의미하고 있다. 즉, 온도 T는 점 1과 점 2를 잇는 경로에는 관계없이 두 점에만 의존하는 점함수[44]임을 알 수 있다. 온도 T가 점함수이면, T_1과 T_2 사이의 온도차 $T_2 - T_1$를 온도의 미소증분 ΔT의 합으로 나타낼 때 온도변화의 경로에 관계가 없이 결과가 동일하여야 하며 이러한 경우의 ΔT를 dT로 나타낸다. 이것을 수학적으로 dT가 T의 전미분(全微分, total differential) 혹은 완전미분(完全微分, exact differential)이라 한다.

온도와 마찬가지로, 압력, 체적 등의 변화량도 도중의 경로에는 무관하게 처음과 최종상태의 값에만 의존하므로, 압력과 체적의 변화는

$$\Delta V = V_2 - V_1 = \int_{V=V_1}^{V=V_2} dV, \ \Delta p = p_2 - p_1 = \int_{p=p_1}^{p=p_2} dp \qquad (1-24,\ 25)$$

로 나타내어진다.

그러나 일이나 열의 변화량은 상태 1과 상태 2뿐만 아니라 변화하는 도중의 경로에 따라서도 달라지므로,

$$\Delta W = W_2 - W_1 = \int_c \delta W \neq \int_{W=W_1}^{W=W_2} dW \qquad (1-26)$$

$$\Delta Q = Q_2 - Q_1 = \int_c \delta Q \neq \int_{Q_1}^{Q_2} dQ \qquad (1-27)$$

---

43) 상태량들은 모두가 독립적인 상태량인 것은 아니다. 어떤 상태량들은 다른 상태량의 함수로 정의된다. 예를 들어, 비체적(specific volume)은 단위질량 당 체적이다.

44) 점함수는 어떤 정해진 시점에서의 상태만을 나타내므로 상태함수라고도 한다.

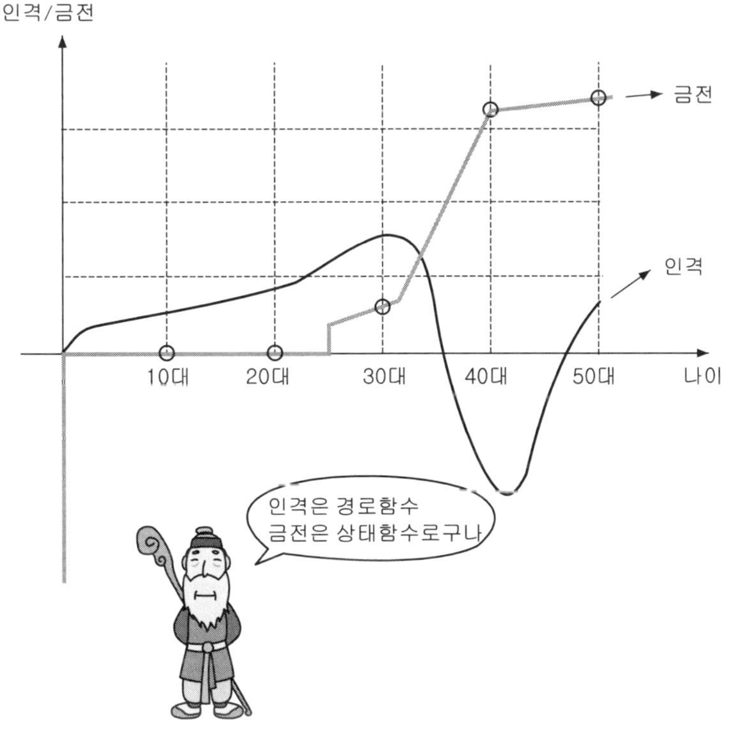

일과 인생은 상태함수일까요, 경로함수일까요?

(3) 상평형(phase equilibrium)과 상태량의 종류

평형상태에서는 시스템(계)의 내부에 불균형력, 즉 상태를 변화시키는 구동력이 없으므로 평형상태에 있는 시스템이 주위로부터 고립될 때에 시스템은 아무런 변화도 겪지 않는다.

어떤 시스템이 아무런 변화도 하지 않고 있다고 생각하면 그 시점에서의 시스템의 조건 또는 상태를 완벽하게 기술할 수 있는 모든 상태량들은 전체 시스템을 통하여 측정되거나 계산할 수 있다.[45)]

주어진 상태에서 시스템(계)의 모든 상태량들은 고정된 값을 갖는다.

계가 두 가지 이상의 상으로 존재하고 있는 경우에는, 각 상의 질량이 평형에 도달하여 머물러있을 때 시스템은 상평형(phase equilibrium)에 있게 된다.[46)]

계의 상태량은 강도성 상태량과 질량의존성 상태량으로 구분하여 생각할 수 있다.

강도성 상태량(intensive property)은 온도, 압력 및 밀도와 같이 계의 크기와 무관한 상태량이며, 종량성 상태량(extensive property)은 계의 크기에 따라 값이 변하는 상태량이다. 질량 m, 체적 V 및 에너지 E 는 종량적 상태량의 예이다.

그림에서와 같이 계를 동일한 2부분으로 나누어 보면, 어떤 상태량이 강도성인지 종량성인지를 쉽게 알 수 있다.

어떤 계를 2등분하였을 때 각 부분의 질량은 전체 계의 질량의 반이 된다. 이 경우 각 부분의 압력과 체적을 관찰해 보면, 각 부분의 압력은 전체 계의 압력과 같고, 체적은 전체 계의 체적의 반이 된다.

즉, 압력은 계의 질량에 무관하지만, 체적은 질량에 정비례하여 변한다.

압력과 같이 계의 질량에 무관한 상태량을 강도성 상태량이라 하고, 체적과 같이 계의 질량에 정비례하는 상태량을 종량성 상태량이라고 한다.

즉, 각 부분의 강도성 상태량은 원래의 시스템에서와 같은 상태량 값을 갖지만, 종량성 상태량은 원래 값의 반이 된다.[47)]

---

45) 계의 상태량이란 말은 계 전체에 대하여 의미를 가진다.
이는 계를 구성하고 있는 입자들 간에 열역학적 평형이 이루어져있다는 의미를 내포하고 있다.

46) 평형상태가 이루어지기 위해서는 관련되는 모든 평형조건이 만족되어야 한다.

47) 일반적으로, 대문자는 종량성 상태량을 나타내며, 소문자는 강도성 상태량을 나타내는데 사용된다.
이 표시법에 따르지 않는 상태량으로는 질량(m)과 온도(T)가 있다.
단위 질량당 종량성 상태량을 비상태량(specific property)이라고 부른다.
이에 대한 몇 가지 예로는, ($v = V/m$), 비에너지 ($e = E/m$) 및 비내부에너지 ($u = U/m$)가 있다.

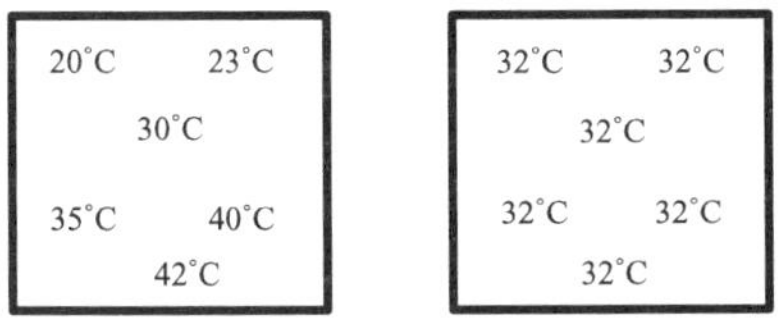

(a) 전　　(b) 후

열적 평형에 도달한 (밀폐)시스템

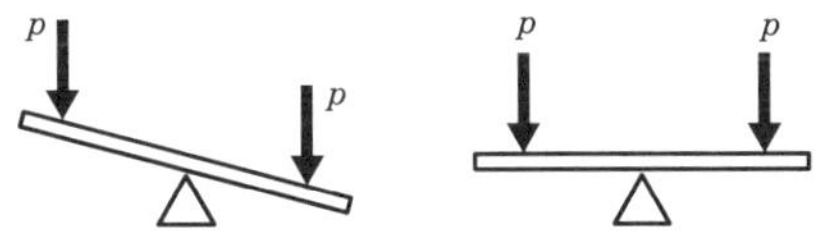

(a) 전　　(b) 후

역학적 평형에 도달한 시스템(계)

▶ 강도성 상태량은 시스템의 크기와 무관하다.

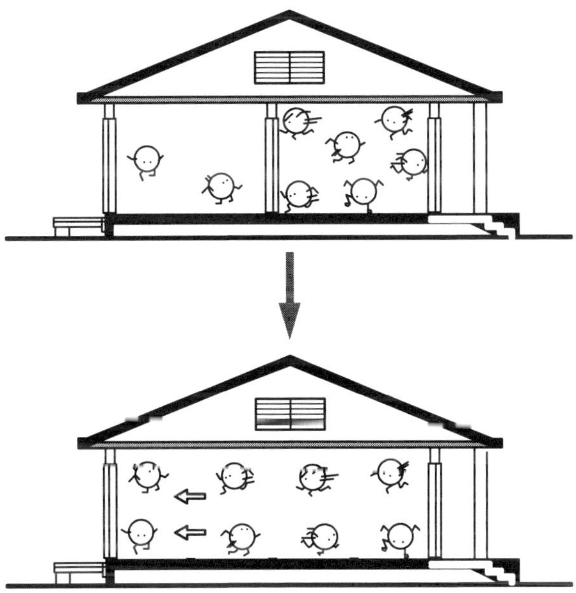

▶ 에너지는 질량의 크기에 정비례하는 종량성 상태이다.

(4) 순수물질(pure substance)

어떤 계의 상태를 완전하게 나타내기 위해서는 그 계의 상태량이 모두 주어져야 할 것이다. 즉, 온도, 압력, 체적, 질량 및 계의 에너지 상태를 나타내는 여러 상태량과 전자기적인 상태량, 표면효과에 관한 상태량 등 수없이 많은 상태량이 주어져야 한다. 그러나 이와 같이 어떤 계의 상태를 나타내는 것은 엄밀하기는 하나 우리가 어떤 문제를 해석하여 해에 효과적으로 접근하는 데 있어서는 오히려 방해가 되는 경우가 대부분이며, 불필요하게 많은 시간과 노력이 요구된다.

따라서 어떤 문제를 해석할 때 그 해에 정확하게 접근할 수 있으며, 해석을 쉽게 할 수 있도록 몇 가지의 가정을 설정하여 모델화를 하는 것이 실제적으로 중요하다.

계의 상태를 나타내는 것을 좀더 단순하게 하는 모델화로서 순수물질이라는 모델이 있다. 이 순수물질은 균질하고, 일정한 화학적 조성을 갖는 물질을 말한다.[48]

순수물질은 한 가지 이상의 상(phase)으로 존재할 수 있으며, 그 화학적 조성은 어느 상이거나 동일한 물질이다. 물은 액체이거나 고체인 얼음 또는 기체인 수증기의 경우 또는 기체와 액체의 혼합물, 고체와 액체의 혼합물 등 어느 경우이거나 그 조성이 변하지 않고 같으므로 순수물질은 두 상(相)이 혼합된 상태로 평형되어 있는 실제의 경우가 많이 있다.[49] 이러한 경우 계의 상태를 나타내는 수없이 많은 상태량 중 독립된 상태량[50] 2개만 주어지면 그 계의 상태를 완전히 나타낼 수 있다. 왜냐하면 순수물질의 경우는 상태량 간에 수학적 함수관계를 갖고 있으므로 2개의 독립된 상태량으로부터 다른 상태량들이 결정되기 때문이다.

우리가 다루는 물질들은 순수물질이라고 가정하여도 문제해석 상 크게 틀리지 않는 경우가 대부분이다.

실제적인 열역학적 문제의 해석에 있어 어떤 상태량을 독립 상태량으로 택하느냐 하는 것이 문제의 해석을 얼마나 정확하고 쉽게 할 수 있는가의 열쇠가 되며, 이는 경험을 통해 터득해야 할 것이다.

이 문제에 있어서 한 가지 언급할 것은 실제 측정 가능한 계의 상태량은 온도, 압력, 질량 및 체적 정도에 불과하다는 사실이다.

---

48) 예를 들어, 물, 질소, 헬륨, 이산화탄소 등은 모두 순수물질이다.
순수물질은 한 가지 화학적 원소와 화합물일 필요는 없다. 여러 가지 화학적 원소나 화합물도 혼합물이 균일하면 순수물질이다.
공기는 여러 가지 기체의 혼합물이지만 화학적 조성이 균일하기 때문에 순수물질로 취급한다.
그러나 기름과 물의 혼합물은 순수물질이 아니다. 기름은 물에 용해되지 않기 때문에 화학적으로 다른 2개의 영역을 형성한다.

49) 물은 보일러나 증기 터빈의 復水器내에서 액체와 기체(증기)의 혼합물 상태로 존재한다.

50) 독립 상태량이란 두 상태량 간에 함수관계가 없는 독립적 상태량을 의미한다.

상태(점)함수 : 지금 몇 시냐?
지금 무슨 일을 하느냐?
경로함수 : 지금까지 몇 시간이나 걸렸냐?
지금까지 공부는 얼마나 했냐?

(5) 과정(process)과 사이클(cycle)

과정이란 계가 한 평형상태로부터 다른 평형상태로 연속적으로 상태변화하는 과정을 의미하며, 계가 과정동안에 통과하는 상태의 연속을 과정의 경로(path)라고 한다. 따라서 계의 어떤 한 과정을 완벽하게 표현하기 위해서는 그 계의 처음상태와 최종상태뿐만 아니라 처음상태에서 최종상태에 이르기까지 과정의 경로 및 계와 주위와의 상호작용, 즉 에너지교환을 규명해야 한다.

과정 중에는 처음상태로부터 상태변화가 일어나 최종상태가 처음상태로 다시 돌아오는 경우가 있는데, 이와 같은 과정을 사이클이라고 한다.

우리가 앞으로 다룰 여러 가지 과정을 관찰해 보면, 계의 여러 가지 상태량 중에서 한 가지의 상태량이 변하지 않고 일정하게 유지되는 경우가 많다.

이와 같은 과정 중 대표적인 과정은 온도가 일정하게 유지되는 등온(等溫)과정, 압력이 일정하게 유지되는 등압(等壓)과정[51], 체적이 일정하게 유지되는 등적(等積)과정[52] 등이 있다.

그림 1-5와 같은 진공에서의 진자의 진동이나 피스톤-실린더 장치에서 기체의 팽창이 마찰이 없이 진행된다면 과정이 끝난 다음 진자와 피스톤은 원래의 자리로 되돌아올 수 있다. 이와 같은 과정을 내부적 가역과정이라 한다.

그러나 진자가 공기 중에서 진동하면서 공기저항에 의한 마찰로 인해 마찰열이 발생하였다면 진자의 운동은 방향은 반대로 할 수는 있어도 진자와 피스톤은 더 이상 원래의 자리로 돌아오지 못할 것이다. 이를 비가역적[53]이라 하며, 이러한 상태변화 과정을 비가역과정이라고 한다.

등온변화는 온도 차가 없는 열의 이동이므로 가역변화이다. 그러면 온도 차가 없는데 어떻게 열이 이동하는 것일까? 이는 수위 차가 없는데 물이 흐르는 것과 같이 일견 불가한 현상으로 보일 수 있을 것이다. 그러나 등온변화과정에서 행하여진 일로 내부에너지가 감소하였다면 이로 인하여 온도 차가 발생[54]하므로 고인 물에 수위 차이가 생겨 물이 흐르는 것과 같이 열이 이동하는 것이다.

---

51) 定壓과정
52) 定積과정
53) 비가역성 = 가역의 불완전성, 가역(변화)을 단순히 글자 그대로 읽으면, 역회전이 가능한 모터처럼 생각되기 쉬우나 이는 단순히 역으로 돌린다는 의미가 아니다. 가역변화는 과정 중에 손실이 발생되지 않는 변화를 의미한다.
즉, 가역변화 = 원래의 제자리로 돌아올 수 있는 변화
54) 열의 공급이 없이 내부에너지가 자신의 에너지를 사용하여 일을 한만큼 내부에너지가 저하된다.
이것은 온도의 저하를 의미한다. 그러면 온도가 저하한 만큼 열량의 이동이 가능해진다.
(온도 차에 따른 열의 이동은 한 방향으로밖에 변화하지 않는 비가역변화이다.)

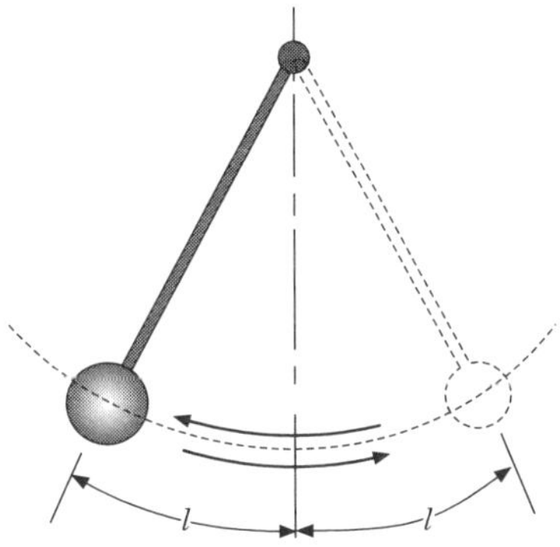

(a) 마찰이 없는 진자

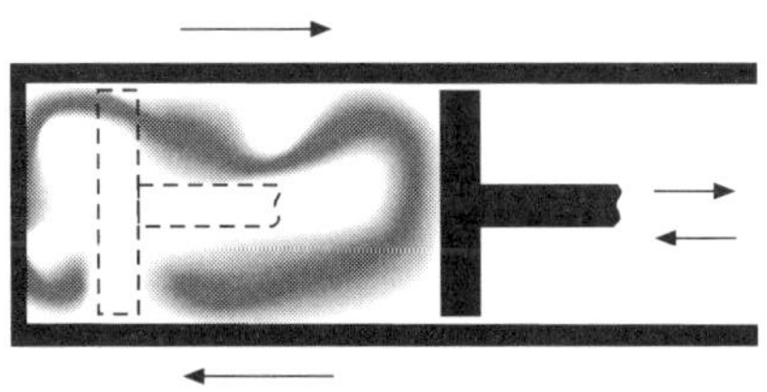

(b) 기체의 준평형 팽창과 압축

[그림 1.5] 두 개의 효과적인 가역과정

(6) 가역(reversible)과정과 비가역(irreversible)과정

가역과정은 완전 가역과정과 내부적 가역과정으로 나눌 수 있다. 내부적 가역과정 중의 계는 연속적인 평행상태가 진행된다. 그리고 과정의 방향을 역전시키면 그 계는 아무런 영구적 변화를 남기지 않고 처음 그대로의 평형상태로 돌아갈 수 있다.

예를 들어, 피스톤-실린더 장치 내에 들어있는 기체가 가열, 팽창하여 피스톤이 상승하였다면 열전달 방향을 반대로 하여 원래 상태로 되돌릴 수 있다.

이는 시스템의 관점에서만 보면 내부적으로는 가역이지만 장치 밖의 상태가 변하여 외부에 어떤 변화를 남기게 되어 완전한 가역과정[55]이 될 수 없다.

지금, 장치와 그 주위 사이에서 일어나는 열전달과정을 살펴보면, 장치 안에 있는 기체가 가열되는 동안에는 에너지는 그 계보다 높은 온도의 외부 에너지원으로부터 전달되었다. 이번에는 앞의 과정을 역으로 하면 계는 기체가 가진 에너지를 외부에 전달함으로써 초기 평형상태로 되돌아 갈 수 있을 것이다.

이러한 열전달과정을 통하여 계 자체로서는 원래의 상태로 돌아갈 수 있으나 계의 외부 즉, 주위에는 영구적인 변화가 남게 된다.[56]

가역변화는 에너지의 이동방향을 역으로 할 경우, 같은 양의 에너지로써 원상태로 되돌아가는 변화를 의미한다. 따라서 가역변화로 이루어지는 과정이란 손실이 없는 과정이라는 말과 같은 의미가 된다. 그러므로 만일 가역변화만을 조합해서 사이클을 만들고 이 사이클에 출입하는 에너지의 방향을 역으로 할 경우에는 항상 같은 양의 에너지가 원상태로 돌아가게 된다. 이에 반하여 비가역변화는 열전도, 확산이라든지 마찰에 의한 손실[57] 등이 그 예로서, 에너지의 이동이 한 방향으로만 진행되는 변화를 가리킨다.

또한, 고온의 열원으로부터 저온의 열원으로 온도차에 따른 열의 이동 역시 비가역 변화이다.

따뜻한 커피는 시간이 지나면 차가워지나 저절로 다시 따뜻해지지는 않으며, 고온 고압의 수증기가 대기 중에 방출되면 스스로 원상태로 돌아오지 않는다.

열전달이 가역적이기 위해서는 열전달과정이 준평형과정으로 이루어져야 한다.

과정이 진행되는 동안 내내 계가 평형상태에 무한히 근접하여 머물러 있을 때 이 과정을 준평형과정 또는 준정적과정(quasi-static process)이라고 한다.

---

55) 완전히 가역적인 과정에서는 내부적으로도 가역과정이면서 동시에 외부와의 상호작용 또한 가역적이어야 한다. 과정을 역으로 진행시켜 처음의 평형상태로 돌릴 경우, 계와 외계 모두에 아무런 변화를 남기지 않고 초기의 평형상태로 돌아갈 수 있어야 한다.

56) 에너지의 이동방향을 역으로 할 경우, 원래의 상태로 되돌릴 수는 있으나, 그렇게 하기 위해서는 방출 때와 같은 양의 에너지가 아닌, 방출 때보다 훨씬 많은 에너지를 필요로 한다.

57) 에너지(열이나 일)의 손실 = 엑서지의 소멸/제 5-17장 참조

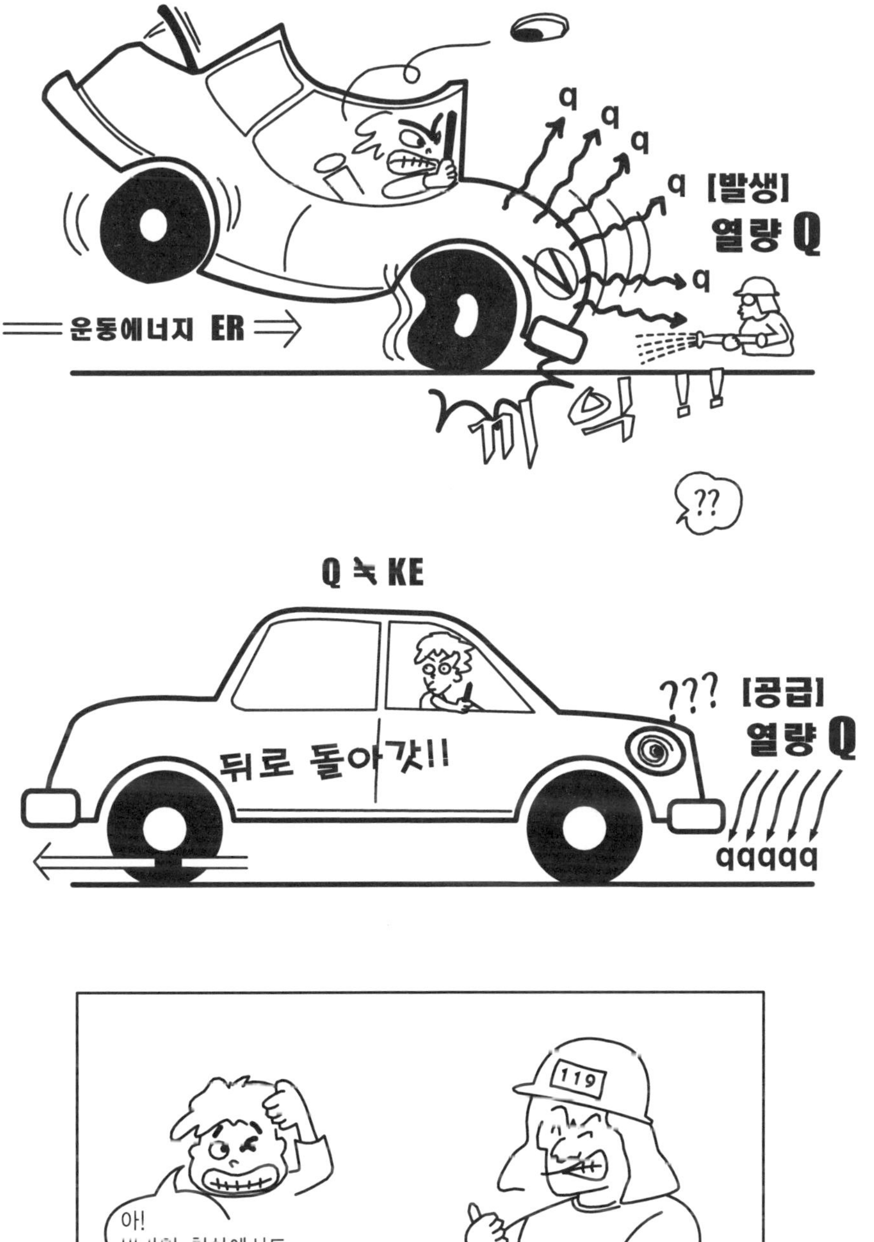
q
[발생]
열량 Q
운동에너지 ER
끼익!!
??
Q ≒ KE
뒤로 돌아갓!!
???
[공급]
열량 Q
qqqqq
119
아!
비가역 현상에서도
에너지 보존법칙은 항상 성립하는구나~

(7) 준평형 과정(quasi-equilibrium process)

계가 상태변화를 하는 어떤 과정에서는 급격한 변화로 인하여 계의 한 부분의 상태량이 다른 부분의 상태량보다 빨리 변하여 계가 부분적으로 불균형상태에 놓임으로써 계가 내부적으로 상태변화에 순응할 수 없게 된다. 그러나 과정의 상태변화 속도가 충분히 느려 계가 내부적으로 변화에 순응할 수 있다고 할 때 이러한 상태변화의 과정을 준평형과정이라고 한다.

그림 1−6에서와 같이 피스톤−실린더장치 내에 들어 있는 기체가 갑자기 팽창될 때, 피스톤 근처에 있는 분자들이 미처 따라 갈 수 있는 충분한 시간을 갖지 못하게 되면 기체의 분자들이 피스톤 전면의 영역에서 떨어지게 되어 이 부분은 매우 낮은 압력의 영역으로 된다. 즉, 장치 내에 압력 차가 생기게 된다. 이 압력의 차이 때문에 계는 더 이상 평형상태에 있다고 할 수 없으며, 이것이 전 과정을 비평형과정(non−equilibrium process)으로 만든다. 그러나 분자들이 피스톤을 따라갈 수 있는 속도만큼만 피스톤이 천천히 움직인다면 충분한 시간동안, 분자들이 재 분포할 수 있으므로 피스톤 전면에 빈 공간이나 소용돌이가 생기지 않을 것이다. 결과적으로 실린더 내의 압력은 공간적으로는 전체적으로, 그리고 시간적으로도 항상 균일하게 된다. 따라서 압력은 모든 위치에서 같은 비율로 상승할 것이다. 이러한 과정은 *제한된 조건 하*에서, 계의 상태가 평형을 유지하기 때문에 준평형과정이 된다.[58]

이렇게 준평형과정은 제한된 조건하에서만 이루어질 수 있으므로 어디까지나 이상적인 과정에 불과하며 실제과정의 참된 표현은 아니다.

그러나 많은 실제 과정은 평형과정에 매우 가까우므로 준평형과정은 실제과정을 묘사하는 표준으로서의 역할을 한다고 할 수 있다.

열역학에서는 다음 세 가지 이유 때문에 준평형과정에 관심을 갖는다.

첫째로, 그 오차가 무시할 수 있을 정도로 작고,

둘째로, 준평형과정은 해석하기가 쉽고,

다음으로, 일을 발생하는 장치는 준평형과정으로 작동할 때 가장 많은 일을 전달하기 때문이다.

과정의 경로는 계가 과정 동안에 통과하는 연속된 평형상태를 나타내므로 준평형과정에 대해서만 의미를 가진다.[59]

---

58) 평형상태에서는 시스템(계)의 내부에 불균형력, 즉 상태를 변화시키는 구동력이 없으므로 평형상태에 있는 시스템이 주위로부터 고립될 때에 시스템은 아무런 변화도 겪지 않는다. / 1−3.3절

59) 비평형과정에서는 과정 동안에 시스템이 통과하는 상태를 상술할 수가 없어서 과정의 경로에 대해서는 말할 수 없다. 비평형 과정은 최초 상태와 최종 상태 사이를 실선이 아닌 점선으로 나타낸다.

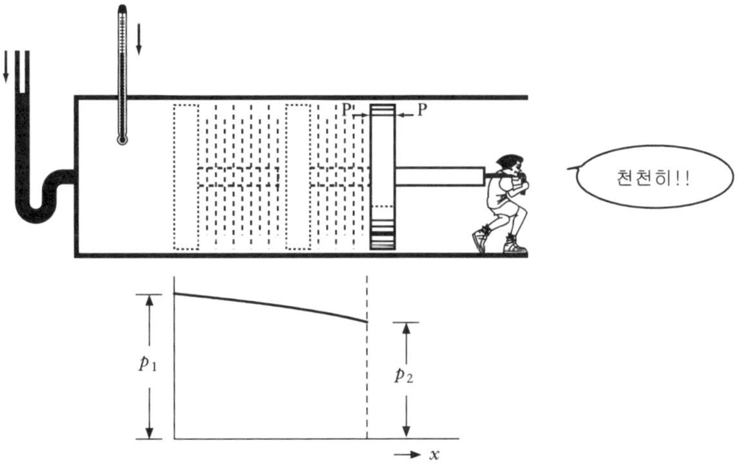

(준)평형과정 : 계의 전체가 항상 열적 평형을 유지하면서 변화유지하면서 변화

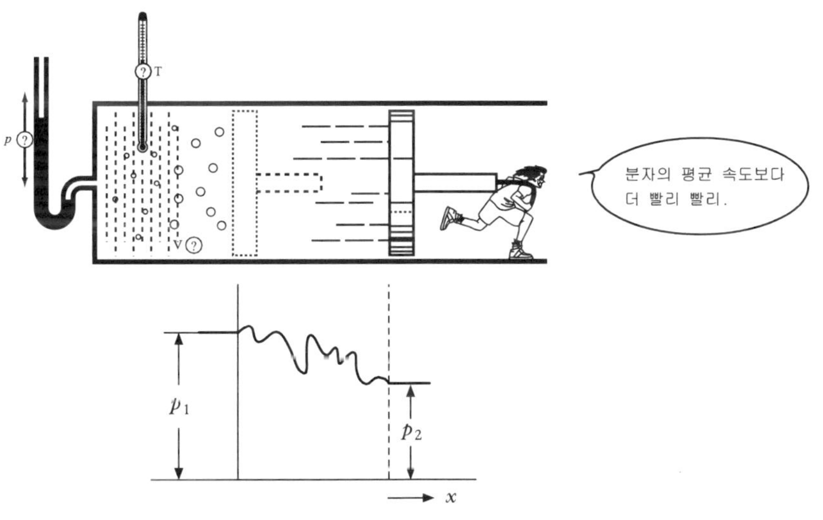

비평형 과정 :
계 내부에 기체 소용돌이나 공백이 생김으로써 열평형이 부분적으로 깨지면서 변화
→ (열평형을 전제로 한) p.V.T의 정의가 불가함

(8) 열역학(thermodynamics)과 미분(differential)

Ⅰ. 편미분(partial differential)과 체적변화율

고체나 액체의 체적(V)를 온도(T)와 압력(p)의 함수로 나타내면 그림 1-7과 같다.

변수가 두 개인 함수 $z = F(x, y)$의 편미분 $(\partial z/\partial x)_y$, $(\partial z/\partial y)_x$을 체적 V에 적용시키면, $(\partial V/\partial p)_T$는 온도 T가 어떤 일정한 값에 고정되어 있을 때 변수 p에 관하여 미분한 것이다.

한편, $(\partial V/\partial T)_p$는 압력 p를 상수로 하고 변수 T에 관하여 미분한 것이다.

그림에서 체적(V)는 압력(p)가 증가함에 따라 감소하고 있으며, 온도(T)의 상승에 따라 체적(V)가 팽창함을 알 수 있다.

$$V = a \cdot p^{-1} \cdot T$$

$$\frac{\partial V}{\partial p} = a \cdot (-1)\, p^{-2} \cdot T, \qquad \frac{\partial}{\partial T}\left(\frac{\partial V}{\partial p}\right) = a \cdot (-1) \cdot p^{-2}$$

$$\frac{\partial V}{\partial T} = a \cdot p^{-1}, \qquad \frac{\partial}{\partial p}\left(\frac{\partial V}{\partial T}\right) = a \cdot (-1) \cdot p^{-2}$$

만일, $T = p^{0.5}(p = T^2)$이라고 하면, $V = a \cdot p^{-1} \cdot p^{0.5} = a \cdot p^{-0.5}$

$$V = a \cdot (T^2)^{-1} \cdot T = a \cdot T^{-1}$$

$$dV = \frac{\partial V}{\partial T} \cdot dT + \frac{\partial V}{\partial p} \cdot dp = a \cdot p^{-1} \cdot dT + a \cdot (-1)\, p^{-}2 \cdot T \cdot dp$$

$$= a \cdot p^{-1} \cdot 0.5\, p^{-0.5} \cdot dp + a \cdot (-1)\, p^{-2} \cdot p^{0.5} \cdot dp = -0.5 \cdot a \cdot p^{-1.5} \cdot dp$$

$$dV = \frac{\partial V}{\partial T} \cdot dT + \frac{\partial V}{\partial p} \cdot dp = a \cdot p^{-1} \cdot dT + a \cdot (-1)\, p^{-}2 \cdot T \cdot dp$$

$$= a \cdot T^{-2} \cdot dT - a \cdot T^{-4} \cdot T \cdot 2T \cdot dT = -a \cdot T^{-2} \cdot dT = -0.5 \cdot a \cdot p^{-1.5} \cdot dp$$

$$V = \int dV = \int -0.5 \cdot a \cdot p^{-1.5} \cdot dp = a \cdot p^{-0.5}$$

$$= \int -a \cdot T^{-2} \cdot dT = a \cdot T^{-1}$$

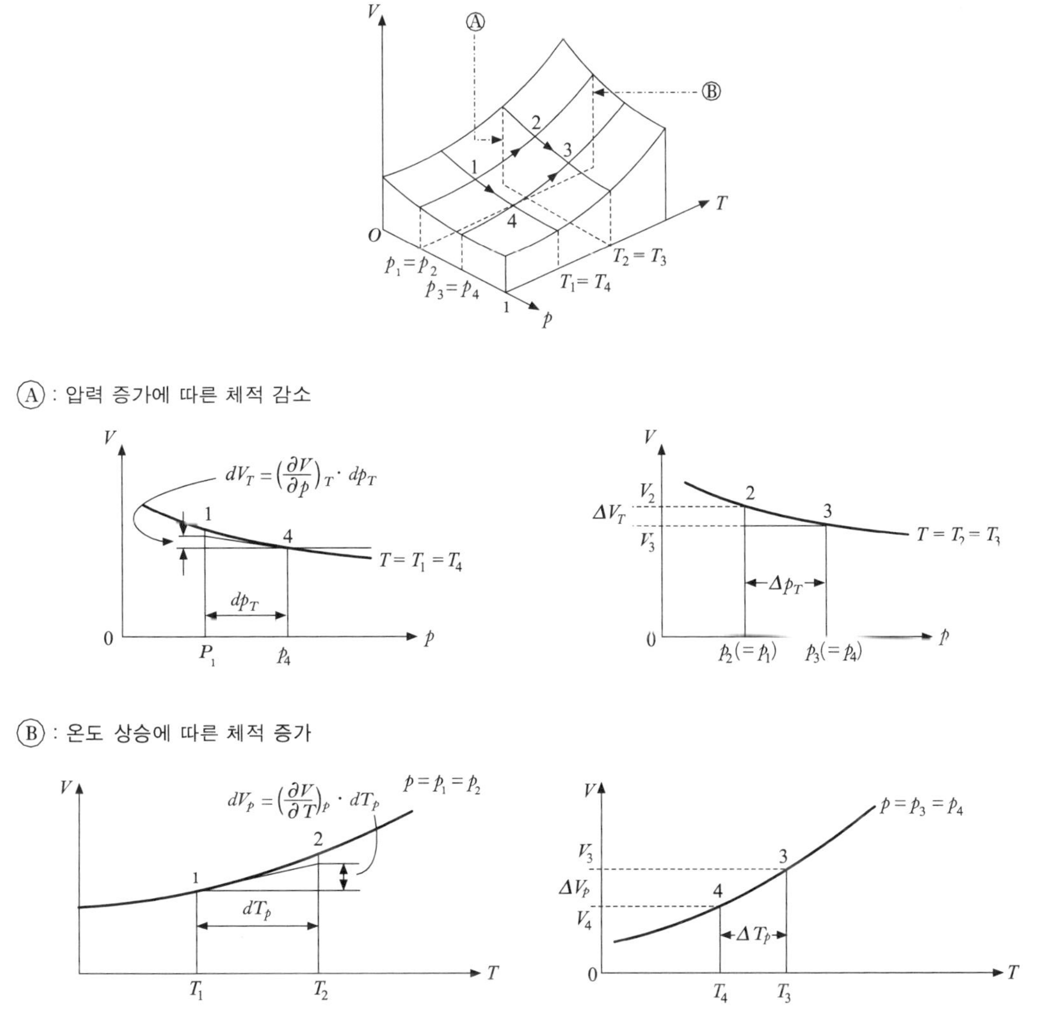

[그림 1.7] 압력이 증가함에 따른 체적의 감소율과 온도의 상승에 따른 체적의 증가율

$$\left(\frac{\partial V}{\partial p}\right)_T$$

$T = T_1$ 일 때의 곡선의 기울기

$$= \frac{V_4 - V_1}{p_4 - p_1} = \frac{\Delta V_T}{\Delta p_T}$$

$$\lim_{\Delta p_T \to 0} \frac{\Delta V_T}{\Delta p_T} = \left(\frac{\partial V}{\partial p}\right)_T$$

$$dV_T = \left(\frac{\partial V}{\partial p}\right)_T \cdot dp_T$$

$$\left(\frac{\partial V}{\partial p}\right)_p$$

$p = p_1$ 일 때의 곡선의 기울기

$$= \frac{V_2 - V_1}{T_2 - T_1} = \frac{\Delta V_p}{\Delta T_p}$$

$$\lim_{\Delta T_p \to 0} \frac{\Delta V_p}{\Delta T_p} = \left(\frac{\partial V}{\partial p}\right)_p$$

$$dV_p = \left(\frac{\partial V}{\partial T}\right)_p \cdot dT_p$$

II. 불완전미분(inexact differential)과 일

앞 절에서 일 ($W = p \cdot V$)[60]의 크기는 처음과 끝의 두 상태점 뿐만 아니라 두 점을 연결하는 경로에 따라 달라짐을 알았다. 즉, 일의 미분형($p \cdot dV$)이 주어질 경우, 적분 경로에 따라 적분치 W의 크기가 달라짐을 알았다. 이렇게 일과 같이 확정된 적분값이 얻어지지 않는 미분을 불완전미분이라 한다. 따라서 일 W의 미분은 완전미분 형태의 dW가 아닌 불완전미분 δW의 형태로 나타내어져야 한다. 그러면, 일이 불완전미분인 까닭은 무엇인가? 그것은 일과 열, 내부에너지의 관계가 규명되어야 알 수 있다. 이는 다음 장 「열역학 제 1 법칙」에서 설명될 것이다.[61]

압력 p가 체적 V와 온도 T의 함수로서 다음과 같이 주어질 때, $p = f(V, T) = \dfrac{T^2}{V}$

A) 경로 a: $V = T(dV = dT)$를 따르는 일 W_a 는,

$$p = f(V, T) = \frac{T^2}{V} = \frac{T^2}{T} = T$$

$$\delta W_a = p \cdot dV = T \cdot dT$$

$$\therefore\ W_a = \int_c \delta W_a = \int_1^2 T \cdot dT = \left| \frac{1}{2} T^2 \right|_1^2$$

B) 경로 b: $V = T^2 (dV = 2T \cdot dT)$를 따르는 일 W_b 는,

$$p = f(V, T) = \frac{T^2}{V} = \frac{T^2}{T^2} = 1$$

$$\delta W_b = p \cdot dV = 1 \cdot 2T \cdot dT$$

$$\therefore\ W_b = \int_c \delta W_b = \int_1^2 1 \cdot 2T \cdot dT = | T^2 |_1^2$$

〈$p . V$ 일의 예〉

실린더 내 기체의 부피, V ($\times 10^{-3}$ m^3)	실린더 내 기체의 압력 ($\times 10^5$ Pascal)		순 압력, p ($\times 10^5$ Pascal)
2.0	7.2	1 기압에서의 공기저항	6.2
4.0	5.4		4.4
6.0	3.9		2.9
8.0	3.0		2.0
10.0	2.3		1.3
12.0	1.8		1.8

$$W = \int_{V=2.0}^{V=12.0} p \cdot dV = (38.2 - 10) \times 10^2\ m^3 \cdot \text{pascal} = 2{,}820\ \text{Joule}$$

60) 열역학의 주역은 기체이므로 $F \cdot S$ 일의 힘 F 대신에 압력 p를 사용하여 $p \cdot V$ 일을 구하기로 한다.

61) 완전미분: 제 2-3.1절 내부에너지 편 참조

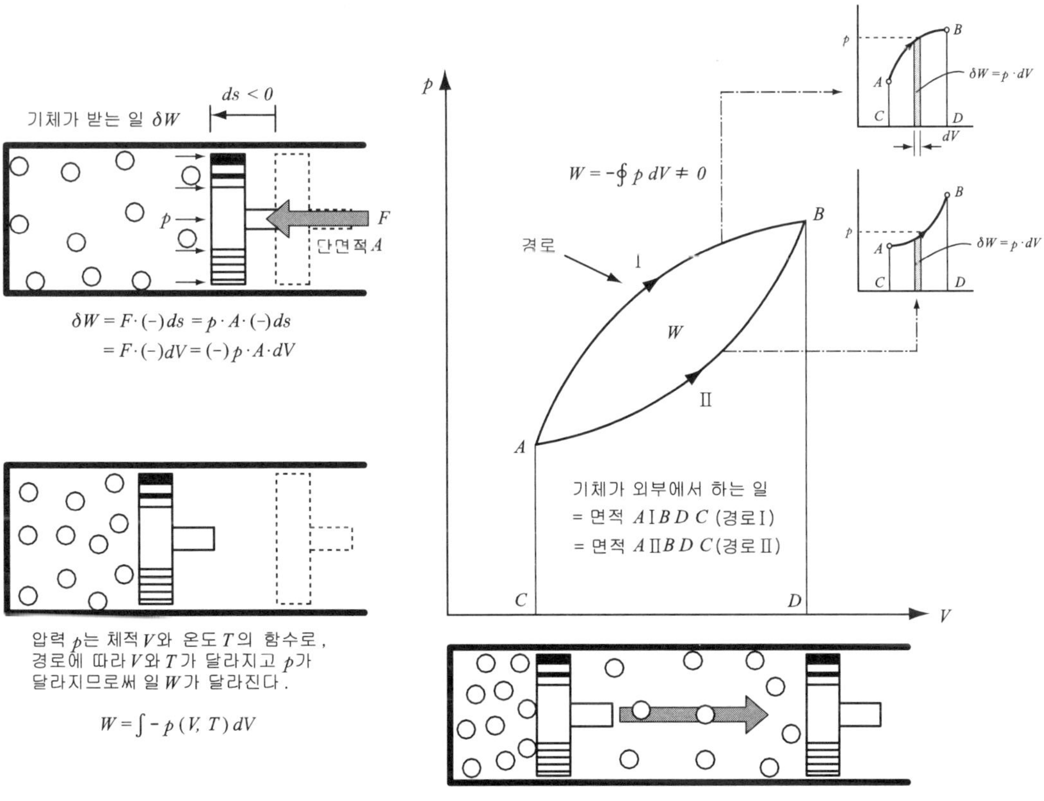

기체가 받는 일 δW
ds < 0
p
F
단면적 A
δW = F·(−)ds = p·A·(−)ds
= F·(−)dV = (−)p·A·dV
압력 p는 체적 V와 온도 T의 함수로, 경로에 따라 V와 T가 달라지고 p가 달라지므로써 일 W가 달라진다.
W = ∫ − p (V, T) dV
W = −∮ p dV ≠ 0
경로
I
II
W
A
B
C
D
V
δW = p·dV
dV
기체가 외부에서 하는 일
= 면적 A I B D C (경로I)
= 면적 A II B D C (경로II)

〈 $p \cdot V$ 일의 예 〉

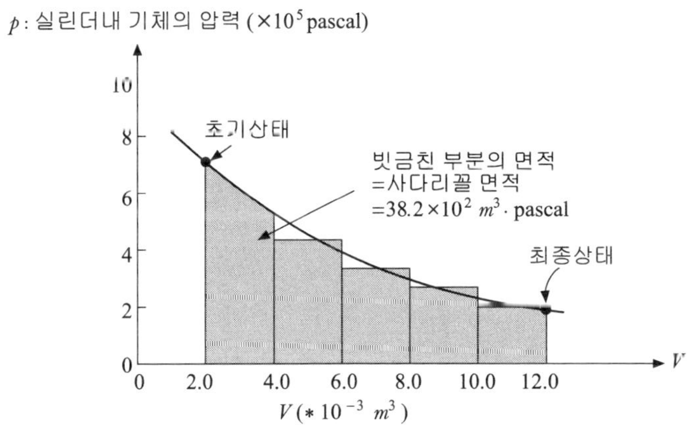

p : 실린더내 기체의 압력 (×10⁵ pascal)
초기상태
빗금친 부분의 면적
=사다리꼴 면적
=38.2×10² m³ · pascal
최종상태
0
2
4
6
8
10
2.0
4.0
6.0
8.0
10.0
12.0
V
V (* 10⁻³ m³)

III. 완전미분(exact differential)과 내부에너지

1−2.5/6절에서 내부에너지의 미소량은 열량이나 일의 미소량 δQ, δW와 구분하여 dU로 나타내었다. d는 완전미분의 기호이고, δ는 불완전미분의 기호이다.

여기서, 내부에너지 U에 앞서 우선 역학적에너지 PE와 KE에 대하여 살펴보기로 한다.

지금, 질량 m의 물체에 수직력 $F(=m \cdot g)$가 작용하여 점 A(기준면 z_1)로부터 dz만큼의 높이 점 b에 옮겨졌다고 하면, 이때 물체가 지닌 위치에너지의 크기는

$$d(PE) = F \cdot dz = m \cdot g \cdot dz \qquad \cdots\cdots (1-15)$$

가 된다. 만약, 물체를 z만큼의 높이 점 $B(z_2)$에 위치시키면 이때 물체가 지닌 위치에너지의 크기는

$$PE = m \cdot g \cdot (z_2 - z_1) \qquad \cdots\cdots (1-17)$$

가 된다. 그러나 물체를 다시 점 A에 위치시키면 위치에너지는 영의 값이 된다.

내부에너지 역시 위치에너지나 운동에너지와 마찬가지로 물체가 지닌 에너지이다.

그러므로 내부에너지의 미분은 완전미분이며, 이를 식으로 나타내면 다음과 같다.

$$\int_A^B dU = U_B - U_A \text{ (도중의 경로에는 무관계)} \qquad (1-28)$$

$$\oint_c dU = 0 \text{ (}A\text{ 에서 }B\text{로, }B\text{ 에서 }A\text{로 다시 돌아감)} \qquad (1-29)$$

내부에너지 U가 p(혹은 T)의 함수로서, $U = a \cdot p^{-1} \cdot T$, $T = p^{0.5}$ $(T^2 = p)$라고 하면,

$$U = a \cdot p^{-1} \cdot p^{0.5} \;\Rightarrow\; |a \cdot p^{-0.5}|_A^B = U_A^B$$

$$U = a \cdot T^{-2} \cdot T \;\Rightarrow\; |a \cdot T^{-1}|_A^B = U_A^B$$

이고,

$$\frac{\partial U}{\partial p} = a \cdot (-1) p^{-2} \cdot T, \qquad \frac{\partial}{\partial T}\left(\frac{\partial U}{\partial p}\right) = a \cdot (-1) \cdot p^{-2}$$

$$\frac{\partial U}{\partial T} = a \cdot p^{-1}, \qquad \frac{\partial}{\partial p}\left(\frac{\partial U}{\partial T}\right) = a \cdot (-1) \cdot p^{-2}$$

이므로,

$$\begin{aligned} dU &= \frac{\partial U}{\partial T} \cdot dT + \frac{\partial U}{\partial p} \cdot dp = a \cdot p^{-1} \cdot dT + a \cdot (-1) p^{-2} \cdot T \cdot dp \\ &= a \cdot p^{-1} \cdot 0.5 p^{-0.5} \cdot dp + a \cdot (-1) p^{-2} \cdot p^{0.5} \cdot dp = -0.5 \cdot a \cdot p^{-1.5} \cdot dp \end{aligned}$$

$$\begin{aligned} dU &= \frac{\partial U}{\partial T} \cdot dT + \frac{\partial U}{\partial p} \cdot dp = a \cdot p^{-1} \cdot dT + a \cdot (-1) p^{-2} \cdot T \cdot dp \\ &= a \cdot T^{-2} \cdot dT - a \cdot T^{-4} \cdot 2T \cdot dT = -a \cdot T^{-2} \cdot dT \end{aligned}$$

$$\begin{aligned} U_{A-B} &= U_B - U_A = \int_A^B dU = \int_A^B -0.5 \cdot a \cdot p^{-1.5} \cdot dp = |a \cdot p^{-0.5}|_A^B \\ &= a \cdot p_B^{-0.5} - a \cdot p_A^{-0.5} \end{aligned}$$

$$\begin{aligned} U_{A-B} &= U_B - U_A = \int_A^B dU = \int_A^B a \cdot T^{-2} \cdot dT = |a \cdot T^{-1}|_A^B \\ &= a \cdot T_B^{-1} - a \cdot T_A^{-1} \end{aligned}$$

$$U_{A-A} = U_A - U_A = \oint dU = 0$$

〈완전미분과 위치에너지〉

〈불완전미분과 (F·S)일〉

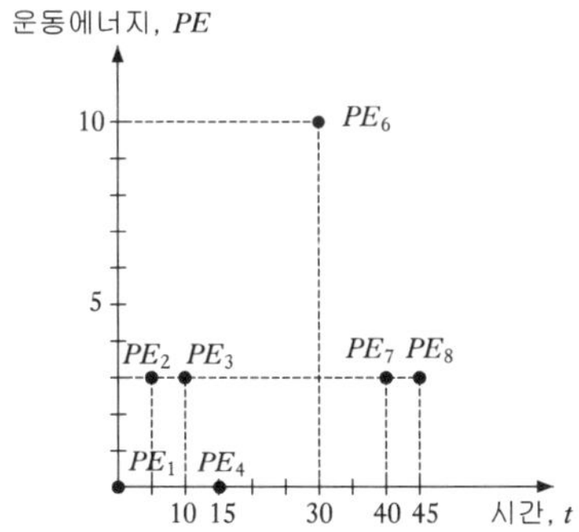

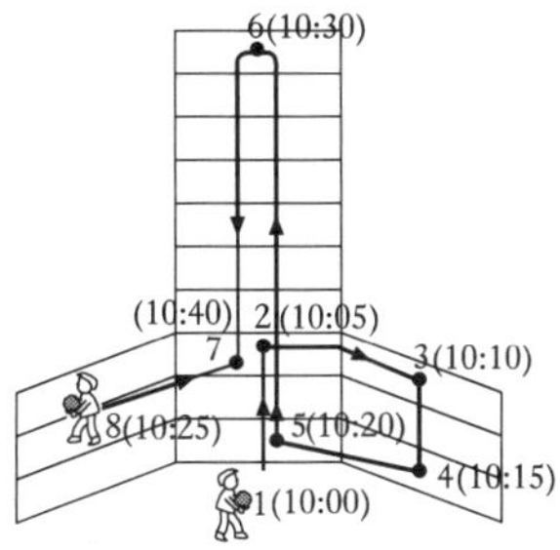

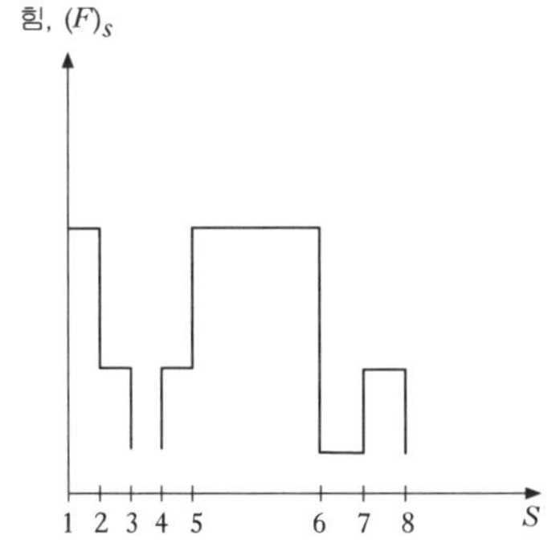

$$[PE]_1^8 = \int_{PE=PE_1}^{PE=PE_8} d(PE) = (PE)_8 - (PE)_1$$

$$W_{12} = \int_C \delta W = \int_C F \cdot ds$$

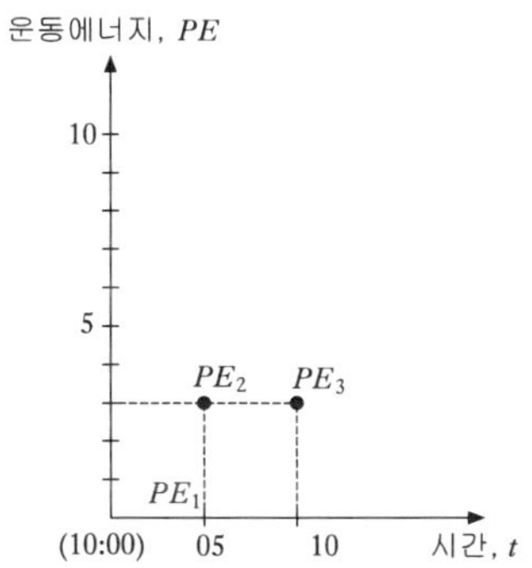

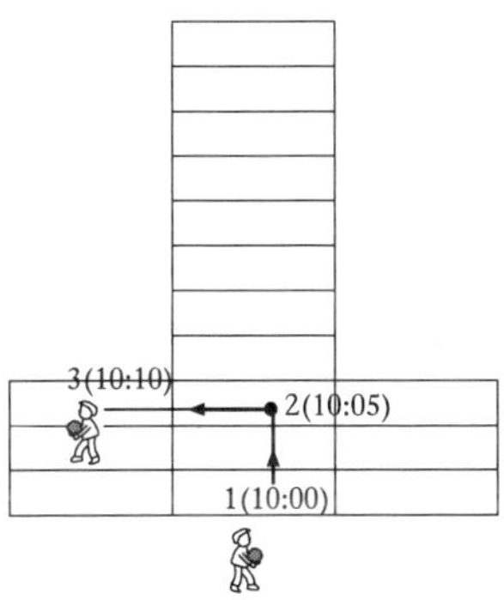

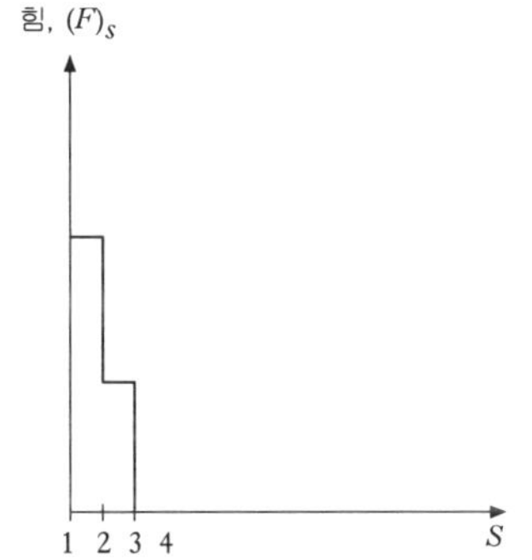

$$[PE]_1^3 = \int_{PE=PE_1}^{PE=PE_3} d(PE) = (PE)_3 - (PE)_1$$

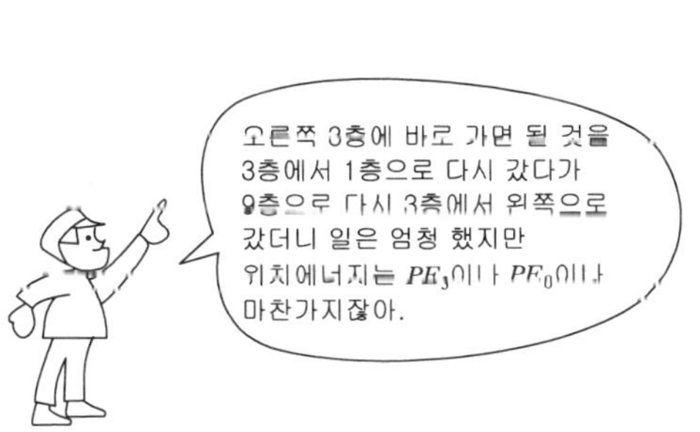

(9) 압력(pressure)

압력은 계의 표면에 작용하는 단위면적 당 수직응력으로 정의된다. 유체(기체나 액체)로 구성된 계에 대해서는 유체가 채워진 용기 안쪽 벽면에 작용하는 압력은 개개의 분자들이 용기의 벽면에 충돌하는 축적된 효과에 의한 것이며 벽면에 수직력으로 작용한다. 평형상태 하의 유체에 대한 압력은 다음 식으로 정의된다.[62]

$$p = \frac{F_n}{A} \tag{1-30}$$

여기서, F_n은 표면적 A에 수직한 힘을 의미한다.

*SI*단위계에서의 압력단위는 *Pascal*을 사용하며, 1 *Pa*은 1 m^2의 면적에 1 *Newton*의 힘이 작용하는 압력을 나타낸다.[63]

$$\begin{aligned} 1\ Pa = 1\ N/m^2\ (&= 10^5\ dyme/10^4\ cm^2 \\ &= 10\ dyme/cm^2 = 10 \cdot 10^{-6}\ bar) = 10^{-5}\ bar \end{aligned} \tag{1-31}$$

일반적으로 압력계 또는 진공계로 측정되는 압력은 그 계기가 있는 곳의 대기압과 계의 절대압력의 차로 나타난다. 따라서 계의 절대압력은 측정압력(계기압)에 측정 시의 대기압을 더한 값으로 구해진다(그림 1-8 참조).

$$\text{절대압력} = \text{계기압} + \text{대기압} \tag{1-32}$$

대기압에 비하여 큰 차이가 없는 압력은 주로 액주계(manometer)를 이용하여 측정하는 것이 비교적 간단하다. 그림 1-9와 같은 액주계에서 액면의 높이 차 L을 측정하여 측정압력 $p_{측정}$을 구하는 식은 다음과 같다.

$$p_{측정} = \rho \cdot L \cdot g \tag{1-33}$$

여기서, ρ: 액주계 내에 담겨 있는 액체의 밀도
g: 중력 가속도

이 식에 밀도는 kg/m^3, 길이는 m, 중력가속도는 $m/\sec^2$단위의 값을 대입하면, 계산된 수치에 대한 압력단위는 $Pa(scal)$이 된다.

---

62) 점성이 큰 유체를 다룰 때는 각 방위에 따른 응력(stress) 상태의 변화가 중요한 고려사항이 되지만, 이 책에서 다루는 물질들은 점성이 매우 적은 물질을 다루기 때문에 점성의 효과를 고려하지 않기로 한다.

63) (표준대기압) 1,013 milli−bar = 1,013 hecto−pascal

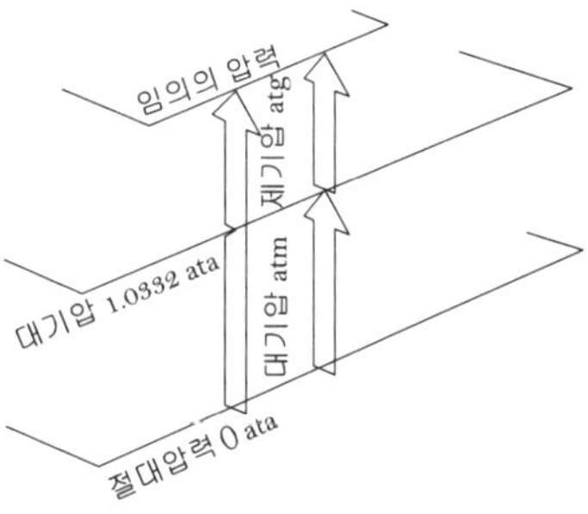

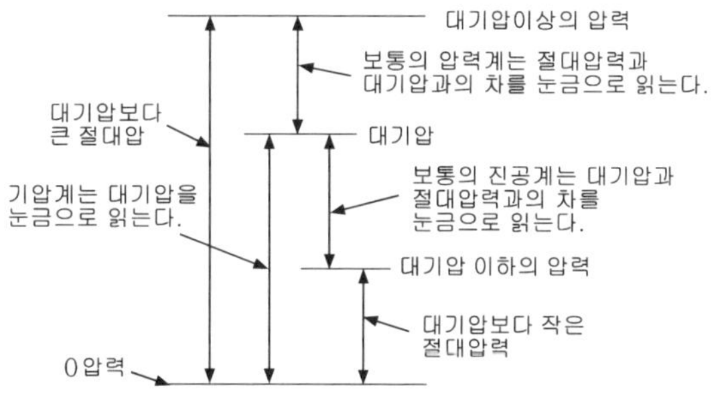

측정압력에 사용되는 용어 설명

[그림 1.8] 압력계의 관계

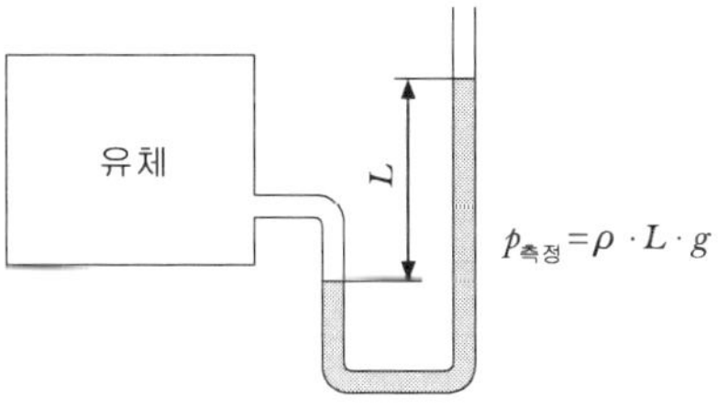

[그림 1.9] 액주계를 사용한 압력측정의 예

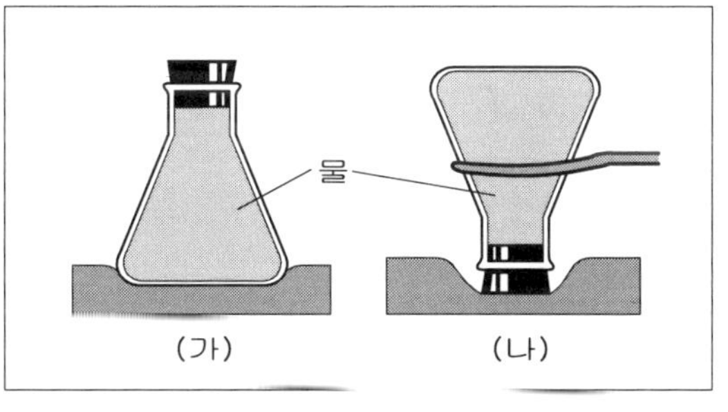

[스펀지에 작용하는 압력]

힘의 크기가 같을 때는 힘을 받는 면의 넓이가 좁을수록 압력은 커진다.

(10) 비체적(specific volume), 비중량 및 밀도(density)

비체적(比體積, v)이나 밀도(密度, ρ)는 계를 구성하고 있는 물질의 조밀한 정도를 나타내는 물리적 특성값이다.

비체적은 단위중량(질량)의 물질이 차지하는 체적으로 정의되며,

다음 식으로 주어진다.

$$v = \frac{V}{G} \quad [\frac{m^3}{kg_f}], \; v = \frac{V}{m} \quad [\frac{m^3}{kg_m}] \tag{1-34}$$

여기서, V : 계의 체적, G : 계의 중량, m : 계의 질량

중력장에서의 계의 비체적은 계 내의 각 지점에 따라 변할 수 있다.

그러나 우리가 고려하는 중력장 내의 대부분의 계는 비교적 공간이 작기 때문에 높이에 따른 비체적의 변화를 고려할 필요는 없다.

밀도는 물질의 단위체적 내에 포함되어 있는 질량으로 정의되며, 다음 식으로 주어진다.

$$\rho = \frac{m}{V} \tag{1-35}$$

이 책에서는 밀도 ρ에 대하여도 중력장의 영향을 고려하지 않기로 한다.

계의 비체적이 작을수록, 혹은 밀도가 클수록 계를 구성하고 있는 물질이 조밀한 상태에 있다는 의미를 지닌다. SI 단위계에서 비체적의 단위는 m^3/kg와 $m^3/kmol$이고, 밀도의 단위는 kg/m^3와 $kmol/m^3$이다.[64)]

비중량(specific weight)은 물질의 단위체적 당 중량으로 정의되며, 비체적의 역수로서, 다음 식으로 주어진다.

$$\gamma = \frac{G}{V} = \frac{1}{v} \quad [\frac{kg_f}{m^3}], \tag{1-36}$$

여기서, G : 계의 중량, V : 계의 체적, v : 계의 비체적,

또한, 비중(specific gravity)의 의미는 어떤 물질과 물(4 °C)과의 질량비(중량비)를 말하며, 단위는 무차원이다.

---

64) $\frac{kg_{(m)}}{m^3} = \frac{kg_{(m)} \cdot g}{m^3 \cdot g} = \frac{kg_{(f)}}{m^3 \cdot 9.8 \frac{m}{\sec^2}} = \frac{kg_{(f)} \cdot \sec^2}{9.8 \cdot m^4}$

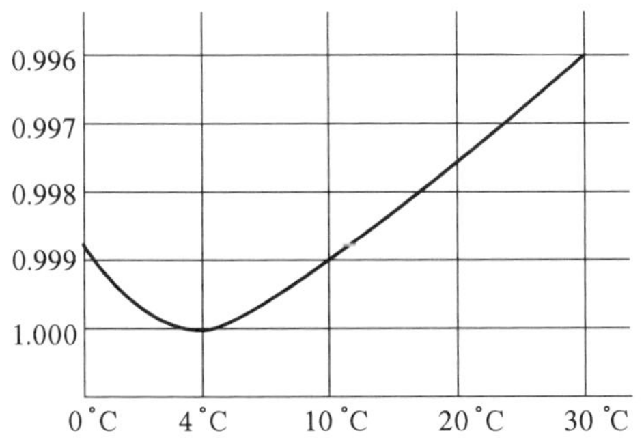

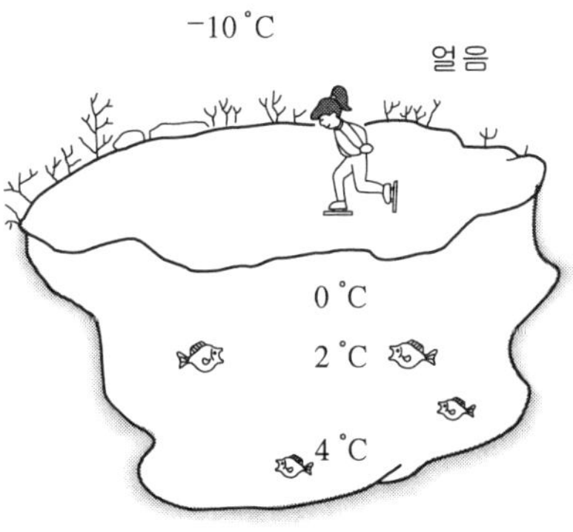

온도에 따른 물의 부피변화

▶ 물 표면의 온도가 4°C가 되면 무거워져서 밑으로 가라앉으므로 겨울철 연못은 바닥이 윗부분보다 온도가 더 높다. 따라서 얼음은 표면에서부터 얼기 시작한다.

대부분의 물체는 온도가 증가하면 부피가 늘어난다. 그러나 물의 경우 0~4 ℃ 사이에는 온도가 증가할수록 부피가 감소하여 4 ℃에서 부피가 가장 작게 된다.

비체적 : 단위 질량의 물질이 차지하는 체적

$$단위 = \frac{m^3}{kg_{(m)}}$$

: 단위 중량의 물질이 차지하는 체적

$$단위 = \frac{m^3}{kg_{(f)}}$$

비중량 : 단위 체적당의 물질의 중량

$$단위 = \frac{kg_f}{m^3}$$

(11) 비열(specific heat) / 정적비열, 정압비열

중량 $m\ kg_f$의 물체에 열량 δQ가 가해진 경우, 물체의 온도상승이 dT ℃라 하면, δQ는 dT ℃에 비례하고 중량 G에 반비례함을 우리는 경험으로부터 알고 있다.

이를 식으로 표시하면,

$$\delta Q = G \cdot c \cdot dT = C_{onst} \cdot dT \tag{1-37}$$

가 되며, 여기서 비례상수 C_{onst}.는 물체의 재질에 관계되는 정수로서 그 물체의 비열이라 한다. 또,

$$C = m \cdot c \tag{1-38}$$

는 중량 $m\ kg_f$를 1℃ 높이는데 필요한 열량으로서, 이것을 열용량이라 한다.

물체의 온도를 T_1으로부터 T_2까지 가열하는데 필요한 열량 Q_{12}는 비열 c가 일정한 경우에는,

$$Q_{12} = G \cdot c \cdot (T_2 - T_1) \tag{1-39}$$

으로 표시되며, 비열 c가 온도 T의 함수관계를 가질 때에는,

$$Q_{12} = G \int_{T_1}^{T_2} c \cdot dT = G \cdot c_m \cdot (T_2 - T_1) \tag{1-40}$$

$$c_m = \frac{1}{T_2 - T_1} \int_{T=T_2}^{T=T_1} c \cdot dT \tag{1-41}$$

로 표시된다.

여기서, c_m은 온도 T_1으로부터 T_2까지 사이의 평균비열(mean specific heat)이다.

이 평균비열은 온도 범위 및 온도의 고저에 따라 다르며, 물체에 가해진 열량은 그 일부가 물체의 내부에너지 증가에 소비되며, 나머지 열량은 외부에 대해서 하는 일을 위해서 소비된다. 따라서 체적을 일정하게 유지하면서 가열한 경우와 압력을 일정하게 유지한 채 가열한 경우는 가열량에 있어서 그 크기가 다르다. 즉, 상태의 변화에 따라 비열은 달라지며, 특히 기체에 있어서는 그 차가 심하게 나타난다. pVT계에서 체적을 일정하게 한 상태에서 온도 1℃ 높이는데 필요한 열량을 정적비열(constant volume specific heat)이라고 하며 c_v로 표시한다.

$$c_v = \left(\frac{\delta q}{dT}\right)_{v=const} \tag{1-42}$$

또한, 압력을 일정하게 한 상태에서 온도 1℃ 높이는데 필요한 열량을 정압비열(constant pressure specific heat)이라고 하며 c_p로 표시한다.

$$c_p = \left(\frac{\delta q}{dT}\right)_{p=const} \tag{1-43}$$

문제 : 물과 모래 중 어느 것의 비열이 더 높은가? 팁 : 물의 비열이 더 높다.
태양빛이 쪼이는 해변의 모래는 뜨겁지만 바닷물은 뜨겁지 않다.
이런 이유로 한낮에 뜨거워진 모래가 새벽에는 쉽게 차가워진다.
물의 비열이 더 높고 빛이 잘 투과하므로 육지보다 온도가 덜 변한다.
육지에 쪼인 태양에너지는 표면에만 모이지만
바다인 경우에는 표면 아래까지도 태양에너지가 전파된다.

(12) 단위(unit) 및 단위계(unit system)

I. 단 위

물질의 열역학적 특성값들을 측정가능한 양으로 다루기 위해서는 각 특성 값들에 대한 척도(scale)가 필요하다. 척도의 눈금을 정하기 위해서는 얼마만큼의 변화량을 1로 취하느냐 하는 정의가 필요한데, 이와 같은 각 특성값들의 변화량 1에 대한 정의가 단위(unit)이다.

이들 단위 중, 계의 열역학적 변화를 측정하기 위한 기본단위로는 질량, 길이 및 시간에 대한 단위이다.

이 책 전체를 통하여 사용될 단위계는 *SI* 단위라 불리는 국제단위계(international system unit)이다.

국제단위계에서는 질량의 기본 단위를 킬로그램(kilogram : *kg*), 길이의 기본단위를 미터(meter : *m*), 시간의 기본단위를 초(second : *s*)로 하고 있다.

우선, 우리가 다루게 될 여러 가지 단위들에 대하여 좀더 쉽게 이해할 수 있도록 단위에 관한 기본정의를 살펴보기로 한다.

단위의 목적은 앞에서 언급한 바와 같이 측정 가능한 물리적 현상들에 있어서의 변화량을 수치적으로 다룸으로써 해석적으로 설명할 수 있도록 하는 데 있다.

계의 특성과 거동을 설명하는 데 사용되는 물리적 기본변수는 길이, 질량, 시간, 온도, 전기 대전량(electric charge) 등이 있다. 이들 기본변수들에 대한 단위를 어떻게 정하느냐에 따라 물리적 특성값들에 대한 단위계는 여러 종류가 될 수 있다. 따라서 우리가 다루는 물리적 현상을 해석하는 데 있어서는 단위계의 선택이 가장 우선되어야 한다.

여러 가지 단위계간의 환산 값은 (부록)에 나타내두었다.

표 1.1은 국제단위계의 접두어를 나타낸다.

표 1.1 국제 단위계의 접두어

배 수	접 두 어	기 호	배 수	접 두 어	기호
10^9	giga	G	10^{-1}	deci	d
10^6	mega	M	10^{-2}	centi	c
10^3	kilo	k	10^{-3}	milli	m
10^2	hecto	h	10^{-6}	micro	μ
10	deka	da	10^{-9}	nano	n

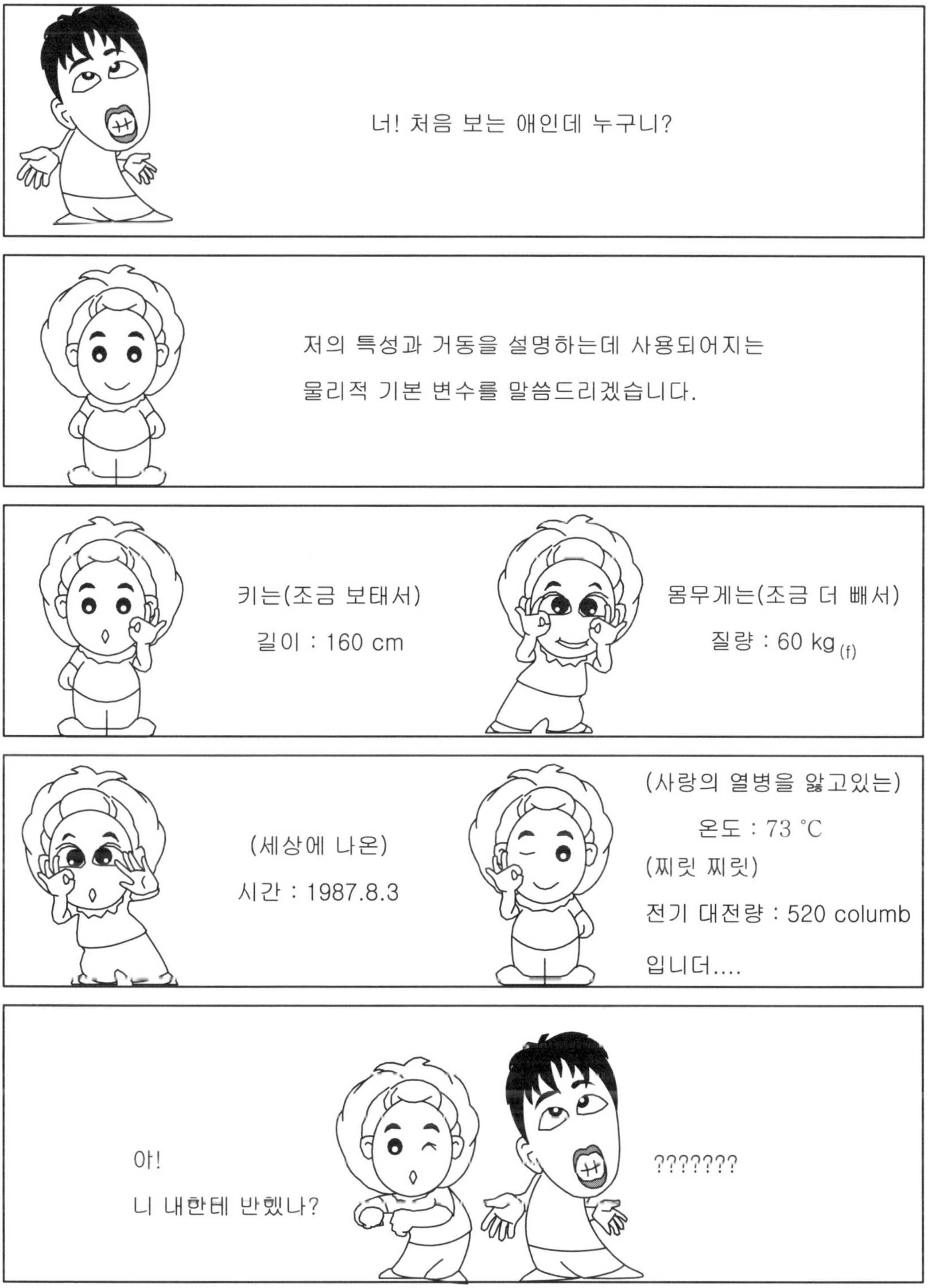
너! 처음 보는 애인데 누구니?
저의 특성과 거동을 설명하는데 사용되어지는
물리적 기본 변수를 말씀드리겠습니다.
키는(조금 보태서)
길이 : 160 cm
몸무게는(조금 더 빼서)
질량 : 60 kg (f)
(세상에 나온)
시간 : 1987.8.3
(사랑의 열병을 앓고있는)
온도 : 73 ℃
(찌릿 찌릿)
전기 대전량 : 520 columb
입니더....
아!
니 내한테 반했나?
???????

(12) 단위(unit) 및 단위계(unit system)

II. 단위계

기계적 현상에 대한 단위계는 뉴턴의 운동 제 2 법칙과 만유인력의 법칙을 기초하여 구성한다. 뉴턴의 운동 제 2 법칙은 다음과 같다.

$$F \approx d(m \cdot v)/dT \tag{1-44}$$

여기서, F : 힘, m : 질량, v : 속도, T : 시간

식 (1−44)에 비례상수[65] C_{onst}.를 취하고 다시 정리하면,

$$F = C_{onst}. \cdot m \cdot a \tag{1-45}$$

여기서, a는 가속도로서 dv/dT 이다. 이제 기본변수에 대한 단위를 정하여 힘의 단위를 결정하면 된다. 질량, 길이, 시간의 단위를 각각 $kg_{(m)}$, m, s로 취할 경우, 1 $kg_{(m)}$의 질량을 1 m/s^2 의 가속을 나타내는 데 필요한 힘은 다음과 같다.

$$F \equiv C_{onst}. \cdot 1\ kg_{(m)} \cdot\ m/s^2 \tag{1-46}$$

식 (1-46)에서의 비례상수 $C_{onst.}$ 는 우리가 적당히 취할 수 있으므로, $C_{onst.}$ 를

$$k = 1\ N/(kg_{(m)} \cdot m/s^2) \tag{1-47}$$

으로 취하면 다음과 같이 된다.

$$F = 1\ N/(kg_{(m)} \cdot m/s^2) \times 1\ kg_{(m)} \cdot m/s^2 = 1\ N \tag{1-48}$$

즉, 힘 1 *Newton* 은 1 $kg_{(m)}$의 질량이 1 m/s^2 의 가속도를 갖는 데 필요한 힘의 단위가 된다. 1 $kg_{(m)}$가 지구 중력장 내에서의 평균 중력가속도 9.8 m/s^2과 같은 가속을 내는 데 필요한 힘을 정의해 보면, 식 (1-46)에서

$$F = k\ \cdot 9.8\ kg_{(m)} \cdot m/s^2 \tag{1-49}$$

와 같다. 식 (1-49)에서 비례상수 k를

$$k = 1\ kg_f/(9.8\ kg_{(m)} \cdot m/s^2) \tag{1-50}$$

로 취하면 다음과 같다.

$$F = 1\ kg_f/(9.8\ kg_{(m)} \cdot m/s^2) \times 9.8\ kg_{(m)} \cdot m/s^2 = 1\ kg_f \tag{1-51}$$

즉, 힘 1 kg_f는 1 kg_m 의 질량이 9.8 m/s^2 의 가속도를 갖는 데 필요한 힘의 단위가 된다. 따라서 힘의 단위를 *Newton* 으로 정한 단위계와 kg_f로 정한 단위계에서 같은 수치로 주어진 힘 사이에는 9.8 배의 차이가 생긴다.

---

65) 변환계수라고도 한다.

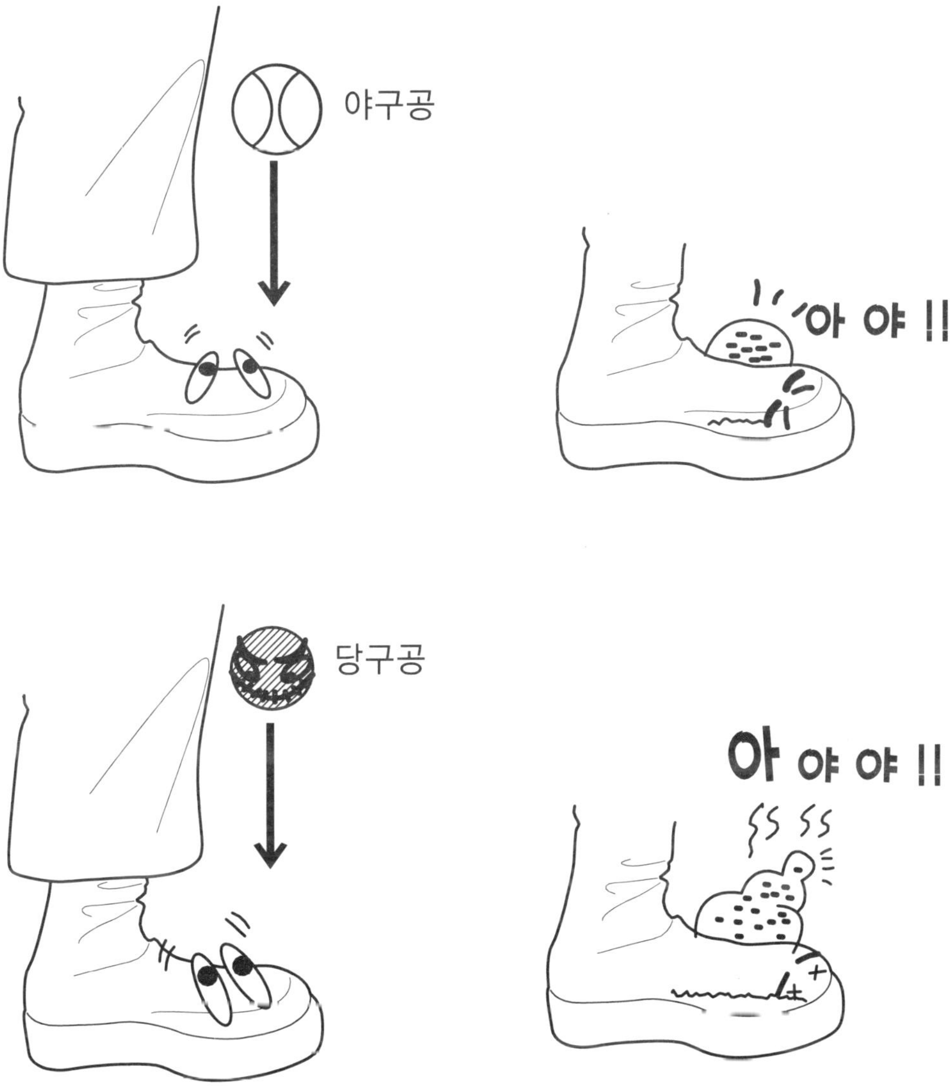

발가락을 찧는 힘은 중력가속도가 일정하므로 질량에 비례한다.

(13) 일(work), 열(heat) 및 동력(power)의 단위

앞으로 다룰 열역학적 현상 중에서 대표적인 일과 열에 관한 단위는 다음과 같다.
일의 단위는 단위계에 따라 *Joule*, $kg_f \cdot m$, $lb_f \cdot ft$ 등이 있다.

1 *Joule*은 1 *Newton*의 힘으로 1 *meter*를 움직이는 데 필요한 에너지량이고, 1 $kg_f \cdot m$는 1 kg_f의 힘으로 1 *meter*를 움직이는 데 필요한 에너지량이며, 1 $lb_f \cdot ft$는 1 lb_f의 힘으로 1 *feet*를 움직이는 데 필요한 에너지량이다.

따라서 이들 단위들 사이의 환산 값은 다음과 같이 된다.

$$1\ kg_f \cdot m = 9.8\ N \cdot m = 9.8\ J \qquad (1-52)$$

한편, 열의 단위로는 *Joule*, *kcal* 등이 있다.

1 *kcal*는 20 °C의 물 1 kg_f을 1 °C 상승시키는 데 필요한 열량으로 정의하고 있다.
이들 단위들 간의 환산 값도 일의 경우와 같은 방법으로 구할 수 있다.
다음 장에서 다시 학습하게 되겠지만, 1 *kcal*는 427 $kg_f \cdot m$와 같은 에너지량이다.

$$\begin{aligned} 1\ kcal &= 427\ kg_f \cdot m \\ &= 427 \times 9.8\ J = 4,185\ Joule \end{aligned} \qquad (1-53)$$

또한, 동력(power)은 단위시간 동안 할 수 있는 일로 정의한다.
따라서 동력의 단위는 다음과 같이 정의하고 있다.

$$\begin{aligned} 1\ Joule / \sec &= 1\ Watt \\ 75\ kg_f \cdot m / s &= 1\ PS \end{aligned} \qquad (1-54)$$

그러므로 이들 단위 사이의 환산 값은 다음과 같이 된다.

$$\begin{aligned} 1\ PS &= 75\ kg_f \cdot m / s \\ &= 75 \times 9.8\ J / s = 735\ Watt \end{aligned} \qquad (1-55)$$

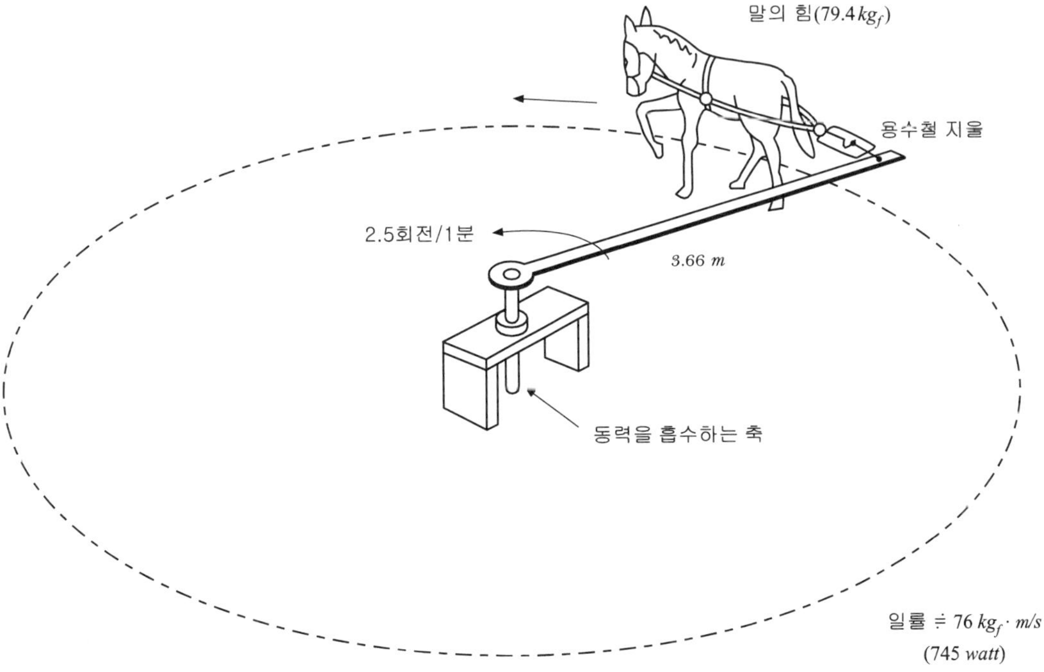

James Watt에 의한 1 hp 의 정의
: 1 ps 와 1 hp는 735 w 와 745 w 로 조금 차이가 있다.

연습문제

1 온도와 열은 어떻게 다르며, 그 단위는 무엇인가?

2 일과 열은 어떻게 서로 전환되는가?

3 기체가 고체로 되거나 액체가 고체로 될 때 열을 밖으로 방출하는 원인이 무엇인가?

4 물체에 힘이 작용하여도 일을 하지 않는 경우의 예를 들어 보아라.

[힌트]

$W = F \cdot s \cdot \cos\theta$ 에서 $s = 0$ 이거나 $\theta = 90°$ 인 경우에 하는 일은 0이 된다.

5 다음 진술들에 관하여 잘못된 것들을 지적하라.

(a) TV 뉴스 해설자가 '유인 우주선이 지구대기권에 재돌입할 때 표면 열은 1,400 °C에 이른다'고 말한다.

(b) 포장상자에 「무게 = 250 kg」라는 말이 새겨져 있다.

(c) 신문사진에 무더운 여름동안 건물을 짓고 있는 일꾼들이 '110 °F 열에 시달리고 있다'고 말하고 있다.

(d) 우유에 대한 새로운 저온살균과정이 신문에 보도되었다. 그 기사는 「살균하지 않은 우유는 약 280 °C까지 수 초동안 가열－정상적 살균우유에 필요한 열의 2배」라고 쓰여져 있다.

(e) 소방활동을 다룬 한 기사에 의하면 소방수들이 40 °C의 열에 견디기 어렵다고 한다.

(f) 한 신문 기사에 의하면 '혜성이 목성표면에 충돌할 때 발생하는 순간적인 열은 약 30,000 °C에 달할 것'이라고 한다.

1 온도 변화의 원인을 열이라고 한다. 열을 주거나 빼앗으면 온도가 변한다. °C, K 등은 온도의 단위이며 calorie Joule 등은 열의 단위이다.

2 어떤 장치의 도움이 없이도 일이 열로 바뀔 수 있으나, 열이 일로 전환되기 위해서는 열기관 등의 장치가 필요하다. 일찍이 줄(J. P. Joule)은 일이 열로 바뀌는 관계를 명확히 밝힌 바 있다.

3 분자의 운동 에너지가 감소하며, 이 때 줄어든 분자들의 운동에너지가 열로 방출된다.

4 ① 물체에 힘을 가해도 물체가 움직이지 않을 때 ($s=0$)
② 물체를 들고 있을 때 ($s=0$)
③ 수평하게 운동하는 물체에 중력이 하는 일 ($\theta=90°$)
④ 수직하게 운동하는 물체에 구심력이 하는 일 ($\theta=0°$)

5 (a) 표면 '열'이 아니고 표면 '온도'이어야 한다.
(b) kg 은 「무게」 단위가 아니다.
(c) 110 °F의 「온도」에 시달리고 있다.
(d) 2 배의 「온도」라고 해야 한다. 열의 2배인 경우는 동일온도로 가열시간을 연장한다는 의미가 된다.
(e) 40 °C의 「온도」라면 누구나 견디기 힘들 것이다.
(f) 열, 즉 에너지라면 단위가 *Joule*, *kJ*, *cal* 등이어야 한다.

6 매끄러운 수평면 위에서 6 m/s 의 속도로 운동하는 질량 2 kg 인 물체에 일정한 힘을 계속 작용시켰더니 10 m/s 의 속도가 되었다.

(1) 물체의 운동에너지는 얼마나 증가하였는가?

(2) 물체가 8 m 의 거리를 이동하였다면, 물체에 작용한 힘은 몇 N 인가?

[힌트]

$$\frac{1}{2} \cdot m \cdot v_0^2 + F \cdot s = \frac{1}{2} \cdot m \cdot v^2$$

7 질량 10 kg 의 물체에 대하여 다음 양들을 계산하라.

(a) 해수면에서 물체의 중량, 뉴턴 단위로.

(b) $g = 9.4\,\mathrm{m/s^2}$ 인 곳에서 물체의 중량, 뉴턴 단위로.

6 (1) 운동 에너지의 변화량 $= \frac{1}{2} \cdot m \cdot v^2 - \frac{1}{2} \cdot m \cdot v_0^2$

$$= \frac{1}{2} \times 2 \times (10^2 - 6^2) = 64\ [J]$$

(2) $F \cdot (8\ m) = \frac{1}{2} \cdot m \cdot v^2 - \frac{1}{2} \cdot m \cdot v_0^2$ 에서 $F = 8\ [N]$

7 (a) 중량은 무게, 즉 힘의 단위이므로 식 (1−51)을 이용하면,

$$W = F = m \cdot g = (10\ kg)(9.8\ m/s^2) = 98\ [kg \cdot m/s^2]$$

을 얻는다. 변환계수를 사용하여 단위를 변경하면 다음과 같다.

$$W = \frac{98\ kg \cdot m/s^2}{1\ kg \cdot m/N \cdot s^2} = 98\ [N]$$

(b) $g = 9.4\,\mathrm{m/s^2}$ 인 위치에서 중량은 다음과 같다.

$$W = \frac{(10\ kg) \cdot (9.4\ m/s^2)}{1\ kg \cdot m/N \cdot s^2} = 94\ [N]$$

SI계는 사용하기에 편리하며 자연과학계에서 광범위하게 쓰이고 있다.
그러므로 예제들과 각 장의 끝에 있는 문제들은 모두 SI계로 사용하였다.

8 그림과 같이 마노미터가 압력 용기에 부착되어 있다.
마노미터의 한쪽 끝이 대기에 노출되어 있으며, 국부 대기압은 760 $mmHg$ 이다.
다음 조건에서 용기의 안쪽면에 작용하는 절대압력을 계산하라.

(a) 마노미터 유체의 높이가 420 mm 이고 유체의 비중이 1.6 일 때,

(b) 마노미터 유체의 높이가 850 mm 이고 유체의 밀도가 1,100 kg/m^3 일 때,

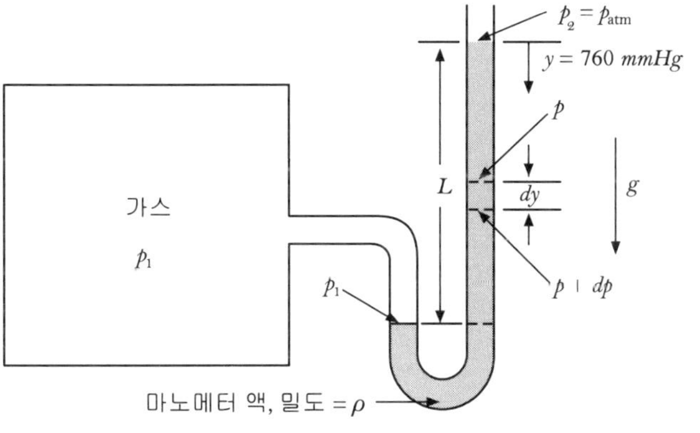

〈유체 입력측정을 위한 간단한 마노미터〉

9 90 °C 커피 0.20 kg 을 20 °C, 질량 0.30 kg 인 유리컵에 부었다.
외부로 열전달이 없었다고 가정하면 커피의 나중 온도는 얼마인가?
단, 유리의 비열은 0.84 $kJ/kg°C$ 이며, 커피의 비열은 물의 비열과 같다고 한다.

8 마노미터는 게이지 압력을 나타내고 절대압력은 마노미터 압력에 대기압을 더해야 한다. 식 (1−33)으로부터,

(a) $p_{gauge} =$ (유체밀도) · (중력가속도) · (액주계 높이) $= (1.6\times10^3\ kg/m^3)\cdot(9.8\ m/\sec^2)\cdot(0.42\ m)$

$= 6,586\ [N/m^2]$

$p_{abs} = p_{gauge} + p_{atm}$

$= 6,586\ N/m^2 + 101,300\ N/m^2$

$= 107,886\ N/m^2 = 107.9\ [kPa]$

(b) $p_{gauge} = \rho\cdot g\cdot \mathrm{L} = (1,100\ \ kg/m^3)(9.8\ m/s^2)(0.85\ m)$

$= 9,163\ [N/m^2]$

$p_{abs} = 9,163\ N/m^2 + 101,300\ N/m^2$

$= 110,463\ N/m^2 = 110.5\ [kPa]$

9 $Q_{얻은} = Q_{잃은}$

컵이 얻은 열 = 커피가 잃은 열

커피와 컵의 나중 온도가 T이면 컵이 얻은 열은

$$Q_{얻은} = m_{컵}\cdot c_{컵}\cdot(T-20\,°\mathrm{C}) = (0.30\ \ kg)\left(0.84\frac{kJ}{kg\ °\mathrm{C}}\right)(T-20\,°\mathrm{C})$$

$$= (0.25T - 5.0)\ [kJ]$$

커피가 잃은 열은

$$Q_{잃은} = m_{컵}\cdot c_{컵}\cdot(90\,°\mathrm{C} - T)$$

$$= (0.20\ kg)\left(4.19\frac{kJ}{kg\ °\mathrm{C}}\right)(90\,°\mathrm{C} - T) = (75.4 - 0.84\ T)\ [kJ]$$

이제 컵이 열과 커피가 잃은 열을 같다고 놓고 T에 관해 풀면:

$$Q_{얻은} = Q_{잃은}$$

$$0.25T - 5.0 = 75.4 - 0.84\,T$$

$$T = 74\ [°\mathrm{C}]$$

이다. 컵을 데우면서 커피의 온도는 16 °C 낮아졌다.

뜨거운 커피를 마시기 위해서는 반드시 커피잔을 미리 데워야 한다는 것은 명확하다.

10 실린더 내의 기체에 $4.2 \times 10^2 J$ 의 열량을 가해주었더니, 그 기체가 1기압하에서 부피가 2×10^{-3} m^3 만큼 팽창하였다. 피스톤의 마찰을 무시할 때, 기체의 내부에너지의 증가량은 얼마인가?

[힌트]

$Q = \Delta U + p \cdot \Delta V$

11 과정 1−2가 $p-V$선도에 도시된 것 같이 A과정과 B과정으로 수행된다.

(a) 1−2 과정을 A경로로 수행할 때의 일이 B경로의 일과 비교할 때 큰가? 같은가? 또는 작은가?

(b) 1−2 과정을 A경로로 수행할 때의 온도 차가 B경로의 온도 차와 비교할 때 큰가? 같은가? 또는 작은가?

(c) 1−2 과정을 A경로로 수행할 때의 압력 차가 B경로의 압력 차와 비교할 때 큰가? 같은가? 또는 작은가?

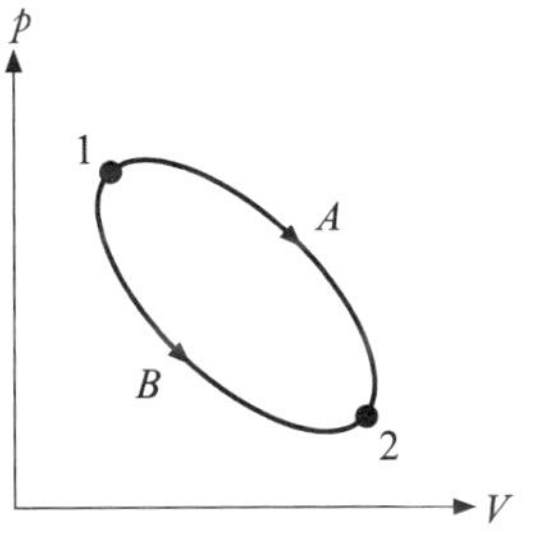

12 문제 11의 과정 선도를 생각하자. 상태 1−2−1을 통과하는 가역사이클이다.

(a) 사이클을 먼저 A 경로로, 다음 B 경로로 수행할 때의 일이 먼저 B 경로를 다음에 A 경로를 수행할 때의 일과 비교할 때 큰가? 작은가? 또는 같은가?

(b) 사이클을 먼저 A 경로로 다음 B 경로로 수행할 때의 온도 차가 먼저 B 경로를 다음에 A 경로를 수행할 때의 온도 차와 비교할 때 큰가? 작은가? 또는 같은가?

(c) 사이클을 먼저 A 경로로 다음 B 경로로 수행할 때의 압력차가 먼저 B 경로를 다음에 A 경로를 수행할 때의 압력차와 비교할 때 큰가? 작은가? 또는 같은가?

10 $\Delta U = Q - p \cdot \Delta V = 4.2 \times 10^2 - 1.01 \times 10^5 \times 2 \times 10^{-3}$
$= 2.18 \times 10^2\,[J]$

11 (a) 일은 경로에 따라 달라지므로,

$$W_{12A} > W_{12B}$$

(b) 온도는 경로와 무관계한 상태량이므로,

$$\Delta T_{12A} = \Delta T_{12B}$$

(c) 압력 역시 점함수이므로,

$$\Delta p_{12A} = \Delta p_{12B}$$

12 (a) 어떤 사이클을 따르더라도 $p-V$선도의 면적은 동일하므로, 같다.

(b) 온도 차는 제로로서 똑같다.

(c) 압력 차는 제로로서 똑같다.

13 밀폐된 피스톤과 실린더 내에 연소가스가 다음의 가스압력 - 실린더체적의 관계를 갖는 경로로 팽창한다.

$$p \cdot V^{1.5} = C_{onst}.$$

여기서 C_{onst}.는 상수이다. 동력행정이 시작할 때 가스의 압력은 3 MPa이고, 실린더 내의 체적은 50 cm^3 이다. 행정이 끝났을 때 실린더 체적은 1,200 cm^3 이다.
피스톤의 단 행정동안 가스의 일과 초 당 20 행정을 할 때 가스가 행한 평균동력을 계산하라.

13 팽창 가스의 일은 식 (1−5)로부터 결정된다. $p-V$ 경로 관계를 대입하고 주어진 상태 사이를 적분하면

$$W_{12}=\int_1^2 p\,dV=\int_1^2 \frac{C}{V^{1.5}}\,dV=-2\left[V_2^{-0.5}-V_1^{-0.5}\right]$$

$$=-2\cdot p_1\cdot V_1^{1.5}\left[V_2^{-0.5}-V_1^{-0.5}\right]$$

$$=-2(3\,MPa)\,(50\,cm^3)^{1.5}\left[(1200\,cm^3-50\,cm^3)^{-0.5}\right]\left(\frac{10^6 N/m^2}{MPa}\right)\left(\frac{m^3}{10^6 cm^3}\right)$$

$$=238.7\,N\cdot m=238.7\ [J]$$

이 된다. 가스에 의해 얻어진 동력은

$$W=\left[238.7\frac{J}{\text{행정}}\right]\left[20\frac{\text{행정}}{s}\right]=4,774\,J/S=4,774\ [W]$$

이다. 일은 초기, 최종 상태뿐만 아니라 경로를 알아야 계산할 수 있다.

Chapter 2

열역학 제 1 법칙

우리는 앞에서 열역학 제1 법칙의 개념을 이미 배워서 알고 있다.*
다만 그것을 '제1 법칙'이라고 부르지 않았을 따름이다.

열역학 제1 법칙은 에너지보존의 법칙(Law of Conservation of Energy)으로도 불린다.

질량보존의 법칙에서의 질량과 마찬가지로 에너지는 보존되는 상태량이다.
그것은 저절로 생성되거나 소멸되지 않고, 다만 그것의 형태가 바뀔 수 있을 뿐이라는 것이다. 우리는 에너지를 어떤 형태에서 다른 형태로 변화시킬 수 있을 뿐이고, 또 계의 외부로부터 계로 더해줄 수 있을 따름이다. 이를 달리 표현하면 다음과 같다.

「어떤 계가 외부와 에너지의 주고받음이 없을 때는 계가 지닌 에너지의 총량(= 내부에너지)은 일정하게 보존된다. 한편 에너지의 수수가 있어 내부에너지가 증가했을 때 그 증가분은 계로 옮겨진 열량과 일의 합계와 같다.」

---

* 제 1-2절(1-2.6절)

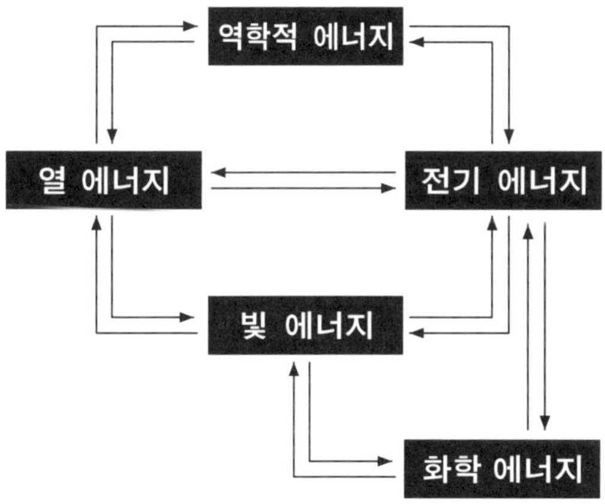

<에너지의 종류와 그 전환>

마찰이 없을 때 물체의 역학적 에너지는 보존되지만, 마찰이 있는 경우에는 역학적 에너지가 감소하여 이때 감소한 역학적 에너지의 양만큼 열에너지가 발생한다.

이와 같이 에너지는 소멸되는 것이 아니고, 다른 형태의 에너지로 전환된다. 예를 들면, 화력발전소에서는 석유나 석탄 등의 화학 에너지를 열 에너지로 바꾸고 이를 이용하여 전기 에너지를 얻는다.

수력발전소에서는 높은 곳에 저장되어 있는 물의 위치 에너지가 터빈을 돌리는 운동 에너지로 전환되고, 이 운동에너지는 다시 전기 에너지로 전환된다. 전기 에너지는 전열기에서 열 에너지로, 전동기에서 역학적 에너지로, 전기분해 과정에서 화학 에너지로 전환된다.

다음 그림은 여러 가지 에너지의 전환을 보여 주는 예이며, 이러한 사실로 어떤 종류의 에너지가 감소할 때에는 에너지가 소멸되는 것이 아니고, 다른 종류의 에너지로 전환되는 것을 알 수 있다. 자연계에는 여러 형태의 에너지가 있고 이들은 서로 전환된다. 이때 어떤 종류의 에너지가 감소하면, 반드시 다른 형태의 에너지가 그만큼 증가한다.

그러나 전체적으로 보면 에너지의 총량은 증가도 감소도 하지 않는다.

일반적으로 어떤 물체계(서로 작용하는 물체들의 모임)와 외부와의 에너지 교환이 없을 때 물체계가 가지고 있는 에너지의 총합은 변하지 않고 일정하다. 이것을 에너지 보존의 법칙이라 한다. 이 법칙은 자연과학에서 가장 폭넓게 사용되는 기본적인 법칙 중 하나로 자연 현상을 체계적으로 이해하는 데 매우 유용할 뿐 아니라 새로운 물리현상을 이해하는 길잡이 역할을 하는 법칙이다.

〈출처〉 고등학교 물리/동아출판사

2.1 열역학 제 1 법칙의 의미

계를 은행의 구좌로 비유하면 어떨까?

지금 구좌에 들어있는 예금액은 그 총액이 입・출금이 없는 한 항상 일정액이 보존될 것이다.[1] 그리고 매번 입금・출금하면서 얼마짜리 동전과 얼마짜리 지폐로 입금했는지는 구분할 수 없으며 또한 그것은 의미도 없다.

단지 구좌의 예금액이 예의 내부에너지일 따름이다. 예금을 동전으로 했던지, 지폐로 했던지 그것은 잔고와는 상관이 없으며, 구좌에 예금 잔고가 없으므로 출금을 할 수 없음은 계의 내부에너지가 없으므로 일을 할 수 없음과 같고, 예금 잔고만 있다면 원하는 대로 출금할 수 있듯이 내부에너지도 열량이나 일의 형태로 출입할 수 있다.

또 다른 예를 들어보자. 컵의 커피를 데우고자할 때 간단하게 전기코일을 컵 속에 넣어 전기 에너지를 이용할 수도 있고 커피 컵 아래에 우아하게 알코올램프를 켜서 열 에너지를 이용할 수도 있을 것이다.

1) 「어떤 계가 외부와 에너지의 주고받음이 없을 때는 계가 지닌 에너지의 총량(=내부에너지)은 일정하게 보존된다. 한편 에너지의 수수가 있어 내부에너지가 증가했을 때 그 증가분은 계로 옮겨진 열량과 일의 합계와 같다.」

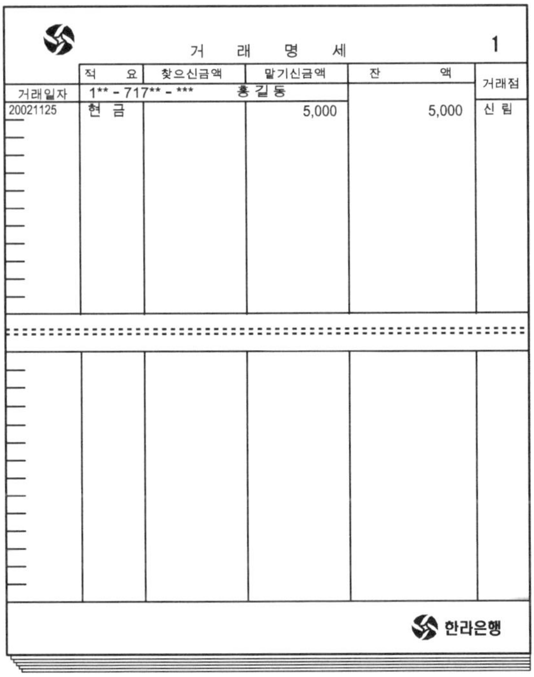

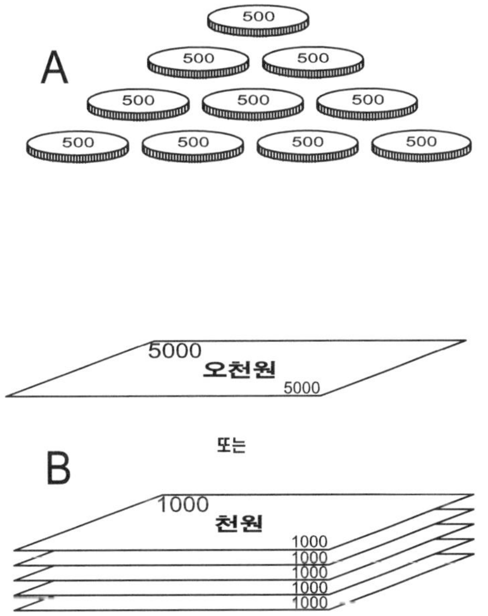

▶ 은행구좌에 입금한 예금액은
A 경우처럼 500원 동전짜리 10개로 입금한 5000원이나,
B 경우처럼 5000원짜리 지폐 1장 또는 1000원짜리 지폐 5장으로
입금한 액수는 같다.

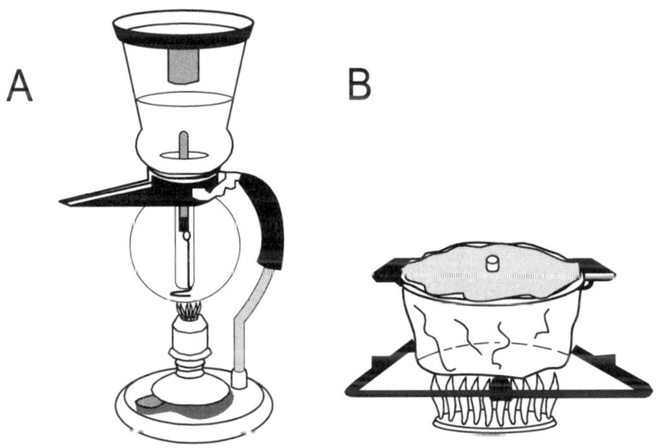

▶ 미지근해진 커피를 데울때
A 처럼 우아하게 사이폰 커피메이커로 데우나
B 처럼 초라하게 찌그러진 양철냄비로 데우나,
방법의 차이는 있을지 몰라도 가해진 열량은 같음을 알 수 있다.

2.2 에너지보존의 법칙과 열역학 제 1 법칙

(1) 에너지보존의 법칙

18세기까지만 해도 열은 물질의 일종[2]이라고 하는 등 열의 본성에 관한 여러 가지 설이 있었으나 19세기에 이르러 Mayer, Joule 등에 의해 열은 일과 같이 에너지의 일종으로 열을 일로 변화시킬 수도, 또 그 역도 가능하다는 것이 밝혀졌다.

이를 식으로 표현하면 다음과 같다.

$$\oint \delta Q = \oint \delta W \qquad (2-1)$$

또, 이 관계를 양적으로 표현하면 열량 Q를 $kcal$로, W를 $kg_f \cdot m$로 나타낼 때,

$$W = J \cdot Q, \quad \frac{W}{Q} = J = \frac{1}{A} \quad \left(W = \int_c \delta W\right) \qquad (2-2)$$

$$Q = A \cdot W, \quad \frac{Q}{W} = A = \frac{1}{J} \quad \left(Q = \int_c \delta Q\right) \qquad (2-3)$$

이 식에 있어서 A는 일의 열당량, 역으로, J는 열의 일당량이다.[3]

그러나 이들 A와 J가 필요한 것은 Q와 W를 서로 다른 공학단위로 나타냈을 경우이고, 열과 일을 같은 [*Joule*] 단위로 나타내면 A와 J가 다 같이 1.0으로서 A와 J를 고려할 이유가 없다.

$$Q = W \qquad (2-2')$$

$$W = Q \qquad (2-3')$$

이처럼,「열은 본질상 일과 같은 에너지의 한 형태로서, 열은 일로, 또한 일은 열로 변환하는 것이 가능하다.」[4]와 같이 표현한 것이 에너지보존의 법칙(the law of the conservation of energy)이다.

---

2) 열소(熱素)

3) 1-2.4절 참조

4)「열은 본질상 일과 같은 에너지의 한 형태이다.
따라서 열에너지는 다른 에너지로, 다른 에너지는 열에너지로 전환할 수 있다.」

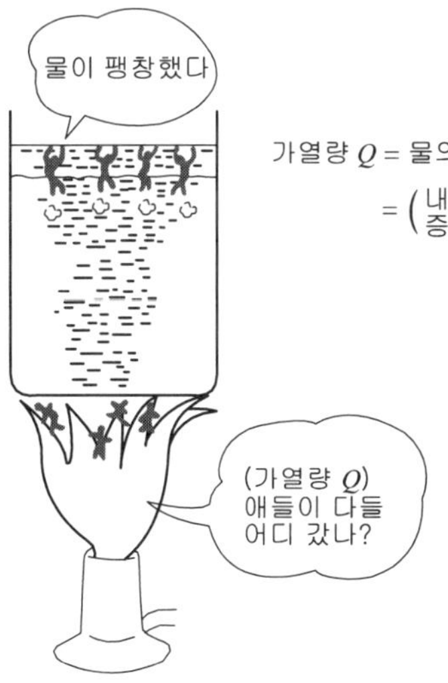

가열량 Q = 물의 온도상승 + 물의 팽창

= (내부에너지의 증가량, ΔU) + (팽창이 행한 기계적인 일, W)

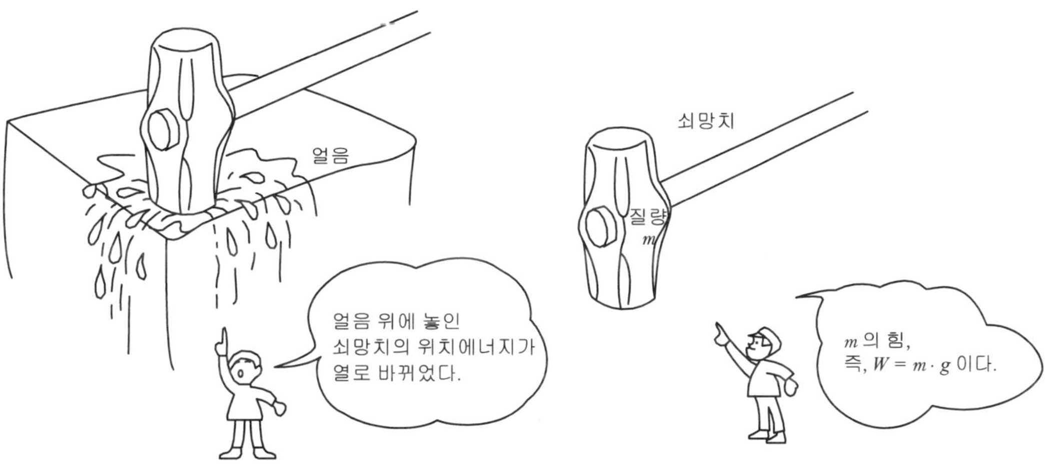

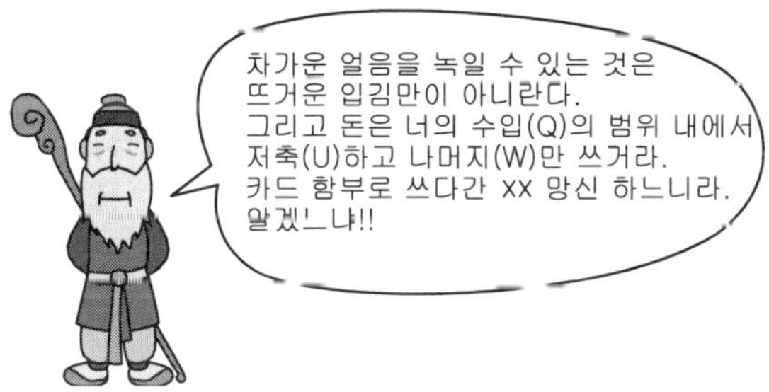

(2) 제 1 종 영구기관

에너지보존의 법칙을 동력을 발생시키는 기계에 적용하면, 기계가 동력을 발생시킬 때에는 동시에 다른 형태의 에너지를 소비하지 않으면 안 된다. 즉,

"에너지의 소비 없이 계속하여 일을 할 수 있는 기계는 존재하지 않는다."

만약, 이와 같은 기계가 존재한다고 하면 이러한 기계를 제 1 종 영구기관이라 한다. 따라서 에너지보존의 법칙은 제 1 종 영구기관(perpetual machine of the 1st kind)의 존재를 부정한다. 열기관은 「열」, 「내부에너지」, 「일」의 관계를 이용해서 움직인다.

가까운 예로, 엔진은 연료와 공기를 폭발적으로 반응시켜 이때에 발생한 대량의 열량을 동작유체에 줌으로써 동작유체의 내부에너지를 증가시키고 증가한 내부에너지가 일로 바뀐다. 이때 내부에너지를 소화하여(단열변화) 유효하게 쓰인 일이 많을수록 방열량은 적게 된다.[5)]

그러면 최초에 열을 공급하지 않고 언제까지나 일을 만들어 낼 수는 없을까?

결론부터 말하면 답은 [불가]이다. 내부에너지란 무진장한 에너지가 아니다.

내부에너지란 물질 내부의 분자레벨의 운동에너지, 분자레벨의 위치에너지로서 어떤 물질이 처음에는 많은 에너지를 가지고 있다고 할지라도 언젠가는 그 물질이 지니고 있던 내부에너지를 다 써버리고 말 것이기 때문에 결국 외부로부터 열이나 일 등의 에너지를 공급받지 않고 계속 움직이는 기관은 존재할 수 없다는 것이 된다. 즉, 제 1 종 영구기관은 있을 수 없다.

기관을 움직여 일을 얻기 위해서는 어떤 형태이건 에너지의 공급이 필요하다.

계에 에너지 보존의 원리를 적용하려면, 계를 출입하는 열이나 일에 대하여 이를 물리량의 正, 負 즉, 그 부호를 정할 필요가 있다. 일반적으로 계에 열을 가하면 계의 온도가 상승하고 외부에 대하여 일을 하게 된다.[6)] 이와 같이 열은 계의 경계를 통과하여 계로 들어가기도 하며 나가기도 한다. 또 계가 외부에 일을 하기도 하며 이와는 반대로 냉동기와 같이 계가 외부로부터 열을 뺏어오기 위해 일을 외부로부터 공급받기도 한다. 그림 2-1에서 계를 출입하는 열과 일의 부호를 나타내었다.

계로 들어가는 열은 「+」, 계에서 나가는 열은 「-」, 계가 외부에 대해 하는 일은 「+」, 계가 외부로부터 받는 일은 「-」로 정하였다.[7)]

---

5) 배기온도가 낮아진다.

6) 때로는, 상변화가 일어나는 경우를 포함

7) 계가 흡열하여 가열되면 「+열량」, 방열하여 냉각되면 「-열량」으로 하고, 열기관이 외부에 일을 하면 「+일」, 열펌프가 외부로부터 일을 받으면 「-일」로 정한다.

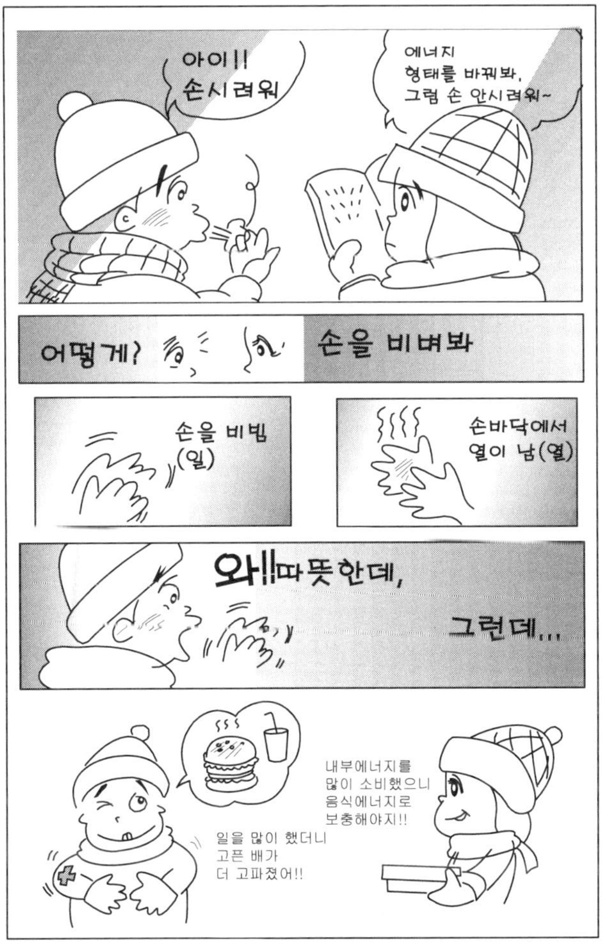

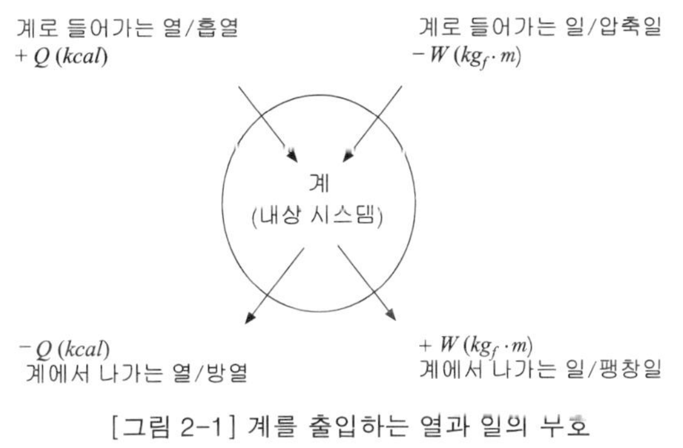

[그림 2-1] 계를 출입하는 열과 일의 부호

일과 열의 부호를 정하는 데에도 일정한 법칙이 있었구나!!

(3) 열역학 제 1 법칙

디이젤엔진은 실린더 내에 공기를 흡입하여 압축하고 압축된 고압고온의 공기에 중유를 분무한다. 중유가 착화하여 폭발적으로 연소하면서 발생한 고온의 연소 가스는 피스톤을 아래로 눌러 내리는 기계적 일을 행한다. 이때 발생된 열에너지로 인하여 내부에너지가 증가하여 혼합가스의 온도를 상승시키는 한편 피스톤이 기계적인 일을 할 수 있다. 즉,

가해진 열에너지 Q는 내부에너지의 증가량 ΔU와 기계적인 일 W로 변환한다.[8)]

이를 식으로 나타내면 다음과 같이 된다.

$$Q = \Delta U + W \quad (q = \Delta u + w) \tag{2-4}$$

여기서, Q, U와 W를 모두 Joule 단위를 쓰면 열의 일당량이나 일의 일당량은 고려할 필요가 없어진다. 즉,

$$Q(J) = \Delta U(J) + W(J) \tag{2-4'}$$

이처럼, 에너지는 보존되는 양이고, 그것은 물체간의 상호작용을 통하여 다른 물체로 이동할 수 있고 다른 형태로 바뀔 수는 있으나, 그 동안 에너지는 창조되거나 소멸되지 않으므로 에너지의 총량은 항상 일정하다.

이 사실을 법칙으로 나타낸 것이 에너지보존의 법칙이며, 다음과 같이 표현된다.[9)]

「어떤 계가 보유하는 에너지의 총합은 주위와의 사이에 교환이 없는 한 일정하며, 주위와의 사이에 교환이 있다면 교환된 量만큼 증가 또는 감소한다.」[10)]

열역학 제 1 법칙은 이 에너지보존의 원리를 열에너지를 포함하여 확장한 법칙이다.

윗식을 사용하여 열역학적 현상을 해석하기 위한 하나의 계 즉, 시스템이 되는 영역은 가열 또는 방열의 대상이 되는 물체, 동작유체 혹은 열・에너지변환장치 등이다.

---

8) 앞 절의 식 (2-1)은 열역학 제 1 법칙의 표현이지만 이는 계가 사이클을 이룰 때에 한해서만 적용되는 식이다. 열이나 일이 계의 경계를 통과하여 사이클이 아닌 어떤 과정동안 계의 상태가 변할 때에는 계의 경계를 지나는 열이 일과 반드시 같고, 일이 반드시 열과 같지 않다.
즉, 에너지(열과 일)의 총화는 반드시 영이 아니며 그 차이가 계의 내부에너지이다.

9) 헬름홀츠(H. Helmholtz)

10) 에너지는 열 및 일 이외에 역학적(위치, 운동)에너지, 전기에너지, 자기에너지, 화학에너지 등 여러 종류가 있다. 이들 여러 가지 에너지는 단지 그 형태만 다를 뿐 본질은 동일한 것으로 한 형태에서 다른 형태로 변환할 수 있다. 그러나 그 어떤 에너지도 스스로 창조되거나 소멸되지 않는다.

(공급된) 열량 = 내부에너지(의 증가) + (기계적인) 일

2.3 밀폐계에 대한 열역학 제 1 법칙

(1) 열역학 제 1 법칙의 에너지 관계식

그림 2-2의 $p-V$ 선도에서 계는 경로 A를 통해 상태 1 에서 상태 2 까지의 과정을 이룬 다음, 다시 상태 2 에서 경로 B, 또는 경로 C를 거쳐 상태 1 로 되돌아옴으로써 한 사이클을 완성한다. 즉,

사이클 1−2−1 = (과정 1−A−2) + (과정 2−B−1)
= (과정 1−A−2) + (과정 2−C−1)

열역학 제 1 법칙의 식, $\oint \delta Q = \oint \delta W$ …… (2−1)

를 두 개로 분리된 위의 사이클에 적용하면, 경로 A와 경로 B로 이루어진 사이클에서는,

$$\int_{1-A}^{2} \delta Q + \int_{2-B}^{1} \delta Q = \int_{1-A}^{2} \delta W + \int_{2-B}^{1} \delta W \tag{2-5}$$

또한, 경로 A와 경로 C로 이루어진 사이클에서는,

$$\int_{1-A}^{2} \delta Q + \int_{2-C}^{1} \delta Q = \int_{1-A}^{2} \delta W + \int_{2-C}^{1} \delta W \tag{2-6}$$

지금, 식 (2−5)에서 식 (2−6)을 빼면,

$$\int_{2-B}^{1} \delta Q - \int_{2-C}^{1} \delta Q = \int_{2-B}^{1} \delta W - \int_{2-C}^{1} \delta W \tag{2-7}$$

위 식 (2−7)을 B 과정과 C 과정의 과정별로 나누어 정리하면,

$$\int_{2-B}^{1} (\delta Q - \delta W) = \int_{2-C}^{1} (\delta Q - \delta W) \tag{2-8}$$

여기서, 경로 B와 경로 C는 상태 1과 상태 2 에서 임의로 선택된 과정이므로 $(\delta Q - \delta W)$의 값은 상태 1과 상태 2의 모든 과정의 변화경로에 관계없이 일정하다는 것을 알 수 있다. 이는 $(\delta Q - \delta W)$의 값이 처음상태 1과 최종상태 2의 상태값에만 의존하며, 따라서 상태변화의 경로에는 무관한 점함수임을 나타낸다. 이러한 성질을 가진 $(\delta Q - \delta W)$를 계의 에너지변화로 정의하며 완전미분 dE로 나타내면 다음과 같은 밀폐계에 대한 열역학 제 1 법칙의 에너지 관계식을 얻을 수 있다.

$$\delta Q - \delta W = dE$$

또는,

$$\delta Q = dE + \delta W \tag{2-9}$$

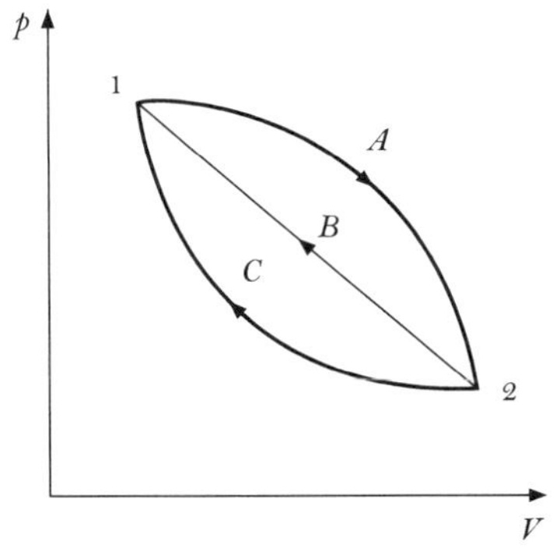

[그림 2-2] $p-V$ 선도

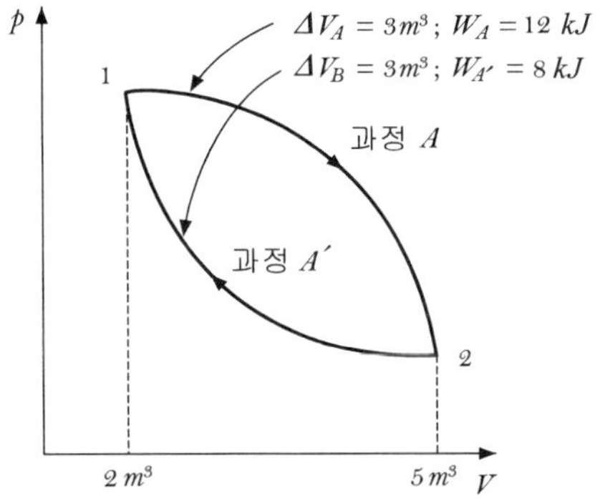

[그림 2-2.1] 상태량은 점함수지만 열과 일은 경로에 따라 달라지는 경로 함수이다.

경로함수(path function)는 δ로 나타내는 불완전 미분(in-exact differential)이다.

열이나 일은 상태량이 아니고 주어진 상태에 어떻게 도달하느냐에 따라 달라지는 경로함수로서 그 미분량은 δQ나 δW로 표시된다. 그러나 부피나 온도는 상태량이므로 단지 주어진 상태에만 관계되는 점함수로서 그 미분량은 dV나 dT로 표시된다. 점함수(point function)는 d로 나타내는 완전미분(exact differential)이다.

예를 들어, 미소 체적변화는 dV로 표시되고, 상태 1과 상태 2 사이의 과정 동안 전체 체적변화는 아래의 식과 같다.

$$\int_{V=V_1}^{V=V_2} dV = V_2 - V_1 = \Delta V$$

즉, 그림 2-2.1에서 나타낸 것처럼 1-2 과정 동안의 체적변화는 경로에 관계없이 항상 상태 2에서의 체적과 상태 1에서의 체적의 차이다. 그러나 1-2 과정 동안 행해진 일은 아래의 식과 같다.

$$\int_c \delta W = W_{12} \quad (\Delta W \text{ 가 아님})$$

전체 일은 과정의 경로를 따라 행해진 일의 미분량(δW)을 합함으로써 구해진다.
δW의 적분은 상태 2의 일에서 상태 1의 일을 뺀 $W_2 - W_1$이 아니다. 일은 상태량이 아니며, 시스템은 어떤 상태에서도 일을 가지고 있지 않기 때문에 $W_2 - W_1$은 무의미하다.

(2) 밀폐계에 대한 에너지보존의 식 - 1/2

식 (2−9)를 처음상태 1 에서 최종상태 2 까지의 과정을 적분하면,

$$
\begin{aligned}
Q_{1-2} &= \Delta E + W_{1-2} \text{ [11]} \\
&= (E_2 - E_1) + W_{1-2} \qquad (2-10)
\end{aligned}
$$

위 식 (2−10)에서 Q_{1-2} 는 상태 1 에서 상태 2 까지 변화하는 동안 계로 전달된 열량으로 경로함수이며, 또한 W_{1-2} 역시 경로함수로서 이는 상태가 변화하는 과정 사이에 계가 이룬 일을 의미한다.

E_1 및 E_2 는 처음과 최종상태에서의 에너지로서 계의 성질을 나타내는 상태량이다.

상태량 E 의 물리적인 의미는 계의 주어진 상태에서의 모든 에너지를 포함하는 것으로서, 계 전체로서의 외부 역학적에너지와 내부운동에너지[12]와 내부위치에너지[13] 그리고 원자구조에 관계되는 에너지 등의 여러 가지 형태로 존재할 수 있다.

열역학에서는 계의 에너지는 계 전체의 외부[14] 역학적 에너지를 별도로 생각하고, 계가 갖는 기타 에너지를 한데 묶어 내부에너지[15]로 취급한다.[16]

열역학에서는 열에 의한 내부에너지의 변화만을 따지므로 계가 가진 절대적인 크기는 의미가 없다. 즉, 내부에너지의 상태변화 전후의 상대적인 크기에 주목한다.

$$
\begin{aligned}
E &= [\text{내부에너지}] + [\text{외부에너지}] \\
&= [\text{내부운동에너지} + \text{내부위치에너지}] + [\text{역학적 에너지}] \qquad (2-11)
\end{aligned}
$$

---

11) Q_{12}를 $_1Q_2$로 W_{12}를 $_1W_2$로 표기하기도 한다.
12) 우리가 [주위]라고도 하고 [외계]라고도 하는 계의 외부로부터 계에 행해진 일과 같은 기계적 에너지를 외부에너지라고 한다.
13) 계가 갖는 내부에너지를 미시적인 관점에서 보면 계를 이루는 물질은 수 많은 미소한 분자로 구성되고 각 분자는 질량을 갖고 있으므로 내부운동에너지와 내부위치에너지를 지니고 있다. 따라서 계의 내부에너지는 내부운동에너지와 내부위치에너지의 총화로서 물질 속에 저장된다고 생각하는 것이다. 대개의 물질은 온도가 올라가면 분자의 운동이 활발해지므로 온도의 상승에 따라 내부에너지도 상승한다.
14) 절대온도에 비례하는 분자의 운동에너지
15) 분자의 상대위치에 관계되는 에너지. 즉, 분자의 결합상태에 따른 상호인력
16) 역학적에너지(위치에너지와 운동에너지)는 질량, 속도 등으로 나타낼 수 있으나, 내부에너지(모든 형태의 에너지)는 나타내기 힘들다.

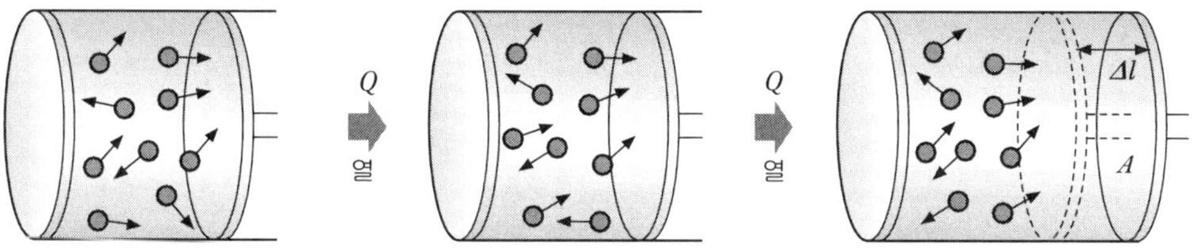

$\Delta U = Q$ $\Delta U = Q - p \cdot \Delta V$ $\Delta V = A \cdot \Delta l$

(a) 부피를 일정하게 하고 열량 Q 를 가해주면 내부에너지는 Q 만큼 증가한다

(b) 피스톤을 자유롭게 움직이도록 하고 외부에 대해 $p \cdot \Delta V$ 의 일을 하면 내부에너지는 $p \cdot \Delta V$ 만큼 감소한다.

<내부에너지의 변화>

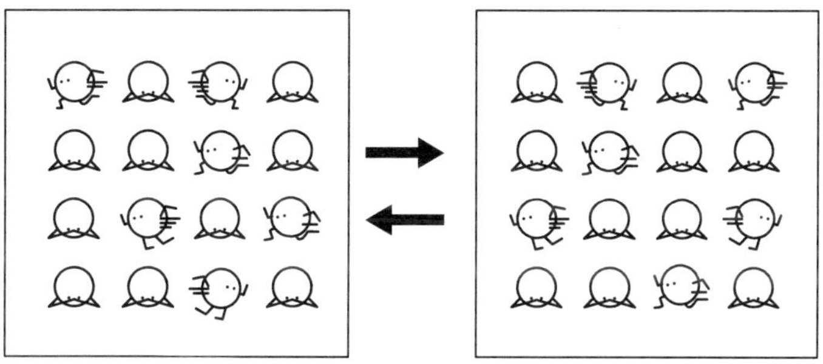

분자운동의 주고 받음 (= 에너지보존의 법칙)

자연현상에서는,
역학적에너지가 보존되지 않고 감소한 역학적에너지가 열에너지로 나타나는 경우가 대부분이다.

(3) 밀폐계에 대한 에너지보존의 식 - 2/2

앞의 1 - 2.5절에서 정의한 바와 같이, 운동에너지 KE는

$$KE = \left(\int F \cdot dx\right) = \int m \cdot v \cdot dv = \frac{1}{2} \cdot m \cdot v^2 \quad \cdots\cdots \ (1-20)$$

로 주어지며, 또한 상태량으로서 점함수이므로 임의의 상태에서의 처음 상태에 대한 운동에너지의 변화 ΔKE는 다음과 같이 나타내진다.

$$\Delta KE = KE_2 - KE_1 = \left(\int_{x=x_1}^{x=x_2} F \cdot dx\right) = \int_{v=v_1}^{v=v_2} m \cdot v \cdot dv$$

$$= \frac{1}{2} \cdot m \cdot (v_2^2 - v_1^2) \quad \cdots\cdots \ (1-20)$$

마찬가지로, 위치에너지의 변화 ΔPE는 다음과 같이 나타내진다.

$$\Delta PE = PE_2 - PE_1 = m \cdot g\,(z_2 - z_1) \quad \cdots\cdots \ (1-17)$$

이렇게 식 (2-9)에 나타낸 에너지 E를 구성하는 각 요소가 모두 점함수이므로, 다음과 같은 미분식으로 나타낼 수 있다.

$$dE = d\{U + (KE + PE)\} = d(U) + d(KE) + d(PE) \qquad (2-12)$$

그러므로 식 (2-9)의 열역학 제 1 법칙은 다음과 같이 확장할 수 있다.

$$\delta Q = dE + \delta W = dU + d(KE) + d(PE) + \delta W \qquad (2-13)$$

이를 적분식으로 나타내면 열역학 제 1 법칙은 다음과 같다.

$$Q_{1-2} = \Delta E + W_{1-2}$$

$$= \Delta U + \frac{1}{2} \cdot m\,(v_2^2 - v_1^2) + m \cdot g\,(z_2 - z_1) + W_{1-2} \qquad (2-14)$$

위 식은 2 - 2절의 식 (2-4)와 함께 에너지보존의 법칙을 표현한 식[17]으로, 밀폐계의 에너지 변화는 항상 일과 열의 형태로서 계의 경계를 넘어서는 에너지전달과 같다는 것을 의미하고 있다.

여기서, 식 (2-11)에 있어서의 내부에너지, 운동에너지 및 위치에너지의 변화는 계의 어떤 상태를 기준으로 한 비교치이다.[18]

---

17) 사이클을 이룰 경우, $\Delta U = 0$

$$\Delta E_k = \frac{1}{2} \cdot m\,(v_2^2 - v_1^2) = \frac{1}{2} \cdot m\,(v_1^2 - v_1^2) = 0$$

$$\Delta E_p = m \cdot g\,(z_2 - z_1) = m \cdot g\,(z_1 - z_1) = 0$$

18) 비유동계에서는 운동에너지와 위치에너지의 변화는 없다고 본다.

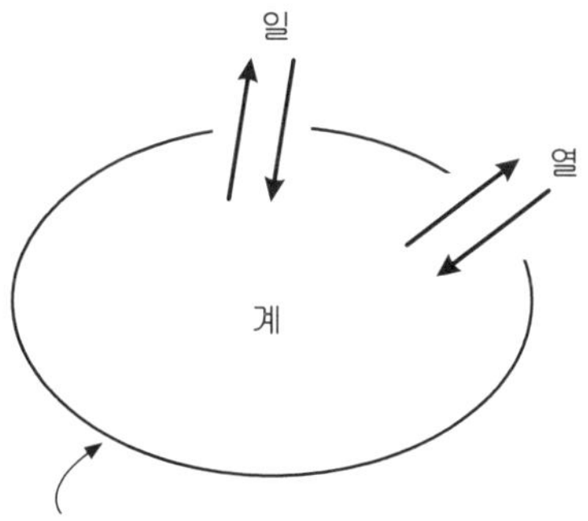

▶ 밀폐계에서 일과 열이 출입하는 경우, 체적이 불변일 필요는 없다.

▶ 식 (2-14)를 바꾸어 쓰면,

내부에너지의 변화 : $\Delta U = (Q - W) - (\Delta PE + \Delta KE)$

계에 공급된 열량과 계가 한 일	계의 PE와 KE에 소모된 에너지

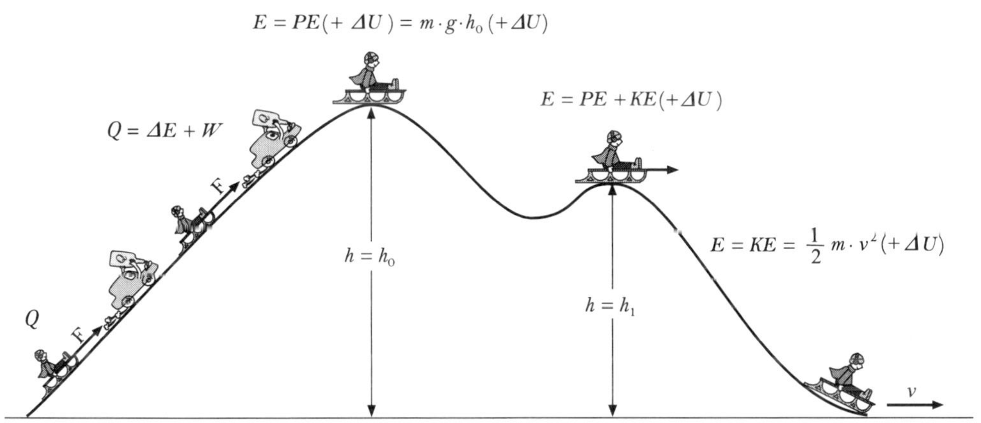

썰매를 언덕 위로 끌고 올라가면서 썰매차가 소비한 열량은 썰매를 끄는 일과 썰매의 에너지를 증가시킨다.
이 초기의 에너지는 썰매가 언덕 아래로 미끄러져 내려가면서 운동에너지로 변환된다.

(4) 열역학 제 1 법칙의 제 1 기초식 / 에너지기초식

물체를 가열하면 에너지보존의 법칙에 의해 그 가열량은 물체의 내부에너지를 증가시키고, 동시에 물체를 팽창시키는 기계적인 일을 행한다.[19)]

기계적인 일의 하나의 예로서, 1−2.2절에서 언급한 $p-V$ 일에 관해 알아보자.

그림 2−3은 내부에 동작유체가 충만된 실린더 밀폐계로서 가해진 열량이 기계적인 일을 하도록 되어 있다.

피스톤이 상사점 T의 위치에 있을 때의 용적을 V_T, 압력을 p_T라 한다.

동작유체가 가해진 열량으로 인해 팽창하여 피스톤이 하사점 B의 위치에서 용적이 V_B, 압력이 p_B가 되었다고 하면, 그림과 같이 압력[20)] p를 세로축에, 체적 V를 가로축에 취한 직각좌표 $p-V$선도 상에서 p와 V가 변화하는 상태를 곡선 $B\sim T$로 나타낼 수 있을 것이다.

변화 중의 임의의 한 점 b에서 이때의 압력 p가 피스톤의 표면적 A에 작용하고 평형을 유지하면서 피스톤을 가만히 밀어 미소거리 dx만큼 점 t까지 움직였다고 하면 이때 피스톤 면에 작용하는 전체 힘은 $p\times A$가 된다.

따라서 동작유체가 외부로 향해서 피스톤을 밀어낸 일의 양은

$$\delta W = p \times A \times dx \tag{2-15}$$

이고,

여기서 $A \times dx = dV$이므로, 식 (1−22)는 다음과 같이 나타낼 수 있다.

$$\delta Q = dU + p \times dV \tag{2-16}$$

한편, 단위질량에 관해서는,

$$\delta q = du + p \times dv \tag{2-16`}$$

으로 된다.

식 (2−16)을 『열열역학 제 1 법칙의 「제 1 기초식」』[21)] 혹은, 단순히 『에너지기초식』이라 한다.

---

19) 이 둘의 변화가 동시에 일어난다는 사실은 경험을 통해 알고 있는 대로이다.
이 사실을 간단히 「물체를 가열하면 그 물체의 엔탈피가 증가한다.」라고 표현한다.

20) 압력 = 절대압력(= 계기압력 + 대기압)

21) 「비유동 에너지방정식」, 「단순 에너지방정식」이라고도 한다.

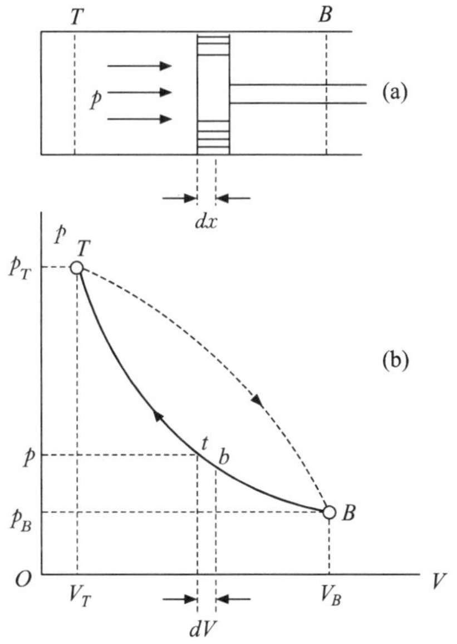

[그림 2-3] $p-V$ 선도

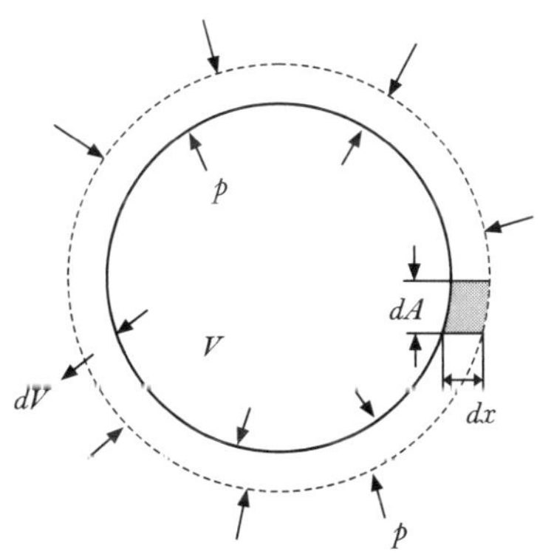

$$\delta W = p \cdot \int dA \cdot dx = p \cdot dV$$

2.4 개방계(유동계)에 대한 열역학 제 1 법칙

지금까지는 밀폐계에서의 열역학 제 1 법칙에 관하여 살펴보았다.

밀폐계에서는 에너지는 일과 열의 형태로서 계의 경계를 통과하여 이동하였으나 물질은 계의 경계를 통과하지 못하였다.[22]

그러나 터빈 등[23] 공학적인 시스템은 대부분의 경우, 물질도 계의 경계를 통과하여 이동한다. 따라서 밀폐계로는 열역학적 해석이 불가하므로 개방계로 해석하여야만 한다.

개방계에서는 유체가 유동하고 있으므로 유체는 대상이 되는 경계를 통과하며, 이때 유동일은 경계를 통과하여 계를 넘나들게 된다.

따라서 개방계에서는 물질의 이동에 의하여 물질과 함께 다음에 설명하는 에너지들이 계의 경계를 통과할 때, 계의 상태에 어떠한 에너지 변화가 일어나는지를 살펴보아야 한다.[24]

개방계에서 계의 경계를 통과하여 이동하는 물질과 함께 이동하는 에너지에는 다음과 같은 형태가 있다.

1) 유동일(flow work, W_{flow})[25]
2) 내부에너지(internal energy, U)
3) 운동에너지(kinetic energy, KE)
4) 위치에너지(potential energy, PE)

즉, 계의 경계를 통과하는 물질이 가지는 총 에너지 E는 다음과 같이 주어진다.

$$E = W_{flow} + U + KE + PE \tag{2-17}$$

된다.

---

22) 개방계에서는 에너지가 일과 열의 형태로서 계의 경계를 통과하여 출입하는 동시에 물질도 계의 경계를 통하여 이동하므로 유동계라고도 한다.

23) 터빈(turbine), 압축기(compressor), 펌프(pump), 응축기(condensor) 등

24) 밀폐계에서는 계의 에너지가 계의 경계를 통과하여 이동하는 열과 일에 의해서만 영향을 받으나, 개방계에서는 계의 경계를 통과하는 물질에 의해서도 영향을 받는다.

25) 유동에너지(flow energy)와 같은 말이다.

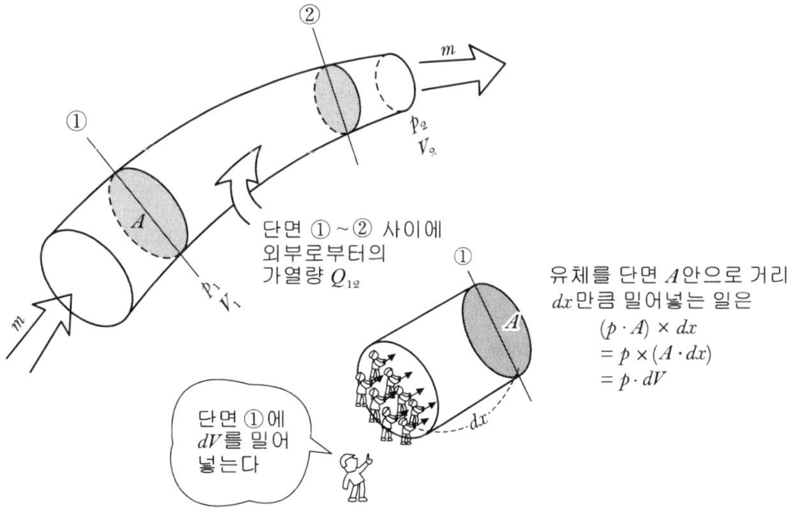

[그림 2-4] 관로를 흐르는 유체가 지닌 "에너지"와 "엔탈피"

$$Q_{12} = (U_2 + p_2 \cdot V_2) - (U_1 + p_1 \cdot V_1)$$

비유동 유체 $e = u + \dfrac{v^2}{2} + g \cdot z$ (내부 에너지: u, 운동 에너지: $\dfrac{v^2}{2}$, 위치 에너지: $g \cdot z$)

유동 유체 $\theta = p \cdot v + u + \dfrac{v^2}{2} + g \cdot z$ (유동 에너지: $p \cdot v$, 내부 에너지: u, 운동 에너지: $\dfrac{v^2}{2}$, 위치 에너지: $g \cdot z$)

총에너지는 비유동 유체에서는 3부분, 유동 유체에서는 4부분으로 구성되어 있다.

▶ 질량 m 의 유체가 단면 ①을 가로질러 통과할 때는 내부에너지 U_1이 유체에 실려 들어가기도 하지만, 이 유체를 경계 내에 밀어넣기 위한 기계적 일도 필요하게 된다. 이 일은 압력과 용적의 곱으로 나타내지는 기계적인 일 $p_1 \cdot V_1$이다.

또 출구단면 ②를 통과해 나갈 때 유체는 내부에너지 U_2를 지니고 있기도 하지만 외부로 밀어내는 기계적인 일 $p_1 \cdot V_1$를 행한다.

(1) 유동일과 엔탈피

I. 유동일(flow work)

계의 경계를 물질이 이동할 때는 유동일(W_f)이 포함되어 이동한다.

계의 입구(상태 1)을 통하여 유체가 계 내로 들어가기 위해서는 유체를 경계 내로 밀어 넣는 역학적인 일을 필요로 한다. 즉, 유체가 계로 들어온다는 것은 체적 V_1의 동작물질이 압력 p_1에 의해 계의 경계를 넘어 이동하는 것을 의미하므로 이때의 일은 압력과 체적의 곱인 $p_1 \cdot V_1$으로 주어진다. 한편 동작물질이 계의 출구(상태 2)를 통하여 나가는 경우에도 외부로 밀어내는 역학적 일을 필요로 하며 그 크기는 $p_2 \cdot V_2$로 주어진다. 이러한 압력과 체적의 곱인 $p \cdot V$를 유동일(W_f)로 정의하며, 이 때의 유동일은 $p \cdot dV$ 일[26]과 달리 상태 1(계의 입구)과 상태 2(계의 출구)의 상태에만 의존하는 점함수로서 다음과 같이 주어진다.

$$\varDelta W_f = W_{f2} - W_{f1} = p_2 \cdot V_2 - p_1 \cdot V_1 \tag{2-18}$$

II. 엔탈피(enthalpy)

계의 경계를 넘어 이동하는 유체가 지니는 에너지는 유동일 W_f를 가지며, 또한 유체 자체가 보유하고 있는 에너지인 내부에너지를 함께 지니고 이동하기 때문에 유체가 계의 경계를 이동함에 의해서 지니게 되는 에너지는 기본적으로 내부에너지 U와 유동일 W_f가 될 것이다.

엔탈피는 개방계에서 계의 경계를 이동하는 동작물질인 유체의 내부에너지와 유체를 경계 안으로 밀어 넣기 위한 역학적 에너지인 유동일의 합으로 표시되는 물리량으로 정의한다. 즉, 엔탈피를 기호 H를 사용하여 다음과 같이 나타낼 수 있다.

$$H = U + p \cdot V \tag{2-19}$$

$$h = u + p \cdot v \qquad (2-19')^{27)}$$

윗식에서 내부에너지와 유동에너지가 열역학적 성질의 하나이므로, 엔탈피 역시 열역학적 성질이 되며, 내부에너지나 유동에너지와 마찬가지로 점함수이다.

---

26) 경로함수: 경로함수: 압력 p가 체적 V의 함수이다.

27) $h = u + p \cdot v \quad [kJ/kg_m]$

$h = u + A \cdot p \cdot v \quad [kcal/kg_f]$

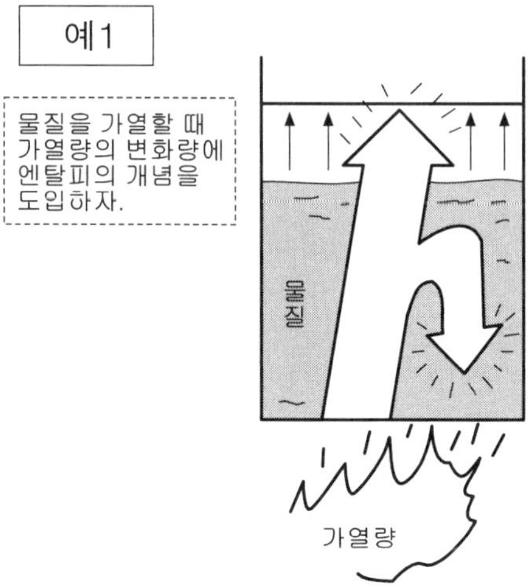

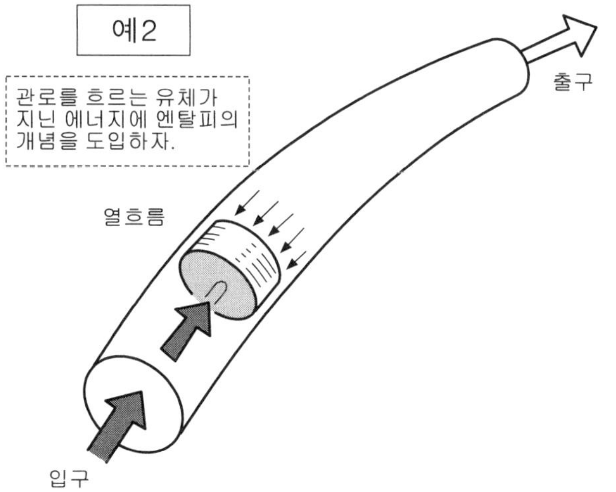

가열량의 쓰임/정압변화

= [물질의 온도 상승에 쓰임] + [물질을 팽창 시키는 데 쓰임]

⇓

정압변화의 경우, 가열량은 물질의 [엔탈피]를
증가시키는 데 사용된다.

유체는 [내부에너지]와 [삽입 일]을
지니고 관로 속을 흐르고 있다.

⇓

유체는 [엔탈피]를 지니고
관로 속을 흐르고 있다.

[엔탈피, H]란 [U]와 [$p \cdot V$]를 한데 합쳐서 [H]라 부를 따름이다

(2) 개방계에 대한 에너지보존의 식 - 1

그림 2-5와 같은 계의 입구단면에 압력 p_1, 비내부에너지 u_1, 비체적 v_1, 위치에너지 z_1, 유속 v_1 인 1 kg_m 의 물질이 이동하여 통과한다고 하면,

이때 계로 들어가는 단위질량 당의 유입에너지 e_1은 다음과 같이 주어진다.

$$e_1 = u_1 + p_1 \cdot v_1 + ke_1 + pe_1 = h_1 + ke_1 + pe_1 = h_1 + \frac{1}{2} \cdot v_1^2 + g \cdot z_1 \quad (2-20)$$

한편, 물질이 출구단면을 통과하여 이동하는 경우 계를 떠나는 단위질량 당의 유출에너지 e_2는 다음과 같이 주어진다.

$$e_2 = u_2 + p_2 \cdot v_2 + ke_2 + pe_2 = h_2 + ke_2 + pe_2 = h_2 + \frac{1}{2} \cdot v_2^2 + g \cdot z_2 \quad (2-21)$$

만일, m kg_m 의 물질이 이동하여 통과한다고 하면,

이 경우의 유입에너지 E_1과 유출에너지 E_2는 다음과 같다.

$$E_1 = m_1 \cdot e_1, \quad E_2 = m_2 \cdot e_2 \quad (2-22)$$

개방계에 대한 에너지보존의 식은 개방계의 입구 단면과 출구 단면을 통하여 유·출입하는 물질에 의해 나타나는 에너지변화에 의해서 다음과 같이 표현할 수 있다.

[계로 들어가는 全에너지] - [계를 떠나는 全에너지] = [계의 全에너지 변화]

이 관계를 그림의 개방계에 적용하여 보면, 계로 들어가는 유입에너지는

열량 Q와 입구단면을 통과하는 물질이 가지는 에너지 E_1의 합으로 주어진다. 즉,

$$[\text{계로 들어가는 全에너지}] = Q + E_1 \quad (2-23)$$

한편, 계를 떠나는 유출에너지는 일 W와 출구단면을 통하여 물질이 가지고 나가는 에너지 E_2와의 합으로 다음과 같이 주어진다. 즉,

$$[\text{계를 떠나는 全에너지}] = W + E_2 \quad (2-24)$$

여기서, 계의 경계를 통과하여 유·출입하는 全에너지에 의하여 일어나는 계 내의 에너지변화 ΔE_{sys}는 계 내의 물질이 지닌 내부에너지와 운동에너지 및 위치에너지의 합의 변화이므로 다음과 같이 나타내어진다.

$$\Delta E_{sys} = \Delta\{U + (KE + PE)_{sys}\} \quad (2-25)$$

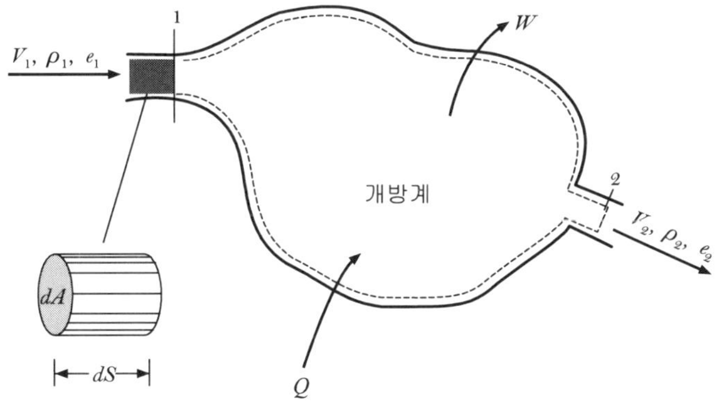

[그림 2-5] 개방계의 일반적 표시

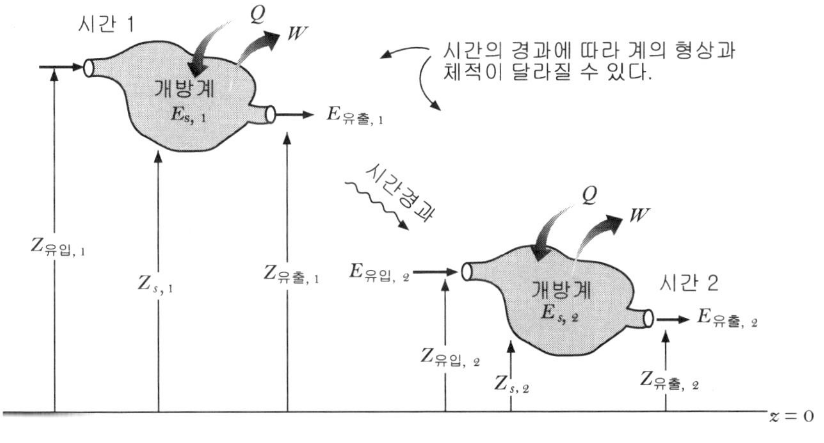

전체 에너지 입열량 = 전체 에너지 출력량

$$(E_1 + Q) = (E_2 + W)$$

$$\Delta E_{sys} = E_2 - E_1$$

$$= Q - W$$

(3) 개방계에 대한 에너지보존의 식 - 2 / 일반 에너지방정식

식 (2−23), (2−24)를 식 (2−25)에 대입하면 다음 식을 얻는다.

$$[Q + E_1] - [W + E_2] = \Delta E_{sys} \tag{2-26}$$

윗식 (2−26)에 각각의 에너지 항을 대입하고 정리하면 다음과 같이 된다.[28]

$$Q + m_1\left(u_1 + p_1 \cdot v_1 + \frac{v_1^2}{2} + g \cdot z_1\right) = W + m_2\left(u_2 + p_2 \cdot v_2 + \frac{v_2^2}{2} + g \cdot z_2\right) + \Delta\left(U + m \cdot \frac{v_2^2}{2} + m \cdot g \cdot z\right) \tag{2-27}$$

식 (2−27)은 개방계에 대한 에너지보존의 식으로 열역학 제 1 법칙의 일반적인 표현이다.

개방계와 밀폐계를 망라하여 식 (2−27)을 「열역학 제 1 법칙의 일반 에너지방정식」이라 함은 이 식이 개방계에서만 적용될 수 있는 식이 아니고, 밀폐계에서도 적용될 수 있기 때문이다.

즉, 밀폐계에서는 물질의 이동이 없다고 하였으므로, $m_1 = m_2 = 0$[29]으로 놓으면, 밀폐계의 경우의 에너지보존의 식 (2−14)와 같게 됨을 알 수 있다.

단, 밀폐계의 경우 계의 에너지 변화에서 운동에너지와 위치에너지의 변화의 크기는 내부에너지 변화의 크기에 비해 미소하므로 대개 무시되나, 개방계의 경우는 에너지 간에 변화의 크기를 비교할 필요가 있다.

여기서, 열역학 제 1 법칙을 시간 dt 동안의 각 항의 변화율의 형태로 나타내면 다음과 같이 된다. 위 식 (2−27)을 시간에 대해 미분하고,

$$\text{열전달률} = \frac{d}{dt}Q = \dot{Q}, \quad \text{시간 당 일} = \frac{d}{dt}W = \dot{W}, \quad \text{질량 유동률} = \frac{d}{dt}m = \dot{m}$$

로 나타내면 다음 식으로 표현된다.

$$\dot{Q} + \dot{m}_1\left(u_1 + p_1 \cdot v_1 + \frac{v_1^2}{2} + g \cdot z_1\right) = \dot{W} + \dot{m}_2\left(u_2 + p_2 \cdot v_2 + \frac{v_2^2}{2} + g \cdot z_2\right) + \frac{d}{dt}\left(U + m \cdot \frac{v_2^2}{2} + m \cdot g \cdot z\right) \tag{2-28}$$

---

28) $d(F \cdot s) = d(m \cdot a \cdot s) = d(m \cdot \frac{dv}{dt} \cdot s) = (m \cdot dv \cdot \frac{ds}{dt}) = m \cdot dv \cdot v$

29) $(m \neq 0)$

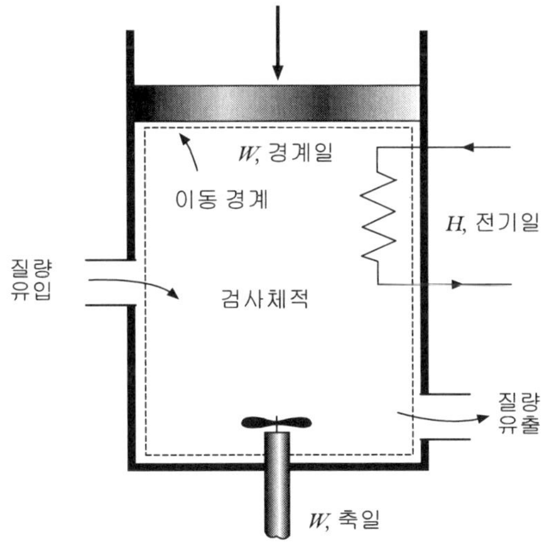

▶ 검사체적은 전기 일과 축 일뿐만 아니라 경계 일을 포함할 수 있다.

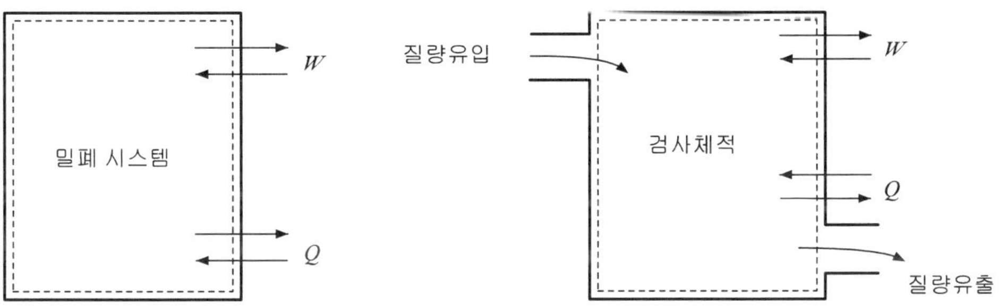

▶ 검사체적의 에너지량은 열과 일 교환뿐만 아니라 질량유동에 의해서도 변화될 수 있다.

$$\dot{E}_{유입} - \dot{E}_{유출} = \Delta E_{system}$$

열, 일 및 질량에 의한 순수 에너지 전달	내부, 운동, 위치 등의 에너지 변화

또는 시간율 형태로는

$$\dot{E}_{유입} - \dot{E}_{유출} = \Delta \dot{E}_{system}$$

열, 일 및 질량에 의한 순수 에너지 전달률	내부, 운동, 위치 등의 에너지 변화율

(4) 정상유동 과정(steady flow process)

물질이 계의 경계를 통하여 이동하는 유동계에 대한 열역학적 문제를 다룰 때는 먼저 유동에 관한 합리적인 과정을 고려하는 것이 요구된다. 이러한 요구에 적합한 과정으로 정상유동 과정을 적용한다.[30)]

정상유동이란 임의의 점에서 동작물질의 속도, 내부에너지, 밀도, 압력, 비체적 등의 열역학적 성질들이 시간에 관계없이 일정한 유동을 말한다. 즉,

$$\frac{\partial v}{\partial t}=0,\quad \frac{\partial u}{\partial t}=0,\quad \frac{\partial \rho}{\partial t}=0,\quad \frac{\partial p}{\partial t}=0,\quad \frac{\partial v}{\partial t}=0$$

이므로 이를 식 (2−28)에 적용하면 다음과 같은 현상을 만족시키는 과정이 된다.

(1) 계에 들어가는 질량유동률은 시간에 따라 변하지 않으며, 계를 떠나는 질량유동률과 같다.

$$\dot{m}_1 = \dot{m}_2 = \dot{m}$$

(2) 계의 입구와 출구에서의 상태, 그리고 계에 들어가고 나가는 동작물질의 속도, 위치가 시간에 따라서 변하지 않는다. 즉, 시간의 함수가 아니다.

$$(u_1,\ v_1,\ z_1,\ u_2,\ v_2,\ z_2) \neq f(t)$$

(3) 계 내의 全에너지가 시간에 따라 변하지 않는다.

$$\frac{d}{dt}(E) = \frac{d}{dt}(U + p\cdot V + 1/2\cdot m\cdot v^2 + m\cdot g\cdot z) = 0$$ [31)]

(4) 계의 경계를 이동하는 열과 일의 변화율이 시간에 따라 변하지 않는다.

$$\dot{Q} \neq f(t),\quad \dot{W} \neq f(t)$$

실제로 이러한 조건들을 완전히 만족시키는 계는 있을 수 없으나 이러한 조건하에서 계를 해석한 후, 오차수정을 통하여 실제적인 사항에 접근시키는 것이 열역학문제를 해결하는 순서이다. 예를 들어, 증기터빈과 같은 경우는 일정한 열전달률, 증기유동률로서 일정한 일률의 부하를 지니게 되므로 정상유동 과정의 대표적인 예라고 할 수 있다. 또한 어떠한 과정의 반복이 일정한 율로서 작동되는 왕복기관역시 시간에 따라 일정한 값을 유지하는 평균치들을 가지므로 정상유동 과정으로 열역학 문제를 해석할 수 있다.

---

30) 정상유동이 이루어지려면, 장소가 달라지면 유동의 상태가 달라져도, 같은 장소에서는 유동의 상태가 시간에 따라 변화하지 않아야 한다.

31) $E = m(u + p\cdot v + 1/2\cdot v^2 + g\cdot z) = m(h + 1/2\cdot v^2 + g\cdot z)$

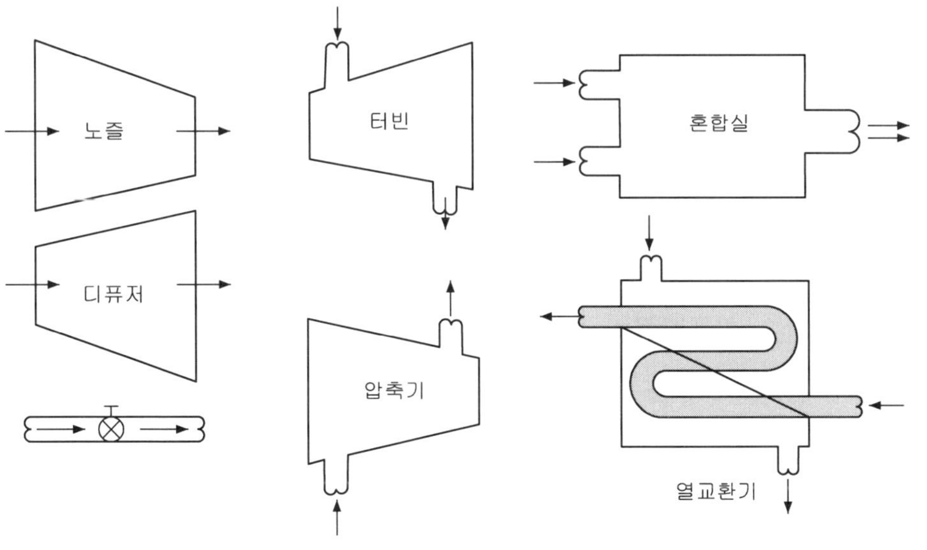

정상유동 장치

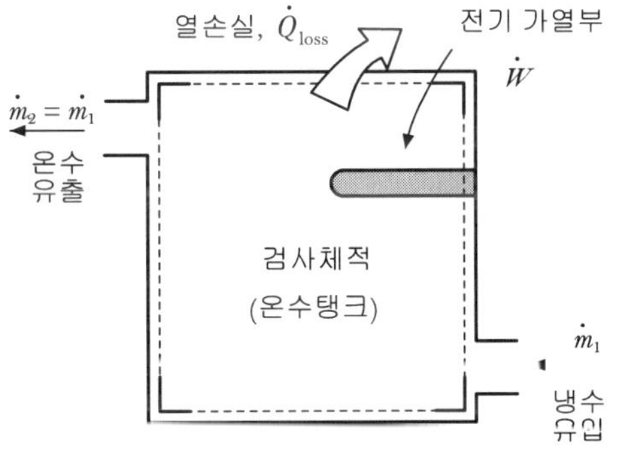

정상유동 장치는 장시간동안 일상적으로 운전한다.

(5) 정상유동과정의 에너지방정식

정상유동을 하는 유체가 관내에서 임의의 단면을 통과할 때, 유체가 지니고 흐르는 단위시간 당의 全에너지 E는 다음 식으로 주어진다.

$$E = \dot{m}[(u + p \cdot v) + \frac{v^2}{2} + g \cdot z)] = \dot{m}[(h) + \frac{v^2}{2} + g \cdot z)] \quad (2-29)$$

그림 2-5의 개방계의 일반적인 예시로부터 정상 유동하는 일반적인 기계장치에서의 열역학적인 문제를 해석하고자 한다.

그림 2-6과 같은 기계장치에 입구를 통하여 엔탈피 h_1의 유체가 유입하여 일 W_t $[Joule/s]$을 하고, 엔탈피는 h_2가 되어 출구를 통하여 외부로 유출된다고 하자.

이 때, 단위시간 내에 기계장치로부터 열전달 등으로 손실되는 열량을 $\dot{Q}_{loss}$ $[J/s]$라 하면, 식 (2-28)로부터

$$\dot{m}_1 \cdot h_1 = \dot{m}_2 \cdot h_2 + \dot{W} + \dot{Q}_{loss} \ [Joule/s] \quad (2-30)$$

로 되며, 이 식에서 $\dot{W}$는 공업일 W_t[32]이라 불리는 개방계의 일이다.

만일, 유입할 때와 유출할 때의 상태량이 다르고, SI단위를 사용하지 않으면,

$$\dot{m}_1(h_1 + \frac{v_1^2}{2} + g \cdot z_1) = \dot{m}_2(h_2 + \frac{v_2^2}{2} + g \cdot z_2) + A \cdot \dot{W}_t + \dot{Q}_{loss} \ [kcal/s] \quad (2-31)$$

와 같이 된다. 지금, 단위질량 1 kg_m의 유체가 계의 입구(단면 ①)와 단면 ②의 출구를 가로질러 출입하면서도 도중에 계의 경계를 통한 일의 출입이 없다고 하고, 운동에너지 · 위치에너지는 고려하지 않기로 하면, 단면 ②를 통과하는 유체가 지닌 에너지는 단면 ①을 통과하는 유체가 지닌 에너지와 도중에서 보태진 열량 q_{1-2}와의 합계가 되어야 하므로 가열량 q_{1-2}는 다음 식으로 나타낼 수 있다.

$$q_{1-2} = (u_2 + p_2 \cdot v_2) - (u_1 + p_1 \cdot v_1) \quad (2-32)$$

윗식에서, $u_1 + p_1 \cdot v_1 = h_1, \quad u_2 + p_2 \cdot v_2 = h_2$
이므로, 식 (2-32)을 엔탈피 h[33]를 이용하여 다음과 같이 간단히 나타낼 수 있다.

$$q_{1-2} = h_2 - h_1 \quad (2-33)$$

32) 공업일(technical work) / 제 2-7절 참조
33) 엔탈피 = 열에너지

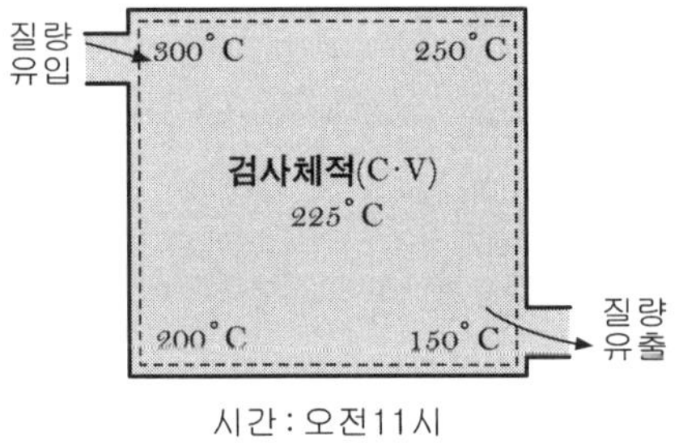

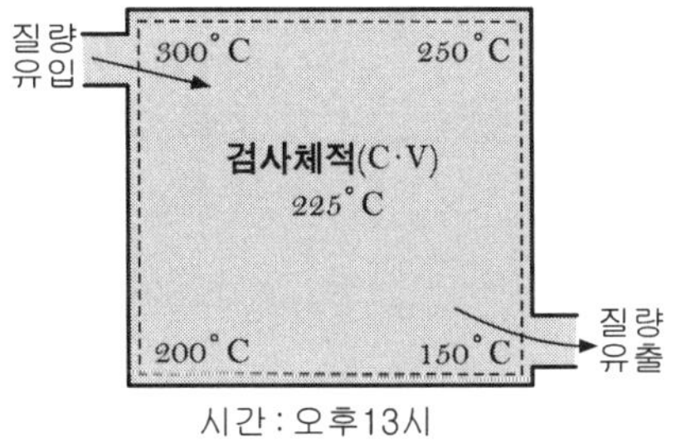

▶ 정상유동 과정 동안, 체적 내의 상태량은 위치에
따라 다를 수도 있으나 시간에 따라 변하지 않는다.

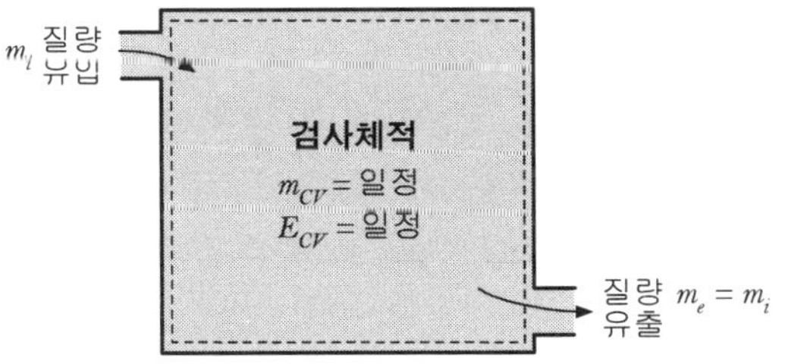

▶ 정상유동 조건에서
검사체적의 질량과 에너지는
일정하게 유지된다.
유입질량은 유출질량과 같다.

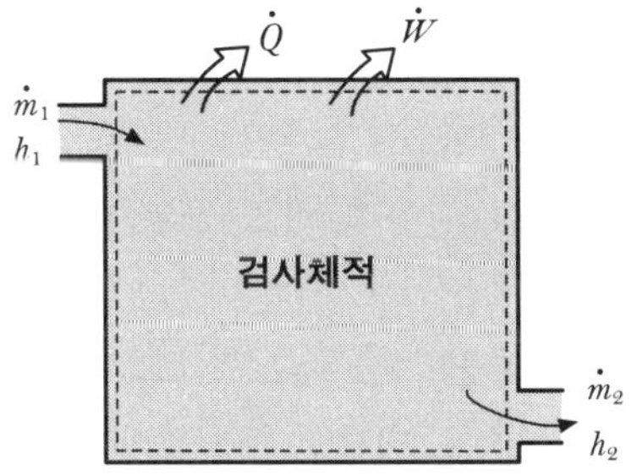

▶ 정상유동 조건에서
입구나 출구의 유체 상태량은
시간에 따라 변하지 않으며 일정하다.

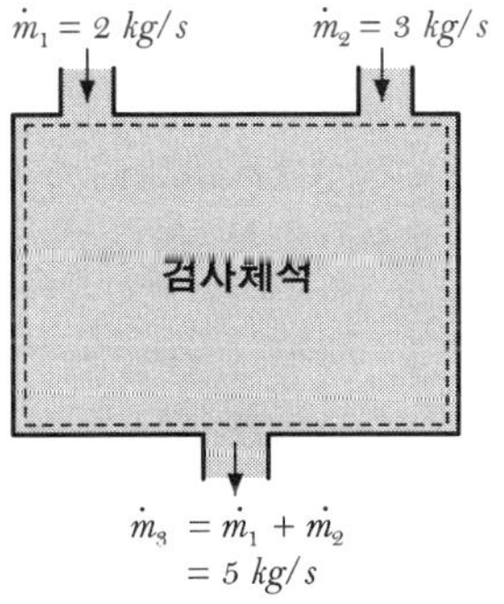

▶ 2개의 입구와 1개의 출구를 가진
정상 유동 시스템에 대한 질량 보존 법칙

[그림 2-6] 정상유동하는 개방계 기계 장치

2.5 열역학 제 1 법칙의 제 2 기초식 / 에너지 기초식

이번에는 엔탈피의 개념을 도입하여,

『열역학 제 1 법칙의 「제 1 기초식」』: $\delta q = du + p \times dv$ ······ (2−16′)

을 달리 나타내보기로 한다. 앞 절에서 동작유체 1 kg에 대한 비엔탈피 h를

$$h = u + p \cdot v \ [J/kg] \quad \cdots\cdots \ (2-19`)$$

으로 정의하였다. 여기서, h, u, p 및 v는 어느 것이나 상태량이므로,[34] 이들의 미소량은 식(2−19)를 미분하여,

$$d(h) = d(u) + d(p \cdot v) \quad \cdots\cdots \ (2-19'') \qquad (2-34)$$

의 관계를 얻는다.

여기서, $p \cdot v$의 미소변화량 $d(p \cdot v)$을 구하기 위한 미분은 p도 v도 변수이므로 편미분이어야 한다. 먼저, $(p \cdot v)$의

p 방향으로의 미소변화량은, ($p \cdot v$의 p 방향의 구배) × (p 방향의 변화량)[35]

$$\left(\frac{\partial(p \cdot v)}{\partial p}\right)_v \cdot dp = v \cdot dp \qquad (2-35)$$

v 방향으로의 미소변화량은, ($p \cdot v$의 v 방향의 구배) × (v 방향의 변화량)[36]

$$\left(\frac{\partial(p \cdot v)}{\partial v}\right)_p \cdot dv = p \cdot dv \qquad (2-36)$$

가 되므로, 그 결과 $d(p \cdot v)$는

$$d(p \cdot v) = v \cdot dp + p \cdot dv \qquad (2-37)$$

가 성립한다. 따라서 윗식 (2−36/37)을 식 (2−34)에 대입하면,

$$dh = du + (v \cdot dp + p \cdot dv) = (du + p \cdot dv) + v \cdot dp \qquad (2-38)$$[37]

즉, $(du + p \cdot dv) = dh - v \cdot dp$ (2−38′)

그러므로 『열역학 제 1 법칙의 「제 1 기초식」』/ $du + p \cdot dv = \delta q$ ······ (2−16′)에

식 (2−38)을 치환하여 정리하면,

$$\delta q = dh - v \cdot dp \qquad (2-39)$$

이 얻어진다. 식 (2−39)는 『열역학 제 1 법칙의「제 2 기초식」』하며, 제 1 기초식과 함께 에너지기초식이라 한다.

---

34) (완전)미분 가능

35) (v를 일정하게 하였을 때의 p 방향의 미계수) × (p의 미소 변화량)

36) (p를 일정하게 하였을 때의 v 방향의 미계수) × (v의 미소 변화량)

37) 한편, 정압과정에서는 $dp = 0$ 이므로, $dh = du + p \cdot dv$

해설

$\delta q = du + p \cdot dv$ (2-16) ⇒ 체적의 변화가 일어나지 않았다. 가열량의 크기, δq = 내부에너지의 증가량, du	$\delta q = dh - v \cdot dp$ (2-39) ⇒ 압력의 변화가 일어나지 않았다. 가열량의 크기, δq = 엔탈피의 증가량, dh

$$\delta q = dh - v \cdot dp = d(u + p \cdot v) - v \cdot dp = du + p \cdot dv + v \cdot dp - v \cdot dp$$

$$= du \qquad\qquad = du + p \cdot dv = \delta q$$

에너지 기초식	=	에너지 기초식
($\delta q = du + p \cdot dv$)		($\delta q = dh - v \cdot dp$)
밀폐계 : 압력의 변화가 없다. ($dp = 0$)		개방계 : 체적의 변화가 없다. ($dv = 0$)
내부에너지를 기초로 하는 열역학 제 1 법칙의 제 1 기초식		엔탈피를 기초로 하는 열역학 제 1 법칙의 제 2 기초식

2.6 엔탈피(enthalpy)

(1) 개방계에서의 엔탈피

「열역학 제 1 법칙의 일반에너지방정식」을 유도하면서 이미 설명된 내용이지만, 개방계에서의 엔탈피의 의미를 다시 한번 살펴보고자 한다.

그림 2-4에서, 질량 m의 유체가 단면 ①을 가로질러 통과할 때는 내부에너지 U_1이 유체에 실려 들어가기도 하지만, 이 유체를 경계 내에 밀어 넣기 위한 기계적 일도 필요하였다. 이 일은 압력과 용적의 곱으로 나타내지는 기계적인 일 $p_1 \cdot V_1$이다. 또, 출구단면 ②를 통과해 나갈 때 유체는 내부에너지 U_2를 지니고 있기도 하지만 외부로 밀어내는 기계적인 $p_2 \cdot V_2$를 행한다.

이렇게 개방계를 취급할 때에는 내부에너지와 유동에너지 $p \cdot V$항이 항시 존재하므로 이들의 合, 즉 엔탈피 H가 중요한 의미를 지닌다.

그런 의미에서 Gibbs는 엔탈피를 열역학적 포텐셜(thermodynamic potential)이라 하였다.

그러나 개방계에서 엔탈피라는 성질을 사용하는 또 하나의 중요한 이유는 열역학적인 문제를 개방계로 해석하는 경우 관계식을 간단화 할 수 있기 때문이다.

엔탈피는 내부에너지와 유동에너지의 합으로 정의되는 상태량으로, 유동에너지 $p \cdot V$항은 유동계에서 유체가 계의 경계를 이동하여 출입하는 경우에 한해서 에너지로서 고려된다. 바꾸어 말하면, 유체의 엔탈피는 그 유체가 개방계의 경계를 이동할 때에만 에너지라는 상태량으로 고려된다.[38] 그러면, 유체가 유동하지 않는 경우는 어떠한가? 밀폐된 방 안의 공기를 예로 들어보자.

방 안의 공기는 그 방의 온도에 상당하는 내부에너지(U)를 지니고 방 크기만큼의 체적(V)와 그 때의 압력(p)를 갖고 있고 있을 것이므로 $p \cdot V$항을 계산할 수 있고, 내부에너지 U에 합하여 공기의 엔탈피를 계산할 수는 있을 것이다.

그러나 방 안 공기의 엔탈피는 에너지량이 될 수 없다.

밀폐된 계의 유체가 지닌 에너지라는 상태량은 유동에너지가 제외된[39] 내부에너지만을 가리킨다.

그럼, 엔탈피가 밀폐계에서는 그 의미가 없는 것일까?[40]

---

38) 개방계에서 동작유체 1 kg_f 의 「h」의 의미 : 비엔탈피(specific enthalpy)
「내부에너지와 그 유체를 계의 경계 안으로 밀어 넣기 위한 기계적 에너지와의 合을 나타내는 물리량」

39) 방이라는 계의 경계를 출입하는 공기의 유동이 없으므로,

40) 그 답은 "아니다."이다.

▶ 유체가 관로를 흐르고 있을 경우에는 유체 자신이 지닌 에너시뿐만이 아니고 흐름에 의해서 관내로 전해지는 에너지가 있을 것이다.
이 에너지는 유체와 함께 흐르는 에너지로써 전방에 있는 유체를 미는 기계적 일로서 그 크기는 압력 p와 체적 V의 곱으로 주어진다.

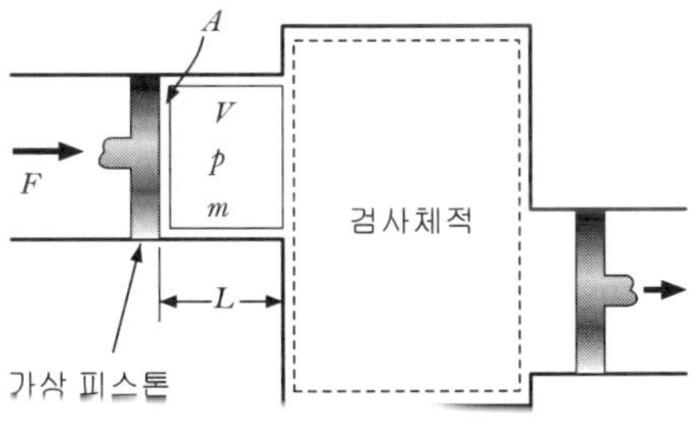

<유동 일의 개략도>

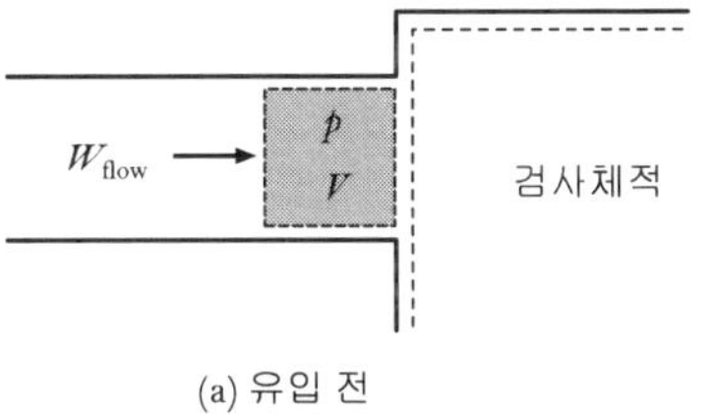

(a) 유입 전

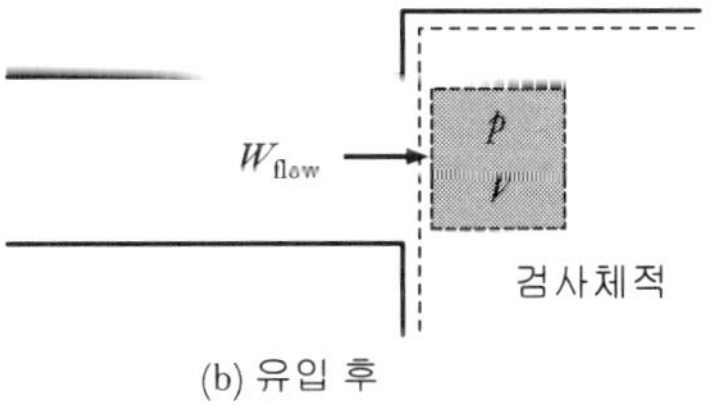

(b) 유입 후

▶ 유동 일은 유체를 검사체적 안으로 밀어 넣거나 검사 체적 밖으로 밀어 내는 데 필요한 에너지이며, $p \cdot V$와 같다.

(2) 밀폐계에서의 엔탈피

정상유동을 하는 개방계에서 계가 한 상태에서 다른 상태로 변화하는 과정을 해석하면서 내부에너지(U), 압력(p), 체적(V)의 열역학적 상태량이 조합된 형태가 나타나는 것을 보았다. 이 때 조합된 상태량을 엔탈피라 하였으며, 조합된 상태량 역시 상태변화를 하는 그 물질의 상태를 나타내는 상태량임은 이미 설명한대로이다.

이번에는 밀폐계에서의 엔탈피를 정의하기 위하여 그림 2-7과 같은 장치의 밀폐계 / 준평형-정압과정을 생각한다. 과정 중의 유일한 일은 경계이동에 의한 일 뿐이며, 운동에너지와 위치에너지의 변화는 없는 것으로 가정한다. 장치 속에 있는 기체를 검사질량으로 잡고 밀폐계에 대한 열역학 제 1 법칙의 에너지관계식, $\delta Q = dU + \delta W$ ⋯ (2-9)를 적용하면,

$$Q_{1-2} = (U_2 - U_1) + W_{1-2} \tag{2-40}$$

와 같이 된다.

이 과정의 유일한 일은 경계이동에 의한 일이므로,

$$W_{1-2} = \int_1^2 p \cdot dV$$

이고, 정압과정(밀폐계)이므로,

$$W_{1-2} = \int_1^2 p \cdot dV = p \cdot (V_2 - V_1) \tag{2-41}$$

이다. 따라서

$$Q_{1-2} = (U_2 - U_1) + (p \cdot V_2 - p \cdot V_1) \tag{2-42}$$

$$Q_{1-2} = (U_2 + p \cdot V_2) - (U_1 + p \cdot V_1) \tag{2-43}$$

이 되어 개방계의 식 (2-32)와 같게 된다.

이 식에서 밀폐계의 준평형-정압과정이 진행되는 동안에 전달된 열전달량은 초기상태와 최종상태에서의 열역학적 상태량[41]이 조합된 형태인 $U + p \cdot V$의 변화량 즉, 엔탈피의 변화량으로 나타남을 알 수 있다. 이러한 이유로 개방계, 밀폐계에 상관없이 $U + p \cdot V$ 로 나타내지는 새로운 종량적 상태량, 엔탈피를 다음과 같이 정의한다.

$$H = U + p \cdot V \quad \cdots\cdots \text{(2-19)}$$

41) 계의 상태만의 함수

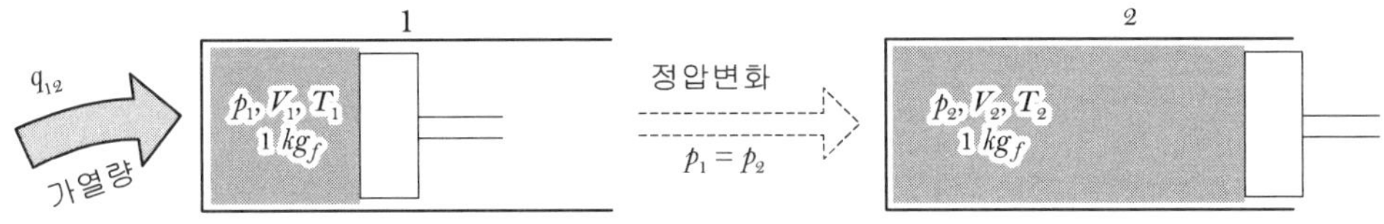

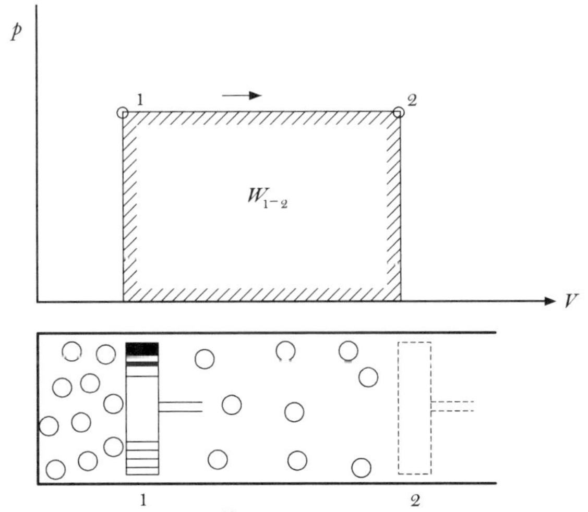

$$W = \int_1^2 p(V, T)\, dV$$
$$= p \cdot (V_2 - V_1)$$

[그림 2-7] 밀폐계에서의 정압변화

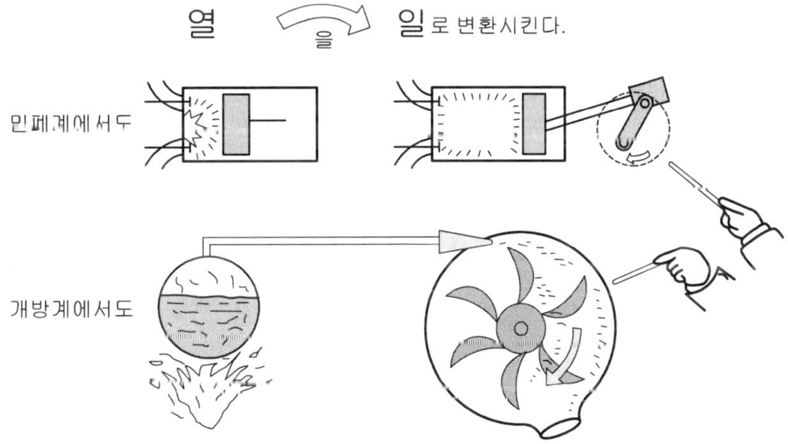

수열 후에 동작유체는 일을 한다.

(3) 엔탈피의 공학적 의미

앞 절에서는 엔탈피를 밀폐계의 정압과정으로 해석하였으나, 반드시 계의 상태변화가 압력이 일정한 정압과정에서만 의미를 가지는 것은 아니다. 엔탈피는 상태량으로서 상태함수, 즉 점함수이므로 진행 중인 과정과는 무관계하게 엔탈피로부터 같은 상태의 내부에너지를 계산할 수 있다.

열역학에서 엔탈피를 중요하게 다루는 이유는 열역학 상태량에 대한 수표 혹은 도표에서 엔탈피가 있으면 내부에너지는 나타나지 않는 경우가 많기 때문이다.

내부에너지가 없는 경우에는 주어진 엔탈피 값을 이용하여 다음과 같이 계산하여 구해야 한다.

$$u = h - p \cdot v \quad \cdots\cdots (2-19')$$

일반적으로, 대개의 물질은 가열되면 온도에 따라 상변화가 일어난다. 액체를 가열하면 열량은 액체의 온도 상승에 사용되어 내부에너지를 증가시키며 동시에 일부는 증발을 위해 사용된다.

압력이 일정하고 온도가 일정한 상태에서 $1\,kg_f$의 액체를 증발시키는 데 필요한 열량을 증발잠열[42]이라고 한다. 동일한 온도에서 증기가 응축하는 경우에는 반대로 같은 양의 응축잠열을 방출하게 된다. 이와 같은 증발 혹은 응축잠열은 동일한 압력, 온도의 증기 즉, 기체의 엔탈피와 액체의 엔탈피의 차가 된다. 이 밖의 융해, 응고, 승화 등 물질이 상변화를 하는 모든 경우에는 각각 특유의 잠열을 흡수, 방출한다.

모든 열역학 표의 내용이 마찬가지이지만 엔탈피와 내부에너지는 어디까지나 같은 기준상태에 대한 상대적인 값이므로 기준상태의 엔탈피와 내부에너지의 차이는 $p \cdot v$이다.[43] 과열증기 영역에서는 내부에너지 u가 나타나 있지 않은 열역학 표를 흔히 볼 수 있다. 이런 경우의 하나의 예로서, $0.1\,MPa$, $100\,°C$, 과열증기(H_2O)의 내부에너지를 관계식 $u = h - p \cdot v$로부터 계산에 의해 구하면 다음과 같다.[44]

$$\begin{aligned} u = h - p \cdot v &= 2675.9\,kJ/kg - 0.1 \cdot 10^6\,N/m^2 \times 1.6961\,m^3/kg = 2506.3\,kJ/kg \\ &= 2506.3\,kJ/kg = 599.0\,kcal/kg_f = 255{,}744\,kg_f \cdot m/kg_f \end{aligned}$$

42) latent heat of evaporation

43) 액체(혹은 고체)는 비체적이 매우 작으므로 표의 유효숫자 내에서 $p \cdot V$ 값을 무시할 수 있다. 그러나 그 값이 충분히 클 때는 무시해서는 안 된다.

44) 열역학적 과정의 해석에 있어서, 계와 주위의 압력이 같지 않은 경우, 압력은 계의 압력이 사용되어야 한다. 이것은 엔탈피가 그렇게 정의되었기 때문이다.

Temp., °C	v, m^3/kg	u, kJ/kg	h, kJ/kg	s, $kJ/kg \cdot K$	Temp., °C	v, m^3/kg	u, kJ/kg	h, kJ/kg	s, $kJ/kg \cdot K$
	p = 0.010 MPa (45.817°C)					p = 0.050 MPa (81.339°C)			
Sat.	14.674	2437.0	2583.8	8.1482	Sat.	3.241	2483.3	2645.3	7.5928
50	14.869	2443.1	2591.8	8.1731					
100	17.196	2515.0	2687.0	8.4471	100	3.419	2511.2	2682.1	7.6941
150	19.513	2587.4	2782.5	8.6873	150	3.890	2585.2	2779.7	7.9394
200	21.826	26608	2879.0	8.9030	200	4.356	2659.4	2877.2	8.1572
250	24.136	2735.5	2976.9	9.0995	250	4.821	2734.5	2975.6	8.3548
300	26.446	2811.7	3076.2	9.2808	300	5.284	2811.0	3075.2	8.5367
400	31.063	2968.8	3279.4	9.6075	400	6.209	2968.3	3278.8	8.8640
500	35.680	3132.4	3489.2	9.8979	500	7.134	3132.0	3488.7	9.1547
600	40.296	3302.8	3705.7	10.1612	600	8.058	3302.5	3705.4	9.4182
700	44.912	3480.2	3929.4	10.4036	700	8.981	3480.1	3929.1	9.6606
800	49.527	3664.8	4160.1	10.6292	800	9.905	3664.7	4159.9	9.8863
900	54.143	3856.4	4397.8	10.8410	900	10.828	3856.3	4397.7	10.0981
1000	58.758	4054.7	4642.3	11.0409	1000	11.751	4054.6	4642.2	10.2981
1100	63.374	4259.5	4893.2	11.2307	1100	12.675	4259.4	4893.1	10.4878
1200	67.989	4470.3	5150.2	11.4113	1200	13.598	4470.2	5150.1	10.6684
1300	72.604	4686.8	5412.9	11.5838	1300	14.521	4686.8	5412.8	10.8409
1400	77.220	4908.6	5680.8	11.7488	1400	15.444	4908.5	5680.7	11.0060
1500	81.835	5135.1	5953.5	11.9071	1500	16.367	5135.0	5953.4	11.1643
	p = 0.100 MPa (99.632°C)					p = 0.2 MPa (120.241°C)			
Sat.	1.6943	2505.7	2675.1	7.3589	Sat.	0.8859	2529.4	2706.5	7.1272
100	1.6961	2506.3	2675.9	7.3609					
150	1.9364	2582.4	2776.1	7.6129	150	0.9597	2576.7	2768.6	7.2793
200	2.172	2657.6	2874.8	7.8335	200	1.0803	2653.9	2870.0	7.5059
250	2.406	2733.3	2973.9	8.0325	250	1.1988	2730.8	2970.5	7.7078
300	2.639	2810.1	3073.9	8.2152	300	1.3162	2808.2	3071.4	7.8920
400	3.103	2967.7	3278.0	8.5432	400	1.5493	2966.6	3276.4	8.2216
500	3.566	3131.6	3488.2	8.8342	500	1.7814	3130.8	3487.1	8.5133
600	4.028	3302.3	3705.0	9.0979	600	2.013	3301.7	3704.3	8.7773
700	4.490	3479.8	3928.8	9.3405	700	2.244	3479.4	3928.3	9.0201
800	4.952	3664.5	4159.7	9.5662	800	2.475	3664.1	4159.2	9.2460
900	5.414	3856.1	4397.5	9.7781	900	2.707	3855.8	4397.1	9.4579
1000	5.875	4054.5	4642.0	9.9781	1000	2.938	4054.2	4641.7	9.6580
1100	6.337	4259.3	4893.0	10.1678	1100	3.168	4259.1	4892.8	9.8477
1200	6.799	4470.1	5150.0	10.3485	1200	3.399	4470.0	5149.8	10.0284
1300	7.260	4686.7	5412.7	10.5210	1300	3.630	4686.5	5412.5	10.2010
1400	7.722	4908.4	5680.6	10.6861	1400	3.861	4908.3	5680.5	10.3661
1500	8.184	5135.0	5953.3	10.8444	1500	4.092	5134.8	5953.2	10.5244

2.7 열역학 제 1 법칙(에너지보존의 법칙)의 응용

(1) 정상유동과정의 일

열역학 제 1 법칙을 식 (2−16, 39)/ [에너지 기초식] 또는, 식 (2−27)/ [에너지방정식]의 어떤 형식의 식을 빌어 나타내더라도 그 내용은 에너지보존의 법칙을 설명하고 있다.

일반적으로 가스를 동작유체로 하는 내연기관, 가스압축기 등의 열기관이나 열기구의 기계적인 일, 기관의 강도, 치수 및 운전경제성 등을 계산하고 해석하기 위해서는 해석의 대상이 되는 동작유체의 상태변화를 추적해서 그 기초가 되는 상태변화량을 열역학 제 1 법칙에 따라 산출해서 고찰하는 것이 기본이다.

지금, 단위질량의 동작유체(이상기체[45])가 열량 δq를 공급받아 상태 a에서 b로 상태가 변화하면서 하나의 사이클을 이루는 정상유동 과정의 경우를 생각하자.[46]

[그림 2−8]의 이상적인[47] 기계장치는 기체를 압축하는 펌프나 고압의 기체로부터 일을 생성하는 기관으로 작동한다.

기관의 실린더는 비어있고, 두 밸브는 잠겨있는 경우로부터 시작하여 그림에서의 $p-V$ 선도(diagram)상의 순환을 따라가자.

단계 1 : 열린 흡입밸브를 통해 피스톤이 0의 위치에서 동작유체가 가스가 p_1의 압력으로 압입되면서 이미 일이 시작된다. 피스톤이 위치 1까지 이동하여 체적이 V_1이 되고, 흡입밸브가 닫힌다.[48]

단계 2 : 동작유체가 출구압력 p_2까지 팽창되면서 피스톤이 위치 1에서 2까지 이동하여 체적이 V_2가 되고, 배기밸브가 열린다.

단계 3 : 열린 배기밸브를 통해 배압 p_2의 피스톤은 외부로부터 일을 받아서[49] 위치 2에서 0까지 이동한다. 체적이 0이 될 때까지 실린더 안에 있는 모든 기체를 밀어내고 배기밸브가 닫힌다.

단계 4 : 흡입밸브가 열리면서 순환이 완성된다.

---

45) 다음 제 3 장에서 언급

46) 또한, 열과 일의 기호는, $G\ kg_f$($m\ kg_m$)에 대하여는 각각 Q, W의 대문자로 표기하고, 단위중량 $1\ kg_f$ ($1\ kg_m$) 에 대하여는 q, w의 소문자로 나타낸다.

47) 마찰이 없고 잘 단열되었다고 가정한다.

48) 피스톤이 0의 위치에서 흡입밸브가 열려 압력 p_1의 위치에서 1까지 이동하여 체적이 v_1이 되는 동안은 압력이 일정하다.

49) 기관에 의하여 한 일 = 음(−)의 일

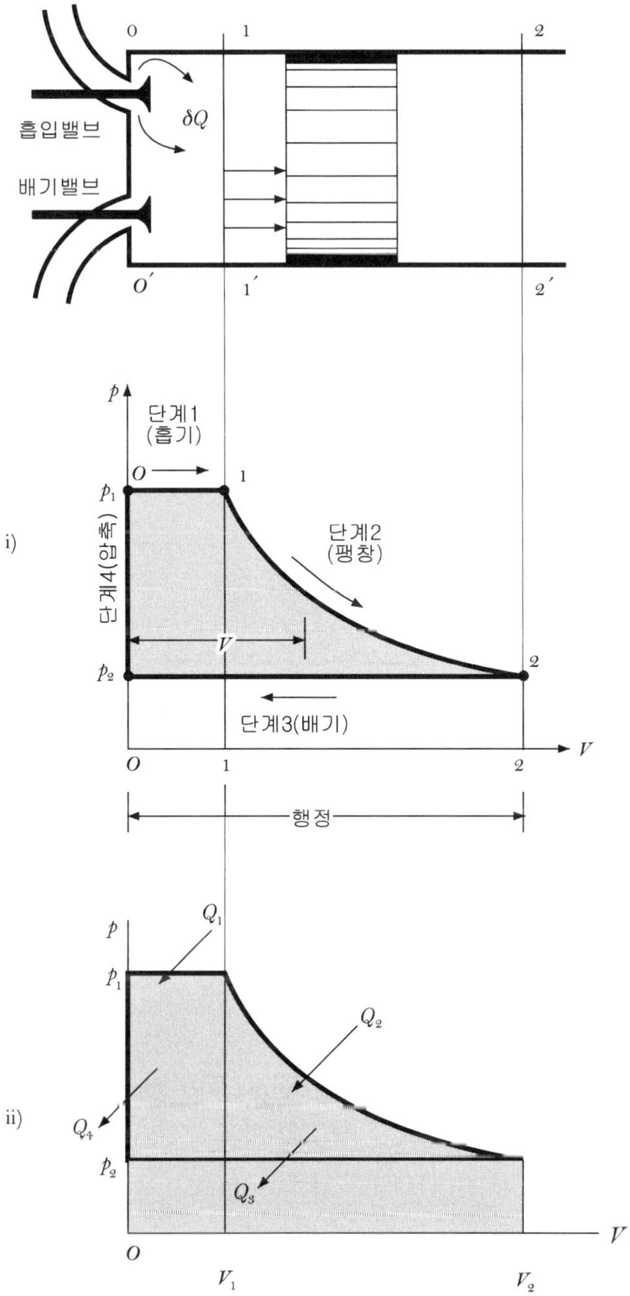

$$Q = Q_{in} + Q_{out}$$

$$Q = (Q_1 + Q_2) + (Q_3 + Q_4)$$

[그림 2-8] 이상적인 기계장치

(2) 과정 일 해석

그림 2-8과 같은 피스톤-실린더기관의 경계를 거쳐 동작물질이 질량 m, 압력 p_1, 비체적 v_1의 동작유체가 유입되어 질량 m, 압력 p_2, 비체적 v_2로 변화하여 유출되는 과정에 대하여 생각하자. 피스톤-실린더기관의 개방계가 주위에 한 순수한 일은 동작유체에 의하여 행해진 순수한 축 일을 나타낸다.

즉, 단계 1, 2, 3, 4에서 이루어진 일을 각각, W_1, W_2, W_3, W_4라고 할 때, 네 가지 일의 합은 한 사이클 동안 이 기관을 통과하는 유체가 한 순수한 축일이 되므로,

$$\text{단계 1 :}\quad W_1 = m\int_{(v=)0}^{(v=)v_1} p_1 \cdot dv = p_1 \cdot V_1 \tag{2-45}$$

$$\text{단계 2 :}\quad W_2 = m\int_{(v=)v_1}^{(v=)v_2} p \cdot dv \tag{2-46}$$

$$\text{단계 3 :}\quad W_3 = (-)\, m\int_{(v=)v_2}^{(v=)0} p_2 \cdot dv = (-)\, p_2 \cdot V_2 \tag{2-47}$$

$$\text{단계 4 :}\quad W_4 = 0 \tag{2-48}$$

따라서 단위질량 당의 순 축일, w_{sh}는[50]

$$w_{sh} = w_1 + w_2 + w_3 + w_4 = p_1 \cdot v_1 + \int_{(v=)v_1}^{(v=)v_2} p \cdot dv - p_2 \cdot v_2 + 0 \tag{2-49}$$

$$= (\text{면적 } 0-1-1'-0'-0) + \text{면적 } (1-2-2'-1'-1) - (\text{면적 } 0''-2-2'-0'-3)$$

$$= \text{면적 } 0-1-2-3-0$$

$$w_{sh} = -\int_{(p=)p_1}^{(p=)p_2} v \cdot dp \qquad (2\text{-}50)^{51)}$$

이다.

이렇게 동작유체가 한 사이클 동안 각 단계별로 행한 일은 일의 성격에 따라 절대일과 공업일의 두 가지로 나누어 생각할 수 있다.

---

50) (점으로 이루어진 면적은 기관이 한 일을 나타내고 빗금친 면적은 주위로부터 받은 일을 나타낸다.)
면적 a-b-c-d는 한 사이클 동안 기관이 한 순수 일을 나타낸다.

51) 이는 수학적 표현을 사용해도 마찬가지 결론에 다다르게 된다. 이를 증명한다.

$d(p \cdot v) = p \cdot dv + v \cdot dp$ (2-37)이고,

이를 적분하면 $\int_1^2 d(p \cdot v) = p_2 \cdot v_2 - p_1 \cdot v_1$이 되므로,

$\int_1^2 d(p \cdot v) = \int_{v_1}^{v_2} p\, dv + \int_{p_1}^{p_2} v\, dp$ (2-37`)

위 식을 (2-49)식에 대입하면 (2-50)식이 얻어진다.

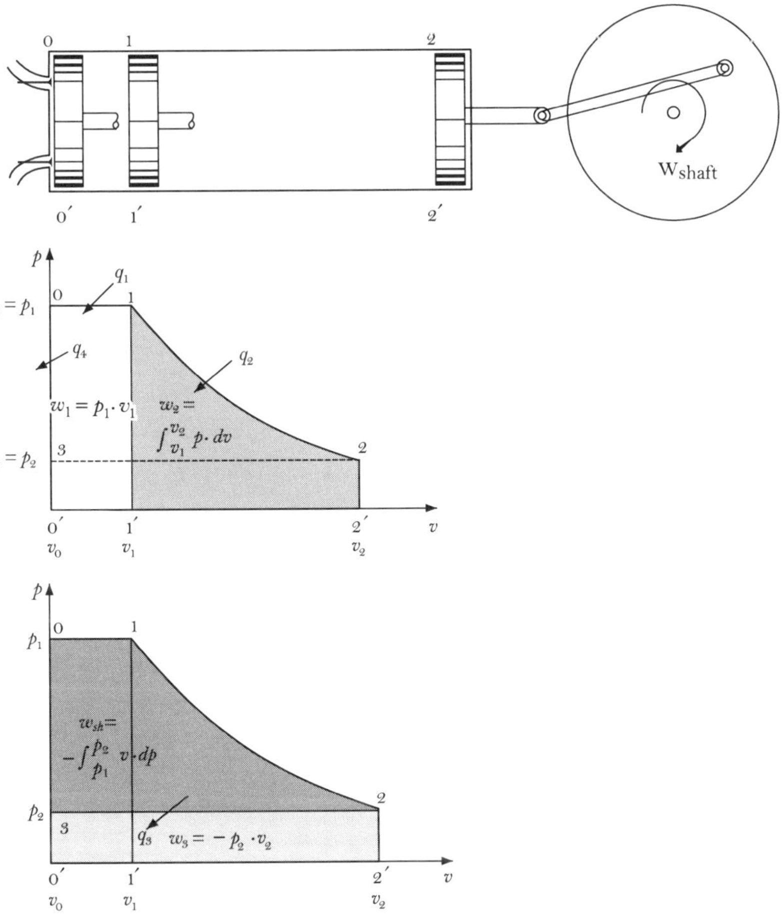

단계 1(0→1) : $\delta q = du + \delta w = du + p \cdot dv = dh - v \cdot dp$

$$\Rightarrow q_1 = (u_1 - u_0) + (p_1 \cdot v_1 - p_0 \cdot v_0) = (h_1 - h_0) - v \cdot dp$$

단계 2(1→2) : $\delta q = du + \delta w = du + p \cdot dv = dh - v \cdot dp$

$$\Rightarrow q_2 = (u_2 - u_1) + \int_{v_1}^{v_2} p \cdot dv = (h_2 - h_1) - \int_{p_1}^{p_2} v \cdot dp$$

단계 3(2→3) : $\delta q = du + (-)\delta w = du + (-)p \cdot dv = dh - (-)v \cdot dp$

$$\Rightarrow q_3 = (u_3 - u_2) + (-)(p_2 \cdot v_2 - p_3 \cdot v_3) = (h_3 - h_2) - (-)v \cdot dp$$

단계 4(3→0) : $\delta q = du + (-)\delta w = du + (-)p \cdot dv = dh - (-)v \cdot dp$

$$\Rightarrow q_4 = (u_0 - u_3) + \int_{v_o}^{v_0} p \cdot dv = (h_0 - h_3) + (-)\int_{p_2}^{p_1} v \cdot dp \qquad (+$$

단계 1→2→3→4 : $(u_1 - u_0) + (u_2 - u_1) + (u_3 - u_2) + (u_0 - u_3)$

(0→1→2→3→0) $\quad - v \cdot dp - \int_{p_1}^{p_2} v \cdot dp + v \cdot dp - \int_{p_2}^{p_1} v \cdot dp$

2.8 절대일과 공업일

(1) 절대일(absolute work) / 밀폐계의 일

그림 2-8의 단계 2 과정에서의 동작유체가 하는 일에 주목하여 보자.

이 때 피스톤-실린더 장치의 계는 흡, 배기밸브에 의해 밀폐되어 있고, 동작유체는 계의 경계를 통해 외부로부터 흡열된 열에 의해 팽창하면서 계의 경계가 이동하는 경계 이동일을 하는 경우이다. 이렇게 대상으로 하는 경계 내에 밀폐된 가스가 하는 일을 밀폐계의 일이라 한다.

단계 2 과정에서와 같이, 피스톤엔진의 실린더 내에 m [kg_m]의 가스를 밀폐하고 압축하여 압력을 높여둔다. 이 상태를 상태 1(p_1, V_1)이라 한다.

이 상태에 열을 가하면(점화해서 순간적으로 폭발 · 연소시킨다) 동작유체는 피스톤을 외부로 밀어내는 일을 하게 된다. 따라서 상태 1의 가스는 체적팽창하고 압력은 저하하여 상태 2(p_2, V_2)로 된다.

이것은 4 행정 엔진사이클에서의 흡입-압축-폭발-배기로 이루어지는 행정의 가운데, 압축-(폭발)팽창의 행정만을 생각했을 때에 상당한다.

따라서 이 경우 상태 1로부터 2까지 동안에 가스가 하는 일은 피스톤이 하는 일과 같고, m [kg_m] 의 가스가 하는 전체 일은 다음 식으로 주어진다.

$$W_{1\sim2} = m \cdot \int_{(v=)v_1}^{(v=)v_2} p\,dv = (\text{면적 } 1-2-2'-1'-1) \qquad (2-51)$$

위 식의 $W_{1\sim2}$는 밀폐계가 준정적과정[52]에서 하는 일로서 밀폐계의 일 또는 절대일[53]이라 한다(그림 2-9(a)).

그러나 실제로 동작유체는 압축-팽창의 부분적 행정만이 아니고, 하나의 사이클을 이루면서 개방계의 공업일을 하게 된다.

52) 준정적 과정 = 가역과정 + 열평형과정
- 가역과정 : 열손실이 없다.
- 열평형과정 : 도중의 어떤 시각의 어느 장소에서이든지 압력이나 온도가 하나의 값으로 주어진다.

53) '팽창일' 이라고도 한다.

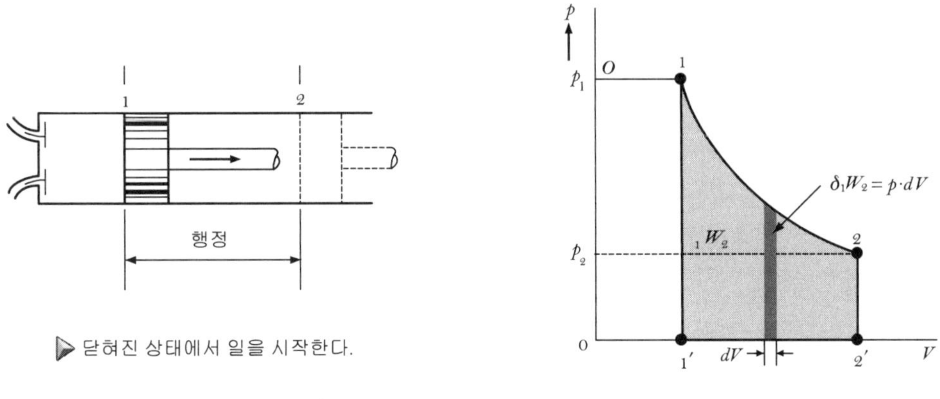

절대일 $_1W_2$ = 면적 1 2 2′ 1′ 1

[그림 2-9(a)] 밀폐계의 일

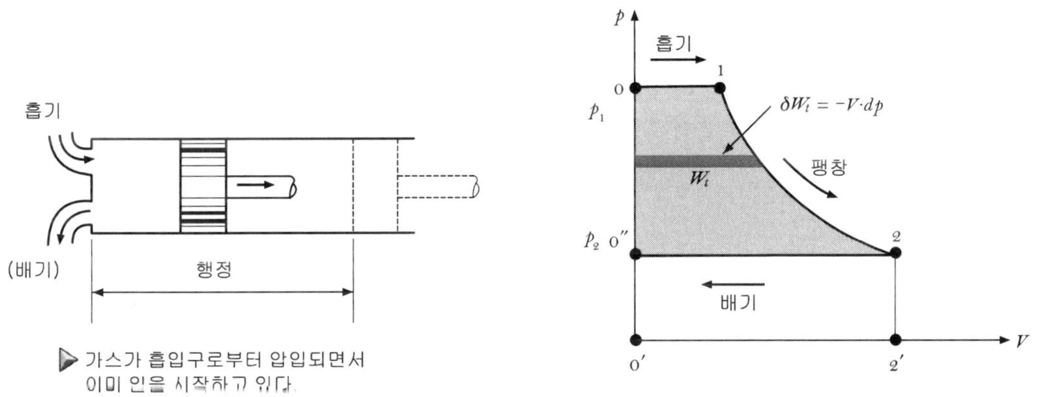

공업일, W_t = 면적 0 1 2 2′ 0′ 0 − 면적 0″ 2 2′ 0′ 0″
= 면적 0 1 2 0″ 0

[그림 2-9(b)] 개방계의 일

(2) 공업일(technical work)[54] / 개방계의 일

이번에는 동작물질이 유동하는 개방계에서 하는 일을 생각해 보자.

앞서 설명하였듯이, 엔진사이클에서 실제로 동작유체가 행한 일은 압축－팽창의 부분적 행정만이 아니고, 흡입－압축－폭발(팽창)－배기의 행정이 반복적으로 이루어지면서 동력을 발생시킨다. 즉, 하나의 사이클을 이루면서 全행정 동안 개방계의 공업일을 하게 된다.[55] 바꾸어 말하면,

동작유체 [연료가스]는 실린더 밖 ['주위']로부터 실린더 [라고 하는 '계']에 유입되어 [흡입행정] 가열 [압축·폭발행정]된 다음 실린더 밖 ['주위']로 유출 [배기행정]되는 연속적인 작동을 반복한다.

이렇게 실제 공학에서 유체는, 밀폐계에서와는 달리, 사이클을 행함에 의해서 연속된 일을 하게 된다. 이러한 경우, 가스가 이 계에 하는 일에 관해서는 가스가 실린더 내에서 팽창하는 즉, 압축－(폭발)팽창 행정의 팽창일(밀폐계의 일＝절대일)을 하는 이외에 가스를 실린더 내로 밀어 넣기 위하여 외부로부터 계에 하는 일[56] $(+)\,p_1 \cdot V_1$ 과 가스를 배출시키기 위하여 계가 외부에 하는 일[57] $(-)\,p_2 \cdot V_2$ 를 고려할 필요가 있다.

이와 같이, 사이클을 이루기 위한 일, 즉 대상으로 하는 계의 경계 내에서의 팽창일뿐만 아니라 경계 안으로 유체를 밀어 넣고 경계 밖으로 배출시키는 일까지 모두를 포함한 일을 공업일(technical work)이라 하고 기호 W_t 로 표시한다. 즉,

공업일 W_t 는 밀폐계의 절대일에 흡입일, 배출일이 합쳐진 개방계의 일로 정의되며, [그림 2－9(b)]를 참고하여 수식으로 전개하면 식 (2－50)으로 된다.

$$\text{공업일},\ W_t = \oint_{0-2-0''-0} \delta W_t$$

$$= p_1 \cdot V_1 + \int_{V_1}^{V_2} p \cdot dV - p_2 \cdot V_2 \quad [58]$$

54) 축 일(shaft work, W_{sh})이라고도 한다.

55) 이러한 기관의 한 사이클 당의 축 일 W_{sh}를 공업일 W_t(technical work)라 한다.

56) 흡입일 ＝ 유동일 / 2－4절 참조

57) 배출일 ＝ 유동일 / 2－4절 참조

58) $W_t = \oint_{0-2-0} \delta W = m \cdot p_1 \cdot v_1 + m \cdot \int_{v_1}^{v_2} p\ dv - m \cdot p_2 \cdot v_2$

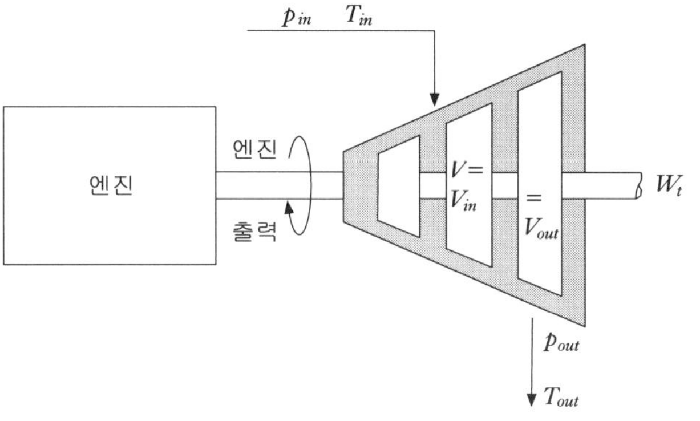

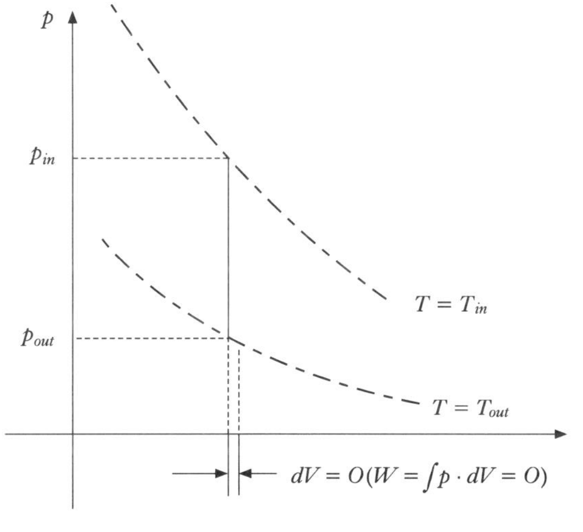

$$Wt = -\int V \cdot dp$$

[그림 2-10] 개방계의 일

2.9 기계장치에 출입하는 열의 흐름

[그림 2-11]과 같은 추상적인 기계장치를 실제적인 피스톤 – 실린더 장치로 구체화 시키면, 한 사이클 동안 장치에 출입하는 열에 의한 에너지 변환은 다음과 같다.

$$\oint du = \int_{0(-1-2-3)}^{0} du = \Delta u_1 + \Delta u_2 + \Delta u_3 + \Delta u_4 = 0 \ : \ \text{점함수}$$

$$\Delta u_1 = u_1 - u_0$$

$$\Delta u_2 = u_2 - u_1$$

$$\Delta u_3 = u_3 - u_2$$

$$\Delta u_4 = u_0 - u_1$$

$$\oint dh = \int_{0(-1-2-3)}^{0} dh = \Delta h_1 + \Delta h_2 + \Delta h_3 + \Delta h_4 = 0 \ : \ \text{점함수}$$

$$\Delta h_1 = h_1 - h_0$$

$$\Delta h_2 = h_2 - h_1$$

$$\Delta h_3 = h_3 - h_2$$

$$\Delta h_4 = h_0 - h_1$$

$$w = \oint dw = \int_{0(-1-2-3)}^{0} \delta w = q_1 + q_2 - q_3 - q_4 \ : \ \text{경로함수}$$

$$w = q_{in} - q_{out} = (q_1 + q_2) - (q_3 + q_4) = q_1 + q_2 - q_3 - q_4$$

$$\delta q = du + \delta w$$

$$\oint \delta q = \oint du + \oint \delta w$$

$$q = 0 + (q_{in} - q_{out}) = 0 + w = w$$

$$\delta q = dh - v \cdot dp$$

$$\oint \delta q = \oint dh - \int v \cdot dp$$

$$q = 0 - \int v \cdot dp = w$$

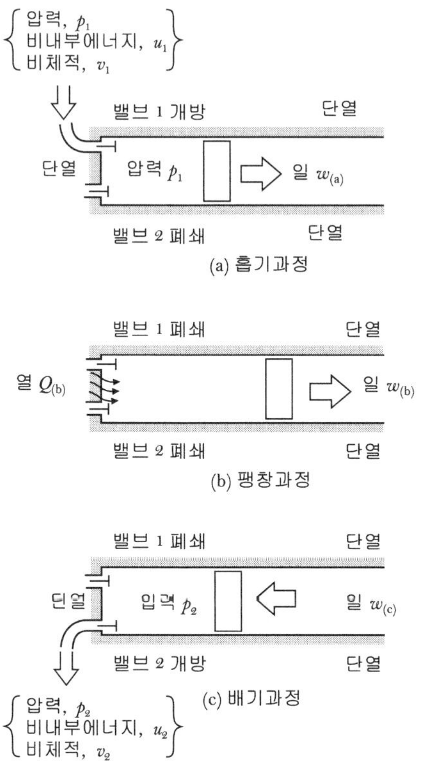

<개방계의 에너지 변환>

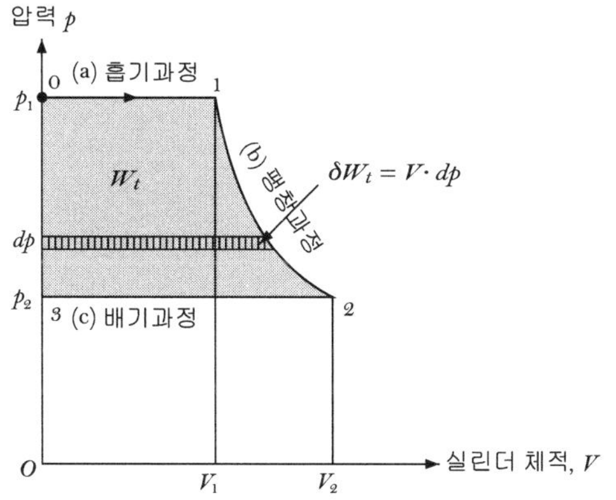

<압력과 실린더 체적의 관계>

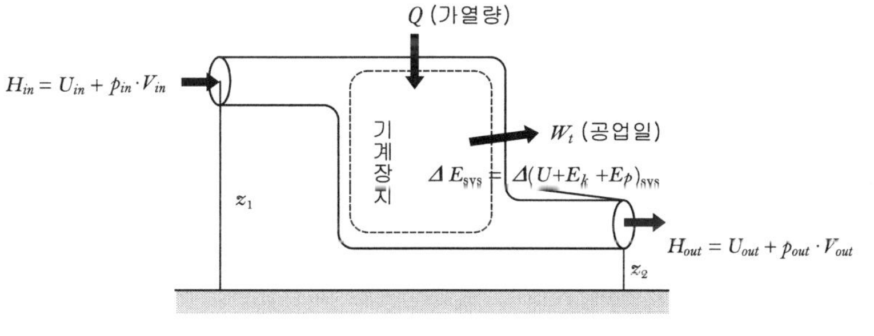

[그림 2-11] 추상적인 기계장치

소나무 장작으로 달구는 유황석. 가열된 유황석을 해수에 넣으면 해수가 몸에 좋은 알카리성으로 성분 변화를 일으킨다.

연습문제

1 잘 단열된 방 안에서 양초가 타고 있다.
공기와 양초를 포함한 방을 시스템으로 잡고, 양초가 타고 있는 동안의

(a) 열전달량

(b) 내부에너지의 변화

를 구하라.

2 정상과정으로 100 kPa, 280 K 의 공기를 600 kPa, 400 K 까지 압축한다.
공기의 질량 유량은 0.02 kg/s 이고, 이 과정 동안 열손실은 16 kJ/kg 이다.
운동에너지와 위치에너지 변화를 무시할 수 있다고 가정하고 압축기에 필요한 입력 동력을 구하라.

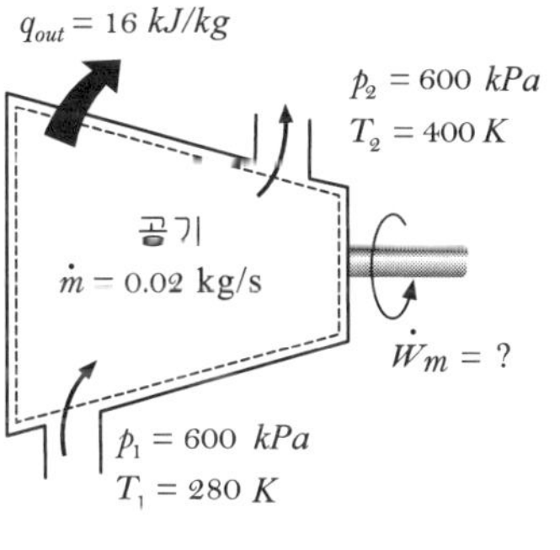

가정 1: 임의의 점에서 시간에 따른 변화가 없으므로 정상 유동과정이고,
따라서 $\triangle m_{cv} = 0$ 이고 $\triangle E_{cv} = 0$이다.

가정 2: 운동에너지와 위치에너지 변화가 없으므로, $\triangle KE = 0$, $\triangle PE = 0$ 이다.

1 (a) 그림에서 점선으로 표시된 것처럼 방의 내부 면은 시스템의 경계를 형성한다.
열은 시스템의 경계를 통과할 때만 관찰된다. 시스템의 경계가 잘 단열되어 있으므로,
이 시스템은 단열 시스템이고 열은 시스템의 경계를 통과할 수 없다.
그러므로 이 과정에서 $Q = 0$ 이다.

(b) 제 1 장에서 논의된 바와 같이, 내부 에너지는 분자 위치에너지, 분자 운동에너지, 잠재 에너지, 화학 에너지, 질량 에너지 등의 여러 가지 형태로 존재하는 에너지이다.
위에서 기술된 과정 동안에 화학 에너지의 일부가 감지 에너지로 변환된다.
즉, 시스템의 내부에너지의 일부가 서로 형태만 변환된다.
시스템의 전체 내부 에너지는 증가되거나 감소되지 않기 때문에 이 과정에 대한 $\Delta U = 0$ 이다.

2 그림과 같이, 압축기를 시스템으로 잡는다. 과정 동안 질량이 시스템의 경계를 통과하므로 이 시스템은 검사체적이다. 입구와 출구가 각각 하나씩으로 $m_1 = m_2 = m$ 이다.
또한, 열은 시스템으로부터 손실되고, 일은 시스템에 공급된다.
가정 1, 2 하에, 이 정상유동 시스템에 대한 에너지평형은 다음과 같이 시간율 형태로 나타낼 수 있다.

$$\underbrace{\dot{E}_{in} - \dot{E}_{out}}_{\text{열, 일 및 질량에 의한 정미 에너지 전달률}} = \underbrace{\triangle \dot{E}_{system}}_{\text{내부, 운동, 위치 등의 에너지 변화율}} \overset{0(\text{정상유동})}{=} 0$$

열, 일 및 질량에 의한 정미 에너지 전달률과 내부, 운동, 위치 등의 에너지 변화율

$$\dot{E}_{in} = \dot{E}_{out}$$

$$\dot{W}_{in} + \dot{m} \cdot h_1 = \dot{Q}_{out} + \dot{m} \cdot h_2 \quad \cdots\cdots\cdots\cdots\cdots\cdots \ (2-30)$$

$$\dot{W}_{in} = \dot{m} \cdot Q_{out} + \dot{m} \cdot (h_2 - h_1) \quad \cdots\cdots\cdots\cdots\cdots\cdots \ ☞)$$

이상기체의 엔탈피는 온도에 따라서만 변하고, 주어진 온도에서 공기의 엔탈피는 부록의 공기표로부터 구해진다.

$$h_1 = h_{@280K} = 280.13 \ [kJ/kg]$$

$$h_2 = h_{@400K} = 400.98 \ [kJ/kg]$$

이상을 윗식 ☞)에 대입하면, 압축기 입력 동력은 다음과 같이 구해진다.

$$W_{in} = (0.02\ kg/s)(16\ kJ/kg) + (0.02\ kg/s)(400.98 - 280.13\ kJ/kg)$$
$$= 2.74 \ [kW]$$

3 질량이 10 *kg* 인 돌과 100 *kg* 의 물이 들어있는 물동이가 있다.
처음에 돌이 물 위 10.2 *m*에 있으며 물과 돌의 온도는 같다. 이를 상태 1 이라고 하자.
이제 돌이 물 위로 떨어진다.
다음 각 상태변화에 대한 ΔU, ΔKE, ΔPE, Q 및 W를 계산하라.
단, 표준 중력가속도는 9.80665 m/s^2 이다.

(1) 돌이 물 속으로 들어가는 순간(상태 2).

(2) 돌이 물동이 속에서 정지하는 순간(상태 3).

(3) 물과 돌의 온도가 처음 온도 T_1 과 같아지도록 외부로 열전달이 일어난 후(상태 4).

T K	h kJ/kg	P_r	u kJ/kg	v_r	s° kJ/(kg·K)	T K	h kJ/kg	P_r	u kJ/kg	v_r	s° kJ/(kg·K)
200	199.97	0.3363	142.56	1707.0	1.29559	580	586.04	14.38	419.55	115.7	2.37348
210	209.97	0.3987	149.69	1512.0	1.34444	590	596.52	15.31	427.15	110.6	2.39140
220	219.97	0.4690	156.82	1346.0	1.39105	600	607.02	16.28	434.78	105.8	2.40902
230	230.02	0.5477	164.00	1205.0	1.43557	610	617.53	17.30	442.42	101.2	2.42644
240	240.02	0.6355	171.13	1084.0	1.47824	620	628.07	18.36	450.09	96.92	2.44356
250	250.05	0.7329	178.28	979.0	1.51917	630	683.63	19.84	457.78	92.84	2.46048
260	260.09	0.8405	185.45	887.8	1.55848	640	649.22	20.64	465.50	88.99	2.47716
270	270.11	0.9590	192.60	808.0	1.59634	650	659.84	21.86	473.25	85.34	2.49364
280	280.13	1.0889	199.75	738.0	1.63279	660	670.47	23.13	481.01	81.89	2.50985
285	285.14	1.1584	203.33	706.1	1.65055	670	681.14	24.46	488.81	78.61	2.52589
290	290.16	1.2311	206.91	676.1	1.66802	680	691.82	25.85	496.62	75.50	2.54175
295	295.17	1.3068	210.49	647.9	1.68515	690	702.52	27.29	504.45	72.56	2.55731
300	300.19	1.3860	214.07	621.2	1.70203	700	713.27	28.80	512.33	69.76	2.57277
305	305.22	1.4686	217.67	596.0	1.71865	710	724.04	30.38	520.23	67.07	2.58810
310	310.24	1.5546	221.25	572.3	1.73498	720	734.82	32.02	528.14	64.53	2.60319
315	315.27	1.6442	224.85	549.8	1.75106	730	745.62	33.72	536.07	62.13	2.61803
320	320.29	1.7375	228.42	528.6	1.76690	740	756.44	35.50	544.02	59.82	2.63280
325	325.31	1.8345	232.02	508.4	1.78249	750	767.29	37.35	551.99	57.63	2.64737
330	330.34	1.9352	235.61	489.4	1.79783	760	778.18	39.27	560.01	55.54	2.66176
340	340.42	2.149	242.82	454.1	1.82790	780	800.03	43.35	576.12	51.64	2.69013
350	350.49	2.379	250.02	422.2	1.85708	800	821.95	47.75	592.30	48.08	2.71787
360	360.58	2.626	257.24	393.4	1.88543	820	843.98	52.59	608.59	44.84	2.74504
370	370.67	2.892	264.40	367.2	1.91313	840	866.08	57.60	624.95	41.85	2.77170
380	380.77	3.176	271.69	343.4	1.94001	860	888.27	63.00	641.40	39.12	2.79783
390	390.88	3.481	278.93	321.5	1.96633	880	910.56	68.98	657.95	36.61	2.82344
400	400.98	3.806	286.16	301.6	1.99194	900	932.03	75.29	674.58	34.31	2.84856
410	411.12	4.153	293.43	283.3	2.01699	920	955.38	82.05	691.28	32.18	2.87324
420	421.26	4.522	300.69	266.6	2.04142	940	977.92	89.28	708.08	30.22	2.89748
430	431.43	4.915	307.99	251.1	2.06533	960	1000.55	97.00	725.02	28.40	2.92128
440	441.61	5.332	315.30	236.8	2.08870	980	1023.25	105.2	741.98	26.73	2.94468
450	451.80	5.775	322.62	223.6	2.11161	1000	1046.04	114.0	758.94	25.17	2.96770
460	462.02	6.245	329.97	211.4	2.13407	1020	1068.89	123.4	776.10	23.72	2.99034
470	472.24	6.742	337.32	200.1	2.15604	1040	1091.85	133.3	793.36	23.29	3.01260
480	482.49	7.268	344.70	189.5	2.17760	1060	1114.86	143.9	810.62	21.14	3.03449
490	492.74	7.824	352.08	179.7	2.19876	1080	1137.89	155.2	827.88	19.98	3.05608

3 [해설]

각 단계에 대한 열역학 제 1 법칙, 식 (2−14)는

$$Q = \Delta U + \Delta KE + \Delta PE + W$$

과 같으며, 각 상태변화에 따라 각 항을 판별하여야 한다.

(1) 돌이 Z_1에서 Z_2로 떨어졌으며 이때 열전달이 없다고 가정한다.
물의 상태는 변하지 않았으므로 다음과 같다.

$$\Delta U = 0, \quad {}_1Q_2 = 0, \quad {}_1W_2 = 0$$

제 1 법칙은

$$\Delta KE + \Delta PE = 0$$

$$\begin{aligned} \Delta KE &= -\Delta PE = -m \cdot g(Z_2 - Z_1) \\ &= -10kg \times 9.80665\,m/s^2 \times (-10.2\,m) \\ &= 1,000\ [J] = 1\ [kJ] \end{aligned}$$

이다. 즉 상태 1에서 상태 2로 가는 동안 다음과 같이 된다.

$$\Delta KE = 1\,[kJ], \quad \Delta PE = -1\ [kJ]$$

(2) 상태 2에서 운동에너지가 0인 상태 3으로 가는 동안(물의 깊이를 무시하면) 다음과 같다.

$$\Delta PE = 0, \quad {}_2Q_3 = 0, \quad {}_2W_3 = 0$$

따라서 다음과 같은 결과를 얻는다.

$$\Delta U + \Delta KE = 0$$

$$\Delta U + \Delta KE = 1\,[J]$$

(3) 따라서, 최종상태에서 운동에너지와 위치에너지가 0이며 내부에너지는 상태 1과 같다.
따라서 다음과 같이 계산된다.

$$\Delta U = -1\ [kJ], \quad \Delta KE = 0, \quad \Delta PE = 0, \quad {}_3W_4 = 0$$

$${}_3Q_4 = \Delta U = -1\ [kJ]$$

4 어느 터빈에 750 $kcal/kg_f$ 의 비엔탈피를 갖는 유체가 매초 5 kg_f 의 비율로 유입되어서 650 $kcal/kg_f$ 의 비엔탈피로 유출된다. 이 때의 열손실을 100 $kcal/s$ 로 한다면 매초 발생하는 일량은 얼마인가?
단, 이 터빈에서의 유동은 정상유동으로서 유입 및 유출 시의 속도는 거의 같으며, 30 m/s 이고 효율은 무시한다.

5 어느 터빈에 매시 10 t 의 증기가 유입되어서 1400 kW 의 동력을 발생한다.
이 증기가 유입 시에는 비엔탈피 700 $kcal/kg_f$, 속도 900 m/s 이고, 유출 시에는 비엔탈피 650 $kcal/kg_f$, 속도 400 m/s 이다.
이 터빈의 매초 당 손실열량은 얼마인가?
단, 터빈에서의 유동은 정상유동이고 효율은 무시한다.

4 1. 식 (2−31)을 변형하여 공업일 W_t를 구한다.

2.

$\dot{m} = 5\ kg_m/s,\ h_1 = 750\ kcal/kg_m,\ h_2 = 650\ kcal/kg_m,\ \dot{Q}_{loss} = 100\ kcal/s$ 이고,

3. 식 (2−31)에서 $v = 30\ m/s \leqq 40\ m/s$ 이므로, 운동에너지 $A \cdot \frac{v^2}{2 \cdot g}$ 의 항을 무시하면

$$\dot{m} \cdot h_1 = \dot{m} \cdot h_2 + A \cdot \dot{W}_t + Q_{loss}$$

$$\therefore A \cdot \dot{W}_t = \dot{m} \cdot (h_1 - h_2) - \dot{Q}_{loss} = 5(750 - 650) - 100 = 400\ [kcal/s]$$

따라서 구하는 공업일 $\dot{W}_t$는

$$\dot{W}_t = \frac{v^2}{2g} \times 400 = 427 \times 400 = 170.800\ [kg_f \cdot m/s]$$

단위시간 당의 일량을 동력(power)이라 한다.

5 1. 식 (2−31)을 변형하여 손실열 $\dot{Q}_{loss}$ 를 구한다.

2. 먼저 유입하는 증기량 $\dot{m}$ 를 매초 당으로 환산하지 않으면 안되므로

$$\dot{m} = 10\ t/h = 10,000\ kg_m/h = \frac{10,000}{3600}\ kg_m/s = \frac{25}{9}\ [kg_m/s]$$

$$h_1 = 700\ kcal/kg_m,\ h_2 = 650\ kcal/kg_m,\ v_1 = 900\ m/s,\ v_2 = 400\ [m/s]$$

그리고 $A \cdot W_t$ 에 상당하는 열당량은 식 (1−53)에서 $1\ kWh = 859.8\ kcal$ 이므로 $1,400\ kW$ 의 출력의 열당량은

$$\frac{1,400 \times 859.8}{3600} = 334\ [kcal/s]$$

3. 따라서 구하는 손실열량 $\dot{Q}_{loss}$ 는 식 (2−31)을 변형하여

$$\dot{Q}_{loss} = \dot{m} \cdot (h_1 - h_2) + \dot{m} \cdot \frac{A}{2g} \cdot (v_1^2 - v_2^2) - A \cdot W_t$$

$$= \frac{25}{9}(700 - 650) + \frac{25}{9} \times \frac{1}{2 \times 9.8} \times \frac{1}{427}(900^2 - 400^2) - 334$$

$$= 20.6\ [kcal/s]$$

6 밀폐계가 3개의 개별적인 과정들로 구성된 사이클을 수행한다.
처음 과정 동안 계로 8 kJ의 열전달이 일어나고 계는 2 kJ의 일을 한다. 두 번째 과정은 단열 과정이다. 세 번째 과정 동안 3 kJ의 일이 계에 행해지고, 계의 총에너지는 2 kJ 만큼 감소한다.
처음 두 과정 동안 각 과정에서 계의 총에너지의 변화와 마지막 과정에서의 열전달,
그리고 두 번째 과정에서의 일을 구하라.

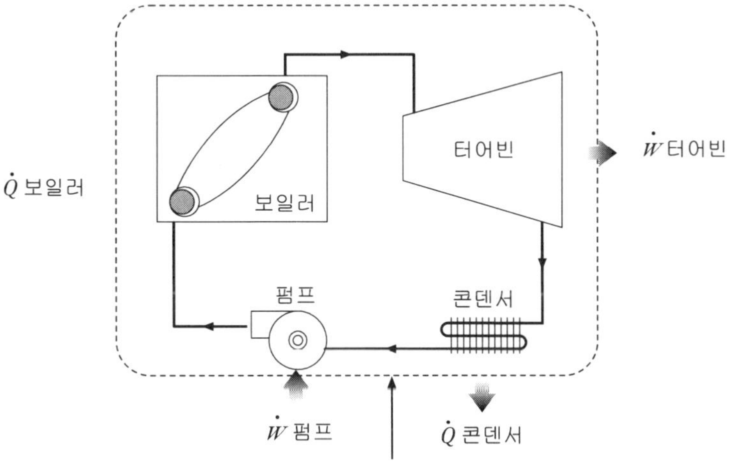

<밀폐계의 해석을 위한 계의 경계>

[해설]

밀폐된 열역학적 계에는 많은 예들이 있다.
어떤 것들은 실제이고, 나머지는 단지 실제 장치를 이상화한 것이다.
예를 들어, 백열전구, 팽창된 자동차 타이어, 저장탱크, 그리고 고체 블록은 모두 밀폐계의 예들이다.
반면에, 내연기관의 피스톤–실린더 계는 연료와 공기가 계로 들어오고 연소물이 떠나기 때문에 실제로는 개방계로 작동한다 할지라도 피스톤–실린더는 간단한 열역학적 해석을 위해 종종 밀폐계로 이상화된다.
밀폐계는 실제 열역학적 해석에 있어서 개방계처럼 자주 대하는 문제는 아니다.
그럼에도 불구하고, 밀폐계의 해석은 공업열역학에서 중요하다. 이러한 계들은 종종 매우 단순하고 명료하므로 불필요한 복잡성에 의해 문제의 풀이가 지장을 받지 않는다.
그러므로 밀폐계의 해석에서 얻어진 경험은 좀더 어려운 문제들을 해석할 수 있는 능력을 키워주는 데 도움을 줄 것이다. 게다가, 밀폐계의 개념은 큰 계의 전체거동을 해석하는 데 있어서 이로움을 줄 수 있다.
문제의 단순 증기원동소는 4개의 장치(보일러, 터빈, 콘덴서, 펌프)로 구성되어 있는데, 이 장치들은 모두 하나의 개방계 장치로서 각각 해석될 수 있다.
그러나 만일 계의 경계가 4개의 장치를 모두 포함하면, 전체증기원동소는 계의 경계를 통과하는 질량이 없으므로 밀폐계로서 해석될 수 있다.

6 이 문제에서 계의 정체에 대하여 명확하게 알려져 있지 않지만, 우리는 문제의 계가 밀폐계이고 완전한 사이클을 수행한다는 것을 알고 있다. 그러므로 식 (2−26)은 각각의 개별적인 과정에 적용되고 이를 처음 과정에 적용하면, 우리는 다음을 얻을 수 있다.

$$Q + E_1 - W - E_2 = \Delta E_{sys} = O \qquad (2-26)$$

$$\therefore\ Q_{12} - W_{12} = E_2 - E_1$$

또는

$$E_2 - E_1 = 8\,kJ - 2\,kJ$$

$$E_2 - E_1 = 6\,kJ\ (\text{증가})$$

마지막 과정 산출에 식 (2−26)을 다시 적용하면

$$Q_{31} - W_{31} = E_1 - E_3$$

또는

$$Q_{31} = -3\,kJ - 2\,kJ = -5\,kJ\ (\text{계로부터 전달된 열량})$$

두 번째 과정에서 열전달은 단열과정이므로 0 이다. 그리고 열전달의 사이클적분은 다음과 같이 계산된다.

$$\oint \delta Q = \int_1^2 \delta Q + \int_2^3 \delta Q + \int_3^1 \delta Q$$

$$= Q_{12} + Q_{23} + Q_{31} = +8\,kJ + 0 - 5kJ = +3kJ$$

밀폐계가 사이클을 수행할 때, 사이클의 에너지 해석은

$$\oint \delta Q - \oint \delta W = \oint dE = 0$$

이어야 하므로, 이를 밀폐계를 이루는 전체 사이클에 적용하면 다음과 같이 된다.

$$\oint \delta Q = \oint \delta W$$

또는

$$3\,kJ = 2\,kJ + W_{23} + (-3\,kJ)$$

$$W_{23} = 4\,kJ\ (\text{주위로 행한 일})$$

식 (2−26)은 두 번째 과정 중의 전 에너지변화를 알아내는 데 이용될 수 있다.

$$Q_{23} - W_{23} = E_3 - E_2$$

$$E_3 - E_2 = 0 - 4\,kJ = -4\,kJ\ (\text{감소})$$

마지막으로, 전 에너지변화의 순환적분은 합계가 0 이 됨을 주의하자. 이 조건으로 이전의 계산을 검산할 수 있다.

$$\oint dE = (E_2 - E_1) + (E_3 - E_2) + (E_1 - E_3)$$

$$= +6\,kJ - 4\,kJ - 2\,kJ$$

$$= 0\ (\text{확인})$$

Chapter 3

이상기체(완전가스)

열역학 기관에서는 이상기체가 동작유체가 된다.

그 이유는 해석이 간단하다는 데 있다.

동작유체가 이상기체라는 가정 하에서는 상태방정식*을 사용할 수 있다고 하는, 즉 압력과 체적을 알면 온도를 알 수 있는 등 상태변화의 해석이 간단하다는 것이다.

이 장에서는 완전가스의 성질과 이에 관계된 기체상수, 비열관계식, 상태변화 중의 일 또는 열에 대한 열역학적 상태량의 관계식 등의 여러 법칙이 다루어질 것이다.

---

* $p\ [\frac{kg_f}{m^2}] \times V\ [m^3] = p\ [\frac{kg_f}{m^2}] \times v\ [\frac{m^3}{kg_f}] \times G\ [kg_f] = G\ [kg_f] \times R\ [\frac{kg_f \cdot m}{kg_f \cdot K}] \times T\ [K]$

$\therefore\ p \times v = R \times T$

$\therefore\ p_1 \times v_1 = R \times T_1 = p_2 \times v_2 = R \times T_2$

완전가스 너!
요즘 인기 좋더라.
너는 너무
완벽해!!

A(이상기체)

이상기체 너는 어떻고
요즘 너 모르는 사람 없어.
너는 너무 이상적이야!

B(완전가스)

맞어!, 너와 나 우리는 너무
완벽해!!
우리는 항시 상태 방정식을
따르지 않니?

그러니까 기관에서
우리를 동작팀으로
부르는것 아니겠니?!

3.1 완전가스(perfect gas)

열역학기관의 동작유체로 주로 사용되는 기체로서 열기관에서는 공기, 수증기, 연소가스 등이 있으며, 열펌프에서는 암모니아 및 프레온가스 등이 사용되고 있다.

열역학 기관에서 실제로 공업상 사용하는 동작유체에 열을 주는 경우 유체의 상태변화가 어떻게 일어나는가를 해석하기 위해서는 이들 동작유체의 역학적 성질을 알아야 할 필요가 있다.

보통 기관의 연소가스, 공기, 산소, 질소, 수소 등은 넓은 온도 범위에 걸쳐 기체상태로 존재하며 대체로 기체상태방정식에 따른 상태변화를 하므로 이들 기체들을 이상적인 상태변화를 하는 가상적인 기체 즉, 완전가스 또는 이상기체(ideal gas)로 취급하고 있다.

이상기체란 문자 그대로 실제로 존재하지 않는 완전가스로서 이상적인 가스를 말한다.

즉, 이상적인 기체는 분자 사이의 거리가 멀고 분자의 크기와 분자 간에 작용하는 분자력의 크기가 충분히 작아서 이와 같은 기체는 열역학적 상태량인 압력, 온도, 체적 사이의 관계식인 기체 상태방정식을 만족한다.

바꾸어 말하면, 어떤 가스가 기체의 상태방정식을 만족하면서 이상적인 상태변화를 하면 이러한 가스를 완전가스라 할 수 있다. 그러나 액체는 기체보다 분자 간의 거리가 가깝기 때문에 쉽게 액화되는 기체는 기체가 된 후라도 분자의 크기나 분자 간의 힘을 무시할 수 없다. 이와 같은 기체를 불완전가스(imperfect gas)라 한다.

그러나 이러한 불완전가스도 과열도가 높아지면 완전가스의 성질에 접근한다고[1) 알려져 있다.

H_2, O_2, N_2, CO, He 등과 같이 원자수가 $1-2$ 개인 가스 또는 공기와 같은 실제가스는 완전가스로 취급해도 되며 H_2O, CO_2, NH_3, 프레온 가스 등과 같이 원자수가 3개 이상인 것은 불완전가스이다.

1) 물(H_2O)도 증기(H_2O)가 된 후 과열도가 높아지면 점차 완전가스의 성질에 접근한다.

완전가스
완전하게 공부했더라면....
존경! 존경!
불완전가스

3.2 완전가스의 특성식(equation of state)

(1) Boyle의 법칙

1662년 영국의 물리학자 Robert Boyle은,

"온도가 일정한 상태에서, 모든 가스의 체적 V[2)]는 압력 p에 반비례하여 변화한다"라고 발표하였다.

즉, Boyle의 법칙은

$$p \cdot V = C\ onst.\,(kg_f \cdot m) \quad \text{또는} \quad p \cdot v = C\ onst.\,(\frac{kg_f \cdot m}{kg_f}) \qquad (3-1)$$

여기서, C는 비례상수이며, 그림 3-1에서와 같이 처음의 압력 p_1, 비체적 v_1 인 가스가 등온 하에서 압력 p_2, 비체적 v_2인 상태로 변했다면 식 (3-1)로부터,

$$p_1 \cdot v_1 = p_2 \cdot v_2 \qquad (p_1 \cdot V_1 = p_2 \cdot V_2)$$

$$\frac{v_1}{v_2} = \frac{p_2}{p_1} \qquad (\frac{V_1}{V_2} = \frac{p_2}{p_1}) \qquad (3-2)^{3)}$$

의 관계식을 얻으며 $p - v(V)$선도 상에서 등온선은 직각 쌍곡선이 됨을 알 수 있다.

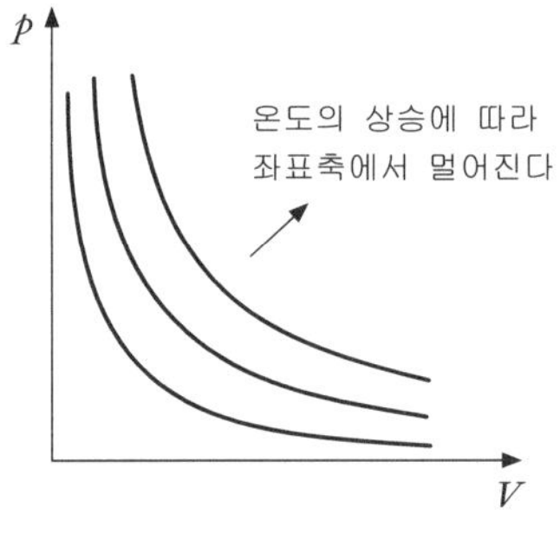

[그림 3-1] 보일의 법칙

---

2) 또는, 비체적 v

3) $(\frac{1}{v} = \gamma = \rho \cdot g \rightarrow v = \frac{1}{\gamma} = \frac{1}{\rho} \cdot g)$

$when, \quad T_1 = T_2$

$\Rightarrow \frac{p}{R \cdot T} = \frac{1}{v} = \gamma$

$p_1 \times \frac{1}{\rho_1 \cdot g} = p_2 \times \frac{1}{\rho_2 \cdot g}$

$\frac{p_1}{\rho_1} = \frac{p_2}{\rho_2}$

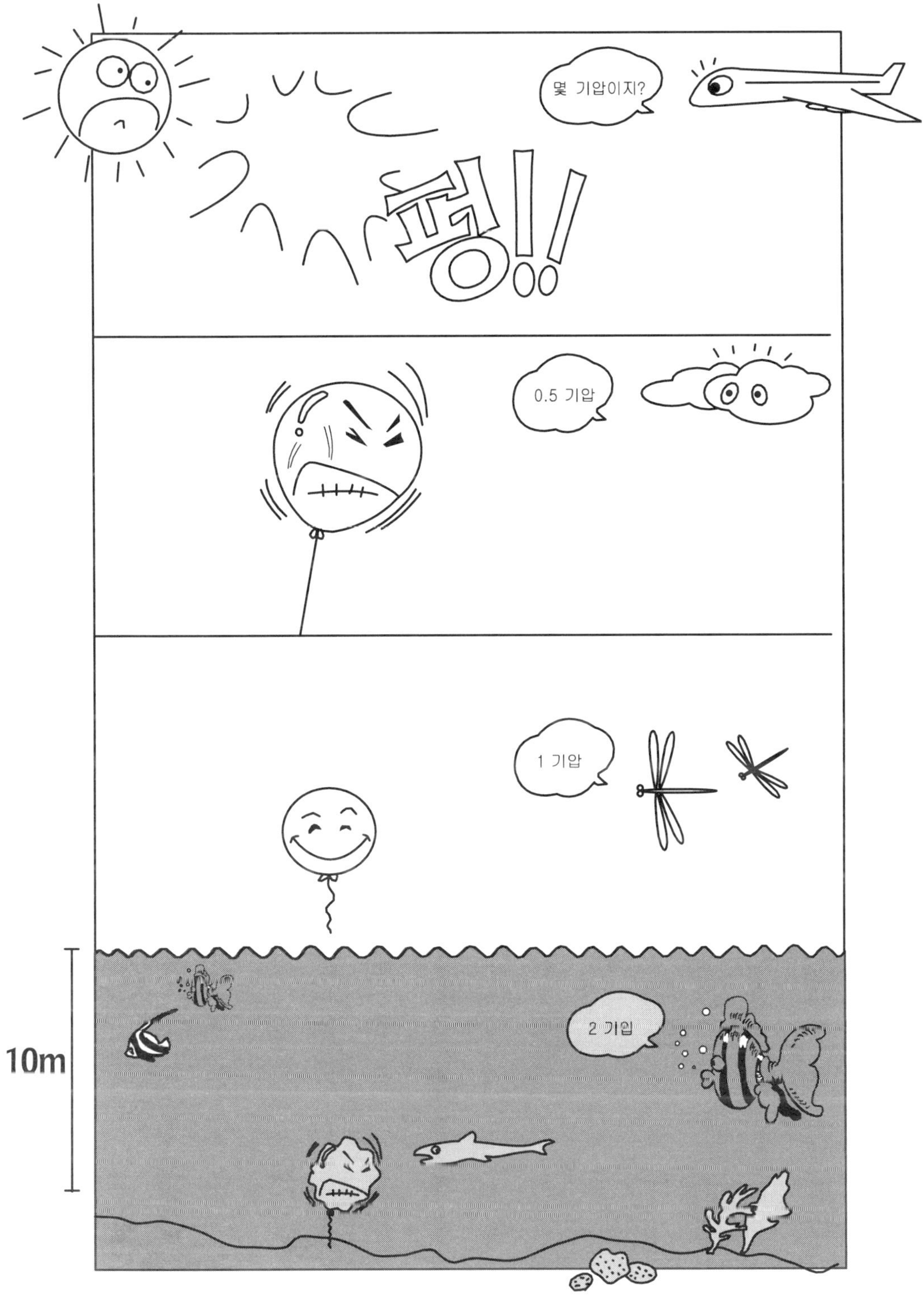

몇 기압이지?
펑!!
0.5 기압
1 기압
2 기압
10m

(2) Charles의 법칙

1782년 프랑스의 Charles는, 「압력 p가 일정한 상태에서, 모든 기체의 체적 V[4]는 온도 1 °C 변화할 때마다 0 °C 에서의 체적의 $\frac{1}{273}$ 만큼 변화한다.」는 것을 발견하였다.

즉, 온도가 1 °C 증가하면 체적은 0 °C 체적의 1 / 273 씩 증가하게 된다는 것이다.[5]

1 kg_f의 어떤 기체가 일정한 압력 하에서 온도가 0 °C 일 때의 비체적이 v_0 라고 하고 변화 전의 온도와 비체적이 t_1, v_1, 변화 후의 온도와 비체적을 t_2, v_2 라 하면,

$$v_1 = v_0 + \frac{v_0}{273} \cdot t_1 = v_0 \left(1 + \frac{t_1}{273}\right) \tag{3-3}$$

$$v_2 = v_0 + \frac{v_0}{273} \cdot t_2 = v_0 \left(1 + \frac{t_2}{273}\right) \tag{3-4}$$

이므로,

$$\frac{v_1}{v_2} = \frac{273 + t_1}{273 + t_2} \tag{3-5}$$

이 된다. 여기서, $273 + t_1$, $273 + t_2$는 t_1 °C, t_2 °C의 절대눈금을 나타내고 있으므로 이것을 $T_1[K]$, $T_2[K]$로 하면, 식 (3-5)는

$$\frac{v_1}{v_2} = \frac{T_1}{T_2} \tag{3-6}$$

$$\text{즉, } \frac{v_1}{T_1} = \frac{v_2}{T_2} = C_{onst.} \quad \text{또는} \quad \frac{V_1}{T_1} = \frac{V_2}{T_2} = \frac{V}{T} = m \cdot C_{onst.} \tag{3-7}$$

와 같이 나타낼 수 있으며, 여기서 $C_{onst.}$는 일정한 값의 상수이다. 즉, Charles의 법칙[6]은 「모든 기체는 압력이 일정할 때 그 체적은 절대온도에 비례한다.」고 표현되며
이 관계는 $T - V(v)$선도 상에서 직선으로 나타난다.

---

4) 또는 비체적 v

5) 이 동일한 법칙은 1802년 프랑스의 Gay-Lussac에 의해서도 발견되었으므로 Charles의 법칙 또는 Gay Lussac의 법칙이라고 한다.

6) Charles의 법칙은 다음과 같은 두 가지로도 표현된다.
"압력이 일정할 때 이상기체의 체적은 절대온도에 비례한다. ($V / T = C_{onst.}$)"
"체적이 일정할 때 이상기체의 압력은 절대온도에 비례한다. ($p / T = C_{onst.}$)"

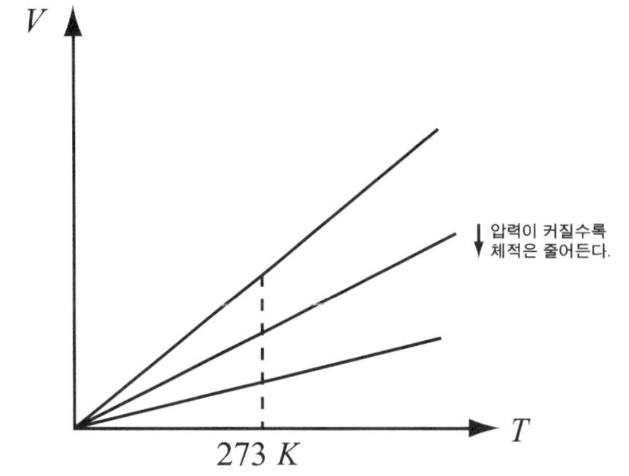
V
T
273 K
압력이 커질수록
체적은 줄어든다.

[그림 3.2] 샤를의 법칙

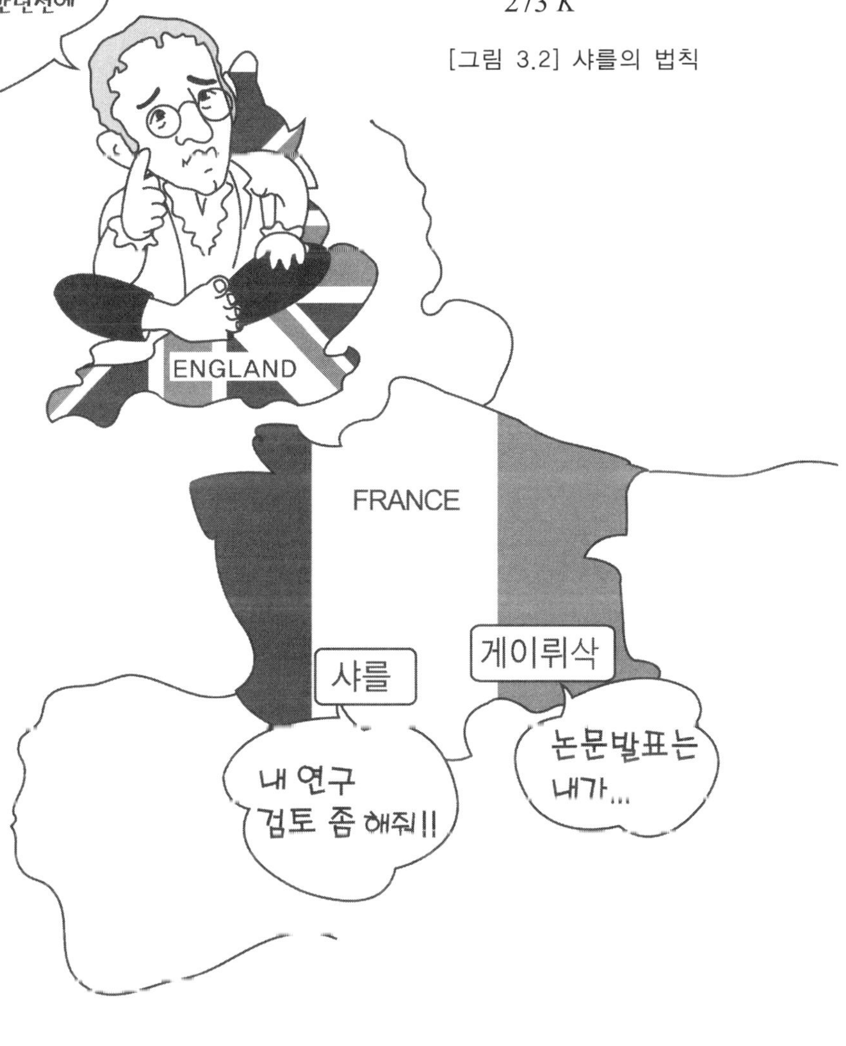
나, 달톤
그림 3-2는 반년전에
내가 발견한
그대로잖아
ENGLAND
FRANCE
샤를
게이뤼삭
내 연구
검토 좀 해줘!!
논문발표는
내가...

(3) 완전가스의 특성식 / (기체상태방정식)

그림 3−3과 같이 $p-V$선도에서 이상기체가 상태 1에서 2로 변화할 때, 먼저 그림 3−1과 같이 상태 1에서 등온과정 하에 중간상태까지 변화하고, 다음으로 그림 3−2와 같이 중간상태에서 등압과정 하에 상태 2까지 변화하는 것으로 생각한다.

여기서, 상태 1의 상태량을 p_1, V_1, T_1, 중간상태의 상태량을 p_2, V_0, T_1, 상태 2의 상태량을 p_2, V_2, T_2라고 하고 Boyle의 법칙과 Charles의 법칙을 적용하면 다음과 같이 된다.

상태 1에서 중간상태까지는 Boyle의 법칙에서 체적 V 대신 비체적 v로 나타내면,

$$p_1 \cdot v_1 = p_0 \cdot v_0 = p_2 \cdot v_0 \quad \cdots\cdots (3-2)$$

중간상태에서 상태 2까지는 Charles의 법칙에서,

$$\frac{v_2}{T_2} = \frac{v_0}{T_1} \quad \cdots\cdots (3-7)$$

식 (3−2), (3−7)로부터, $\frac{v_0}{T_1} = \frac{p_1 \cdot v_1 / p_2}{T_1} = \frac{v_2}{T_2}$

$$\text{즉, } \frac{p_1 \cdot v_1}{T_1} = \frac{p_2 \cdot v_2}{T_2} = \frac{p \cdot v}{T} = \text{일정}(R) \quad (3-8)$$

따라서,

$$p \cdot v = R \cdot T \quad (3-9)$$

가 된다.

여기서 R은 기체상수(gas constant)로서 기체의 종류에 따라 일정한 값을 갖는다.

또한,

$$G\ (kg_f) = \frac{V}{v}\ \left(\frac{m^3}{m^3/kg_f}\right) \quad (3-10)$$

이므로, $G\ kg_f$의 기체에 대해서는

$$p \cdot V = G \cdot R \cdot T \quad (3-11)$$

가 된다.

이 식을 Boyle−Charles의 법칙이라 하며, 완전가스의 상태량의 관계를 나타내는 중요한 식으로 이 식을 기체의 상태방정식(equation of state)이라고 한다.

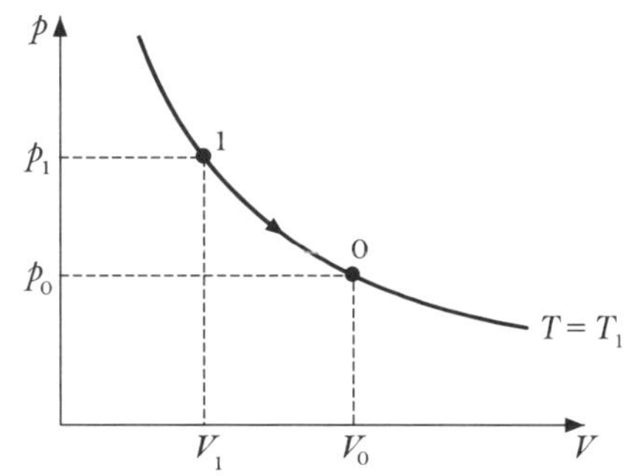

[그림 3-1]

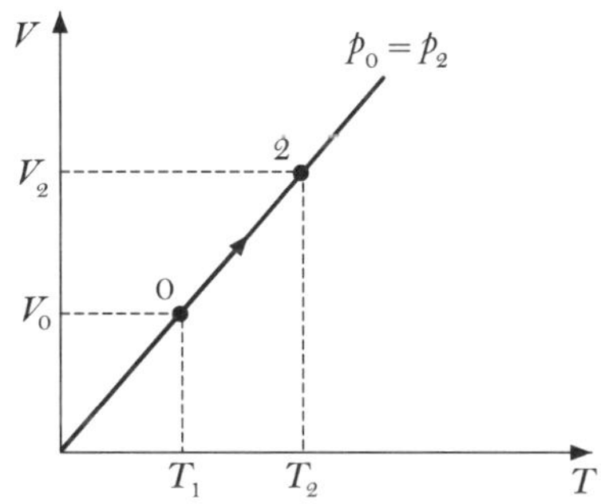

[그림 3-2]

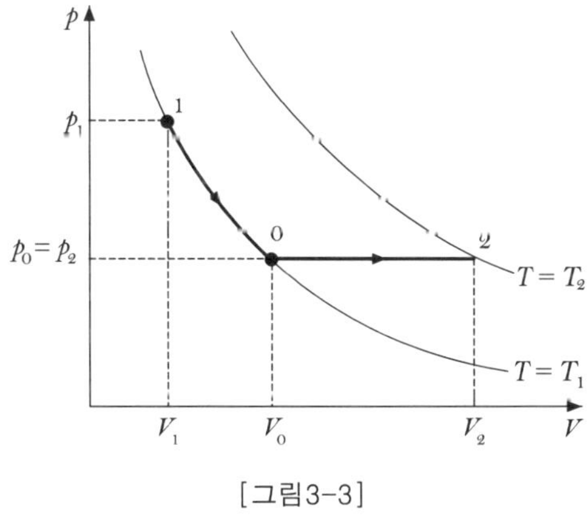

[그림3-3]

3.3 기체상수(gas constant)

(1) 일반가스정수 - 1/2

앞 절의 식 (3−11)에서 기체상수 R의 값을 구하자.

$$R = \frac{p \cdot V}{G \cdot T} \quad \left(\frac{kg_f \cdot m}{kg_f \cdot K}\right) \tag{3-12}$$

이므로 이 식에서 압력 p, 절대온도 T, 비체적 v (V/G)를 알면 기체상수 R을 구할 수 있다. 가스의 상태변화를 취급할 때의 단위는 중량 (kg_f) 외에 $kmol$과 단위체적 (1 m^3 : 760 $mmHg$, 0 ℃의 표준상태에서의 1 m^3의 체적)을 쓰면 편리하다.7)

$kmol$은 「기체의 종류에 관계없이 모든 기체가 압력과 온도가 일정하면 같은 체적 안에서의 분자수는 같다」고 하는 Avogadro의 법칙에 기초한 단위이다.

이 법칙에 따르면 1 $kmol$이란 표준상태 (101.3 kpa, 273.15 K)에 있어서는 이상기체의 종류에 관계없이 분자량 M의 기체 M $[kg_f]$의 체적은 22.4 m^3으로 항상 일정하며, 이 속에 들어 있는 분자의 수는 $Na \times 10^3$ $[Na = 6.02 \times 10^{23}]$개이다.8)

지금, 완전가스의 특성식이

$$1\ [kg_f]\text{의 경우} : \quad p \cdot v = R \cdot T \quad \cdots\cdots \ (3-9)$$

$$M\ [kg_f]\text{의 경우} : \quad M \cdot p \cdot v = M \cdot R \cdot T \quad \cdots\cdots \ (3-9')$$

와 같이 주어졌으며, 여기서 $M[kg_f]$는 1 $kmol$로서 1 $kmol$은 22.4 m^3의 체적을 차지하므로 1 $kmol$에 대한 완전가스의 특성식은 식 (3−11)에서,

체적 V 대신 22.4 $m^3/kmol$을, 중량 G kg_f 대신 M $kg_f/kmol$을 대입하면,

$$p \cdot 22.4\ [m^3/kmol] = M\ [kg_f/kmol] \cdot R \cdot T \quad \cdots\cdots \ (3-11')$$

가 성립한다.

여기서, 1 $kmol$의 가스의 용적 $M \cdot v$를 V_0라 두면, 위 식 $(3-11')$는 다음과 같이 나타낼 수 있다.

$$p \cdot V_0 = M \cdot R \cdot T \tag{3-13}$$

---

7) m^3(normal) 또는 Nm^3 등으로 표시하기도 한다.
표준상태에서 기체의 체적을 $[m^3]$으로 표시한 표준 입방메타(normal cubic meter)임을 의미한다.
*) 22.4 m^3_N : 22.4 $m^3/Kmol$

8) 단, 표준상태에서 멀어지면 $M\ [kg_f]$의 체적도 22.4 m^3이 안 된다.
M $[gr_f]$ 의 체적은 22.4 $litre$ (분자수 = 6.02 * 10^{23}개)

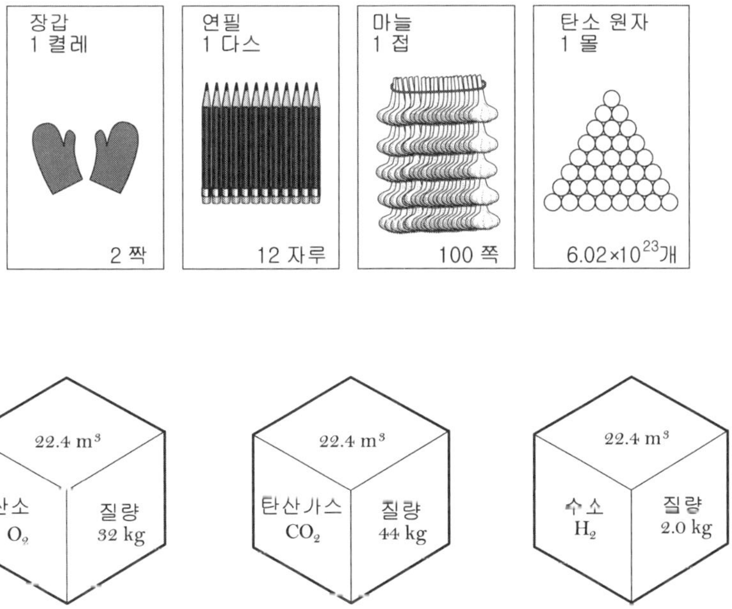

<물질의 수량을 묶어서 표시하는 단위>

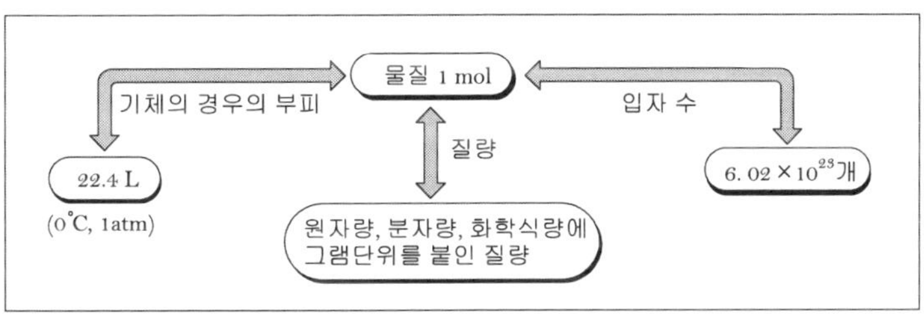

<물질 1 mol 이 나타내는 의미>

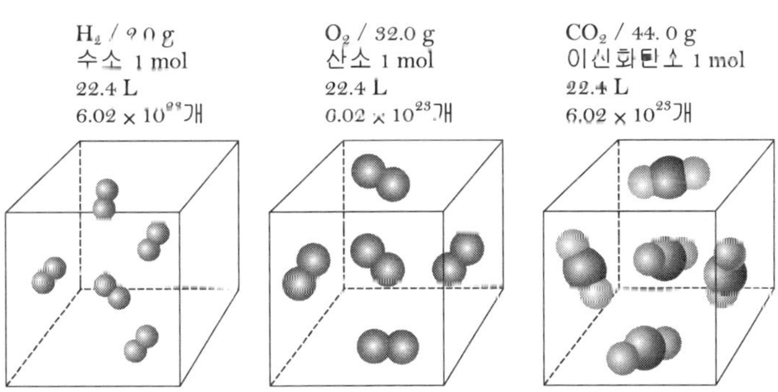

(2) 일반가스정수 - 2/2

이번에는 식 (3−13)을 이용하여 $M \cdot R$의 값을 산출해 보자. 표준상태에서의

$$p = 101.3\ kpa$$

$$T = 0°C = 273.15\ K, \quad V_o = 22.4\ m^3/kmol$$

이므로, 이들 값을 식 (3−10)에 대입하면,

$$M \cdot R = \frac{p \cdot V_0}{T} = \frac{101.3\ kpa \times 22.4\ m^3/kmol}{273.15\ K} = \frac{101.3 \cdot 10^3\ N/m^2 \times 22.4\ m^3/kmol}{273.15\ K}$$

$= 8.307 \times 10^3\ J\ /\ kmol \cdot K$, 최근의 측정에 의하면,

$$= 8.3143 \times 10^3\ J\ /\ kmol \cdot K$$

$$= 848\ kg_f \cdot m\ /\ kmol \cdot K \qquad (3-14)$$

즉, 이상기체이기만 하면,

$M \cdot R$의 값은 기체의 종류에 관계없이 일정치 $848\ kg_f \cdot m/kmol \cdot K$이다.

여기서,

$$M \cdot R = R_o = 848\ [kg_f \cdot m\ /\ kmol \cdot K] \qquad (3-14')$$

이라 두면, 식 (3−11)은 다음과 같이 간단히 표기할 수 있다.

$$p \times V_0 = R_0 \times T \qquad (3-15)$$

윗식 (3−15)는 1 $kmol$에 대한 완전가스의 특성식으로,

R_0를 일반가스정수(universal gas constant)라 부른다.

또, 분자량이 M인 기체의 중량이 $G\ kg_f$이면 기체의 mol 수 n은,

$$n = G\ (kg_f)\ /\ M\ (\frac{kg_f}{kmol}) = G\ /\ M\ (kmol) \qquad (3-16)$$

이므로, 식 (3−11)은 다음과 같이 된다.

$$p \cdot V_n = n \cdot R_0 \cdot T \qquad (3-17)$$

여기서, V_n은 기체 $n\ kmol$이 차지하는 부피이다.

수소(분자량/2.016)의 가스정수 ; $\dfrac{848\dfrac{kg_f \cdot m}{kmol \cdot K}}{2.016\dfrac{kg_f}{kmol}} = 420.30\left[\dfrac{kg_f \cdot m}{kg_f \cdot K}\right]$

산소(분자량/32.00)의 가스정수 ; $\dfrac{848}{32.00} = 26.49\left[\dfrac{kg_f \cdot m}{kg_f \cdot K}\right]$

이산화탄소(분자량/44.01)의 가스징수 ; $\dfrac{848}{44.01} = 19.25\left[\dfrac{kg_f \cdot m}{kg_f \cdot K}\right]$

이상기체의 상태식

$1\,kg_f$에 대하여 : $p \cdot v = R \cdot T$

$G\,kg_f$에 대하여 : $p \cdot V = G \cdot R \cdot T$ …… (3-11)

$1\,kmol$에 대하여 : $p \cdot V_0 = M \cdot R \cdot T$ …… (3-13)

$1\,kmol$에 대하여 : $p \cdot V_0 = R_0 \cdot T$ …… (3-15)

$n\,kmol$에 대하여 : $p \cdot V_n = n \cdot R_0 \cdot T$ …… (3-17)

일반 가스정수 $R_0 = 8314\ [J/kmol \cdot K]$

$= 848\ [kg_f \cdot m/kmol \cdot K]$

$\fallingdotseq 2\ [kcal/kmol \cdot K]$

가스정수 $R = \dfrac{848(kg_f \cdot m/kmol \cdot K)}{M(kg_f/kmol)}$

$= \dfrac{848}{M}\left[\dfrac{kg_f \cdot m}{kg_f \cdot K}\right]$

3.4 완전가스의 내부에너지에 관한 Joule의 법칙

이미 1−25절에서 언급한 바와 같이 가스의 내부에너지 역시 다른 상태량과 마찬가지로 열역학적 상태량의 하나이므로 p, v, T 중의 어느 상태량의 함수로 표시할 수 있을 것이다.

1844년, 영국의 물리학자 Joule(James P.)은 내부에너지와 압력, 비체적, 절대온도의 관계를 밝히기 위하여 다음과 같은 실험을 하였다. 실험은 그림 3−4와 같이 두 개의 용기 A, B를 밸브로 연결하여 단열된 큰 수조[9] 속에 넣고, 용기 A에 일정압력(22기압)의 가스를 넣고 용기 B는 진공으로 하여 열평형이 된 상태에서 밸브를 열어 A 용기의 가스가 B 용기로 자유팽창[10] 되게 하였다.

가스는 A에서 B로 흘러 두 용기의 압력이 같게 되어 다시 열평형이 이루어진 후 실험 전 · 후의 수조의 온도를 측정하였다. 실험을 하는 동안 가스는 외부로부터 열의 수수가 없었고 외부에 대해 한 일도 없었으며[11] 온도의 변화도 없었다.

이 실험으로부터 다음과 같은 결론을 얻을 수 있다.

열역학 제 1 법칙의 일반 에너지식 $\delta q = du + \delta w$에서 수조의 수온변화가 없었기 때문에 용기 A, B와 물 사이에는 열교환이 없었으므로 $\delta q = 0$이다. 또, 가스는 자유팽창을 하였으므로 또한 $\delta w = 0$이다. 따라서 $du = 0$이 된다. 이것은 실험의 전(全) 과정이 내부에너지가 일정한 상태에서 이루어졌음을 의미한다.

즉, 내부에너지는 가스의 압력과 비체적이 변화하였음에도 불구하고 그 크기가 변화하지 않았다는 사실로부터,

「내부에너지는 완전가스가 차지하는 비체적이나 압력과는 무관하며 절대온도만의 함수이다」

라는 결론을 얻었다. 이것을 완전가스에 대한 Joule의 법칙이라 한다.

완전가스에 대한 Joule의 법칙을 식으로 표시하면 다음과 같다.

$$u = u(T), \qquad \left(\frac{\partial u}{\partial v}\right)_{T=const} = 0, \qquad \left(\frac{\partial u}{\partial p}\right)_{T=const} = 0$$

$$\left(\frac{\partial T}{\partial v}\right)_{u=const} = 0, \qquad \left(\frac{\partial T}{\partial p}\right)_{u=const} = 0$$

---

9) 열량계의 역할

10) free expansion : 이 현상은 방치해 두어도 가스는 원래의 용기 A에는 전부 돌아오지 않으므로 비가역과정이다. 가역단열과정(팽창)이라면 가스의 온도는 내려간다. ≫ 다음 절 참조

11) 만일 '있었다면' 용기가 팽창할 것이다.

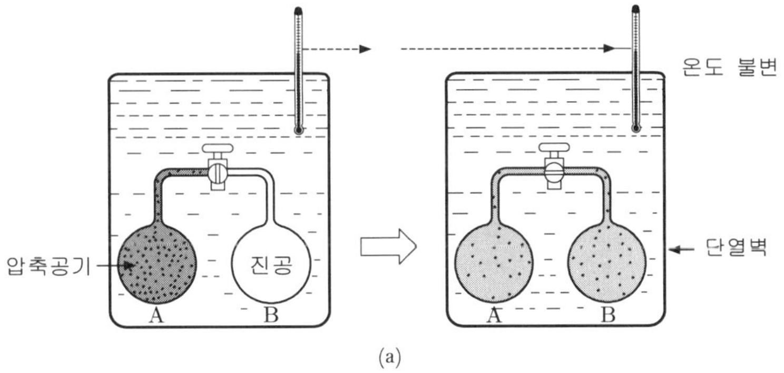

(a)

경우 (a)와 같이 하나의 수조 내에서는 물의 온도가 불변이다.

[그림 3-4] Joule의 실험 장치

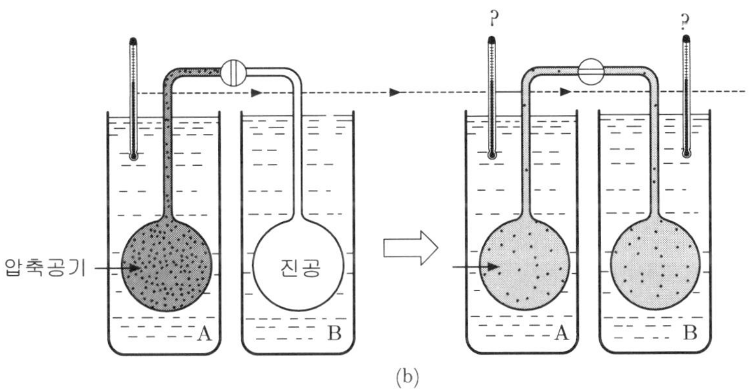

(b)

그러면 위의 경우 (b)에서 두 수조의 온도 눈금은 어떻게 될까?

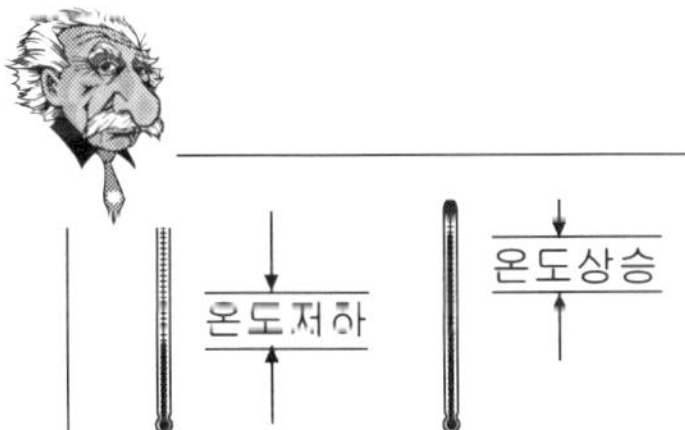

A 수조의 온도가 저하한 만큼 B 수조의 온도가 상승한다. 절대치가 같으므로 전체로서의 온도변화는 없다.

3.5 완전가스의 상태변화 (I) / 비열

(1) A-B의 상태변화 / 정적비열

그림 3−5에서, $A-B$는 정적변화이므로, 에너지 기초식

$$\delta q = du + p \cdot dv \cdots\cdots (2-16)$$

에서 $dv = 0$ 이므로,

$$\delta q = du \qquad \cdots\cdots ①$$

이 된다. 또, 비열방정식 $\delta q = c \cdot dT$ 에서 비열 c에 정적비열 c_v를 대입하면,

$$\delta q = c_v \cdot dT \quad \cdots\cdots ②$$

이므로, 식 ①과 ②에서,

$$du = c_v \cdot dT \quad [kcal/kg_f] \tag{3-18}$$

$G\ kg_f$의 가스에 대해서는,

$$dU = G \cdot c_v \cdot dT \quad [kcal] = C_v \cdot dT \quad [kcal] \tag{3-18'}$$

이다. 위의 식 (3−18)을 적분하면,

$$\Delta u = (u_2 - u_1) = \int_1^2 du = c_v \cdot (T_2 - T_1) \quad [kcal/kg_f] \tag{3-19}$$

$$\Delta U = (U_2 - U_1) = \int_1^2 dU = C_v \cdot (T_2 - T_1) \quad [kcal] \tag{3-19'}$$

이다.

식 (3−19)는 내부에너지의 변화량을 구하는 일반식으로 내부에너지는 온도만의 함수임을 알 수 있다.

$A-B$변화나 $C-D$변화, 그리고 $A-E$변화에서도 내부에너지의 변화는 항상 같게 됨을 알 수 있다.

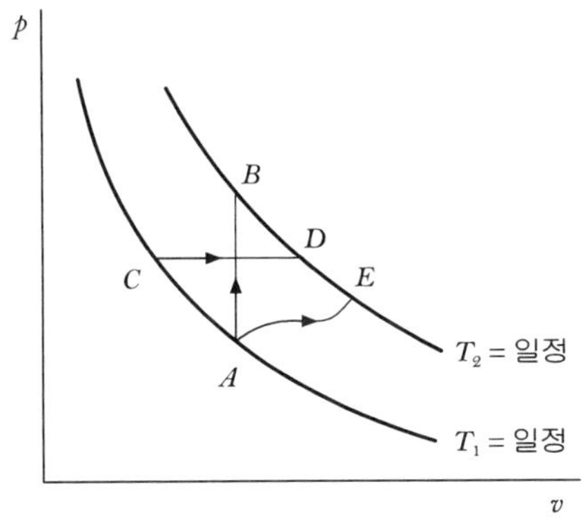

[그림 3-5] 등온선 사이의 상태변화

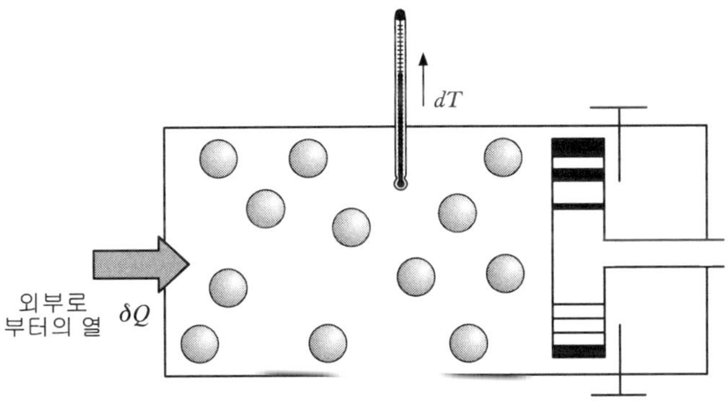

정적변화 : 외부일은 일어나지 아니함

(2) C-D의 상태변화 / 정압비열

그림 3−5에서, $C-D$는 정압 하에서 비체적이 변하므로 내부에너지의 변화뿐만이 아니라 외부에 대해 일을 하게 된다. 즉, 에너지기초식

$$\delta q = du + p \cdot dv \quad \cdots\cdots \text{(2−16)}$$

에서, $dv \neq 0$ 이며, 비엔탈피의 정의식 $h = u + p \cdot v$의 양변을 미분하여

$$dh = du + p \cdot dv + v \cdot dp \quad \cdots\cdots \text{(2−38)}$$

을 얻었다. 그런데 압력 p가 일정한 정압변화, 즉 $dp = 0$ 이므로,

$$dh = du + p \cdot dv \qquad \text{(3−20)}$$

$$dh = \delta q \quad \cdots\cdots ③$$

또, 비열방정식 $\delta q = c \cdot dT$에서 비열 c에 정압비열 c_p를 대입하면,

$$\delta q = c_p \cdot dT \quad \cdots\cdots ④$$

이므로, 식 ③과 ④에서,

$$dh = c_p \cdot dT \quad [kcal/kg_f] \qquad \text{(3−21)}$$

$G\ kg_f$ 의 가스에 대해서는,

$$dH = G \cdot c_p \cdot dT = C_p \cdot dT \quad [kcal] \qquad \text{(3−21′)}$$

와 같이 된다. 위의 식 (3−20)을 적분하면,

$$\Delta h = (h_2 - h_1) = \int_1^2 dh = c_p \cdot (T_2 - T_1) \quad [kcal/kg_f] \qquad \text{(3−22)}$$

$$\Delta H = (H_2 - H_1) = \int_1^2 dH = C_p \cdot (T_2 - T_1) \quad [kcal] \qquad \text{(3−22′)}$$

이다.

식 (3−22)는 엔탈피의 변화량을 구하는 일반식으로 엔탈피도 온도만의 함수임을 알 수 있다.[12] 엔탈피의 변화량은 내부에너지의 변화량 식(3−19)에 계가 외부에 하는 외부일이 보태진 量이다.

---

12) $h = u + p \cdot v = u + R \cdot T$에서, R이 상수이므로, u가 온도만의 함수이면, 엔탈피 h 또한 온도만의 함수이다.

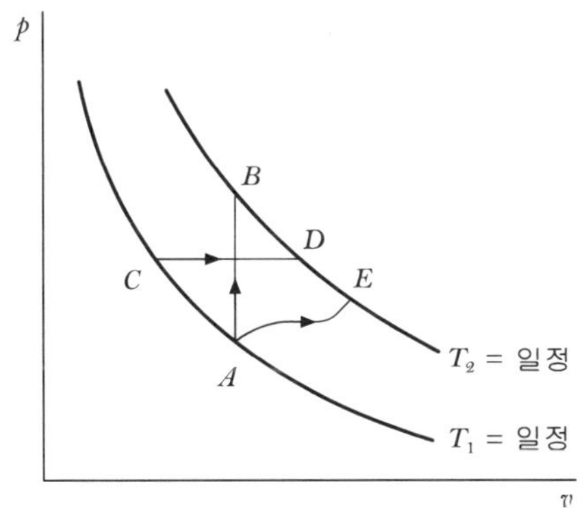

[그림 3-5] 등온선 사이의 상태변화

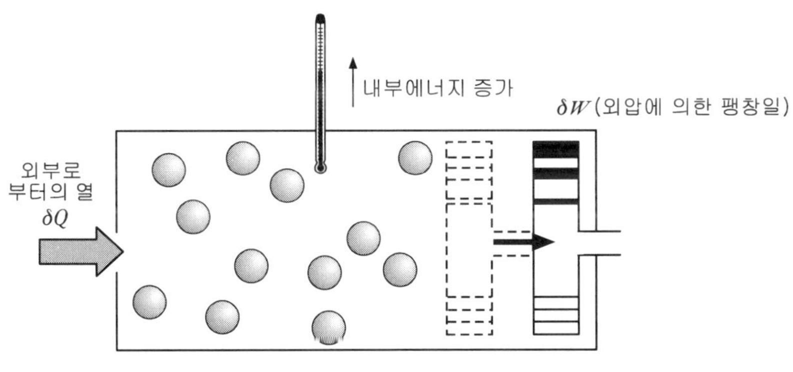

정압변화 : 외압에 의한 팽창일 δW를 한다

(3) 정압비열 (c_p)과 정적비열 (c_v)의 관계 / 비열 差

앞 절에서 완전가스의 내부에너지는 온도만의 함수임을 알았다. 또한 내부에너지는 열이나 일과 같이 경로에 관계되는 경로함수가 아니라, 온도와 같이 변화 전후의 절대값에만 관계되는 점함수이므로 그림 3-5에서 등온선 T_1과 T_2선상의 어느 점에서나 온도가 같으면 내부에너지는 같게 된다. 즉, A와 C의 내부에너지는 온도가 T_1이므로 서로 같으며 B, D, E의 내부에너지도 서로 같다. 여기서, 온도가 T_1인 임의의 상태점 A에서 T_2인 상태 E로 상태변화를 하는 경우를 생각하면 내부에너지는 경로와 관계없이 온도만의 함수이므로, $A-B$(정적변화)와 $C-D$(정압변화)의 내부에너지 변화량은 서로 같아야 한다.[13)]

기체 1 kg_f에 관한 상태방정식 $p \cdot v = R \cdot T$에서 p를 일정으로 하고 양변을 미분하면,

$$p \cdot dv = R \cdot dT \tag{a}$$

가 된다. 여기서, c_v에 관해서는 식 (1-41)과 식 (2-16)에 있어서 v를 일정으로 하면,

$$c_v \ (= \frac{\delta q}{dT})_{v=const} = \frac{du}{dT} \quad (dv = 0) \qquad \therefore du = c_v \cdot dT \tag{b}$$

이고, 또 c_p에 관해서는 식 (1-42)와 식 (2-39)에 있어서 p를 일정으로 하면,

$$c_p \ (= \frac{\delta q}{dT})_{p=const} = \frac{dh}{dT} \quad (dp = 0) \qquad \therefore dh = c_p \cdot dT \tag{c}$$

가 된다.

위 식 (a), (b), (c)를 $dh = du + p \cdot dv$ /(3-20)에 대입하면[14)]

$$c_p \cdot dT = c_v \cdot dT + p \cdot dv = c_v \cdot dT + R \cdot dT \tag{d}$$

가 되고, 양변을 dT로 나누면,

$$c_p - c_v = R \tag{3-23}$$

이 구해진다.

이는 정압비열과 정적비열의 차이가 기체상수와 같다는 의미이다.

---

13) 다만, $C-D$의 정압변화에서는 내부에너지 더하기 외부일 $\Delta(u)+\Delta(p \cdot v) = \Delta u + p \cdot \Delta v + v \cdot \Delta p_{(=0)} = dh$ 즉, 엔탈피의 변화량이 된다.

14) $dh = du + p \cdot dv + v \cdot dp$에서 정압비열이므로 $dp = 0$이다.

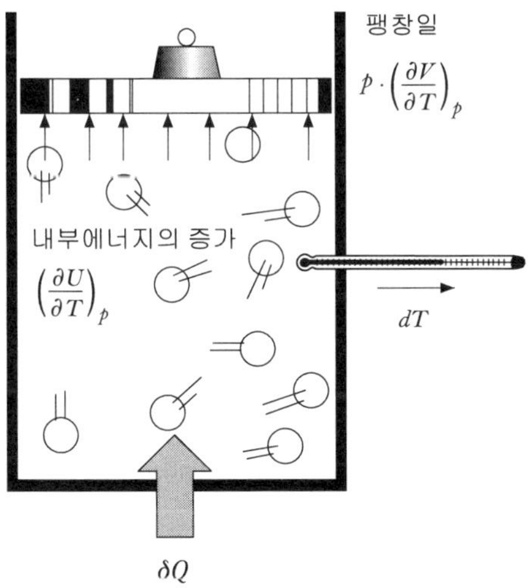

$$c_p = \left(\frac{\partial U}{\partial T}\right)_p + p \cdot \left(\frac{\partial V}{\partial T}\right)_p$$

내부에너지의 증가	+	내부에 이루어진 팽창일

온도 T가 일정한 상태에서,

기체의 체적 V는 압력 p에 반비례하여 변화한다 : Boyle의 법칙

$$p_1 \cdot V = p_2 \cdot V_2 = \text{일정}$$

압력 p가 일정한 상태에서,

기체의 체적 V는 절대온도 T에 반비례하여 변화한다 : Charles의 법칙

$$\frac{V_1}{T_1} = \frac{V_2}{T_2} = \text{일정}$$

+) ———————————————————————— (+

: Boyle–Charles의 법칙

$$p_1 \cdot V_1 = G \cdot R \cdot T_1$$

: — 기체의 상태방정식

(4) 정압비열 (c_p)과 정적비열 (c_v)의 관계 / 비열 比

식 (3−23)은 가스의 c_p와 c_v의 관계를 나타내는 식으로, 두 비열 사이에는 항상 $c_p > c_v$의 관계가 있음을 알 수 있다.

즉, 이상기체 $1kg_f$를 정압 하에서 1°C 상승시키는 데 필요한 열용량 (C_p)이 정적 하에서 1°C 상승시키는 데[15] 필요한 열용량 (C_v)에 비해서 계가 외부에 하는 외부 일에 상당하는 열량만큼 크다는 것을 의미한다.

이는 가열 후의 가스의 상태를 살펴보면 온도상승이 1°C인 점은 양쪽이 동일하나 압력과 체적은 동일하지 아니하다. 정압과정에서는 용적이 Δv만큼 변화하였고, 정적 과정에서는 Δp만큼 변화하였다.

여기서 비열비(ratio of specific heat) $k = c_p/c_v$를 식 (3−16)에 대입하고 정리하면,

$$c_p = \frac{k}{k-1} \cdot R, \qquad c_v = \frac{1}{k-1} \cdot R \tag{3-24}$$

비열비 k는 분자를 구성하는 원자수에 관계되며, 가스종류에 관계없이 원자수가 같으면 비열비는 같다.

1 원자 분자인 가스 : $k = 1.67$ (예 : He, Ar 등)
2 원자 분자인 가스 : $k = 1.40$ (예 : air, O_2, H_2, N_2, CO, HCl 등)
3 원자 분자인 가스 : $k = 1.33$ (예 : H_2O, CO_2, SO_2 등)[16]

15) 1 K 상승시키는 데(∵ 섭씨와 절대온도는 온도눈금이 같다)
16) 열역학에서는 모든 비를 1.0 이상이 되도록 정의하고 있다.

같은 양의 물질을
같은 크기의 온도만큼 상승
시키는 데 필요한 열량을
개방계와 밀폐계에서
비교하자.
팽창일의 증가
내부에너지
의 증가
c_p
개방계에서의 밀폐계에서의
내부에너지 증가 = 내부에너지 증가
팽창일 ≒ 팽창일
(≒ 0) (= 0)
내부에너지의 증가
c_v

가스정수
R
c_p
c_v

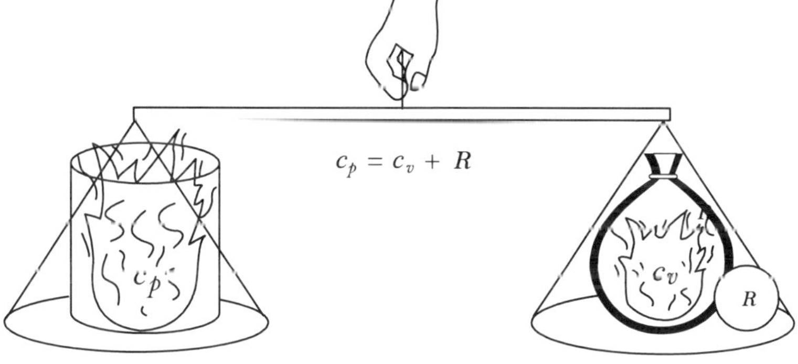
$c_p = c_v + R$
c_p
c_v
R

3.6 완전가스의 상태변화 (II) / 가역변화

① 열역학의 기본개념

열역학은 열에 의한 시스템의 물리적 상태변화를 연구하는 학문으로 시스템의 평형상태(equilibrium state)를 다룬다. 평형이라는 단어는 균형상태를 의미한다.

평형상태는 여러 가지 상태가 있으며, 관련되는 모든 평형상태가 만족되지 않으면 시스템은 열역학적인 평형에 있지 않게 된다. 예를 들어, 그림 3-6(a)에서와 같이 온도가 시스템 전체에서 동일하면 열적평형(thermal equilibrium)이 이루어진다.

즉, 이 시스템은 열의 유동에 대한 구동력인 온도차를 가지고 있지 않다.[17]

만일 한 개의 상태량 값이라도 변한다면 상태는 다른 상태로 변한다.

그림 3-6(b)는 2개의 서로 다른 상태에 있는 시스템을 보여준다.

② 가역변화와 비가역변화

기체에 열을 가하면 내부에너지가 증가 또는 팽창하여 외부에 대해서 일(work)을 한다. 공업상으로는 기체를 팽창시켜서 일을 하는 경우가 많다.

기체(gas)의 팽창에 의해서 이루어지는 일을 팽창을 하는 방식, 즉 상태변화(state change)의 방법에 따라서 변한다.

가스의 상태변화는 가역변화와 비가역변화로 나누어진다. 가역변화란 항상 역학적 및 열적으로 평형상태를 유지하면서 이루어지는 변화이므로 이것은 진행방향에서 역방향으로 동일한 평형상태를 유지하는 것과 완전히 원래상태로 되돌아 오는 것이 가능하며, 계나 주위에 아무런 변화를 일으키지 않는다.

실제로는 이러한 가역변화란 존재하지 않으며 모든 변화는 비가역변화이다.

그러나 압력, 온도차 등에 따른 비평형은 그 차이가 무한히 적은 경우를 생각할 수 있으므로 근사적인 가역변화를 가상하여 준정적변화라 할 수 있으며, 열역학에서는 일반적으로 가역변화의 경우에 대하여 취급하고 가역변화에서 얻어지는 결과에 효율이란 계수를 곱하여 실제의 비가역변화에 대한 결과를 얻고 있다.

17) 역학적 평형(mechanical equilibrium)은 압력과 관계되며 시간에 따라 시스템의 임의의 점에서 압력변화가 없다면 계는 역학적 평형에 있다.
화학변화가 일어나지 않을 때 시스템은 화학적 평형(chemical equilibrium)에 있다고 한다.

(전) (후)

(a) 열적 평형에 도달한 밀폐 시스템

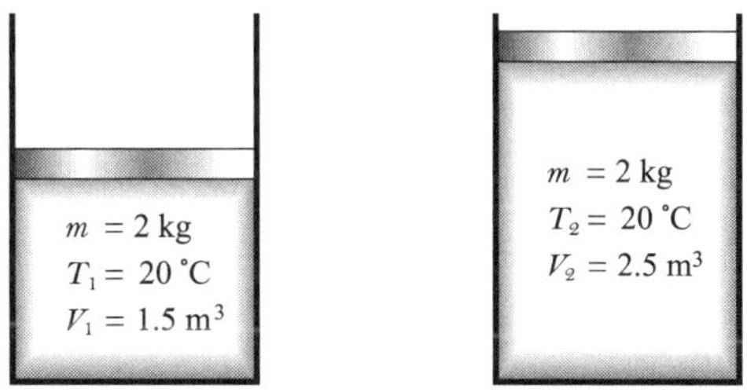

상태 1 상태 2

(b) 2개의 서로 다른 상태에 있는 시스템

[그림 3-6]

가역과 비가역

옛날에 유행한 뒤집어 입을 수 있는 코트를 리버시블(reversible)이라 불렀다.
열기관의 가역도 영어로 말하면 리버시블(reversible)이지만 이에 대해 수차와 펌프의 상사(analogy)를 이용하여 생각해 보자. 다음 그림은 물의 고저차를 이용해서 일을 얻는 수차와, 같은 날개차를 역회전시켜 동일한 고저차의 물을 퍼올리는 펌프를 조합해 놓은 것이다.
물의 포텐셜 에너지가 수차에서 마찰 없이 일로 변환되었다고 하면 여기서 얻어진 일을 사용해서 펌프로 물을 원래 상태로 되돌리는 것이 가능하다.
그러나 수차에 마찰이 있으면 얻어지는 일량은 줄어들고, 펌프에서 물을 원상태로 돌려주지 못하는 비가역(irreversible)이 된다. 이를테면, 수차의 출력은 모든 진행과정 및 에너지의 출입을 정확히 역전히는 것이 가능한 때 최대가 된다. 이와 같이 가역인지 아닌지를 조사하면 수차가 완전한지 아닌지를 알 수 있게 된다.

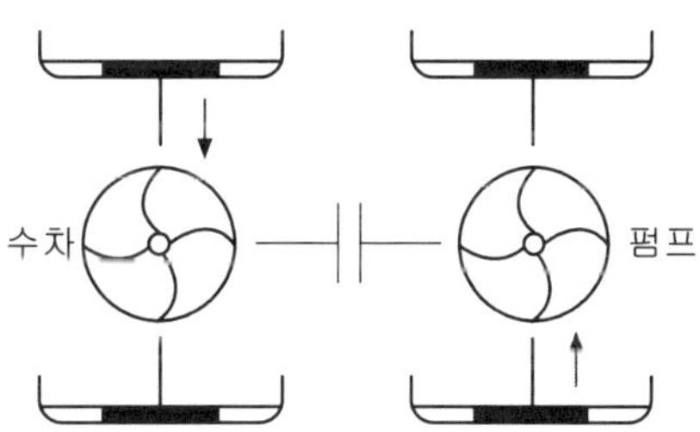

③ 완전가스의 상태변화(II) / 가역변화

실제가스의 대부분은 완전가스와 근사한 성질을 가지므로, 이상화된 완전 가스의 각종 상태변화에 대해서 검토한다는 것은 실제가스의 응용상 중요한 뜻을 갖는다.

상태 1의 완전가스에 가역적으로 열을 가하여 일을 하고 상태 2로 변화시킬 때의 가역변화는 등적변화, 등압변화, 등온변화, 단열변화 및 폴리트로프 변화가 있으며, 비가역변화로는 비가역 단열변화, 교축변화 및 가스의 혼합 등이 있다.

이 절에서는 가역변화만을 취급하여 가스의 p, v, T 관계, 절대일과 공업일, 그리고 계를 출입하는 열량 Q 및 내부에너지와 엔탈피의 변화량을 알아본다.

기체가 비가역변화를 할 때의 외부일은 식 (2−15)로 표시되는 가역변화 시의 일보다 항상 작다. 이 사실에 대해서 고찰해 보기로 한다.

전술한 바와 같이 만일 그림 3−7(b)에 표시한 장치에 있어서, 피스톤이 아주 천천히 우측으로 운동하고 실린더 내의 가스가 평형상태를 유지하면서 팽창을 하는 경우에는 실린더 내의 어떤 위치에서 가스의 압력은 모두 같다. 그러나 그림 (b)에 표시하는 바와 같이 피스톤이 유한한 속도 ω로 좌측에서 우측으로 운동했다고 하면, 피스톤에 접하고 있는 가스분자는 정지하고 있으며, 그 중간에 존재하는 가스는 ω보다 작은 속도로 운동한다.

물체를 가속하는 데는 힘이 필요하므로, 실린더 내에서는 피스톤의 운동방향으로 압력의 강하가 일어나고, 따라서 실린더 헤드의 압력 p_1은 피스톤면의 압력 p_2 보다 크다. 이 운동을 역방향으로 하면 가스분자는 우측에서 좌측으로 가속되며, 따라서 압축할 때는 피스톤면의 가스의 압력은 실린더 헤드의 압력보다 커진다.

즉, 팽창 시와 압축 시에 있어서의 실린더 내의 가스의 상태는 완전히 달라진다.

따라서 피스톤이 유한한 속도로 움직이는 경우에는 상태변화가 이미 가역이 아니다.

팽창 시 실린더 내의 가스가 하는 일은 $\delta W = p_2 \cdot dV$ 이며, 실린더 내의 가스의 평균 압력 p는 p_2 보다 크므로, $p \cdot dV > p_2 \cdot dV$가 된다.

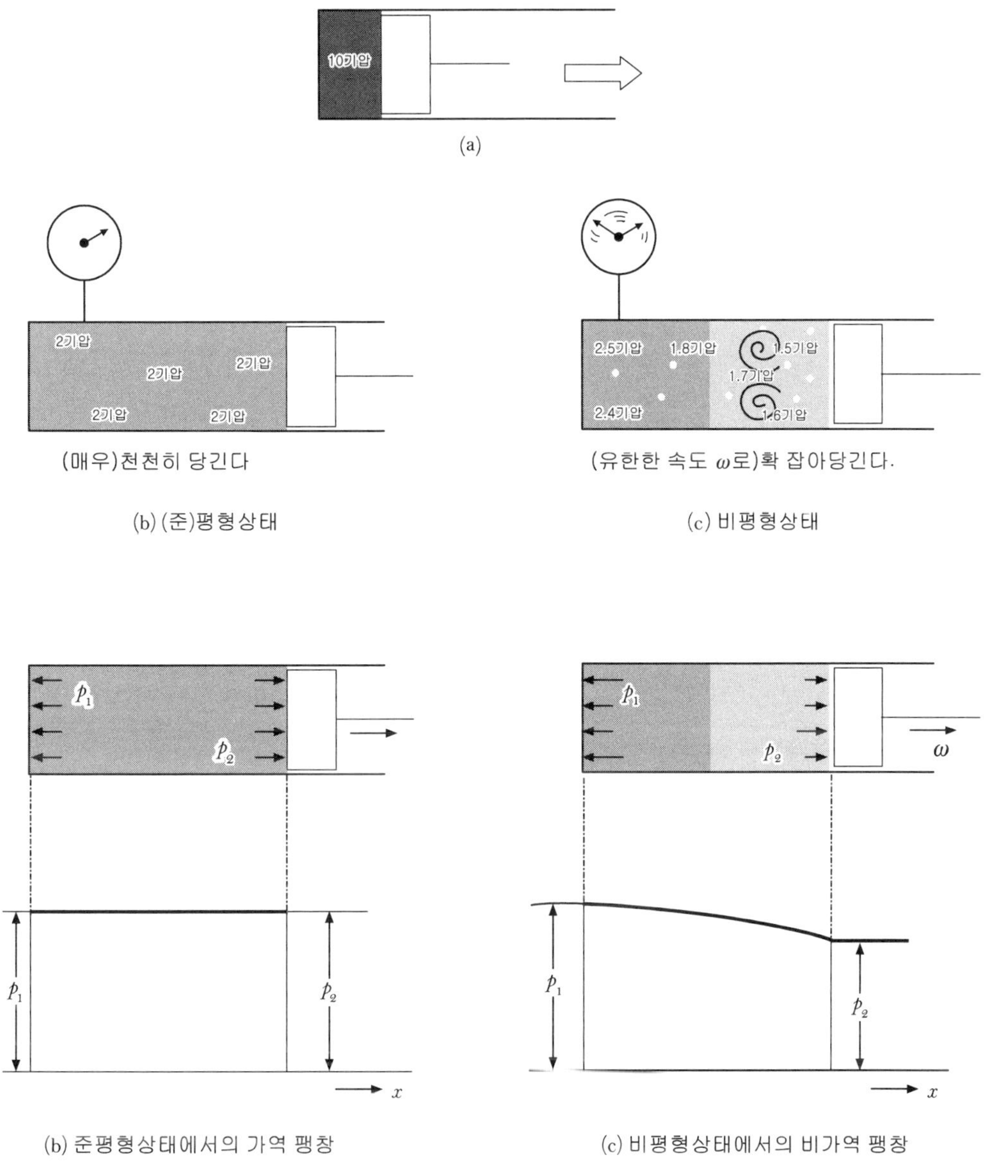

[그림 3-7] 가역팽창과 비가역팽창

(1) 정적변화(Constant volume change)

일정용적 내에서 가스를 가열(또는 연소)시키는 경우 가열과 함께 압력이 상승한다.[18]

① p, V, T 관계

완전가스의 상태식 $p \cdot V = G \cdot R \cdot T$ (또는 $p \cdot v = R \cdot T$)에서

$$\frac{p}{T} = \frac{G \cdot R}{V} = C\text{onst.} = \frac{p_1}{T_1} = \frac{p_2}{T_2} \qquad (3-25)$$

가 되어 압력과 온도는 비례관계가 성립하며, $p-V$선도는 그림 3-8과 같이 수직선이 된다.

② 절대일

단위중량 당의 절대일은 체적이 일정하므로 $(dv = 0)$

$$w_{ab} = \int_1^2 p \cdot dv = 0 \qquad (3-26)$$

③ 공업일

단위중량 당의 공업일은 체적이 일정하므로 (v = 일정)

$$w_t = -\int_1^2 v \cdot dp = -v \cdot (p_2 - p_1) = R \cdot (T_1 - T_1)^{19)} \qquad (3-27)$$

④ 공급된 열량

즉, 계에 출입하는 열량은

$$\delta q = du + p \cdot dv = du \ (dv = 0) \ \cdots\cdots \ (2-16)$$

가 되고, 정적비열 c_v가 일정하면

$$q_{1-2} = c_v \cdot (T_2 - T_1) \qquad (3-28)$$

⑤ 내부에너지와 엔탈피 변화량

$$dU = C_v \cdot dT \ \cdots\cdots \ (3-14)$$

$$\therefore \ U_2 - U_1 = \int_1^2 C_v \cdot dT = C_v \cdot (T_2 - T_1) = Q_{1-2} \ \cdots\cdots \ (3-19) \qquad (3-29)$$

$$dH = C_P \cdot dT \ \cdots\cdots \ (3-16)$$

$$\therefore \ H_2 - H_1 = \int_1^2 C_p \cdot dT = C_p \cdot (T_2 - T_1) \ \cdots\cdots \ (3-22) \qquad (3-30)$$

---

18) 일(공업일)을 받아도 압력이 상승한다.

19) $C_v(T_2 - T_1) = -C_v(T_1 - T_2) = (0 - C_v)(T_1 - T_2) = (C_p - C_v)(T_1 - T_2) = R(T_1 - T_2)$

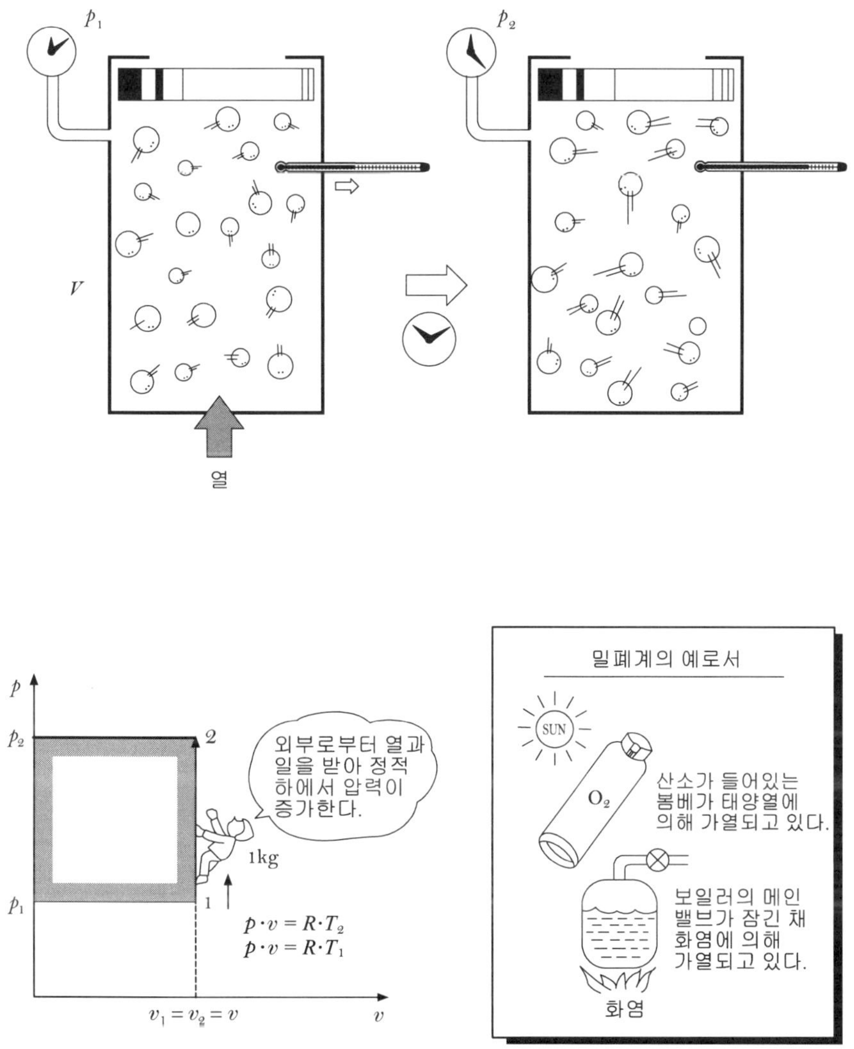
p_1
p_2
V
열
p
p_2
p_1
2
1
외부로부터 열과 일을 받아 정적하에서 압력이 증가한다.
1kg
$p \cdot v = R \cdot T_2$
$p \cdot v = R \cdot T_1$
$v_1 = v_2 = v$
v
밀폐계의 예로서
SUN
O_2
산소가 들어있는 봄베가 태양열에 의해 가열되고 있다.
보일러의 메인 밸브가 잠긴 채 화염에 의해 가열되고 있다.
화염

[그림 3 8] 정적(定積)변화

(2) 정압변화(Constant pressure change)

그림 3-9와 같이 상태 1에서 2까지 일정한 압력 하에서 변화하는 것을 정압변화[20]라 하며, 정압연소 과정 등이 여기에 해당한다.

① p, V, T 관계

완전가스의 상태식 $p \cdot V = G \cdot R \cdot T$ (또는 $p \cdot v = R \cdot T$)에서 압력 p가 일정하므로,

$$V / T = G \cdot R / p = C_{onst.}. = V_1 / T_1 = V_2 / T_2 \qquad (3-31)$$

또는, $v_1 / T_1 = v_2 / T_2 = C_{onst.}$가 되어, 체적과 온도는 비례관계가 성립하며, $p - V$선도는 그림 3-9와 같이 수평선이 된다.

② 절대일

단위중량 당의 절대일은 압력이 일정하므로(p =일정)

$$w_{ab} = \int_1^2 p \cdot dv = p \cdot (v_2 - v_1) = R \cdot (T_2 - T_1) \qquad (3-32)$$

③ 공업일

단위중량 당의 공업일은 압력이 일정하므로 ($dp = 0$)

$$w_t = -\int_1^2 v \cdot dp = 0 \qquad (3-33)$$

④ 공급된 열량

즉, 계에 가해진 열량은

$$\delta q = dh - v \cdot dp = dh \ (dp = 0) \text{ [21]} \cdots\cdots (2-39)$$

가 되고, c_p가 일정하면,

$$q_{1-2} = c_p (T_2 - T_1) \qquad (3-34)$$

⑤ 내부에너지와 엔탈피 변화량

$$du = c_v \cdot dT \quad \therefore \quad u_2 - u_1 = \int_1^2 c_v \cdot dT = c_v (T_2 - T_1) \ \ldots (3-19) \qquad (3-35)$$

$$dh = c_P \cdot dT \quad \therefore \quad h_2 - h_1 = \int_1^2 c_p \cdot dT = c_p (T_2 - T_1) = q_{1-2} \ \ldots (3-22) \qquad (3-36)$$

---

20) 혹은 等壓변화(isobaric change)

21) $\delta q = du + p \cdot dv$에서,

$$q_{1-2} = \int_1^2 du + \int_1^2 p \ dv = (u_2 - u_1) + p \ (v_2 - v_1) = h_2 - h_1 = c_p (T_2 - T_1)$$

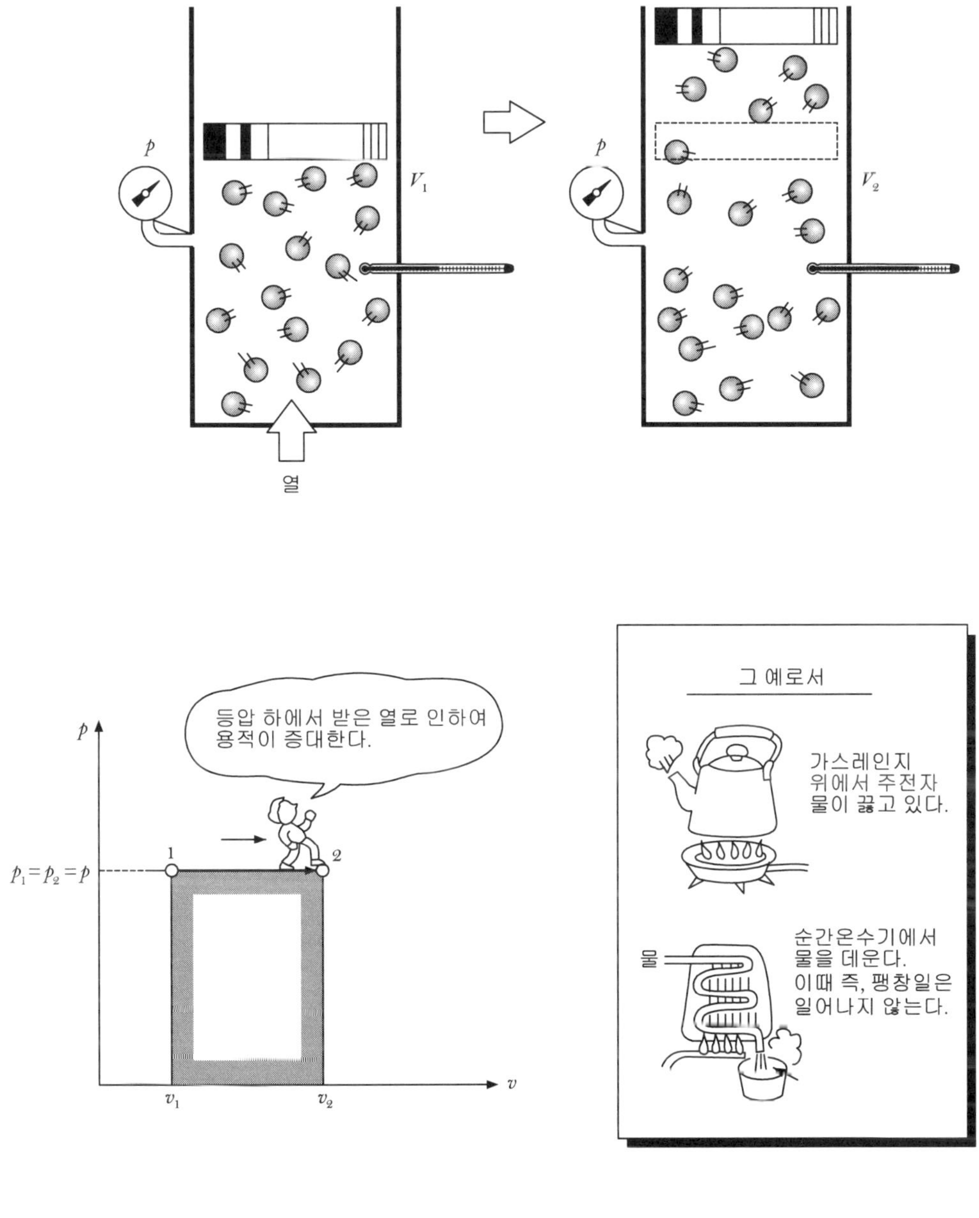
p
V₁
열
p
V₂
등압 하에서 받은 열로 인하여
용적이 증대한다.
p
1
2
p₁=p₂=p
v₁
v₂
v
그 예로서
가스레인지
위에서 주전자
물이 끓고 있다.
물
순간온수기에서
물을 데운다.
이때 즉, 팽창일은
일어나지 않는다.

[그림 3-9] 정압(定壓)변화

(3) 등온변화(Constant temperature change)

그림 3−10과 같이 가스의 온도를 일정하게 유지시키면서 상태 1 에서 2 까지 변화하는 것을 등온변화라 한다. 계가 외부에 대하여 일을 함과 동시에 상당하는 열량을 주위로부터 받아들인다면 상태변화는 일정온도 하에서 진행된다.

① p, V, T 관계

완전가스의 상태식 $p \cdot V = G \cdot R \cdot T$(또는 $p \cdot v = R \cdot T$)에서 온도 T가 일정하므로,

$$p \cdot V = Const. = p_1 \cdot V_1 = p_2 \cdot V_2 \tag{3-37}$$

의 관계가 성립한다. 즉, 압력은 체적에 반비례하며, $p-V$ 선도는 그림 3−10과 같이 직각쌍곡선으로 나타내진다.

② 절대일

$$\begin{aligned} w_{ab} &= \int_1^2 p\, dv = p_1 \cdot v_1 \int_1^2 \frac{dv}{v} = p_1 \cdot v_1 \cdot \ln\frac{v_2}{v_1} = R \cdot T_1 \cdot \ln\frac{v_2}{v_1} \\ &= p_1 \cdot v_1 \cdot \ln\frac{p_1}{p_2} = R \cdot T_1 \cdot \ln\frac{p_1}{p_2} \end{aligned} \tag{3-38}$$

③ 공업일

$$\begin{aligned} w_t &= -\int_1^2 v\, dp = -p_1 \cdot v_1 \int_1^2 \frac{dp}{p} = -p_1 \cdot v_1 \cdot \ln\frac{p_2}{p_1} = -R \cdot T_1 \cdot \ln\frac{p_2}{p_1} \\ &= p_1 \cdot v_1 \cdot \ln\frac{v_2}{v_1} = R \cdot T_1 \cdot \ln\frac{v_2}{v_1} \\ &= w_{ab} \end{aligned} \tag{3-39}$$

가 되어 단위중량 당의 공업일과 절대일은 같은 값이 된다.

④ 공급된 열량

즉, 계에 가해진 열량은

$$\delta q = du + p \cdot dv = c_v \cdot dT + p \cdot dv = p \cdot dv \,(dT = 0) \tag{3-40}$$

가 되고, c_p 가 일정하면,

$$q_{1-2} = \int_1^2 p\, dv = w_{ab} = w_t \tag{3-41}$$

이며, 가해진 열량은 모두 일로 변한다.

⑤ 내부에너지와 엔탈피 변화량

$$dU = C_v \cdot dT = 0 \text{ 또는 } U_1 = U_2 \tag{3-42}$$

$$dH = C_p \cdot dT = 0 \text{ 또는 } H_1 = H_2 \tag{3-43}$$

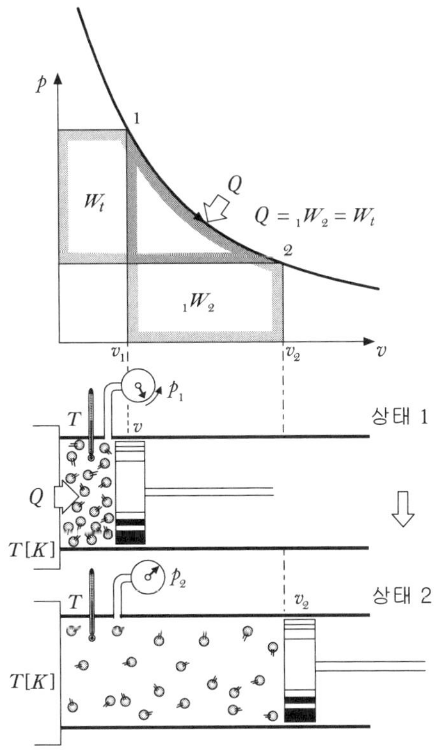

p
1
W_t
Q
$Q = {}_1W_2 = W_t$
2
${}_1W_2$
v_1
v_2
v
p_1
T
v
상태 1
Q
$T[K]$
p_2
T
v_2
상태 2
$T[K]$

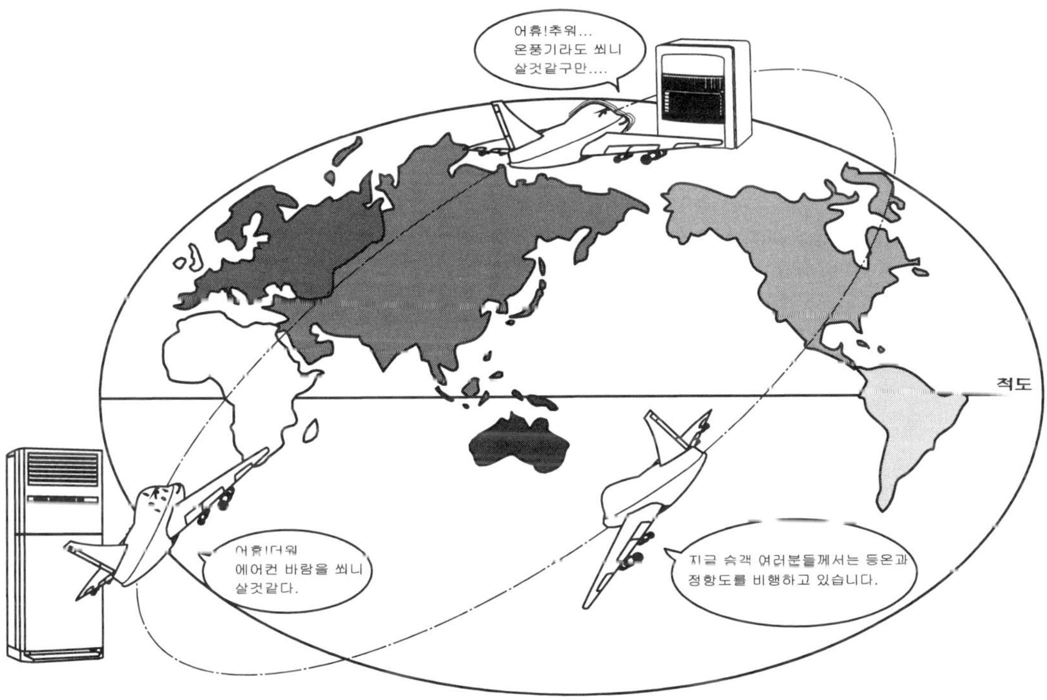

어휴!추워...
온풍기라도 쐬니
살것같구만....
적도
어휴!더워
에어컨 바람을 쐬니
살것같다.
지금 승객 여러분들께서는 등온과
정항도를 비행하고 있습니다.

(4) 단열변화(Adiabatic change)[22] - 1/3

계와 주위와의 사이가 완전히 절연되어 있으며, 열의 출입이 없는 경우의 변화로서 실린더와 피스톤 사이에 들어 있는 가스의 압축 및 팽창이 여기에 속한다.

① p, V, T 관계

이 경우의 p, V, T 사이의 관계는 에너지 기초식 $\delta q = c_v \cdot dT + p \cdot dv$와 완전가스의 상태식 $p \cdot v = R \cdot T$로부터 구할 수 있다. (단위중량 당)

단열변화에서는 $\delta q = 0$이므로, 에너지식은

$$c_v \cdot dT + p \cdot dv = 0 \tag{3-44}$$

과 같이 된다. 그리고 $p \cdot v = R \cdot T$에서 이를 미분하면,

$$p \cdot dv + v \cdot dp = R \cdot dT \tag{3-45}$$

가 되며, 식 (3−45)의 dT를 식 (3−44)에 대입하면,

$$c_v\,(p \cdot dv + v \cdot dp) + R \cdot p \cdot dv = 0 \tag{3-46}$$

이며, $c_p - c_v = R$, $c_p / c_v = k$이므로,[23]

$$c_p \cdot p \cdot dv + c_v \cdot v \cdot dp = 0 \tag{3-47}$$

$$v \cdot dp + k \cdot p \cdot dv = 0 \tag{3-48}$$

이 되고, 양변을 $p \cdot v$로 나누면,

$$\frac{dp}{p} + k \cdot \frac{dv}{v} = 0 \tag{3-49}$$

가 된다. 이를 적분하면,

$$\ln p + k \cdot \ln v = C\ (= \ln C) \tag{3-50}$$

$$p \cdot v^k = C\text{onst.}, = p_1 \cdot v_1^k = p_2 \cdot v_2^k \tag{3-51}$$

가 된다. 또, $p \cdot v = R \cdot T$이므로 이것과 식 (3−51)에서

p를 소거하면,

$$T \cdot v^{k-1} = C\text{onst.} = T_1 \cdot v_1^{k-1} = T_2 \cdot v_2^{k-1} \tag{3-52}$$

v를 소거하면,

$$T \cdot p^{\frac{1-k}{k}} = C\text{onst.} = T_1 \cdot p_1^{\frac{1-k}{k}} = T_2 \cdot p_2^{\frac{1-k}{k}} \tag{3-53}$$

---

22) 等엔트로피 변화 / Isentropic change

23) k = '비열비'를 단열지수(adiabatic exponent)라고도 한다.

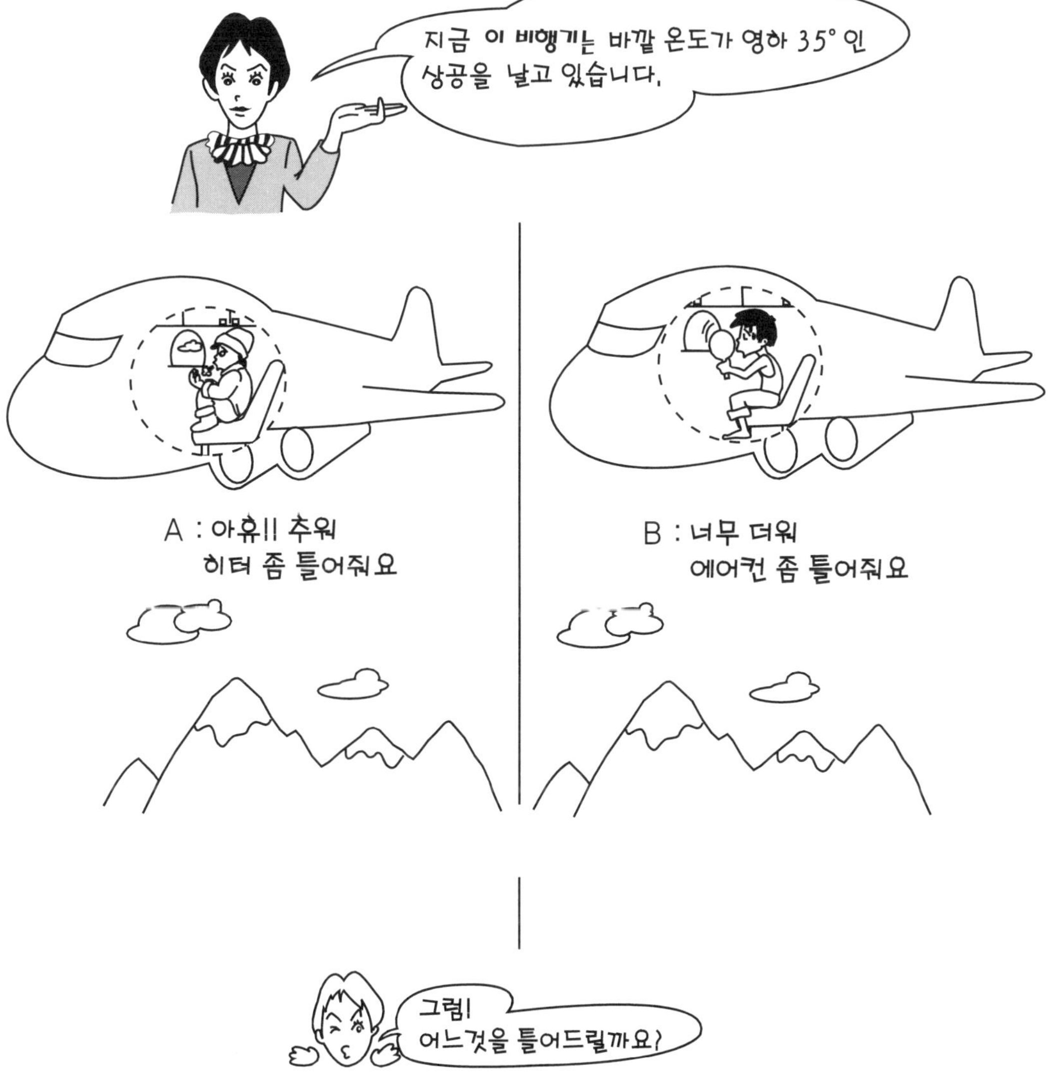

고공에서 외부의 기온은 -35℃ 정도이지만 비행기 안은 쾌적하다.

그 이유는 흥미롭게도 난방이 아니라 냉방 때문이다. 비행기 안의 기압은 해수면과 같으므로 외부의 공기를 이 수준으로 압축하면 온도가 55℃가 되어 뜨거워진다.

따라서 냉방기를 작동하여 가압공기로부터 열을 빼내야만 한다.

(4) 단열변화(Adiabatic change) - 2/3

② 절대일

단위중량 당의 절대일은 다음과 같다.

$$w_{ab}$$

$$= \int_1^2 p \cdot dv = p_1 \cdot v_1^k \int_1^2 \frac{dv}{v^k} = \frac{p_1 \cdot v_1^k}{-k+1} (v_2^{-k+1} - v_1^{-k+1}) = \frac{p_1 \cdot v_1^k}{k-1} (p_1 \cdot v_1 - p_2 \cdot v_2)$$

$$= \frac{R}{k-1} (T_1 - T_2) = \frac{p_1 \cdot v_1^k}{k-1} [1 - (\frac{v_1}{v_2})^{k-1}] = \frac{p_1 \cdot v_1^k}{k-1} [1 - (\frac{p_2}{p_1})^{\frac{k-1}{k}}]$$

$$= \frac{R \cdot T_1}{k-1} [1 - (\frac{v_1}{v_2})^{k-1}] = \frac{R \cdot T_1}{k-1} [1 - (\frac{p_2}{p_1})^{\frac{k-1}{k}}] \qquad (3-54)$$

식 (3-49)에서 계가 상태 1에서 상태 2로 단열팽창을 하면 일은 외부에 대해서 한 것이므로 (+)값이 되고, 이때 온도는 $T_1 > T_2$ 가 되어 팽창 후의 온도는 내려간다. 그리고 압력비 (p_2 / p_1)가 일정하거나 체적비 (v_1 / v_2)가 일정하면 일은 절대온도 T_1에 비례한다.

③ 공업일

가스가 유동하면서 단열변화를 할 때의 단위중량 당 공업일은 다음과 같다.

$$w_t = -\int_1^2 v \cdot dp = -p_1^{\frac{1}{k}} \cdot v_1 \int_1^2 \frac{dp}{p^{\frac{1}{k}}} = -p_1^{\frac{1}{k}} \cdot v_1 \int_1^2 p^{-\frac{1}{k}} \cdot dp$$

$$= \frac{-p_1^{\frac{1}{k}} \cdot v_1}{\frac{-1}{k}+1} \cdot (p_2^{-\frac{1}{k}+1} - p_1^{-\frac{1}{k}+1}) = \frac{k}{k-1} \cdot (p_1 \cdot v_1 - p_2 \cdot v_2)$$

$$= \frac{k \cdot R}{k-1} \cdot (T_1 - T_2) = \frac{k \cdot p_1 \cdot v_1}{k-1} \cdot [1 - (\frac{v_1}{v_2})^{k-1}]$$

$$= \frac{k \cdot p_1 \cdot v_1}{k-1} \cdot [1 - (\frac{p_2}{p_1})^{\frac{k-1}{k}}] = \frac{k \cdot R \cdot T_1}{k-1} \cdot [1 - (\frac{v_1}{v_2})^{k-1}]$$

$$= \frac{k \cdot R \cdot T_1}{k-1} \cdot [1 - (\frac{p_2}{p_1})^{\frac{k-1}{k}}] \qquad (3-55)$$

이 되며, 식 (3-49)의 절대일과 비교하면

$$w_t = k \cdot w_{ab} \qquad (3-56)$$

가 됨을 알 수 있다.

③ 공급된 이동열량은 단열변화이므로, $\delta q = 0$ 즉, $q_{1-2} = 0$ 이다.

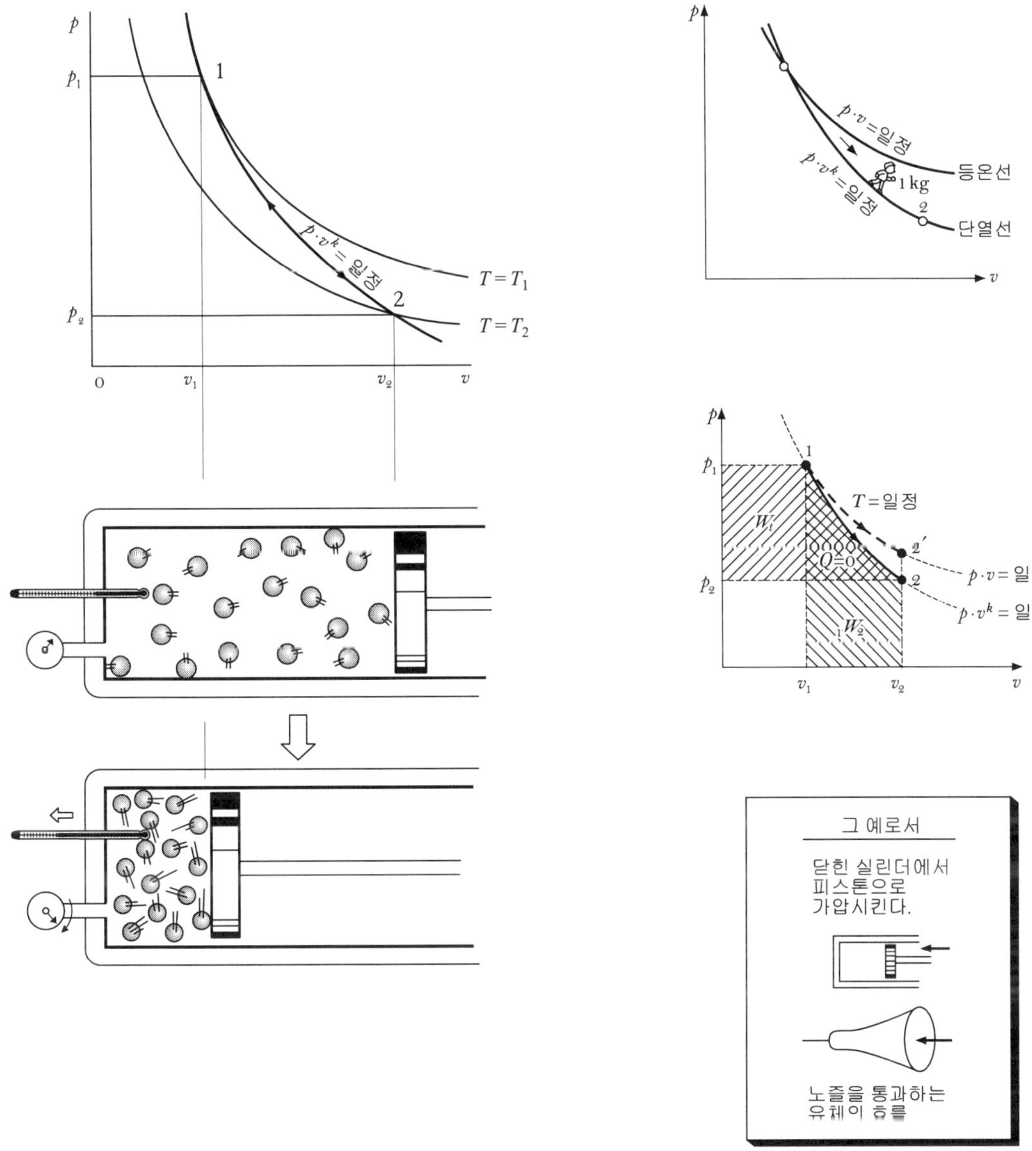

[그림 3-11] 단열변화

실제로는 완전한 단열을 실현시키기는 어렵지만 각종 내연기관이나 공기기계, 냉동기 등에서는 압축행정이나 팽창행정 등의 과정은 상태변화가 순간적으로 일어나지만 열의 이동은 이보다 늦으므로 단열변화에 가까운 변화를 한다고 볼 수 있다.

(4) 단열변화(Adiabatic change) - 3/3

⑤ 내부에너지와 엔탈피 변화량

내부에너지는 $\delta q = du + p \cdot dv$ 에서, 단열변화이므로 $\delta q = 0$ 이다.
따라서

$$du = -p \cdot dv = -\delta w \tag{3-57}$$

$$u_2 - u_1 = -w_{1-2} \tag{3-57'}$$

가 되고,

엔탈피는 $\delta q = dh - v \cdot dp$에서, 마찬가지로 $\delta q = 0$ 이므로,

$$dh = -v \cdot dp = -\delta w_t \tag{3-58}$$

$$h_2 - h_1 = -w_t \tag{3-58'}$$

가 된다.

즉, 단열변화에서는 절대일에 상당하는 양만큼 내부에너지가 변화하며, 또 공업일에 상당하는 양만큼 엔탈피가 변화한다.

이상과 같은 p, V, T 관계를 갖는 단열변화를 $p-V$선도에 표시하면 그림 3-11과 같다.

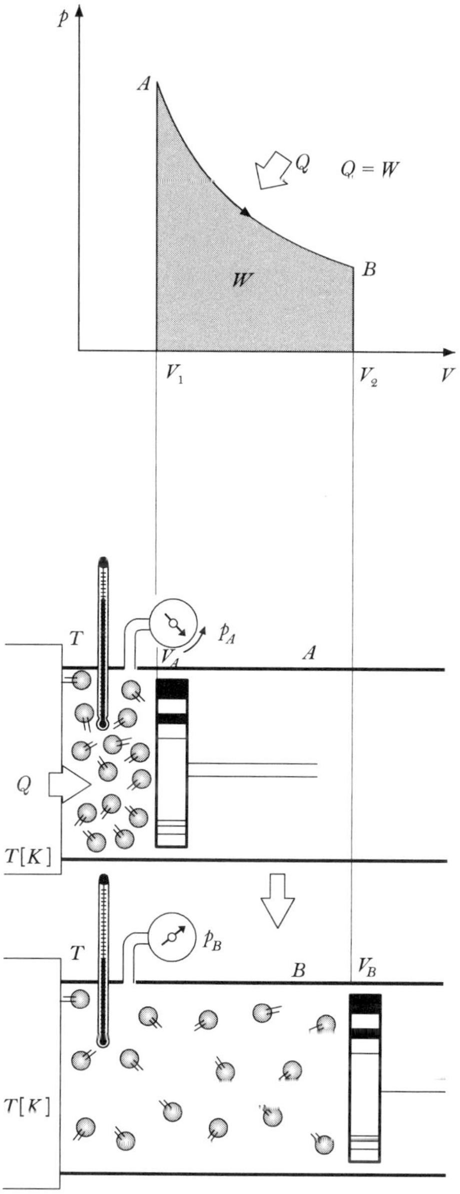

$$dU = {}_AW_B = \int_A^B p\cdot dV$$

$$dH = W_t = -\int_A^B V\cdot dp$$

[그림 3-11] 단열(斷熱)변화

(5) 폴리트로프 변화(Polytropic change) - 1/6

내연기관이나 냉동기 등에서 실제로 다루어지는 가스는 앞에서 거론한 4가지 기본 형태의 변화만을 하는 것이 아닌 다른 형태의 변화를 하게 되는 경우가 대부분이다.

예를 들면, 내연기관에서 동작유체가 부분적으로 정압 또는 정적변화를 하지만 등온 변화나 단열변화는 대개 하지 않는다. 따라서 등적, 등압, 등온 및 단열 과정만으로는 내연기관의 실제 상태변화를 나타내기가 곤란하다.

Zeuner는 완전가스의 상태변화를 단열변화의 단열지수 k 대신 지수 n의 값을 적당히 택함으로써 실제 상태변화를 나타내는 데 보다 가까운 표현방법을 제시하였다.

① p, V, T 관계

$$p \cdot v^n = C\text{onst.} = p_1 \cdot v_1^n = p_2 \cdot v_2^n \qquad (3-59)$$

식 (3－59)와 같이 표시되는 변화를 폴리트로프 변화라 하고, 지수 n을 폴리트로프 지수라고 한다.

기체의 상태방정식 $p \cdot v = R \cdot T$와 식 (3－59)에서,

p를 소거하면, [24]

$$T \cdot v^{n-1} = C\text{onst.} = T_1 \cdot v_1^{n-1} = T_2 \cdot v_2^{n-1} \qquad (3-60)^{25)}$$

v를 소거하면,

$$T \cdot p^{\frac{n-1}{n}} = C\text{onst.} = T_1 \cdot p_1^{\frac{n-1}{n}} = T_2 \cdot p_2^{\frac{n-1}{n}} \qquad (3-61)$$

가 된다.

폴리트로프 과정의 $p-V$선도는 그림 3－12와 같다.

---

24) $p = R \cdot T / v \Rightarrow R \cdot T \cdot v^{n-1} = Const\,(Const / R = Const.)$

25) $T_1 \cdot \dfrac{v_1^{n-1}}{v_2^{n-1}} = T_1 \cdot \left(\dfrac{v_1}{v_2}\right)^{n-1} = T_2$

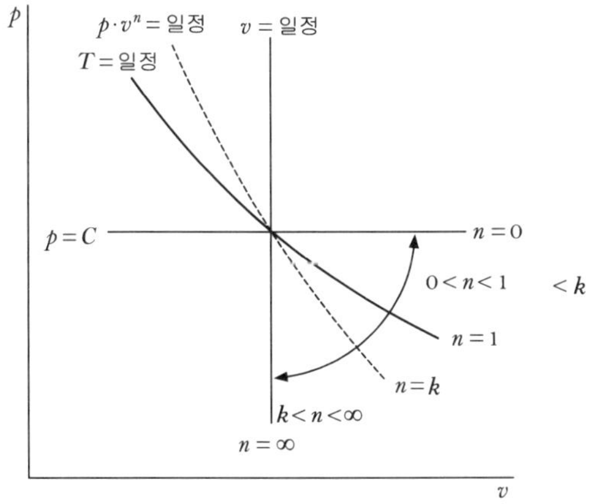

▶ 폴리트로픽 변화는 일반적인 변화이므로 n의 특정한 값에 따라 위의 4가지 변화가 된다.

$n = 0$ 이면 정압변화
$n = 1$ 이면 등온변화
$n = k$ 이면 단열변화
$n = \infty$ 이면 정적변화

[그림 3-12] n에 따른 변화곡선

$y = f(x)$ 에 있어서

$$y' = \frac{dy}{dx} = \lim_{\Delta x \to 0} \frac{\Delta y}{\Delta x}$$

는 곡선상의 점 (x, y) 에서의 접선의 기울기의 크기를 나타낸다.

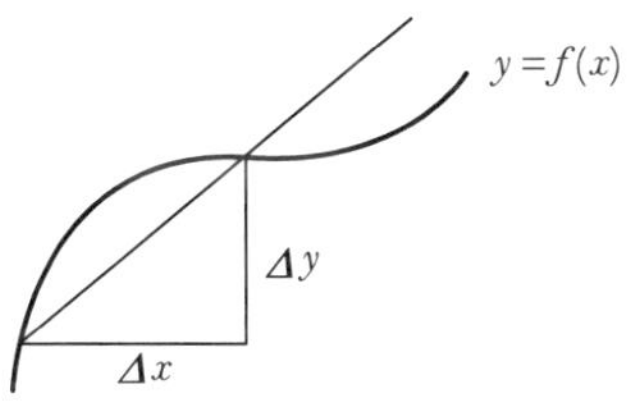

따라서, 단열선 ' $p \cdot v^k =$ 일정' 인 곡선의 기울기는

$$p \cdot k \cdot v^{k-1} \cdot dv + v^k \cdot dp = 0$$

$$\therefore \frac{dp}{dv} = -\frac{k \cdot p \cdot v^{k-1}}{v^k} = -k\left(\frac{p}{v}\right)$$

따라서, 등온선 ' $p \cdot v = R \cdot T$(일정)' 의 기울기는

일반적으로, $p \cdot dv + v \cdot dp - 0$

$$\therefore \frac{dp}{dv} = -\left(\frac{p}{v}\right)$$

여기서, $k > 1$ 이므로 단열선의 기울기 쪽이 더 크게 된다.

(5) 폴리트로프 변화(Polytropic change) - 2/6

② 절대일

$$w_{ab} = \frac{1}{n-1} \cdot [p_1 \cdot v_1 - p_2 \cdot v_2] = \frac{R}{n-1} \cdot (T_1 - T_2)$$[26]

$$= \frac{R \cdot T_1}{n-1} \cdot [1 - (\frac{v_1}{v_2})^{n-1}] = \frac{R \cdot T_1}{n-1} \cdot [1 - (\frac{p_2}{p_1})^{\frac{n-1}{n}}] \qquad (3-62)$$[27]

③ 공업일

폴리트로프 변화에서의 단위중량 당의 공업일은 다음과 같다.

$$w_t = \frac{n}{n-1} (p_1 \cdot v_1 - p_2 \cdot v_2) = \frac{n \cdot R}{n-1} (T_1 - T_2)$$

$$= \frac{n \cdot R \cdot T_1}{n-1} [1 - (\frac{v_1}{v_2})^{n-1}] = \frac{n \cdot R \cdot T_1}{n-1} [1 - (\frac{p_2}{p_1})^{\frac{n-1}{n}}] \qquad (3-63)$$

이고, 식 (3 − 58) 의 절대일과 비교하면,

$$w_t = n \cdot w_{ab} \qquad (3-64)$$

가 됨을 알 수 있다.

---

26) $p \cdot V^n = C \ (= p_1 \cdot v_1^n = p_2 \cdot v_2^n)$

$$w_{1-2} = \int_1^2 p\, dv = \int_1^2 C \frac{dv}{v^n} = C [\frac{v^{-n+1}}{-n+1}]_1^2$$

$$\frac{C}{1-n} (v_2^{1-n} - v_1^{1-n}) = \frac{p_2 \cdot v_2^n \cdot v_2^{1-n} - p_1 \cdot v_1^n \cdot v_1^{1-n}}{1-n} = \frac{p_2 \cdot v_2 - p_1 \cdot v_1}{1-n}$$

27) $p_1 \cdot v_1^n = p_2 \cdot v_2^n$ 에서 이항정리하면,

$\frac{{v_1}^n}{{v_2}^n} \ (= \frac{v_1}{v_2})^n = \frac{p_2}{p_1}$ 이므로,

$$(\frac{v_1}{v_2})^{n-1} = [(\frac{v_1}{v_2})^n]^{\frac{n-1}{n}} = (\frac{p_2}{p_1})^{\frac{n-1}{n}}$$

등적변화에서는 절대일은 없고 : 0

공업일만 있다 : $-v \cdot (p_2 - p_1) = R(T_1 - T_2)$

등압변화에서는 공업일은 없고 : 0

절대일만 있다 : $p \cdot (v_2 - v_1)$

등온변화에서는 절대일 = 공업일 : $p_1 \cdot v_1 \cdot ln\dfrac{v_2}{v_1} = R \cdot T_1 \cdot ln\dfrac{p_1}{p_2}$

단열변화에서는 공업일 = k_1 · 절대일 : $\dfrac{k \cdot R \cdot T_1}{k-1} \cdot \left[1 - \left(\dfrac{v_1}{v_2}\right)^{k-1}\right]$

이었잖아!,

상태변화	밀폐계의 일(절대일), ${}_1w_2$	개방계의 일(공업일), w_t
등압	$p(v_2 - v_1)$만큼의 일을 외부에 한다.	하지 않는다. 바깥에서 가해진 열량은 모두 엔탈피의 증가에 쓰인다.
등적	하지 않는다. 바깥에서 가해진 열량은 모두 내부에너지의 증가에 쓰인다.	$-v(p_2 - p)$의 일을 외부에 한다. 결국, $-v(p_2 - p_1)$의 일을 외부에서 받는다.
등온	외부에서 가해진 열량은 모두 일 (${}_1w_2 = w_t$)로서 방출된다.	
단열	일을 하면 이에 상당하는 만큼 내부에너지가 소비된다.	일을 하면 이에 상당하는 만큼 엔탈피가 소비된다.

등적변화에서는 : $\dfrac{p}{T} = \dfrac{p_1}{T_1} = \dfrac{p_2}{T_2}$

등압변화에서는 : $\dfrac{V}{T} = \dfrac{V}{T_1} = \dfrac{V}{T_2}$

등온변화에서는 : $p \cdot V = p_1 \cdot T_1 = p_2 \cdot T_2$

단열변화에서는 : $T \cdot V^{k-1} = T \cdot V_1^{k-1} = T \cdot V_2^{k-1}$

단열변화에서는 : $T \cdot p^{\frac{k-1}{k}} = T \cdot p_1^{\frac{k-1}{k}} = T \cdot p_2^{\frac{k-1}{k}}$

이었잖아! 그러면, 폴리트로픽 변화에서는?

(5) 폴리트로프 변화(Polytropic change) - 3/6

④ 공급된 열량

폴리트로프 변화에서의 이동열량은 가역단열변화에서와는 달리 열의 출입이 있으며, 다음과 같이 구한다. 식 (2−16)에서,

$$\delta q = du + p \cdot dv = c_v \cdot dT + p \cdot dv \quad \cdots\cdots \text{(2−16)}$$

이므로, 이동열량은

$$q_{1-2} = \frac{R}{k-1}(T_2 - T_1) + \frac{R}{n-1}(T_1 - T_2)$$
$$= \frac{R \cdot (n-k)}{(k-1)(n-1)}(T_2 - T_1) = c_v \cdot \frac{n-k}{n-1}(T_2 - T_1) \qquad (3-65)$$

으로 주어진다.

여기서,

$$c_v \cdot \frac{n-k}{n-1} = c_n \qquad (3-66)$$

라고 하면,

$$q_{1-2} = c_n \cdot (T_2 - T_1) \qquad (3.67)$$ [28]

이 되며, 이 때 c_n을 폴리트로픽 비열(specific heat of polytropic)이라 한다.

⑤ 내부에너지와 엔탈피 변화량

$$du = c_v \cdot dT \quad \therefore \ U_2 - U_1 = \int_1^2 C_v \, dT \quad \cdots\cdots \text{(3−35)} \qquad (3-68)$$

$$dh = c_P \cdot dT \quad \therefore \ H_2 - H_1 = \int_1^2 C_p \cdot dT \quad \cdots\cdots \text{(3−36)} \qquad (3-69)$$

---

28) $w_{1-2} = \frac{R}{n-1}(T_1 - T_2) = c_v \cdot \frac{k-1}{n-1}(T_1 - T_2)$ 이므로,

$$\therefore \frac{w_{1-2}}{q_{1-2}} = -\frac{\frac{k-1}{n-1}}{\frac{n-k}{n-1}} = \frac{k-1}{k-n}$$

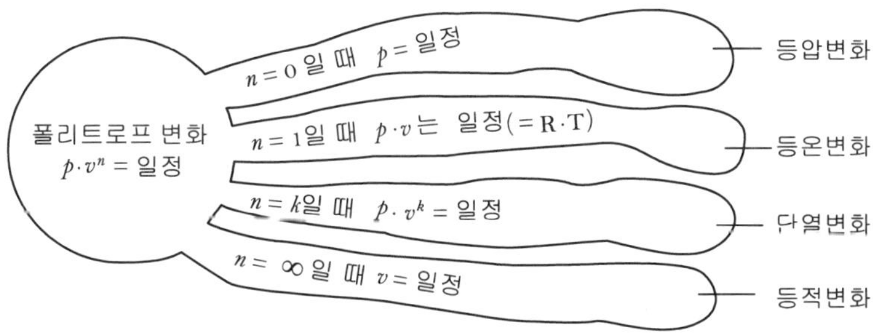

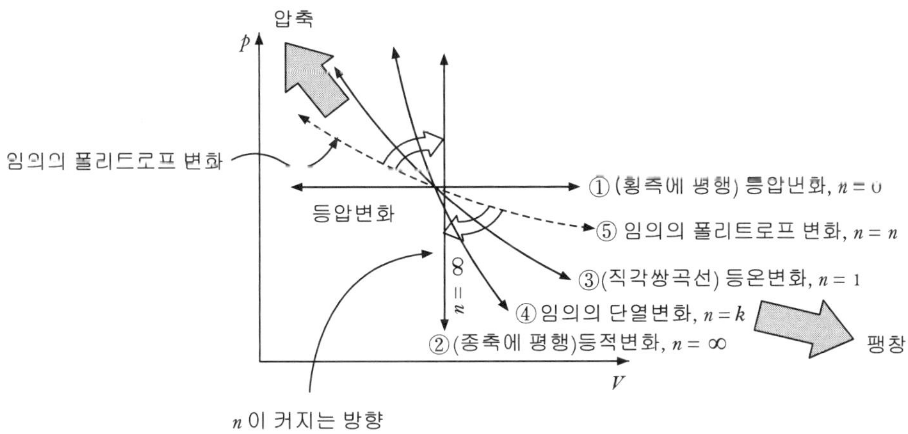

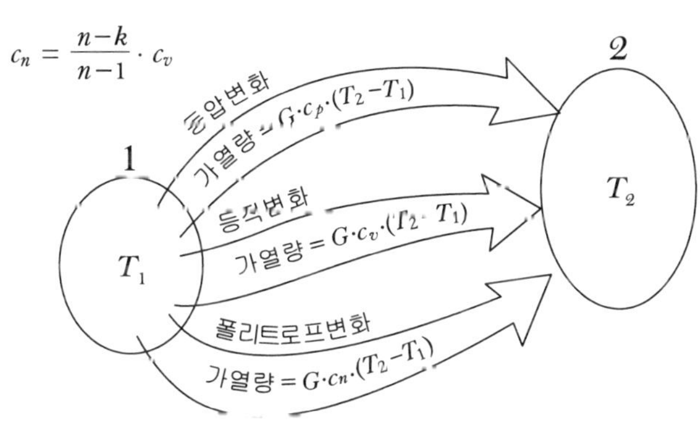

<각종 상태변화의 가열량 계산식>

(5) 폴리트로프 변화(Polytropic change) - 4/6

⑥ 폴리트로프 지수

폴리트로프 변화의 경우, 압력과 체적 사이의 관계는 식 (3−59)로 주어졌다.

$$p \cdot v^n = C\text{onst.} \quad \cdots\cdots \quad (3-59)$$

지금, 변화지수 n에 따른 폴리트로프 상태변화에 관해 알아보기로 한다.

1) $0 < n < 1$일 때 : 이 경우의 폴리트로프 비열 $c_n = c_v \cdot \dfrac{n-k}{n-1} > 0$이다.
   식 (3−62)[29]에서 팽창일이면, $w_{ab} > 0$이므로 $T_1 < T_2$가 되고,
   식 (3−67)[30]에서 $q_{1-2} > 0$가 된다.
   그리고 압축일이면, $w_{ab} < 0$이므로 $T_1 > T_2$가 되고, $q_{1-2} < 0$가 된다.

2) $1 < n < k$일 때 : 이 경우의 폴리트로프 비열 $c_n < 0$이다.
   따라서 식 (3−62)에서 팽창일이면, $w_{ab} > 0$이므로 $T_1 > T_2$가 되고,
   식 (3−67)에서 $q_{1-2} > 0$가 된다.
   그리고 압축일이면, $w_{ab} < 0$이므로 $T_1 < T_2$가 되고, $q_{1-2} < 0$가 된다.

3) $k < n < \infty$일 때 : 이 경우의 폴리트로프 비열 $c_n > 0$이다.
   따라서 식 (3−62)에서 팽창일이면, $w_{ab} > 0$이므로 $T_1 > T_2$가 되고,
   식 (3−67)에서 $q_{1-2} < 0$가 된다.
   그리고 압축일이면, $w_{ab} < 0$이므로 $T_1 < T_2$가 되고, $q_{1-2} > 0$ 가 된다.

4) 위의 관계로부터,
   폴리트로프 지수 n의 값이 특정한 값을 가질 때는 다음과 같은 변화가 된다.

---

29) $w_{1-2} = \dfrac{R}{n-1}(T_1 - T_2)$

30) $q_{1-2} = c_n(T_2 - T_1)$

등적변화

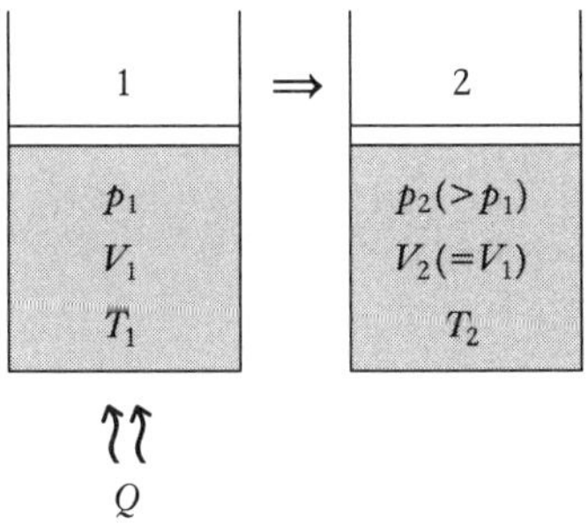

$$\frac{p_1}{T_1} = \frac{p_2}{T_2} \quad \cdots \quad (3-25)$$

등압변화

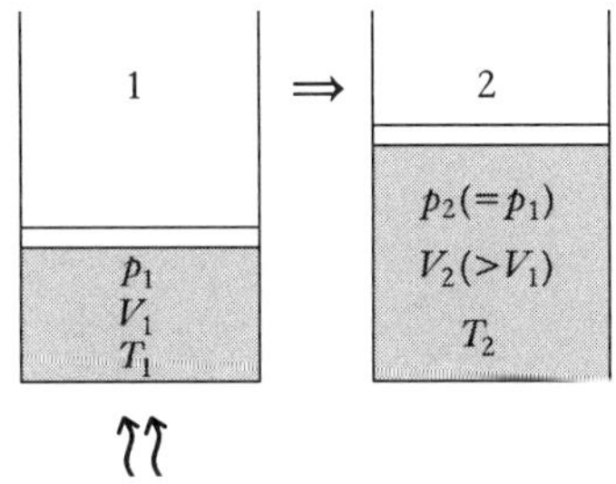

$$\frac{V_1}{T_1} = \frac{V_2}{T_2} \quad \cdots \quad (3-31)$$

등온(等溫)변화

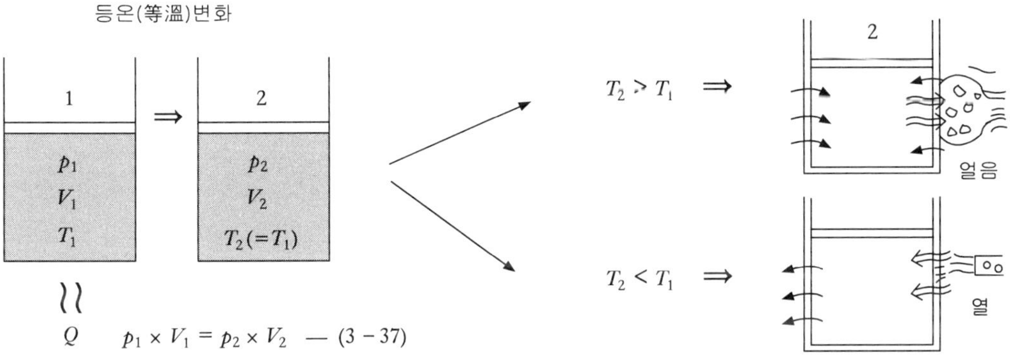

$$p_1 \times V_1 = p_2 \times V_2 \quad — \quad (3-37)$$

단열(斷熱)변화

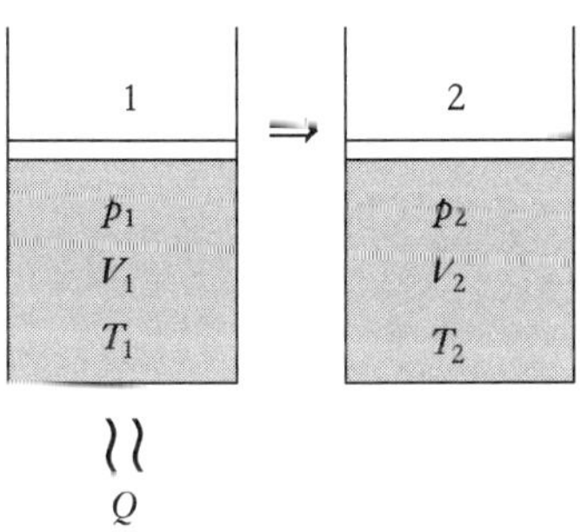

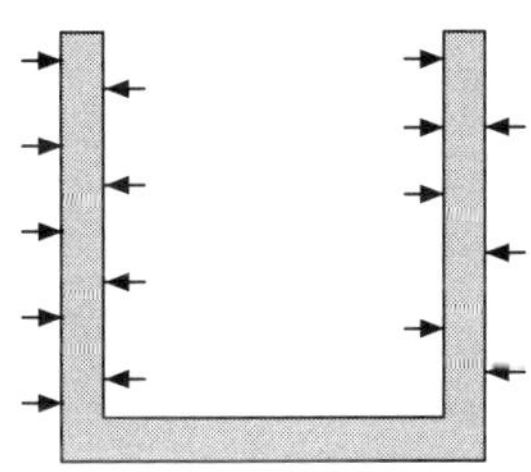

$$T_1 \times V_1^{k-1} = T_2 \times V_2^{k-1} \quad — \quad (3-52)$$

$$T_1 \times p_2^{\frac{1-k}{k}} = T_2 \times p_2^{\frac{1-k}{k}} \quad — \quad (3-53)$$

(5) 폴리트로프 변화(Polytropic change) - 5/6

⑦ 폴리트로프 지수와 비열과의 관계

$$n = k \quad \rightarrow \quad p \cdot v^k = constant \text{ (단열과정)}$$
$$n = 0 \quad \rightarrow \quad p \cdot v^0 = constant \text{ (등압과정)}$$
$$n = 1 \quad \rightarrow \quad p \cdot v = constant \text{ (등온과정)}$$
$$n = \infty \quad \rightarrow \quad p^{1/n} \cdot v = constant \text{ (등적과정)}$$

이와 같은 변화를 $p-v$ 선도에 도시하면 그림 3-13과 같이 된다.

1) $n = k$이면, $q_{1-2} = 0$이 되므로 단열변화이고,
$n < k$이면, $q_{1-2} > 0$이 되어 열량이 방출된다.
이 관계를 $p-v$ 선도에 나타내면 그림 3-13(a)과 같다.

2) $n = 0$이면, $p_1 = p_2$가 되어 정압변화이고,
$n < 0$이면, $p_1 < p_2$가 되어 압력이 상승되고,
$n > 0$이면, $p_1 > p_2$가 되어 압력이 낮아진다.
이 관계를 $p-v$ 선도에 나타내면 그림 3-13(b)와 같다.

3) $n = 1$이면, $T_1 = T_2$가 되어 등온변화이고,
$n < 1$이면, $T_1 < T_2$가 되어 온도가 상승되고,
$n > 1$이면, $T_1 > T_2$가 되어 온도가 강하한다.
이 관계를 $p-v$ 선도에 나타내면 그림 3-13(c)와 같다.

4) $n = \infty$이면, 압력에 관계없이 체적이 항상 일정하다.
$n = \infty$에 있어서는, $-\infty < n < 0$인 경우에 한하여,
$-\infty < n < -1$과 $-1 < n < 0$으로 나눌 수 있으며,

이 관계를 $p-v$ 선도에 나타내면 그림 3-13(d)와 같다.

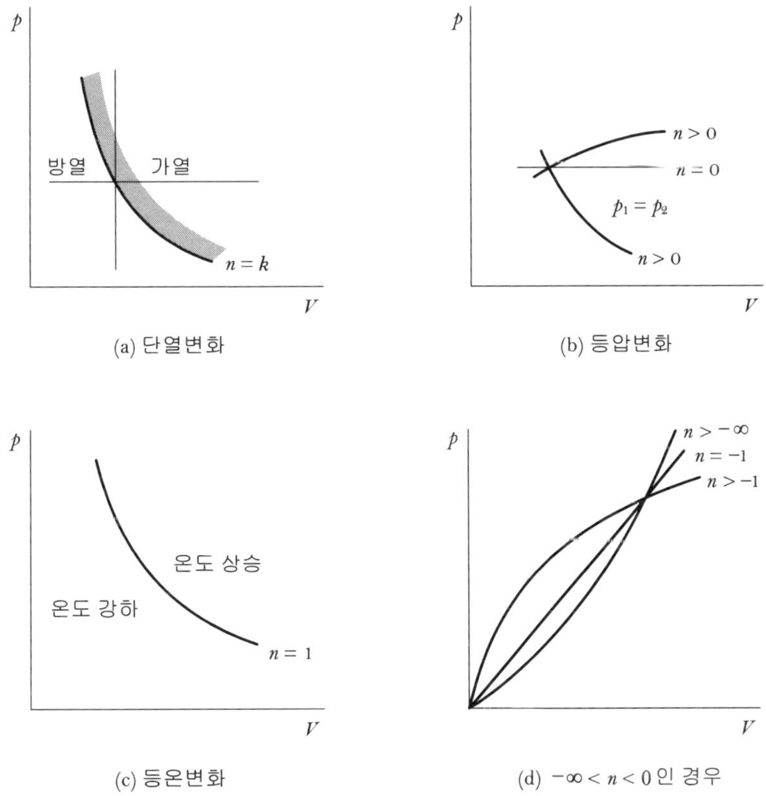

[그림 3-13]

n 이 무한대인 경우 $p \cdot v^n = C$

양변의 n 승근을 취하면, $\sqrt[n]{p \cdot v^n} = \sqrt[n]{C}$

$\therefore \; p^{\frac{1}{n}} \cdot v = C^{\frac{1}{n}}$ = 일정

여기서, $n \to \infty$ 이라 함은 n 이 무한히 커지는 것을 의미한다.

따라서 $\frac{1}{n}$ 은 무한히 작아지게 되므로

$n \to \infty$ 일 때 $p^{\frac{1}{n}} \cdot v \to v$ = 일정

(5) 폴리트로프 변화(Polytropic change) - 6/6

⑧ 폴리트로프 지수 n 을 구하는 법

I. 폴리트로프 곡선이 $p-V$ 선도 상에 주어지는 경우

그림 3−14와 같이 상태 A에서 상태 B까지 폴리트로프 변화를 하는 경우,

$$\text{절대일} \cdots\cdots\cdots \quad W_{ab} = \int_1^2 p\, dV = \text{면적 } ABB_2A_2A$$

$$\text{공업일} \cdots\cdots\cdots \quad W_t = -\int_1^2 V\, dp = \text{면적 } ABB_1A_1A$$

이 되고, $w_t = n \cdot w_{ab}$ 이므로,

$$n = \frac{W_t}{W_{ab}} = \frac{\text{면적 } ABB_2A_2A}{\text{면적 } ABB_1A_1A} \tag{3-70}$$

따라서 공업일의 면적과 절대일의 면적을 구하면 그 비가 n 이다.

II. 폴리트로프 변화 중 두 점의 상태점을 알고 있는 경우

2개의 상태를 '1', '2' 라고 하면, $p_1 \cdot V_1^n = p_2 \cdot V_2^n$ 이 되므로,

$$\ln p_1 + n \cdot \ln V_1 = \ln p_2 + n \cdot \ln V_2$$

따라서,

$$n = \frac{\ln p_1 - \ln p_2}{\ln V_2 - \ln V_1} = \frac{\ln (p_1/p_2)}{\ln (V_2/V_1)} \tag{3-71}$$

III. $p \cdot V^n = C_{onst.}$ 의 경우

$p \cdot V^n = C$ 에서 대수를 취하면 $\ln p + n \cdot \ln V = C$ 가 되므로 그림 3−14(a)과 같이 로그 좌표계에서 직선으로 나타내지는 방정식이다. 이 직선의 기울기 α 를 구하면 n 을 구할 수 있다.

여러 상태변화를 대수좌표계에 표시하면 그림 3−14(b)과 같으며, 그림에서 보면 $\alpha = 0$ 일 때는 정압변화, $\alpha = 90°$ 일 때는 정적변화, $\alpha = 45°$ 일 때는 등온변화, $\alpha > 45°$ 일 때는 단열변화이다.

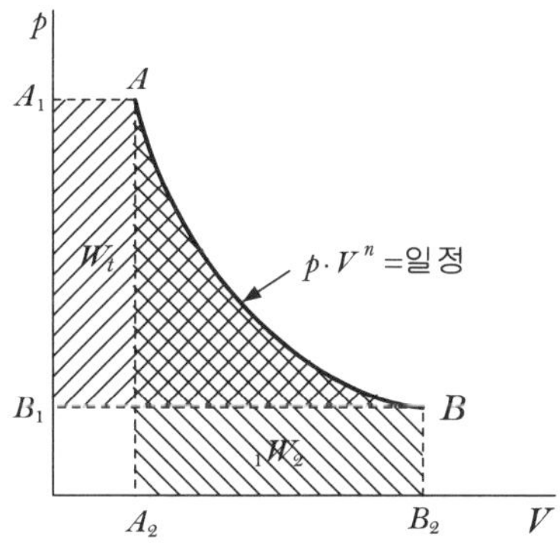

[그림 3-14]

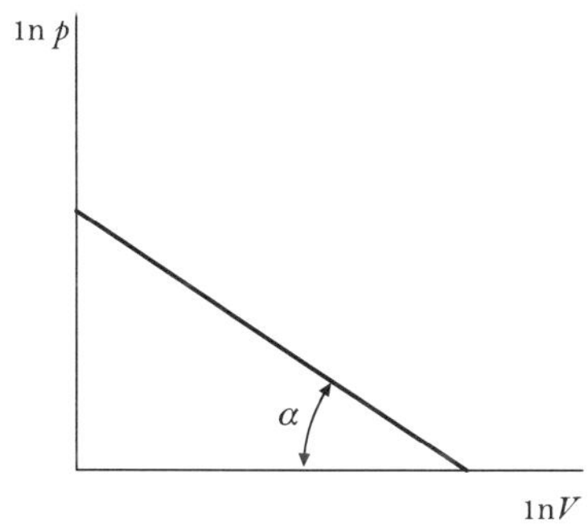

[그림 3-14(a)]

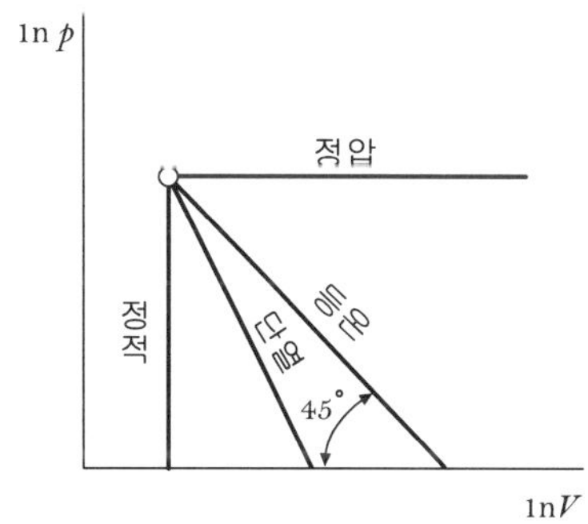

[그림 3-14(b)]

대수함수와 지수함수

대수함수

$y = a \cdot \log_n x$ ………… ⓐ

를 지수함수형으로 나타내면

$x = n^{\frac{x}{a}}$ ………… ⓑ

여기서, x 와 y 와의 문자를 바꾸어 보면

$y = n^{\frac{y}{a}}$ ………… ⓒ

식 ⓒ는 ⓐ의 역함수이므로 그래프는 직선 $y = x$ 에 관해서 대칭으로 된다.

3.7 완전가스의 상태변화(III) / 비(非)가역변화

가스의 실제 상태변화는 지금까지 취급해 온 가역변화와는 달리 상태 변화하는 도중에 마찰이나 와류 등에 의해 열손실이 수반되는 비가역변화이다. 이와 같은 비가역변화의 대표적인 예에는 다음과 같은 상태변화들이 있다.

① 비가역 단열변화

가스가 압축기나 기관의 내부에서 고속유동할 경우 외부와의 사이에 열교환이 없는 단열변화라 해도 와류와 마찰 등으로 인한 에너지가 열의 형태로 소비된다. 그러나 유체 속에서 일어나는 현상이므로 이 발생열은 유체를 가열하여 에너지로 환원된다. 따라서 외부와의 열교환이 없이 흘러도 내부적으로는 비가역 변화가 된다. 왜냐하면 흐름방향을 역방향으로 하여도 마찬가지 열손실 현상이 나타나기 때문이다.

② 교축(throttling)

가스가 작은 구멍이나 밸브 등이 있는 관을 통과할 때 빠른 유속 때문에 흐름의 방향으로 압력이 저하하며 외부와의 일 및 열전달이 일어나지 못한다. 이러한 현상을 교축(絞縮)이라 한다. 교축이 정상류에서 발생하는 경우에 대해 살펴보면 외부에 대한 일이 없고, 열교환도 없으며 압력만이 감소하므로 정상류에 대한 일반 에너지식 / 식 (2−27)[31]으로부터,[32]

$$u_1 + p_1 \cdot v_1 + \frac{1}{2} \cdot v_1^2 = u_2 + p_2 \cdot v_2 + \frac{1}{2} \cdot v_2^2 = h_1 + \frac{1}{2} \cdot v_1^2 = h_2 + \frac{1}{2} \cdot v_2^2$$

와 같이 된다. 만일 유속 v_1, v_2의 차이[33]가 작거나 유속 자체가 작은 경우에는 운동에너지를 무시할 수 있으므로 위의 식에서 $h_1 = h_2$가 되어 교축변화를 하는 동안 계는 등엔탈피 $(dh = 0)$상태로 비가역 팽창을 한다. ($dh = cp \cdot dT = 0$, $\therefore T =$ 일정)

③ 완전가스의 혼합

정상유동을 하는 가스가 혼합실에서 혼합되는 경우, 속도가 크지 않고 혼합 전후에 있어서 외부에 대한 일 및 열교환이 없다면 혼합 전후의 엔탈피와 운동에너지의 합이 변하지 않는 비가역변화가 된다.

---

31) 식 (2−27) : 개방계에 대한 에너지보존의 식

$$Q + m_1(u_1 + p_1 \cdot v_1 + 1/2 \cdot v_1^2 + g \cdot z_1) = W + m_2(u_2 + p_2 \cdot v_2 + 1/2 \cdot v_2^2 + g \cdot z_2)$$

32) $Q = 0$, $W = 0$

33) 만일 운동에너지의 차이가 발생하였다면, 운동에너지의 차이 = 엔탈피의 차이 / $\Delta KE = -\Delta h$

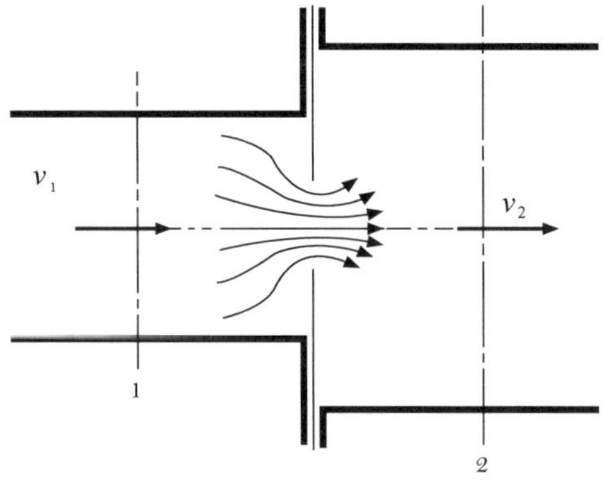

관로가 급격히 좁아지는 교축밸브

▶ 교축변화는 그림과 같이 작업유체가 관로가 급격히 좁아지는 곳을 흐를 때 나타나며, 증기압축 냉동기관이나 기체 액화장치, 증기의 건도 측정장치 등에서 작업유체가 교축밸브나 오리피스를 지날 때 볼 수 있다. 또다른 예로는, 압축한 공기를 저장한 탱크의 밸브를 열거나 수도의 꼭지를 열 때와 같은 팽창으로 정상류 과정으로 해석한다.
기체가 노즐과 같이 유로 단면적(flow cross section)이 서서히 좁아지는 곳을 흐르면 기체의 압력이 저하한다. 그 원인은 유속이 증가하기 때문이다. 그러나 유로 단면적이 급격하게 좁아지는 교축밸브에서는 교축부분을 지나서도 속도(에너지)가 증가하지 않을 뿐 아니라 마찰이나 와류(渦流, swirling)가 발생하기 때문에 압력에너지로 환원되지도 않으므로 교축현상 후의 속도와 압력은 항상 낮아진다. 이때 속도에너지의 감소는 열에너지로 바뀌어 유체에 회수되므로 엔탈피는 원래의 상태로 복귀되어 등엔탈피 과정이 된다. 유속의 증가 없이 감소된 압력에너지는 마찰과 난류에 의하여 엔트로피로 변환된다. 이로 인해 교축밸브에서는 비가역 압력강하(팽창)현상과 함께 유용에너지의 손실(loss of available energy)이 나타난다.

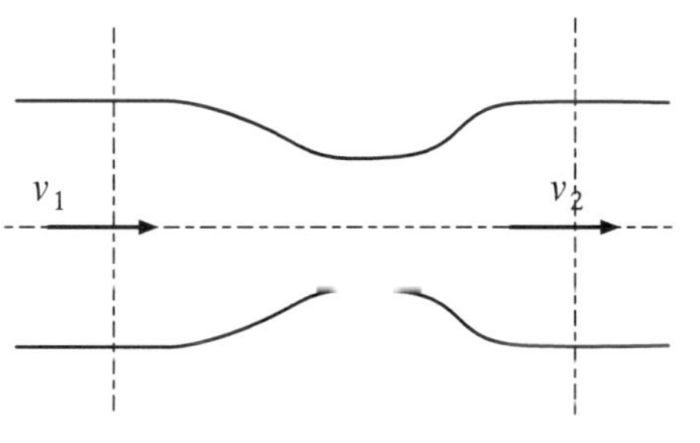

관로가 서서히 좁아지는 노즐

3.8 혼합가스(mixed gas)

지금까지 열역학을 공부하면서 다루어 온 완전가스는 순수물질[34]의 한 종류의 가스에 관한 내용을 다루었으나, 실제 우리가 취급하는 가스들은 공기나 연소가스와 같이 여러 종류의 순수물질들의 혼합가스인 경우가 많다.[35]

실제로 가스를 실용상의 기기에 동작유체로서 응용할 경우, 각각의 가스가 단독으로 작동하는 경우는 극히 드물다.

예를 들면, 공기는 보일러나 내연기관에 있어서 연료를 연소시키기 위한 작업가스로서 매우 중요한 역할을 하고 있지만 이 공기도 산소와 질소의 혼합가스이며, 다시 내연기관 실린더 내의 연소가스나 보일러 화로 내의 연소가스는 더욱이 많은 가스의 혼합가스이다.

서로 화학반응을 일으키지 않는, 종류가 다른 완전가스를 혼합하면 확산에 의해서 균일한 혼합가스가 되며, 일단 한 번 혼합된 가스는 처음 상태의 가스로는 분리될 수 없는 이러한 상태변화는 비가역과정이다.[36]

이와 같은 경우에 혼합되기 전의 각각의 가스의 성질에서부터 혼합 후의 혼합가스의 열역학적 특성을 이해할 필요가 있다.

가스의 경우, 질량 대신 몰(mol)로 다루는 것이 훨씬 편리하다.

따라서 몰(mol)분율, 부피분율, 분압 등이 훨씬 편리할 수 있다.

몇 가지 기체가 별도로 나누어져 들어 있는 용기의 격벽을 제거하면 기체는 확산에 의하여 혼합하는 것을 경험을 통하여 알고 있다.

이 확산에 의한 혼합기체에 대하여 영국의 J. Dalton은 1801년 Dalton의 법칙을 발견하였다.

「동일 용기 내에 여러 종류의 가스가 존재할 경우, 그들의 성분가스는 마치 다른 성분이 존재하지 않는 것처럼 용기 전체에 확산된다.」

즉, 이상기체의 혼합물에서는 각 성분기체는 서로 간에 간섭하는 일이 없이, 마치 혼합실 내에 단독으로 존재하는 것과 같은 성질을 나타낸다는 것이다.

---

34) 1−3.4절 참조

35) 액체와 고체상에서의 혼합물 : 용액(solution)

36) 두 가지 이상의 가스가 혼합될 때 연소나 열해리와 같은 화학적 변화가 없이 확산에 의해 혼합되면(체적이 일정한 혼합) 외부일과 열교환도 없으므로 혼합전후 내부에너지도 변하지 않는 비가역변화가 된다.

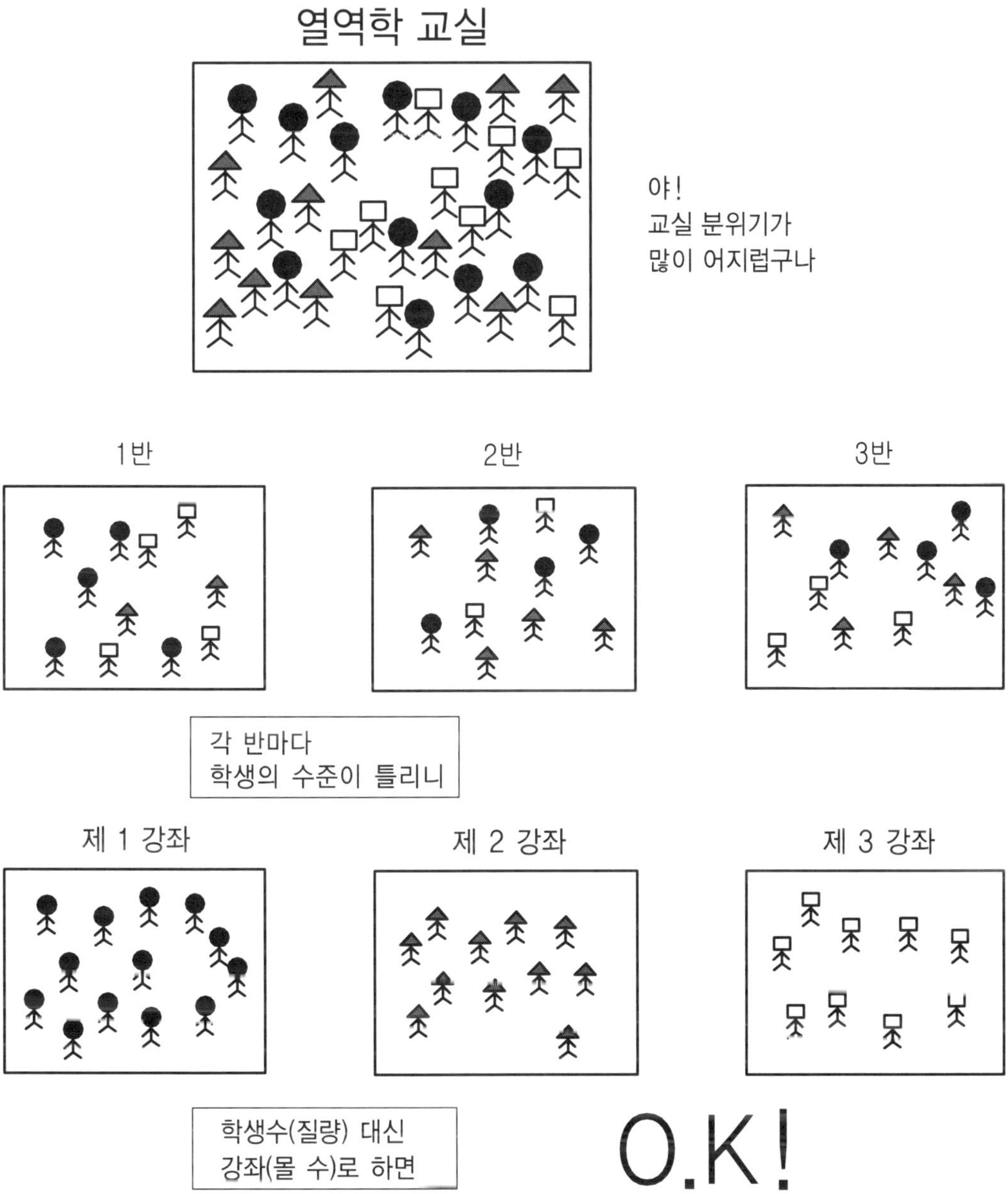
열역학 교실
야!
교실 분위기가
많이 어지럽구나
1반
2반
3반
각 반마다
학생의 수준이 틀리니
제 1 강좌
제 2 강좌
제 3 강좌
학생수(질량) 대신
강좌(몰 수)로 하면
O.K!

(1) Dalton의 법칙

「이상기체의 혼합물에서는, 각 성분기체는 서로간에 간섭하는 일이 없이, 마치 혼합실 내에 단독으로 존재하는 것과 같은 성질을 나타낸다.」

이 법칙이 가리키는 성질에 관하여 다음의 조건 하에서 고찰해보자.

그림 3-15와 같이 중량, 체적 및 가스정수가 G_i, V_i, R_i $(i = 1, 2, 3, \cdots\cdots, n)$이고 압력과 온도가 동일한 n종류의 성질이 다른 완전가스를 격리판으로 격리된 각 실에 넣고 각 실의 격리판을 제거하면 각 가스는 확산·혼합되어 결국 1종의 혼합가스가 된다.[37]

지금, 동일한 온도와 압력 하에서 혼합된 후의 압력, 체적, 온도, 중량을 p, V, T, G라고 하면 전체의 중량은,

$$G = G_1 + G_2 + \cdots\cdots + G_n$$

으로 되며, 혼합 후의 각 성분가스의 부분압력 [그림 3-15(c)]를 각각 p_1, p_2, $\cdots\cdots$ p_n이라 하면 온도가 변하지 않으므로 Boyle의 법칙에 따라,

$$\begin{aligned} p \cdot V_1 &= p_1 \cdot V\ (= G_1 \cdot R_1 \cdot T)\text{에서}, \qquad p_1 = p \cdot V_1 / V \\ p \cdot V_2 &= p_2 \cdot V\ (= G_2 \cdot R_2 \cdot T)\text{에서}, \qquad p_2 = p \cdot V_2 / V \\ p \cdot V_n &= p_n \cdot V\ (= G_n \cdot R_n \cdot T)\text{에서}, \qquad p_n = p \cdot V_n / V \end{aligned} \tag{3-72}$$

가 되고, 윗식을 모두 합하면

$$p_1 + p_2 + \cdots\cdots + p_n = p \cdot \left(\frac{V_1 + V_2 + \cdots\cdots + V_n}{V} \right) = p \tag{3-73}$$

$$\therefore\ p = \sum_{i=1}^{n} p_i$$

여기서, 혼합된 후 각 가스의 압력 p_1, p_2, $\cdots\cdots$ p_n을 부분압력(partial pressure) 또는 분압이라 하며 전체의 압력 p를 전압력(total pressure)이라 한다. 식 (3-73)은 「완전가스를 혼합할 때, 혼합가스의 全압력은 각 성분가스의 부분압력의 합과 같다.」는 것을 뜻하며 이것을 Dalton의 법칙이라 한다.

---

37) 가스의 체적은 V_1, V_2, $\cdots\cdots$ V_n 으로부터 용기의 체적인 $V = V_1 + V_2 + \cdots\cdots + V_n$ 으로 되며, 각 가스의 압력은 혼합 전의 압력인 p보다 낮아지게 된다.

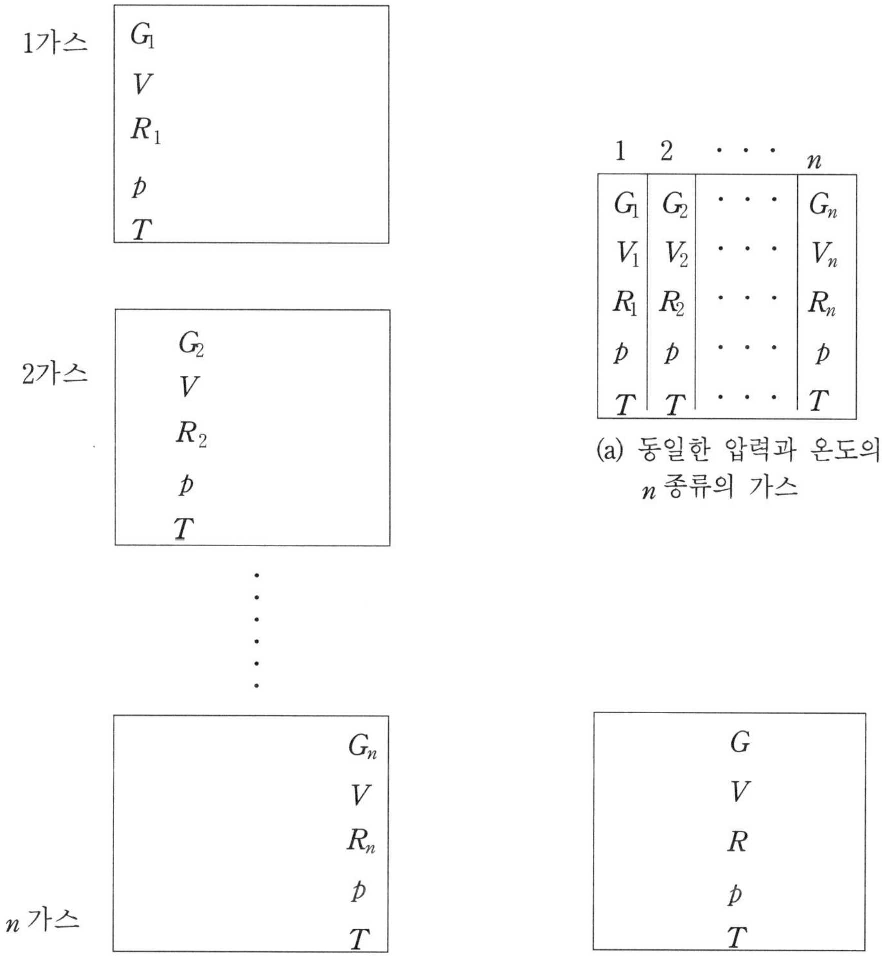

(a) 동일한 압력과 온도의 n 종류의 가스

(b) 혼합가스 중의 각 가스의 상태

(c) 격벽을 제거한 후 혼합된 혼합가스

[그림 3-15] 등온, 정압 하에서의 가스의 혼합

(2) 혼합가스의 가스정수

혼합가스의 질량(m) 및 체적(V)은 분압(식 3-73)과 같이

$$p = p_1 + p_2 + \cdots\cdots + p_n \quad (3-73)$$

$$m = m_1 + m_2 + \cdots\cdots\cdots + m_n = \sum_{i=1}^{n} m_i \ \ [kg_m] \quad (3-74)$$

$$V = V_1 + V_2 + \cdots\cdots\cdots + V_n = \sum_{i=1}^{n} V_i \quad (3-75)$$

이며, 따라서 질량비 i_i 및 체적비 j_i 는

$$i_i = m_i / m j_i \quad (3-76)$$

$$j_i = V_i / V \quad (3-77)$$

가 된다. 한편, 상태식은 $p \cdot V_i = m_i \cdot R_i \cdot T$, $p_i \cdot V = m_i \cdot R_i \cdot T$ 이므로

$$\frac{p_i}{p} = \frac{V_i}{V} = j_i \quad (3-78)$$

가 되어 압력비는 체적비와 같아진다. 각 성분기체의 상태식에서

$$m_i = \frac{p \cdot V_1}{R_i \cdot T} = \frac{p \cdot V}{R_i \cdot T} \cdot \frac{V_i}{V} = \frac{p \cdot V}{T} \cdot \frac{j_i}{R_i} \quad (3-79)$$

의 관계가 얻어지므로, 따라서 혼합가스의 질량 m은

$$m = \sum_{i=1}^{n} m_i = \frac{p \cdot V}{T} \sum_{i=1}^{n} \frac{j_i}{R_i} = m \cdot R \sum_{i=1}^{n} \frac{j_i}{R_i} \quad (3-80)$$

가 된다. 윗식에서 혼합가스의 기체상수 R 은 체적비 j_i 를 사용해서 나타내면

$$R = \frac{1}{\sum_{i=1}^{n} \frac{j_i}{R_i}} \quad (3-81)$$

을 얻는다. 또한, R 을 질량비 j_i 로 나타낸 것은 V와 V_i 와의 관계에서

$$V = \sum_{i=1}^{n} V_i = \frac{T}{p} \sum_{i=1}^{n} m_i \cdot R_i$$

$$= \frac{m \cdot T}{p} \sum_{i=1}^{n} \frac{m_i}{m} \cdot R_i = \frac{V}{R} \sum_{i=1}^{n} i_i \cdot R_i \quad (3-82)$$

따라서,

$$R = \sum_{i=1}^{n} i_i \cdot R_i \quad (3-83)$$

이다.

각 성분의 비중량을 γ_1, γ_2, …… γ_n이라 하면,

$$G = G_1 + G_2 + \cdots\cdots + G_n = \gamma_1 \cdot V_1 + \gamma_2 \cdot V_2 + \cdots\cdots + \gamma_n \cdot V_n$$

이므로 혼합가스의 비중량 γ는

$$\gamma = \frac{G}{V} = \frac{\sum G_1}{V} = \sum_{i=1}^{n}(\gamma_i \cdot \frac{V_i}{V}) = \sum_{i=1}^{n}(\gamma_i \cdot j_i)$$

마찬가지 방법으로, 각 가스의 비열을 c_1, c_2, ········· + c_n이라 하고, 혼합가스의 비열을 c라고 하면, 혼합가스 1 kg_m의 온도를 1℃ 올리는 데 필요한 열량은 정적과 정압 어느 경우라도 혼합의 전이나 후에도 다 같이 각 가스의 온도를 1℃ 올리는 데 필요한 열량과 같아야 하므로 각 가스에 필요한 열량의 합은

$$G \cdot c = G_1 \cdot c_1 + G_2 \cdot c_2 + \cdots\cdots + G_n \cdot c_n = \sum_{i=1}^{n} G_i \cdot c_i$$

따라서,

$$c = \frac{G_1}{G} \cdot c_1 + \frac{G_2}{G} \cdot c_2 + \cdots\cdots + \frac{G_n}{G} \cdot c_n = \sum_{i=1}^{n} i_i \cdot c_i$$

로 주어진다.

혼합가스는 동일한 온도 T 하에서 균등하게 혼합된 것으로 간주하였으므로 내부에너지와 엔탈피는 온도만의 함수이므로 혼합가스의 내부에너지 및 엔탈피는 혼합 전이나 후에도 같아야 한다. 따라서,

$$m \cdot u = m_1 \cdot u_1 + m_2 \cdot u_2 + \cdots\cdots + m_n \cdot u_n = \sum_{i=1}^{n} m_i \cdot u_i$$

따라서,

$$u = \frac{m_1}{m} \cdot u_1 + \frac{m_2}{m} \cdot u_2 + \cdots\cdots + \frac{m_n}{m} \cdot u_n = \sum_{i=1}^{n} i_i \cdot u_i$$

로 주어진다.

[해석]

혼합가스의 가스정수 R은 식 (3－72) 과 기체상태방정식 $p \cdot V = G \cdot R \cdot T$ 로부터,

$$p_1 = \frac{G_1 \cdot R_1 \cdot T}{V} = p \cdot \frac{G_1 \cdot R_1}{G \cdot R}$$

$$p_2 = \frac{G_2 \cdot R_2 \cdot T}{V} = p \cdot \frac{G_2 \cdot R_2}{G \cdot R}$$

$$p_n = \frac{G_n \cdot R_n \cdot T}{V} = p \cdot \frac{G_n \cdot R_n}{G \cdot R}$$

이 된다. 따라서, 윗식을 모두 합치면,

$$p_1 + p_2 + \cdots\cdots + p_n = \frac{p}{G \cdot R} \cdot (G_1 \cdot R_1 + G_2 \cdot R_2 + \cdots\cdots + G_n \cdot R_n)$$

$$\therefore \quad R = \sum_{i=1}^{n} \frac{G_i}{G} \cdot R_i = \sum_{i=1}^{n} \frac{m_i}{m} \cdot R_i \quad (m : \text{질량})$$

(3) 혼합가스의 분자량

혼합가스를 하나의 단일가스로 간주하여 혼합가스의 겉보기분자량 M을 구한다.

그림 3−16과 같이 성분가스의 분자량을 M_1, M_2, ……, M_n $kg_f/kmol$이라 하고 동일한 온도 T 하에서 균등하게 혼합된 것으로 간주한다.

$$M \cdot R = R_0 = 848\ [kg_f \cdot m / kmol \cdot K] \quad \cdots\cdots \ (3-14')$$

이므로,

$$p \cdot v = R \cdot T = \frac{R_o}{M} \cdot T \qquad (3-84)$$

$$\rho = \frac{1}{v} = \frac{p}{R \cdot T} = \frac{p \cdot M}{R_o \cdot T}, \quad \rho_n = \frac{p \cdot M_n}{R_o \cdot T} \qquad (3-85)$$

$$\therefore \ \frac{\rho_n}{\rho} = \frac{M_n}{M} \qquad (3-86)$$[38]

이 된다. 따라서 식 (3−74)에서 $m = \rho \cdot V$이므로

$$\rho = \frac{m}{V} = \frac{\rho \cdot V_1}{V} + \frac{\rho \cdot V_2}{V} + \cdots\cdots + \frac{\rho_n \cdot V_n}{V})$$

$$\rho = \rho \cdot \left(\frac{M_1 \cdot V_1}{M \cdot V} + \frac{M_2 \cdot V_2}{M \cdot V} + \cdots\cdots + \frac{M_n \cdot V_n}{M \cdot V} \right) \qquad (3-87)$$

$$\therefore \ M = M_1 \cdot \frac{V_1}{V} + M_2 \cdot \frac{V_2}{V} + \cdots\cdots + M_n \cdot \frac{V_n}{V} = \sum_{i=1}^{n} M_i \cdot j_i \qquad (3-88)$$

가 된다. 또, 식 (3−78)에서,

$$\therefore \ M = M_1 \cdot \frac{p_1}{p} + M_2 \cdot \frac{p_2}{p} + \cdots\cdots + M_n \cdot \frac{p_n}{p} = \sum_{i=1}^{n} M_i \cdot j_i \qquad (3-88')$$

이 되어 식 (3−88)로부터 혼합가스의 분자량을 구할 수 있다.

공기의 분자량은 28.97, 기체상수는 29.27 $kg_f \cdot m / kg_f \cdot K$이다.

성분/분자량 \ 조성	N_2 / 28	O_2 / 32	Ar / 40	CO_2 / 44	H_2	Ne	He
체적(%)	78.030	20.990	0.933	0.030	0.010	1.8×10^{-3}	5.2×10^{-4}
중량(%)	75.47	23.20	1.280	0.046	0.001	1.2×10^{-3}	0.7×10^{-4}
압력(%)	78.030	20.990	0.993	0.030	0.010	1.8×10^{3}	5.2×10^{-4}

38) Avogadro의 법칙

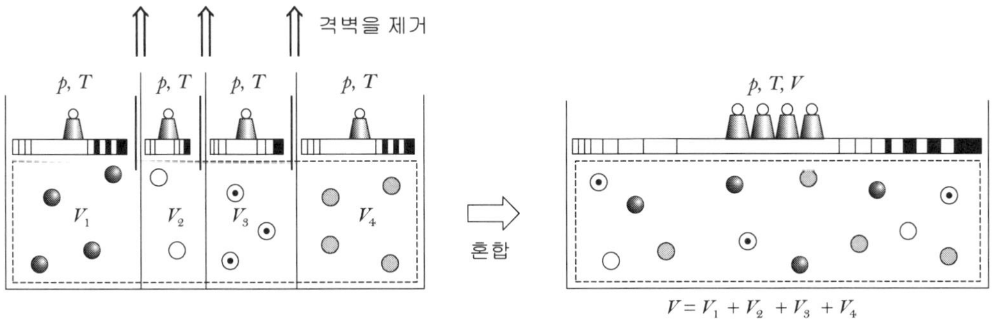

몰 수	n_1	n_2	n_3	n_4
분자량	M_1	M_2	M_3	M_4
질 량	m_1	m_2	m_3	m_4

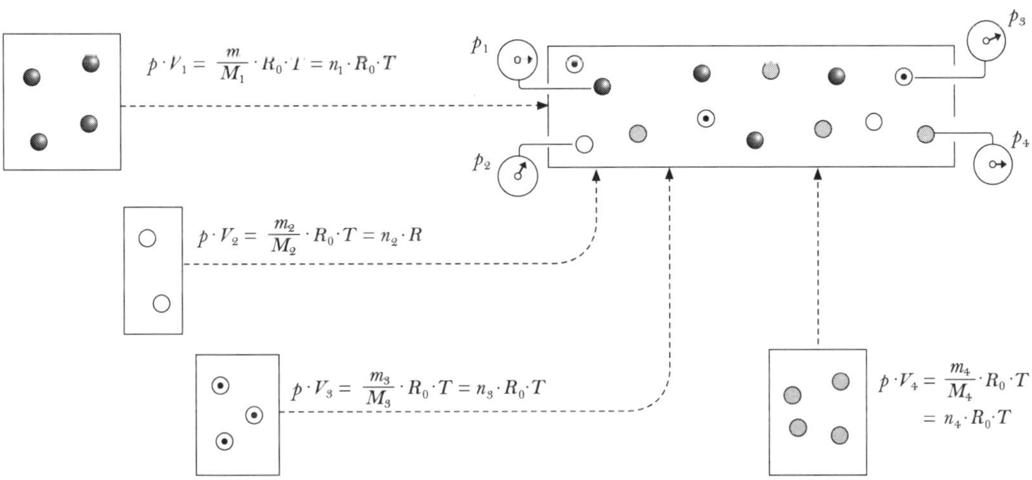

[그림 3-16] 온도와 압력이 같은 가스의 혼합

(4) 온도와 압력이 다른 가스의 혼합

이번에는 온도와 압력이 각각 다른 가스를 그림 3-17과 같이 격벽이 설치된 용기에 넣고 격벽을 제거하여 충분히 혼합되도록 한다. 혼합된 가스의 온도를 T라 하면 각 가스는 체적의 변화가 없으므로 정적변화 하에서 혼합된다.

이미 앞에서 설명한 바와 같이, 정적변화를 할 때에는 외부에 대한 일이 없고 혼합 시 열의 출입이 없으므로 혼합 전의 각 가스의 내부에너지의 합과 혼합 후의 혼합가스의 내부에너지의 합은 같아야 한다.

각 가스의 정적비열을 c_{v1}, c_{v2}, ……, c_{vn}이라 하고 혼합가스의 정적비열을 c_v라 하면, 혼합 전의 각 가스의 내부에너지의 합은,

$$G_1 \cdot c_{v1} \cdot T_1 + G_2 \cdot c_{v2} \cdot T_2 + \cdots\cdots + G_n \cdot c_{vn} \cdot T_n \tag{3-89}$$

이며, 혼합 후 혼합가스의 내부에너지는 온도가 T이므로,

$$G_1 \cdot c_{v1} \cdot T + G_2 \cdot c_{v2} \cdot T + \cdots\cdots + G_n \cdot c_{vn} \cdot T \tag{3-90}$$

가 된다. 즉,

$$\begin{aligned} &G_1 \cdot c_{v1} \cdot (T - T_1) + G_2 \cdot c_{v2} \cdot (T - T_2) + \cdot + G_n \cdot c_{vn} \cdot (T - T_n) \\ &(G_1 \cdot c_{v1} + G_2 \cdot c_{v2} + \cdots\cdots + G_n \cdot c_{vn}) \cdot T \\ &\quad = G_1 \cdot c_{v1} \cdot T_1 + G_2 \cdot c_{v2} \cdot T_2 + \cdots\cdots + G_n \cdot c_{vn} \cdot T_n \end{aligned} \tag{3-91}$$

$$\begin{aligned} \therefore\ T &= \frac{G_1 \cdot c_{v1} \cdot T_1 + G_2 \cdot c_{v2} \cdot T_2 + \cdots\cdots + G_n \cdot c_{vn} \cdot T_n}{G_1 \cdot C_{v1} + G_2 \cdot C_{v2} + \cdots\cdots + G_n \cdot C_{vn}} \\ &= \frac{\sum_{i=1}^{n} (G_i \cdot C_{vi} \cdot T_i)}{\sum_{i=1}^{n} (G_i \cdot C_{vi})} \end{aligned} \tag{3-92}$$

또한, 혼합 후 혼합가스의 압력 p는 $p \cdot V = G \cdot R \cdot T$로부터

$R = \dfrac{\sum(R_i \cdot G_i)}{G}$, $G = \sum G_i$, $V = \sum V_i$을 대입하여 정리하면,

$$p = \frac{G \cdot R \cdot T}{V} = \frac{\sum_{i=1}^{n} (G_i \cdot R_i)}{\sum_{i=1}^{n} V_i} \cdot T = \frac{I}{V} \cdot \sum_{i=1}^{n} \frac{P_i \cdot V_i}{T_i} \tag{3-93}$$

가 되어 혼합 후의 용기 전체의 압력 p가 구해진다.

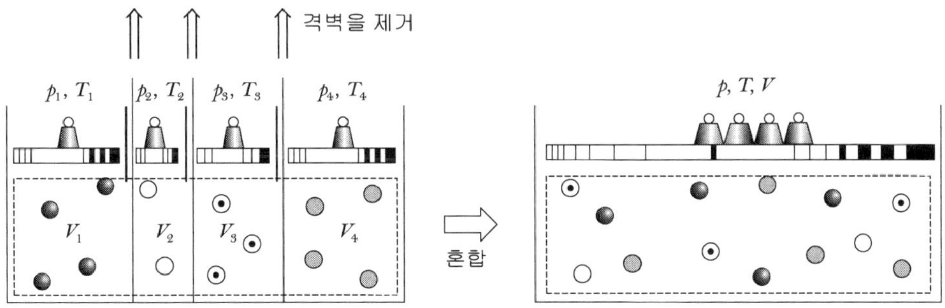

$$V = V_1 + V_2 + V_3 + V_4$$
$$G = G_1 + G_2 + G_3 + G_4$$
$$m = m_1 + m_2 + m_3 + m_4$$

부피	V_1	V_2	V_3	V_4
중량	G_1	G_2	G_3	G_4
질량	m_1	m_2	m_3	m_4

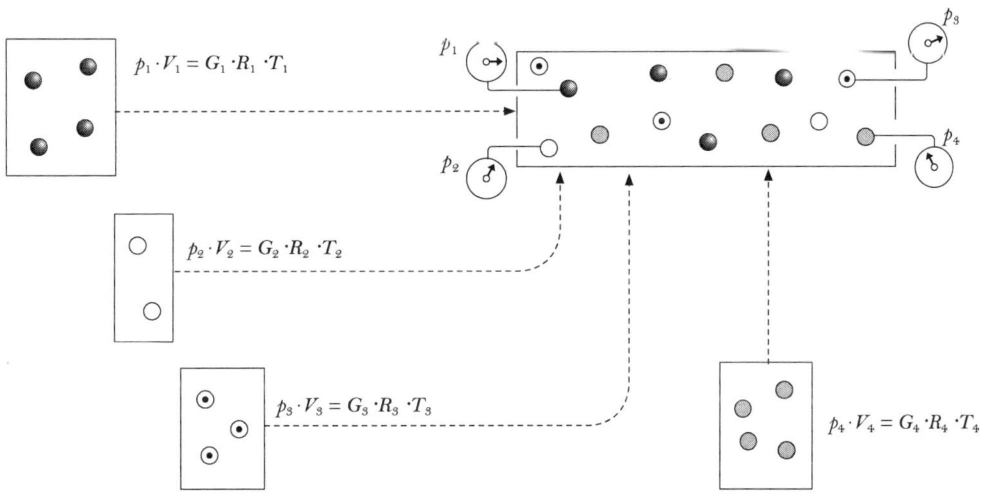

[그림 3-17] 온도와 압력이 다른 가스의 혼합

연습문제

1 0 °C, 1 *atm* 에서 5.6 L 의 프로판 C_3H_8 이 있다. 이 기체의,

(가) *mol* 수

(나) 분자의 수

(다) 질량

을 계산하여라.

[참고] 아보가드로수는 얼마나 큰 수인가를 계산해 보자.
한 사람이 1 분 동안에 100개의 입자를 셀 수 있다고 가정한다.
지구상의 모든 사람(약 50억)이 하루에 8시간씩 센다면 1 *mol* 의 입자를 세는 데 몇 년 걸릴까?

[풀이]

$$\frac{6.02\times10^{23}\text{개}}{100\text{개}/\text{분 명}\times60\text{분}/\text{시간}\times8\text{시간}/\text{일}\times365\text{일}/\text{년}\times5\times10^{9}\text{명}} \fallingdotseq 7\times10^{6}\text{년}(700\text{만 년})$$

2 $p_1 = 1.2\,MPa$, $T_1 = 450\,°C$ 의 상태인 1 *kg* 의 공기가 $p_2 = 0.12\,MPa$ 까지 가역 단열팽창을 하였다. 다음을 구하여라.

(1) 팽창 후의 온도

(2) 팽창비(체적비율)

(3) 엔탈피의 변화

(4) 가역 비유동일

1 (가) 0 °C, 1 atm에서 기체 1 mol이 차지하는 부피가 22.4 L이므로 5.6 L의 프로판의 mol 수는

$$\frac{5.6\,L}{22.4\,L/mol} = 0.25\ [mol]$$

(나) 분자수는 $0.25\ mol \times 6.02 \times 1{,}023$ 개$/mol = 1.5\times10^{23}$ [개]

(다) C_3H_8 mol의 질량이 44 g이므로 프로판의 질량은

$$0.25\ mol \times 44\ g/mol = 11\ [gr]$$

2 (1) 공기의 기체상수는 $R = 287.1\,kJ/kg\cdot K$ 이고, 비열비 $k = 1.4$ 이므로 팽창 후의 온도는 식 (3-53)에서

$$T_2 = T_1\left(\frac{p_2}{p_1}\right)^{\frac{k-1}{k}} = 723\,K\left(\frac{0.12\,MPa}{1.2\,MPa}\right)^{0.4/1.4}$$
$$= 374.5\,K = 101.5\ [°C]$$

(2) 팽창비는 초기체적과 최종체적의 비율로서 식 (3-51)에서

$$\frac{V_2}{V_1} = \left(\frac{p_1}{p_2}\right)^{1/k} = \left(\frac{1.2\,MPa}{0.12\,MPa}\right)^{1/1.4} = 5.18$$

(3) 엔탈피의 변화식 (3-58),(3-55)에서

$$h_2 - h_1 = c_p(T_2 - T_1) = \frac{k\cdot R}{k-1}(T_2 - T_1)$$
$$= \frac{1.4\times287.1\,J/kg\cdot K}{1.4-1}\cdot(375.5 - 450)\,K = -75.87\ [kJ/kg]$$

(4) 가역비유동일은 식 (3-54)에서

$$w_{12} = \int_1^2 p\cdot dv = \frac{R(T_1 - T_2)}{x-1}$$
$$= \frac{(450 - 374.5)K}{1.4-1}$$
$$= \frac{287.1\,kJ/kg\cdot K(450-374.5)K}{1.4-1}\cdot(450-374.5)K$$
$$= 54.2\,kJ/kg$$

3 팽창하는 기체가 한 전체 일

2 lit의 탄산수 병에 300 K, 11.5 bar 의 게이지 압력에서 공기를 담고 있다.
만약 1 bar 로 감압시켜 공기를 팽창하게 한다면 이 기체는 얼마나 많은 일을 할까?

(a) 등온이고 가역적인 경우

(b) 단열이고 가역적인 경우

4 폭발 : 팽창하는 기체가 한 순수한 일

앞의 예제에서 팽창하는 기체가 한 일을 계산하였다. 이 일은 기체가 행한 전체 일로서 기체가 팽창하는 과정에서 기체는 1 bar의 대기를 밀어내야만 한다. 기체가 행한 전체 일에서 대기를 밀어내는데 쓰인 일을 빼면, 이 공정에서 얻을 수 있는 가용 일(축 일)이 구해진다.
다음 각 경우에 대하여 계산하라.

(a) 등온팽창

(b) 단열팽창

3 우선 다루고자 하는 공기의 몰 수를 결정하자.

$$n = \frac{p \cdot V}{R \cdot T} = \frac{(12.5 \times 105)(0.002)}{(8.314)(300)} = 1.00\ [mol]$$

이제는 팽창하는 공기가 한 일을 계산할 준비가 되어 있다.

(a) 등온팽창 식 (3−38)으로부터 다음을 얻을 수 있다.

$$W_{rev} = n \cdot R \cdot T \cdot ln\frac{p_1}{p_2}$$
$$= (1)(8.314)(300)\left(ln\frac{12.5}{1}\right) = 6,300\ [J]$$

(b) 단열팽창 식 (3−54)로부터 다음을 얻을 수 있다.

$$W_{rev} = \frac{n \cdot R \cdot T}{k-1}\left[1 - \left(\frac{p_2}{p_1}\right)^{(k-1)/k}\right]$$
$$= \frac{(1)(8.314)(300)}{1.4-1}\left[1 - \left(\frac{1}{12.5}\right)^{0.4/1.4}\right] = 3,205\ [J]$$

팽창된 기체는 냉각된다. (등온팽창이 단열팽창보다 더 많은 일을 한다.)

4 (a) 등온팽창:

대기를 미는 데 필요한 일은 다음과 같다.

$$W_{pV} = p_0(\,V_2 - V_1)$$
$$= (1 \times 10^5)(12.5 \times 0.002 - 0.002) = 2300\ [J]$$

따라서, 얻을 수 있는 가역 축 일은 다음과 같다.

$$W_{sh} = 6300 - 2300 = 4000\ [J]$$

(b) 단열팽창:

우선 팽창된 공기의 최종온도가 300 K 가 아님에 주목하자.

식 (3−53)에서 최종온도는 다음과 같이 된다.

$$T_2 = T_1\left(\frac{p_2}{p_1}\right)^{(k-1)/k} = 300\left(\frac{1}{12.5}\right)^{0.4/1.4} = 146\ [K]$$

주위를 미는 데 필요한 일은 다음과 같다.

$$W_{pV} = p_0(\,V_2 - V_1)$$
$$= (1 \times 10^5)\left[12.5\left(\frac{146}{300}\right)0.002 - 0.002\right] = 1,015\ [J]$$

이와 같은 경우 기체가 한 일은 예제 3의 3,205 J의 가역적인 값보다 작아야 한다.

따라서 기체가 팽창할 때의 축 일은 다음과 같다.

$$W_{sh} = 3,205 - 1,015 = 2,190\ [J]$$

5 분자량이 44 인 이상기체 5 kg 을 정압 하에서 10 °C 에서 80 °C 까지 가열하는 데 280 kJ 의 열량이 사용되었다. 다음을 구하여라.

(1) 이 기체를 정적 하에서 10 °C 에서 100 °C 까지 가열하는 데 필요한 열량

(2) 정적 하에서 10 °C 에서 100 °C 까지의 과정 중의 내부에너지 및 엔탈피의 변화

6 중량비로서 $H_2 = 25\%$, $CO_2 = 75\%$ 인 혼합가스의 압력이 1 kg_f/cm^2 일 때 H_2 의 분압 및 CO_2 의 분압은 몇 kg_f/cm^2 인가?

5 (1) 먼저 정압비열 및 기체상수를 구하자. 식 (1−39)에서

$$c_p = \frac{Q}{m(T_2 - T_1)} = \frac{280\,kJ}{5\,kg \cdot (353 - 283)K} = 0.8\ [kJ/kg \cdot K]$$

기체상수 R은 식 (3−14′)에서

$$R = \frac{R_o}{M} = \frac{8.314\,kJ/kmol \cdot K}{44\,kg/kmol} = 0.189\ [kJ/kg \cdot K]$$

따라서 정적비열은 식 (3−23)에서

$$c_v = c_p - R = 0.8\,kJ/kg \cdot K - 0.189\,kJ \cdot kg \cdot K = 0.611\ [kJ/kg \cdot K]$$

정적 하에서 10 ℃ 에서 100 ℃ 까지 필요한 열량은 식 (1−39)에서

$$\begin{aligned} Q &= m \cdot c_v(T_2 - T_1) = 5\,kg \times 0.611\,kJ/kg \cdot K \times (353 - 283)K \\ &= 214\ [kJ] \end{aligned}$$

(2) 내부에너지 및 엔탈피 변화는 식 (3−19′)와 (3−22′)에서

$$\begin{aligned} U_2 - U_1 &= m \cdot c_v \cdot (T_2 - T_1) = 5\,kg \times 0.611\,kJ/kg \cdot K \times (353 - 283)K \\ &= 214\ [kJ] \\ H_2 - H_1 &= m \cdot c_p \cdot (T_2 - T_1) = 5\,kg \times 0.8\,kJ/kg \cdot K \times (353 - 283)K \\ &= 280\ [kJ] \end{aligned}$$

6

$$n = \frac{G}{m}, \quad n_{H_2} = \frac{25}{2} = 12.5, \quad n_{CO_2} = \frac{75}{44} = 1.705$$

$$n = n_{H_2} + n_{CO_2} = 14.205$$

전압력 $p = 1\,kg_f/cm^2$

∴ 분압 $p_{H_2} = p \cdot \dfrac{V_{H_2}}{V} = p \cdot \dfrac{n_{H_2}}{n} = 1 \times \dfrac{12.5}{14.205} = 0.88\ [kg_f/cm^2]$

$p_{CO_2} = p \cdot \dfrac{V_{CO_2}}{V} = p \cdot \dfrac{n_{CO_2}}{n} = 1 \times \dfrac{1.705}{14.205} = 0.12\ [kg_f/cm^2]$

7 고압의 공기($\dot{m} = 20\ lit/s$, $T = 300\ K$, $p = 10\ atm$)가 유용한 성분의 아무런 회수도 없이 대기 중으로 방출되고 있다. 현재 손실되고 있는 에너지 중에서 유용한 일부를 회수하기 위하여 다음 두 가지 종류의 팽창 일을 하는 터빈을 장착하는 것을 고려해보기로 한다.
각각의 터빈이 가역적인 동작을 할 때의 이상적인 일률을 구하라.

(1) 가역 단열팽창

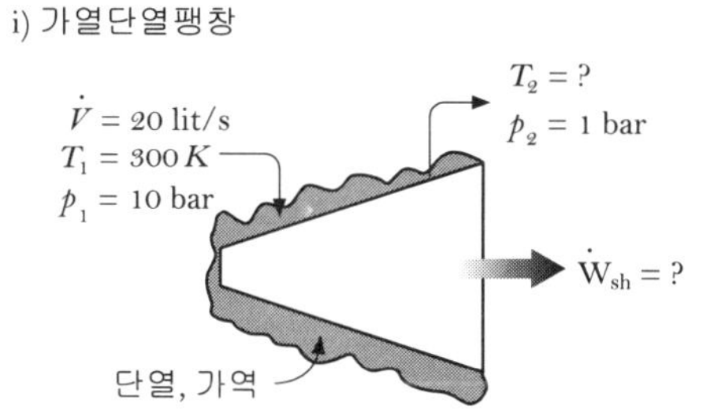

(2) 가역 등온팽창

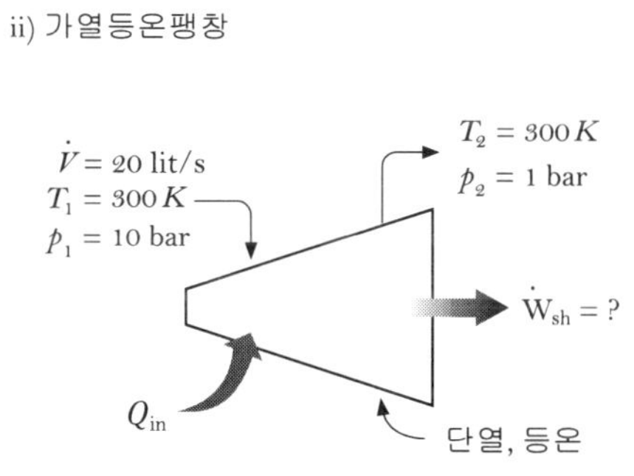

7 먼저, 공기의 유량을 구하면,

$$\dot{m} = \frac{p \cdot \dot{V}}{R \cdot T} = \frac{10.33 \frac{kg_f}{cm^2} \times 20 \cdot 10^3\, cm^3/s}{29.27 \frac{kg_f \cdot m}{kg_f \cdot K} \times 300\, K} = 0.2353\ [kg_f/s]$$

(1) 가역 단열팽창에 대하여는,

$$T_2 = T_1 \cdot \left(\frac{p_2}{p_1}\right)^{\frac{k-1}{k}} = 300 \times \left(\frac{1}{10}\right)^{\frac{0.4}{1.4}} = 155\ [K]$$

$$\dot{W}_{rev} = -\Delta \dot{H} = -\dot{m} \cdot c_p \cdot (T_2 - T_1)$$

$$= -0.2353\, kg_f/s \times 0.240 \frac{kcal}{kg_f \cdot K} \times 4185\, J \times 145\, K = 34,273\ [Watt]$$

(2) 가역 등온팽창에 대하여는,

식 (3−38)로부터 다음의 값이 구해진다.

$$\dot{W}_{rev} = -\dot{m} \cdot R \cdot T \cdot l_n\left(\frac{p_2}{p_1}\right) = -0.2353\, kg_f/s \times 29.27 \frac{kg_f \cdot m}{kg_f \cdot K} \times 300\, K \times l_n\left(\frac{1}{10}\right)$$

$$= 4,757\, kg_f \cdot m/s = 46,624\ [Watt]$$

앞의 두 가지 결과들을 비교하면, 등온 가역적인 팽창이 단열 가역적인 팽창에 비하여 46.6/34.3 = 1.36, 즉, 36% 향상된 일률을 가져다 줄 수 있음을 알 수 있다.

[check]

이 예제는 엄청난 절약을 보여 준다. 출구공기는 155 K (−118 ℃)로 매우 차가우며, 이로부터 어느 정도의 에너지가 회수될 수 있을 것으로 생각할 수 있다. 이것은 가능하다.

Chapter 4

열역학 제 2 법칙

열역학 제1 법칙은 열과 일은 동일한 에너지의 일종으로 서로 변환된다는 가역과정을 설명한 것으로 열과 일의 정량적 관계에 대한 해석이 그 내용이었다.* 그러나 우리들은 실제에 있어서는 일을 열로 변환시키는 것은 용이하나 열을 일로 변환시키기는 쉽지 않음을, 즉 변환에 제한이 있음을 경험을 통해 알고 있다. 예를 들어, 절연된 장소에서 뜨거운 물체를 차가운 물체와 접촉시키면 뜨거운 물체가 차가운 물체에 열을 빼앗겨 충분한 시간이 지나면 두 물체의 온도가 같아진다.

즉, 열적 평형상태에 이르게 된다. 이 때 만약 뜨거운 물체가 차가운 물체로부터 열을 받는다고 가정해 보면 이 경우에는 뜨거운 물체는 더 뜨거워지고 차가운 물체는 더 차게 된다. 이 과정에서 이동된 열의 총량은 서로 같으므로 열역학 제1 법칙에는 위배되지 않는다. 다만 이는 에너지 변환에 대한 조건을 부여하는 법칙, 열역학 제2 법칙에 위배되기 때문에 이런 현상은 결코 일어나지 않는다.

이와 같이 열역학 제1 법칙은 열과 일의 변환에 있어 방향성에 대한 언급이 없이 에너지의 양적인 면만을 설명하므로 열과 일의 변환에 대한 방향성 제시가 필요하게 되며 이를 설명한 것이 열역학 제2 법칙(the second law of thermodynamics)이다.** 따라서 이 장에서는 열에너지와 기계적인 일 사이의 방향성을 제시하여 주는 법칙을 다룰 것이다. 이것은 어떤 과정이 한 방향으로만 진행되고 반대 방향으로는 진행되지 않는다는 사실과 관련되므로 가역과정과 비가역과정을 언급하고 이것을 토대로 열역학 제2 법칙에 대해살펴보기로 한다.

---

* 열역학 제 1 법칙(the first law of thermodynamics)은 열과 일 사이의 에너지보존의 법칙을 나타내는 열역학의 기본법칙으로서 다음과 같은 여러 가지 표현이 있다.
(1) 열은 에너지의 한 형태로서 일을 열로 변환하는 것과 또 일을 열로 변환하는 것이 가능하다.
(2) 열을 일로 변환할 때 또는 일을 열로 변환할 때 에너지의 총량은 변하지 않고 일정하다.

** 열역학 제 2 법칙 : 열과 일의 변환법칙
열과 일은 에너지가 어떤 이동형태로 나타난 것으로서 어느 두 계 사이에 에너지 이동이 일어나는 것은 두 계 사이에 강도성 상태량의 차이가 존재하기 때문이다. 두 계 사이에 힘의 차이가 있을 경우에는 역학적 일로 에너지가 이동하게 되고 전위차가 존재하는 경우에는 전기적인 일로 에너지가 이동하게 된다. 또한, 온도차가 있는 경우에는 열의 형태로 에너지가 이동하게 된다.

<예 1>

▶ 뜨거운 커피는 찬 방에서 더 뜨겁게 되지 않는다.

<예 2>

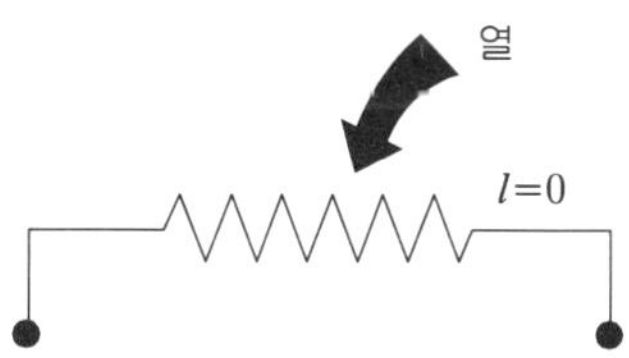

▶ 전선에 열을 가하여도 전기가 일어나지 않는다.

<예 3>

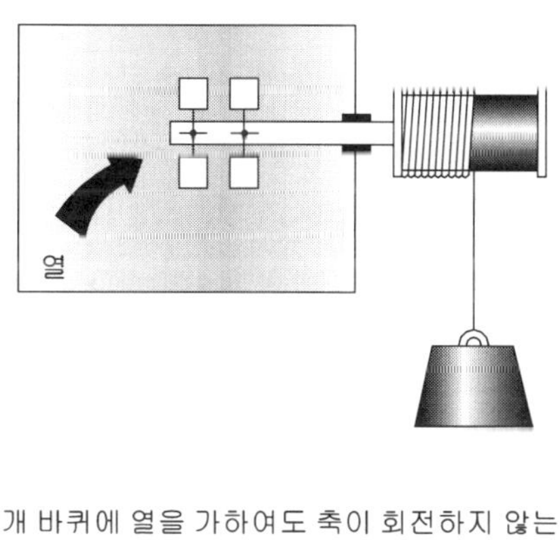

▶ 날개 바퀴에 열을 가하여도 축이 회전하지 않는다.

4.1 열의 흐름(flow of heat)

열역학 제 1 법칙에서 에너지가 보존된다는 사실을 알았으나 보존된다는 의미가 관찰대상인 계가 에너지를 계속 사용해도 없어지지 않고 남아 있다는 뜻은 아니다. 계가 에너지를 쓰면 그 곳의 에너지는 감소한다. 그러나 대상으로 하고 있는 계의 에너지뿐만이 아니라 계에서 외부로 열이나 일의 형태로 이동한 만큼의 에너지이든지 이동된 곳의 에너지를 포함하면 계와 외부의 에너지는 총량적으로 보존된다는 의미이다. 단, 이때 열이나 일의 형태로 이동하는 에너지는 방향성을 지닌다. 예를 들어, 교반기로 물을 휘저으면 물이 데워지나 그 과정을 반대방향으로 진행시키는 것 즉, 물을 식혀서 교반기를 동작시키는 등의 일을 하는 것은 불가능하다.[1)] 열역학 제 1 법칙에서는 열과 일은 서로 변환된다고 했으므로 열이 일로 바뀌는 것도 가능해야 하나 일이 얻어지기 위해서는 두 개의, 즉 고온과 저온의 열원과 두 열원 사이의 흐름을 필요로 한다. 만일 흐름이 자유롭다면 열은 고온에서 저온으로 흐를 뿐, 저온의 열원에서 고온의 열원으로의 이동이 불가함은 자연현상으로 물이 높은 곳에서 낮은 곳으로 흐르는 것과 마찬가지이다.

열의 흐름의 경우, 저온열원의 역할은 흘러온 열을 받아내는 장소라 할 수 있다.

바꾸어 말하면, 저온열원은 흘러온 열의 종착역이라고도 할 수 있다. 종착역에 도착한 열은 거기서부터는 더 이상 활동할 수 없게 된다. 보다 물리적으로 정확한 표현으로는 종착역에 상당하는 저온의 열원은 이용가치가 없으므로 에너지를 버리는 장소라고 할 수 있다.

이렇게 이동방향에는 방향성이 있으며 한 방향으로의 이동만이 일어난다.

이와 같은 과정은 한번 진행된 과정이 역으로 진행될 수 없으므로 비가역과정이다.

『열역학은 에너지가 열이나 일의 형태로 이동하는 현상에 관한 학문으로 제 2 법칙은 이동에 있어서의 방향성을 제시한다. 일은 100 %열로 변환이 가능하나 열을 100 %일로 변환시키는 것은 불가하다. 왜냐하면 열을 일로 변환시키는 데는 에너지를 공급받는 고온열원과 에너지를 버리는 저온의 열원을 필요로 하지만, 저온열원의 온도를 절대영도에 절대로 도달시킬 수 없으므로,[2)] 어떻게 하더라도 열을 100 %일로 변환시키는 것은 불가하다.』

1) 열은 본질적으로 조직화되어 있는 일과 달리, 조직화되지 않은 에너지형태이며 비조직성(엔트로피)이 열과 함께 흐른다. 에너지는 흐름에 따라 저급화된다.
따라서 일은 열로 바뀔 수 있으나 열은 그 에너지의 일부분만이 열기관을 이용하여 재조직함으로써 일로 변환될 수 있다.
에너지의 양은 과정 중에 항상 보존되나(제 1 법칙), 질은 감소하는 것으로 제한된다(제 2 법칙)
에너지의 질의 감소는 항상 엔트로피 증가를 수반한다. : 엔트로피 증가의 법칙

2) Nernst의 열정리

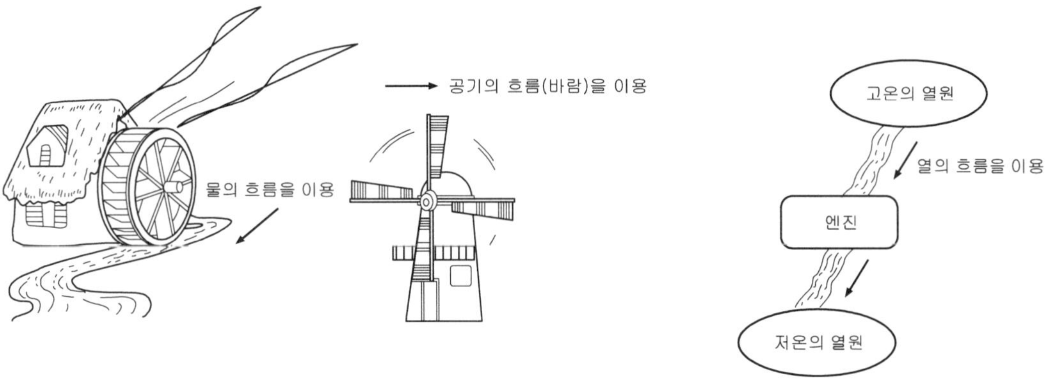

<열역학 법칙의 배경>

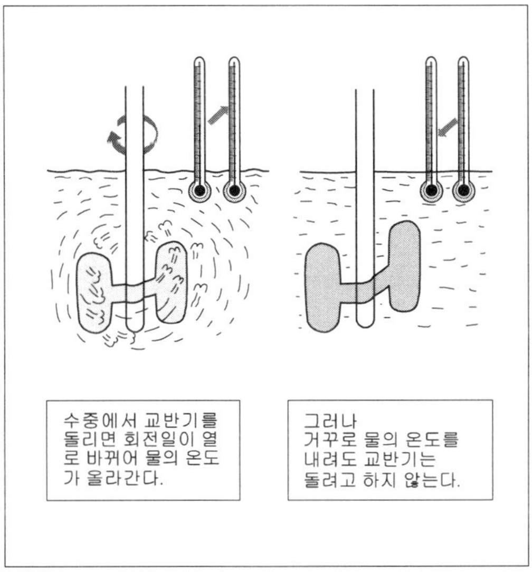

▶ 일은 열로 쉽게 변하지만 열이 일로 변하기는 쉽지 않다.

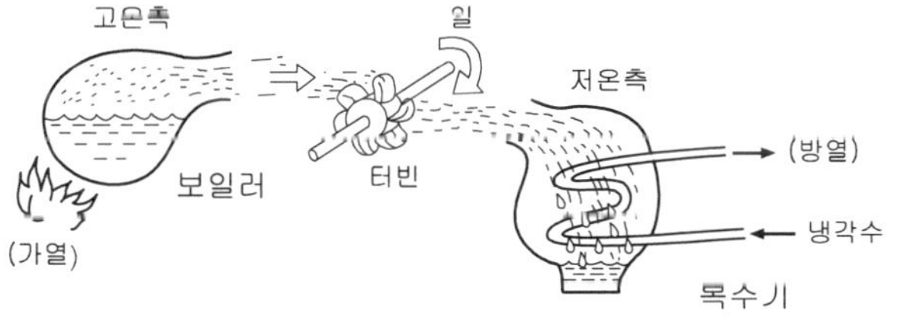

▶ 열이 이동할 때 그 일부가 일로 변한다.

4.2 가역과정(reversible process) / 준정적과정(quasi-static process)[3]

가역과정이란 항상 역학적 및 열적으로 평형상태를 유지하는 변화를 말하고, 그렇지 않은 변화를 비가역과정(irreversible process)이라 한다.

가역과정 중의 계는 연속된 평형상태로 진행한다. 그리고 만약 그 진행방향이 그 과정 중의 어떤 점에서라도 역전되면 그 계는 아무런 영구적 변화도 남기지 않고 초기의 평형상태로 되돌아갈 수 있다.

가역과정의 하나의 예로서, 완전한 진공에서의 마찰이 없는 진자의 진동을 들 수 있다. 만약, 진자의 운동이 위치에너지 + 운동에너지 = 일정 이라는 순수한 열역학적 평형을 이루고 있다고 하면, 어떤 점에서 진자의 운동을 반대로 하여도 진자의 운동은 가역적이다. 가역과정의 또 하나의 예로서, 그림 4-1의 피스톤-실린더장치의 팽창 · 압축과정을 살펴보기로 한다.

장치 속의 기체를 시스템(계)으로 정의하고 피스톤 위에는 작은 크기의 수많은 추가 놓여 있다. 피스톤 위의 추를 한 번에 한 개씩 들어내면 시스템의 기체는 팽창하면서 피스톤을 밀어 올리는 일을 하게 된다.

이번에는 들어낸 추를 하나씩 피스톤 위에 올려놓으면 추는 기체를 압축시키는 일을 하게 된다. 이때 추의 크기를 점점 작게 만들면서 그 수를 늘려 가면 기체에 어떠한 추가적인 일을 가하지 않고도 들어낸 숫자만큼의 추를 피스톤 위에 올려놓음으로써 원래의 상태로 되돌릴 수 있을 것이다. 즉, 가역과정에 접근할 수 있다.

이때 만약, 피스톤 위의 추를 한꺼번에 들어내어 가스가 급속히 팽창된다면 그 과정은 연속된 평형상태를 통하여 진행되지 못하고, 따라서 그러한 팽창은 비가역적이 된다. 또한 시스템이 팽창 일을 하는 도중에 열이 발생하였다면 압축과정 동안에는 팽창과정 동안 행해진 일보다 마찰열에 상당하는 양만큼 더 소비해야 처음의 상태로 되돌릴 수 있다. 바꾸어 말하면, 시스템이 초기에 지녔던 것과 같은 양의 내부에너지를 가지려면 회복과정 동안 마찰열에 상당하는 양의 열이 기체로부터 외부에 전달되어야 한다. 이때 시스템 자체는 그 과정을 반대로 해서 처음의 평형상태로 돌아왔지만 시스템을 압축하는데 소요된 일과 주위로 전달된 열에 의하여 주위는 변하였으며 영구적인 변화가 주위에 남아 있다.

이렇게 주위에 아무런 영향도 남기지 않고 처음의 과정이 역으로 진행될 수 없는 과정이 비가역과정이다.

---

3) 준평형과정(quasi-equilibrium process)이라고도 한다.

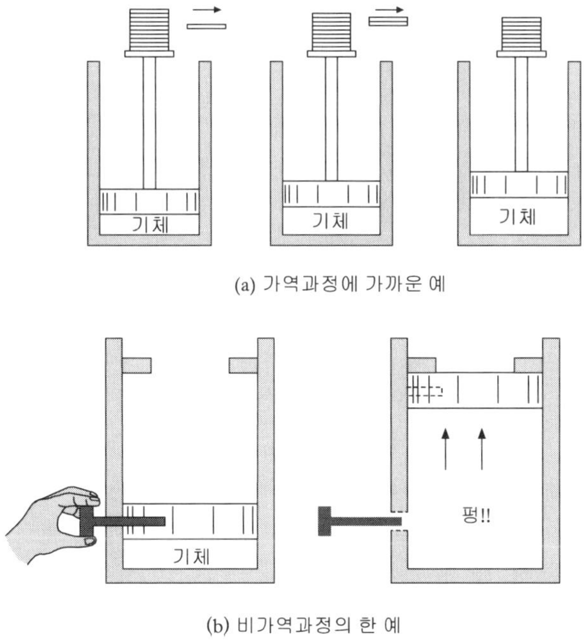

[그림 4-1] 가역과정과 비가역과정

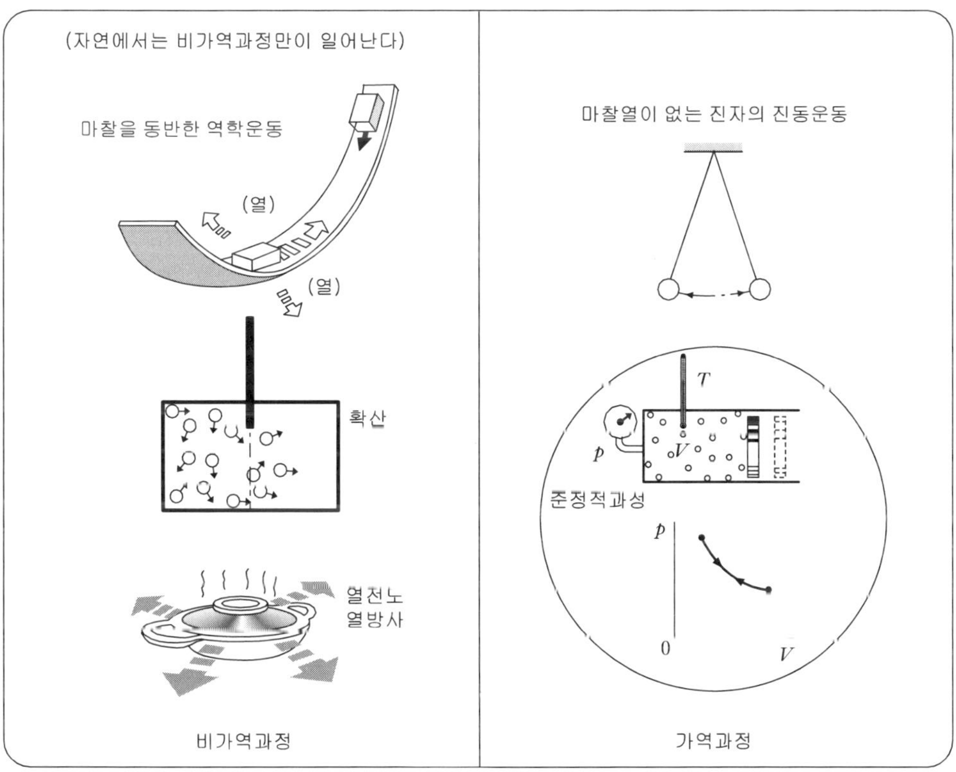

4.3 비가역 과정(irreversible process)

가역과정은 완전 가역과정과 내부적 가역과정으로 나눌 수 있다.

내부적 가역과정의 예로서 밀폐계에서의 기체의 저속팽창과 같은 준평형 열전달과정을 들 수 있다. 만약 밀폐계가 단순하게 천천히 가열된다면 그 계는 열전달방향을 반대로 하여 원래의 상태로 되돌아 갈 수 있다.

이 실험에서 계가 겪는 과정은 계의 관점에서는 내부적으로 가역적이지만 계의 주위는 상태가 변하게 된다. 그러므로 이러한 열전달과정은 내부적 가역과정이지만 완전 가역과정이 될 수 없다. 완전 가역과정의 조건은 내부적으로도 가역과정이어야 하고 동시에 계와 주위와의 상호작용 또한 가역과정이어야 한다.

이러한 조건이 만족되지 않는 과정을 비가역과정이라 한다.[4)]

진자의 진동 운동 예에서, 실제로는 진자가 공기 중에서 마찰을 일으킴으로 인해 에너지가 마찰열에 의하여 소산되므로 진자의 운동은 마찰열로 인하여 역학적으로 연속된 평형상태를 통하여 과정이 진행되지 못한다. 이렇게 마찰열 등의 효과가 주위에 영향을 미치게 되면 진자의 운동방향을 반대로 하여도 가역적이 아니다.[5)]

물체의 영구변형, 마찰을 수반하는 일로부터 열로의 에너지전환, 고온물체로부터 저온물체로의 열이동 등은 비가역변화의 예이다.

냉동기에 있어서 저온도 물체의 열을 고온도 물체에 이동시키는 것이 가능하지만, 이 경우에는 외부일의 소비를 필요로 하게 되므로 계에 변화를 남기게 된다.

즉, 열은 그 자신으로서는 저온도 물체에서 고온도 물체로 흐를 수 없으므로 이것은 명백히 비가역과정이다.

만약, 열이 자연적으로 저온도에서 고온도로 옮겨지는 것이 가능하다고 하면 무진장의 열원을 가지고 있는 바닷물의 열이 열기관으로 흘러들어가 이것으로 배를 추진시킬 수 있어야 한다. 만약 이동하는 열의 양이 서로 같다고 하면 열역학 제 1 법칙에 위배되지 않으므로 배는 연료의 사용없이 영구적으로 달릴 수 있어야 한다. 그러나 이와 같은 현상이 불가능함을 경험으로부터 알고 있는 바이다.

열역학 제 2 법칙은 에너지의 변환에 대한 조건을 부여하는 법칙으로 열역학 제 1 법칙이 가역을 허용하는데 반하여 제 2 법칙은 비가역현상의 존재를 나타내고 있다.

---

4) 가역과정이든 비가역과정이든 상관없이 시스템은 그 진행과정을 거꾸로 함으로써 원래의 상태로 되돌아갈 수 있다.

5) 가역과정은 완전 가역과정과 내부적 가역과정으로 나눌 수 있다.
그것은 순수하게 관념적이고 자연 상태에서는 관찰되지 않는다.
내부적인 가역성은 관심의 대상인 계만의 과정에서의 특성으로 주위에 대해서는 아무런 조건이 없는 가역변화 + 열평형 과정으로 정의될 수 있다.

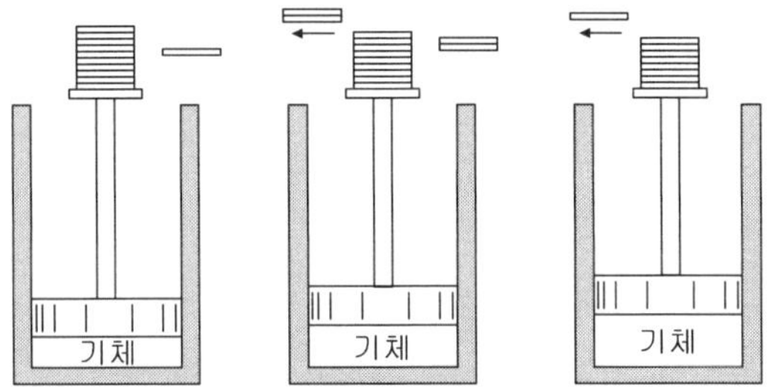

(a) 가역과정에 가까운 예

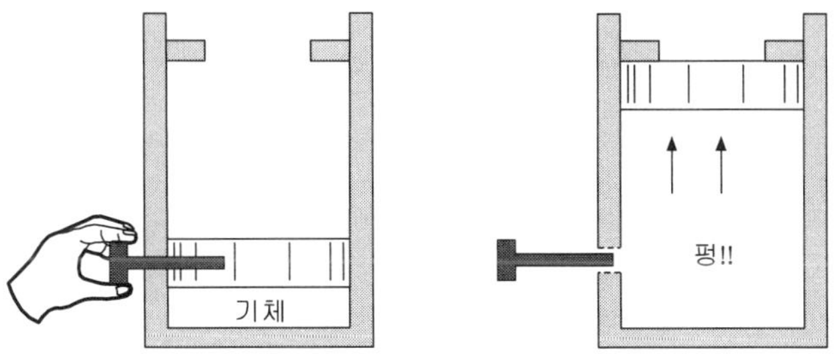

(b) 비가역과정의 한 예

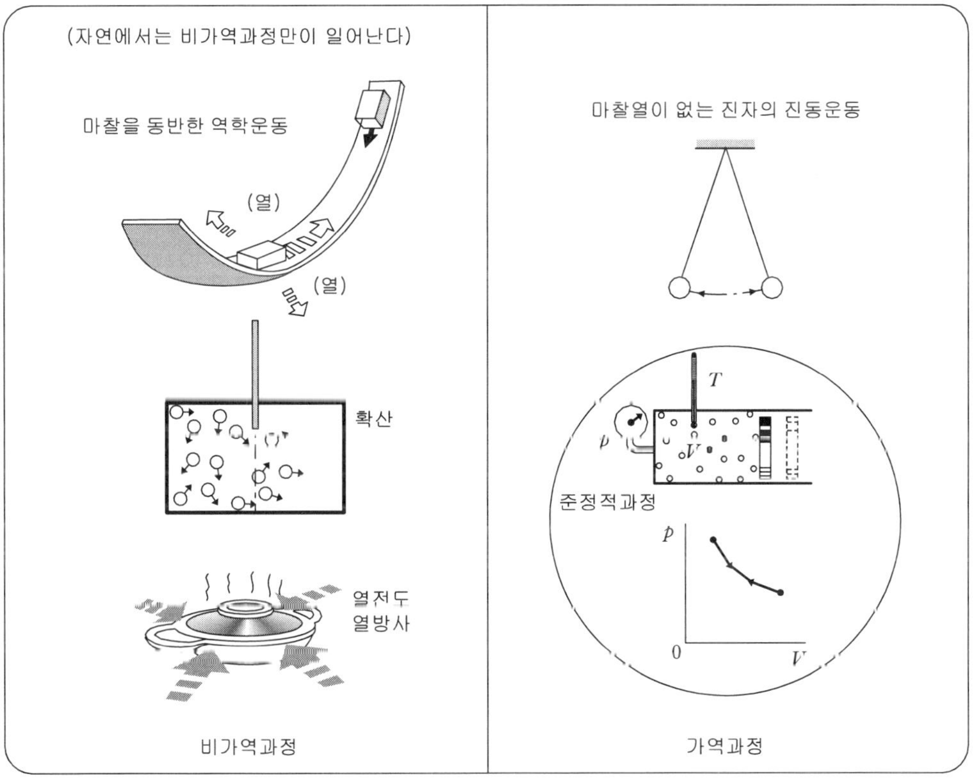

4.4 열역학 제 2 법칙의 여러 가지 표현

열역학 제 1 법칙이 가역을 허용하는데 반하여 제 2 법칙은 비가역현상의 존재를 나타내고 있다.

이는 자연과학의 여러 법칙이 열역학 제 1 법칙과 같이 가역을 허용하는 식으로 표시하는 것과는 달리, 열역학 제 2 법칙만은 자연법칙의 단 하나의 예외로서 방향적 관계를 나타내는 중요한 의미를 지니고 있다.

이러한 방향적 관계를 나타내는 열역학 제 2 법칙은 그 동안 많은 학자들에 의해 연구되어 왔으며 이를 표현하는 방법도 다양하다.

(1) Clausius의 서술

『열은 그 자체만으로는-주위에 아무런 변화도 남기지 않고-저온의 물체로부터 고온의 물체로 이동할 수 없다』

1850년 독일의 물리학자 Clausius에 의한 이 표현은 열에너지 이동의 방향성을 제시한 것으로 열전달의 비가역변화를 자연과학의 입장에서 설명한 것이다.

열이 고온의 물체에서 저온의 물체로 이동하는 것은 자연의 순리이나 이와 역방향으로 열이 이동하려면 다른 에너지의 도움이 필요하게 되며 이때는 계가 주위에 어떠한 형태이든지 변화를 남기게 된다는 뜻이다.[6)]

예를 들면, 냇물이 위에서 아래로 흐르는 것은 자연현상이나 물을 퍼 올리려면 펌프에 일을 가해야 하는 것과 마찬가지로 열을 저온의 물체로부터 고온의 물체로 이동시키려면 에너지가 필요하게 된다.[7)]

열은 그 자체만으로는 저온의 물체에서 고온의 물체로 이동할 수 없음은 분명하나 '-주위에 아무런 변화를 남기지 않고- … 할 수 없다' 의 의미는 무엇인가?

이는 열펌프를 운전하게 되면 필히 주위에 어떤 변화를 남긴다는 의미이다.

예를 들어, 수력발전이라면 소비전력에 상당하는 댐의 수위가 저하하는 변화가 남고 화력발전이라면 연료의 연소와 온수의 배수에 의한 해수온도의 상승변화를 남기게 된다.

---

6) 다른 것으로부터의 도움을 빌리지 않으면 주위에 아무런 변화를 남기지 않는다.
7) 이러한 펌프를 열펌프라 하며, 냉장고나 냉방기가 이에 해당한다.

수위저하
(이 변화는 남는다)
전력
(바깥으로 방출되는 열)
=(실내에서 제거된 열)
+(모터가 한 일)
전력
저온
냉방으로 실내
에시 제거된 열
BANK

(2) Kelvin(Thomson)-Planck의 서술

『동작유체가 사이클에 의해서 연속적으로 일을 발생시키는 데는 고온의 물체와 이보다 저온인 물체의 양자를 필요로 한다』

Clausius보다 1년 늦은 1851년 영국의 물리학자 Thomson[8]과 독일의 물리학자 M. Plank에 의한 이 표현은 열에너지의 이동과정에서 그 일부만이 일로 변환됨을 제시하고 있으며, 또한 공학의 입장에서 변환의 비가역성을 설명하고 있다.

일이나 열은 에너지가 이동할 때 나타날 수 있는 하나의 형태로서 이동하지 않는 에너지를 일이나 열이라고 하지는 않는다.

즉, 에너지를 일로 변환시키기 위해서는 에너지의 흐름이 있어야 한다.[9]

고온물체의 열을 계속해서 일로 바꾸기 위해서는 저온의 물체가 마련되어 열의 흐름이 있어야 한다. 다시 말하면 열기관의 경우, 동작유체가 고열원으로부터 열을 일로 바꾸려면 반드시(저열원으로) 열을 버려야만[10] 가능하며, 이 때문에 효율이 100 %인 열기관은 존재할 수 없다.

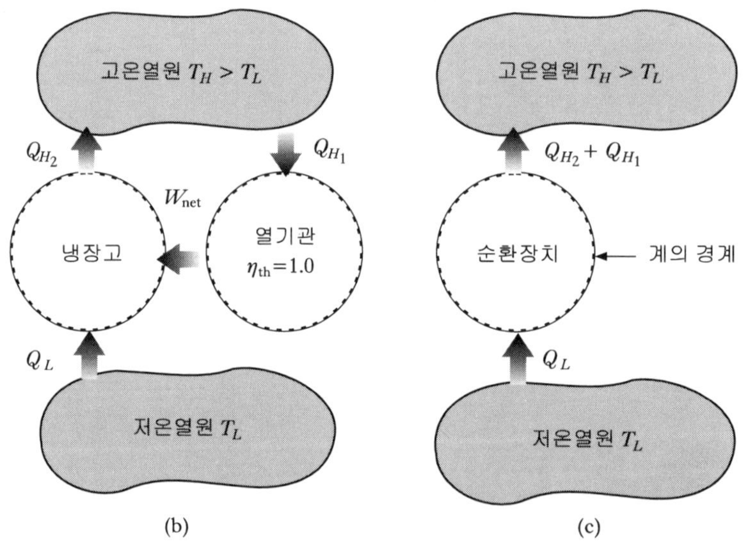

열역학 제2법칙에 대한 켈빈-플랑크 서술과 크로지우스 서술의 등가성을 보여주기 위한 구성

8) Kelnin경으로 추대됨, 절대온도의 창시자.

9) 이는 풍력이나 수력과 같은 자연의 에너지 역시 마찬가지이다.
고여 있는 물은 에너지로 이용될 수 없고 물의 흐름이 있어야 에너지로 활용될 수 있다.

10) 즉 열손실이 있어야만

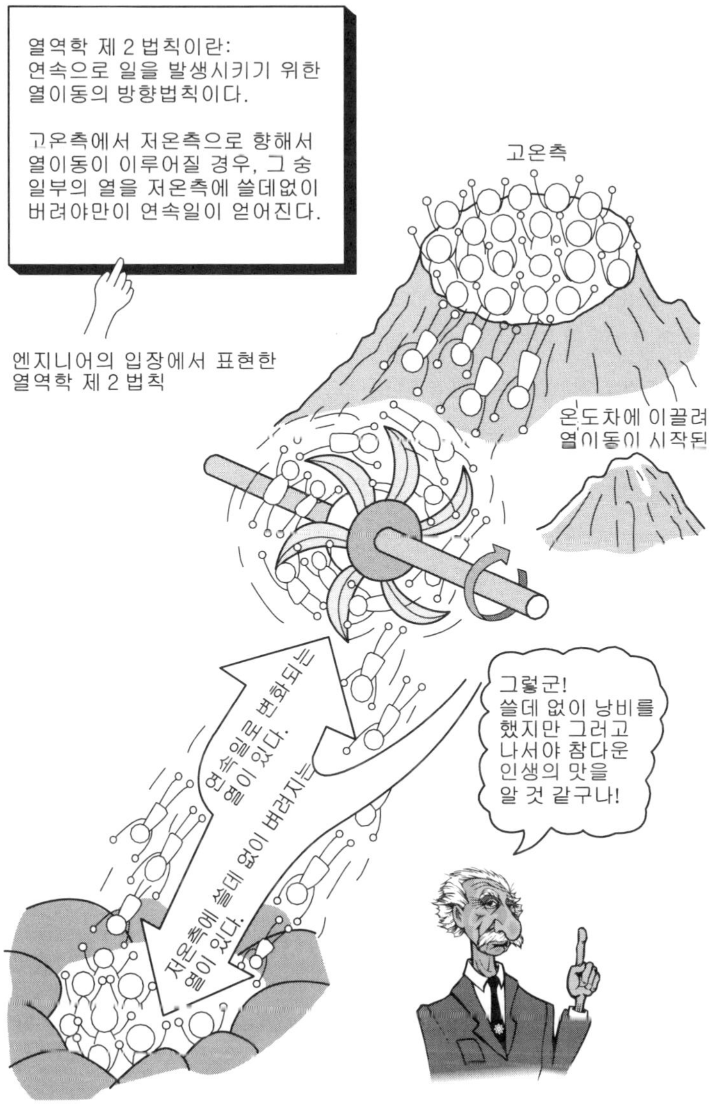
열역학 제 2 법칙이란:
연속으로 일을 발생시키기 위한
열이동의 방향법칙이다.

고온측에서 저온측으로 향해서
열이동이 이루어질 경우, 그 중
일부의 열을 저온측에 쓸데없이
버려야만이 연속일이 얻어진다.
엔지니어의 입장에서 표현한
열역학 제 2 법칙
고온측
온도차에 이끌려
열이동이 시작된다.
연속일로 변화되는
열이 있다.
저온측에 쓸데 없이 버려지는
열이 있다.
그렇군!
쓸데 없이 낭비를
했지만 그러고
나서야 참다운
인생의 맛을
알 것 같구나!

4.5 제 2 종 영구기관 / Ostwald의 서술

앞의 두 표현은 그 방법이 다르나 열역학 제 2 법칙에 대한 설명이 같음을 다음 그림으로부터 알 수 있다. 그림 4-2에서 Clausius는 열의 이동방향을 왼쪽과 같이 저온물체에서 고온물체로 이루어지는 것에 대하여 표현[11]한데 반하여 Kelvin은 그와 반대로 오른쪽과 같이 고온물체에서 저온물체로 이루어지는 것에 대하여 표현[12]하였다. 결국, 열역학 제 2 법칙의 Kelvin-Planck의 서술과 Clausius의 서술은 동등하고 이것은 둘 중의 하나는 한 서술의 추론이 될 수 있음을 알 수 있다.

열역학 제 2 법칙의 증명은 제 1 법칙과 마찬가지로 매우 힘들므로 한 서술의 위반이 다른 서술의 위반으로 귀결된다는 방식을 택하고 있다.

예를 들어, 온도가 T_H 인 고온물체로부터 Q_{H1}의 열을 전달받아 W_{net} 만큼 일을 하는 효율 100 %의(Kelvin-Planck의 서술에 위배되는) 열기관이 있다고 가정하자.

이 열기관의 출력일은 그림과 같이 온도 T_L인 저온물체로부터 Q_L을 냉동기(열펌프)로 보내고 냉동기로부터 열전달량 Q_{H2} 를 온도 T_H 인 고온물체로 보내는 냉동기를 구동하는 데 쓰인다고 하자. 만약 열기관과 냉동기의 결합을 하나의 장치로 생각한다면 이 장치는 저온물체에서 고온물체로 열량 Q_L만이 전달되며 장치의 주위에는 아무런 영향도 남기지 않는 사이클로 작동하게 될 것이다. 이는 Kelvin-Planck의 서술을 위배하였기에 또한 Clausius의 서술을 또한 위배하는 결과를 만들었다. 즉, 가정에 도입된 기관이 Kelvin의 표현을 부정하는 기관이었으므로 동등한 사이클 장치는 외부로부터 일이나 에너지를 공급받지 않고 열의 흐름을 저온물체에서 고온의 물체로 흐르도록 바꿀 수 있었다. 그런 장치는 자연의 법칙, 열역학 제 2 법칙을 위반하게 되고 그것을 제 2 종 영구기관이라 부른다.

Ostwald는 열역학 제 2 법칙을 다음과 같이 표현하였다.

『자연계에 아무 변화도 남기지 않고 어느 열원의 열을 계속해서 일로 바꾸는 제 2 종 영구기관은 존재하지 않는다.』

열역학 제 2 법칙과 관련하여 다음과 같은 문제가 제기될 수 있을 것이다.

효율 100 %의 열기관이 존재할 수 없다면, 얻을 수 있는 최대효율은 얼마이며, 또 어떻게 그것을 얻을 수 있는가?

이에 관해서는 다음의 카르노사이클에서 살펴보기로 한다.

---

11) 「열은 그 자체만으로는 저온물체로부터 고온물체로 이동할 수 없다」
12) 「고온물체의 열을 계속해서 일로 바꾸려면 저온물체로 열을 버려야만 가능하다」

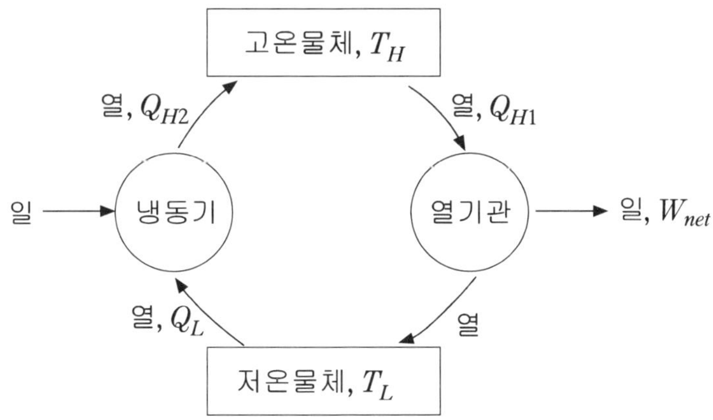

[그림 4-2] 열역학 제2법칙의 표현

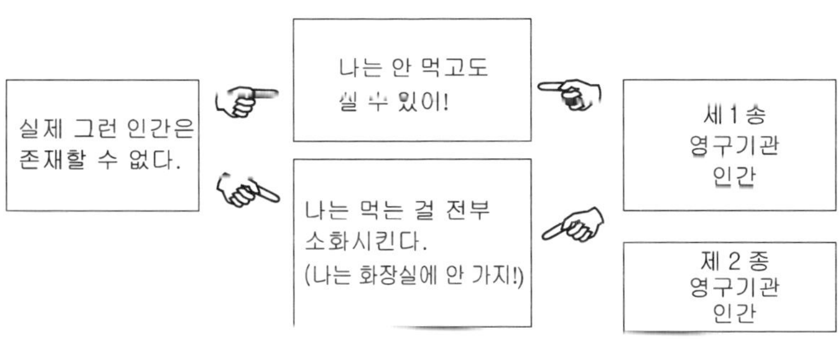

4.6 열역학 제 2 법칙의 물리적 의미

4-1절에서 언급한 종착역(열이 버려지는 곳)에 아직 열이 남아있다 하더라도 이는 더 이상 일로 변환될 수 있는 열이 아니므로, 열이 100% 일로 변환하는 것은 불가하다는 의미가 된다. 이론상으로는 저온[13]의 열원보다 한 단계 더 낮은 저온의 열원이 마련되기만 한다면 일을 얻을 수 있겠으나 이를 위해서는, 효율을 고려할 때, 얻어지는 일보다 더 큰 일을 소비해야만 더 낮은 저온의 열원이 마련될 수 있을 것이다. 그렇다면, 열이 완전히 일로 변환될 수는 없는 것일까?

그것은 절대온도 0[K]의 저온열원이 마련될 경우에만 가능하다.

여기서, 다시 한번 열의 성질에 관하여 알아보기로 한다(그림 4-3).

그림 (a)에서와 같이 열은 고온부에서 저온부로 흐르고 있다. 이 모습을 그림 (b)의 수조에서와 비교해 보자. 수조의 물은 수조 벽에 구멍을 뚫으면 수위가 높은 곳에서 낮은 곳으로 이동한다. 이때 온도는 수조의 수위에 상당하는 양이 된다.

그러나 이들 둘 사이에는 큰 차이가 있다. 수조에서의 변화를 살펴보면 처음과 마지막 상태에서의 계 전체의 위치에너지에 차이가 있다.

$$\Delta E = m \cdot g \cdot \Delta h \quad \cdots\cdots \quad (1-17)$$

수조에서는 이 위치에너지의 차이가 운동의 원인이 된다. 수조 내의 물이 이동하는 과정에서는 위치에너지의 차이가 운동에너지로 되므로 수위가 변화하는 원인은 역학적 에너지이다. 이에 반해서 그림 (a)에서와 같은 변화는 열량이 이동했을 따름으로 변화의 전후에서 수조에서와 같은 위치에너지의 차이는 없었다.

즉, 이 변화에서는 열량의 이동을 일으키는 역학적 힘은 존재하지 않았다.

그럼에도 분명히 열량은 고온 측에서 저온 측으로 흘렀다.

이렇게 열의 이동현상은 역학적인 원리로부터는 설명되지 않으므로 열의 이동은 그 현상을 자연계의 성질로 인식하는 새로운 원리가 필요하게 된다.

여기서 도입된 것이 지금까지 언급된 다음의 열역학 제 2 법칙이다.

열역학 제 2 법칙 : 열은 고온부에서 저온부로 저절로 흐른다.

이 흐름의 근원은 무엇인가? 그것은 적어도 위치에너지의 차가 아님은 분명하다.

이것은 다음 장에서 설명할 엔트로피(entropy)라 불리는 것이다.

자연과학의 한 법칙으로 표현된 열역학 제 2 법칙은 흔히 엔트로피증대의 법칙[14]이라고도 불린다. 에너지의 이동방향을 엔트로피가 증대하는 방향[15]이라 한다.

---

13) 저온의 일반상태는 상온상태이다.

14) 열역학 제2법칙이 엔트로피증대의 법칙이라 일컬어지는 이유는 엔트로피라는 말의 이면에는 에너지 가치의 저하라는 의미가 담겨있기 때문이다.

15) 자연의 변화에는 어떤 방향성이 있다. 그리고 그 방향은 언제나 나빠지는 쪽으로 향한다.

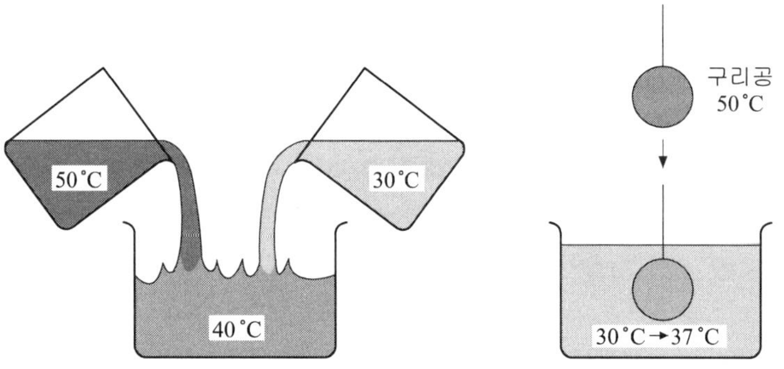

(a-1) 물의 혼합　　　　(a-2) 물과 구리공

<온도가 서로 다른 물체의 접촉>

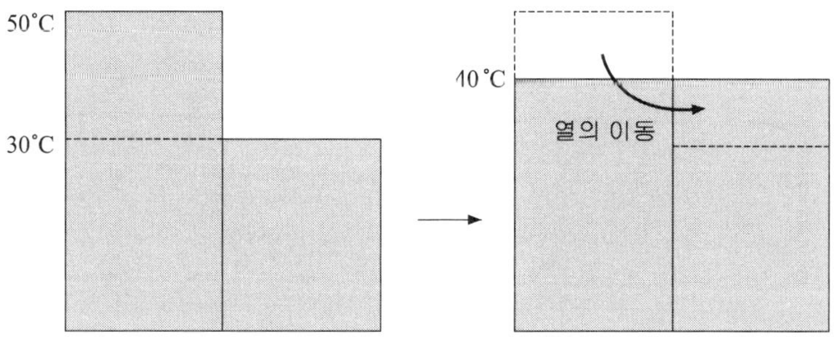

(a) 열의 이동

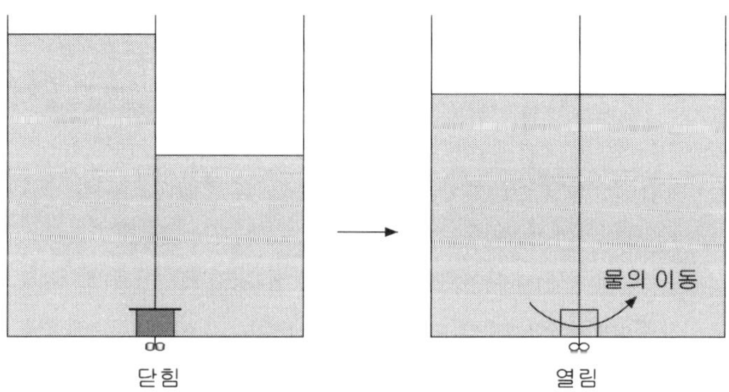

(b) 물의 이동

[그림 4-3] 열과 물의 이동

4.7 일반 사이클[16)]

앞의 1−3.5절에서 사이클(cycle)을 「계 내의 동작유체가 한 상태로부터 여러 가지 상태변화를 거쳐 다시 처음의 상태로 되돌아오는 과정을 반복하는 상태변화」라고 정의하였으며 이를 그림으로 나타내면 그림 4−4 와 같은 폐곡선이 된다.

그림에서와 같이 동작유체는 상태 1 에서 출발하여 경로 a 를 거쳐 상태 2 에 도달하고 다시 상태 2 에서 경로 b 를 거쳐 처음의 상태 1 에 돌아와 $1-a-2-b-1$과 같은 하나의 사이클을 구성한다.

여기서, 경로 $1-a-2$는 팽창과정을 나타내며 외부로부터 열량 Q_1을 공급받아 외부에 일 W_{1-a-2} 를 하고, 경로 $2-b-1$은 압축과정을 나타내며 외부로부터 일 W_{2-b-1} 을 공급받아서 동작유체를 압축시키고, 외부에 열량 Q_2 를 방출함으로써 한 사이클을 완성한다.

사이클을 이루는 동안 일과 열량의 관계는 다음과 같다.[17)]

$$W_{1-a-2} = \text{면적 } 1-a-2-V_2-V_1$$
$$W_{2-b-1} = \text{면적 } 2-b-1-V_1-V_2$$

먼저, 한 사이클 동안의 열량 Q_1, Q_2 는 에너지관계식/식 (2−40)으로부터,

$$Q_1 = (U_2 - U_1) + \int_{1-a}^{2} p \cdot dV = (U_2 - U_1) + W_{1-a-2}$$
$$-Q_2 = (U_1 - U_2) + \int_{2-b}^{1} p \cdot dV = (U_1 - U_2) + W_{2-b-1}$$

위의 두 식을 더하면,

$$\begin{aligned} Q_1 - Q_2 &= \int_{1-a}^{2} p \cdot dV + \int_{2-b}^{1} p \cdot dV = \oint p \cdot dV \\ &= W_{1-a-2} + W_{2-b-1} = W_{1-a-2-b-1} \end{aligned} \qquad (4-1)$$

이 식의 좌변은 한 사이클 동안 계에 출입하는 열량을 말하며 우변은 일의 합을 의미하고 한 사이클에 대한 적분치이다.

따라서 식 (4−1)은 한 사이클 동안의 계의 에너지의 대수합으로 일과 열의 관계를 나타내며, 열역학 제 2 법칙에 대한 Kelvin의 표현과 같이 고열원에서 열량 Q_1 을 공급받아 저열원으로 열량 Q_2 를 방출하고 나머지 $\oint p \cdot dV$ 만큼이 일로 바뀌는 것을 말한다.

---

16) 카르노사이클에 앞서 일반 사이클에 관하여 먼저 살펴보기로 한다.
17) 편의상 팽창일은 (+)부호, 압축일은 (−)부호를 붙인다.

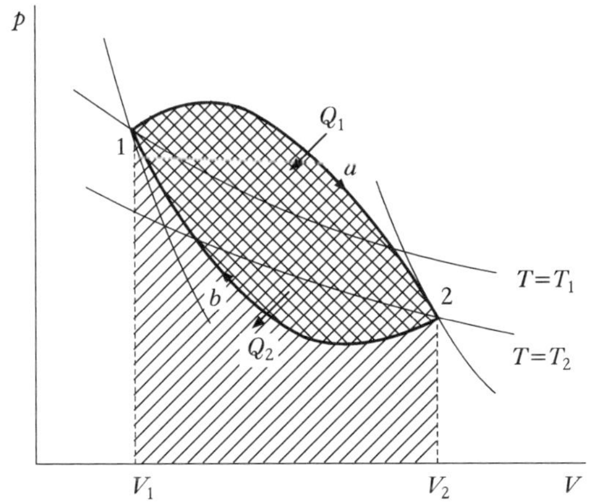

[그림 4-4] 사이클을 이루는 상태변화

$$Q_1 = (U_2 - U_1) + \int_{1-a}^{2} p \cdot dV = (U_2 - U_1) + W_{1-a-2}$$

$$+)\quad -Q_2 = (U_1 - U_2) + \int_{2-b}^{1} p \cdot dV = (U_1 - U_2) + W_{2-b-1}$$

$$\therefore Q_1 - Q_2 = W_{1-a-2-b-1} = 0 + W_{1-a-2-b-1}$$

(면적 : 1−a−2−b−1)　　　　(면적 : 1−a−2−b−1)

(1) 유효일(effective work) / 순수일(net work)

앞 절에서 $\oint$는 사이클 전체에 대한 적분을 나타내고, 면적 $1-a-2-b-1$은 동작유체가 외부에 행한 일을 나타내었다. 즉 사이클의 폐곡선 면적은 팽창일 (W_{1-a-2})과 압축일 (W_{2-b-1})의 합과 같으며, 이것을 유효 일(effective work) 혹은 참 일(net work) 또는, 참 일이라 한다.
따라서 한 사이클 동안의 에너지관계식은 다음과 같이 된다.

$$\oint \delta Q = \oint dU + \oint \delta W = \oint dU + W \tag{4-2}$$

그런데 동작유체는 한 사이클을 행한 후에는 다시 처음의 상태로 돌아가므로 변화한 상태에서만 결정되는 내부에너지는 변하지 않는다. 따라서,

$$\oint dU = 0, \qquad \therefore \oint \delta Q = W \tag{4-3}$$

이 $\oint dQ$는 한 사이클 동안의 수열량 및 방열량의 대수합을 나타내며,

수열량을 Q_1, 방열량을 Q_2라 하면, $\oint \delta Q = Q_1 - Q_2$이므로, 식 (4.3)에 의하여,

$$(\oint p \cdot dv =) \quad W = Q_1 - Q_2 \quad (= \oint p \cdot dv) \tag{4-4}$$

가 된다. 즉, 한 사이클 동안에 행한 일은 $p-V$선도에서 밀폐곡선으로 둘러싸인 면적으로 나타나고 이것은 사이클 동안의 수열량과 방열량의 차이와 같은 값이 된다 (그림 4-5).

$$\begin{aligned}\int_{V_1}^{V_2} p \cdot dV + (-)\int_{V_1}^{V_2} p \cdot dV &= \int_{V_1}^{V_2} p \cdot dV + (+)\int_{V_2}^{V_1} p \cdot dV \\ &= \int_{V_1}^{V_1} p \cdot dV = \oint p \cdot dV \end{aligned}\tag{4-5}$$

이를 정리하면, 한 사이클 동안 동작유체가 한 일[18]은 다음과 같이 된다.

$$\begin{aligned} W &= W_{1-a-2} - W_{2-b-1} \\ &= (\text{면적 } 1-a-2-V_2-V_1) - (\text{면적 } 2-b-1-V_1-V_2) \\ &= \text{면적 } 1-a-2-b-1 \\ &= \oint p \cdot dV \end{aligned}\tag{4-6}$$

18) 팽창일과 압축일의 합

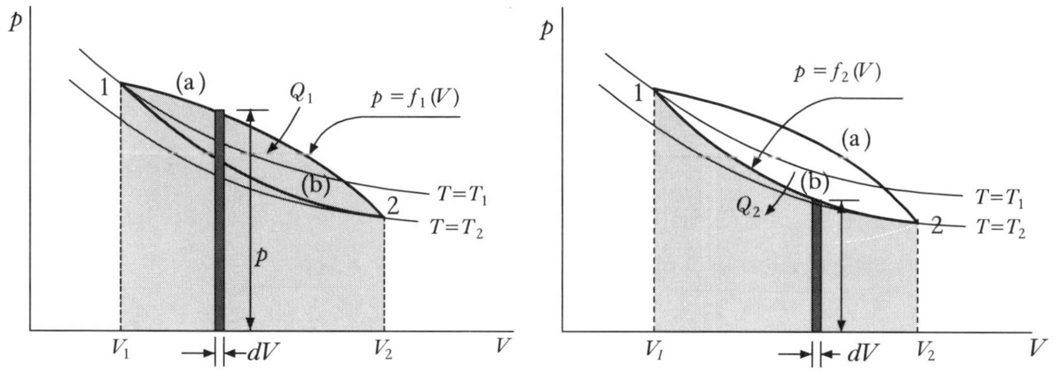

[그림 4-5] 한 사이클 동안의 수열량과 방열량

$$Q_1 = (U_2 - U_1) + \int_{1-a}^{2} p \cdot dV \qquad -Q_2 = (U_1 - U_2) + \int_{2-b}^{1} p \cdot dV$$

$$= (U_2 - U_1) + \int_{V_1}^{V_2} f_1(V) \cdot dV \qquad = (U_1 - U_2) - \int_{V_1}^{V_2} f_2(V) \cdot dV$$

$$\therefore (Q_1 - Q_2) = \int_{V_1}^{V_2} f_1(V) \cdot dV - \int_{V_1}^{V_2} f_2(V) \cdot dV = \text{면적 } 1a2\,V_2V_1 1 - \text{면적 } 1b2\,V_2V_1 1$$

$$= \int_{V_1}^{V_2} f_1(V) \cdot dV + \int_{V_2}^{V_1} f_2(V) \cdot dV = \text{면적 } 1-a-2-b-1$$

$$= \oint p \cdot dV = \oint p \cdot dV$$

(2) 열효율과 성적계수

사이클은 열의 이동방향에 따라 두 가지로 나눌 수 있다.

그림 4-6(a)의 오른쪽과 같은 열기관은 고열원에서 열량 (Q_1)을 공급받아 저열원으로 열량 (Q_2)를 방출하고 그 차이인 ($Q_1 - Q_2$)를 일 (W)로 변환하므로 그림 (b)와 같은 시계방향의 사이클을 형성한다.

한편, 그림 (a)의 왼쪽과 같은 냉동기나 열펌프는 열기관과는 반대로 외부로부터 일 (W)를 공급받아 저열원에서 열량 (Q_2)를 흡수하여 이들 W와 Q_2의 합인 열량 Q_1을 고열원에 방출하므로 반시계 방향의 사이클을 형성한다.

열기관의 경우는 열을 기계적인 일로 변환시키므로[19] W가 클수록 경제적이다. 열기관의 경제성 여부를 가름하는 방법으로는 W를 분자로 하는 열효율(thermal efficiency)을 정의하며 이를 η로 표시한다.

$$\text{열효율}\ (\eta) = \frac{\text{계가 한 유효일의 열당량}}{\text{고열원으로부터 공급받는 열량}}$$

$$\text{즉,}\ \eta = \frac{A \cdot W}{Q_1} = \frac{Q_1 - Q_2}{Q_1} = 1 - \frac{Q_2}{Q_1} \tag{4-7}$$

한편, 냉동기나 열펌프는 열기관과 반대로 일 (W)가 작을수록 경제적이므로 그 성능을 나타내기 위하여 성능계수[20]를 정의한다.

냉동기와 열펌프의 성능계수를 각각 ε_R, ε_H로 표시하면,

$$\text{냉동기의 성능계수}\ (\varepsilon_R) = \frac{\text{저열원으로부터 흡수하는 열량}}{\text{외부로부터 공급받은 일의 열당량}}$$

$$\varepsilon_R = \frac{Q_2}{W} = \frac{Q_2}{Q_1 - Q_2} \tag{4-8}$$

$$\text{열펌프의 성능계수}\ (\varepsilon_H) = \frac{\text{고열원을 방출하는 열량}}{\text{외부로부터 공급받은 일의 열당량}}$$

$$\varepsilon_H = \frac{Q_1}{W} = \frac{Q_1}{Q_1 - Q_2} \tag{4-9}$$

---

19) 보다 정확히 표현하면, 열기관이란: 내부에너지를 역학적 에너지로 바꾸는 장치이다.

$$\int_{V_1}^{V_2} p\, dV = Q_1 + (U_1 - U_2)$$

20) coefficient of performance/c.p : 성적계수 혹은 동작계수라고도 함.

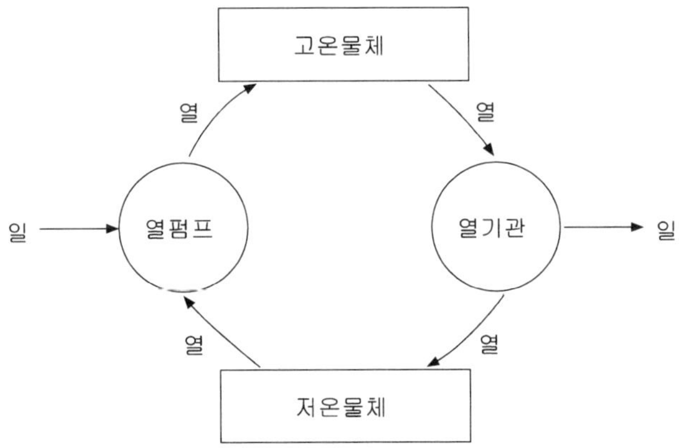

(a) 열기관과 열펌프

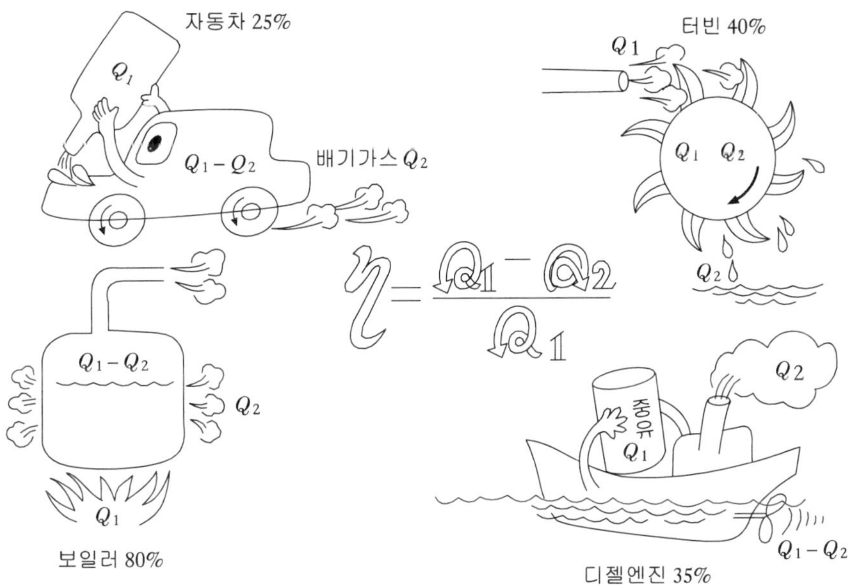

(b) 열기관의 효율

[그림 4-6] 열효율과 성능계수

식 (4.7)과 (4.9)를 비교하여 보면 열기관의 열효율과 열펌프의 성능계수는 서로 관계됨을 알 수 있다

또한 식 (4.8)과 (4.9)를 비교해 보면 동일한 조건에서 유지되는 열펌프의 성능계수가 냉동기의 성능계수보다 항상 1.0 만큼 크다는 사실을 알 수 있다.

$$\varepsilon_H = \varepsilon_R + 1.0$$

4.8 카르노사이클(Carnot cycle)

앞 절의 일반 사이클에서 열기관이 열로부터 일을 얻기 위해서는 반드시 고열원과 저열원이라는 두 열원과 에너지전달의 매개물인 동작유체가 있어야 함을 알았다.

저열원의 존재 때문에 효율이 100 %인 열기관을 만들 수 없음도 알았다.

그러면 효율이 최대가 되는 사이클은 어떤 사이클인가에 대하여 살펴보기로 한다. 열기관의 효율을 크게 하려면 고열원으로부터 공급받는 열량 Q_1이 가능한 한 유효한 일 W로 변환되어야 한다.

따라서 저열원으로 방출되는 열량 Q_2는 될 수 있는 한 작아야 한다.

이러한 관점 즉,

「열기관이 동일한 두 열 에너지원 사이에서 작동될 때 가역적인 열기관의 열효율은 비가역적인 열기관의 효율보다 크다.」[21]

는 관점으로부터 1824년 열역학의 창시자로 불리는 카르노는 열효율이 최대가 되는 이상적인 사이클인 가역 카르노사이클을 발표하였다.

그림 4-7은 가역 카르노사이클의 $p-V$선도를 나타낸다.

이 사이클은 두 개의 등온과정과 2개의 단열과정으로 구성되며 고열원의 온도를 T_1, 저열원의 온도를 T_2라고 가정할 때, 다음과 같이 작동된다.

21) 가역변화는 손실이 없는 과정이므로

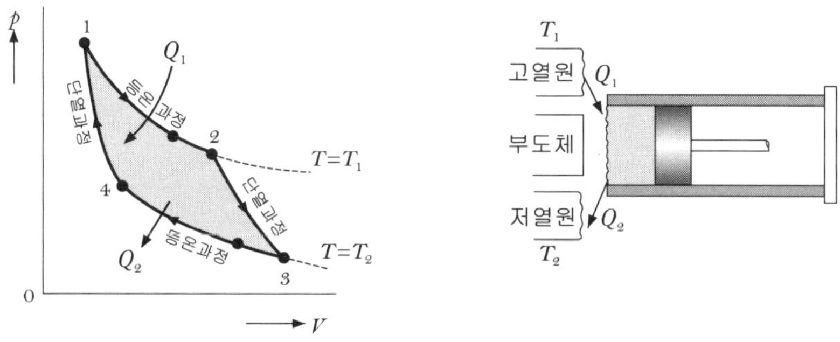

[그림 4-7] 카르노 사이클

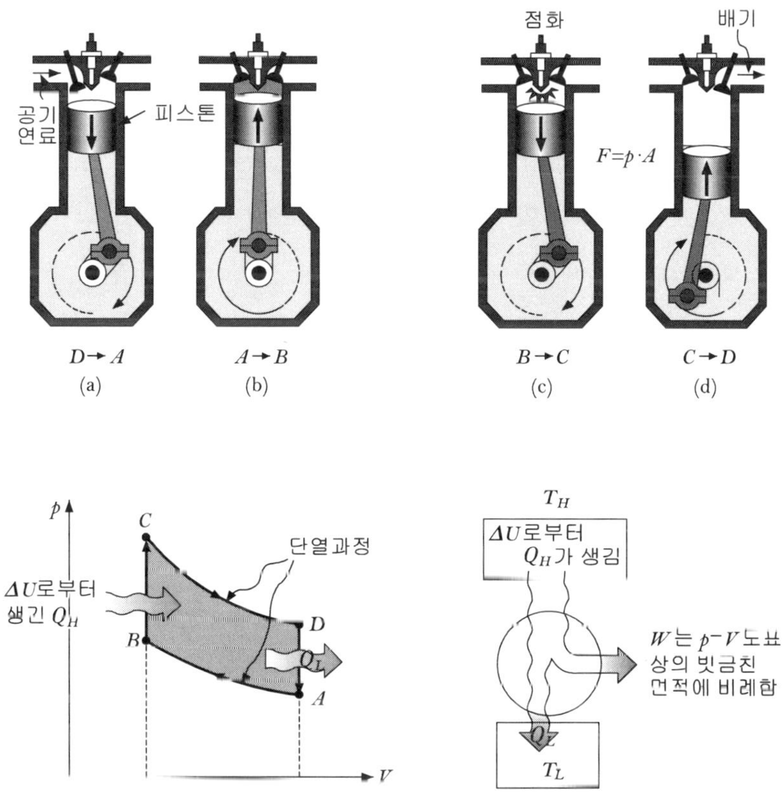

〈내연기관의 Otto 순환과정〉

(1) 카르노사이클의 4 과정

1) **등온팽창 과정** : 실린더의 헤드를 온도가 T_{12} 인 고열원에 접촉시킨다. 수열에 의해서 과정 1→2 와 같이 동작유체를 등온 팽창시키면 이때 흡수열량 Q_{12}는 T_1 = 일정이므로 식 (3-38)로부터 다음과 같다.

$$Q_{12} = R \cdot T_{12} \cdot \ln(\frac{p_1}{p_2})$$

2) **단열팽창 과정** : 상태 2 에서는 열원과 동작유체 사이에 열전열을 시키고 실린더 내에서 과정 2→3 과 같이 단열 팽창시킨다. 이 때 동작유체는 내부에너지의 소비에 의하여 외부에 대해 일 W를 행하고 온도는 T_{12} 에서 T_{34} 로 강하하고 T_{12} 와 T_{34} 의 비는 식 (3-52)로부터 다음과 같다.

$$\frac{T_{34}}{T_{12}} = (\frac{V_2}{V_3})^{k-1}$$

3) **등온압축 과정** : 외부로부터 압축일을 공급받아 동작유체가 과정 3→4 와 같이 압축되며 온도가 T_{34} 인 저열원에 실린더 헤드를 접촉시켜 Q_{34} 의 열을 방출한다. 외부로 방출되는 열량 Q_{34} 는 T_{34} = 일정이므로 식 (3-38)로부터 다음과 같다.

$$-Q_{34} = R \cdot T_{34} \cdot \ln(\frac{p_3}{p_4})$$

4) **단열압축 과정** : 외부로부터 일을 받아들여 동작유체를 과정 4→1 과 같이 단열 압축시킨다. 이때 동작유체는 외부로부터 일을 받아들이므로 내부에너지가 증가하여 온도가 T_{34} 에서 T_{12} 로 상승한다.
여기서, 기계적인 일로 변환된 열량은 다음과 같다.

$$W = Q_{12} - Q_{34}$$

따라서 이상의 (1), (2), (3), (4)의 과정으로 구성된 카르노사이클의 열효율 η_c 는 다음과 같이 나타낼 수 있다.

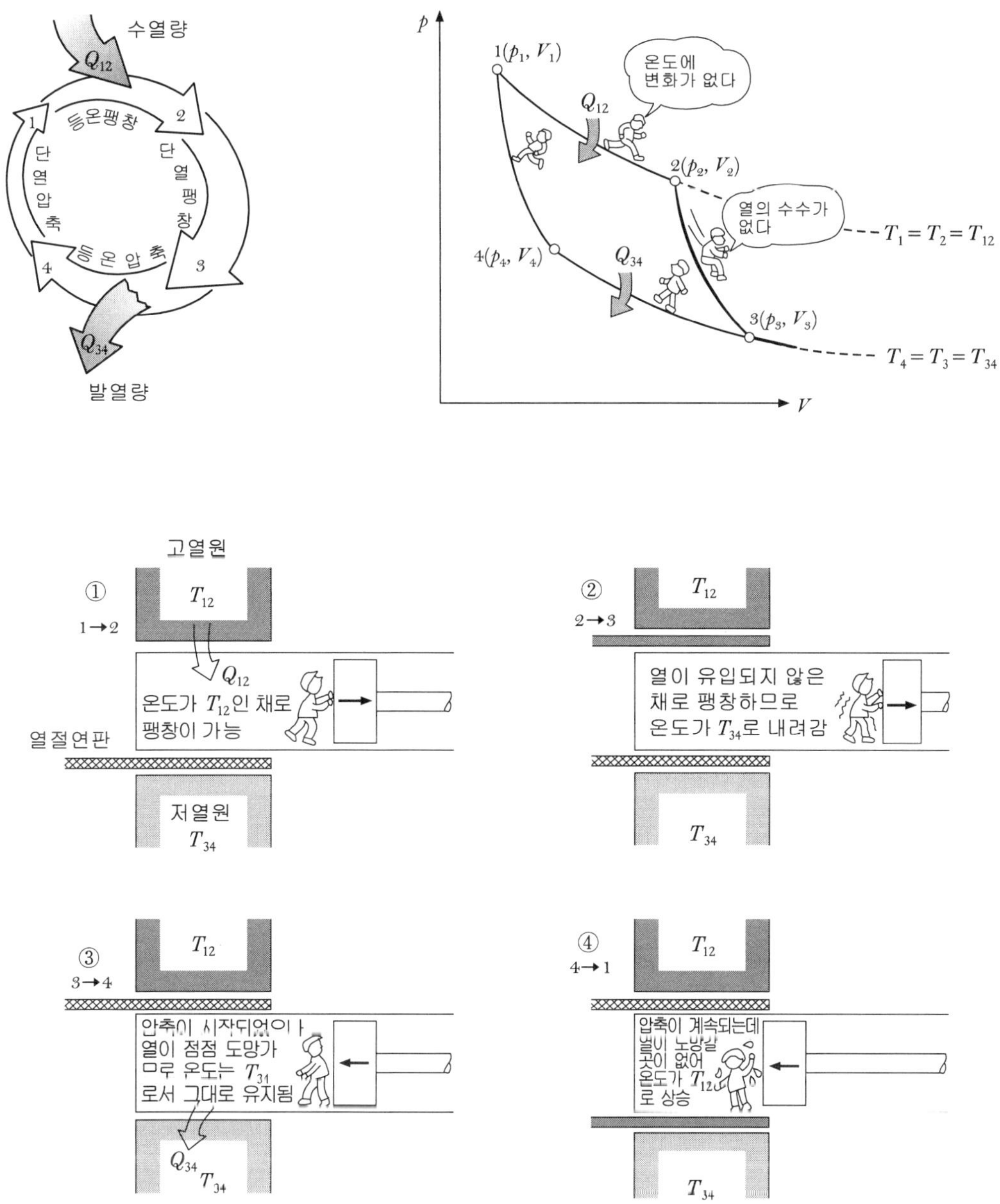

[그림 4-8] 카르노 사이클의 4 과정

(2) 카르노사이클의 열효율 (η_c)

그림 4−8의 과정 4→1에서 압축 끝의 온도가 T_{12}가 되어 처음의 상태와 같게 되면[22], 한 사이클을 완성하게 된다. 일반적으로 온도차나 압력 차가 무한히 작으면 열전도나 팽창 및 압축과정은 강제평형과정이 되고, 그 과정의 속도 차가 무한히 작으면 어느 방향으로나 과정이 행해질 수 있어서 가역과정이 되므로[23] 이 모든 과정이 무한히 작은 속도로 행해진다면 이 사이클은 가역사이클이 된다.

그림 4−8에서 2개의 등온곡선과 2개의 단열곡선으로 둘러싸인 면적 1−2−3−4는 동작유체가 행한 한 사이클 동안의 일의 크기를 나타내므로 이것을 W라고 하면, 열역학 제1법칙으로부터, 기계적 일로 변환된 열량은

$$W = Q_{12} - Q_{34}$$

이다. 윗식의 W를 과정별로 분석하면,

과정 1→2 : $|W_{12}| = |Q_{12}| = R \cdot T_{12} \cdot \ln \dfrac{p_1}{p_2}$

과정 2→3 : $|W_{23}| = C_v \cdot |T_{34} - T_{12}|$

과정 3→4 : $|W_{34}| = |Q_{34}| = R \cdot T_{34} \cdot \ln \dfrac{p_4}{p_3}$

과정 4→1 : $|W_{41}| = C_v \cdot |T_{12} - T_{34}|$

또한, 4→1과 2→3의 단열가역과정에서는

$$\frac{p_1}{p_4} = \left(\frac{T_{12}}{T_{34}}\right)^{\frac{k}{k-1}}, \text{ 또는 } \frac{p_1}{p_2} = \frac{p_4}{p_3}, \quad \frac{p_2}{p_3} = \left(\frac{T_{12}}{T_{34}}\right)^{\frac{k}{k-1}}$$

이므로

식 (4−7)의 열효율을 카르노사이클에 적용하면 열효율 η_c는 다음과 같이 된다.

$$\eta_c = \frac{Q_{12} - Q_{34}}{Q_{12}} = \frac{|W_{cycle}|}{|Q_{12}|} = \frac{|W_{12}| + |W_{23}| - |W_{34}| - |W_{41}|}{Q_{12}}$$

$$= \frac{R \cdot (T_{12} - T_{34}) \cdot \text{In}(p_1/p_2)}{R \cdot T_{12} \cdot \text{In}(p_1/p_2)} = \frac{T_{12} - T_{34}}{T_{12}} = 1 - \frac{T_{34}}{T_{12}} \quad (4-10)$$

---

22) T_1과 T_2의 비는 식 (3−52)로부터 $\dfrac{T_2}{T_1} = \left(\dfrac{V_1}{V_4}\right)^{k-1}$ 이다.

23) 열전도 등은 속도 차가 아무리 작아도 가역과정이 될 수 없다.

이때 효율 η를 다음과 같이 정의한다.

(1) $\eta = \dfrac{\text{일로 변한 열량}}{\text{수열량}}$

$$= \frac{Q_1 - Q_2}{Q_1}$$

$$= 1 - \frac{Q_2}{Q_1}$$

(2) 수열량 Q_1 가운데, 유효한 일로 변한 비율을 η라 하면

(수열량 Q_1) · (η) =

(유효한 일로 변한 열량 $Q_1 - Q_2$)

이것을 선도로 나타내면

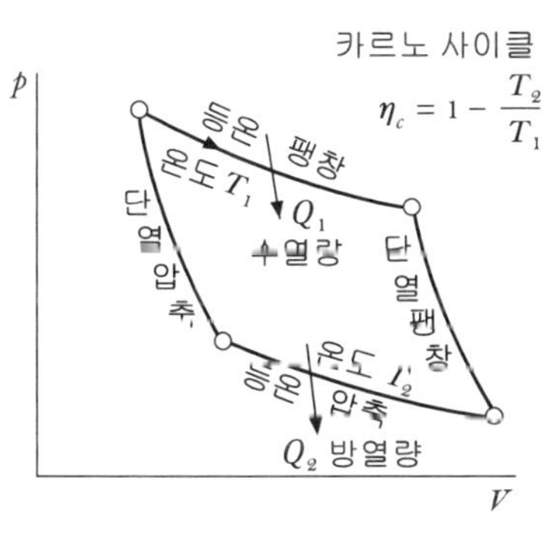

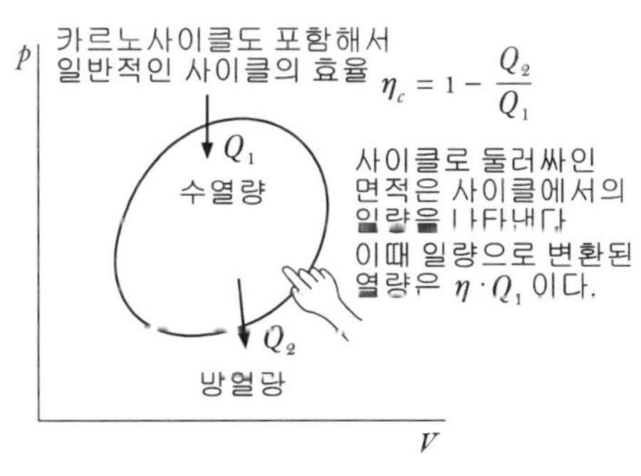

(3) 카르노의 정리-I

[정리 I] : 2개의 정해진 열원 사이에서 가역사이클로 작동되는 모든 기관은 동일한 열효율을 가진다.

$$\eta = \eta_c \text{(가역사이클)}$$

그림 4-9와 같이 작동온도가 T_1, T_2로 서로 같고, 동작유체가 서로 다른 두 종류의 가역 사이클기관을 생각한다.

그림 (a)왼쪽의 기관 E_A는 임의의 가역사이클로 순(順)운전하는 열기관으로 고열원으로부터 Q_1의 열량을 공급받아 저열원으로 Q_2를 방열하고 그 차이인 $Q_1 - Q_2$만큼 일 W를 한다. 한편, 오른쪽 기관 E_B는 카르노 역사이클로 운전하는 냉동기로서 외부로부터 W의 일을 받아 저열원으로부터 Q_2의 열량을 흡수하여 고열원에 $Q_1'(= Q_2' + W)$을 방출한다.

이때 만일 Q_2'를 Q_2와 같도록 하여 저열원에 출입하는 열량의 합계를 제로로 하면,

$$Q_1 - Q_2 = W, \quad Q_2 + W = Q_1' \quad \therefore \; Q_1 - Q_2 = Q_1' - Q_2'$$

즉, $Q_1 - Q_1' = Q_2 - Q_2'$ 또는 $Q_1' - Q_1 = Q_2' - Q_2$로 되고,

$$\text{(임의의 가역사이클) } E_A \text{의 효율 : } \eta = 1 - \frac{Q_2}{Q_1} = 1 - \frac{Q_2'}{Q_1} \tag{1}$$

$$\text{(가역카르노사이클) } E_B \text{의 효율 : } \eta_c = 1 - \frac{Q_2'}{Q_1'} \tag{2}$$

여기서, $\eta > \eta_c$라고 가정하면 (1) > (2)이 되므로,

$$1 - \frac{Q_2'}{Q_1} > 1 - \frac{Q_2'}{Q_1'}, \quad \frac{Q_2'}{Q_1} < \frac{Q_2'}{Q_1'}, \quad \frac{1}{Q_1} < \frac{1}{Q_1'} \tag{3}$$

이므로, 따라서 $Q_1 > Q_1'$이다. 또, A와 B의 일은

$$A\text{의 일 : } W = Q_1 - Q_2 = Q_1 - Q_2' \tag{4}$$

$$B\text{의 일 : } W' = Q_1' - Q_2'$$

이번에는 그림 (b)와 같이, A와 B를 합체하면 전체가 외부에 행하는 일 즉, $W - W'$는 식 (3)으로부터, $W' - W = (Q_1 - Q_2') - (Q_1' - Q_2') = Q_1 - Q_1' > 0$로 된다.

따라서 고열원으로부터 $Q_1 - Q_1'$의 열을 흡수하여 이 열이 모두 일로 바뀌는 그림 (b)와 같은 제 2 종 영구기관이 실현된다. 그러나 이것은 Thomson의 원리에 위배된다. 이 때문에 가정 $\eta > \eta_c$는 잘못된 가정으로 효율 η는 $\eta \leq \eta_c$의 범위 내에서 국한된다.

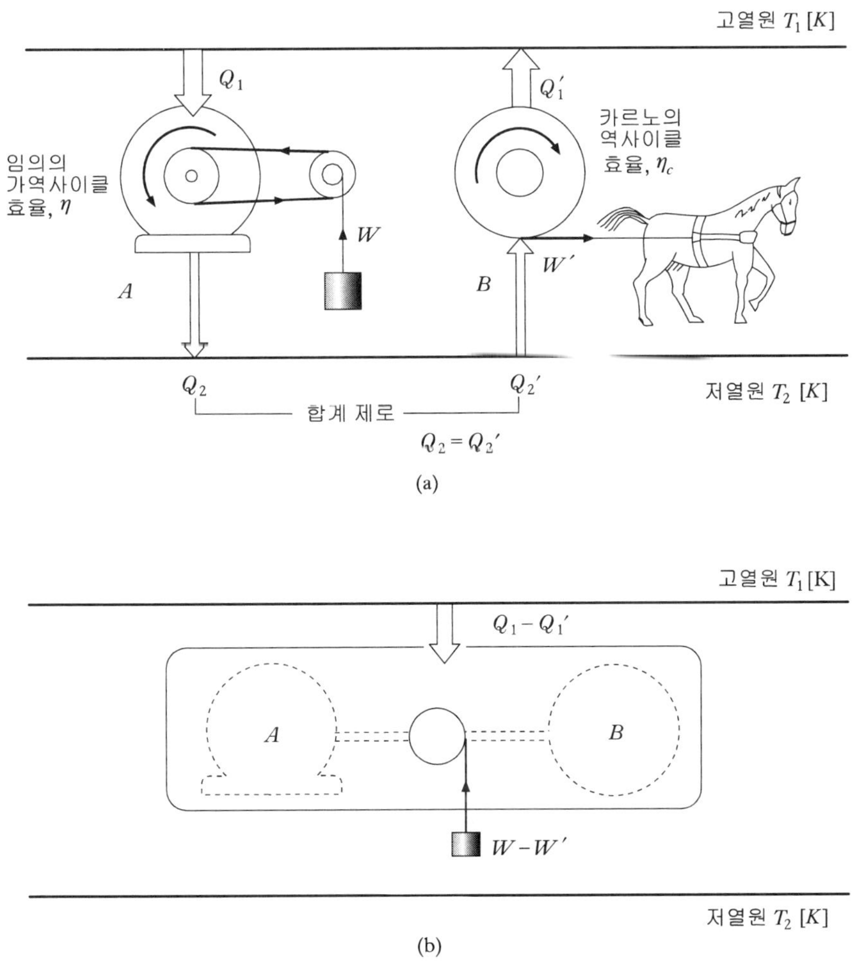

고열원 T_1 [K]
Q_1
Q_1'
카르노의
역사이클
효율, η_c
임의의
가역사이클
효율, η
W
W'
A
B
Q_2
Q_2'
저열원 T_2 [K]
합계 제로
$Q_2 = Q_2'$
(a)
고열원 T_1[K]
$Q_1 - Q_1'$
A
B
$W - W'$
저열원 T_2 [K]
(b)

[그림 4-9] 열기관의 효율

(4) 카르노의 정리-II

다음에 부호를 제외하고 $\eta < \eta_c$ 라고 가정해보자. 그림 4-10과 같이 가역사이클 A를 역행시키고 카르노사이클을 순방향으로 운전하도록 한다. 그림 4-9의 A, B와 비교하면 운전은 양쪽 모두 역방향이다.[24]

이때, 앞에서와 마찬가지로 저열원에서의 열의 출입이 제로가 되도록 하면 다음과 같은 상황, 즉 열량 $Q_1' - Q_1$의 전부를 일로 바꾸는 제 2 종 영구기관이 실현됨을 알 수 있다. 그러나 이 역시 Thomson의 원리에 위배되므로 $\eta < \eta_c$도 성립되지 못한다.

이 결과, 모든 가역사이클의 효율 η는 η_c와 부등호가 아닌 항시 $\eta = \eta_c$의 관계가 된다. 이로서 [정리 1]이 증명되었다.

따라서 모든 가역사이클의 효율은 카르노사이클과 같다.

이를 카르노의 정리라고 한다.[25]

[정리 II]: 2개의 정해진 열원 사이에서 작동하는 열기관의 효율을 동일한 2개의 열원 사이에서 작동하는 가역사이클 기관보다 더 좋게 만들 수는 없다. ; $\eta < \eta_c$
(비가역사이클의 $n \leq \eta_c$)

비가역사이클에서[26] 발생하는 마찰열 등은 일에 사용되지 아니하고 저열원에 방출된다. 이 때문에 비가역사이클은 카르노사이클에 비해서 고열원으로부터 흡수하는 열량 Q_1'를 같게 하면 저열원에 방출하는 Q_2'는 카르노사이클의 Q_2'보다 크게 되어 비가역사이클의 효율 η는,

$$\eta = 1 - \frac{Q_2}{Q_1'} < 1 - \frac{Q_2'}{Q_1'} \tag{4-11}$$

로 된다. 이 때문에 비가역사이클의 효율 η보다 작은, 즉 $\eta < \eta_c$ 가 되어 [정리 II]가 증명되었다.

---

24) 반대방향으로 작동되는 역 카르노 사이클의 경우에는 외부로부터 동작유체가 일 W를 받고 저열원에서 열량 Q_2를 얻어서 이들의 합인 $W + Q_2 = Q_1$을 고열원에 이동시키게 된다.
이와 같은 사이클은 냉동기에 있어서의 이상적인 사이클이 된다.

25) 지금까지 카르노사이클을 가역사이클의 대표로 취급한 이유는 카르노의 정리가 기초로 되어 있기 때문이다.

26) 과정 중에 손실이 발생하는 사이클

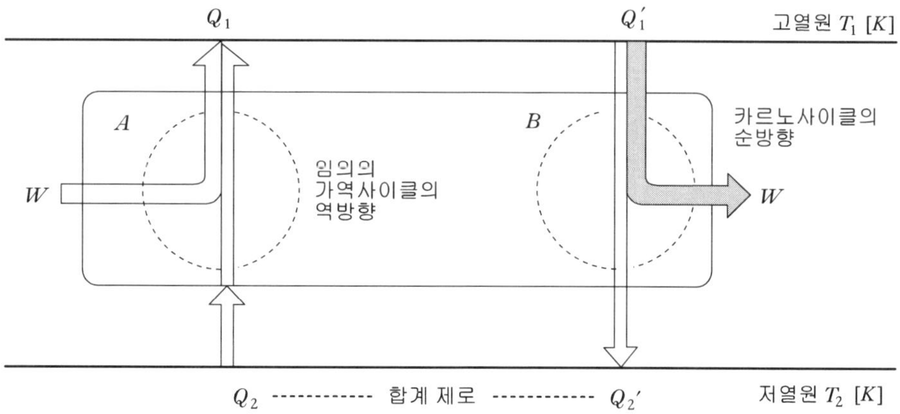

[그림 4-10] $\eta < \eta_c$ 가 불성립

반대방향으로 작동되는 역 카르노사이클의 경우에는 외부로부터 동작유체가 일 W를 받고 저열원에서 열량 Q_2를 얻어서 이들의 합인 $W + Q_2 = Q_1$을 고열원에 이동시키게 된다. 이와 같은 사이클은 냉동기에 있어서의 이상적인 사이클이 된다.

(5) 카르노의 정리-III

식 (4-10)에서 가역사이클인 카르노사이클의 열효율은 두 열원의 절대온도에만 관계되며 동작유체의 종류와는 전혀 무관함을 알 수 있다. 여기서 이런 사실을 구체적으로 증명해 보자.

우선, 카르노사이클에 앞서 사이클의 정의는 계(界, system)의 동작유체가 처음의 상태로 되돌아가는 것이므로 가역이든 비가역이든 이 조건[27]을 만족해야 한다.

E_A는 열기관, E_B는 냉동기와 같은 기능을 발휘하므로 $Q_1' > Q_1$, $Q_2' > Q_2$라 가정하면, $[Q_1' - Q_1]\ (= Q_2' - Q_2) > 0$ 로 되어 저열원의 $Q_2' - Q_2$만큼의 열량이 고열원으로 이동하면서 주위에 아무런 변화도 남기지 않고 열이동이 이루어지는 제2종 영구기관이 되므로 열역학 제2법칙에 위배된다. 따라서 위의 가정에서 열역학 제2법칙이 성립하려면 반드시 $Q_1 = Q_1'$, $Q_2 = Q_2'$ 이어야 한다.

그러므로 $Q_2' / Q_1' = Q_2 / Q_1$ 이고, 열효율 η_c 는,

$$\eta_c = 1 - \frac{Q_2}{Q_1} = 1 - \frac{Q_2'}{Q_1'}$$

가 된다. 이것은 우리가 가정한 E_A, E_B의 동작유체가 서로 다르다는 것과 관계없이 열효율이 같다는 것을 의미한다. 즉, 「동일한 온도 사이에서 작동하는 카르노사이클의 열효율은 동작유체의 종류와 관계없이 항상 절대온도에만 관계된다.」는 것이다.

지금, 카르노사이클효율의 식 (4-11)을 인용하면 [정리 I, II]는 다음과 같이 된다.

$$\eta \leq \eta_c = 1 - \frac{T_2}{T_1}$$

이 식은 작업물질에 관계없이 성립함을 의미하고 있으며,

가역사이클의 경우에는,

$$\eta = \eta_c \text{ 이므로, } \frac{T_2}{T_1} = 1 - \eta \text{ 로 된다.}$$

따라서 가역사이클의 외부일 W 와 흡수한 열량 Q_1을 측정하여 효율 η 가 결정되면 윗식에 의해서 양쪽의 열원의 온도 비 T_2 / T_1 가 구해진다. 이 온도 비는 물질의 종류에 관계없이 정해지는 값이다. 이렇게 물질에 관계없이 정의되는 온도를 열역학적 온도(절대온도)라고 한다.

---

27) 외계를 포함한 모두가 원래의 상태로 돌아갈 때는 가역사이클이며, 마찰열 등으로 주위(外界, sur-roundings)가 변하게 되면(계는 원래의 상태로 돌아가더라도) 비가역사이클임에 유의한다.

가역카르노사이클에서는

$$\frac{Q_1}{Q_2} = \frac{T_2}{T_2}$$

수열량과 방열량의 비가 수열시의 온도와 방열시의 온도의 비와 같다.

열효율은 고열원과 저열원의 온도만으로 나타내지며 쓰이는 물질에는 관계되지 않는다

4.9 열역학적 온도(Thermodynamic Temperature)

(1) 열역학적 온도눈금(Thermodynamic Temperature)

지금까지 우리가 온도에 관하여 고려하였던 전부는 더 높은, 같은 혹은 더 낮은 온도의 수치이었으나, 이제 온도의 정의에 근거하여 수치를 측정하는 방법에 관하여 알아보기로 한다.

온도란 열, 즉 에너지증감의 척도로서 대개의 경우 실제로 온도를 측정하기 위해서는 물질의 열팽창을 이용한 온도계를 사용하고 있다. 그러나 이러한 온도계는 사용되는 물질에 따라 물성적 변화에 차이가 생기고, 또 그것이 온도에 따라 변하므로 온도계마다 측정된 온도가 다르게 나타날 수 있다.

이와 같은 온도는 물리적 의미가 없으므로 온도계에 사용되는 물질의 종류에 관계없이 항상 일정한 절대적인 온도눈금이 요구된다.

앞 절에서 설명한 카르노사이클의 열효율은 동작유체와는 관계없이 단지 고열원과 저열원의 두 열량에 의해서만 결정되므로 이 원리를 이용하여 물질의 종류와 관계없는 절대적인 온도눈금(열역학적 온도눈금)을 얻을 수 있었다.

그림 4-11과 같이 $p-V$선도 상에 임의의 두 단열선 aa' 및 bb'를 긋고 온도가 τ_1인 등온선 11′를 기준으로 사각형 11′22′ 의 면적과 같도록 등온선 22′, 33′, 44′, ……, nn'을 그은 다음 각 등온선에 해당하는 온도를 각각 τ_2, τ_3, ……, τ_n이라 한다.

이렇게 하면 사각형 11′22′, 22′33′, ……, $(n-1)(n-1)'nn'$ 은 모두 카르노사이클이 되므로 흡열량을 위로부터 Q_1, Q_2, Q_3, ……, Q_{n-1} 이라 하고 방열량을 바로 아래에 인접한 사이클의 흡입량과 같이 Q_2, Q_3, Q_4, ……, Q_n 이라고 하면 각 사각형의 면적이 모두 같아지므로,[28] 각 사이클의 일량은 모두 같아야 된다. 즉,

$$
{}_1W_2 = {}_2W_3 = \cdots\cdots,\ {}_{n-1}W_n \text{ 이고, } \quad {}_1W_2 = Q_1 - Q_2,\quad {}_2W_3 = Q_2 - Q_3,
$$
$$
\cdots\cdots,\quad {}_{n-1}W_n = Q_{n-1} - Q_n
$$

이다.

이와 같이 카르노사이클의 일의 양을 같게만 하면, 카르노사이클의 열효율은 동작물질의 종류와는 관계없이 온도만의 함수이므로 위의 등온선에서 얻어진 온도 τ_1, τ_2, ……, τ_n 은 온도의 정의에 근거한 정확한 온도가 된다.

이렇게 정해진 온도를 열역학적 온도라고 한다.

---

28) 면적이 같도록 등온선을 그었으므로

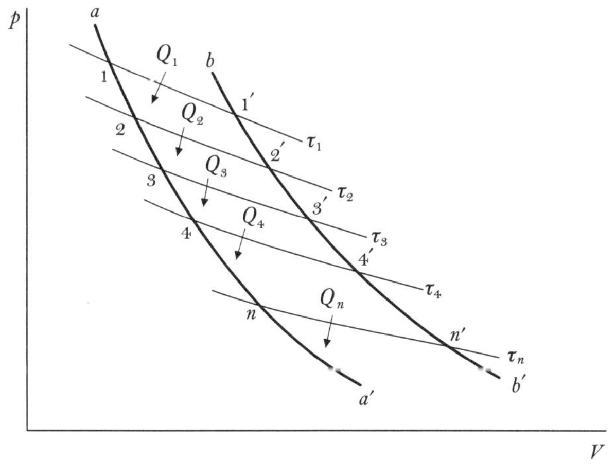

흡열량을 위로부터 Q_1, Q_2, Q_3, $\cdots$, Q_{n-1} 이라 하고 방열량을 바로 아래에 인접한 사이클의 흡열량과 같이 Q_2, Q_3, Q_4, $\cdots$, Q_n 이라 하면 각 사각형의 면적이 모두 같아지므로 각 사이클의 일량은 모두 같다.

[그림 4-11] 열역학적 온도

(2) 카르노 함수(Carnot function)

지금, τ_1 과 τ_2 사이에서 작동되는 카르노사이클의 일량을 W 라 하자.

$$W = {}_1W_2 = Q_1 - Q_2 \qquad \cdots\cdots ①$$

τ_1 과 τ_3 사이에서 작동되는 카르노사이클의 일량은

$$Q_1 - Q_3 = (Q_1 - Q_2) + (Q_2 - Q_3) = 2 \cdot W \qquad \cdots\cdots ②$$

이므로, τ_1 과 τ_n 사이에서 작동되는 카르노사이클의 일량은

$$Q_1 - Q_n = (n-1) \cdot W \qquad \cdots\cdots ③$$

즉,

$$W = \frac{Q_1 - Q_n}{(n-1)}$$

이다. 한편,

τ_1 과 τ_2 사이에서 작동되는 카르노사이클의 열효율은 W / Q_1 이며,
τ_1 과 τ_3 사이에서 작동되는 사이클 사이클의 열효율은 $2 \cdot W / Q_1$ 이므로,
τ_1 과 τ_3 사이는 τ_1과 τ_2 사이에서 작동되는 카르노사이클의 열효율의 2 배,
τ_1 과 τ_4 사이는 τ_1과 τ_2 사이에서 작동되는 카르노사이클의 열효율의 3 배의

열효율을 가지므로, τ_1 과 τ_n 사이에서 작동되는 사이클의 열효율 η_c 는

$$\eta_c = \frac{Q_1 - Q_n}{Q_1} = \frac{(n-1) \cdot W}{Q_1} \qquad \cdots\cdots ④$$

이다. 그런데 카르노사이클에서 열량은 온도차에 비례하므로 식 ③은

$$Q_1 - Q_n = (n-1) \cdot W = k \cdot (\tau_1 - \tau_n) \ (\text{단, } k \text{는 임의의 상수})$$

로 나타낼 수 있다. 그러므로 식 ④ 는,

$$\eta_c = \frac{Q_1 - Q_n}{Q_1} = \frac{k}{Q_1} \cdot (\tau_1 - \tau_n) \qquad \cdots\cdots ⑤$$

가 된다. 여기서, $k / Q_1 = f_c$ 로 놓으면 식 ⑤는

$$\eta_c = f_c \cdot (\tau_1 - \tau_n) \qquad (4-12)$$

로 된다.

식 (4−12)에서, $f_c\ (= k / Q_1)$는 τ_1 만의 함수이며 τ_n 과는 무관하다.
이러한 f_c 를 카르노함수라 한다.

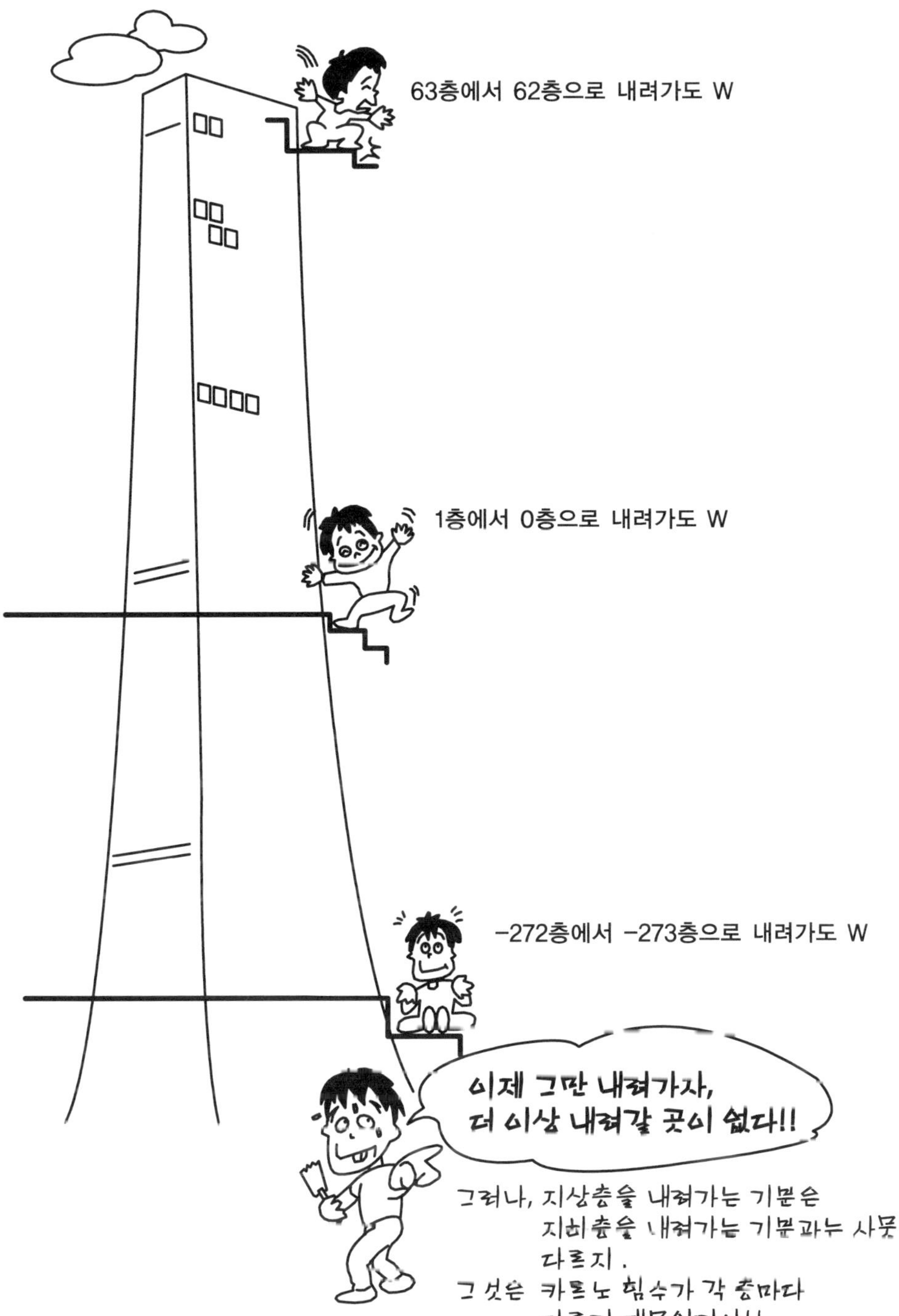
63층에서 62층으로 내려가도 W
1층에서 0층으로 내려가도 W
−272층에서 −273층으로 내려가도 W
이제 그만 내려가자,
더 이상 내려갈 곳이 없다!!
그러나, 지상층을 내려가는 기분은
지하층을 내려가는 기분과는 사뭇
다르지.
그것은 카르노 함수가 각 층마다
다르기 때문일꺼야!!

(3) 열역학적 온도의 성질

지금, τ_n에 관하여 사이클의 열효율을 $\eta_c = 1$이 되는 기초온도를 생각하면 공급열량 Q_1이 모두 일로 변환되는 것을 의미하며 $Q_n = 0$이어야 하므로 $\tau_n = 0$이 된다.

즉, 기준온도 τ_n을 零으로 정하면 이 온도는 이론상으로 존재할 수 있는 최저온도, 다시 말하면 절대영도가 된다. 만일 이 절대영도보다 더 낮은 온도가 존재한다면 열효율 η_c가 1보다 커지므로 공급열량 Q_1보다 더 많은 에너지가 일로 바뀌는 결과가 된다. 따라서 기준온도 τ_n은 절대영도보다 더 낮을 수는 없다.

식 (4－12)에서 $\eta_c = 1$인 경우를 생각하면, $\tau_n = 0$이므로,

$$C = \frac{1}{\tau_1} \tag{4-13}$$

이다.

여기서 $n = 2$인 사이클을 생각하면 열효율은 식 (4－12)로부터,

$$\eta_c = C \cdot (\tau_1 - \tau_n) = \frac{1}{\tau_1} \cdot (\tau_1 - \tau_2) = 1 - \frac{\tau_2}{\tau_1} \tag{4-14}$$

로 주어지고, 식 (4－10)은,

$$\eta_c = \frac{Q_1 - Q_2}{Q_1} = 1 - \frac{Q_2}{Q_1} \tag{4-10}$$

으로 주어지므로,

$$\frac{Q_2}{Q_1} = \frac{\tau_2}{\tau_1} \tag{4-15}$$

가 된다.

즉, 가역변화에 있어서는 동작유체에 흡수된 열량과 방출된 열량과에 대한 각각의 고온측, 저온측의 열역학적 온도와의 비는 일정함을 알 수 있다.

이러한 열역학적 온도는 다음과 같은 성질을 가진다.

1. 온도계의 종류나 구조에는 전혀 관계없이 절대적인 온도를 정의한다.
2. 가역카르노사이클은 두 개의 등온변화와 두 개의 단열변화에 의해 만들어지는 사이클이나 이에 출입하는 열량을 측정하면 이들 둘의 온도는 그 열량에 비례한다.
3. 이상기체를 사용한 기체온도계가 나타내는 온도계와 완전히 일치한다.

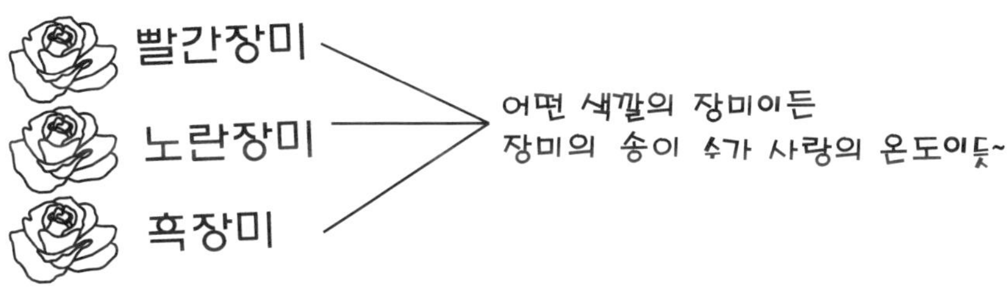

열역학적 온도는 온도계의 종류에 관계없이 절대적인 온도를 정의한다.

(4) Kelvin의 절대온도

이상기체를 사용하는 기체온도계에 의한 절대온도는 완전가스가 일정한 압력 하에서 체적이 0이 되는 점을 가상하여 이 점을 온도의 기준으로 한 온도이다.[29)]

이와 같은 절대온도를 T로 표시하고, 앞에서 정의한 열역학적 절대온도 τ와 비교해 보면 식 (4−10),

$$\frac{|W_{cycle}|}{|Q_1|} = \frac{T_1 - T_2}{T_1} \quad \cdots\cdots \ (4-10)$$

으로부터,

$$\frac{|W_{cycle}|}{|Q_2|} = \frac{T_1 - T_2}{T_2} \qquad (4-16)$$

이므로,

$$\frac{Q_2}{Q_1} = \frac{T_2}{T_1} \qquad (4-17)$$

가 되어,

$$\frac{Q_2}{Q_1} = \frac{T_2}{T_1} = \frac{\tau_2}{\tau_1} \qquad (4-18)$$

이므로,

$$\tau_1 = T_1, \quad \tau_2 = T_2 \qquad (4-19)$$

로 해도 열역학적으로 모순이 생기지 않는다.

카르노사이클의 열효율은 열량 Q_1과 Q_2의 실제크기가 아닌 그 비율(Q_2/Q_1)에 좌우되므로 열역학적 온도 τ는 카르노기관을 만들지 않아도 이상기체를 사용하는 기체온도계에 의한 절대온도 T를 대신 사용해도 상관없음을 알 수 있다.

이를 Kelvin의 절대온도(absolute temperature)라 부르고 K로 나타낸다.

---

29) $p \cdot V = G \cdot R \cdot T \Rightarrow p \cdot 0 = G \cdot R \cdot 0$
또는, 일정한 체적 하에서 압력이 0이 되는 점
$p \cdot V = G \cdot R \cdot T \Rightarrow 0 \cdot \mathrm{V} = \mathrm{G} \cdot \mathrm{R} \cdot 0$

(a)

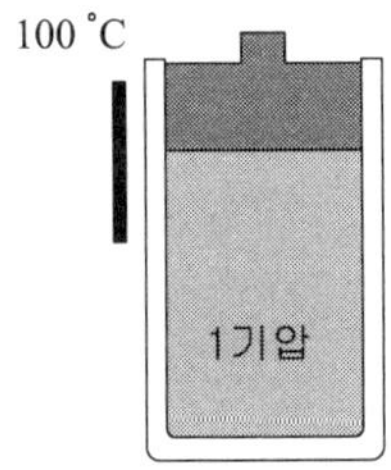

부피 $= 1 + \frac{100}{273}$

압력이 일정할 때,
기체의 온도를 1°C 변화시키면 부피가 0°C에서보다 1/273 만큼 변하게 된다.

(b)

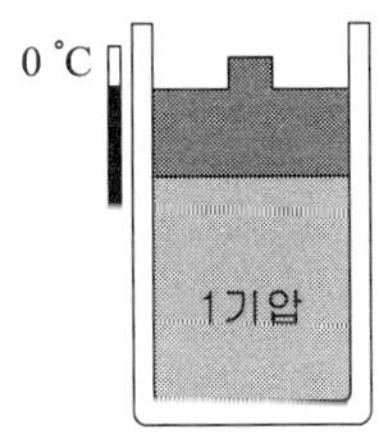

부피 $= 1$

100°C의 부피 (a)는 0°C의 부피 (b)보다 100/273 만큼 더 크다.

(c)

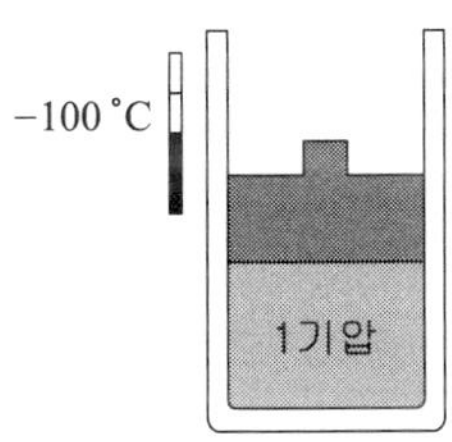

부피 $= 1 - \frac{100}{273}$

만약 온도를 −100°C로 낮추면 부피 (c)는 0°C에서의 부피 (a)보다 100/273 만큼 수축된다.

(d)

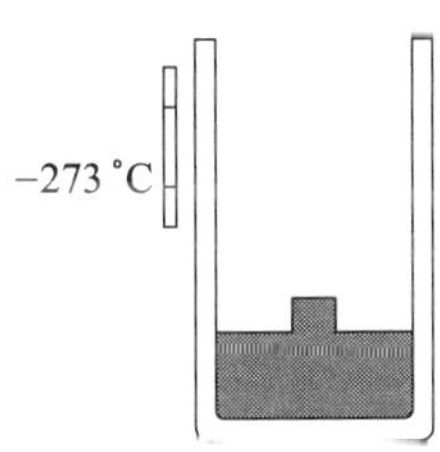

부피 $= 1 - \frac{273}{273} = 0$

따라서 −273°C에서는 기체의 부피가 273/273 만큼 수축되어 부피 (d)는 0 이 될 것이다.

(5) Q/T

카르노기관을 포함한 일반기관의 열효율은,

$$\eta = \frac{Q_1 - Q_2}{Q_1} = 1 - \frac{Q_2}{Q_1} \quad \cdots\cdots \quad (4-7)$$

로 나타내어지지만, 카르노사이클기관에서의 효율 η_c 는 절대온도만으로 나타낼 수 있음을 알았다.

즉,

$$\eta_c = \frac{Q_1 - Q_2}{Q_1} = 1 - \frac{Q_2}{Q_1} = 1 - \frac{T_2}{T_1} \quad \cdots\cdots \quad (4-10)$$

이것이 카르노기관의 특징이다. 따라서 카르노사이클을 행하는 열기관 즉,
가역사이클 기관에서는 다음 식이 성립한다.

$$\frac{Q_2}{Q_1} = \frac{T_2}{T_1} \qquad \therefore \ \frac{Q_1}{T_1} = \frac{Q_2}{T_2} \qquad (4-20)$$

즉, 수열측과 방열측에 있어서

$$\frac{Q}{T} = \text{일정} \qquad (4-21)$$

이라는 관계가 성립하고 있다.

실은, 이와 같이 열역학 계산에서는 $\frac{Q}{T}$가 자주 나타나게 되므로 이 정수를 새로운 물리량으로 취급하기로 한다.

지금, 대상으로 하는 계에 미소열량 δQ가 출입할 때,
이 때의 절대온도가 T인 경우,

미소물리량 $\frac{\delta Q}{T}$의 물리적 의미를 살펴보기로 한다.

그림 4-12와 같이 $p-V$선도 상에서 나타낸 일반적인 가역사이클 $ABCD$에 단열선과 등온선을 그어 무한히 많은 미소 카르노사이클[30]을 만든다.

30) 2개의 가역단열선과 2개의 가역등온선으로 둘러 싸여 있다.

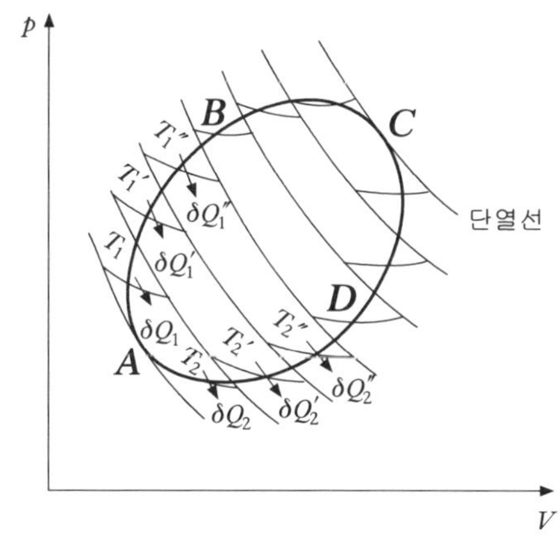

[그림 4-12] 가역사이클 ABCD를 무수한 미소 카르노사이클로 분할한다.

$$\frac{Q_1}{T_1} = \frac{Q_2}{T_2} = \text{일정}$$

4.10 가역사이클과 Clausius 폐적분

각 사이클의 고온측 온도를 $T_1, T_1', T_1'', \cdots\cdots$, 저온측의 온도를 $T_2, T_2', T_2'', \cdots\cdots$, 흡열량을 $\delta Q_1, \delta Q_1', \delta Q_1'', \cdots\cdots$, 방열량을 $\delta Q_2, \delta Q_2', \delta Q_2'', \cdots\cdots$,라 하면,
사이클 I 에 대하여,

$$\eta_{\mathrm{I}} = 1 - \frac{\delta Q_{2-\mathrm{I}}}{\delta Q_{1-\mathrm{I}}} = 1 - \frac{T_{2-\mathrm{I}}}{T_{1-\mathrm{I}}} \Rightarrow \frac{\delta Q_{2-\mathrm{I}}}{\delta Q_{1-\mathrm{I}}} = \frac{T_{2-\mathrm{I}}}{T_{1-\mathrm{I}}} \quad \therefore \frac{\delta Q_{1-\mathrm{I}}}{T_{1-\mathrm{I}}} = \frac{\delta Q_{2-\mathrm{I}}}{T_{2-\mathrm{I}}} \cdots\cdots \text{①}$$

사이클 II 에 대하여,

$$\eta_{\mathrm{II}} = 1 - \frac{\delta Q_{2-\mathrm{II}}}{\delta Q_{1-\mathrm{II}}} = 1 - \frac{T_{2-\mathrm{II}}}{T_{1-\mathrm{II}}} \Rightarrow \frac{\delta Q_{2-\mathrm{II}}}{\delta Q_{1-\mathrm{II}}} = \frac{T_{2-\mathrm{II}}}{T_{1-\mathrm{II}}} \quad \therefore \frac{\delta Q_{1-\mathrm{II}}}{T_{1-\mathrm{II}}} = \frac{\delta Q_{2-\mathrm{II}}}{T_{2-\mathrm{II}}} \cdots \text{②}$$

사이클 III 에 대하여, 같은 방법으로

$$\frac{\delta Q_{1-\mathrm{III}}}{T_{1-\mathrm{III}}} = \frac{\delta Q_{2-\mathrm{III}}}{T_{2-\mathrm{III}}} \qquad \cdots\cdots \text{③}$$

다른 사이클에 대해서도 같은 관계가 성립하므로, 식 ①, ②, ③들을 모두 합하면, 전체 사이클에 대해서는,

$$\frac{\delta Q_{1-\mathrm{I}}}{T_{1-\mathrm{I}}} + \frac{\delta Q_{1-\mathrm{II}}}{T_{1-\mathrm{II}}} + \frac{\delta Q_{1-\mathrm{III}}}{T_{1-\mathrm{III}}} + \cdots\cdots = \frac{\delta Q_{2-\mathrm{I}}}{T_{2-\mathrm{I}}} + \frac{\delta Q_{2-\mathrm{II}}}{T_{2-\mathrm{II}}} + \frac{\delta Q_{2-\mathrm{III}}}{T_{2-\mathrm{III}}} + \cdots\cdots \quad \cdots\cdots \text{④}$$

$$\therefore \ \Sigma \frac{\delta Q_1}{T_1} = \Sigma \frac{\delta Q_2}{T_2} \text{ 즉, } \Sigma \frac{\delta Q_1}{T_1} - \Sigma \frac{\delta Q_2}{T_2} = 0 \qquad (4-22)$$

여기서, 동작유체에 가한 열량을 '+'라 하면, 방출열량은 '−'이므로

$$\Sigma \frac{\delta Q}{T} = 0 \qquad (4-22)$$

로 간단히 표시되며 이것을 적분의 형태로 표시하면,

$$\oint \frac{\delta Q}{T} = 0 \qquad (4-22)$$

[31]

식 (4−22)는 모든 가역사이클에 대한 적분치가 항상 0 이 됨을 뜻하며 이를 Clausius 의 적분(Clausius integral)이라 한다.

---

31) 카르노사이클에서는 $\frac{\delta Q}{T}$의 값이 일정하므로, $\oint \frac{\delta Q}{T} = 0$, $\therefore \ dS = 0$
즉, 『카르노사이클에서는 엔트로피의 증가가 없다.』는 의미로 이것은 가역사이클의 특징을 엔트로피를 이용해서 표현한 것이다.

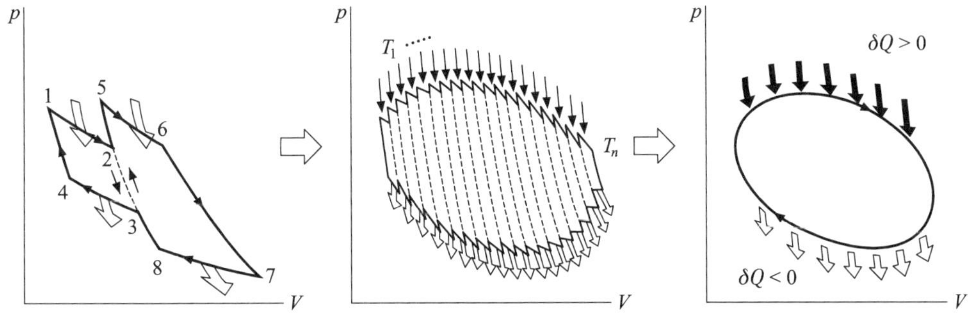

(a) 1 2 3 4 1 의 사이클과 5 6 7 8 5 의 사이클의 2 3과 85 는 서로 상쇄되어 125678341의 합성사이클이 된다.

(b) (a)의 합성을 무수한 미세사이클로 다시 합성한다.

(c) 폐곡선의 사이클로 치환한다.

<사이클의 합성>

$$\frac{Q_1}{T_1} + \frac{Q_2}{T_2} = 0 \ (\text{가역})$$

인생살이;

$$\frac{Q_1}{T_1} + \frac{Q_2}{T_2} < 0 \ (\text{비가역})$$

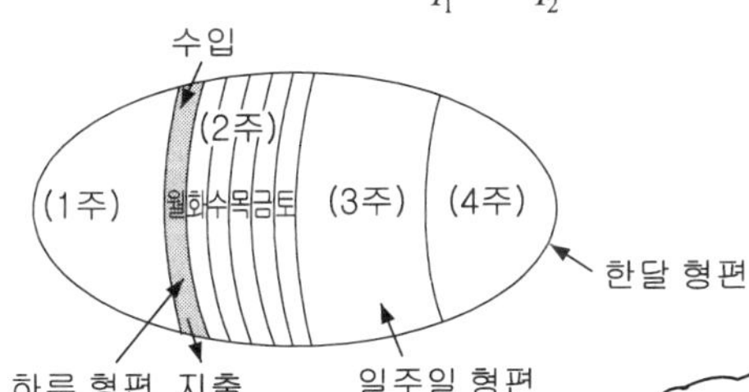

4.11 Clausius의 부등식(Inequality of Clausius)

앞 절의 식(4−22)식에서 폐적분, 즉 한 사이클에 대한 적분치가 항상 제로가 됨을 보았다. 이 때는 그 사이클이 가역사이클인 경우였다.

그러나 비가역사이클인 경우에는 마찰 등에 의한 열손실로 인하여 방열량이 가역사이클의 방열량보다 더 크게 되므로 그 적분치는 항상 0보다 작게 된다.[32]

여기서, 가역사이클과 비가역사이클의 열효율을 각각 η_R, η_{IR}이라 하면,

$$\eta_R = 1 - \frac{Q_2}{Q_1} = 1 - \frac{T_2}{T_1} \quad \cdots\cdots \quad (4-10)$$

$$\eta_{IR} = 1 - \frac{Q_2}{Q_1} \text{ [33]} \quad \cdots\cdots \quad (4-7)$$

이며, $\eta_R > \eta_{IR}$이므로,

$$1 - \frac{T_2}{T_1} > 1 - \frac{Q_2}{Q_1} \quad \therefore \quad \frac{Q_1}{T_1} < \frac{Q_2}{T_2} \tag{4-23}$$

이를 세분된 사이클에 적용하면,

$$\Sigma \frac{\delta Q_1}{T_1} - \Sigma \frac{\delta Q_2}{T_2} < 0 \tag{4-24}$$

이 된다. 이를 적분식으로 나타내면 다음과 같다.

$$\oint \frac{\delta Q}{T} < 0 \tag{4-24}$$

식 (4−24)은 비가역사이클에 대한 Clausius의 적분은 0보다 작다는 것을 뜻하며 이를 Clausius의 부등식이라 한다.

여기서, $\oint$는 사이클 전체에 대한 폐적분을 나타낸다.

지금까지 $\delta Q/T$의 가역사이클과 비가역사이클의 사이클 전체에 대한 폐적분 값에 관하여 알아보았으나, $\delta Q/T$가 상태 1에서 상태 2까지 변할 때의 값에 관하여 알아보기로 한다.

---

32) 가역사이클 : $\Sigma \frac{\delta Q_1}{T_1} = \Sigma \frac{\delta Q_2}{T_2}$, $\Sigma \frac{\delta Q_1}{T_1} - \Sigma \frac{\delta Q_2}{T_2} = 0$

비가역사이클 : $\Sigma \frac{\delta Q_1}{T_1} < \Sigma \frac{\delta Q_2}{T_2}$, $\Sigma \frac{\delta Q_1}{T_1} - \Sigma \frac{\delta Q_2}{T_2} < 0$

33) $\eta_{IR} = 1 - \frac{Q_2}{Q_1} = 1 - \frac{T_2'}{T_1}$ $(T_2' < T_2)$

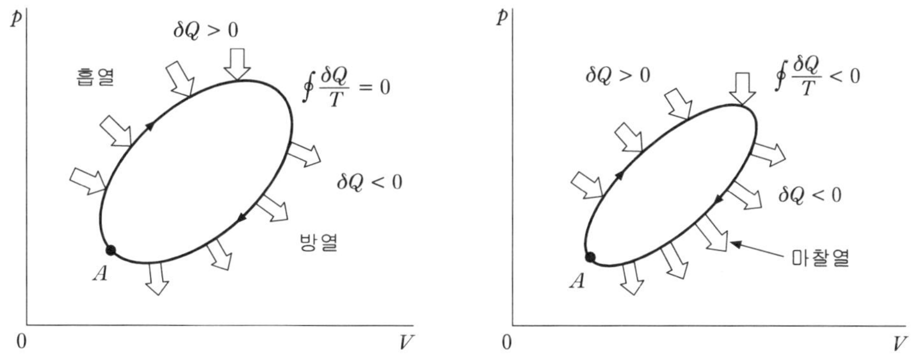

마찰열 등의 음(-)의 방열이 (a)보다도 증가했다

(a) 가역사이클 (b) 비가역사이클

<Clausius의 부등식>

맨날 적자인생!
수입 (Q_1)은 일하는 능력 (T_1)만큼 밖에 안되는데
지출 (Q_2)는 자신의 처지 (T_2)보다 엄청 높아가지고야
맨날 적자 ($\oint$)인생이지 뭐!!

$$\sum \frac{\delta Q_1}{T_1} - \sum \frac{\delta Q_2}{T_2} = \oint \frac{\delta Q}{T} < 0 \quad \cdots \text{(4-24)}$$

4.12 엔트로피(Entropy)

그림 4−13은 가역사이클 1→3→2→4→1을 $p-V$선도 상에 나타낸 것이다. 이는 가역사이클이라 하였으므로 Clausius적분은 반드시 제로이어야 한다. 따라서

$$\oint \frac{\delta Q}{T} = 0 \quad \cdots\cdots \quad (4-22)$$

지금, 이 적분을 적분경로 1→3→2 와 2→4→1 로 나누어 생각한다.

$$\oint \frac{\delta Q}{T} = \int_{1\to 3}^{2} \frac{\delta Q}{T} + \int_{2\to 4}^{1} \frac{\delta Q}{T} = 0 \qquad ①$$

이것은 가역사이클이므로, 2→4→1 의 역(逆)경로[34] 1→4→2 역시 성립해야 한다.

$$\int_{2\to 4}^{1} \frac{\delta Q}{T} = -\int_{1\to 4}^{2} \frac{\delta Q}{T} \qquad ②$$

이제, 식 ②를 식 ①에 대입하여 이항하면 다음 식이 성립한다.

$$\int_{1\to 3}^{2} \frac{\delta Q}{T} = \int_{1\to 4}^{2} \frac{\delta Q}{T} \qquad (4-25)$$

즉, 가역사이클에 있어서 상태 1점과 상태 2점이 주어지면, 그 두 점 사이에는 어떠한 경로(단, 가역인 경로일 것)를 취해도 결국 식 (4−25)과 같이 된다. 따라서 다음 식이 성립하며, 다음 사실을 알 수 있다.

$$\int_{1}^{2} \frac{\delta Q}{T} = \text{일정} \qquad (4-26)$$

지금, $p-V$선도 상에 점 1을 잡고 이것을 기준점으로 점 2를 취하여 $\int_1^2 \frac{\delta Q}{T}$를 구하면 이는 가역변화의 경로에 따라 변하지 않고 하나의 값으로 결정되는 값, 즉 상태량이 된다.[35] 이 새로운 상태량을 Clausius는,

$$dS = \frac{\delta Q}{T} \text{ [36]} \quad \text{또는} \quad \delta Q = T \cdot dS \text{ [37]} \qquad (4-27)$$

로 정의하여 S를 엔트로피(entropy)라 하였다.

S는 $G\ kg_f$에 대한 것으로 단위는 $k\,cal/K$이다. 단위중량 ($1\ kg_f$)에 대해서는

$$ds = \frac{\delta q}{T} \quad \text{또는} \quad \delta q = T \cdot ds \qquad (4-27)$$

로 되며, 단위중량 당 엔트로피를 비(比)엔트로피(specific entropy)라고 한다.

---

34) 가령, 시간의 진행을 逆으로 취한다든지,

35) 여기서 주의할 것은: 변화하는 경로가 반드시 가역과정이어야 한다.

36) $\Delta S = S_2 - S_1 = \int_1^2 \frac{1}{T(Q)} \cdot \delta Q$

37) $\Delta Q = Q_2 - Q_1 = \int_1^2 T(S) \cdot dS$

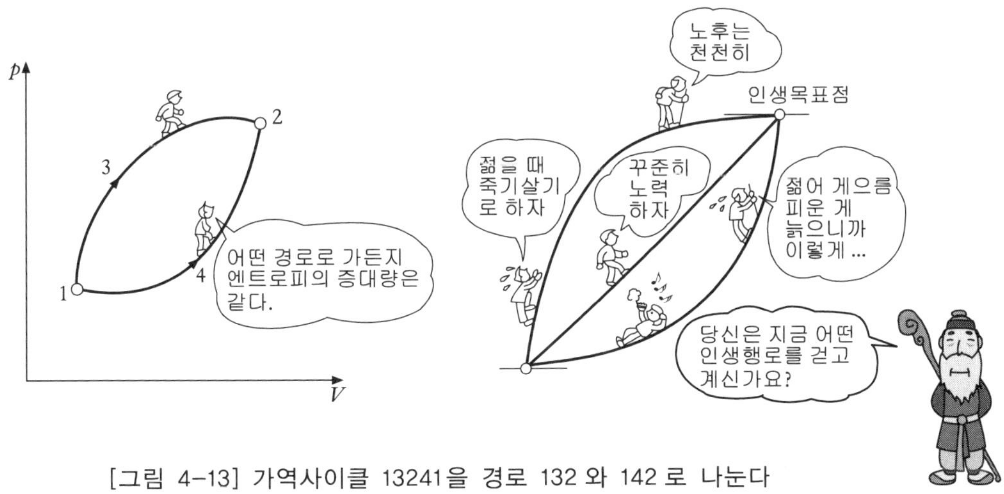

[그림 4-13] 가역사이클 13241을 경로 132 와 142 로 나눈다

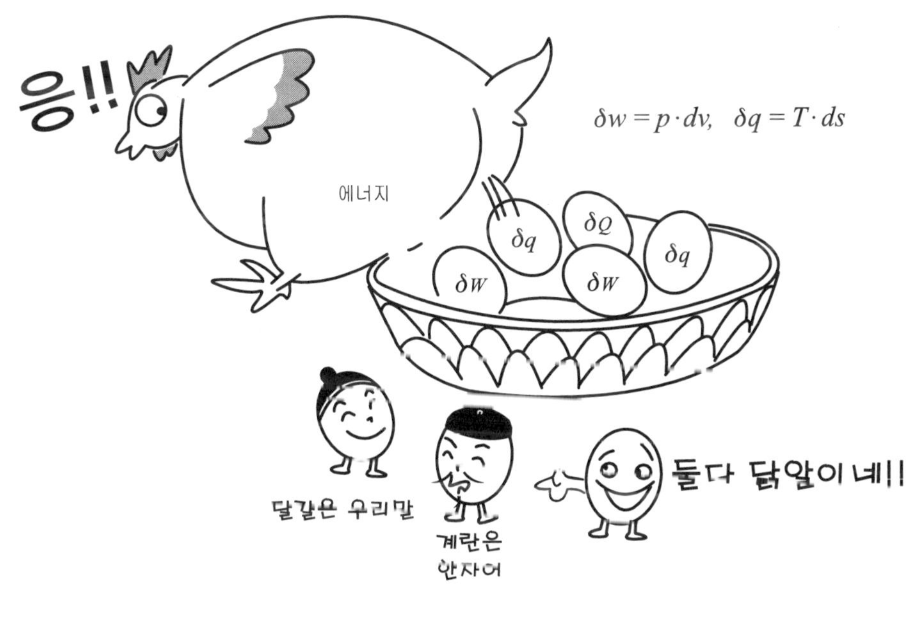

4.13 엔트로피(Entropy) 증가의 법칙

(1) 비가역변화의 엔트로피-1

이번에는 비가역사이클에 대한 엔트로피의 변화에 대하여 생각해 보자.

앞의 그림 4-13에서, 경로 $1 \rightarrow 3 \rightarrow 2$ 는 비가역변화, 경로 $2 \rightarrow 4 \rightarrow 1$ 이 가역변화라고 하면, 사이클 $1 \rightarrow 3 \rightarrow 2 \rightarrow 4 \rightarrow 1$ 는 비가역사이클이 되어, 이 사이클의 Clausius적분값은 식 (4-24)에 의하여 0 보다 작게 된다. 즉, $\oint \delta Q < 0$ 이므로,

$$\oint \frac{\delta Q}{T} = \int_{1\rightarrow 3}^{2} \frac{\delta Q}{T} + \int_{2\rightarrow 4}^{1} \frac{\delta Q}{T} < 0 \quad \cdots\cdots \quad (4-24)$$

또는,

$$\int_{1\rightarrow 3}^{2} \frac{\delta Q}{T} - \int_{1\rightarrow 4}^{2} \frac{\delta Q}{T} < 0 \qquad (4-28)$$

그런데 경로 $2 \rightarrow 4 \rightarrow 1$ 은 가역변화이므로,

$$\int_{1\rightarrow 3}^{2} \frac{\delta Q}{T} - (S_2 - S_1) < 0 \qquad (4-29)$$

즉,

$$(S_2 - S_1) > \int_{1\rightarrow 3}^{2} \frac{1}{T} \cdot \delta Q \qquad (4-29)$$

이므로, 비가역변화에서의 엔트로피변화량은 $\int \frac{1}{T} \cdot \delta Q$ 보다 항시 크며,

상태점 1, 2 가 근접할 경우, 비가역변화에 대한 엔트로피와 열량사이의 관계는

$$dS > \frac{1}{T}\ \delta Q \qquad (4-30)$$

또는,

$$\delta Q < T \cdot dS \qquad (4-31)$$

로 나타낼 수 있다.[38] 지금, 계에 열의 출입이 없다 ($\delta Q = 0$)고 하면, 즉 단열변화의 경우, 가역단열변화에서는 $dS = 0$ 이므로 $S = C$onst.가 되어 계의 엔트로피는 변하지 않으나, 비가역단열변화이면 흡열측과 방열측의 엔트로피가 각각 δQ 의 부호에 따라 증가 또는 감소한다. 그러나 계의 전체로서는 다음 절에서 예시하는 경우에 있어서는, $dS > 0$가 되어 엔트로피는 항시 증가한다. 한편, 계에 열의 출입이 있는 경우에는 $\delta Q \neq 0$ 이므로, $dS > 0$ 가 되어 엔트로피는 항시 증가한다.

이렇게 비가역변화에서 엔트로피가 항시 증가하는 것을 엔트로피증가의 법칙이라 한다.

---

38) 가역변화의 경우는, $\delta Q = T \cdot dS$ 이다.
이는 같은 열량의 이동 δQ 가 동일하더라도 비가역변화가 가역변화에 비하여 엔트로피의 변화가 크다는 의미이다.

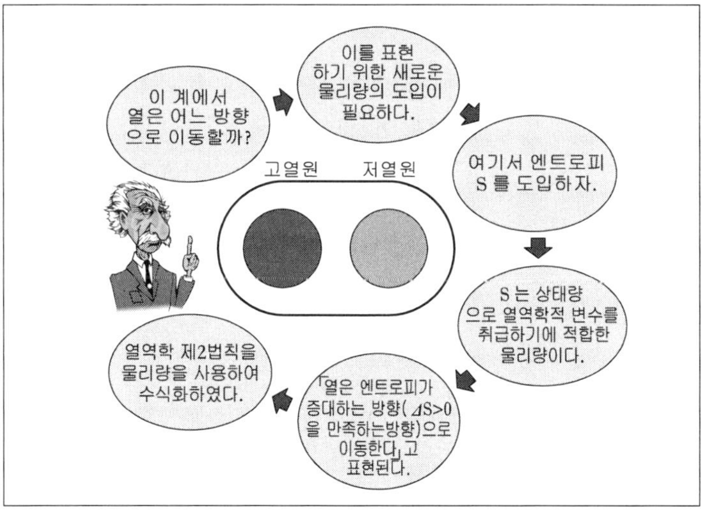

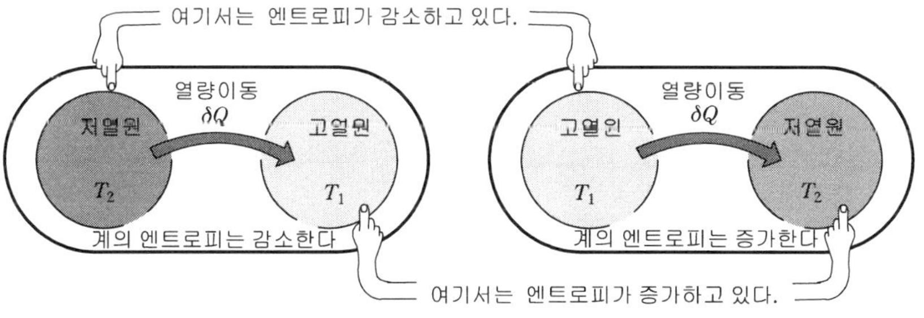

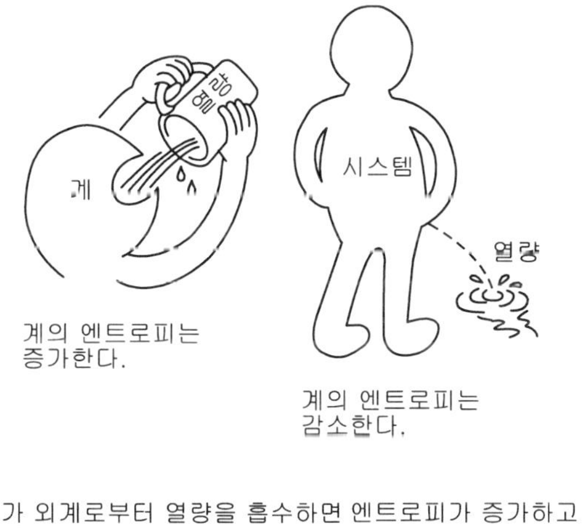

계가 외계로부터 열량을 흡수하면 엔트로피가 증가하고
계가 외계에 열량을 방출하면 엔트로피는 감소한다.

(2) 비가역변화의 엔트로피-2

이제 다음 몇 가지 (비가역)자연현상에 대하여 엔트로피가 항상 증가하는 사실을 지금까지 배운 열역학의 지식으로 증명해 보기로 한다.

1) **열이동의 경우** : 온도가 다른 두 물체를 접촉시키면 열은 고온물체 T_1 으로부터 저온물체 T_2 로 이동하여 두 물체의 온도는 같아져서 열평형상태에 이른다. 지금 고온물체에서 저온물체로 $\varDelta Q$ 만큼의 열이 이동하였다고 하면, 고온물체의 엔트로피 감소량 $\varDelta S_H$ 는,

$$\varDelta S_H = -\frac{\varDelta Q}{T_H} \tag{4-32}$$

로 주어진다. 한편, 저온물체의 엔트로피 증가량 $\varDelta S_L$은 다음과 같다.

$$\varDelta S_L = +\frac{\varDelta Q}{T_L} \tag{4-32'}$$

여기서, $T_H > T_L$이므로 물체 전체의 엔트로피 변화량 $\varDelta S$ 는 다음과 같이 된다.

$$\varDelta S = \varDelta S_H - \varDelta S_L = -\frac{\varDelta Q}{T_H} + \frac{\varDelta Q}{T_L} = \varDelta Q \cdot \left(\frac{1}{T_L} - \frac{1}{T_H}\right) > 0 \tag{4-33}$$

즉, 열이동과 같은 비가역과정에서는 엔트로피가 증가함을 알 수 있다.[39]

2) **열이 일로 변하는 경우** : 고열원 T_H 와 저열원 T_L 사이에서 작동하는 열기관이 있을 때, 고열원의 엔트로피감소량 $\varDelta S_H$ 와 저열원의 엔트로피증가량 $\varDelta S_L$ 은 다음과 같다.

$$\varDelta S_H = -\frac{Q_H}{T_H}, \qquad \varDelta S_L = +\frac{Q_L}{T_L} \tag{4-34}$$

여기서, $\left|\frac{Q_L}{T_L}\right| > \left|\frac{Q_H}{T_H}\right|$이므로, 계[40]의 엔트로피 변화량 $\varDelta S$는 다음과 같이 된다.

$$\varDelta S = \varDelta S_L + \varDelta S_H > 0 \tag{4-35}$$

그러나, 단, 변화하는 과정이 사이클로 이루어지면 가역, 비가역에 관계없이 열기관의 엔트로피는 변하지 않는다.[41]

---

39) ▶ 열이동이 일어나면 엔트로피는 증대된다.
▶ 엔트로피가 증대하는 방향으로 열이동(자연현상)이 일어난다.

40) 기관과 고열원, 저열원을 포함한 계

41) 예 : 카르노 사이클

(a) 가역등온팽창과정 : $\varDelta S = \int_c \frac{\delta Q}{T} = \int \frac{G \cdot R \cdot T}{v \cdot T} dv = n \cdot R \cdot \ln \frac{v_2}{v_1} = -n \cdot R \cdot \ln \frac{p_2}{p_1}$

(b) 가역단열팽창과정 : $\varDelta S = 0$

(c) 가역등온압축과정 : $\varDelta S = \int_c \frac{\delta Q}{T} = \int \frac{G \cdot R \cdot T}{v \cdot T} dv = n \cdot R \cdot \ln \frac{v_4}{v_3} = -n \cdot R \cdot \ln \frac{p_4}{p_3} = n \cdot R \cdot \ln \frac{p_2}{p_1}$

(d) 가역단열압축과정 : $\varDelta S = 0$

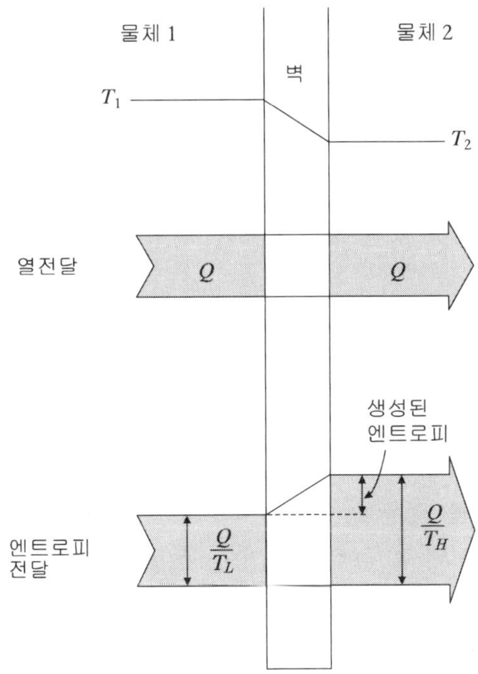

<유한한 온도차를 통한 열전달과 과정동안의 엔트로피의 증가>

〈인생 = 주름살 증가의 법칙〉

3) 마찰이 일어나는 경우 : 엔트로피의 정의식 $dS = \frac{\delta Q}{T}$ 를 적분하여 얻어지는 ΔS 는

$$\Delta S = \int_c \frac{\delta Q_{rev}}{T} \tag{4-36}$$

이다.

여기서 Q_{rev} 는 계에 대한 역학적에너지 변화가 모두 가역적으로 발생할 때 나타나는 열효과를 Q_{rev} 로 나타내었다.[42]

만약, 이러한 역학적에너지가 비가역적이어서 마찰이 일어나거나 동작유체의 내부에너지를 높이게 된다면 이러한 공정은 두 단계 즉, 역학적에너지 효과가 가역적인 공정과 필요한 열을 주변으로부터 추가하는 비가역적인 공정으로 나누어 생각한다.

예를 들어, 유체가 관 속을 흐를 때, 관 내벽과의 접촉에 의해 생기는 마찰열은 비가역과정의 손실열이며 이 열은 유체에 전달되어 유체의 엔트로피가 증가한다.

마찰에 의한 열을 ΔQ_f 라 하고, 유체의 온도가 T 로서 일정하다고 하면, 엔트로피의 변화량은 다음과 같다.

$$\Delta S = \frac{\Delta Q_f}{T} + \int_c \frac{\delta Q_{rev}}{T} \tag{4-37}$$

여기서, 마찰열 ΔQ_f는 $\Delta Q_f > 0$이므로, $\int_c \frac{\delta Q_{rev}}{T} \geq 0$일 경우, $\Delta S > 0$가 된다.[43]

이외에도 교축이나 가스의 혼합 같은 비가역변화에서 항상 엔트로피는 증가한다.

엔트로피는 상태변화 전후의 변화량만을 다루는 물리량이므로, 그 비교치가 사용되며 일반적으로는 표준상태를 0 으로 하여 다른 상태의 엔트로피 값을 정한다.

---

42) Q(열 에너지) = ΔU(내부에너지의증가) + $[PE + KE]$(역학적에너지) + W(일)
가역적인 공정에서는 Q_{rev}와 W_{rev}에 대해서만 고려한다.

43) 엔트로피의 정의 식 (4-27)/ $\Delta S = S_2 - S_1 = \int_1^2 \frac{\delta Q}{T}$ 이 의미하는 바는, 온도 T 인 물질이 과정 1-2 에서 가역적으로 열량 δq 를 수열하면 그 때 엔트로피는 Δs 만큼 증가한다.
가역적으로 열량 δq를 방열하면 그 때 엔트로피는 Δs 만큼 감소한다.
비가역적으로 열량 δq를 수열하면 그 때 엔트로피는 Δs 만큼 증가한다.
비가역적으로 열량 δq를 방열하면 그 때 엔트로피는 Δs 만큼 감소한다.
특히, 가역단열변화이면, $\delta Q = 0$, $\Delta S = 0$, $\therefore S =$ 일정 으로 된다.
따라서 가역단열변화를 等엔트로피 변화(isentropic change)라 한다.
단, 외부와는 단열적일지라도 마찰을 동반하는 유동일 경우에는,
흐름과 벽 사이에서 발생된 마찰열이 유체에 가해지므로 유체자신의 상태는 $\delta Q > 0$가 되고 따라서 S는 증가한다.
즉, 가역변화일 때는 : $dS = (\frac{\delta Q}{T})_{가역}$이나, 비가역변화일 때는 : $dS > (\frac{\delta Q}{T})_{비가역}$으로 된다.

엔트로피의 증가

계의 에너지 가치 저하

4.14 엔트로피(Entropy)의 계산 - 1

온도 $T(K)$ 인 물체 1 kg 이 외부로부터 $Q(kJ)$ 의 열량을 받을 경우 물질의 온도변화가 없다고 하면, 엔트로피 S 는 다음 식으로 표시된다.

$$S = \frac{Q}{T}$$

열역학에서 실제 문제로서 취급되는 것은 대부분의 경우, 상태 그 자체가 아니고 상태의 변화이므로 엔트로피 역시 어느 상태 1 로부터 임의의 상태 2 까지의 변화량

$$s_2 - s_1 = \int_1^2 \frac{\delta q}{T} \quad / \ (4-27) \tag{4-38}$$

를 알면 된다.

변화 중 온도 T 가 일정할 때는,

$$s_2 - s_1 = \frac{q_{1-2}}{T} \tag{4-39}$$

로서 바로 그 값을 구할 수 있으나, 일반적으로 온도 T 가 변화할 경우에는,

δq 대신, 가역변화에 대하여 성립하는 열역학 제 1 법칙의 식을 대입하여,

$$ds = \frac{\delta q}{T} = \frac{du + p \cdot dv}{T} \tag{4-40}$$

$$ds = \frac{\delta q}{T} = \frac{dh - v \cdot dp}{T} \tag{4-41}$$

를 적분하여 구한다.[44)]

44) 기체의 경우, 식 (4-44) 참조

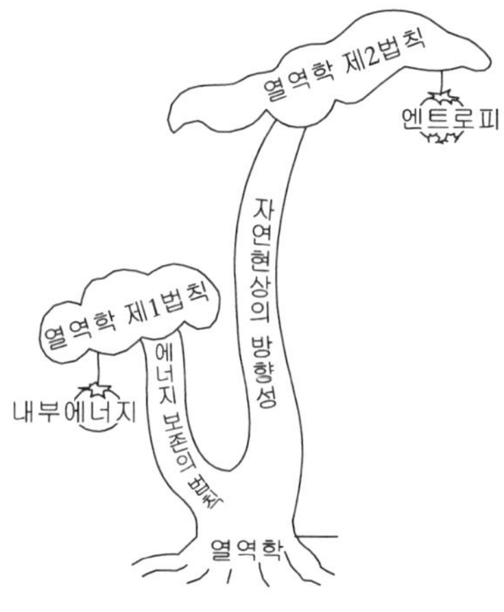

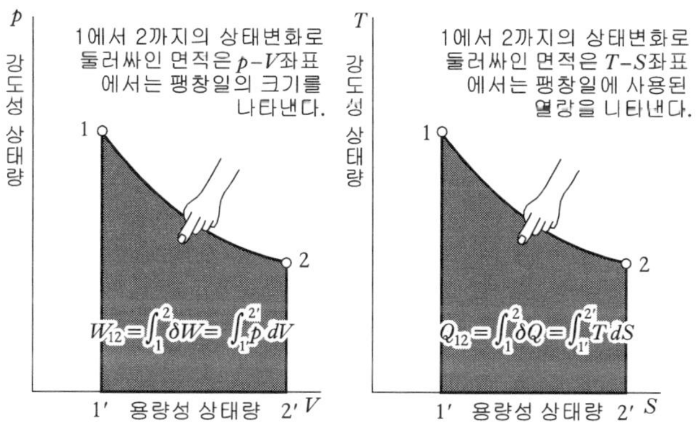

$$\delta W = p \cdot dV$$

$$\delta Q = T \cdot dS$$

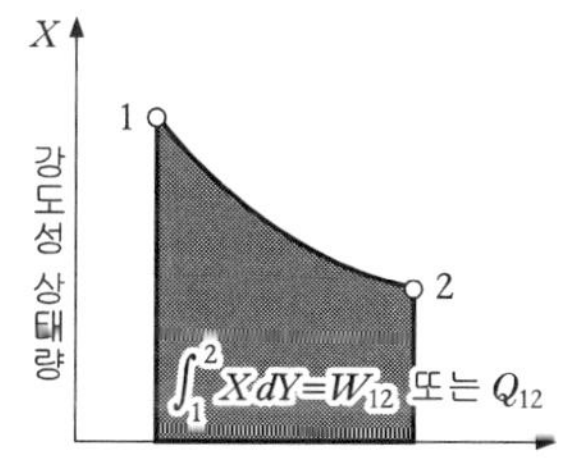

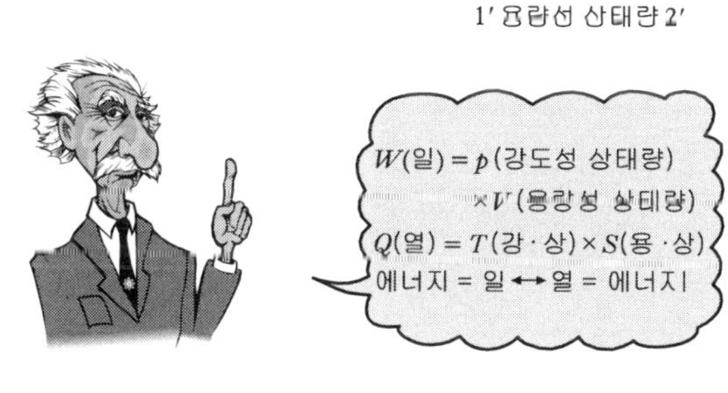

4.14 엔트로피(Entropy)의 계산 - 2

(1) 고체 및 액체

보통 고체나 액체의 경우는 체적의 변화를 무시해도 좋으므로, 식 (4−40)에서 $dv \cong 0$ 으로 놓을 수 있으며, 비열을 c 라고 하면 내부에너지의 변화는 다음과 같다.

$$du = c \cdot dT \quad \cdots\cdots \quad (3-19)$$

따라서 액체나 고체의 엔트로피변화는 다음 식으로 표현된다.

$$ds = \frac{\delta q}{T} = c \cdot \frac{dT}{T} \qquad (4-42)$$

일반적으로 고체 및 액체의 비열은 일정하므로,

$$s = c \cdot \ln T + s_0 \qquad (4-43)$$

가 되고, 여기서 s_0 는 적분상수로서 기준상태에서의 값으로 주어진다.

(2) 기체(이상기체)

엔트로피의 정의,

$$ds = \frac{\delta q}{T} \quad \cdots\cdots \quad (4-27)$$

및 이상기체의 상태식,

$$p \cdot v = R \cdot T \quad \cdots\cdots \quad (3-9)$$

로부터,

$$ds = \frac{du + p \cdot dv}{T} = c_v \cdot \frac{dT}{T} + R \cdot \frac{dv}{v}$$
$$= \frac{dh - v \cdot dp}{T} = c_p \cdot \frac{dT}{T} - R \cdot \frac{dp}{p}$$

로 쓸 수 있고, 이상기체에서는 정적비열 c_v 및 정압비열 c_p 가 온도에 대하여 일정하므로 위의 식을 적분하면 엔트로피는 다음과 같이 표시된다.

$$s = c_v \cdot \ln T + R \cdot \ln v + s_1 \qquad (4-44.a)$$
$$= c_p \cdot \ln T - R \cdot \ln p + s_2 \qquad (4-44.b)$$
$$= c_v \cdot \ln p + c_p \cdot \ln v + s_3 \qquad (4-44.c)$$

식 (4−44 a, b, c)로부터 이상기체의 여러 가지 가역적인 변화에 대한 계의 엔트로피 변화 Δs 는 다음과 같이 구할 수 있다.

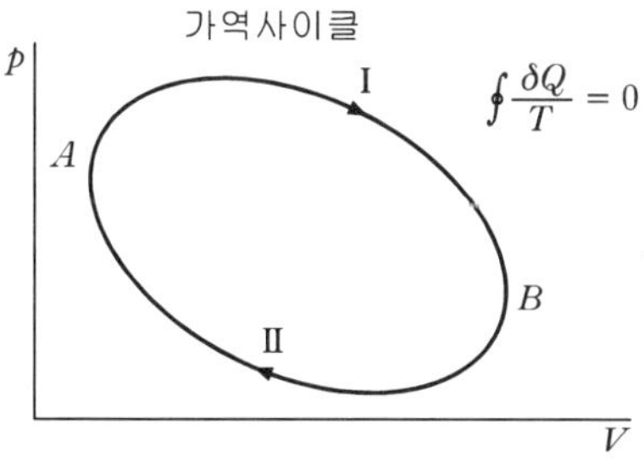

$$\oint \frac{\delta Q}{T} = 0$$

$$\oint \frac{\delta Q}{T} = \int_A^B \left(\frac{\delta Q}{T}\right)_{\mathrm{I}} + \int_B^A \left(\frac{\delta Q}{T}\right)_{\mathrm{II}} = 0$$

(a)

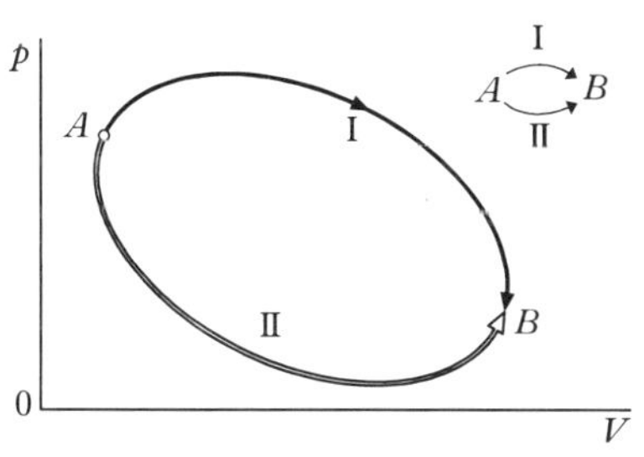

$$\int_A^B \left(\frac{\delta Q}{T}\right)_{\mathrm{I}} = -\int_B^A \left(\frac{\delta Q}{T}\right)_{\mathrm{II}}$$

⇩

$$\int_A^B \left(\frac{\delta Q}{T}\right)_{\mathrm{I}} - \int_A^B \left(\frac{\delta Q}{T}\right)_{\mathrm{II}}$$

(b)

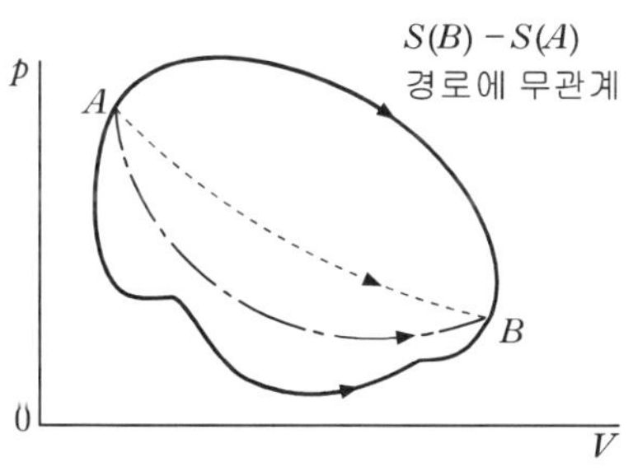

$\int_A^B \left(\frac{\delta Q}{T}\right)$ 의 값은 도중의 경로에 관계없이 A 와 B 의 점에 의해 정해진다.

(c)

4.15 완전가스 엔트로피의 일반적인 변화 - 1

지금까지 설명한 바와 같이, 엔트로피는 변화의 경로와 관계없이 결정되므로 압력, 비체적, 온도, 내부에너지, 엔탈피 등과 같은 점함수이고 수량으로 표시할 수 있으며 엔트로피의 변화량은 변화 전후의 상태가 결정되면 그 양이 계산된다.

완전가스의 엔트로피를 T, v, p의 항으로 표시되는 식으로 유도해 보도록 한다.

(1) T, v 의 항으로 표시

열역학 제 1 기초식, $\delta q = du + p \cdot dv$ 에서 $du = c_v \cdot dT$ 이므로,

$$\delta q = c_v \cdot dT + p \cdot dv \tag{4-45}$$

따라서 엔트로피의 정의로부터,

$$ds = \frac{\delta q}{T} = c_v \cdot \frac{dT}{T} + p \cdot \frac{dv}{T} \tag{4-46}$$

이다. 한편, 완전가스의 상태방정식 $p \cdot v = R \cdot T$ 에서 $\frac{p}{T} = \frac{R}{v}$ 이므로,

$$ds = c_v \cdot \frac{dT}{T} + R \cdot \frac{dv}{v} \tag{4-47}$$

가 되고, 이 식을 상태 1 에서 상태 2 까지 적분하면,

$$\Delta s = s_2 - s_1 = c_v \cdot \ln\left(\frac{T_2}{T_1}\right) + R \cdot \ln\left(\frac{v_2}{v_1}\right) \tag{4-48}$$

(2) p, v 의 항으로 표시

식 (4-48)의 T_1, T_2에 $T_1 = p_1 \cdot v_1 / R$, $T_2 = p_2 \cdot v_2 / R$ 을 대입하면,

$$\Delta s = s_2 - s_1 = c_v \cdot \ln\left(\frac{p_2 \cdot v_2}{p_1 \cdot v_1}\right) + R \cdot \ln\left(\frac{v_2}{v_1}\right)$$

$$= c_v \cdot \ln\left(\frac{p_2}{p_1}\right) + c_v \cdot \ln\left(\frac{v_2}{v_1}\right) + R \cdot \ln\left(\frac{v_2}{v_1}\right) \tag{4-49}$$

$$\therefore \quad \Delta s = s_2 - s_1 = c_v \cdot \ln\left(\frac{p_2}{p_1}\right) + c_p \cdot \ln\left(\frac{v_2}{v_1}\right) \tag{4-50}$$

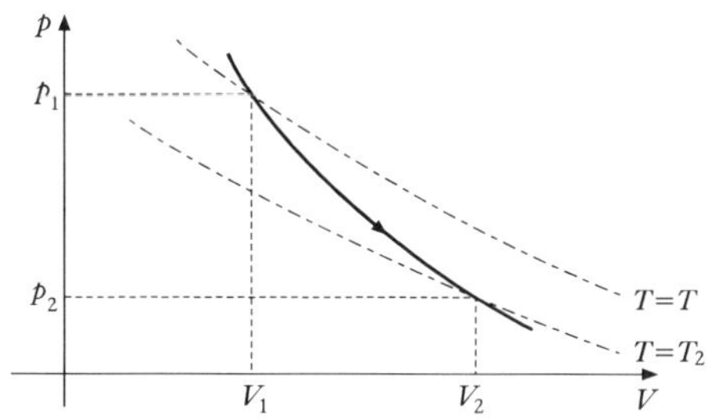

$$S_2 - S_1 = c_v \cdot ln\left(\frac{T_2}{T_1}\right) + R \cdot ln\left(\frac{V_2}{V_1}\right)$$

(c_v, R: 알고 있는 값)

등온변화 이면,

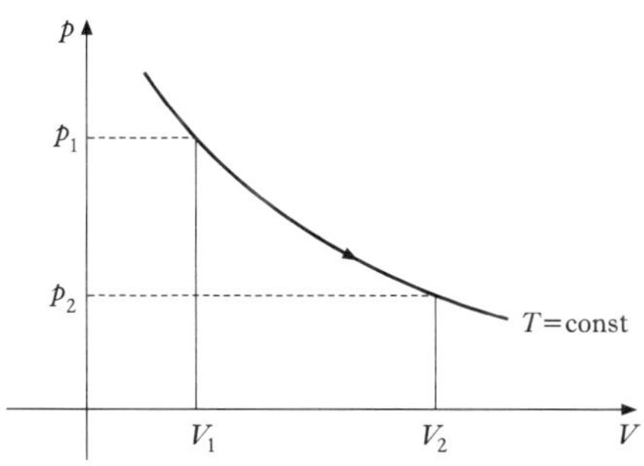

$$S_2 - S_1 = c_v \cdot ln(1) + R \cdot ln\left(\frac{V_2}{V_1}\right) = 0$$

등적변화 이면,

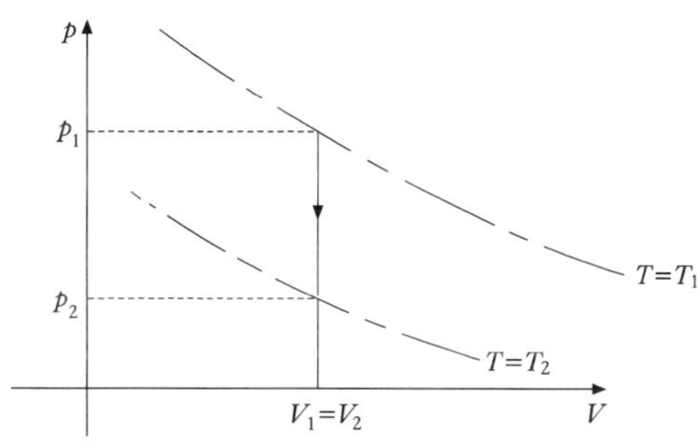

$$S_2 - S_1 = c_v \cdot ln\left(\frac{T_2}{T_1}\right) + R \cdot ln(1) = 0$$

(3) T, p 의 항으로 표시

열역학 제 2 기초식 / $\delta q = dh - v \cdot dp$ 에서

엔탈피 dh 는 $dh = c_p \cdot dT$ 이므로,

식 (4−46)의 ds 는,

$$ds = \frac{dq}{T} = c_p \cdot \frac{dT}{T} - v \cdot \frac{dp}{T} \tag{4-51}$$

이다.

한편, 완전가스의 상태방정식 $p \cdot v = R \cdot T$ 에서 $\frac{v}{T} = \frac{R}{p}$ 이므로,

$$ds = c_p \cdot \frac{dT}{T} - R \cdot \frac{dp}{p} \tag{4-52}$$

이 식을 상태 1에서 상태 2까지 적분하면, 엔트로피의 변화량 Δs 는

$$\Delta s = s_2 - s_1 = c_p \cdot \ln(\frac{T_2}{T_1}) - R \cdot \ln(\frac{p_2}{p_1}) \tag{4-53}$$

로 나타낼 수 있다.

엔트로피는 상태량이므로 엔트로피와 임의의 또 하나의 상태량으로 선도를 만들면 그 물질의 상태 및 상태변화를 나타내기 때문에 열역학의 문제해결에 유용하게 사용할 수 있다.

하나의 상태량으로서의 엔트로피와 또 하나의 상태량인 온도를 취하여 상태변화에 따른 열량의 출입관계를 나타낸 선도를 엔트로피선도라고 한다.

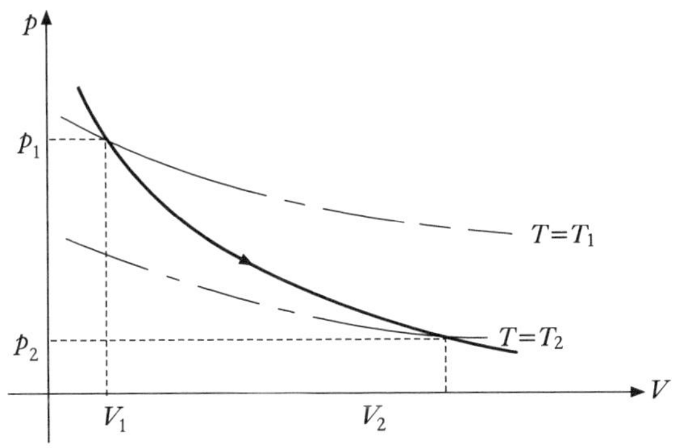

$$S_2 - S_1 = C_p \cdot ln\left(\frac{T_2}{T_1}\right) + R \cdot ln\left(\frac{p_2}{p_1}\right)$$

$$\left[= C_p \cdot ln\left(\frac{T_2}{T_1}\right) + R \cdot ln\left(\frac{V_2}{V_1}\right)\right]$$

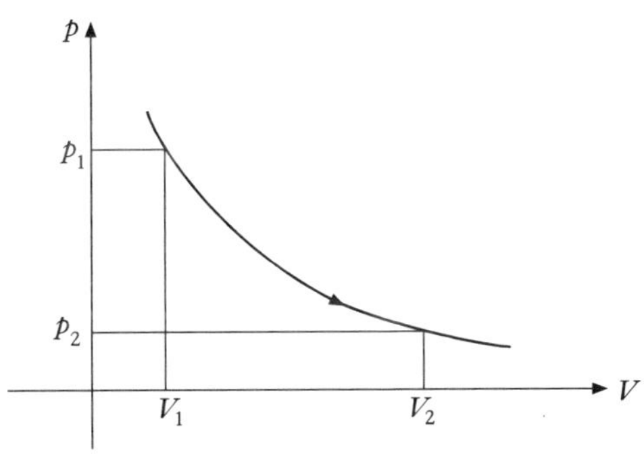

$$S_2 - S_1 = C_v \cdot ln\left(\frac{p_2}{p_1}\right) + C_p \cdot ln\left(\frac{V_2}{V_1}\right)$$

4.16 가역변화의 엔트로피 계산 - 1

① 정적(등적)변화 :

완전가스가 그림 4-14(a)와 같이 상태 1에서 2로 정적 하에서 가역적으로 팽창하는 경우, $dq = c_v \cdot dT$ 이므로, 식 (4-44,a)로부터,

$$\varDelta s = s_2 - s_1 = c_v \cdot \ln\left(\frac{T_2}{T_1}\right) = c_v \cdot \ln\left(\frac{p_2}{p_1}\right) \tag{4-54}$$

② 정압(등압)변화 :

완전가스가 그림 4-14(b)와 같이 상태 1에서 2로 가역적으로 정압 변화하는 경우, $dq = c_p \cdot dT$ 이므로, 식 (4-44,b)로부터,

$$\varDelta s = s_2 - s_1 = c_p \cdot \ln\left(\frac{T_2}{T_1}\right) = c_p \cdot \ln\left(\frac{v_2}{v_1}\right) \tag{4-55}$$

③ 등온(정온)변화 :

완전가스가 그림 4-14(c)와 같이 상태 1에서 2로 등온 하에서 상태변화하면, $T = Const.$ 이므로, 식 (4-14,a) 혹은 (4-14,b)로부터,

$$\varDelta s = s_2 - s_1 = R \cdot \ln\left(\frac{v_2}{v_1}\right) = R \cdot \ln\left(\frac{p_1}{p_2}\right) \tag{4-56}$$

④ 단열변화 :

완전가스가 외부와의 열교환이 없고 변화 중에 마찰이나 와류 등으로 인한 열손실이 전혀 없이 그림 4-14(d)와 같은 이상적인 가역단열변화를 할 경우에는, $\delta q = 0$ 이므로 $\delta q = T \cdot ds$ 에서 $ds = 0$ 이다.

따라서 변화 전후의 엔트로피가 같은 등엔트로피변화(isentropic change)가 된다.[45]

$$\varDelta s = s_2 - s_1 = 0, \quad s_1 = s_2 \tag{4-57}$$

45) 그러나 마찰이나 와류 등에 의한 손실이 발생하는 비가역단열변화는 등엔트로피 변화가 아니므로 엔트로피가 증가한다 (4-8절 참조).

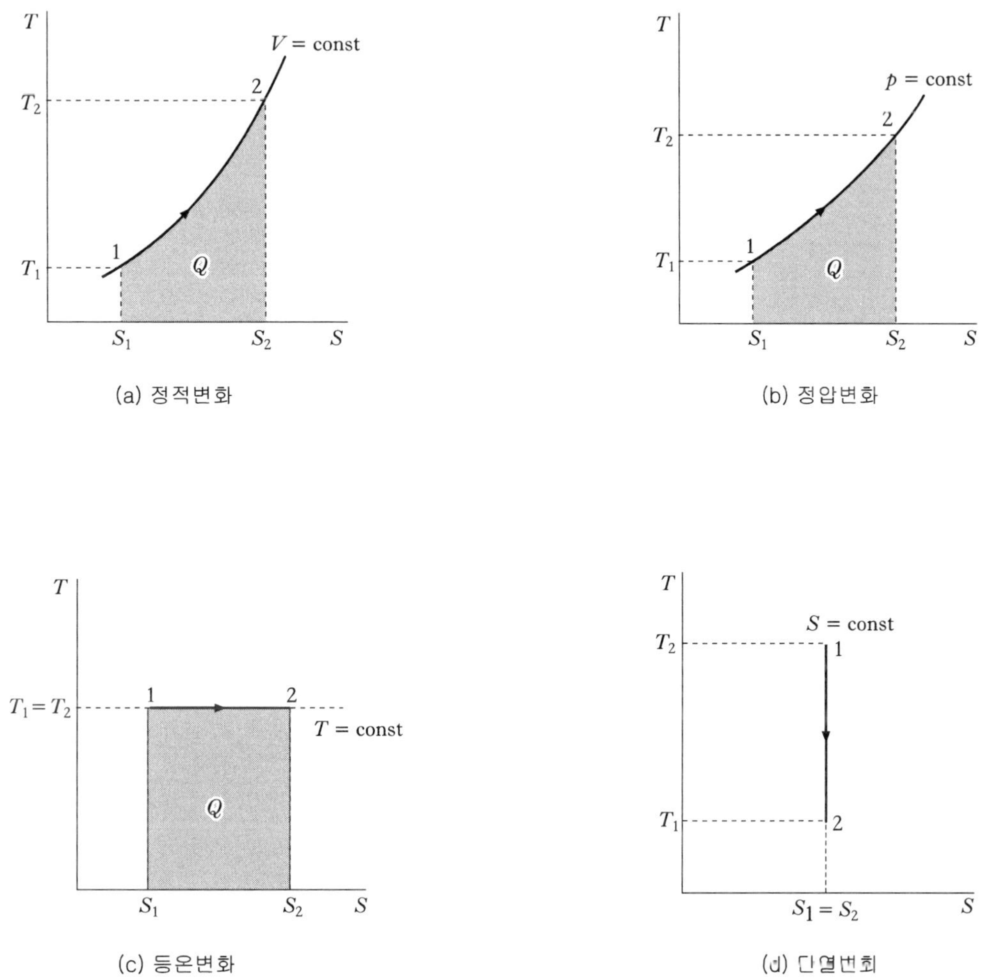

[그림 4-14] 가역변화의 엔트로피 선도

4.16 가역변화의 엔트로피 계산 - 2

⑤ 폴리트로픽변화 :

완전가스가 폴리트로픽 변화를 하는 경우 가열량은 식 (3−65)로부터,

$$\delta q = c_n \cdot dT = c_v \cdot \frac{n-k}{n-1} \cdot dT \quad \cdots\cdots \quad (3-65)$$

이므로 엔트로피의 변화는,

$$ds = \frac{\delta q}{T} = c_n \cdot \frac{dT}{T} = c_v \cdot \frac{n-k}{n-1} \cdot \frac{dT}{T} \qquad (4-58)$$

$$\Delta s = s_2 - s_1 = c_n \cdot \ln\left(\frac{T_2}{T_1}\right) = c_v \cdot \frac{n-k}{n-1} \cdot \ln\left(\frac{T_2}{T_1}\right) \qquad (4-59)$$

이상기체 $1\,kg_f$ 의 엔트로피 변화량 즉, 비엔트로피의 단위는 $\frac{kg_f \cdot m}{kg_f \cdot K}$ 이고, $G\,kg_f$ 의 가스에 대해서는,

$$\Delta S = S_2 - S_1 = G \cdot c_n \cdot \ln\left(\frac{T_2}{T_1}\right) = G \cdot c_v \cdot \frac{n-k}{n-1} \cdot \ln\left(\frac{T_2}{T_1}\right) \quad kg_f \cdot m / K \qquad (4-60)$$

로 주어진다.

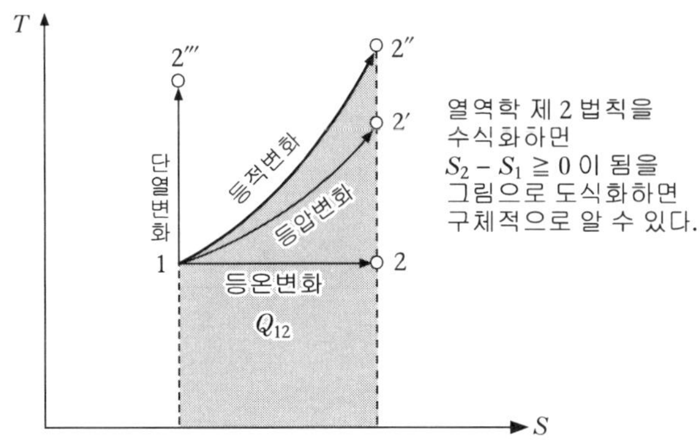

엔트로피 S 의 증대량을 T-S 선도에 나타낸다.

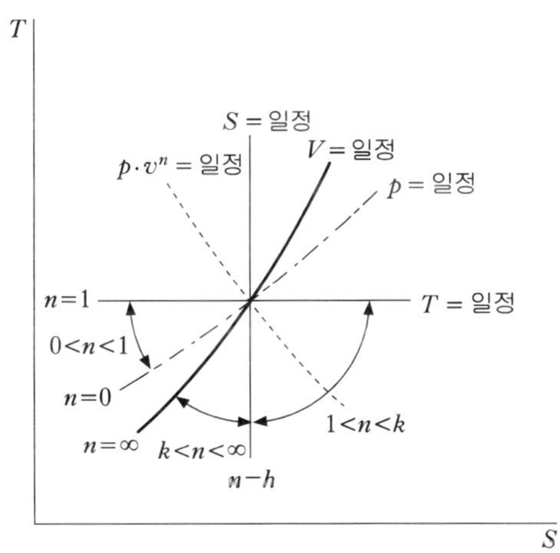

<n 에 따른 변화곡선>

4.17 (이상기체의) 비가역변화의 엔트로피 계산

① 마찰이 있는 경우

마찰에 의하여 일 $w_{fr.}$에 해당하는 에너지가 소멸될 경우, 그 때 $w_{fr.}$과 등가인 열량을 $q_{fr.}$이라 하면 $q_{fr.} = w_{fr.}$인 열이 마찰로 인하여 발생하고 이것이 온도 T인 물질에 되돌아온다고 생각하면 그 사이의 엔트로피 증가 Δs는 다음과 같다.

$$\Delta s = \frac{q_{fr.}}{T} = \frac{w_{fr.}}{T} \tag{4-61}$$

② 온도차가 있는 두 물체 사이의 열 이동

온도가 T_A, T_B인 두 물체 사이에서 열의 수수가 가역적으로 이루어진다고 하면, $T_B > T_A$일 때, 물체 B로부터 A의 물체로 열량 q가 이동될 경우, B의 물체는 q / T_B 만큼 엔트로피가 감소하고 A의 물체는 q / T_A 만큼 엔트로피가 증가된다.

따라서 양쪽을 함께 고려하면,

$$\Delta s = \frac{q}{T_A} - \frac{q}{T_B} = q \cdot \left(\frac{1}{T_A} - \frac{1}{T_B}\right) \text{ 46)} \tag{4-62}$$

③ 교축(絞縮)

교축 전후의 엔탈피는 일정하므로,[47] $h_1 = h_2$ 혹은 $dh = 0$ 이고,

$$ds = \frac{dh - v \cdot dp}{T} \quad \cdots\cdots \ (4-41)$$

이므로 엔트로피의 변화는 다음 식으로 주어진다.

$$\Delta s = s_2 - s_1 = \int_{p_2}^{p_1} \frac{v}{T} \cdot dp \tag{4-63}$$

교축현상에서는 $p_1 > p_2$ 이므로 엔트로피는 증가한다.

이상기체에서는 $p \cdot v = R \cdot T$로부터 위의 식은 다음과 같이 된다.

$$\Delta s = s_2 - s_1 = R \cdot \ln \frac{p_1}{p_2} \tag{4-64}$$

---

46) $\Delta s > 0$

47) 3장 7절 참조

$$F \cdot S = Q_{fr}$$

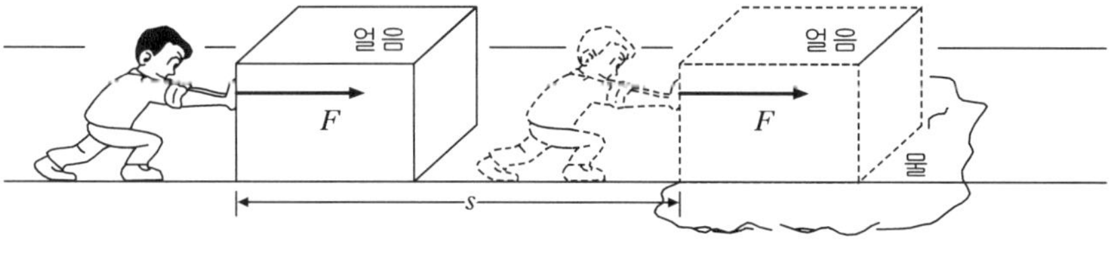

(a) 마찰이 있는 경우

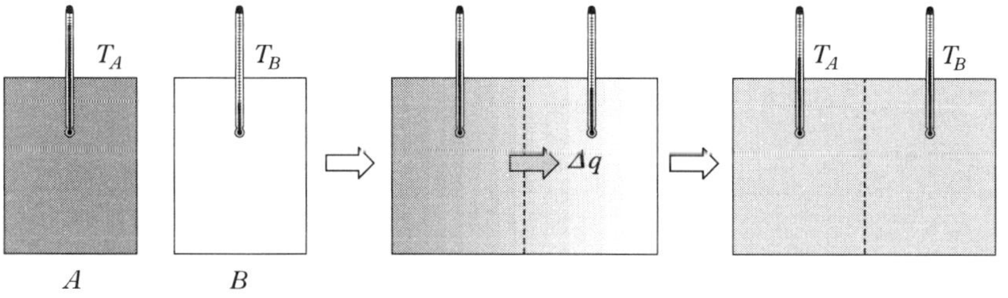

(1) A, B는 접촉하지 않고 있다.

(2) 접촉시킴으로써 열 전달이 일어난다.

(3) 열평형

(b) 두 물체 사이의 열이동의 경우

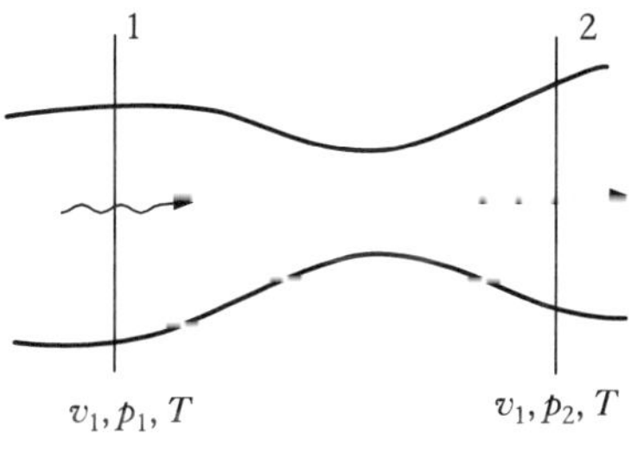

(c) 교축과정의 경우

4.18 (혼합기체의)비가역변화의 엔트로피 계산 - 1/3

비가역변화의 또 하나의 예로서 기체의 확산과 혼합을 들 수 있다.

① 확산

그림 4-15에서 (I)과 같이 격벽을 제거하면,48) 오른쪽 방의 기체는 전체로 퍼진다. 기체가 전체로 퍼지고 나면, 일단 전체에 퍼진 기체는 원래의 왼쪽 방으로 저절로 돌아가는 일은 절대 일어나지 않으므로 분명한 비가역변화이다.

지금, 그림 4-16의 상태 A에서 B까지 확산할 때, 도중에서는 준정적과정이 될 수 없으므로 경로는 하나로 정의되지 않는다.

그러나 이때 다행히 엔트로피가 상태량인 관계로 점함수인 엔트로피를 구하는 데 있어 불분명한 경로에 곤란해 할 이유가 없다.

이 경우는 상태변화가 단열벽에 둘러싸인 등온변화이므로 상태 A와 B를 잇는 등온선을 따라 준정적과정에 의해서 엔트로피 변화를 구하면 올바른 결과를 얻을 수 있다.

식 (4-44,a)에서 온도 T의 변화를 제로로 하면,

$$\Delta s = s_B - s_A = R \cdot \ln v_B - R \cdot \ln v_A = R \cdot \ln\left(\frac{v_B}{v_A}\right) \quad \cdots\cdots \quad (4-56)$$

(4-65)

가 된다.

$n\,[mol]$의 이상기체에 대하여는,49)

$$\Delta S = S_B - S_A = n \cdot R \cdot \ln v_B - n \cdot R \cdot \ln v_A = n \cdot R \cdot \ln\left(\frac{v_B}{v_A}\right)$$

(4-66)

여기서, $v_B > v_A$ 이므로 $s_B > s_A$ 가 되어 비가역변화에서는 엔트로피가 증가됨을 다시 한 번 확인할 수 있다.

48) 격벽을 제거하는 대신 작은 구멍을 열어서 왼쪽 방의 기체를 오른쪽 방에 분출시켜도 효과는 마찬가지이다.

49) $G\,[kg_f/kmol]$ 의 이상기체에 대하여는, $\Delta S = S_B - S_A = \frac{G}{M} \cdot R_o \cdot \ln v_B - \frac{G}{M} \cdot R_o \cdot \ln v_A = \frac{G}{M} \cdot R_o \cdot \ln\left(\frac{v_B}{v_A}\right)$

$R_o = 848\,kg_f \cdot m/kmol \cdot K$

M = 분자량 $(kg_f/kmol)$

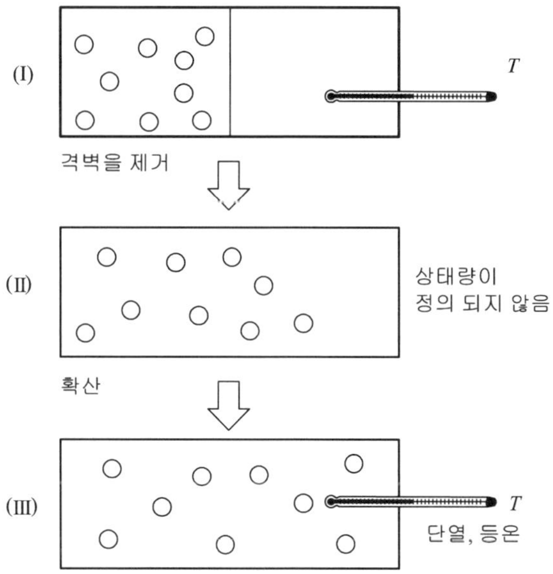

[그림 4-15] 이상기체의 확산

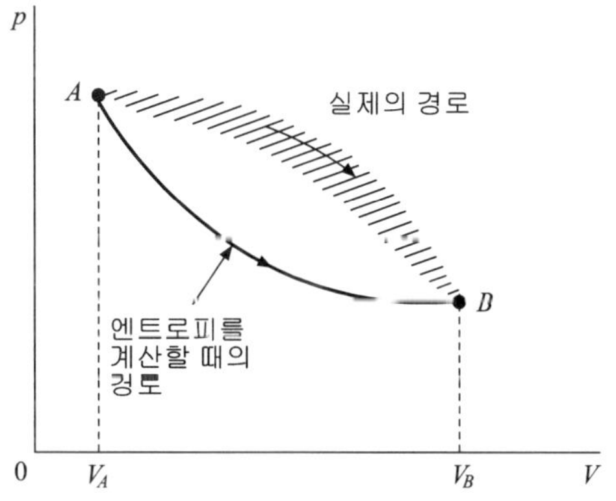

[그림 4-16] 엔트로피 계산 경로설정 경로 탐색

4.18 (혼합기체의)비가역변화의 엔트로피 계산 - 2/3

① 혼합

서로 다른 여러 종류의 이상기체가 혼합되는 경우도 확산과 마찬가지로 비가역 변화임을 경험적으로 알고 있다. 이상기체를 혼합할 때 화학변화가 일어나지 않는다면 온도는 변하지 않으므로 각각의 기체는 서로 확산되면서 체적이 팽창된다.

그림 4−17(a)와 같은 용기 속에 두 기체 N_2 와 O_2 를 사절판으로 분리된 공간에 가두어 둔다. 다음에 그림 (b)와 같이 사절판을 제거하면 두 기체는 서로 혼합되어 그림 (c)상태의 균일한 $N_2 + O_2$ 의 혼합기체가 된다.

비가역변화의 혼합이 진행되는 도중에는 열평형의 상태가 아니지만 온도가 변하지 않으므로 앞서 설명한 확산에 의한 엔트로피의 증가를 2종류의 기체에 관하여 구하면 그 합이 혼합기체의 엔트로피의 변화량이 된다.

그림 4−18에 나타나 있는 바와 같이, 압력 p 와 온도 T 가 같은 기체 Ⅰ, Ⅱ, ⋯, N 의 엔트로피가 S_{I}, S_{II}, ⋯, S_N 에서 S'_{I}, S'_{II}, ⋯, S'_N 로 증가하였으므로 식 (4−66)에 의해서,

$$\text{기체 } I \text{는} \quad S'_{\mathrm{I}} - S_{\mathrm{I}} = n_{\mathrm{I}} \cdot R_{\mathrm{I}} \cdot \ln\left(\frac{V}{V_{\mathrm{I}}}\right) \tag{4-67}$$

$$\text{기체 } N \text{은} \quad S'_N - S_N = n_N \cdot R_N \cdot \ln\left(\frac{V}{V_N}\right) \tag{4-68}$$

만큼 엔트로피가 증가된다.[50)]

혼합 전의 전체의 엔트로피 S 는, $S = S_{\mathrm{I}} + S_{\mathrm{II}} + \cdots\cdots + S_N$ 이고, 혼합 후의 전체의 엔트로피 S' 는, $S' = S'_{\mathrm{I}} + S'_{\mathrm{II}} + \cdots\cdots + S'_N$ 이므로, 엔트로피의 증가 ΔS 는 다음과 같이 주어진다.

$$\begin{aligned} \Delta S &= S' - S = (S'_{\mathrm{I}} - S_{\mathrm{I}}) + (S'_{\mathrm{II}} - S_{\mathrm{II}}) + \cdots\cdots + (S'_N - S_N) \\ &= n_{\mathrm{I}} \cdot R_{\mathrm{I}} \cdot \ln\left(\frac{V}{V_{\mathrm{I}}}\right) + n_{\mathrm{II}} \cdot R_{\mathrm{II}} \cdot \ln\left(\frac{V}{V_{\mathrm{II}}}\right) + \cdots\cdots + n_N \cdot R_N \cdot \ln\left(\frac{V}{V_N}\right) \\ &= \sum_{i=I}^{N} n_i \cdot R_i \cdot \ln\left(\frac{V}{V_i}\right) \end{aligned} \tag{4-69}$$

여기서, 혼합체적 V 가 각 성분 기체의 체적 V_i 보다 크므로 ΔS 는 $\Delta S > 0$ 이 되어 항상 증가한다. 이 값을 혼합의 엔트로피라 한다.

---

50) 엔트로피는 종량함수이므로 합산이 가능하다.

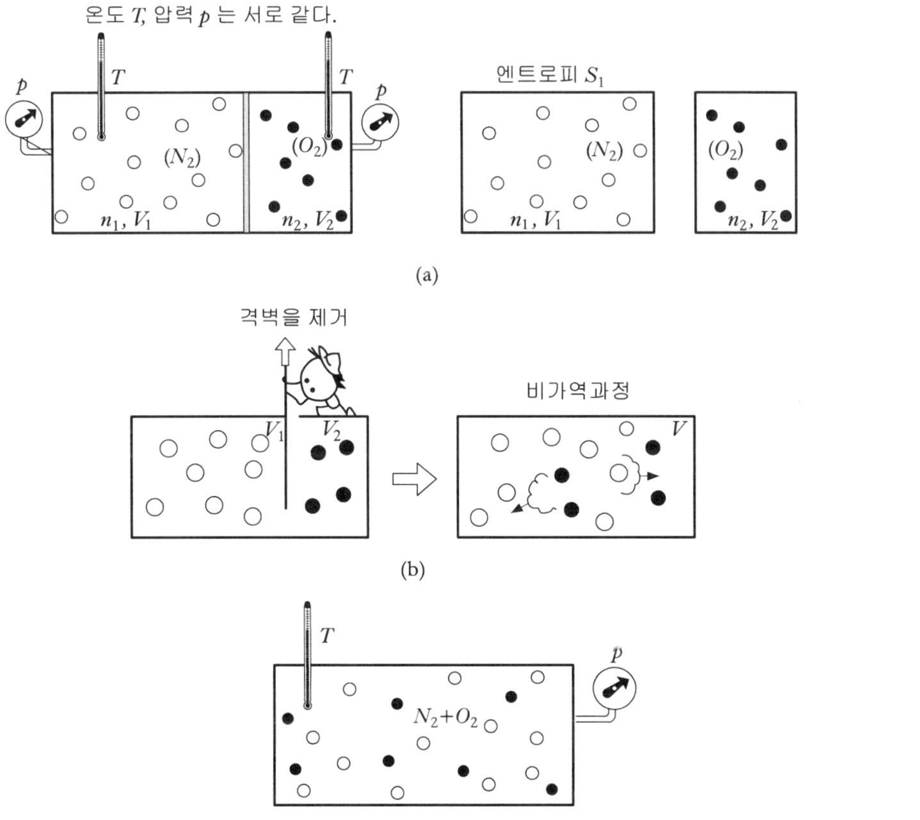

[그림 4-17] 종류가 다른 기체의 혼합

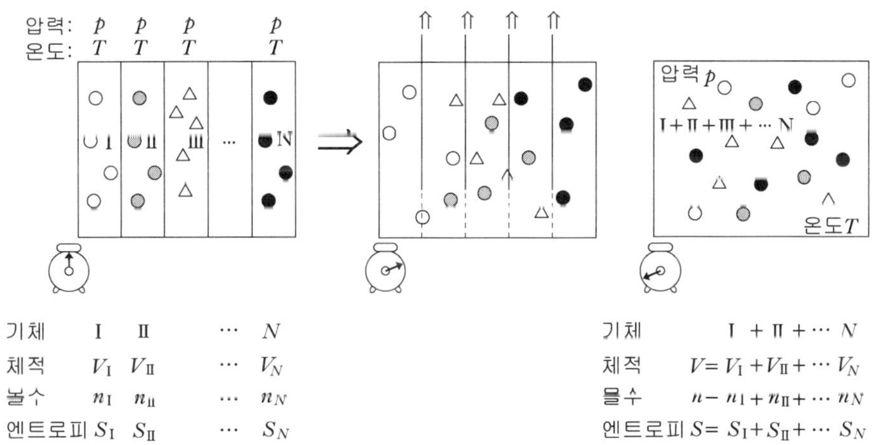

[그림 4-18] 혼합의 엔트로피

4.18 (혼합기체의)비가역변화의 엔트로피 계산 - 3/3

② 혼합

이번에는, 식 (4−69)를 두 종류의 이상기체에 대하여 mol 수 n_1, n_2 의 성분비로 나타내보자. 전체의 mol 수 n은 $n_1 + n_2$과 같고, 전체의 압력과 온도는 혼합의 전후에서 변하지 않으며,

$$v_1 / v = n_1 / n, \quad v_2 / v = n_2 / n \tag{4-70}$$

이므로 식 (4−69)는 다음과 같이 나타낼 수 있다.[51]

$$\begin{aligned} \Delta S &= n_1 \cdot R_1 \cdot \ln\left(\frac{n}{n_1}\right) + n_2 \cdot R_2 \cdot \ln\left(\frac{n}{n_2}\right) \\ &= n \cdot R \cdot \ln n - n_1 \cdot R_1 \cdot \ln n_1 - n_2 \cdot R_2 \cdot \ln n_2 \end{aligned} \tag{4-71}$$

기체의 종류가 2 가지에 국한되지 않고 일반적으로 N종류의 이상기체가 혼합될 경우의 엔트로피 증가는 식 (4−71)을 확장하여 다음과 같이 나타낼 수 있다.

$$\Delta S = n \cdot R \cdot \ln n - \sum_{i=1}^{N} (n_i \cdot R_i \cdot \ln n_i), \quad \Delta S > 0 \tag{4-72}$$

이를 mol 농도를 이용하여 보다 편리한 형식으로 나타내보자.

mol 농도 r_i는 혼합기체의 mol 수에 대한 물질의 n_i 의 비,[52]

$$r_i = n_i / \sum_{i=1}^{N} n_i \qquad \left(\sum_{i=1}^{N} r_i = 1\right) \tag{4-73}$$

로 정의되므로, 식 (4−72)을 $n \cdot R_0$ 로 묶어 정리하면 다음과 같이 된다.

$$\begin{aligned} \Delta S &= n \cdot R_0 \left\{ \ln n - \sum_{i=1}^{N} \frac{n_i}{n} \cdot \ln n_i \right\} = n \cdot R_0 \left\{ \ln n - \sum_{i=1}^{N} r_i \cdot \ln (n \cdot r_i) \right\} \\ &= n \cdot R_0 \left\{ \ln n - \sum_{i=1}^{N} r_i \cdot (\ln n + \ln r_i) \right\} = n \cdot R_0 \left\{ \ln n - \ln n - \sum_{i=1}^{N} r_i \cdot \ln r_i \right\} \\ &= -n \cdot R_0 - \sum_{i=1}^{N} r_i \cdot \ln r_i \Big\} \end{aligned} \tag{4-74}$$

이를 N종류 기체의 혼합엔트로피라 한다.

각 성분기체의 mol 농도 r_i는 1 보다 작으므로 ΔS는 항시 正이 된다.

---

51) 실은 이 형식이 취급하기가 쉽다.

52) 체적비와 같다.

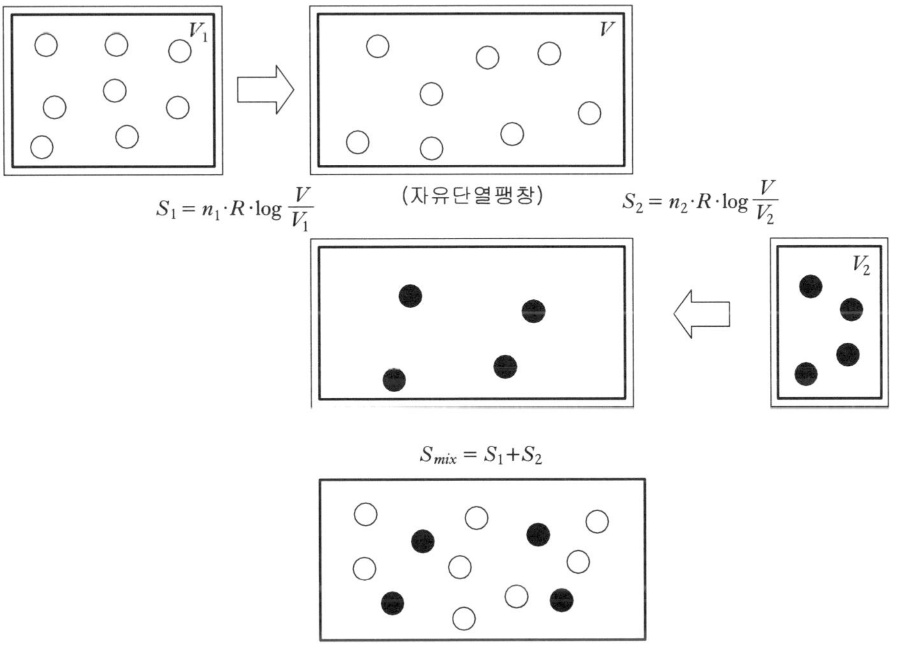

혼합의 엔트로피

사람들이 살면서(국가들이 서로 섞여 살면서) 사회문제(전쟁)가 발생하면 엔트로피는 증가된다.

4.19 엔트로피 선도(entropy diagram) - 열선도

엔트로피 S는 지금까지 다루어 온 p, $V(v)$, T 및 U, H와 마찬가지로 동작유체의 상태에 따라 정해지는 상태량[53]이므로 $p-V(v)$선도 상에서의 $\delta w = p \cdot dv$와 마찬가지로 절대온도 T를 세로축으로, 엔트로피 S를 가로축으로 하는 $T-S$선도 상에서 $\delta Q = T \cdot dS$의 관계로부터 상태변화 중의 열량을 표시할 수 있다.이 선도를 $T-S$ 선도($T-S$ diagram) 또는 엔트로피선도이라 한다. 그림 4−19(a)와 같이 상태 1 에서 2 로 상태변화[54]할 때, 변화 중의 미소부분 $a-b$를 생각하면 빗금친 면적 $a\,b\,b'a'$은,

$$\text{면적 } a\,b\,b'a' = T \cdot dS \quad ①$$

그런데 식 (4−27)에서 $\delta Q = T \cdot dS$이므로,

$$\text{면적 } a\,b\,b'a' = T \cdot dS = \delta Q \quad ②$$

$$\therefore \text{ 면적 } 1\,2\,2'1' = \int_{1'}^{2'} T \cdot dS = \int_1^2 \delta Q = Q_{1-2} \quad (4-75)$$

여기서, Q_{1-2}는 과정 1−2의 상태변화 중 동작유체에 가해진 열량이다. 만일, 동작유체가 그림 (b)와 같이 상태 1 에서 2 까지 등온변화를 한다고 하면, 이 경우의 엔트로피 변화는 $T-S$선도 상에서 가로축에 평행한 수평선으로 표시되며, 엔트로피의 변화 S_2-S_1은 T가 일정하므로 식 (4−39)에 의하여 다음과 같이 주어진다.

$$S_2 - S_1 = \int_1^2 \frac{1}{T} \cdot \delta Q = \frac{Q_{1-2}}{T} \quad \cdots\cdots \quad (4-39)$$

그러므로

$$Q_{1-2} = T \cdot (S_2 - S_1) = \text{면적 } 1\,2\,2'1' \quad (4-75)$$

이상과 같이 과정에 의하여 이루어지는 면적은 계에 전달된 열량과 같으므로 이 선도를 열선도[55]라고도 부른다. 이것은 마치 $p-V$선도에서 면적이 일을 표시하는 것과 같으며, 열역학에서 중요한 선도이다. 실제로 많은 순수물질에 대하여 엔트로피 선도가 마련되어 있다.

그림 (c)는 물에 대한 엔트로피선도를 개략적으로 나타낸 것이다.

---

53) 점함수

54) 반드시 가역과정일 것

55) 熱線圖/heat diagram

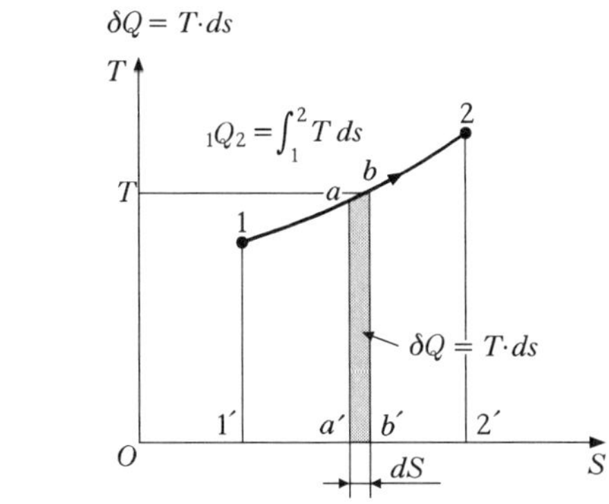

(a) 엔트로피 선도와 출입열량

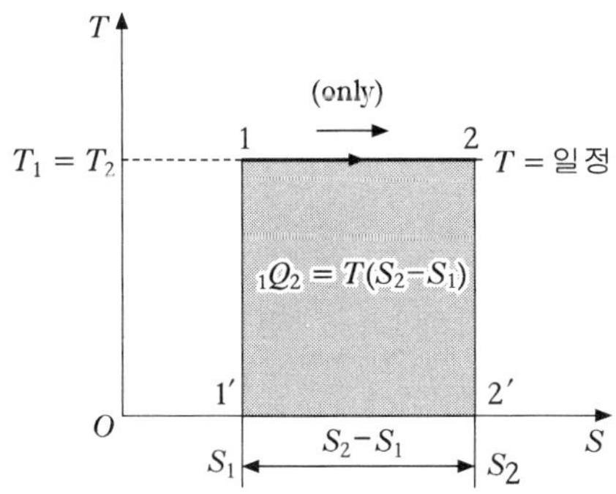

(b) 등온변화에 대한 엔트로피 선도

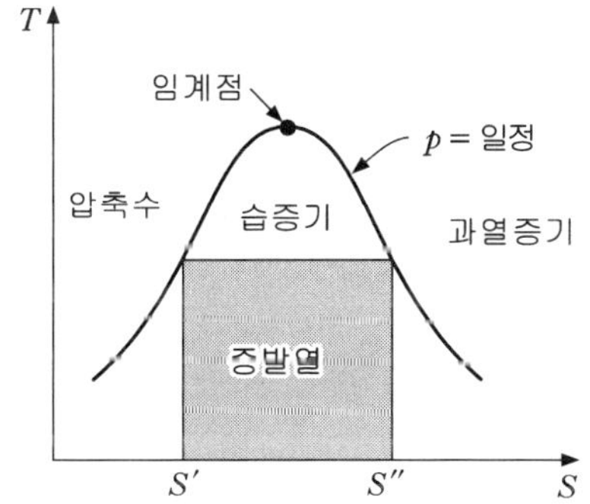

(c) 물의 엔트로피 선도

[그림 4-19] 엔트로피 선도

4.19 엔트로피 선도(entropy diagram) - 등압변화

지금, 그림 4−19(a)에 표시한 등압변화 1→2 (p = 일정)를 생각하면, 엔탈피의 정의식, $H = U + p \cdot V$의 전미분 dH는

$$dH = dU + p \cdot dV + V \cdot dp = \delta Q + V \cdot dp \quad \cdots\cdots \ (2-38)$$

이므로,

$$\delta Q = dH - V \cdot dp \quad \cdots\cdots \ (2-39)$$

[56]

이고, 등압변화 ($dp = 0$)이므로,

$$\delta Q = dH \tag{4-76}$$

가 된다. 이를 과정 1→2 에서 적분하면,

$$Q_{1-2} = \int_1^2 \delta Q = \int_1^2 dH = H_2 - H_1 \tag{4-77}$$

즉, 등압선 아래의 면적은 엔탈피의 변화를 표시함을 알 수 있다. 한편,

$$dH = c_p \cdot dT \quad \cdots\cdots \ (3-16)$$

$$\delta Q = T \cdot dS \quad \cdots\cdots \ (4-27)$$

이므로, 위의 식은

$$T \cdot dS = c_p \cdot dT \tag{4-78}$$

가 된다. 따라서 등압선의 기울기 dT / dS는

$$dT / dS = T / c_p \tag{4-79}$$

로 나타낼 수 있다.

그림 4−20(b)에서 점 $O(T = T_0, S = S_0)$ 에서의 등압선의 기울기 $\left.\frac{dT}{dS}\right|_{(T = T_0, S = S_0)}$는

$$\frac{dT}{dS} = \frac{\overline{OS_0}}{\overline{S_1 S_0}} = \frac{T}{c_p} \tag{4-80}$$

이므로, $\overline{S_0 S_1}$의 길이는 정압비열 c_p와 같다.

---

56) 열역학 제 1 법칙의 제 2 기초식

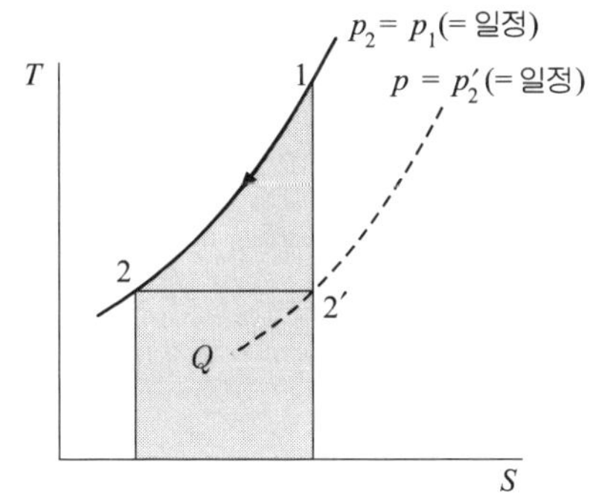

(a) $Q = H_2 - H_1$

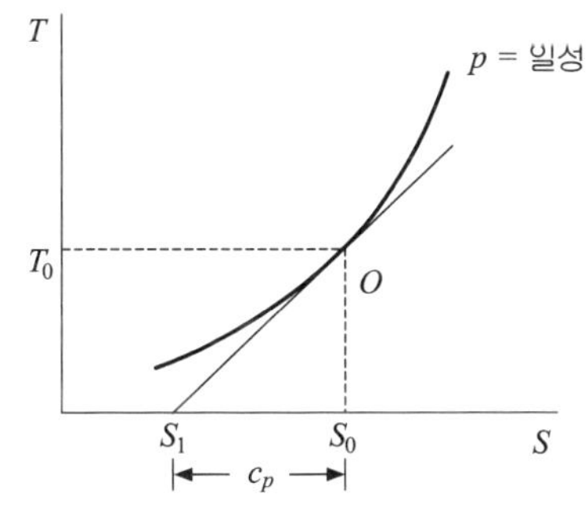

(b) c_p

[그림 4-20] 등압변화의 엔트로피 선도

4.19 엔트로피 선도(entropy diagram) - 등적변화

또한, 그림 4-21(c)에 표시한 등적변화($V=$ 일정) $1 \rightarrow 2$를 생각하면,

$$\text{에너지기초식[57]} \quad \delta Q = dU + p \cdot dV \quad \cdots\cdots \quad (2-16)$$

에서 등적변화이므로 $dV = 0$, 따라서

$$\delta Q = dU \tag{4-81}$$

가 된다. 이를 과정 $1 \rightarrow 2$에서 적분하면,

$$Q_{1-2} = \int_1^2 \delta Q = \int_1^2 dU = U_2 - U_1 \tag{4-82}$$

즉, 등적선 아래의 면적은 내부에너지의 변화를 표시함을 알 수 있다.

한편,

$$\delta Q = T \cdot dS \quad \cdots\cdots \quad (4-27)$$
$$dU = c_v \cdot dT \quad \cdots\cdots \quad (3-14)$$
$$T \cdot dS = c_v \cdot dT \quad \cdots\cdots \quad (4-83)$$

로부터, 등적선의 기울기 dT/dS는

$$\frac{dT}{dS} = \frac{T}{c_v} \tag{4-84}$$

로 나타낼 수 있다.

그림 4-21(d)에서 점 $O(T=T_0, S=S_0)$에서의 등적선의 기울기 $\left.\frac{dT}{dS}\right|_{(T=T_0, S=S_0)}$은

$$\frac{dT}{dS} = \frac{\overline{OS_0}}{\overline{S_2S_0}} = \frac{T}{c_v} \tag{4-85}$$

이므로, $\overline{S_0S_2}$의 길이는 정적비열 c_v와 같다.

식 (4-27)과 (4-28)을 비교해 보면, 항상, $c_p \geq c_v$가 되므로 등적선의 기울기가 등압선의 기울기보다 크다.

---

57) 열역학의 제 1 법칙의 제 1 기초식

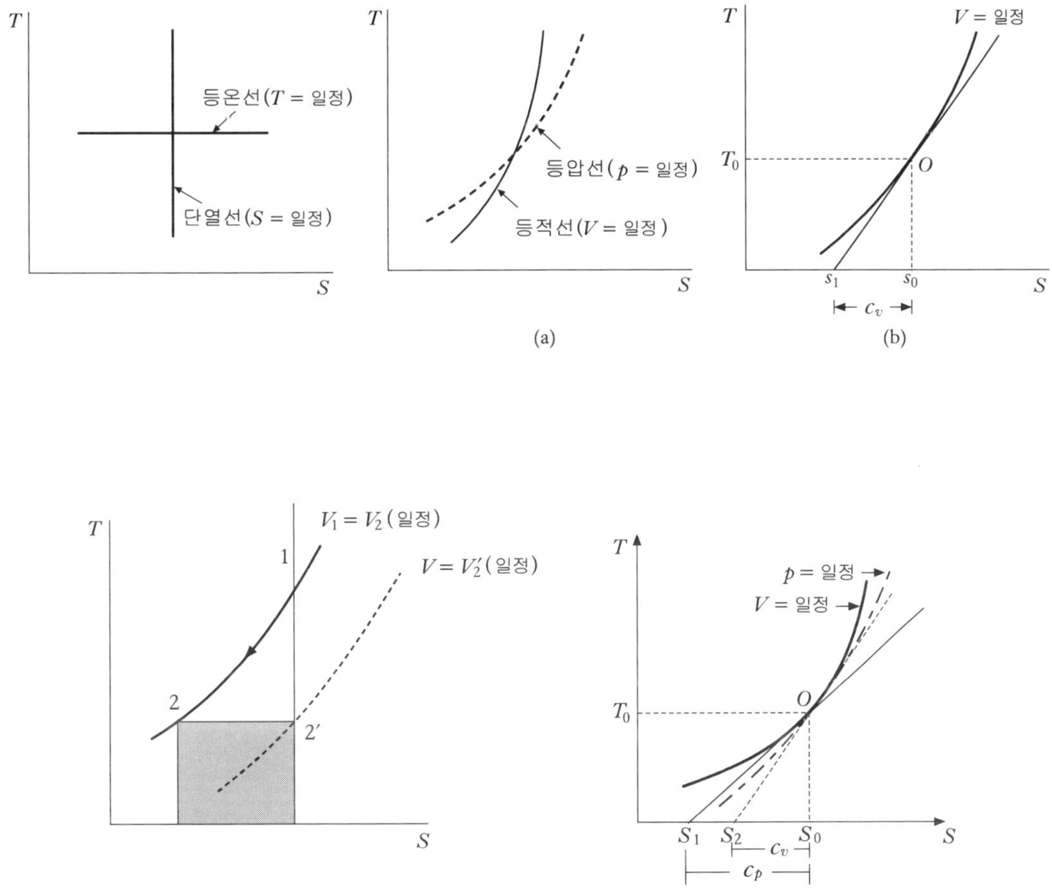

(a) (b)

(c) $Q = U_2 - U_1$ (d) c_v

[그림 4.21] 등적변화의 엔트로피 선도

4.19 엔트로피 선도(entropy diagram) - 카르노사이클

엔트로피 선도의 예로서, 가역카르노사이클에 대하여 알아보자.

가역카르노사이클은 그림 4-22와 같이 $T-S$선도 상에서는 직사각형 1234로 표시되고, 면적 $12ba$는 공급열량 Q_1을, 면적 $43ba$는 방출열량 Q_2를, 그리고 면적 1234는 일량 W를 나타내며,[58] 사이클의 열효율은 다음과 같이 주어진다.

$$\eta = 1 - \frac{Q_2}{Q_1} = 1 - \frac{\text{면적 } 43ba}{\text{면적 } 12ba} = \frac{\text{면적 } 1234}{\text{면적 } 12ba} = 1 - \frac{T_2}{T_1} \quad \cdots\cdots \quad (4-10)$$

$p-V$선도, $T-S$선도상의 사이클의 형상은 가역, 비가역[59]을 막론하고 동일하다. 그러나 한 사이클 동안에 이루어진 유효일은,[60]

$$\text{가역변화과정에서 이루어진 일,} \quad W_{\text{가역}} = \oint p \cdot dV \quad \cdots\cdots\cdots \quad (4-6)$$

$$\text{비가역변화과정에서 이루어진 일,} \quad W_{\text{비가역}} < \oint p \cdot dV \quad (4-86)$$

이므로, 비가역사이클의 일은 $p-V$선도 상에서의 면적보다 작다. 마찬가지로,

$$\text{가역변화하는 사이에 들어온 열량,} \quad Q_{1-2} = \int_1^2 T \cdot dS \quad \cdots\cdots\cdots \quad (4-27)$$

$$\text{비가역변화하는 사이에 들어온 열량,} \quad \delta Q < T \cdot dS \quad (4-87)$$

즉,

$$\oint T \cdot dS > (Q_1 - Q_2) = W \quad (4-88)$$

가 되므로 비가역사이클의 일은 $T-S$선도 상에서의 면적보다 작다.

다음에는 단열변화에 대하여 생각해 보기로 한다. 단열변화가 가역변화일 때는 등엔트로피변화이므로 $T-S$선도 상에서 그림 4-23에서와 같이 $1 \to 2$로 표시된다.

그러나, 비가역변화인 경우에는,

$$T \cdot dS > \delta Q = 0 \quad \cdots\cdots \quad (4-31 \text{ / 단열변화})$$

이므로,

$$dS > 0 \quad (4-89)$$

즉, $S_2' - S_1 > 0$가 되므로 수직선 형태의 $1 \to 2$는 $1 \to 2'$로 된다. 이때 만일, 같은 온도까지 팽창시킨다고 하면 최종상태의 점 $2'$는 점 2와 수평선상에 놓이게 된다.

---

58) $\delta q = du + \delta w$에서 du는 사이클의 시작과 끝점이 동일하므로 제로이다.

59) 비가역변화에서는 일반적으로 온도와 압력이 가스의 용기 전체에 대하여 같지 않으므로 상태식을 만족할 수 있는 평균값을 잡는 것이 필요하다.

60) effeetive wark = 참 일(net work)/4-7. 1.2절 참조

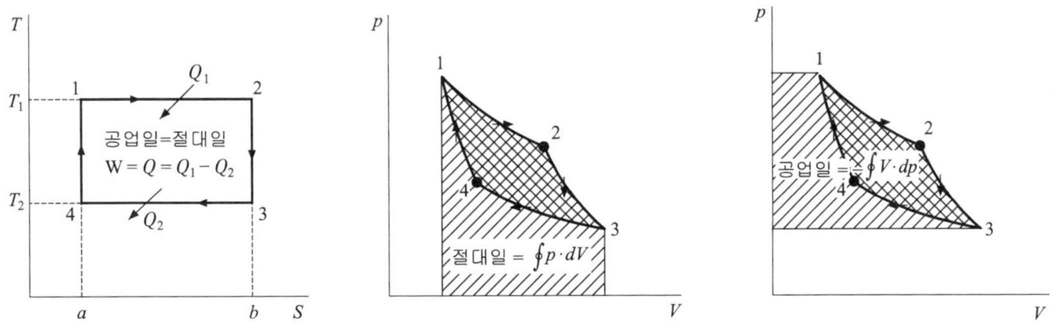

[그림 4-22] 카르노사이클의 엔트로피 선도

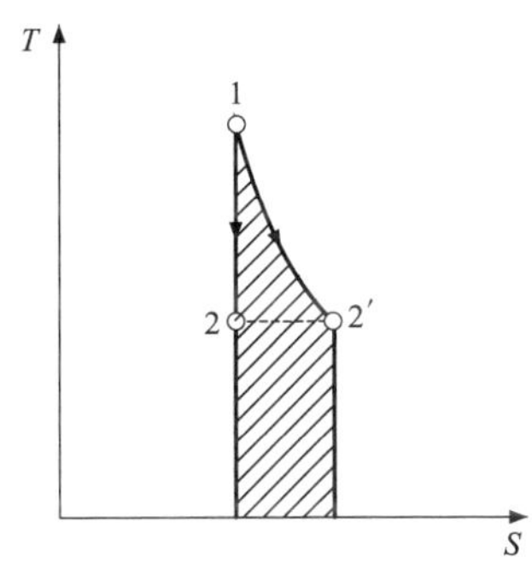

[그림 4-23] 가역단열팽창과 비가역단열팽창

연습문제

1 열역학 제 1 법칙과 제 2 법칙을 비교 설명하여라.

2 냉동기와 히트펌프의 같은점과 다른점을 간략히 설명하여라.

3 카르노 사이클에 대하여 간단히 설명하여라.

4 엔트로피에 대하여 설명하여라.

1 (1) 열역학 제 1 법칙 : 에너지 변환에 있어서의 에너지 보존법칙을 나타낸 법칙으로 열과 일의 변환관계를 양적으로 표시한 법칙이다.

(2) 열역학 제 2 법칙 : 제 1 법칙의 성립 방향성에 제약을 가하는 경험법칙이다.

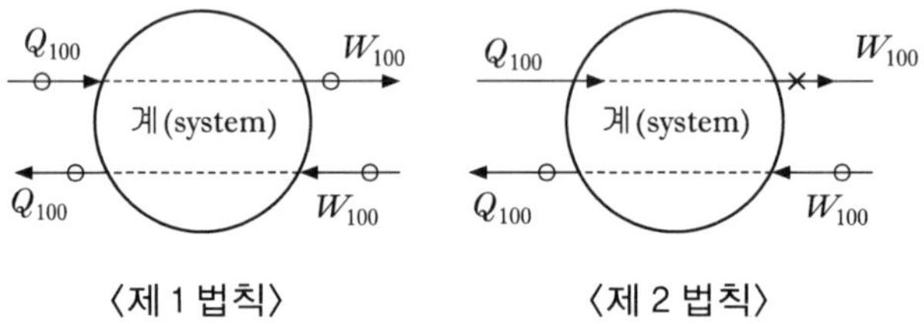

2 냉동기 : 저열원의 열량을 빼앗는 것을 주목적으로 하는 기관이며, 성능계수로 경제성 여부를 판단하고 유효일량이 작을수록 경제성은 우수하다.

히트펌프 : 고열원으로 열량을 공급하는 것을 주목적으로 하는 기관이며, 성능계수로 경제성 여부를 판단하고 유효일량이 작을수록 경제성은 우수하다.

3 카르노 사이클은 완전가스를 작업유체로 하는 2 개의 가역 등온과정과 2 개의 가역 단열과정으로 구성된 열기관의 이상적 사이클로서 사이클 특성상 수열과 방열이 등온 하에서 수행되므로 현실적으로 실현 불가능한 사이클이다. 카르노사이클 열효율 η_c는 다음과 같이 구한다.

$$\eta_c = \frac{A \cdot W}{Q_1} = 1 - \frac{Q_2}{Q_1} = 1 - \frac{T_2}{T_1} \qquad (A \text{는 열의 일당량})$$

카르노 사이클 열효율 η_c는 작동유체의 종류에는 무관하고, 두 열원의 절대온도에만 의존하며, 최대의 열효율을 갖는다.

4 엔트로피는 과정의 비가역성을 표시하는 상태량, 무질서의 정도를 나타내는 양으로서 상태함수이며 열을 일로 전화하는 과정의 불완전도를 나타내는 상태량이다.
기계열역학에서는 물체의 온도를 $1\,K$ 상승시키는데 필요한 열량으로 표시한다.

5 엔트로피 증가의 원리를 간단히 설명하여라.

6 클라우지우스 적분과 클라우지우스 부등식은 어떻게 표시되는지 설명하여라.

5 (1) 가역사이클 : 임의의 계가 가역사이클이 $P \to A \to Q \to B \to P$ 로 순환할 때 가역사이클에 대한 클라우지우스 적분은

$$\oint \frac{\delta Q}{T} = \int_{P \to A}^{Q} \frac{\delta Q}{T} + \int_{Q \to B}^{P} \frac{\delta Q}{T} = 0 \qquad ①$$

이 된다.

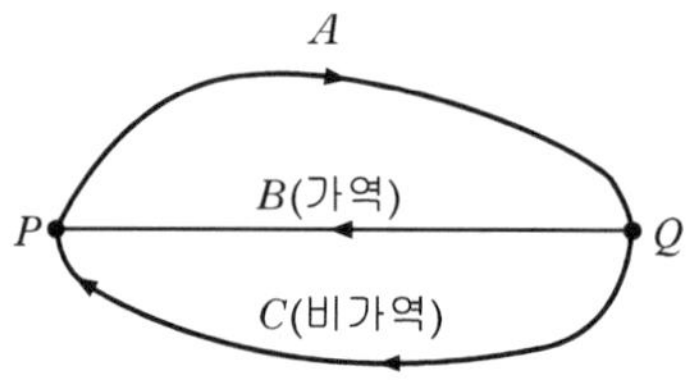

(2) 비가역사이클 : 임의의 계가 비가역사이클 $P \to A \to Q \to C \to P$ 로 순환할 때 비가역사이클에 대한 클라우지우스 적분은

$$\oint \frac{\delta Q}{T} = \int_{P \to A}^{Q} \frac{\delta Q}{T} + \int_{Q \to C}^{P} \frac{\delta Q}{T} < 0 \qquad ②$$

이 되며, 식 ①을 ②에 대입하고 $\frac{\delta Q}{T} = dS$ 라 하면

$$S_{Q \to C} - S_{Q \to B} > 0 \qquad ③$$

이 된다. 비가역단열변화에서 $dS > 0$ 이 되어 엔트로피는 증가한다.
따라서 가역 변화가 없는 자연계에서는 엔트로피가 항상 증가하게 된다.
이것을 엔트로피 증가의 원리라 한다.

6 (1) 클라우지우스 적분 : 클라우지우스 적분은 임의의 사이클을 가역사이클로 보고 이 가역사이클이 무수한 미소 카르노 사이클의 조합이라고 생각할 때 상태 1과 상태 2가 주어지면 항상 $\oint \frac{\delta Q}{T}$ = 일정하게 성립하는 것을 말한다. 즉, $\oint_{rev} \frac{\delta Q}{T}$ = 일정 ; 클라우지우스 적분

(2) 클라우지우스 부등식 : 클라우지우스 부등식은 비가역사이클로 작동하는 기관에서 상태 1과 상태 2가 주어지면 항상 $\oint \frac{\delta Q}{T} < 0$ 이 성립하는 것을 말한다. 즉,

$$\oint_{\text{irrev}} \frac{\delta Q}{T} < 0 \text{ ; 클라우지우스 부등식}$$

7 물의 가열

10 mol 의 액체 물이 1 기압 하에서 0 °C 에서 100 °C 로 변화될 때 ΔS 를 구하라.

[자료]

$c_p = 4184\ J/kg \cdot K$ (부록 참조)

8 물의 냉각

0 °C 액체상태의 물 10 kg 을 0 °C 로 얼릴 때의 ΔS 를 구하라.

[자료]

얼음의 해빙 시: $\Delta h = 333\ kJ/kg$ (부록 참조)

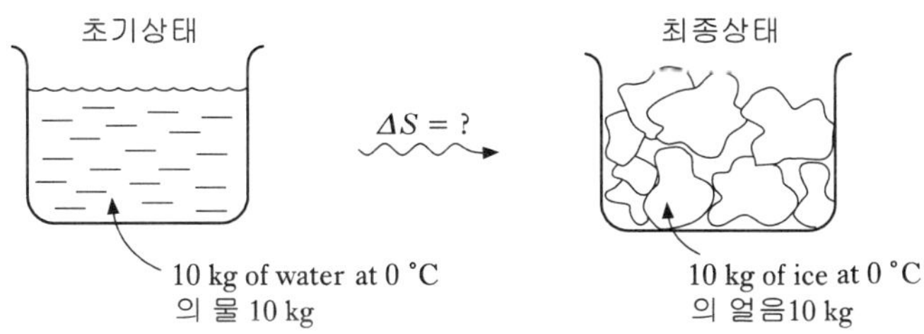

9 물 10 kg_f 을 10 °C 에서 100 °C 까지 가열하면 물의 엔트로피 증가량은 몇 $kcal/K$ 인지 구하여라.

[참조]

포화액체의 비엔트로피를 구하는 공식은 다음과 같다(단, 온도가 낮은 구역에서는 비열이 일정하다고 한다).

$$S_f = \int_{273}^{T_s} c \cdot \frac{dT}{T} = c \cdot ln \frac{T_s}{273} \ [kJ/kg_f \cdot K]$$

$$T_s = 10\ ^\circ C\ ; \quad S_{f,10} = 4.185\ kJ/kg_f \cdot K \cdot ln\left(\frac{283}{273}\right)$$

$$= 0.1510\ [kJ/kg_f \cdot K]$$

$$T_s = 100\ ^\circ C\ ; \quad S_{f,100} = 4.185\ kJ/kg_f \cdot K \cdot ln\left(\frac{373}{273}\right)$$

$$= 1.3069\ [kJ/kg_f \cdot K]$$

7 10 mol의 H_2O를 주어진 계로 택하자. 다시, 무시할만한 크기의 역학적 에너지를 고려하여, 식 (4−53)을 다음과 같이 직접적으로 사용하자.

$$\Delta S = \int \frac{\delta Qrev}{T} = \int \frac{m \cdot c_p \cdot dT}{T} = m \cdot c_p \cdot \int_{최초}^{최종} \frac{dT}{T} = m \cdot c_p \cdot ln\left(\frac{T_{최종}}{T_{최초}}\right)$$

$$= (10\ mol)\left(\frac{0.018\ kg}{mol}\right)\left(4184 \frac{J}{kg \cdot K}\right) ln\frac{373}{273} = 235\ [\frac{J}{K}]$$

8 얼려진 물 10 kg을 대상 계로 고려하자. 어떠한 역학적 에너지의 차이가 도입되지 않으므로 식 (4−53)을 직접 적용하자.[61] 그러면 주어진 계에 대하여 다음과 같은 수식 전개가 가능해진다.

여기서 δQ는 열이 보태지는 것이 아니고 제거되므로 δQ는 음의 값이다. 또한 T는 $273K(0\,°C)$로서 일정한 값이다.

$$\Delta S = \int_{얼음}^{물} \frac{dQ_{rev}}{T} = \frac{1}{T}\int dQ_{rev} = \frac{m(-\Delta h_{sl})}{T} = \frac{(10\ kg)(-333\ kJ/kg)}{273\ K} = -12.200\ [\frac{J}{K}]$$

9

$$\delta Q = G \cdot c \cdot dT$$

$$dS = \frac{\delta Q}{T} = \frac{G \cdot c \cdot dT}{T}$$

$$\Delta S = S_2 - S_1 = G \cdot C \cdot ln\left(\frac{T_2}{T_1}\right) = 10 \times 1 \times ln\left(\frac{373}{283}\right) = 2.76\ [kcal/K]\ 증가$$

[별해]

$$\Delta S = 10\ kg_f \times (S_{100} - S_{10})$$

$$= 10\ kg_f \times 1\ kcal/kg_f \cdot K \times \left(ln\left(\frac{373}{273}\right) - ln\left(\frac{283}{273}\right)\right)$$

$$= 10 \times ln\left(\frac{373/273}{283/273}\right)\ [kcal/K]\ 증가$$

---

61) 실제로, 매우 작은 양의 일(역학적 에너지)이 행해졌다.
왜냐하면, 냉동시 물은 팽창하여 대기를 매우 작은 크기만큼 밀어내기 때문이다. 이것은 무시하기로 한다.

10 압축비 18.5 의 디절기관에서 700 $mmHg$, 100 °C 로 흡인된 공기 ($c_v = 0.717\ kJ/kg \cdot K$, $k = 1.40$, $R = 0.2872\ kJ/kg \cdot K$)를 $n = 1.35$ 의 폴리트로픽 압축시킬 때 공기 1 kg 에 대한 엔트로피 변화량은 얼마인가?

11 공기 1 kg_f 가 온도 20 °C, 압력 4 kg_f/cm^2 에서 등압 가열되어 온도가 300 °C 로 되었을 때 다음을 구하여라.
(단, 공기의 $c_p = 0.24\ kcal/kg_f \cdot$ °C, $R = 29.27\ kg_f \cdot m/kg_f \cdot K$, $k = 1.4$ 이다)

(1) 가열량 Q_{12} ($kcal$)

(2) 절대일 W_{12} ($kg_f \cdot m$)

(3) 엔트로피 변화량 ΔS ($kcal$)

(4) 엔탈피 변화량 ΔH ($kcal$)

(5) 내부에너지 변화량 ΔU ($kcal$)

10 폴리트로프 비열

$$c_n = \frac{n-k}{n-1} \cdot c_v = \frac{1.35-1.40}{1.35-1} \times 0.7171 \times 10^3 = -102.4\ [J/kg \cdot K]$$

$$T_2 = T_1\left(\frac{V_1}{V_2}\right)^{n-1} = (100+273)(18.5)^{0.35} = 1036\ [K]$$

$$\Delta s = c_n \cdot ln\left(\frac{T_2}{T_1}\right) = -102.4 \cdot ln\left(\frac{1036}{100+273}\right) = -104.6\ [J/kg \cdot K]\ \text{(감소)}$$

11 (1) 가열량 $Q_{12}(kcal)$: 정압가열이므로 $\delta q = dh = c_p \cdot dT$

$$Q_{12} = G \cdot c_p(T_2 - T_1) = 1 \times 0.24 \times (573-293) = 67.2\ [kcal]$$

(2) 절대일 $W_{12}\ [kg_f \cdot m]$

$$W_{12} = p(V_2 - V_1) = G \cdot R(T_2 - T_1) = 1 \times 29.27 \times (573-293) = 8196\ [kg_f \cdot m]$$

(3) 엔트로피 변화량 $\Delta S\ [kcal/kg_f \cdot K]$

$$\Delta S = G \cdot c_p \cdot ln\left(\frac{T_2}{T_1}\right) = 1 \times 0.24 \times ln\left(\frac{573}{293}\right) = 0.16\ [kcal/kg_f \cdot K]$$

(4) 엔탈피 변화량 $\Delta H = Q_{12} = 67.2\ [kcal]$

(5) 내부에너지 변화량 $\Delta U\ [kcal]$

$$\frac{c_p}{k} = c_v = \frac{0.24}{1.4} = 0.171\ [kcal/kg_f \cdot ℃]$$

$$\Delta U = G \cdot c_v(T_2 - T_1) = 1 \times 0.171 \times (573-293) = 48\ [kcal]$$

포화증기표 (온도기준) (SI단위)

온도 °C T	압력 p bar	비치적 m^3/kg		내부에너지 kJ/kg			엔탈피 kJ/kg			엔트로피 $kJ/kg\ K$		
		포화액 v_f	포화증기 v_g	포화액 u_f	증발 u_{fg}	포화증기 u_g	포화액 h_f	증발 h_{fg}	포화증기 h_g	포화액 s_f	증발 s_{fg}	포화증기 s_g
01	.006113	.0010002	206.136	.00	2375.3	2375.3	.01	2501.3	2501.4	.000	9.1562	9.1562
1	008721	.0010002	192.577	4.15	2376.7	2376.7	4.16	2499.0	2503.2	.0152	9.1147	9.1299
5	006567	.0010001	147.120	20.97	2382.3	2382.3	20.98	2489.6	2510.6	.0761	8.9496	9.0257
10	012276	.0010004	106.379	42.00	2389.6	2389.6	42.01	2477.7	2519.8	.1510	8.7498	8.9008
15	017051	.0010009	77.926	62.99	2396.1	2396.1	62.99	2465.9	2528.9	.2245	8.5569	8.7814
70	.3119	.0010228	5 042	292.95	2176.6	2469.6	292.98	2333.8	2626.8	.9549	6.8004	7.7553
75	.3858	.0010259	4 131	313.90	2162.0	2475.9	313.93	2321.4	2635.3	1.0155	6.6669	7.6824
80	.4739	.0010291	3 407	334.86	2147.4	2482.2	334.91	2308.8	2643.7	1.0753	6.5369	7.6122
85	.5783	.0010325	2 828	355.84	2132.6	2488.4	355.90	2296.0	2651.9	1.1343	6.4102	7.5454
90	.7014	.0010360	2 361	376.85	2117.7	2494.5	376.92	2283.2	2660.1	1.1925	6.2866	7.4791
95	.8455	.0010397	1.9819	397.88	2102.7	2500.6	397.96	2270.2	2668.1	1.2500	6.1659	7.4159
100	1.0135	.0010435	1.6729	418.94	2087.6	2506.5	419.04	2257.0	2676.1	1.3069	6.0480	7.3549
105	0.2082	.0010475	1.4194	440.02	2072.3	2512.4	440.15	2243.7	2683.8	1.3630	5.9328	7.2948
110	1.4327	.0010516	1.2102	461.14	2057.0	2518.1	461.30	2230.2	2691.5	1.4185	5.8202	7.2387
115	1.6906	.0010559	1.0366	482.30	2041.4	2523.7	482.48	2216.5	2699.0	1.4734	5.7100	7.1833
120	1.9853	.0010603	.8919	503.50	2025.8	2529.3	50.3.71	2202.6	2706.3	1.5276	5.6020	7.1296
125	2.321	.0010649	.7706	524.74	2009.9	2534.6	524.99	2138.5	2713.5	1.5813	5.4962	7.0775
130	2.701	.0010697	.6685	546.02	1993.9	2539.9	546.31	2174.2	2720.5	1.6344	5.3925	7.0269
135	3.130	.0010746	.5822	567.35	1977.7	2545.0	567.69	2159.6	2727.3	1.6870	5.2907	6.9777
140	3.613	.0010797	.5089	588.74	1961.3	2550.0	589.13	2144.7	2733.9	1.7391	5.1908	6.9299

포화고체–증기표

온도 °C T	압력 kPa p	비체적		내부에너지			엔탈피			엔트로피		
		포화고체 $v_i \times 10^3$	포화증기 v_g	포화고체 u_i	승화 u_{ig}	포화증기 u_g	포화고체 h_i	승화 h_{ig}	포화증기 h_g	포화고체 s_i	승화 s_{ig}	포화증기 s_g
.01	.6113	1.0908	206.1	−333.40	2708.7	2375.3	−333.40	2834.8	2501.4	−1.221	10.378	9.156
0	.6108	1.0908	206.3	−333.43	2708.8	2375.3	−333.43	2834.8	2501.3	−1.221	10.378	9.157
− 2	.5176	1.0904	241.7	−337.62	2710.2	2372.6	−337.62	2835.3	2497.7	−1.237	10.456	9.219
− 4	.4375	1.0901	283.8	−341.78	2711.6	2369.8	−341.78	2835.7	2494.0	−1.253	10.536	9.283
− 6	.3689	1.0898	334.2	−345.91	2712.9	2367.0	−345.91	2836.2	2490.3	−1.268	10.616	9.348
− 8	.3102	1.0894	394.4	−350.02	2714.2	2364.2	−350.02	2836.6	2486.6	−1.284	10.698	9.414
−10	.2602	1.0891	466.7	−354.09	2715.5	2361.4	−354.09	2837.0	2482.9	−1.299	10.781	9.481
−12	.2176	1.0888	553.7	−358.14	2716.8	2358.7	−358.14	2837.3	2479.2	−1.315	10.865	9.550
−14	.1815	1.0884	658.8	−362.15	2718.0	2355.9	−362.15	2837.6	2475.5	−1.331	10.950	9.619
−16	.1510	1.0881	786.0	−366.14	2719.2	2353.1	−366.14	2837.9	2471.8	−1.346	11.036	9.690
−18	.1252	1.0878	940.5	−370.10	2720.4	2350.3	−370.10	2838.2	2468.1	−1.362	11.123	9.762
−20	.1035	1.0874	1128.6	−374.03	2721.6	2347.5	−374.03	2838.4	2464.3	−1.377	11.212	9.835
−22	.0853	1.0871	1358.4	−377.93	2722.7	2344.7	−377.93	2838.6	2460.6	−1.393	11.302	9.909
−24	.0701	1.0868	1640.1	−381.80	2723.7	2342.0	−381.80	2838.7	2456.9	−1.408	11.394	9.985
−26	.0574	1.0864	1986.4	−385.64	2724.8	2339.2	−385.64	2838.9	2453.2	−1.424	11.486	10.062
−28	.0469	1.0861	2413.7	−389.45	2725.8	2336.4	−389.45	2839.0	2449.5	−1.439	11.580	10.141
−30	.0381	1.0858	2943	−393.23	2726.8	2333.6	−393.23	2839.0	2445.8	−1.455	11.676	10.221
−32	.0309	1.0854	3600	−396.98	2727.8	2330.8	−396.98	2839.1	2442.1	−1.471	11.773	10.303
−34	.0250	1.0851	4419	−400.71	2728.7	2328.0	−400.71	2839.1	2438.4	−1.486	11.872	10.386
−36	.0201	1.0848	5444	−404.40	2729.6	2325.2	−404.40	2839.1	2434.7	−1.501	11.972	10.470
−38	.0161	1.0844	6731	−408.06	2730.5	2322.4	−408.06	2839.0	2430.9	−1.517	12.073	10.556
−40	.0129	1.0841	8354	−411.70	2731.3	2319.6	−411.70	2838.9	2427.2	−1.532	12.176	10.644

제 5 장에 앞서…

열역학에서 열기관의 제1 법칙 효율(또는 열효율)은 공급되는 열에서 순 일로 변환된 비율 즉, 총 입력열량에 대한 일출력의 비율로 정의된다.

제1 법칙 효율은 열기관이 낼 수 있는 최선의 가능한 성능에 대한 기준을 주지 못하므로 제1 법칙 효율은 단독으로 성능의 실제적인 척도가 되지 못한다. 이러한 결함을 보충하기 위한 하나의 방편으로 제2 법칙 효율을 정의하는데 이것은 같은 조건 하에서의 열기관의 최대 가능한 가역 열효율에 대한 실제 효율의 정도를 나타낸다.

열기관을 사람의 일상생활에 비유해 보기로 하자.

일상생활에서 사람의 제1 법칙 효율은 사람이 투자한 노력에 대하여 얼마만한 결과를 얻었는가로 계산된다. 하지만, 그 결과가 주어진 환경에서 그가 성취할 수 있는 최선의 결과이었는가 하는 데 있어서는 의문의 여지가 있다.

이러한 의문을 해결하기 위해 제2 법칙 효율을 도입한다. 사람의 제2 법칙 효율은 같은 환경 하에서 그가 이룰 수 있는 최선의 성취에 대하여 그 사람이 실제로 얻은 성취의 비율로 정의된다.

거북이가 같은 거리를 가기 위해서는 토끼에 비하여 훨씬 많은 노력을 기울여야 할 것이다. 우리는 이솝우화에서 비록 성취의 크기는 같다고 하더라도 최선의 노력을 기울인 거북이에게 찬사를 보낸다.
거북이는 많은 노력에 비해 성취가 적으므로 제1법칙 효율은 낮으나 주어진 조건에서 최대한의 성취를 이루었으므로 제2법칙 효율은 매우 높다고 할 수 있다.
경주에서 시합의 기회는 토끼나 거북이 모두에게 단지 그 크기가 다를 뿐 마찬가지의 엑세지로 볼 수 있으며, 토끼의 낮잠은 소멸된 기회 즉, 엑세지의 소멸이 된다.
낮잠으로 허비된 시간은 유용한 일을 할 수 있었던 소멸된 기회이다.
하느님으로부터 달리기 능력을 토끼가 더 크게 부여받았다고 해서 토끼의 엑세지가 거북이의 엑세지보다 더 크다고 할 수 있을까?
타고난 능력에서 게으름을 뺀 값이 엑서지라면 누구의 엑서지가 더 클까?

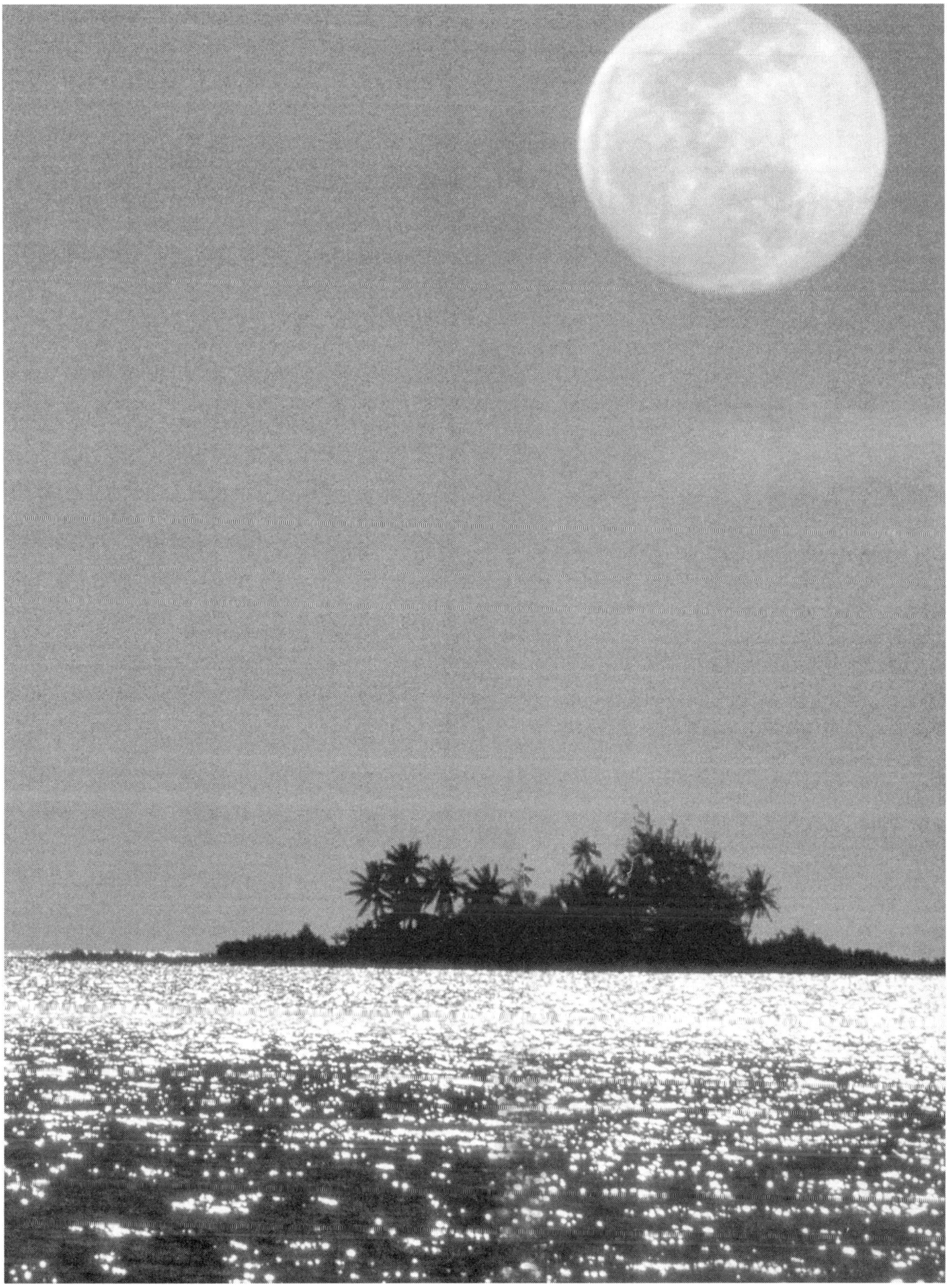

Chapter **5**

에너지의 유용성

열역학 제1법칙에서는 에너지의 量(quantity)를 다루었으며, 열역학 제2법칙에서는 에너지의 質(quality)에 관하여 다루었다.

열역학 제1법칙에서 에너지는 만들어지거나 없앨 수 없다고 하였으므로 이 법칙은 과정 중의 에너지의 수치계산을 위한 도구로서 유용할 뿐, 공학도에게 열역학적 시스템의 개선이나 개발이라는 발전적 방향을 제시하지는 못한다.

그러나 열역학 제2법칙은 과정 중에 일어나는 에너지의 질적 저하를 다루므로 공학도에게 열역학적 시스템 개선이나 개발의 확실한 방향을 제시한다.

제4장에서 열역학 제2법칙은 열역학적 시스템을 최적화하는 데 있어 필수 불가결한 도구임이 증명되었다. 본 장은 열역학 제2법칙을 설명한 제4장의 연속이라 할 수 있다. 따라서 본 장에서는 이미 논의된 이상기체로 이루어진 계에 열역학 제2법칙을 적용하여, 계의 열역학적 유용성에 관하여 살펴보기로 한다. 이 유용성의 개념은 비가역성 개념을 포함하며 주어진 상태에서 계가 이룰 수 있는 최대일과 실제일과의 관계로부터 계의 효율에 대해서도 논의한다.

엔지니어들이여!!!

이 세상의 어떠한 열역학적 장치이든지
그 장치에 의한 실제 일과 엑서지 사이에는
크든 작든 차이가 있으니
이 세상의 어떠한 열역학적 장치이든지
이 차이에 엔지니어 여러분들이
개선하여야 할 여지가 있는 것임을
명심해 주시기....

5.1 에너지의 유용성 / 유효에너지

열이나 일은 에너지의 일종이며, 서로 변환이 가능하다.[1] 그러나 일 에너지는 그 전량을 열로 변환할 수 있는데 반하여 열에너지는 그 전량을 일로 변환할 수 없는 것[2]은 앞에서 기술하였다. 이로부터 열은 일보다 질이 낮은 에너지라 할 수 있다.

열이나 일 이외의 에너지[3]에 있어서도 일로 변환하기 쉬운 에너지와 일로 변환하기 어려운 에너지가 있다.

에너지의 유용성은 이와 같은 에너지의 질적인 차이를 고려하여 도입한 것이며 공업에서의 일로서 유용하게 이용할 수 있는 에너지와 관련된다.

고열원과 저열원의 온도가 정해져 있을 때 가역카르노사이클이 이루는 일이 극대일이므로 카르노사이클은 에너지의 유용성을 논의하는 데 편리한 도구로 이용할 수 있다.

그림 5-1에 표시된 가역카르노사이클에서 열량 Q_H (면적 $12ba1$)가 온도 T_H 인 고열원에서 카르노사이클로 작동되는 기관에 전달된다.

열의 형태로 기관에 전달된 이 에너지 중에서 열량 Q_L (면적 $ab34a$)가 온도 T_L인 저열원으로 방출된다.

이 때 저열원의 온도 T_L 이 외계의 대기온도 T_{atm} 과 같다고 하면 T_{atm} 은 기관이 열을 방출할 수 있는 최저온도이기 때문에[4] 사이클이 이루는 가역일 W_c 는 사이클이 이룰 수 있는 최대일이 된다. 이 최대의 일을 고열원에서 기관에 전달되는 에너지의 유용성(유효성) 또는 유효에너지(유용에너지)라고 부른다.[5]

---

1) 열역학 제 1 법칙
2) 열역학 제 2 법칙
3) 전기에너지, 탄성에너지, 화학에너지, 기계적인 에너지/ 수력, 축력, 인력 등등
4) 일반적으로 지구상에서 열을 일로 변환하는 경우에는 가장 온도가 낮은 저열원은 대기이다.
강이나 바다를 이용하는 경우와 같이 저열원의 온도를 어떤 방법으로 일시적으로 대기온도보다 낮게 하여도 장시간에 걸쳐 그 상태를 유지할 수 없으며 최종적으로는 대기와 같은 온도가 된다.
5) 유용성(유효성) : availability
유효에너지 : useful energy
유용에너지(가용에너지) : available energy

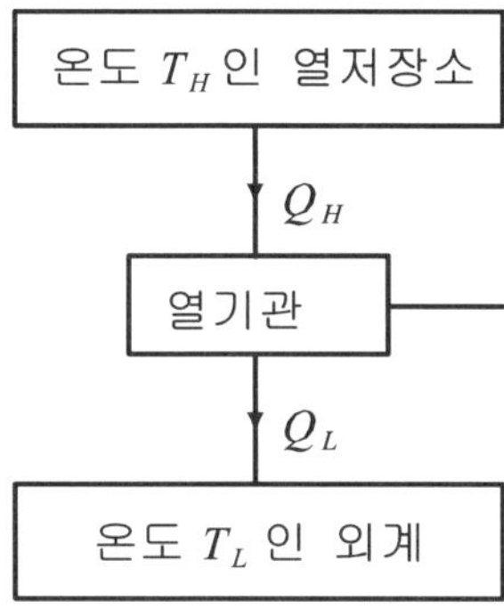

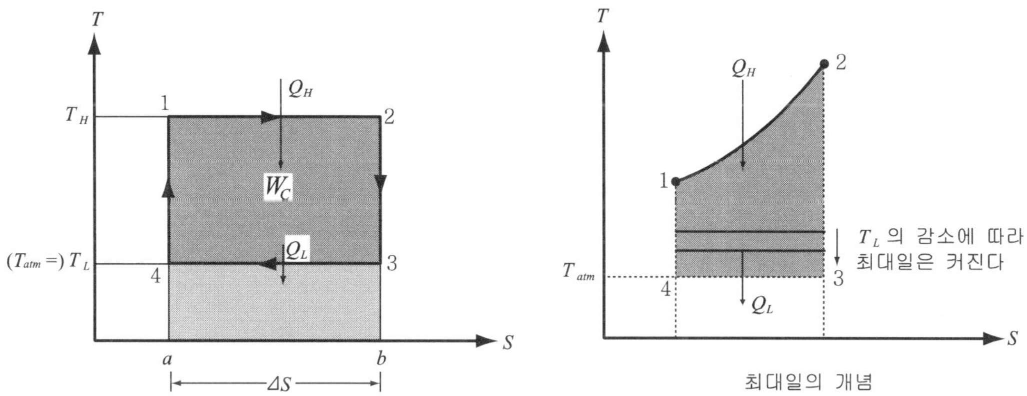

[그림 5-1] 에너지의 유효성

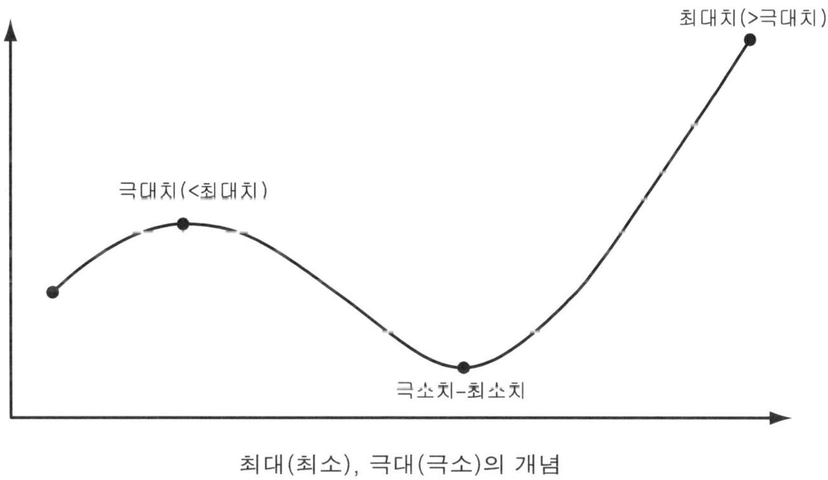

최대(최소), 극대(극소)의 개념

5.2 유효에너지와 무효에너지

유효에너지 E_a는 그림 5−1에 나타낸 바와 같이 비가역성이 없는 카르노사이클에서 그 전부가 일[6]로 변환될 수 있는 에너지로서[7] 그 크기는 $Q_H - Q_L$이다.

카르노사이클로 작동되는 가역기관은 고온열원으로부터 열량 Q_H를 받아 저온열원에 Q_L을 방열하고 그 차이인 유효에너지의 전부 즉, $(Q_H - Q_L) \times 100\,\%$의 일을 외부에 하므로 Q_L을 방열하는 온도 T_L이 T_{atm}일 때의 유효에너지보다 더 큰 일은 얻어지지 않는다. 다시 말하면, 유효에너지[8]는 열역학 제 2 법칙의 제약 하에 이론적으로 일로 변환할 수 있는 최대 에너지량이 된다.

한편, 방출된 열량 Q_L은 사용할 수 없는 손실에너지란 의미에서 이를 무효에너지 E_u[9] 라고 한다. 그림 5−2와 같이, 온도 T_1인 고열원으로부터 열량 Q_1을 공급받아 온도 T_2인 저열원에 열량 Q_2를 방출하고 나머지 열량 즉, $Q_a = Q_1 - Q_2$가 유용한 일로 변환되었다고 하면, 이는 가역 카르노사이클 기관에서의 일이므로 이는 가역일 W_C가 된다.

카르노사이클의 열효율 η_c는 식 (4−10)에 의해,

$$\eta_c = \frac{Q_1 - Q_2}{Q_1} = 1 - \frac{Q_2}{Q_1} = 1 - \frac{T_2}{T_1} \quad \cdots\cdots \ (4-10)$$

과 같이 주어진다. 그러므로

$$E_a = Q_a = \eta_c \cdot Q_1 = \left(1 - \frac{T_2}{T_1}\right) \cdot Q_1 = Q_1 - T_2 \cdot \frac{Q_1}{T_1} \ ^{10)}$$

$$= Q_1 - T_2 \cdot \varDelta S = \text{면적 } 12341 \qquad (5-1)$$

$$E_u = Q_2 = (1 - \eta_c) \cdot Q_1 = Q_1 - \eta_c \cdot Q_1 \ ^{11)}$$

$$= T_2 \cdot \varDelta S = T_2 \cdot \frac{Q_1}{T_1} = \text{면적 } 34ab3 \qquad (5-2)$$

---

6) 기계적 에너지

7) 유효에너지 = 유용일/가역과정, 유효에너지 ≠ 유용일/비가역과정

8) 유용에너지(available energy) 또는 엑서지(exergy)라고도 한다.

9) 무용에너지(unavailable energy) 또는 아너지(anergy)라고도 한다.

10) $Q_2 = Q_1 \cdot \frac{T_2}{T_1} = T_2 \cdot \frac{Q_1}{T_1}$

11) $Q_a = Q_1 - Q_2 = Q_1 - Q_1 \cdot \frac{T_2}{T_1}$

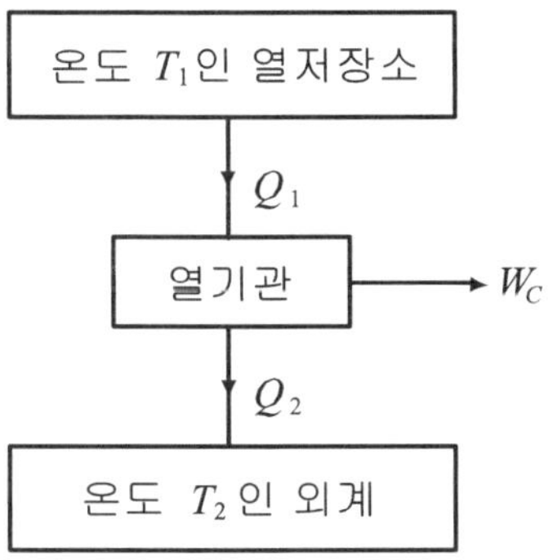

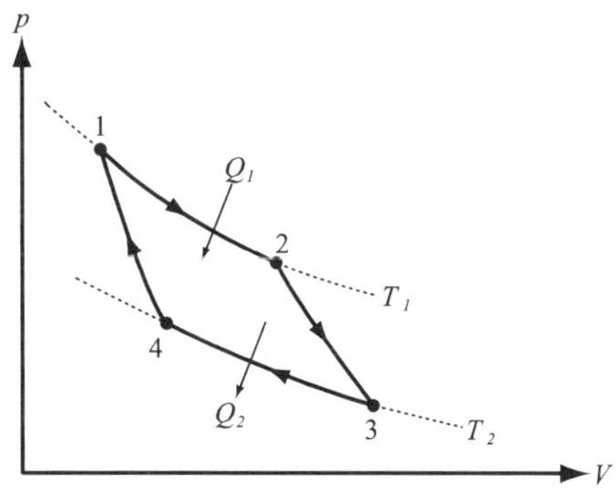

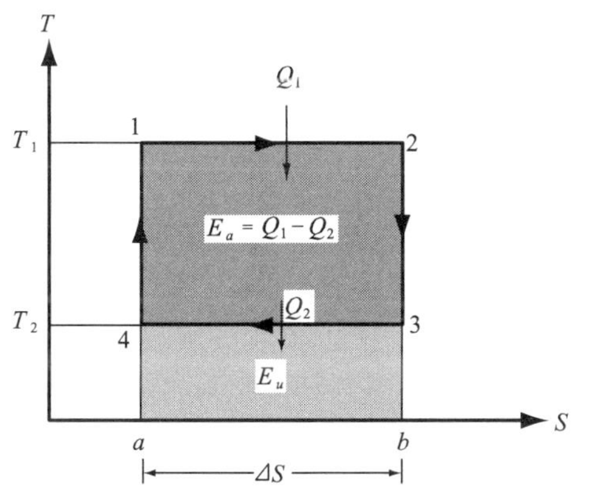

[그림 5-2] 유효에너지(E_a)와 무효에너지(E_U)

5.3 엔트로피의 생성

제 4 장에서 설명한 바와 같이 비가역과정에서의 엔트로피는 엔트로피 증가의 원리에 의해 언제나 증가한다. 물질의 상태가 비가역과정으로 변환되면 계와 외계를 포함한 고립계의 엔트로피는 증가한다.

비가역성으로 인한 과정에서의 엔트로피 증가를 엔트로피 생성(entropy generation/production) 또는 엔트로피 증대(entropy growth)라 부른다.

그 예로서 유체유동이나 고체마찰, 온도차 등이 존재하면 엔트로피는 증가한다.

(1) 마찰이 일어나는 경우

그림 5-3과 같이 마찰이 있는 피스톤-실린더 내에 있는 작동물질이 상태 1 에서 상태 2 까지 가역단열 팽창하는 경우 실린더 내 기체의 압력 p'은 피스톤에 작용하는 외압 p 보다 마찰력에 대응하는 압력 Δp 만큼 더 커야 한다. 따라서 계가 일을 하는 경우 비가역과정은 가역과정보다 $p-V$ 선도 상에서 Δp 만큼 압력이 저하된 상태로 나타나게 된다.

그림 (a)에서 비가역과정에 의한 일면적 $(1-2u-V_2-V_1-1)$은 가역과정의 면적 $(1-2r-V_2-V_1-1)$보다 작게 된다.

두 면적의 차이 $(1-2r-2u-1)$는 마찰일 W_{fric} 에 해당하고 마찰일 만큼 유용일이 줄어들게 된다. 그림 (b)의 면적 $(1-2r-S_{2r}-S_{2u}-2u-1)$은 마찰일 W_{fric} 에 상당하는 마찰열 Q_{fric} 이다.

(2) 비가역 단열과정

상태 1-2 사이의 상태변화가 가역(단열)과정이라면 $\delta Q=0$ 이므로 $dS=\dfrac{\delta Q}{T}=0$, 즉, 등엔트로피 변화에서 변화과정 1-2 는 그림 5-4의 $T-S$ 선도 상에서 수직선으로 나타내졌다. 그러나 비가역과정에서는 마찰열의 발생으로 항시 엔트로피가 증가하여 陽(+)의 값을 가지므로 1-2′와 같이 된다. 이 때 발생한 마찰열은 그 열의 일부가 동작유체에 전달되어 일로 변하나 대부분은 무효에너지로 방열된다. 결국, 비가역으로 인한 엔트로피 생성은 무효에너지를 증가시키며 이에 따라 유효 에너지를 감소시키므로 비가역손실이 된다.

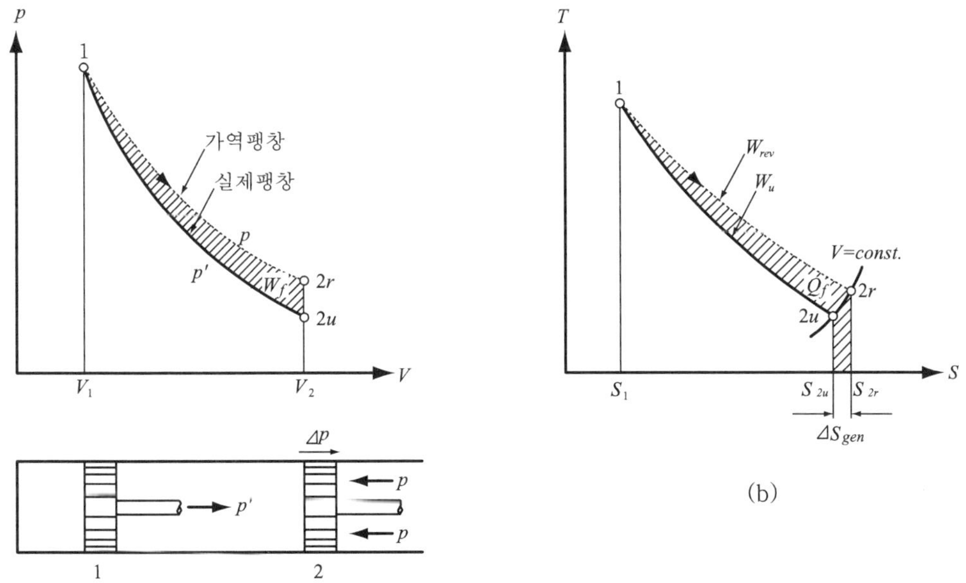

(a) (b)

[그림 5-3] 마찰이 있는 경우의 상태곡선

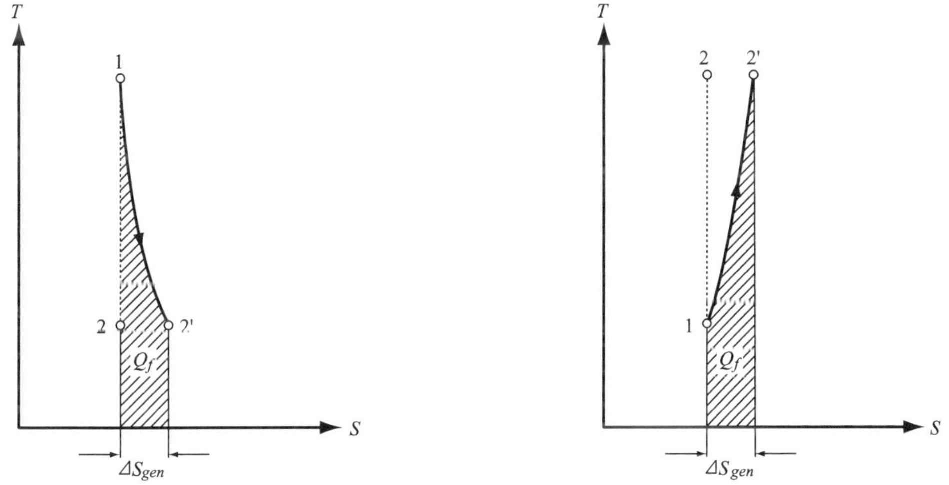

(a) 팽창의 경우 (b) 압축의 경우

[그림 5-4] 비가역단열변화의 상태곡선

5.4 에너지의 유용(효)성의 척도 / 엔트로피 - 1/2

카르노사이클 1−2−3−4−1 의 유효에너지는 그림 5−5의 $T-S$ 선도 상에서 면적 1−2−3−4 로 주어진다.

지금, 면적 1′2′2 1 만큼 유효에너지를 증가시킨 카르노사이클 1′ − 2′ − 3 − 4 − 1′ 와 같은 면적의 카르노사이클 1″ − 2″ − 3 − 4 − 1 을 비교하면,[12] 면적 1′2′3 4 1′로 주어지는 카르노사이클 1 2″3″4 1 로 주어지는 카르노사이클에 비해 유효에너지의 증가량은 같지만 무효에너지는 작은 것을 알 수 있다.

이러한 사실을 저열원의 온도가 T_2 이고, 고열원의 온도가 T_1 인 경우와 T_0 인 두 경우 $(T_0 > T_1)$에 있어서의 엔트로피 변화량의 크기 비교를 통하여 증명한다.

고열원의 온도가 T_0 일 때, 사이클 1′2′3 4 1 에서의,

공급열량 : $Q_0 =$ 면적 1′2′ba

무효에너지 : $Q_2 =$ 면적 4 3 ba

유효에너지 : $Q_a =$ 면적 1′2′3 4

엔트로피 변화 : $\Delta S = \dfrac{Q_2}{T_2} = \dfrac{Q_0}{T_0}$

또, 고열원의 온도가 T_1 일 때 사이클 1 2″3″4 1 에서의,

공급열량 : $Q_1' =$ 면적 1 2″ca

무효에너지 : $Q_2' =$ 면적 4 3″ca

유효에너지 : $Q_a' =$ 면적 1 2″3″4

엔트로피 변화 : $\Delta S' = \dfrac{Q_2'}{T_2} = \dfrac{Q_1'}{T_1}$

와 같이 주어진다. 이로부터 고열원의 온도가 낮은 (T_1)경우, 공급열량이 3 3″cb 만큼 더 많음에도 불구하고, $\Delta S' < \Delta S$ ($\because$ $T_1 < T_0$) 가 되어 T_1 의 경우, 엔트로피의 변화가 더 크게 된다. 즉, 고열원의 온도가 저하한 만큼 무효에너지가 증가하게 된다.

만일, 두 경우의 공급열량 Q_1'과 Q_0 의 열량이 같다고 가정하면,
무효에너지의 증가량은 다음과 같다.

$$\text{무효에너지의 증가} = Q_2 - Q_2' = \text{면적 } 3\,3''\,cb = T_2 \cdot (\Delta S - \Delta S')$$

$$= T_2 \cdot \left(\frac{Q_1'}{T_1} - \frac{Q_0}{T_0}\right) = T_2 \cdot Q_1' \cdot \left(\frac{1}{T_1} - \frac{1}{T_0}\right) = T_2 \cdot Q_0 \cdot \left(\frac{1}{T_1} - \frac{1}{T_0}\right)$$

---

12) 면적 1′2′2 1 = 면적 2 2″3″3

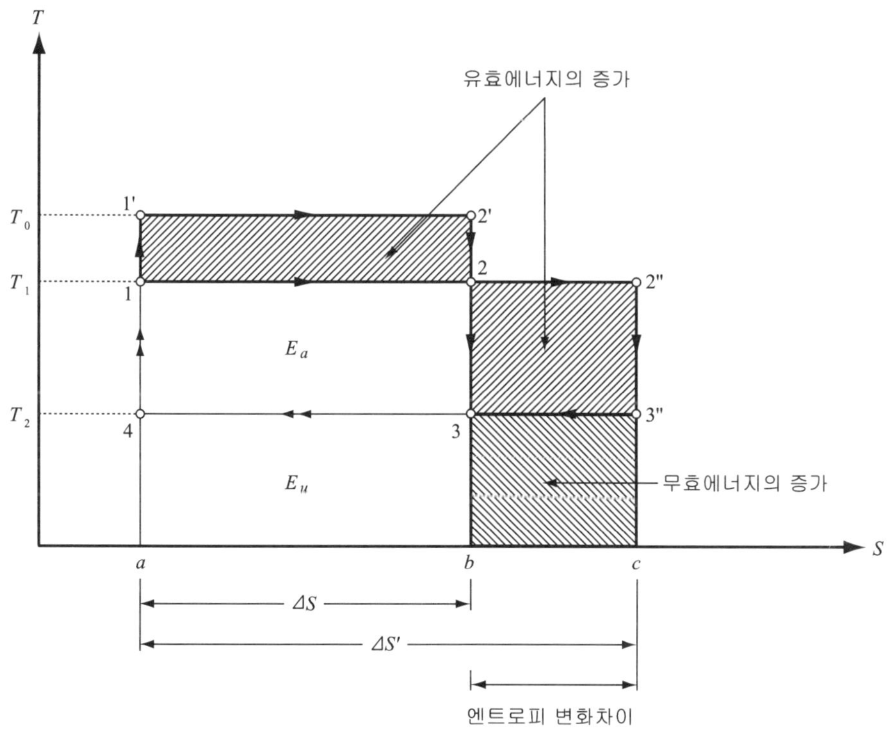

[그림 5-5] 카르노사이클의 $T-S$ 선도

5.4 에너지의 유용(효)성의 척도 / 엔트로피 - 2/2

그림 5-6과 같이 나타내지는 카르노사이클에서는 $T_H = T_1 = Const.$이므로 식 (4-34)에 의해,

$$1 \rightarrow 2 \text{ 과정의 엔트로피 변화량 } \varDelta S_1\text{은,} \quad \varDelta S_1 = Q_1 / T_1$$
$$4 \leftarrow 3 \text{ 과정의 엔트로피 변화량 } \varDelta S_2\text{는,} \quad -\varDelta S_2 = Q_2 / T_2$$ [13]

이다. 그런데 카르노사이클은 가역이므로,[14]

$$\varDelta S_1 - \varDelta S_2 = 0 \text{ 즉, } \varDelta S_1 = \varDelta S_2 = \varDelta S \tag{5-3}$$

이다. 따라서 식 (9-1)과 식 (9-2)는,

$$Q_u = Q_2 = T_2 \cdot \varDelta S \tag{5-4}$$
$$Q_a = Q_1 - T_2 \cdot \varDelta S \tag{5-5}$$

와 같이 된다.

식 (5-4)와 식 (5-5)에서 알 수 있는 바와 같이 무효에너지는 엔트로피 증가에 비례하여 증가되고, 유효에너지는 무효에너지가 증가한 만큼 감소한다.

이와 같이, 열에너지는 전부를 일로 이용할 수 없고 항상 무효에너지가 수반되므로 엔트로피는 무효에너지의 크기 즉, 에너지의 유용(효)성을 나타내는 척도가 됨을 알 수 있다.[15]

여기서, 동작물질이 고열원으로부터 열량 Q_H를 받을 때 무효에너지는 고열원의 온도 T_H에 반비례하고 저열원의 온도 T_L에 비례한다면, 고열원의 온도 T_H이 높을수록 또 저열원의 온도 T_L이 낮을수록 유효에너지 Q_a는 증가하고 무효에너지 Q_u는 감소할 것이다. 엔트로피의 변화가 적을수록 유효에너지가 증가한다.[16] 엔트로피의 증가 $\varDelta S$는 무효에너지 $Q_u(=Q_2)$에 비례하고, 유효에너지 Q_a가 클수록 작아짐을 알 수 있었다.

---

13) ' — ' 부호는 감소를 의미함.
14) 「가역사이클에서는 엔트로피의 증가가 없다.」
이는 카르노사이클의 특징을 엔트로피를 이용해서 표현한 것이다.
15) 동일한 크기의 유효에너지를 증가시킨다고 할 때, 에너지를 공급받는 고열원의 온도가 다른 두 경우를 비교하면, 고열원의 온도가 높은 경우가 온도가 낮은 경우보다 유리하다고 한다.
16) 무효에너지가 적어진다.

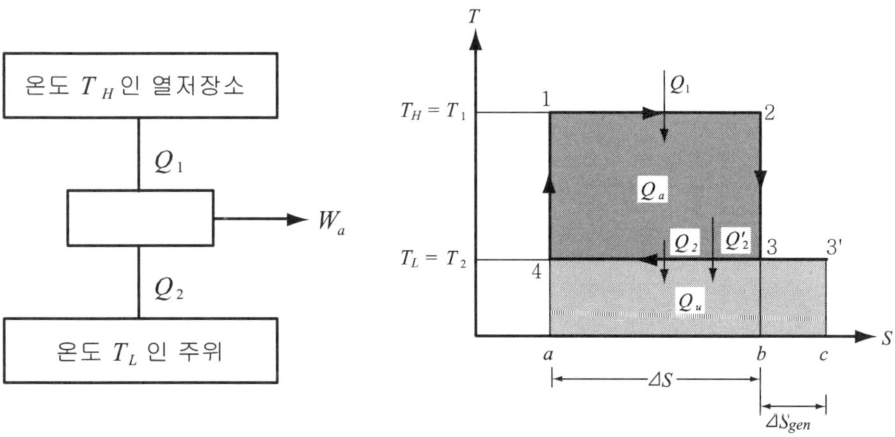

[그림 5-6] 비가역성(비가역 손실)

비가역성은 소멸된 엑서지와 같다. (5.11절)
과정에 관련된 비가역성이 작을수록 만들 수 있는 일은 더욱 커진다.
계의 성능은 관련된 비가역성을 최소화하여 개선될 수 있다.

5.5 가역일, 유용일, 비가역손실

가역과정은 상태변화가 끝난 후에도 계나 외계가 변화가 일어나기 전인 처음의 상태로 되돌아 갈 수 있는 과정이다. 그러나 상태변화의 실제의 과정은 모두가 비가역과정이므로 결과적으로는 처음의 상태로 되돌아 갈 수 없게 된다.

열역학 제 1 법칙에 의하면 계와 그 외계의 全에너지는 항상 일정하나, 비가역과정이 동반되면 그 과정에서 일정량의 유효에너지가 무효에너지로 소비되어 일로 전환될 수 있는 에너지는 그만큼 감소된다. 즉, 열역학 제 1 법칙으로부터 유효에너지와 무효에너지의 합은 일정하나 열역학 제 2 법칙으로부터 유효에너지의 감소는 무효에너지의 증대와 같아진다.

비가역손실은 비가역과정에 의한 무효에너지의 증가를 의미하며 가역기관의 일과 비가역기관의 일의 차이로 정의된다.

앞의 그림 5–6과 같이 동일한 열저장소와 주위 사이에서 작동되며 같은 양의 열량 Q_1(면적 $12ba1$)을 공급받는 실제기관을 생각한다. 실제기관은 비가역적으로 작동되며 따라서 유용일 W_a 는 가역기관의 일 W_{rev} 보다 작을 것이다. 실제기관도 고열원 저장소에서 받아들이는 열량은 Q_1 으로 가역기관과 같으므로 W_a 가 W_{rev} 보다 적다는 것은 주위로 방출하는 열량 Q_2' (면적 $3'4ac3'$)가 가역기관에서의 방출열 Q_2 보다 크다는 것을 뜻한다.

비가역 기관에서 행한 일이 가역기관에서 행한 일보다 작은 이유는 비가역손실 때문이고 이 양의 크기는 가역사이클과 비가역사이클에서의 계와 외계를 포함한 총엔트로피의 차 ΔS_{gen} 으로 된다.

비가역손실은 총엔트로피의 차가 증가함에 따라 증가한다.

가역기관(카르노기관)의 가역일과 비가역기관(실제기관)의 유용일은,

$$\text{가역일 } W_{rev} = Q_1 - Q_2 = (\text{면적 } 12ba1) - (\text{면적 } 34ab3) \qquad (5\text{–}6)$$

$$\text{유용일 } W_a = Q_1 - Q_2' = (\text{면적 } 12ba1) - (\text{면적 } 3'4ac3') \qquad (5\text{–}7)$$

그러므로 실제기관의 비가역손실은 비가역성을 I 라 하면,

$$\begin{aligned} I &= W_{rev} - W_a = -(\text{면적 } 34ab3) - (\text{면적 } 3'4ac3') = (\text{면적 } 3'3bc3') \\ &= T_L \cdot \Delta S_{gen} \qquad (5\text{–}8) \end{aligned}$$

非가역성 I 는 그림 5–6에서 면적 $33'cb3$ 의 크기와 같으며 $T_L \cdot \Delta S_{gen}$ 로 주어진다. 이를 비가역손실이라 하며 무효에너지의 증가만큼 엑서지는 손실된다.

칼을 낸 표시가 없잖아!
고기 살점이 하나의 손실도 없이 그대로이네.
:『가역칼을 쓰면 비가역손실이 없다.』

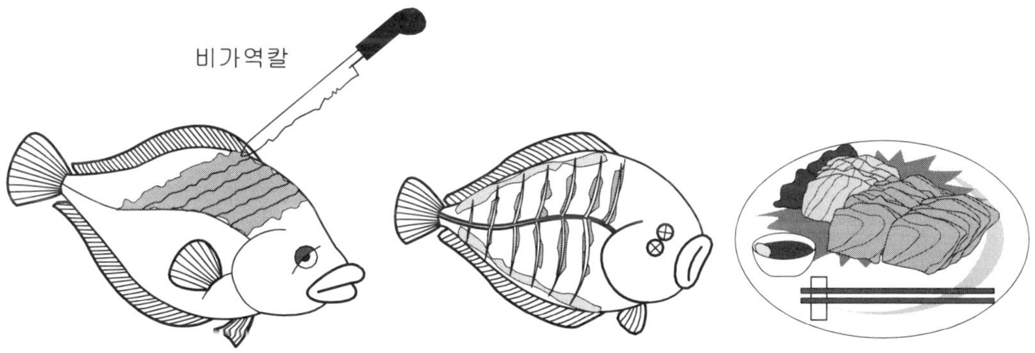

칼을 갖다 댄 곳마다 고기살점이 떨어져 나갔잖아!
비가역 손실 : 원래의 방향으로 되돌리지 못한다는 의미가 아니라,
원래의 자리까지 다다르지 못한다는 의미!!

5.6 출력일의 손실

계의 상태변화 과정에 비가역과정이 생기는 경우의 비가역손실을 계의 출력일과 관련하여 살펴보기로 한다. 비가역과정에서 엔트로피 변화량은 식 (4−30)으로부터,

$$dS - \frac{\delta Q}{T} > 0 \quad \cdots\cdots \ (4-30)$$

으로 주어진다. 위 식의 우변은 가역과정의 경우에는 0이 되지만 식과 같이 0보다 크다는 것은 상태변화과정의 비가역성으로 인하여 과정 중에 엔트로피의 증대 혹은 생성이 있음을 나타낸다. 여기서, dS를 두 개의 성분으로 나누어,

$$dS = dS_{gen} = dS_{surr} + dS_{sys} \qquad (5-9)$$

$$dS = \frac{\delta Q}{T} = \frac{\delta Q_{surr}}{T} + \frac{\delta Q_{sys}}{T} \qquad (5-10)$$

로 표시하기로 하자. 이 때 dS_{surr}는 외계와의 열의 수수에 따른 엔트로피의 변화이며 엔트로피의 유동(entropy flow)이라고 한다. 한편, dS_{sys}는 과정의 비가역성으로 인하여 계 내에서 발생한 엔트로피의 생성을 나타낸다. 클라우시우스는,

$$T \cdot dS_{sys} = \delta Q_{sys} \qquad (5-11)$$

로 놓고, 이 δQ_{sys}을 비(非)보상열(uncompensated heat)이라고 하며 상태변화에 있어서 비가역성의 가늠으로 삼았다. 예로서, 단열자유팽창 과정에서의 δQ_{sys}를 구해보자.

상태변화가 단열변화이므로 $\delta Q = 0$가 되어 $dS_{surr} = 1$이 된다. 한편, 全엔트로피 변화는 식 (4−56)에서 등온선 $1 \rightarrow 2$에서는 $T_1 = T_2 = T$이므로,

$$\varDelta S_{21} = R \cdot \ln \frac{V_2}{V_1} = \varDelta S_{sys} \qquad (5-12)$$

이다. 따라서

$$\varDelta Q_{sys} = T \cdot \varDelta S_{sys} = R \cdot T \cdot \ln \frac{V_2}{V_1} \qquad (5-13)$$

가 된다. 이제 이 팽창일이 등온가역 과정에서 이루어진다면 이 때 계가 외계에서 받아들여야 하는 일 $\varDelta W_{surr}$은,

$$\varDelta W_{surr} = \int_1^2 p \cdot dV = R \cdot T \cdot \ln \frac{V_2}{V_1} = -\varDelta Q_{sys} \qquad (5-14)$$

의 관계가 성립한다. 즉, 비보상열의 뜻은 비가역과정의 경우에 계가 외부로부터 여분의 일을 받아서 열로 전환되고 마는 일, 즉 출력일의 손실을 나타낸다.

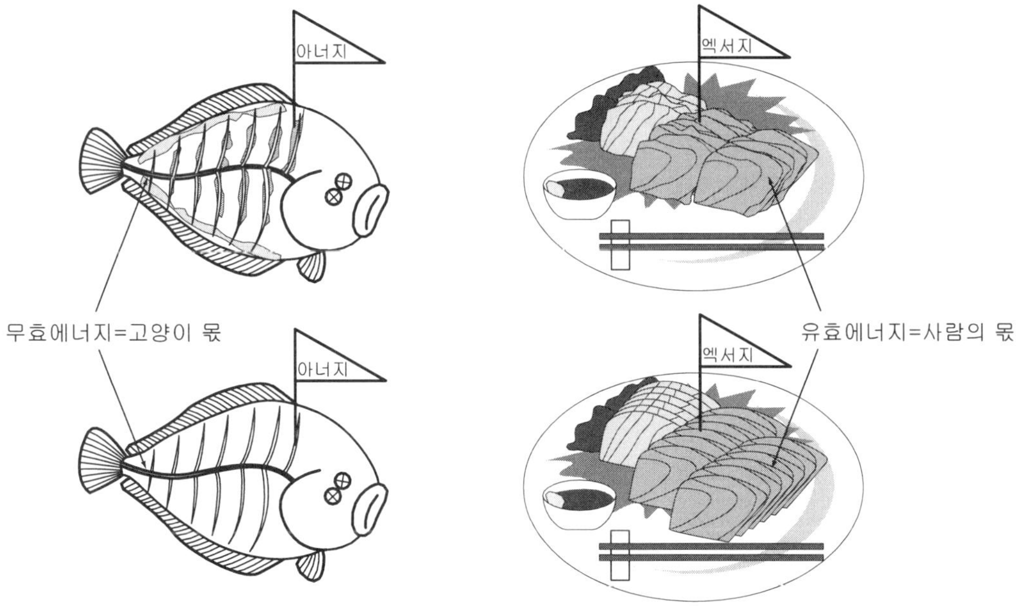
아너지
엑서지
무효에너지=고양이 몫
유효에너지=사람의 몫
아너지
엑서지

여러분!!!! 저 카르노는
주어진 고기(공급열량)로 최선(최대일)을 다해서
회(유효에너지)를 떴습니다.
가역칼
나도 카르노 같이 완벽한
생선회 요리사가 될거야!!!

5.7 유효에너지의 소산(dissipation of energy)

이번에는 그림 5-7과 같은 임의의 사이클 즉, 고열원의 온도 T_1이 카르노사이클과 같이 일정하지 않고[17] 변화하는 경우의 유효에너지를 구해 보기로 한다.

동작유체가 고열원으로부터 열량 Q_1을 공급받는 동안 고열원의 온도가 T_1으로부터 T_1'로 변할 때 평균비열을 c_m이라 하고 중량을 G라 하면, 흡열량 Q_1은

$$\delta Q_1 = G \cdot c_m \cdot dT \qquad \cdots\cdots (1-36)$$

$$Q_1 = G \cdot c_m (T_1' - T_1) \qquad \cdots\cdots (1-38)$$

이며, 엔트로피 변화량 ΔS는

$$\Delta S = \int_1^{1'} \frac{\delta Q}{T} = G \cdot c_m \cdot \int_1^{1'} \frac{dT}{T} = G \cdot c_m \cdot \ln\left(\frac{T_1'}{T_1}\right) \qquad (5-15)$$

이 된다. 따라서 무효에너지 Q_u와 유효에너지 Q_a는 다음과 같다.

$$Q_u (= Q_2) = T_2 \cdot \Delta S = T_2 \cdot G \cdot c_m \cdot \ln\left(\frac{T_1'}{T_1}\right) \qquad (5-16)$$

$$Q_a = Q_1 - T_2 \cdot \Delta S = G \cdot c_m \cdot \int_1^{1'} dT - G \cdot c_m \cdot \int_1^{1'} \frac{T}{dT}$$

$$= G \cdot c_m \cdot \left\{ (T_1' - T_1) - \ln\left(\frac{T_1'}{T_1}\right) \right\} \qquad (5-17)$$

여기서, T_2는 외계의 온도이다.

이와 같이, 열에너지는 전부를 일로 이용할 수 없고 항상 무효에너지가 수반되므로, 5-3절~ 5-6절에서와 마찬가지로 엔트로피는 무효에너지의 크기, 즉, 에너지의 유용성을 나타내는 척도임을 알 수 있다.

또한, 과정 중에 비가역과정이 포함되면 엔트로피는 비가역성만큼 더욱 증가[18]하므로 유효에너지는 감소하고 무효에너지는 증가한다.

이것을 유효에너지의 소산(消散)이라 한다.

---

17) 카르노사이클에서는 고열원이나 저열원의 온도가 항시 일정

18) $dS = \frac{\delta Q}{T}$: 가역과정

$dS > \frac{\delta Q}{T}$: 비가역과정

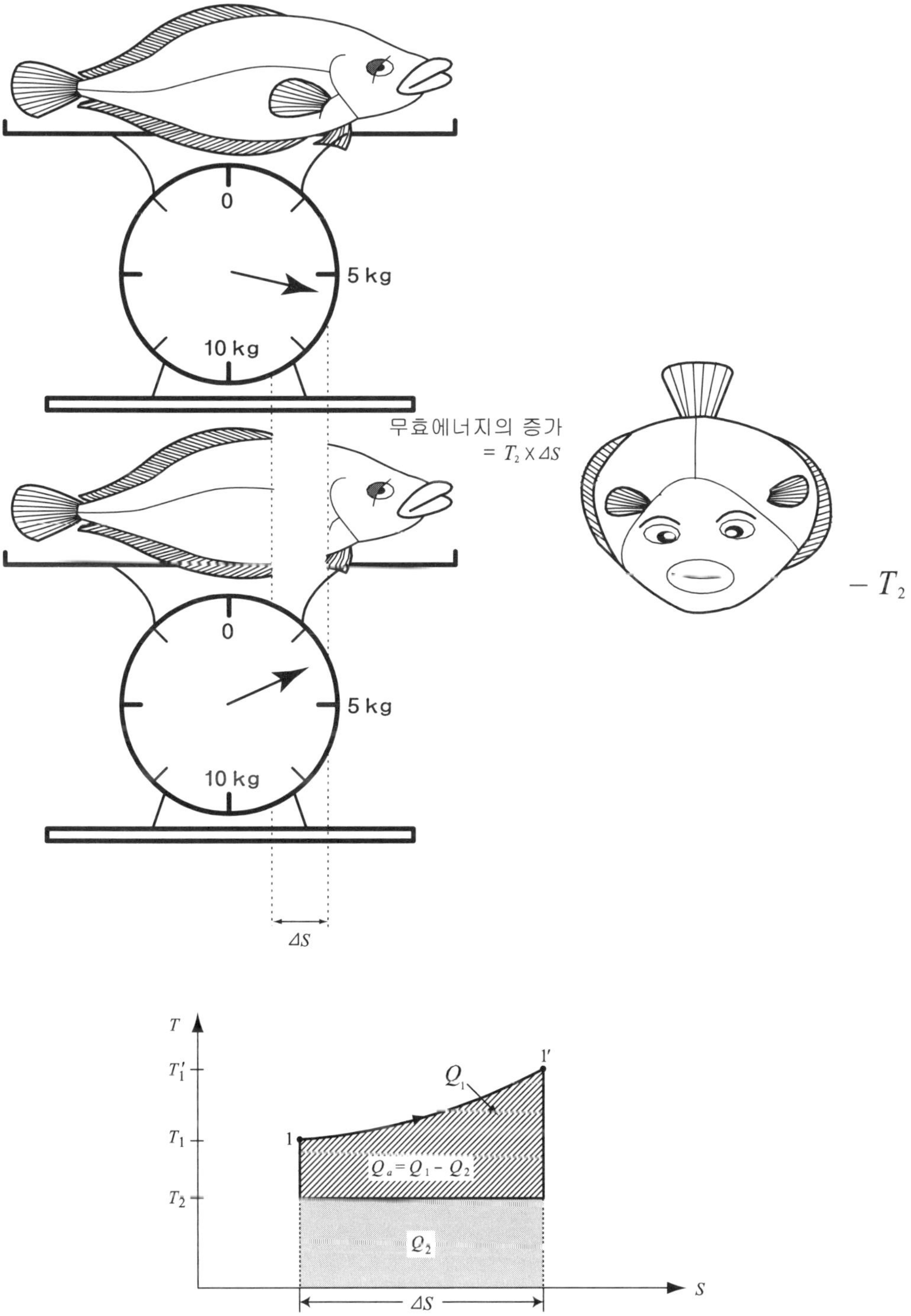

[그림 5-7] 고열원 온도가 변화할 때 ($T_2 \times \Delta S$)의 유효에너지

5.8 에너지의 잠재일(potential work) = 엑서지(exergy)

열역학적 정의에서 어떤 상태에서의 계가 지닌 에너지의 잠재일이란 그 계에서 얻을 수 있는 최대 유용일을 말한다. 과정 중에 실제로 이루어지는 일은 다음 식,

$$\text{일} = \textit{function of}(\text{초기상태, 경로, 최종상태})$$

와 같이 초기상태, 최종상태, 그리고 경로에 따라 결정된다. 그러나 초기상태는 주어지는 값이므로 일은 최종상태와 경로의 함수로서 해석할 수 있다. 앞의 5-2 절에서 언급한 바와 같이, 두 개의 정해진 상태 사이의 과정이 가역적으로 수행될 때 일 출력은 극대가 된다. 따라서 잠재일을 결정할 때 모든 비가역성은 배제된다.

또한 계가 최대의 일 출력을 내기 위해서는 과정의 최종상태가 바닥상태(ground state)이어야 한다. 여기서, 바닥상태를 정의하기 위하여 지금까지 사용하여 왔던 외계의 정의를 다음과 같이 다시 정리한다.

예를 들어, 넓은 강당에 난로가 놓여 있다고 하자. 지금까지는 난로를 계로 설정하면 경계에 있는 난로를 제외한 모든 선택된 영역을 외계로 정의하였으나 이제 이 외계를 다시 계와 인접한 주위와 환경으로 나누어 생각하기로 한다.

지금, −3 °C 의 추운 강당에 놓여 있는 120 °C 의 뜨거운 난로의 열전도를 해석할 때 난로를 둘러 싼 따뜻한 공기는 인접한 주위이며 난로 주위의 따뜻한 공기를 제외한 −3 °C 의 강당 공간은 환경(atmosphere)으로 정의한다.

계가 환경과 평형을 이룬 상태를 바닥상태(dead state)라 한다. 계의 바닥상태는 환경의 온도와 압력상태[19]이며, 환경에 상대적으로 운동에너지와 위치에너지가 없는 상태이므로 바닥상태에서의 계의 가용에너지는 제로이다. 만일 계의 최종온도가 환경온도보다 높다면 두 온도 사이에 열기관을 설치하여 더 많은 일을 얻을 수 있을 것이다.[20] 한편, 초기상태가 바닥상태라면 더 이상의 일은 얻어질 수 없다.

대기는 엄청난 양의 에너지를 지니고 있음은 사실이나 대기는 바닥상태에 있으므로 대기가 지니고 있는 에너지는 잠재일을 가지고 있지 않다.

결론적으로, 계는 주어진 초기상태에서 바닥상태(환경상태)까지 가역과정을 밟을 때 극대치의 최대일을 할 수 있다. 이 가능한 최대일은 초기상태에 있는 계의 유용한 잠재일을 나타내며 이를 계의 엑서지라 한다.

---

19) 환경의 온도 와 압력상태 : 바닥상태와 열적평형과 기계적평형 바닥상태의 상태량은 p_0, T_0, h_0, u_0 와 같이 아래첨자 '$_0$'를 붙여 표시한다.
(별도의 언급이 없으면, 바닥상태는 $T_0 = 25\,°\text{C}$, $p_0 = 1$ 기압으로 가정한다.)

20) 만일, 계의 최종압력이 주위압력보다 높다면 계를 주위압력으로 팽창시켜 더 많은 일을 얻을 수 있다.
만일, 계의 최종속도가 제로가 아니라면 터빈을 이용하여 여분의 에너지로부터 축 일을 얻을 수 있다.

뜨거운 난로에 인접한 주위는 난로에 인접하고 있으면서 공기의
온도 기울기가 있는 영역이다.

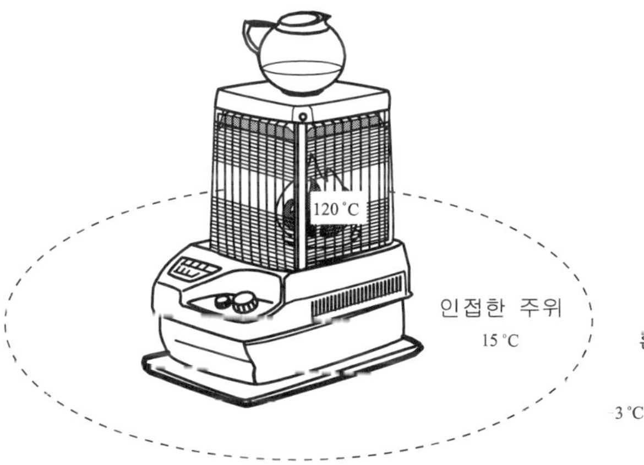

계는 가역적으로 바닥상태까지 움직일때 최대일을 할 수 있다.

5.9 유효에너지[21])의 일

계의 유효에너지가 열역학적 과정 중에 외계에 대하여 한 일 또는 외계에 의하여 이루어진 일에 대하여 알아보기로 한다.

열역학 제 2 법칙은 임의의 장치가 연속적인 동작으로 열이 일로 전환될 때 그 범위를 제한한다. 그러나 앞에서 이미 언급한 바와 같이, 일은 열로 완전히 변환된다. 이 두 사실로부터 열은 일보다 낮은 단계의 에너지 형태임을 알 수 있다.

계가 일을 할 때 그 계의 압력과 온도가 주위의 압력과 온도가 다를 경우, 그 계는 비평형상태에 있다고 한다. 비평형상태에 있는 계는 평형상태가 될 때까지 상태가 변화하므로 비평형상태에 있는 계는 일을 할 수 있는 능력을 갖고 있는 것이다.

그림 5-8에서와 같이 피스톤과 실린더로 밀폐되어 있는 기체의 압력, 온도가 주위의 대기와 같은 압력, 온도이면 피스톤은 움직이지 않으며 아무런 일도 하지 않게 될 것이나 압력이나 온도가 주위와 다를 때에는 피스톤이 움직여서 일을 할 수 있게 되고, 압력과 온도가 주위의 그것과 같은 상태로 되는 곳에서 평형상태에 달하여 피스톤은 정지한다. 지금, 주위의 압력을 p_0, 온도를 T_0 이라 하고, 그 양이 충분히 많아 변화하지 않는다고 한다. 계의 내부에 압력 p, 온도 T 인 기체가 있고 $p \neq p_0$, $T \neq T_0$ 로서, 이들이 주위에 대해 변화하여 일을 한다고 생각한다.

열역학 제 1 법칙의 제 1 기초식과 엔트로피의 식으로부터,

$$Q = U + p \cdot \varDelta V = U + W, \quad Q = T \cdot \varDelta S$$

이므로,

$$W = Q - U = T \cdot \varDelta S - U \tag{5-18}$$

여기서, 계가 주위의 압력 p_0 로 될 때까지 팽창할 때 그 압력에서 계가 주위에 한 일 $W_{surr} = p_0 \cdot \varDelta V$ 는 주위에 영향을 미칠 뿐 일로 이용되지 않는다. 또 주위온도 T_0 가 최저온도이므로 열교환은 이 온도에서 이루어진다. 따라서

$$Q = T \cdot \varDelta S = T_0 \cdot S_{gen} \tag{5-19}$$

가 되며, 이 때 계의 유효에너지로부터 얻을 수 있는 W 의 유효한 부분 최대량 W_a 는 다음과 같이 정의된다.

$$\begin{aligned} W_a &= W - W_{surr} \\ &= T \cdot \varDelta S - U - p_0 \cdot \varDelta V \\ &= T_o \cdot S_{gen} - U - p_0 \cdot \varDelta V \end{aligned} \tag{5-20}$$

---

21) 유용/가용에너지(available energy) : 1940년대 미국 M.I.T에서 명명
엑서지(exergy) : 1950년대 유럽에서 명명

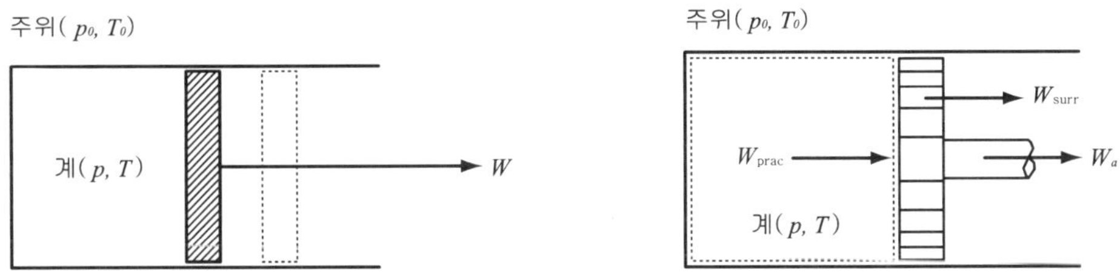

[그림 5-8] 피스톤-실린더 장치(밀폐계)의 장치의 일

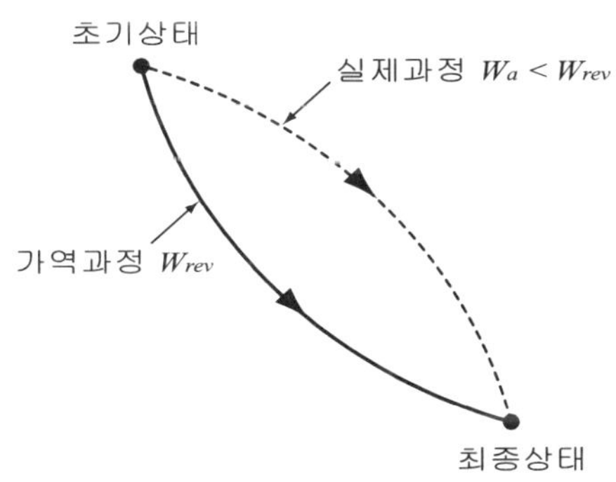

비가역성 $I = W_{rev} - W_a$

유효(용) 에너지의 100% 출력이 잠재일이므로 유용(효) 에너지는 최대 유용일과 같다. 비가역과정에서의 가역일과 유용일의 차이는 잠재일이 100% 유용하게 유용일로 전환되지 못하는 가역의 불완전성에 기인하므로 비가역성은 소멸된 유용한 잠재일과 같다. 계에 의하여 현실에서 실제로 이루어지는 실제일은 이론상의 유용일과 계가 주위에 대하여 행한 주위일의 합으로 나타나지만, 주위일을 무시하면 실제일은 유용일과 같게 된다. 완전한 가역과정의 경우, 실제일은 가역일과 같게 된다.
비가역성이 제로이면 엔트로피는 생성되지 않는다.

5.10 유용일(available work)과 실제일(practical work)

계의 상태변화 과정에 비가역성과 계의 유효(출력)일의 관계를 알아보기 위하여 계가 상태 1 로부터 상태 2 로 변화하는 과정에 대하여 엔트로피를 계산한다.

식 (5−9)로부터, 엔트로피의 생성량 S_{gen}은,

$$S_{gen} = S_{sys} + S_{surr} = (S_2 - S_1) + S_{surr} \qquad (5-21)$$

로 주어지므로, 여기서, 주위온도 $T_{surr} = T_0$ 라 하면, 열역학 제 1 법칙의 식,

$W = -(U_2 - U_1) + Q$ …… (2−40)과

$Q = T \cdot \Delta S = T_0 \cdot S_{gen}$ …… (5−19)로부터,

$$W = (U_1 - U_2) - T_0 \cdot (S_1 - S_2) + T_0 \cdot S_{surr} \qquad (5-22)$$

이 된다.

지금, 그림 5−9와 같은 피스톤−실린더 장치의 계가 압력 p_0 의 주위에 놓여 있다. 실린더 내의 가스가 피스톤을 밀면서 하나의 상태 1 로부터 다른 상태 2 로 변화할 때, 계가 행한 실제일은 계로부터 얻어지는 유용일과 계가 주위에 행한 주위일의 합으로 주어진다.

W_a 는 그림 (b)의 $p-V$ 선도에서 보는 바와 같이, 과정 중에 이루어진 유용한 일이고 W_{surr} 는 주위일(surroundings work)로서 주위의 압력 p_0 아래의 면적으로 표시된다.

$W_{prac} = W_a$ (피스톤이 실린더 내부의 압력 p 에서 p_0 인 바닥상태까지 하는 일)22)

$\quad + W_{surr}$ (주위의 압력 p_0를 이기고 이루어진 일)23) (5−23)

여기서, 과정 중의 체적변화에 주목하면 $p \cdot V$ 일 중의 일부는 계가 압력 p_0 의 주위에 놓여있으므로 인해서 주위에 행한 주위일이 되므로, 식에서 W 는 과정 중의 실제일 W_p(practical work)가 된다. 따라서 식 (5−21)에서의 유용일은,

$$W_a = W_{prac} - W_{surr} = W_{prac} - p_0 \cdot (V_2 - V_1) \qquad (5-24)$$
$$= (U_1 - U_2) - T_0 \cdot (S_1 - S_2) + T_0 \cdot S_{surr} + p_0 \cdot (V_1 - V_2)$$

---

22) $W_a = (p - p_0) \cdot \Delta V$

23) $W_{surr} = p_0 \cdot \Delta V$

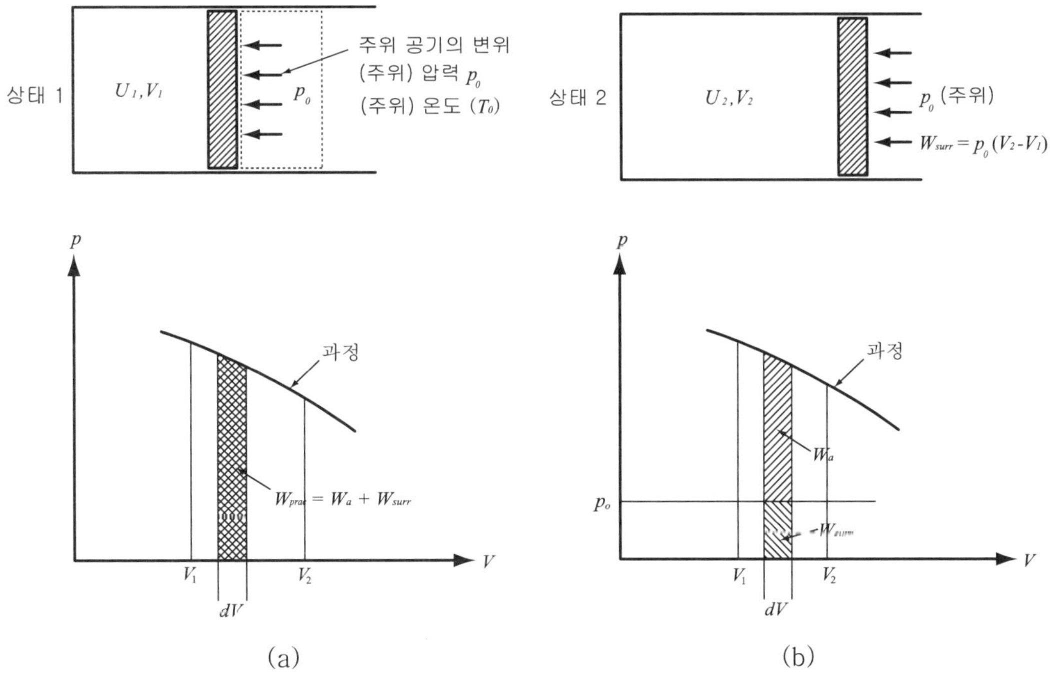

[그림 5-9] 유효일 W_a와 주위일 W_{surr}

계가 팽창하여 일을 할 때, 일의 일부는 주위압력을 이기기 위하여 이용된다.
따라서 W_{surr}은 손실을 나타낸다. 그러나 계를 압축할 때는 주위압력이 압축과정을 도와주므로 W_{surr}은 이득이 된다.
주위압력에 의한 일이나 또는 주위압력에 대한 일은 과정 중에 체적이 변화하는 계(즉, 움직이는 경계에 의한 일을 가진 계)에서만 중요성을 갖는다. 계가 사이클을 이루는 경우나 정상유동 기구(터빈, 압축기, 노즐, 열교환기 등)와 같이 경계면이 고정된 계에서의 W_{surr}은 무의미하다.
즉, 사이클을 이루거나 부피가 일정한 계의 실제일은 유용일과 동일하다.($W_a = W_{prac}$)

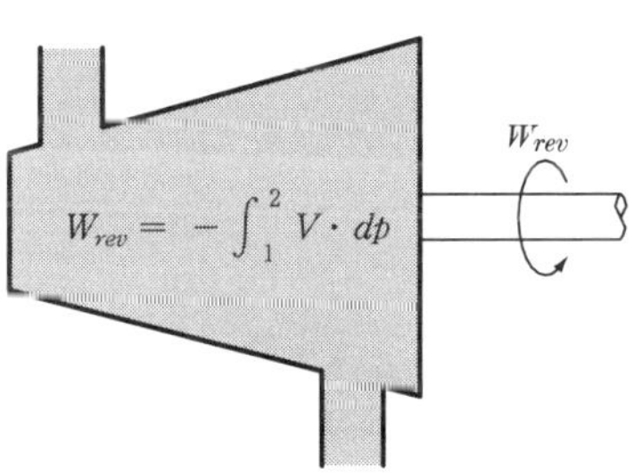

정상유통계

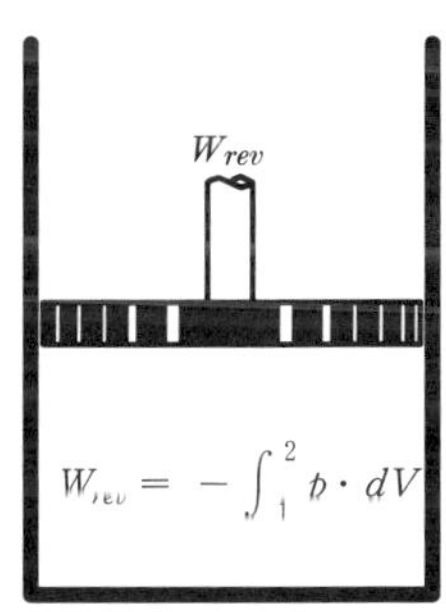

밀폐계

5.11 최대유용일

앞 절의 상태변화의 과정이 가역적이라고 하면 가역변화에서는 엔트로피 생성이 없으므로 $\Delta S_{gen} = T_o \cdot S_{surr} = 0$ 이고 이 때의 유용일 W_a 은 가역일 W_{rev} 가 된다.[24]

$$W_a = W_{rev} = (U_1 - U_2) - T_0 \cdot (S_1 - S_2) + p_0 \cdot (V_1 - V_2) \qquad (5-25)$$

지금, 식 (5−25)에서 첨자 1, 2 를 각각 무첨자, 첨자 0 (환경상태) 로 지정하고 최대유용일에 상당하는 에너지가 에너지의 유용성임을 상기하면, 이 가역일은 최대유용일 $W_{a,\,\max}$ (maximum, available)로서 환경의 온도와 압력에 의존되며 환경의 에너지를 기준으로 하여 측정한 계가 지닌 일의 능력을 나타낸다. 에너지는 일을 할 수 있는 능력으로 정의된다.

유효에너지가 상태변화과정에서 非가역성이 없이 가역과정으로 그 능력의 100 %로 출력될 경우의 유용일을 가역일이라 한다.

그러나 과정 중의 비가역성으로 인하여 유용일은 가역일보다 항상 작게 된다.

계가 임의의 상태에서 유용한 일을 할 수 있는 에너지를 지니고 있을 때, 계가 최대의 유용한 일을 할 수 있는 능력을 계의 유효에너지 혹은 유용성이라 한다.

이러한 에너지의 유용성은 계의 최종상태가 바닥상태에서 이루어지므로 유용일은 바닥상태에서 최대가 되고 이 최대유용일은 계가 지닌 가능한 잠재일로서 이 최대유용일을 엑서지라고 한다.

$$W_{a,\,\max} = Xerg = (U - U_0) - T_0 \cdot (S - S_0) + p_0 \cdot (V - V_0) \qquad (5-26)$$

엑서지는 한번 변화되면 다시는 회복될 수 없다. 우리는 에너지가 보존되는 양이라는 것을 이미 알고 있다. 에너지는 소멸되는 것이 아니다. 다만 이 에너지가 보다 유용성이 떨어지는 형태 즉, 작은 엑서지의 형태로 바뀔 뿐이다.

보존되지 않는 것은 에너지의 유용한 잠재일인 엑서지이다.

엑서지는 성질이며 시스템과 환경의 상태에 관계된다.

열원이 갖는 에너지의 엑서지는 열원과 환경 사이에서 작동하는 카르노열기관의 일 출력과 같다.[25]

---

24) 밀폐계의 경우, 유용일 W_a 는

$-W_a = -T_0(S_2 - S_1) + (U_2 - U_1) + p_0(V_2 - V_1)$ 로 주어지며,

$(S_2 - S_1) = \Delta S$, $(U_2 - U_1) = \Delta U$, $p_0 \cdot (V_2 - V_1) = \Delta W$, $T_0 = T_2$, $\Delta U + \Delta W = Q_1$ 이라 하면,

유효에너지 $E_a = Q_a = Q_1 - T_2 \cdot \Delta S = -W_a$ …… 식 (5−1)

25) 카르노사이클에서 고열원과 저열원의 온도가 같다고 가정하자. 그러면 이러한 열기관의 일 출력은 당연히 제로이다.

지열이나 수력 같은 에너지원을 이용하여 발전소를 건설하고자 한다면 우리는 우선 먼저 그 에너지원이 얼마나 많은 에너지를 보유하고 있는지 에너지량을 조사하게 된다.

그러나 열역학 제1법칙에 따른 정보 하나만으로 발전소를 건설한다는 결정을 내릴 수는 없을 것이다.

바다의 얕은 곳과 깊은 곳의 온도차를 이용한 해양온도차 발전소를 건설하고자 한다면 에너지량은 무한대이지만 이때는 열역학 제2법칙에 따른 열효율을 계산하여 발전소시스템의 효율성을 고려해야 할 것이다. 그렇지만 이들 고려만으로도 충분하다고는 볼 수 없다.

실제로 알아야 할 것은 에너지원의 에너지 중에서 유용한 일로서 얻어질 수 있는 에너지의 量이다.

우리를 둘러싸고 있는 대기는 엄청난 量의 에너지를 가지고 있음은 사실이다. 그러나 대기는 바닥상태에 있으므로 대기가 가지고 있는 에너지의 유용한 잠재일 즉, 엑서지는 제로이다. 일로 바꿀 수 없는 에너지는 결국 버릴 수밖에 없으므로 관심 밖의 일이다. 그러므로 어떤 정체상태에서 주어진 量의 에너지 가운데 유용한 일로의 최대변환가능성을 나타내는 성질이 필요하다. 이 성질이 엑서지이며 엑서지를 유효에너지 또는 에너지의 유효성이라고도 부른다.

엑서지는 일을 생산하는 장치가 실제로 전달하는 일의 量을 나타내는 것이 아니라 장치가 얻을 수 있는 일의 상한이라는 점에 유의해야 한다. 장치가 생산하는 실제일과 엑서지 사이에는 크던 작던 항상 차이가 있다. 이 차이에 엔지니어들이 개선하여야 할 여지가 있는 것이다.

주어진 상태에서 계의 엑서지는 계의 상태뿐만이 아니라 환경의 상태(바닥상태)에 따라서도 달라진다. 따라서 엑서지는 계-외계(주위)의 조합에 대한 성질이지 계만의 독립된 성질이 아니다. 그렇다면 환경의 상태량을 바꾸는 것도 엑서지를 증가시키는 하나의 방법이 될 것이다.

* 땅 속 깊은 곳의 온도가 27 °C, 얕은 곳의 온도가 7 °C 라고 할 때 두 열원 사이에서 발전시스템이 카르노사이클로 작동할 경우의 최대열효율은

$$\eta_c = 1 - \frac{T_2}{T_1} = 1 - \frac{280}{300} = 0.067$$

가역일과 실제 유용일의 차이가 비가역성이다. 가역일이란 계가 주어진 초기상태 사이의 과정을 밟을 때 얻을 수 있는 최대 유용일이다.
최대 유용일은 초기상태와 최종상태 사이의 과정이 완전히 가역적으로 수행될 때에만 얻어질 수 있는 유용한 일출력이다.
최종상태가 바닥일 때 가역일은 엑서지가 된다.

5.12 최대 공업일량

앞절에서 설명한 최대일은 不평형상태에 있는 어느 일정량의 물질이 상태 1 로부터 상태 2 까지 단 한번만의 변화를 할 경우이다.

그러면 실린더 내에 기체가 일정 압력 p 로 보급되고 변화가 연속적으로 이루어질 경우, 즉 유동과정이 정상류인 개방계에 있어서의 최대일은 어떻게 될까?

열역학 제 1 법칙의 제 2 기초식과 정상류 관계식으로부터,

$$\delta Q = dH - V \cdot dp, \qquad \delta Q = T \cdot dS$$
$$\delta W_t = -V \cdot dp,$$

이므로,

$$\delta W_t = \delta Q - dH = T \cdot dS - dH \tag{5-27}$$

여기서, 주위온도 T_{atm} 이 최저온도이므로 열교환은 이 온도에서 이루어진다.

따라서 실제 최대일량은,

$$\delta W_{t,\,max} = -(dH - T_{atm} \cdot dS) \tag{5-28}$$

가 된다.

계가 처음상태 1 에서 최종상태 2 까지 상태변화를 한다고 하면 계가 할 수 있는 최대 일량 $(W_t)_{max}$ 은 이 식을 적분하면

$$W_{t,\,max} = (H_1 - H_2) + T_{atm} \cdot (S_2 - S_1)^{26)} \tag{5-29}$$

여기서, H_1, H_2 및 S_1, S_2 는 각각 개방구의 입구 및 출구에서의 작업물질의 엔탈피와 엔트로피이다. 이 $(W_t)_{max}$ 를 개방계[27]에 있어서의 최대공업유용일(maximum available technical work)이라 한다.

앞 절에서 설명한 최대유용일은 어떤 물체가 갖고 있는 에너지 중에서 실제 일로 변환될 수 있는 최대값을 의미한다.

---

26) $(W_t)_{max} = T_{atm}(S_2 - S_1) - (U_2 - U_1) - (p_2 \cdot V_2 - p_1 \cdot V_1)$

27) 정상 유동계

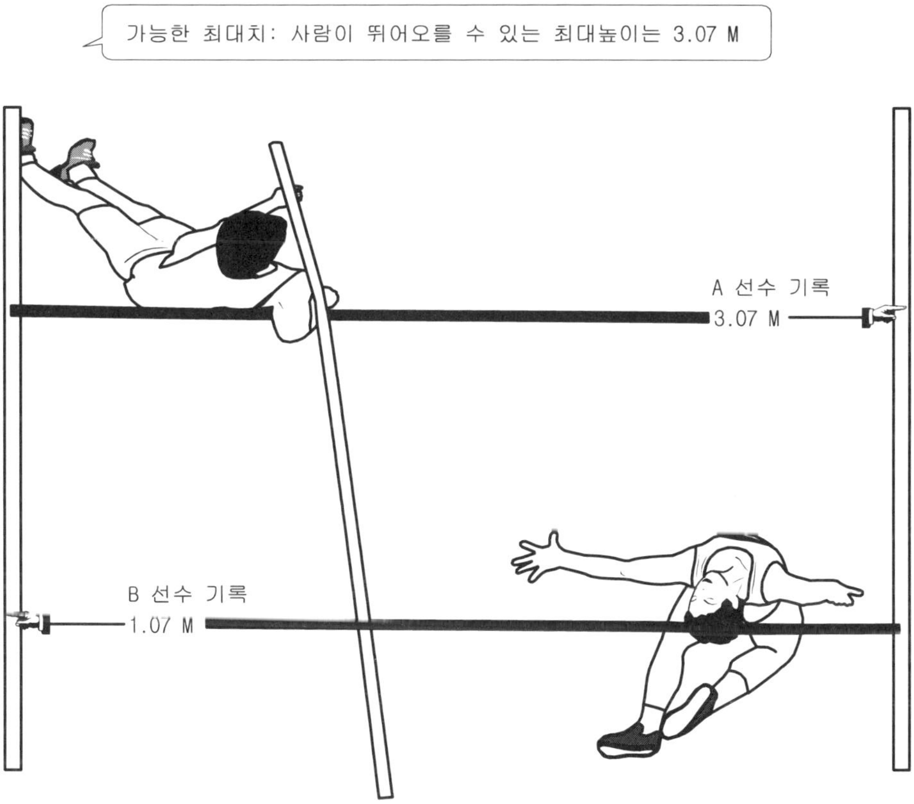

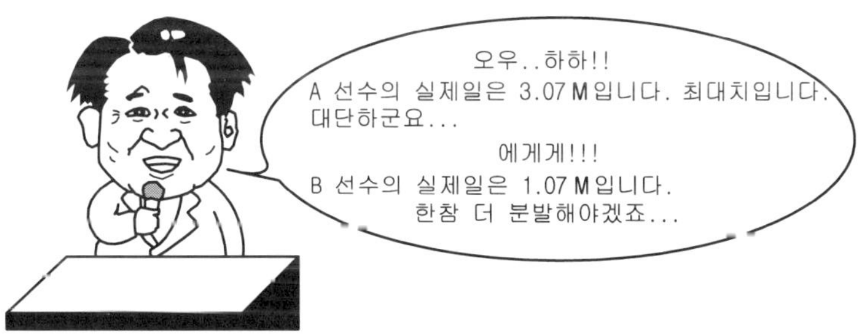

열역학에서는 최대치를 계산할 수 있으며, 또한 할 필요가 있다. 왜냐하면, 최대치와 실제치를 비교함으로써 열역학시스템의 효율을 평가할 수 있고, 실제공정을 향상시킬 수 있는 계기를 마련해준다.

5.13 엑서지 / 엑세르기

카르노사이클은 가역사이클로 손실이 없는 사이클로 가정하고 있다. 카르노사이클의 효율을 높이기 위해서는 그림 5-5에 나타낸 $T-S$ 선도에서 알 수 있듯이, 고온열원의 온도 T_H를 높이고 저온열원의 온도 T_L을 낮추어야 한다.

이를 바꾸어 말하면, 고온열원의 온도가 무한대이거나 저온열원의 온도가 0일 경우에만 카르노사이클의 효율은 1.0이 된다. 따라서 실제 사이클의 효율은 카르노사이클의 효율보다 낮을 수밖에 없으며, 엔지니어의 사명은 실제 사이클을 얼마만큼 카르노사이클에 근접시키는가 하는 것이다.

그러나 아무리 이상적인 사이클이라 하더라도 완벽한 카르노사이클에서조차 열량의 일정 부분만큼 (열량 × T_L / T_H)은 사람이 이용할 수 없으며, 자연을 창조한 조물주의 몫으로 인간의 능력이 미치지 못하는 범위이다. 열역학 제 2 법칙에서 기계적에너지(일)는 열에너지로 전부 변환이 가능하나, 역으로 열에너지는 그 일부만이 기계적 에너지로의 변환이 가능하였다.

이는 열이 비조직화된 저위에너지의 형태로서 열의 일부분만이 조직화된 고위에너지의 한 형태인 일로 변환되었기 때문이다.

이렇게 열에너지의 「질」 혹은 「유용성」을 평가함에 있어 열에너지로부터 최대한 얼마만큼의 기계적인 일이 얻어질 수 있는가를 판단하는 것이 엑서지의 개념이다. 엑서지는 1956년 란트(Z. Rant, 독일)가 제창하였으며 그 후 H.D. Baehr는 그 의미를 일반화하여 모든 종류의 에너지에도 해당될 수 있도록 다음과 같이 정의하였다.

"물체가 갖고 있는 에너지 중에서 일(또는 다른 에너지의 형태)로 변환되는 에너지를 엑서지라 하고, 물체가 갖고 있는 에너지 중에서 원래의 형태대로 남아 있는 에너지 즉, 엑서지를 제외한 부분을 아너지(anergy, 아네르기)"라 한다.[28]

여기서, 일이란 기계적인 일뿐만 아니라 모든 일을 포함한 넓은 의미의 일이다.[29]

고온열원으로부터 공급된 열을 사용하여 주어진 환경과의 사이에서 가역기관을 작동시켰을 때, 그 가역기관이 하는 일이 극대일이며 카르노기관이 가역기관이므로 엑서지 $Xerg$를 다음과 같은 수식으로 나타낼 수 있다.

$$Xerg = Q \cdot \frac{T_H - T_L}{T_H} \quad (5-30)$$ [30]

28) 실제에는 비가역성 및 최대유용일의 변환기술 등의 문제 때문에 엑서지가 전부 유용하게 일로 이용되는 것은 아니다.
29) 만일, 기계적인 일뿐만이 아니고 다른 형태의 일까지를 포함시키면 엑서지는 유효에너지라 할 수 있다.
30) Q는 공급된 열량, T_H는 고온열원의 온도, T_L은 저온열원의 온도이다.

<<< 소설 엑세르기 >>>

이 세상의 모든 물건에는 量과 質의 개념을 가지고 있는데, 에너지의 경우는 어떠한지 살펴보기로 하자. 우선, 量에 관해서는 상대적으로 이해하기가 쉬우며 1 cal 라든가 하는 단위를 사용하여 나타낸다. 다음은 質에 관한 내용으로 온수를 예로 들어 생각해 보자.
지금 75 °C의 온수 2.000 litre가 있다면 이 온수는 0 °C를 기준으로 15만 kcal의 열에너지를 가지고 있다. 이것은 15 °C의 온수 10.000 litre가 가진 에너지와 양적으로는 같지만 에너지를 사용함에 있어선 같지 않다. 따라서, 두 온수의 "有用함" 이나 "質" 의 차이를 표시하는 데에는 어떠한 지표가 필요함을 알 수 있다.
에너지는 전체의 에너지량이 같더라도 낮은 온도를 가진 에너지보다는 높은 에너지를 가진 에너지가 일로 변환되는 量이 많으므로 높은 온도를 가진 에너지가 높은 質을 갖는다.
제 2 장에서 배운 열역학 제 1 법칙은 에너지보존의 법칙으로 에너지의 형태는 변해도 총합은 변하지 않는다는 것이었다. 그러나 실용공학에서는 "쓰면 감소하는" 에너지가 대상이 되므로 "불멸의" 에너지는 다른 호칭법이 필요하게 되었다. 그래서 태어난 것이 엑서지이다.
그러면, 엑서지란?
어떤 계의 엑서지라는 것은 그 계가 가역과정을 거쳐 환경과 평형상태가 되기까지 이 계에서 끄집어 낼 수 있는 최대의 유용한 기계적 일과 같은 부분에너지이다. 그러나 최대유용일의 변환기술에 있어 현실의 상태변화나 현상이 각종 비가역성을 포함하므로 실제로 얻어지는 유효 일은 이 엑서지의 값보다 항상 적을 수밖에 없다.
즉, 엑서지(Xerg)가 전부 실제 일로서 유효하게 이용되는 것은 아니다.

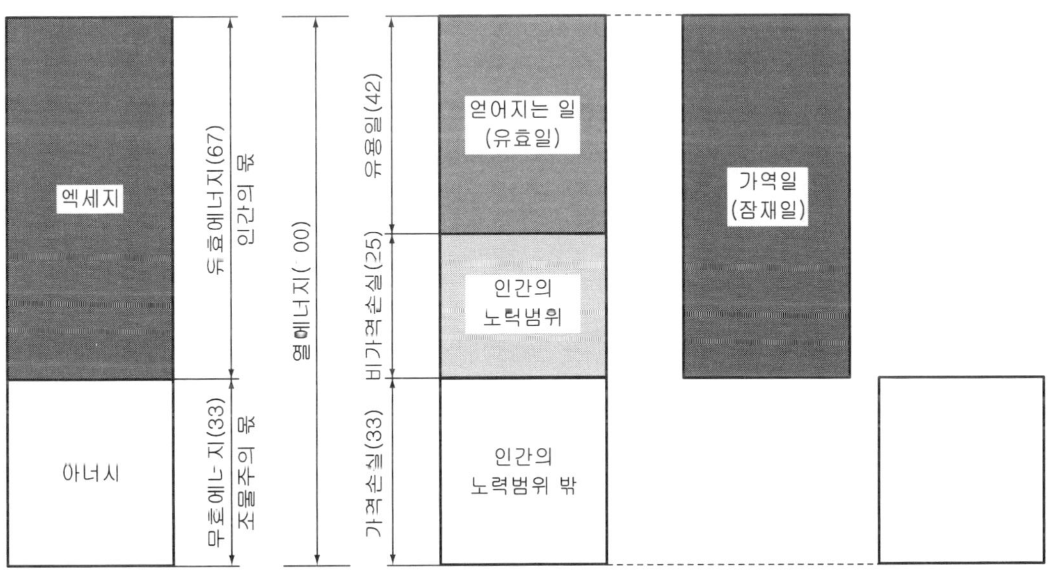

5.14 기계적에너지의 엑서지

에너지는 운동에너지, 위치에너지, 내부에너지, 엔탈피 등과 같은 여러 가지 형태로 존재하며, 이들의 합이 계의 총 에너지임은 제 2 장에서 이미 설명한 바이다.

엑서지는 에너지의 유용한 잠재일이며, 따라서 계의 엑서지는 계가 가지고 있는 여러 형태의 에너지와 관련된 엑서지의 합이다. 그러므로 계의 엑서지를 구하기 위해서는 에너지의 형태와 엑서지의 관계를 알아야 하며 계가 갖고 있는 에너지의 형태를 규명해야 한다. 에너지의 형태와 함께 그 엑서지를 알면 주어진 상태에 있는 계의 엑서지는 계가 가지고 있는 여러 형태의 에너지의 엑서지를 합함으로써 구해진다.

(1) 운동에너지의 엑서지

운동에너지는 기계적 에너지의 한 형태이므로 운동에너지는 모두 일로 변환될 수 있다. 따라서 계가 지니고 있는 운동에너지의 엑서지(유효한 잠재일)은 환경의 온도와 압력에 관계없이 운동에너지 그대로이다.

$$\text{운동에너지의 엑서지 : } Xerg_{K.E} = \text{운동에너지 } K.E = \frac{1}{2} \cdot v^2 \qquad (5-31)$$

여기서, v는 환경에 대한 계의 상대속도이다.

(2) 위치에너지의 엑서지

위치에너지도 운동에너지와 마찬가지로 기계적에너지의 한 형태이므로 위치에너지도 모두 일로 변환될 수 있다.

따라서 계가 지니고 있는 위치에너지의 엑서지(유효한 잠재일)는 환경의 온도와 압력에 관계없이 위치에너지 그대로이다.

$$\text{위치에너지의 엑서지 : } Xerg_{P.E} = \text{위치에너지 } P.E = g \cdot z \qquad (5-32)$$

여기서, g는 중력가속도이며 z는 환경의 기준위치에 대한 계의 높이이다.

이상과 같이, 운동에너지와 위치에너지의 엑서지는 에너지 그 자체로서 전량이 모두 실제 일로서 이용가능하다. 즉 유효한 잠재일이 실제일로 변환된다. 그러나 계의 내부에너지 U와 엔탈피 H는 전량이 모두 실제일로서 이용 가능하지 않다.

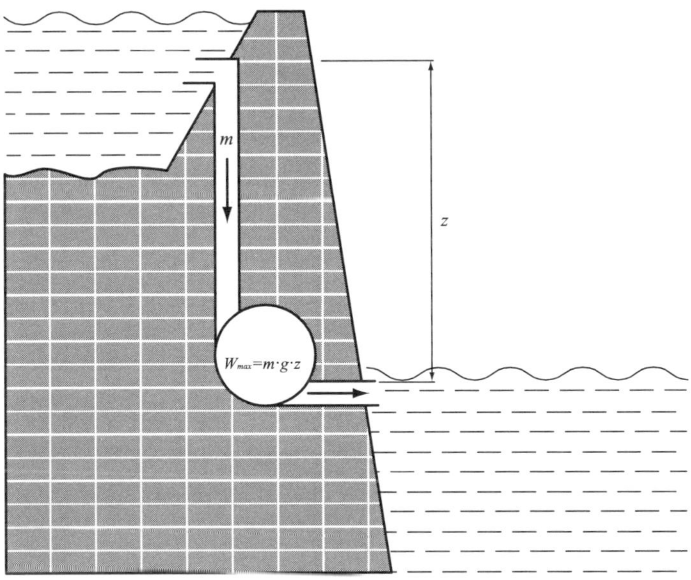

계가 가지고 있는 위치에너지의 잠재일 또는 엑서지는,
환경의 온도와 압력에 관계없이 위치에너지 그대로이다.

에너지 E ;

$$E = U + \frac{m \cdot v^2}{2} + m \cdot g \cdot z$$

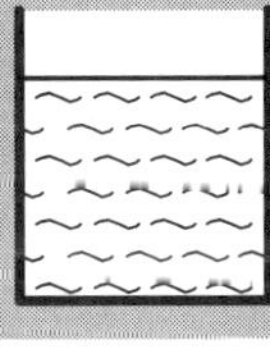

엑서지 X_{erg} ;

$$X_{erg} = (U-U_0) + p_0(V-V_0) - T_0(S-S_0) + \frac{m \cdot v^2}{2} + m \cdot g \cdot z$$

고정질량(비유동)

에너지 E ;

$$E = H + \frac{m \cdot v^2}{2} + m \cdot g \cdot z$$

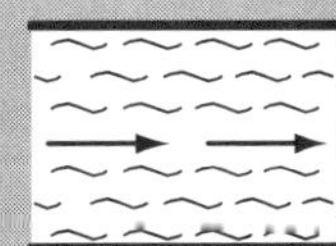

엑서지 X_{erg} ;

$$X_{erg} = (H-H_0) - T_0(S-S_0) + \frac{m \cdot v^2}{2} + m \cdot g \cdot z$$

유체흐름(유동)

5.15 내부에너지·엔탈피의 엑서지

최초상태가 (p, T, V, U, S)인 어떤 밀폐계가 상태 (p_0, T_0, S_0)인 외계에 있으며 이 계와 외계 사이에 열에너지와 일을 교환하여 일정한 변화를 할 때 계가 외계로부터 받게 되는 일에 관하여 알아보기로 한다.

그림 5-10에 나타낸 바와 같이, 외계가 계에 대해서 하는 일을 $p_0 \cdot \triangle V$, 그 밖의 일을 W_e, 외계가 계에 주는 열량을 $T_0 \cdot \varDelta S_0$ 라고 하자.

이 때 에너지보존법칙의 관계에서,

$$\varDelta U = W_e + p_0 \cdot \varDelta V - T_0 \cdot \varDelta S_0 \tag{5-33}$$

가 성립한다.

과정동안 외계의 체적은 $\varDelta V_0$ 만큼 증가하고 계의 체적은 $\varDelta V$ 만큼 수축한다.

또한, 외계의 엔트로피 증가 $\varDelta S$ 는 비가역성으로 인한 $\varDelta S_i \,(= \varDelta S_{gen.})$을 사용하면,

$$\varDelta S_0 = \varDelta S_i - \varDelta S \tag{5-34}$$

이므로 이 관계를 위 식에 대입하면,

$$W_e = \varDelta U + p_o \cdot \varDelta V - T_0 \cdot \varDelta S + T_0 \cdot \varDelta S_i \geq \varDelta U + p_0 \cdot \varDelta V - T_0 \cdot \varDelta S \tag{5-35}$$

를 얻는다. 식 (5-35)의 등호는 가역과정에 대해서만 성립하며 우변의 값은 계로 하여금 이 변화를 일으키게 하는 데 필요한 최소일을 나타낸다. 이 관계는 또 반대로 생각하면 계가 외부에 대해서 할 수 있는 최대가능한 일을 나타내므로 5-11절의 정의에 따라 엑서지 즉, 유효에너지가 된다.

이 엑서지를 외계의 상태 $(p_0, T_0, V_0, U_0, S_0)$와 계의 최초상태 (p, T, V, U, S)를 사용하여 나타내면 다음과 같이 된다.

$$\begin{aligned} Xerg &= (U - U_0) + p_0(V - V_0) - T_0(S - S_0) \\ &= (U + p_0 \cdot V - T_0 \cdot S) - (U_0 + p_0 \cdot V_0 - T_0 \cdot S_0) \end{aligned} \tag{5-36}$$

한편, 정상유동계에 대해서는 내부에너지 U 대신에 엔탈피 H를 사용하여,

$$Xerg = (H - H_0) - T_0(S - S_0) = (H - T_0 \cdot S) - (H_0 - T_0 \cdot S_0) \tag{5-37}$$

와 같이 나타낼 수 있다.

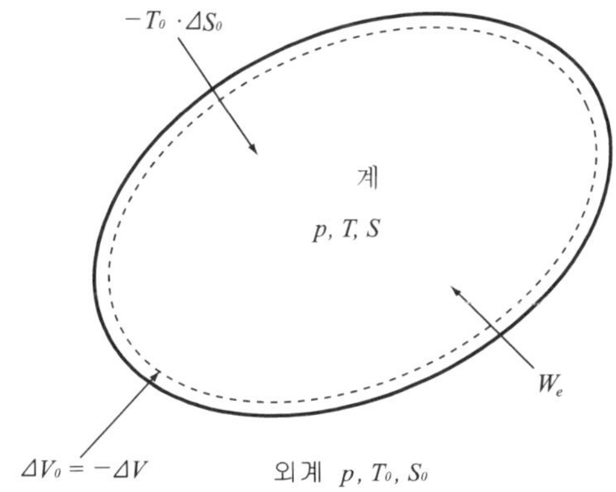

[그림 5-10] 밀폐계에 대해서 외계가 하는 최소일

엔탈피 ;
$H = U + p \cdot V$

엔탈피의 엑서지 ;
$X_{erg} = (H - H_0) - T_0(S - S_0)$

엔탈피의 엑서지는 내부에너지의 엑서지와 유동일의 엑서지와의 합이다.

5.16 엑서지 손실 / 제 1 종 손실 / 아너지(Anergy)

식 (5−36) 혹은 (5−37)로 표시되는 엑서지는 계의 상태가 가역적으로 변화하여 최종적으로 외계와 열적·역학적으로 평형상태에 도달하는 데까지 얻을 수 있는 가능한 최대일을 나타낸다. 또 기준온도가 결정되면 $xerg$는 상태량이므로 $1 \rightarrow 2$ 로의 상태변화에 대응하는 엑서지의 변화량은 다음 식과 같은 상태량의 함수가 된다. 즉,

$$\begin{aligned} xerg_2 - xerg_1 &= \{(h_2 - h_0) - T_0(s_2 - s_0)\} - \{(h_1 - h_0) - T_0(s_1 - s_0)\} \\ &= (h_2 - h_1) - T_0(s_2 - s_1) \end{aligned} \tag{5−38}$$

여기서, $xerg$ 및 h, s는 각각 단위 중량 당 비엑서지 및 비엔탈피, 비엔트로피이다.

엑서지의 정의식에서 가역단열적인 일을 가한 경우의 계의 엑서지의 최대량은, $s_1 = s_2$ 이므로

$$xerg_2 - xerg_1 = h_2 - h_1 \tag{5−39}$$

가 된다. 또, 등온가역과정에서는 고열원의 온도 T_1 하에서 계에 열량 q를 가역적으로 가하되 일의 출입이 없는 경우는,

$$h_2 - h_1 = q \tag{5−40}$$

$$s_2 - s_1 = q / T_1 \tag{5−41}$$

이므로,

$$xerg_2 - xerg_1 = q - T_0 \cdot \frac{q}{T_1} \tag{5−42}$$

를 얻는다. 지금, 계가 외계와 같은 바닥상태에서 $xerg_2 = 0$ 라고 하면,

$$|Xerg_1| = Q - \frac{T_0}{T_1} \cdot Q = (1 - \frac{T_0}{T_1}) \cdot Q \tag{5−43}$$

즉, 상태변화에 대응하는 엑서지의 변화량을 열에너지 Q의 유입에 따라 온도 T_1과 외계온도 T_0 사이에서 가상적 카르노사이클을 작동시킨다고 가정할 때의 최대일이라고 생각한다.[31)]

열에너지 Q 중에서 $(T_0 / T_1) \cdot Q$ 부분은 원래 일로 변환될 수 없는 에너지로 생각되므로 이 부분을 아너지 또는 엑서지 손실 혹은 제 1 종 손실이라고도 한다.

31) 엑서지는 규격화된 어떤 에너지의 형태가 아니고, 외계에 놓여있는 어떤 계에서의 최대가용 축 일임을 인식하여야 한다.

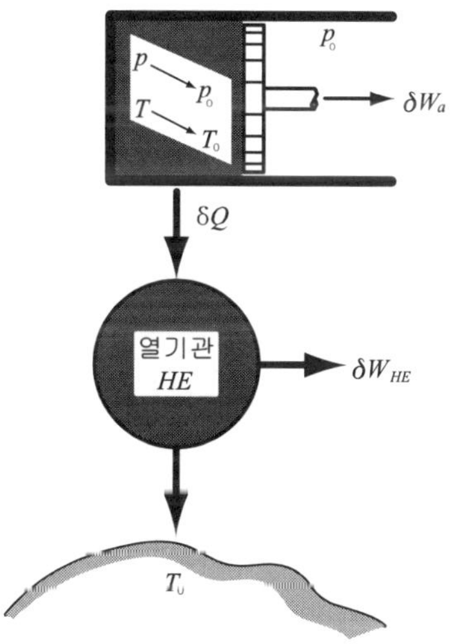

주어진 상태에서 계가할 수 있는 최대유용일(엑서지)는 계가 환경의 상태까지 가역과정을 밟을 때에 할 수 있는 유효한 일이다.

5.17 엑서지 소멸 / 제 2 종 손실 / 비가역손실

엑서지는 계가 한 상태에서 외계의 상태에 이르는 가역과정의 변화에서 얻을 수 있는 최대의 공학적 일로서 현실의 상태변화나 현상은 각종 비가역성을 포함하므로 얻을 수 있는 유효일은 이 엑서지 값보다 감소한다. 대표적인 비가역성분에는 유한 온도차로 인하여 생기는 열이동이나 유체마찰 등 운송현상과 관계되는 현상이 대응하게 된다.

엑서지손실 중에서, 특히 비가역성에 의한 손실을 비가역손실 또는 엑서지소멸 (exergy destruction)이라고 하며 계 내의 엔트로피생성이나 비보상열(극대일의 손실)과 밀접한 관계를 갖는다. 지금,

계가 1→2 로 상태가 변화했다고 하자. 이 경우의 엑서지변화는 식 (5−38)에서,

$$\Delta Xerg_{12} = Xerg_2 - Xerg_1 = \Delta H - T_0 \cdot \Delta S \qquad (5-44)$$

이다. 여기서, 이 엔트로피의 변화분 ΔS 를 5−6절에서와 같이 엔트로피 생성과 엔트로피 유동의 합 S_{gen} 으로 나타내면

$$\Delta Xerg_{12} = \Delta H - T_0 \cdot (S_{sys} + S_{surr}) = (\Delta H - T_0 \cdot S_{sys}) - T_0 \cdot S_{surr} \qquad (5-45)$$

가 되며 가역과정에서의 엑서지변화량인 우변의 제 1 항에 비해서 외계와의 열의 수수가 있으면 이에 대한 엑서지 변화량은 $T_0 \cdot S_{surr}$ 만큼 더 감소함을 알 수 있다.

따라서 소멸된 엑서지 $Xerg_{destroyed}$ 는,

$$Xerg_{destroyed} = T_0 \cdot S_{gen} \qquad (5-46)$$

로 나타낼 수 있다.

이 관계식을 Gouy−Stfodra의 정리라고 하며 엑서지 계산의 기초가 된다.

위 식을 다시 비보상열 $\delta Q_{sys.}$ 로 나타내면($T \cdot dS_{sys} = T \cdot dS_{gen.} = \delta Q_{gen.}$)

$$Xerg_{destroyed} = T_0 \cdot dS_{gen} = \frac{T_0}{T} \cdot (T \cdot S_{gen}) = \frac{T_0}{T} \cdot \delta Q_{gen.} \qquad (5-47)$$

가 되며, 앞 절에서 언급한 아너지 $\left(= \frac{T_0}{T_1} \cdot Q\right)$에 대응된다.

이러한 의미에서 비가역성(엑서지의 소멸)에 의한 엑서지 손실을 비가역손실 또는 제 2 종 손실이라고도 한다.

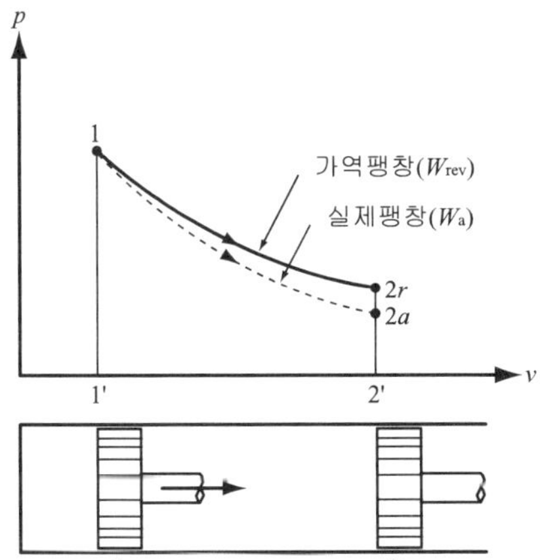

가역일 W_{rev} = 면적 12r 2' 1'

유효일 W_a = 면적 12a 2' 1'

비가역성 $I = W_{rev} - W_a = T_0 \cdot S_{gen}$

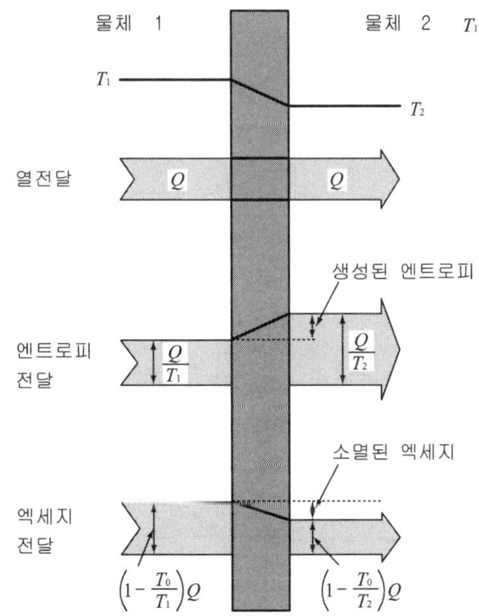

유일한 온도차를 통한 열전달 과정

동안의 엑서지 전달과 엑서지 소멸

비가역성은 일로 바꾸었어야 했으나 그렇게 하지 않은 에너지를 나타낸다. 즉, 폐기된 잠재일 또는 일을 하는 데 있어서 잃어버린 엑서지로 해석할 수 있다.

5.18 엑서지의 실용계산법

(1) 비열을 알 때의 물질의 엑서지

압력 p_0, 온도 T인 기체 $1\ m^3$가 외계 ($p_0,\ T_0$)와 열적 평형이 될 때까지 얻을 수 있는 최대일 즉, 엑서지는 $Xerg_2 - Xerg_1 = Q - T_0 \cdot \dfrac{Q}{T_1}$

$$\Delta Xerg = Q - \frac{T_0}{T_1} \cdot Q = (1 - \frac{T_0}{T_1}) \cdot (H_2 - H_1) \qquad (5-48)$$

로부터,

$$\begin{aligned} Xerg &= -\int_{H_0}^{H} (1 - \frac{T_0}{T}) \cdot dH = (H - H_0) - T_0 \cdot \int_{H_0}^{H} \frac{dH}{T} \\ &= \int_{T_0}^{T} C_p \cdot dT - T_0 \cdot \int_{T_0}^{T} \frac{C_p \cdot dT}{T} \end{aligned} \qquad (5-49)$$

로 나타내진다. 지금 만일, C_p가 일정하면,

$$\begin{aligned} Xerg &= C_p \cdot [(T - T_0) - T_0 \cdot \ln \frac{T}{T_0}] \\ &= (H - H_0) \cdot [(1 - \frac{T_0}{T - T_0} \cdot \ln \frac{T}{T_0}] \end{aligned} \qquad (5-50)$$

와 같이 근사적 산출이 가능하다. 여기서, [ ]에 관해서,

$$\lambda = \frac{Xerg}{H - H_0} = 1 - \frac{T_0}{T - T_0} \cdot \ln \frac{T}{T_0} \qquad (5-51)$$

로 놓으면 λ는 매체의 종류에 관계없이 온도만의 함수가 되므로 기체의 엑서지는 쉽게 계산된다.

이 λ를 유효비라고 하는데 이것은 엔탈피의 차 ($H - H_0$)에 대한 엑서지 $Xerg$의 비율을 표시하므로 열에너지의 질을 평가할 수 있다.

(2) 압력을 알 때의 물질의 엑서지

상온 T_0 인 이상기체가 압력 p 에서 p_0 까지 등온변화를 할 때 기체가 하는 최대일 W_{max} 는 다음과 같이 산출된다. 즉,

$$W_{max} = -\int_{p}^{p_0} V \cdot dp = R \cdot T_0 \cdot \ln \frac{p}{p_0} = Xerg \qquad (5-52)$$

이며, $1\ m^3$당 비엑서지 $xerg$ 는,

$$xerg = R' \cdot T_0 \cdot \ln \frac{p}{p_0} \qquad (5-53)$$

가 된다. 여기서, $R'(= R/22.4)$은 기체 $1\ m^3$당 가스정수로 $371.3\ J/kmol \cdot K$ 이다.

(3) 외계와 다른 분율을 갖는 혼합기체의 엑서지

$n_1\ mol$ 의 기체 ①과 $n_2\ mol$ 인 다른 기체 ②를 혼합시킬 때의 엔트로피변화는 열역학의 관계식, 식(4−69)의 체적 V 를 mol 수로 대체하고 정리하면,

$$\Delta S = -R\left[n_1 \cdot \ln \frac{n_1}{n_1+n_2} + n_2 \cdot \ln \frac{n_2}{n_1+n_2}\right] \qquad (5-54)$$

이다. 계의 기체와 외계의 기체의 혼합에 의한 엑서지의 변화는 계의 엑서지이며, 혼합에 의해 총엔탈피는 변하지 않으므로 엑서지의 변화 $\Delta Xerg_{mix}$ 는 $T_0 \cdot \Delta S$ 로 주어진다.

즉, $\Delta Xerg_{mix} = -T_0 \cdot \Delta S \qquad (5-55)$

$$= \frac{R \cdot T_0}{22.4} \cdot \left[\frac{n_1}{n_1+n_2} \cdot \ln\left(\frac{n_1}{n_1+n_2}\right) + \frac{n_2}{n_1+n_2} \cdot \ln\left(\frac{n_2}{n_1+n_2}\right)\right]$$

한편, 다성분계이면 V_i 를 i 종 성분의 체적분율로 할 때,

$$Xerg = \Delta Xerg_{mix} - R' \cdot T_0 \cdot \sum_{i=1}^{k} V_i \cdot \ln V_i\ , \quad \sum_{i=1}^{k} V_i = 1.0 \qquad (5-56)$$

이며, 분압으로 나타내면,

$$Xerg = R' \cdot T_0 \cdot \sum_{i=1}^{k} \frac{p_i}{p_0} \cdot \ln \frac{p_i}{p_0}\ , \quad \sum_{i=1}^{h} \frac{p_i}{p_0} = 1.0 \qquad (5-57)$$

이 된다.

5.19 자유에너지 / 열역학적 포텐샬

앞 절까지는 계의 물질의 상태변화가 물리적 변화를 할 경우의 최대일에 관한 내용이었으나 이와 같은 사고를 화학적인 변화의 경우에 확장시켜 보면 다음과 같다.

화학반응이 일어날 때에는 물질의 상태가 변한다. 반응의 전과 후에서 물질의 온도와 압력이 주위의 온도와 압력과 평형을 이루면 반응이 완전히 이루어져 안정상태가 된다.

변화가 가역적이 되려면 열의 교환이 완전히 온도차가 없는 상태, 즉 등온적으로 이루어져야 하고, 화학적 변화에서의 최대일을 생각할 때에는 변화전후의 압력이나 온도가 일정하게 유지되는 것으로 취급하여야 한다.[32)]

온도와 체적이 일정한 상태에서 화학적 변화를 하여 실제 일을 할 때의 최대일량은 식 (5−26)에서 $p \cdot dV = 0$ 이므로 다음과 같이 된다.[33)]

$$\begin{aligned} W_{\max} &= T_{atm} \cdot (S_2 - S_1) - (U_2 - U_1) \\ &= (U_1 - T_{atm} \cdot S_1) - (U_2 - T_{atm} \cdot S_2) \\ &= F_1 - F_2 \qquad (5-58) \end{aligned}$$

여기서, $F = U - T \cdot S \left(= U - R \cdot T \cdot \ln \dfrac{V_2}{V_1}\right)$ 로 놓고, F 를 자유에너지(free energy)라 한다.

非가역변화를 포함할 때에는 제 2 법칙으로부터 $dS > \delta Q / T$ 이므로,

$$T \cdot dS > dU + \delta W \qquad (5-59)$$

가 된다. 따라서 $\delta W < -dF$ 가 되어 이 때 얻어지는 일은 위에서의 가역변화를 할 때의 일보다 반드시 작아진다.

따라서 위의 식 (5−58)로 주어지는 $W_{\max}$ 는 화학변화에서 얻어지는 최대일이 된다.

---

32) 실제로 보통 화학반응에서는 온도나 압력의 어느 하나를 일정하게 하는 것이 편리하다.
예를 들어, 연료전지가 온도의 상승이 없으면 화학적 에너지는 그대로 전기에너지로의 전환이 가능하며 이 경우 전기에너지는 그대로 일을 나타낸다.

33) 가역적 화학변화에 대하여는, 열역학의 제 1 법칙과 제 2 법칙이 성립하므로 $T \cdot dS = dU + \delta W$ 이고, 변화가 등온적으로 이루어진다고 하면 $\delta W = T \cdot dS - dU$ 이므로,

헬름홀쯔의 자유에너지의 정의는
$F = U - T \cdot S$ 이고, 온도 T가 일정할 때...

$$dF = d(U - T \cdot S) \leqq \delta W$$

$$F1 - F2 \geqq W_{max}$$

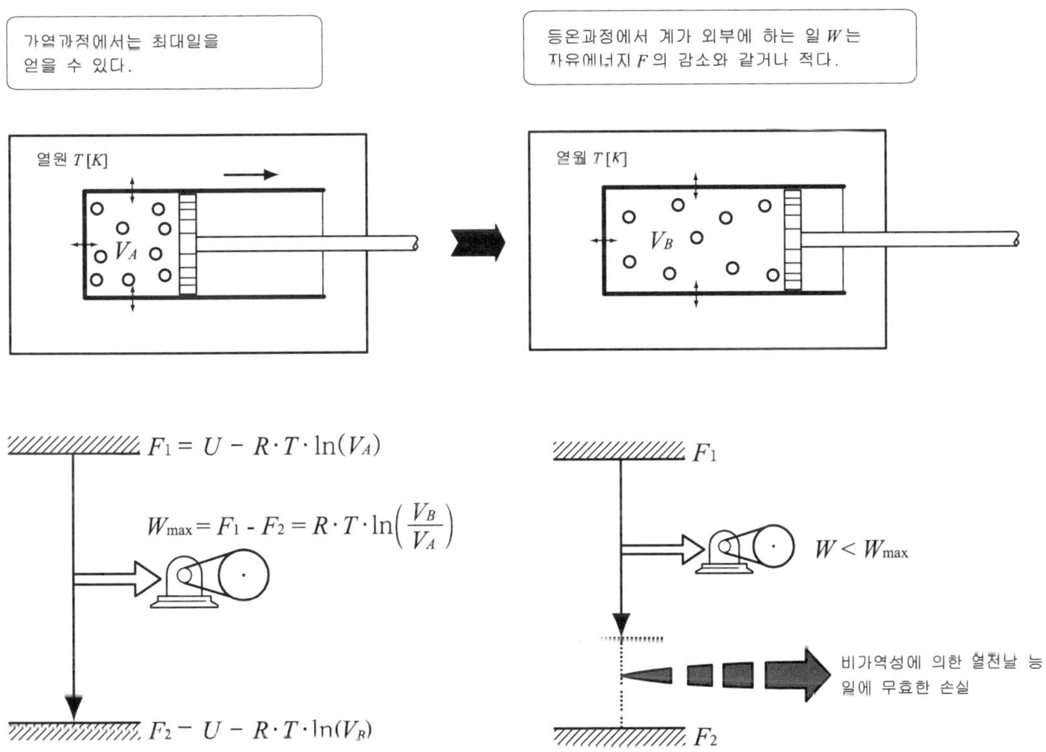

(a) 이상기제의 가역 등온팽창

(b) 비가역 과정

5.20 Helmholtz함수

앞 절에서 정의한 자유에너지 F는 Helmholtz함수라고도 불리는 하나의 상태량으로 변화가 가역적이면 자유에너지는 일정하고, 非가역적인 변화이면 $dF \leq 0$로서 자유에너지는 감소한다.

상태변화 과정이 등온변화으로서 일이 없거나 정적변화인 경우에는 $dF \leq 0$ 이고, 등온화학변화에서의 최대일은 자유에너지의 감소와 같음을 알 수 있다.

또한, 물질이 정상적으로 보급되고 변화가 연속적으로 이루어지는 정상유동과정의 개방계에 있어서의 최대일은,

$$W_{t,\,\max} = T_{atm} \cdot (S_2 - S_1) - (H_2 - H_1) \qquad (5\text{-}60)$$
$$= (H_1 - T_{atm} \cdot S_1) - (H_2 - T_{atm} \cdot S_2)$$

여기서, $G = H - T \cdot S$로 놓고 이것을 자유엔탈피(free enthalpy) 혹은 Gibbs함수라 한다.

즉, 연속적으로 정상적인 등온화학변화를 할 때의 최대일은 자유엔탈피의 감소와 같다.

또, 등온 · 등압변화에 있어서는 $dG \leq 0$로 표시되고, 가역적이면 자유엔탈피는 일정하고 非가역적인 변화이면 감소한다.

자연의 변화에서는 대부분이 등압변화이며, 열적으로 불평형의 상태는 그 자연이 변한다고 하는 것은 자유엔탈피가 일을 함에 따라 점차 감소하고 그 극소치에 이르러 평형상태로 된다고 할 수 있다.

F와 G는 모두 열역학적 포텐셜(thermodynamical potential)이라 하고 단위는 일 즉, 에너지의 단위이다.

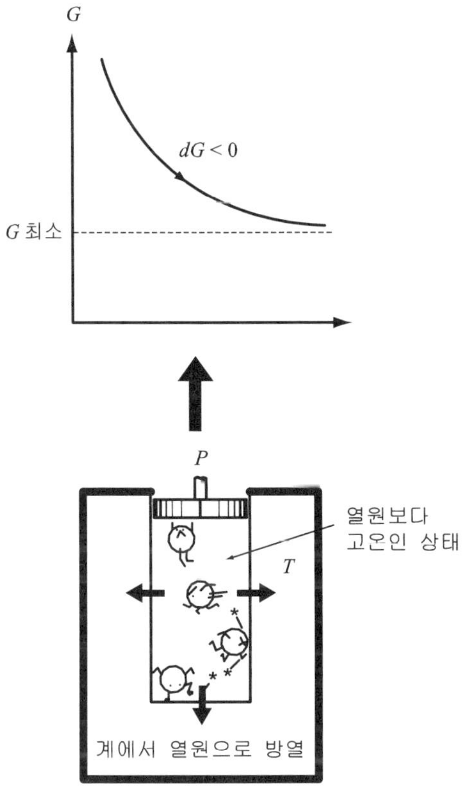

(a) 비평형

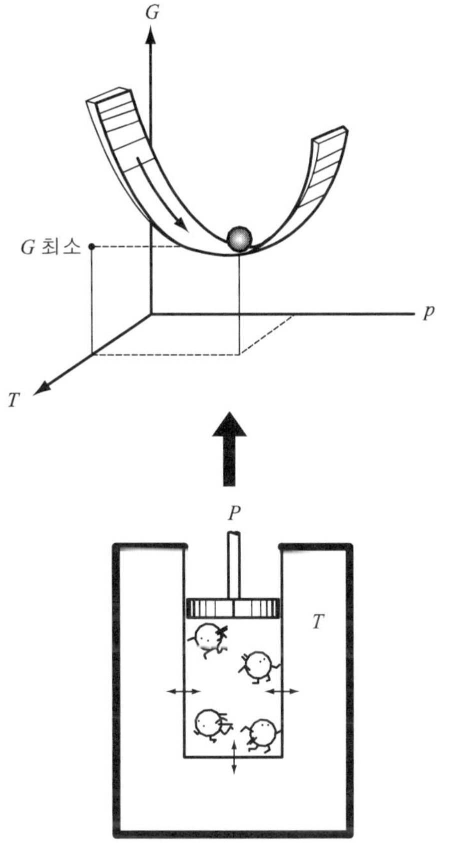

(b) 열평형

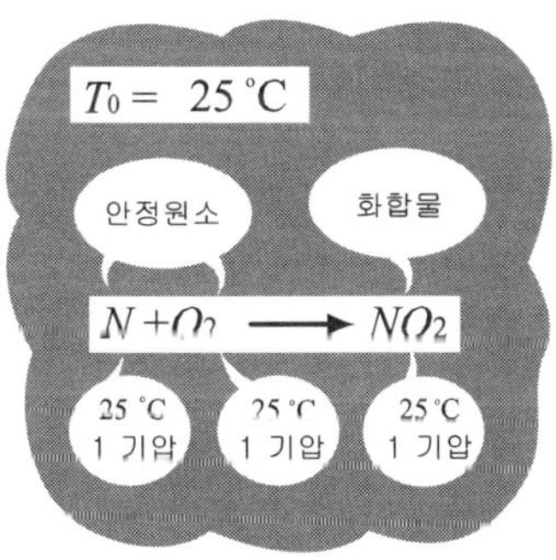

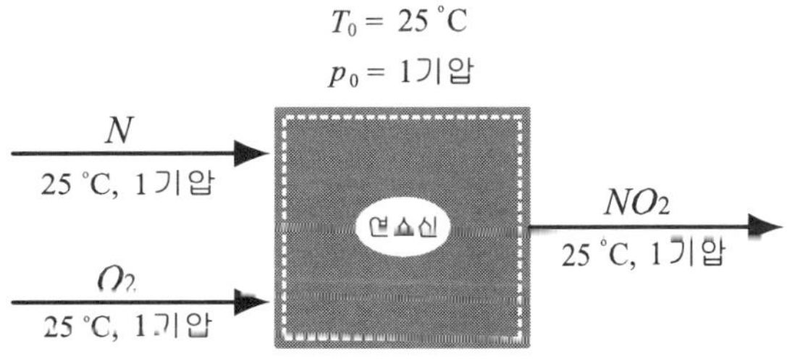

어떤 화합물의 Gibbs 함수치(≤ 0)는 안정원소로부터 화합물을 만들 때 관계된 가역일을 나타낸다. 이때 화합물, 안정원소, 그리고 주위의 조건은 모두 25°C, 1기압이다.

5.21 에너지변환의 분류와 효율

에너지 변환을 논하기 위해 변환방법을 다음 몇 가지 형태로 분류한다.

① 에너지의 형태적 변환(energy conversion)
② 에너지의 공간적 변환(energy transfer)
③ 에너지의 시간적 변환(energy storage)

여기서, 변환의 의미를 형태적 변환에 국한시키고 특히 열에너지를 중심으로 기능적으로 재분류하면 다음과 같다.

① 요소적 변환 : 기기요소 그 자신이 에너지 변환을 하는 것[34]
② 사이클형 변환[35] : 사이클 형성에 의하여 에너지 변환을 하는 것

또한, 에너지변환의 입장에서 변환기기의 효율을 크게 다음 3종류로 나눌 수 있다.

(1) 엔트로피 효율 η_s

이는 변환장치의 구성요소에 주목한 효율로서, 기대되는 외부로의 이상출력에너지에 대해서 실제로 얻게 되는 출력에너지의 比이다.

일반적으로 에너지변환장치는 요소 그 자신이 에너지변환을 담당하게 되는데 이 때 동작유체가 손실 없이 등엔트로피적으로 흐른다고 할 때 출력되는 에너지를 이상출력에너지라고 한다.

터어빈이나 수차 등의 등엔트로피 효율을 η_s라 하면,

$$\eta_s = \frac{\dot{W}}{\dot{W}_s} = \frac{\Delta h}{\Delta h_s} \tag{5-61}$$

와 같이 주어진다.

---

34) ① 등엔트로피 방식 : 각종 유체기계,
② 화학반응방식 : 연료전지,
③ 전자방식 : 모터, 발전기

35) 준정적 변환 : 열역학에서 말하는 준정적인 가역과정을 사용하여 한 가지 형태의 에너지를 입력하여 다른 형태의 에너지를 출력하려고 하는 것으로 현실적으로는 완벽한 정적인 과정이 될 수 없으나 원리상으로 극히 천천히 과정이 진행된다. 이런 종류의 변환에서는 연속적으로 변환을 진행시키기 위해 어떤 형태의 순환과정(사이클)을 사용한다.

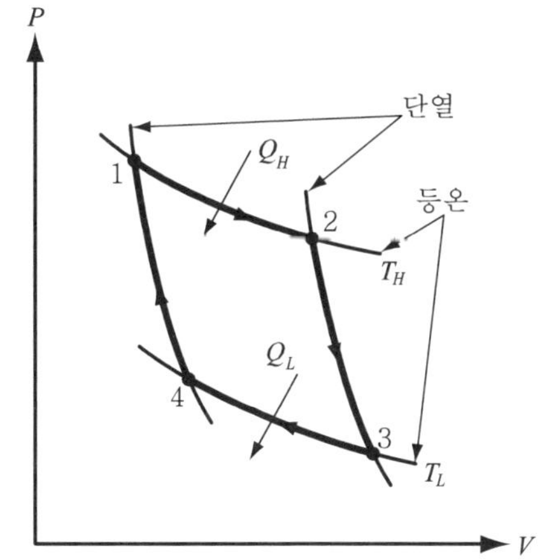

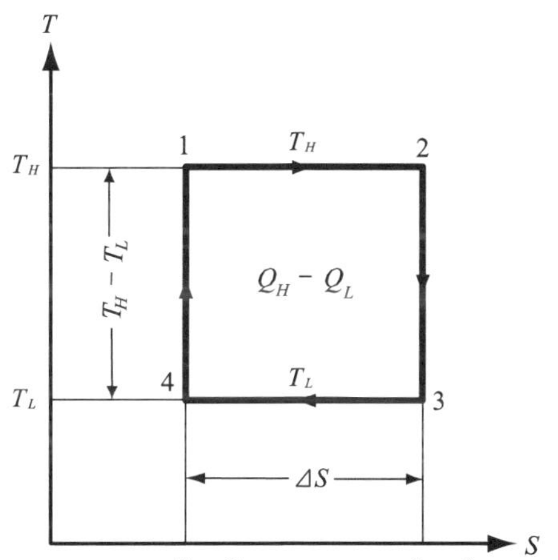

<카르노 가역사이클의 상태선도>

(2) 열효율(제 1 법칙 효율) η_{th}

이는 열역학 제 1 법칙을 근거로 하는 효율로서, 각 변환장치의 구성요소가 조합되어 열사이클이 구성될 때의 에너지 변환효율이다.

즉 그림 5.11에 나타낸 바와 같이 변환장치에 입력되는 에너지와 변환장치가 출력하는 에너지와의 比를 말한다.

특히, 입력이 열에너지인 경우(열기관)의 에너지 변환율을 열효율이라 하며 각종 내연기관 등의 성능을 나타내는 데 사용된다.

열기관사이클의 열효율 η_{th} 는 동일한 고열원과 저열원 온도간에 작동하는 카르노 효율 η_C 에 대해서 다음과 같이 주어진다.

$$\eta_{th} = \frac{W}{Q} < \eta_C \tag{5-62}$$

카르노사이클은 주위에서 열에너지 Q_H 를 받아서 이것을 열역학 제 2 법칙에 따라 Q_H 의 일부분 Q_L 은 외계에 방출하고 나머지 열에너지를 기계적에너지 W 로 변환시키는 에너지 변환장치이다.

이와 같이 제 2 법칙은 열에너지를 100 % 기계적 에너지로 변환할 수 없다는 것과 카르노사이클이 가역과정의 조합으로 구성되므로 주어진 2 개의 열원 온도 사이에서 작동하는 변환장치로서는 극대치의 일을 한다는 두 가지 사실로부터 카르노사이클의 에너지변환 효율 $\eta_{conv.}$ 를 구하면,

$$\eta_{conv.} = \frac{W}{Q_H} = \frac{R \cdot (T_H - T_L) \cdot \ln \dfrac{V_2}{V_1}}{R \cdot T_H \cdot \ln \dfrac{V_2}{V_1}} = \frac{T_H \cdot \Delta S - T_L \cdot \Delta S}{T_L \cdot \Delta S}$$

$$= \frac{T_H - T_L}{T_L}$$

가 된다.[36]

36) 가역 카르노사이클에서 엔트로피는 보존됨을 알았으나 이 가역과정에서도 에너지의 변화량에 대해서는 사이클이 일순(환)할 때 보존되지 않는다. 카르노사이클에서 에너지변화량을 계산해 보자.
고온측 T_H 에서는, $Q_H = T_H \cdot S_{21} = R \cdot T_H \cdot \ln(V_2 / V_1) = T_H \cdot \Delta S$ 의 열량을 받고,
저온측 T_L 에서는, $Q_L = T_L \cdot S_{43} = R \cdot T_L \cdot \ln(V_2 / V_1) = T_L \cdot \Delta S$ 의 열을 저열원에 방출한다.
그 결과 열역학 제 1 법칙에 의하면,
$W = Q_H - Q_L = R \cdot (T_H - T_L) \cdot \ln(V_2 / V_1)$ 의 기계적 에너지를 일 W 로서 외계에 방출하게 된다.

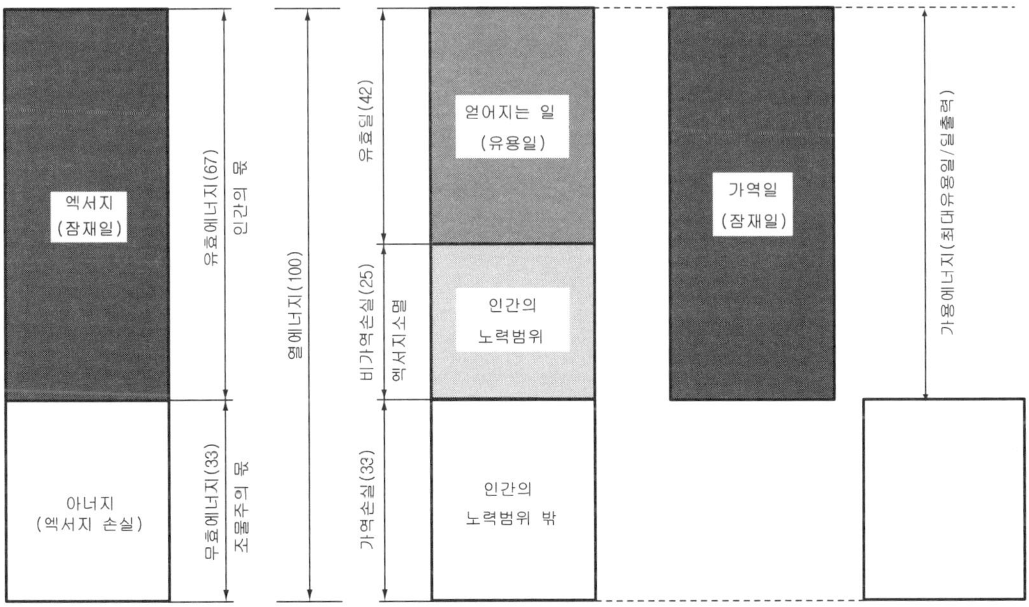

[그림 5-11] 열효율과 엑서지효율

열기관의 열효율에는 에너지량의 크기만이 문제가 되었지만, 저온의 에너지원으로는 아무리 넓은 열원이 있다고 하더라도 큰 일을 할 수 없다는 사실에서 알 수 있는 바와 같이 주어진 에너지원이나 에너지 질에 대해서도 병행하여 생각할 필요가 있다. 그래서 에너지 이용 또는 변환의 가부를 판단하기 위해 다음 절과 같은 엑서지 효율이라는 개념이 도입되었다.

(3) 엑서지효율(제 2 법칙 효율) η_{II}

이는 열역학 제 2 법칙을 근거로 하는 효율로서 제 2 법칙효율 (η_{II})이라고도 한다. 제 2 법칙효율이 의도하는 바는 어떤 에너지변환장치의 가역적인 작동에 근사한 정도의 척도를 제공하는 것으로 가역일과 유용일의 비로서 나타낼 수 있다.

$$\eta_{\mathrm{II}} = \frac{\text{유용일 } W_a}{\text{가역일 } W_{rev}} = \frac{\text{얻은 일}}{\text{유효 에너지}} = \frac{\eta_{th}}{\eta_{th,\ rev}} \qquad (5-63)$$

그러나 위의 정의는 일을 만들거나 소비하는 장치에 한해서만 적용이 가능하므로, 다음과 같은 일반적인 정의가 필요하게 된다. 즉 엑서지효율은 공학적인 일 W를 발생시키는 데 필요한 입력으로서의 공급된 엑서지[37]에 대한 실제 출력으로서의 회수된 엑서지와 比로서 정의한다.

$$\eta_{\mathrm{II}} = \frac{\text{회수된 엑서지 } Xerg_{rec}}{\text{공급된 엑서지 } Xerg_{supp}} = 1 - \frac{|\Delta E|_{loss}}{Xerg_{supp}} \qquad (5-64)$$

여기서,

$$|\Delta E|_{loss} = E_{supp} - E_{rec} = T_0 \cdot \Delta S \qquad (5-65)$$

로서, 계의 비가역성에 의하여 발생한 엔트로피 증가량에 비례한다.

이와 같이 엑서지효율은 변환장치의 비가역성으로 인해 생기는 엔트로피증대에 의한 엑서지의 감소비율을 표시하는 지표이며 특히 열에너지의 유효이용이라는 관점에서 볼 때 중요한 지표가 된다.

그림 5-11에 나타낸 화력발전소의 열효율은 종래의 계산방식으로 42 %에 지나지 않으나, 위 식에 따라 엑서지효율을 구하면 63 %라는 높은 값을 보인다.[38]

따라서 열에너지 시스템과 관련되는 성능평가에 있어서는 제 1 법칙을 기본으로 하는 열효율뿐만 아니라 제 2 법칙을 기본으로 한 엑서지효율을 인용하여 평가해야 한다.

예를 들면, 보일러나 열교환기에서의 열발생이나 열이동을 동반하는 기기에서는 열효율이 높아도 매체 간의 온도차가 커지면 엑서지효율은 낮아진다.

가령, 순간온수기로 물을 데우는 경우, 열효율은 매우 높으나 온수의 엑서지가 매우 낮으므로 엑서지효율은 극히 낮을 수밖에 없다.

---

37) 엑서지 강하량(가역과정을 전제)

38) $\eta = W / Q = \frac{42}{100} = 0.42$

$\eta_{\mathrm{II}} = \frac{\text{유용일 } W_a}{\text{가역일 } W_{rev}} = \frac{\text{얻은 일}}{\text{유효 에너지}} = \frac{42}{67} = 0.63$

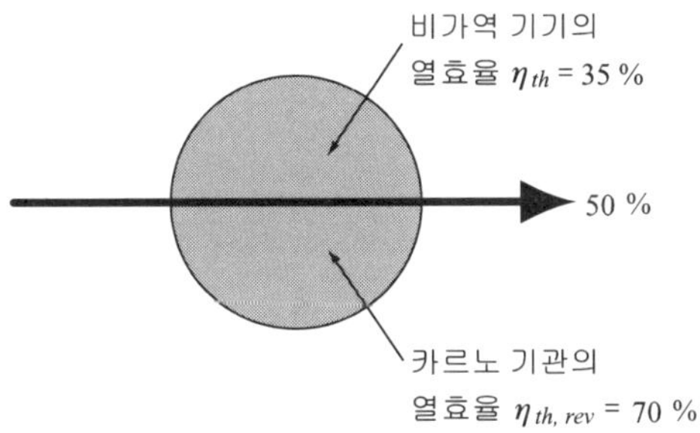

2법칙 효율은 가역조건에서의 열효율에 대한 기기의 성능을 말한다.

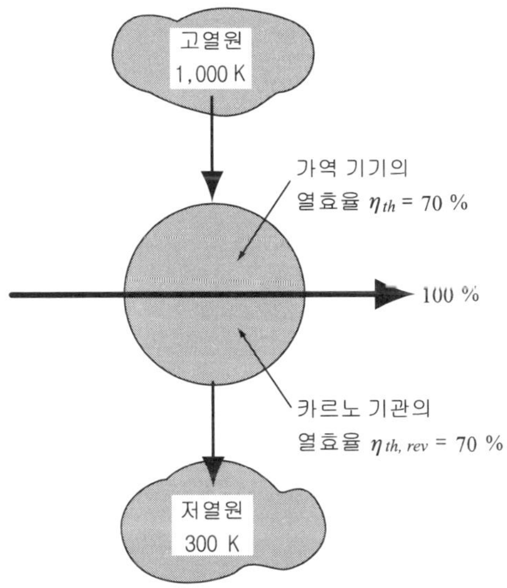

가역기기의 제2법칙 효율은 최대의 기능(가역)한 일과 유용한 일의 비로 정의되며 효율은 100 %이다.

$$\eta_{\mathrm{II}} = \frac{W_a}{W_{rev}} = \frac{\eta_{th}}{\eta_{th,\,rev}} = 100\ \%$$

$$\text{엑서지 효율} = \frac{\text{만들어내어진 에너지의 엑서지}}{\text{공급된 에너지의 엑서지}}$$

엑서지 효율은 그 기관의 동작이 가역과정에서 얼마나 벗어나 있는지의 정도를 나타내고 있다.
엑서지 효율이 1.0이라는 것은 엑서지 손실없이 가역석으로 진행된 것을 의미한다.

5.22 에너지의 질적평가

그림 5−12(a)에 나타낸 온수가열기를 예로 들어보자. 입력일이나 출력일이 있는 (b)의 터빈과 달리 열전달에 의해 열을 이동시키는 열교환장치의 제 2 법칙 효율은 그 장치에 공급된 가용에너지의 변화량 혹은 전달량에 대하여 그 장치 속에서 진행된 과정 중에 달성한 실적치의 비로 주어진다. 열교환장치의 하나의 예로서, 그림에 나타낸 것과 같은 온수가열기에서 고온유체가 100 °C의 온도로 유입하여 20 °C의 저온수를 40 °C까지 온도를 상승시키고 자신은 20 °C 온도 강하하여 80 °C의 온도로 유출된다고 하자.[39] 입구, 출구의 온도차는 모두 20 °C이기 때문에 고온유체가 잃은 단위시간당 열량 Q_H 와 저온수가 얻은 단위시간당 열량 Q_L 은 같으므로 다음과 같은 식이 성립한다.

$$Q_H = Q_L = 1\,kg_f/s \cdot 20\ ℃ \cdot 4.18kJ/kg_f \cdot ℃ = 84\,kW$$

위 식만으로 보면, 온수가열기는 외계로의 방열손실이 없기 때문에 이상적인 열교환기임에 틀림이 없다. 그러나 이러한 열교환과정에서 전혀 손실이 없는 것일까.

열량만을 고려하면 가열 · 피가열 유체 사이의 열교환과정에서 열량은 완전히 보존되고 있으므로[40] 손실이 없다고 할 수 있으나, 에너지의 질적인 면에서의 가치는 달리 평가되어야 한다. 지금 만일, 열교환과정에서 아무런 손실도 생기지 않았다고 하면 어떠한 외부에너지의 도움이 없이도 원래의 상태로 되돌아 갈 수 있어야 할 것이나 자연계에서 그러한 것은 불가능하다. 즉, 초기상태에서 100 °C와 20 °C의 온도상태에 있던 두 유체가 열교환하여 최종적으로 80 °C와 40 °C의 온도상태로 되면서 열량적으로는 손실이 없지만 과정이 진행된 다음에는 어떠한 외부에너지의 도움이 없이 원래의 상태로 되돌리는 것은 불가능하게 되어버린 것이다.

결론적으로, 열은 온도가 높은 쪽에서 낮은 쪽으로 자연적으로 흐르지만 그 역은 불가능하며 열이동 후에는 무엇인가 질적인 손실이 생긴다. 따라서 에너지의 질적인 평가를 위해 열량의 온도를 고려하는 방법으로 열량 Q 를 열역학적 온도 T 로 나눈 Q/T 라는 양을 엔트로피로 정의하여 사용하고 있다.

예의 열교환과정에서 엔트로피증가 ΔS[41]는 고온열원과 저온열원사이에서 만들어 낼 수 있는 일을 열교환을 통해 저온레벨의 열로 변환해 버림으로써 생긴 단위 온도차 당의 무효에너지에 상당한다.

---

39) 단, 각 입구와 출구에서의 유량은 모두 1 kg_f/s 이라고 한다.

40) 에너지 보존의 법칙, 열원인 고온유체가 150 °C로 유입, 130 °C로 유출하는 경우에도 열량적으로는 전혀 변화가 없다 해도 원래의 상태로 되돌리는 데에는 100 °C로 유입, 80 °C로 유출하는 경우에 비해 보다 많은 일이 필요할 것이다.

41) 항상 陽(+)의 값

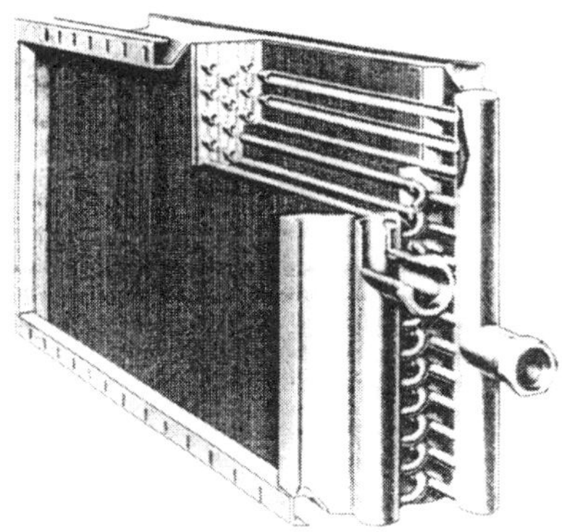

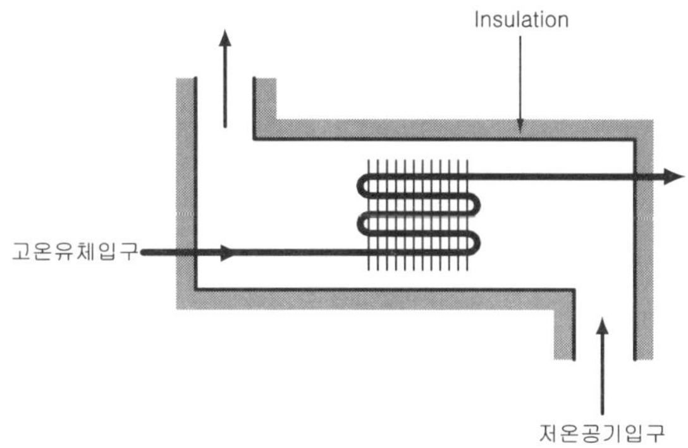

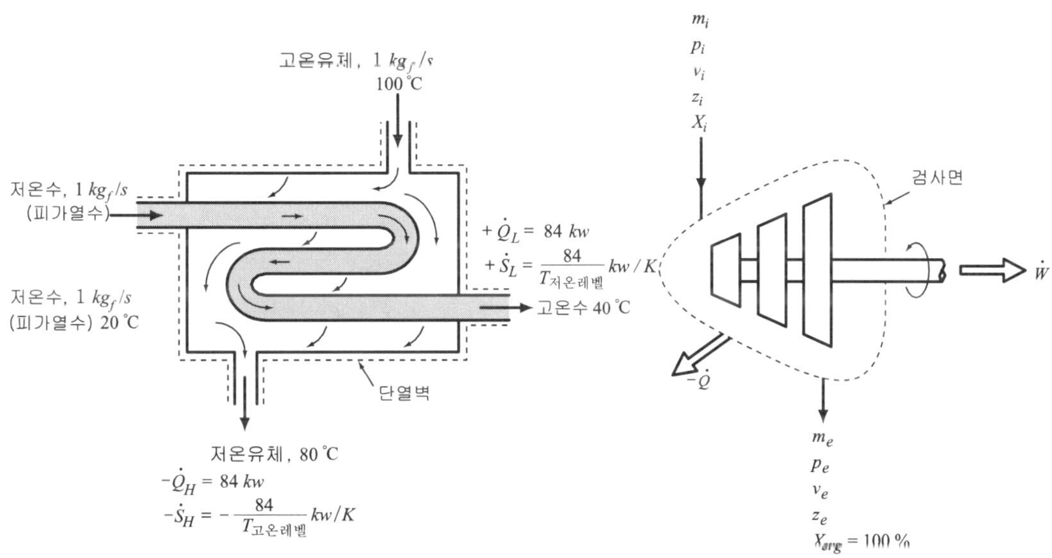

[그림 5.12] (a) 온수가열기에 의한 열교환 (b) 터빈의 일생산

5.23 바람직한 에너지 변환 방식

열이 고온에서 저온으로 흐르는 것은 자연현상이며, 이를 「자연현상에서 엔트로피는 항시 증가한다」라고 표현한다.

그림 5-1과 같은 자연의 열 흐름, 즉 고온열원에서 저온열원으로 열이 흐르는 과정에서의 엔트로피 증가는 식 (4-33)에서,

$$\Delta S = \Delta S_H - \Delta S_L = -\frac{Q_H}{T_H} + \frac{Q_L}{T_L} > 0 \quad \cdots\cdots \text{(4-33)}$$

과 같이 주어진다.

ΔS는 고온열원 T_H와 저온열원 T_L 사이에서 이루어진 열교환 과정 중 열교환기를 원래의 상태로 되돌리기 위해 필요한 단위 온도차 당의 일량을 의미한다.

바꾸어 말하면, 두 열원 사이에 열기관(이상적으로는 카르노사이클 기관)을 구동하고 있다면 온도차에 해당하는 일정량의 일을 만들어 내는 것이 가능하지만 열 교환밖에 하지 않았기 때문에 이끌어내지 못한 일량에 상당한다.[42]

그러므로 에너지변환 방식은 가능한 어떠한 경우를 막론하고 엔트로피 발생량을 적게 하는 열교환 방식이 에너지의 질적 저하를 방지할 수 있기 때문에 바람직하다. 이런 관점에서 보면, 가열되는 저온수의 $T_{저온열원}$이 가열유체의 $T_{고온열원}$에 근접하여 그 차가 작으면 작을수록 피가열유체가 지닌 에너지의 엑서지가 커지고 엔트로피 발생이 감소하므로, 결국은 온도차가 작은 열교환이 에너지시스템의 입장에서 가장 바람직하다 할 수 있다.

예를 들면, 가스온수기로 온수를 만드는 경우, 온수의 엑서지는 매우 작기 때문에 엑서지 효율은 극히 낮다. 이는 에너지의 유효이용 관점에서 바람직하지 못하다.

온수 정도의 온도레벨 열 수요는 엔진의 배기가스와 같은 열을 고온레벨의 가열원으로 이용하는 편이 엔진의 연료연소열과 같은 열을 고온레벨의 가열원으로 이용하는 편에 비해 엔트로피 발생이 상대적으로 적게 된다.

카스케이드형 열이용은 가열과정의 배열을 여러 단계 순차적으로 이용하여 각 단계마다에서 엔트로피 생성을 억제하는 방식으로 무효에너지의 발생을 최소화할 수 있다는 관점에서 바람직한 시스템이라 할 수 있다.

---

42) 고온열원과 저온열원이 있을 경우, 열전달에 의해 열을 이동시키는 것보다 이 사이에 열기관을 두어 일을 만들어 내는 것이 열역학적으로 우수하다.

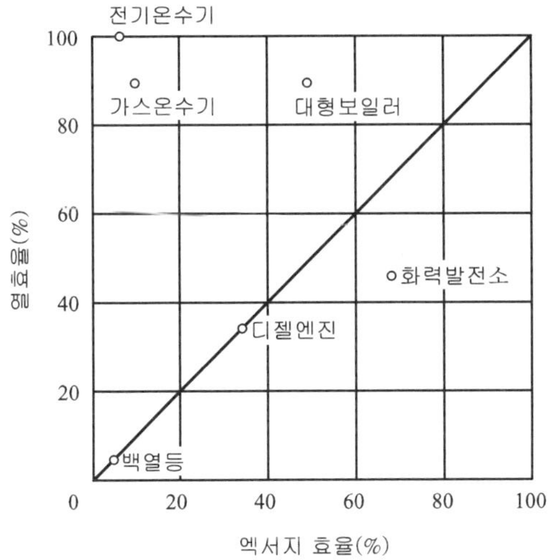

각종 변환시스템의 열효율과 엑서지 효율

비가역성은 일로 바꾸었어야 했으나 그렇게 하지 않은 에너지를 나타낸다.
즉, 폐기된 잠재일 또는 일을 하는데 있어서 잃어버린 엑서지로 해석할 수 있다.

5.24 바람직한 에너지이용 방식

사람의 잠재력을 지적 · 육체적 능력이라고 한다면, 그 사람이 지닌 잠재력은 곧 그 사람의 엑서지가 된다. 사람의 지적 · 육체적 능력은 충분한 휴식 후에는 최대가 되지만 피로해짐에 따라 이 잠재력 즉, 엑서지는 감소할 것이다.

그러나 다시 휴식을 취한다면 잠재력은 회복될 것이며 한편으로 학습과 훈련으로 능력을 신장시킬 수 있음도 분명하다. 그러나 노쇠는 능력을 감소시킬 뿐 다시 회복되지 않는다.

열역학 제 1 법칙에 의하면 사람의 잠재력은 형태만 달리한 채 전체적인 양은 보존되어야 할 것이나, 사람의 육체적 그리고/또는 지적 능력은 시간의 함수이며 제 때에 사용하지 않으면 소멸되는 특징이 있다.

기름 한 통을 쓰지 않고 장기간 놓아 두어도 기름의 연소능력은 소멸되지 않으나, 뜨거운 증기 한 탱크를 차가운 곳에 잠시만 두어도 증기의 잠재력은 감소되며 장시간 놔두면 그 능력은 완전히 흩어져 사라질 것이다. 사람이 몇 십년을 가만히 앉아만 있었다면 그가 가졌던 대부분의 잠재력은 사라지고 말 것이다. 노화에 따른 사람의 육체적 능력의 소산은 비가역성으로 볼 수 있으며 이는 유용한 잠재력의 소멸이다.

일상생활에서 사람의 성취능력을 최대로 하기 위해서는 잠재력이 사라지지 않도록 잠재력 소산의 원인을 찾아내고 그것을 최소화해야 한다. 사람이 할 수 있는 최대한의 일과 그 사람이 실제로 행한 실제일과의 사이에 차이가 있다면 그 차이만큼의 사라진 잠재력은 비가역성이다.

사람의 일상생활과 마찬가지로 열공학 시스템의 성능을 최대로 하기 위해서는 비가역성의 요인을 찾아내고 그 요인을 제거 내지는 최소화해야 한다.

어떤 사람은 청춘시절에 열심히 학습하고 이후에 여유를 즐기는데 반하여 어떤 사람은 젊은 시절을 노는 데 다 허비하고 난 다음 나이들어 공부를 시작한다고 하면, 비록 두 사람이 똑같은 능력을 타고 태어났다 해도 두 사람의 성취도는 같을 수 없을 것이다.

열역학 제 1 법칙의 관점으로는 이 두 가지 일이 어떤 순서로 이루어지든 전체적인 量은 보존될 것이므로 차이가 없다. 그러나 흐름의 방향성이라는 제 2 법칙의 관점에서 보면 매우 큰 차이가 있다. 젊을 때 열심히 공부하는 것이 열역학적으로 훌륭한 사람이다. 만일 어떤 학생이 이 순서를 거꾸로 한다면 근 뒷날 크게 후회하게 될 것이다. 더구나 그 때는 이미 늦은 시간일 것이다.

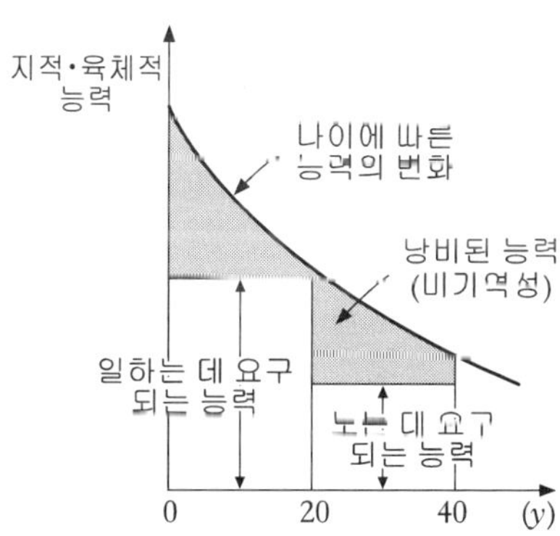

(a) 바람직한 인생

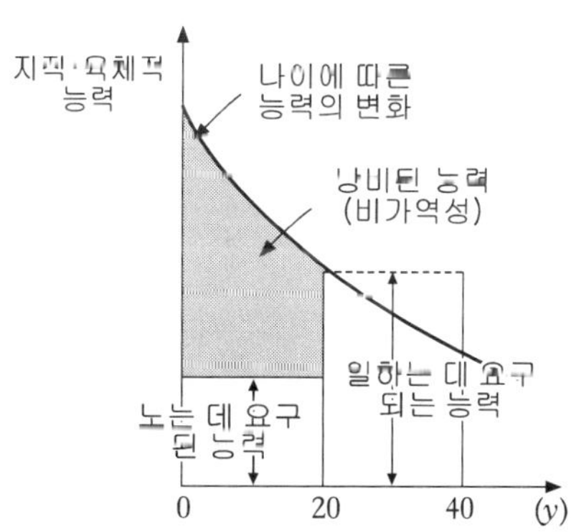

(b) 옳지못한 인생

제 2 법칙적 해석에서의 중요한 정의들

항목	표식	정의	방정식/설명
동력(또는 일)	$\dot{W}$	열원의 주어진 변화에 따른 실제 출력(또는 입력)	이 항은 식 (2-28)의 에너지 보존식에서 동력의 항이다.
가역일	W_{rev}	열원의 주어진 변화에 따른 최대일. 이 항은 열원 내의 변화가 완전가역과정으로 진행할 때 생성되는 일이다.	식 (5-6)에서 정의 ; 식 (5-8)에서 $W_{rev} \geq W_a$ 가 된다.
유용일	W_a	열원의 주어진 변화에 따른 실제 일에서 압력 p_0인 주위에 대해 계의 경계가 확장(수축)될 때 주위에 대하여 행한 일(행해진 일)을 뺀 유용한 일	식 (5-20)에서 정의
최대유용일	$W_{a,\ max}$	열원의 주어진 변화에 따른 최대유용일. 이 항은 열원에서의 변화가 완전가역과정으로 일어났을 때 얻을 유용일이다.	식 (5-26)에서 정의 ; 식 (5-25)에서 $W_{a,max} \geq W_a$
비가역성	I	가역동력과 실제로 얻어지는 일의 차; 가역유용일과 유용일의 차와도 같다.	식 (5-8)에서 정의 ; $I \geq 0$ 이 됨
최대가역일	$W_{rev,\ max}$	계가 주어진 초기상태에서 T_0인 주위와 가역열교환하여 사장상태에 가역적으로 도달할 때 최대가역일이 얻어진다.	식 (6-35)에서 정의
최대공업일량	$W_{t,\ max}$	계가 처음상태 1에서 최종상태 2까지 상태변화를 한다고 할 때 계가 할 수 있는 최대일량	식 (5-29)에서 정의

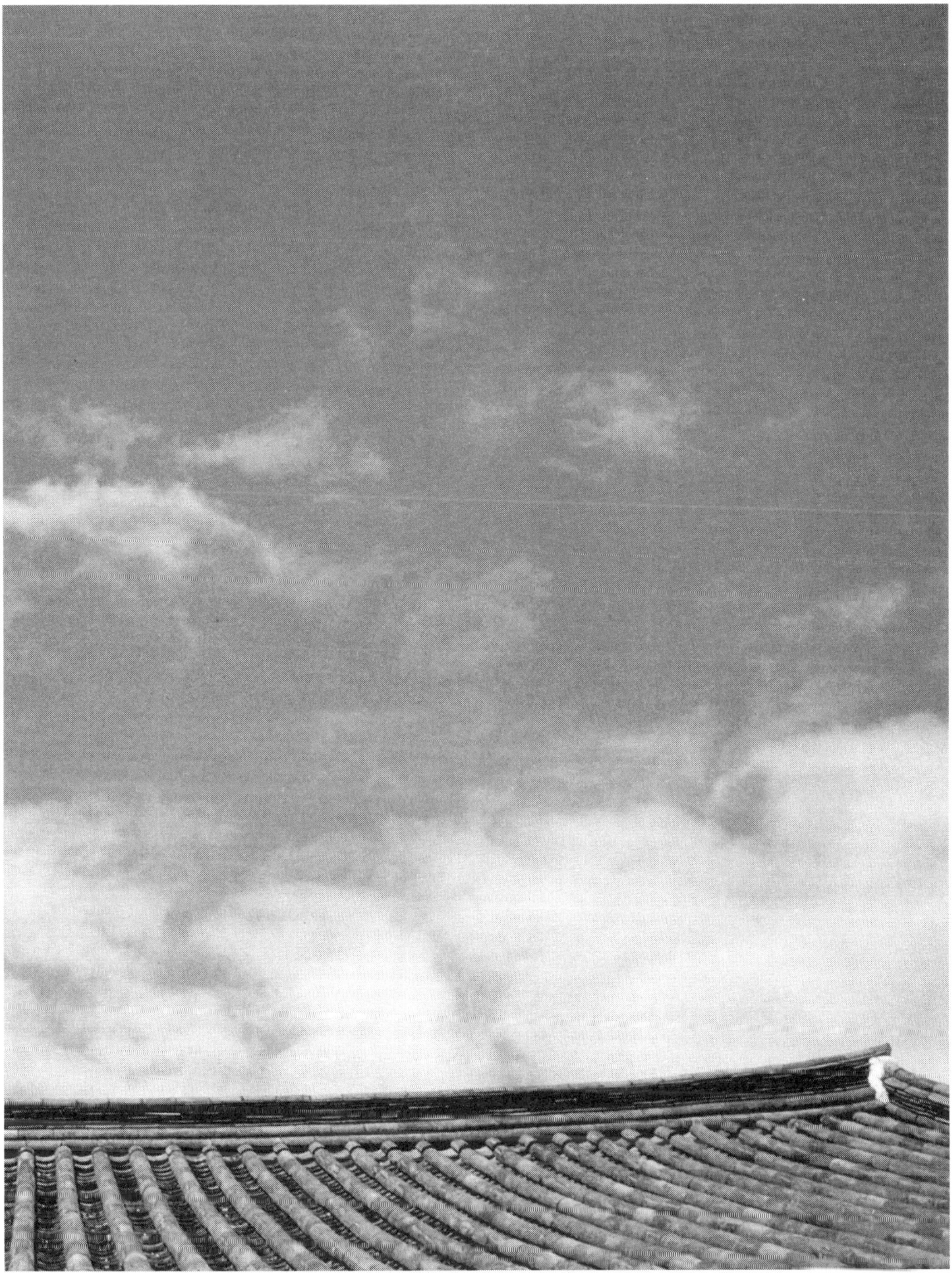

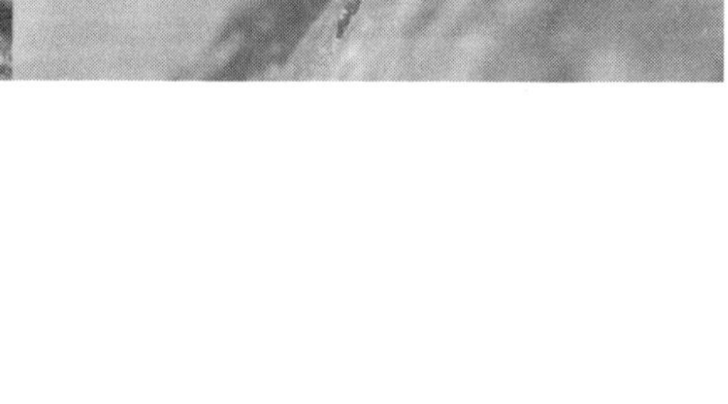

연습문제

1 고열원 온도 900 K, 저열원 온도 288 K의 사이에서 작용하는 카르노사이클(Carnot cycle)에 대한 1 사이클당 수열량이 10 kJ 일 때,

유효에너지(E_a)와 무효에너지(E_u) 및 엔트로피의 변화를 구하라.

또한, 고열원 온도가 450 K인 경우에 대해서도 구하라.

[해설]

유효에너지와 무효에너지는 식(5-1, 2)에서 구하면 된다. 또한, 고열원과 저열원의 온도가 주어져 있으므로, 먼저 무효에너지를 구하고, 이들로부터 유효에너지를 계산한다.

1 고열원의 온도가 900 [K]인 경우 :

$$T_1 = 900\ [K],\ \ T_2 = 288\ [K],\ \ Q_1 = 10\ [kJ]$$

무효에너지(E_u)는 식 (5−2)로부터

$$E_u = Q_2 = Q_1 \cdot \frac{T_2}{T_1} = 10 \times \frac{283}{900} = 3.2\ [kJ]$$

유효에너지(E_a)는 식 (5−1)에 의해서

$$E_a = Q_1 = Q_1 - Q_2 = 10 - 3.2 = 6.8\ [kJ]$$

엔트로피의 변화는

$$\varDelta S = \frac{Q_1}{T_1} = \frac{10}{900} = 0.0111\ [kJ/K]$$

고열원의 온도가 450 [K]인 경우에도 마찬가지로

$$E_u = Q_2 = Q_1 \cdot \frac{T_2}{T_1} = 10 \times \frac{288}{450} = 6.4\ [kJ]$$

$$E_a = Q_1 = Q_1 - Q_2 = 10 - 6.4 = 3.6\ [kJ]$$

$$\varDelta S = \frac{Q_1}{T_1} = \frac{10}{450} = 0.0222\ [kJ/K]$$

엔트로피의 증가에 비례하여 무효에너지가 증대한다는 것을 이해할 수 있다.

2 고열원의 온도가 727 °C 인 한 계가 3,000 *kcal* 의 열을 공급받는다.
이 계의 온도는 327 °C 이며 이 계는 상태변화 후 27 °C 에 열을 방출한다.
이 때 각각의 온도가 일정하다고 하면

(1) 열원의 엔트로피 변화

(2) 열전달에 의한 엔트로피의 증가

(3) 본래의 유효에너지

(4) 열전달 후의 유효에너지

(5) 비가역에 의한 무효에너지의 증가량

은 얼마인가?

3 처음온도 25 °C 인 물 1 *kg* 을 정압 하에서 온도 170 °C 까지 가열하였다.
주위온도가 −25 °C 라고 할 때, 이 과정에 대한 $T-S$ 선도 완성하고,
유효에너지와 무효에너지를 각각 계산하라.
(단, 물의 평균비열은 $c_w = 1\ kcal/kg \cdot K$ 이다.)

[해설]

공급열량 q_1은

$$q_1 = c_w(T_2 - T_1) = 1 \times (443 - 298) = 145\ [kcal/kg]$$

물의 엔트로피 증가는

$$\Delta s = c_w \cdot ln\left(\frac{T_2}{T_1}\right) = 1 \times ln\left(\frac{443}{298}\right) = 0.396\ [kcal/kg \cdot K]$$

2 (1) 열원의 엔트로피 변화

고열원이 3,000 *kcal*의 열을 계에 방출하였으므로

$$\Delta S_1 = \int_1^2 \frac{dQ}{T} = \frac{\Delta Q}{T} = \frac{-3,000}{273+727} = -3.0\ [kcal/K]$$

(2) 계의 엔트로피 증가량

$$\Delta S_2 = \int_1^2 \frac{dQ}{T} = \frac{\Delta Q}{T} = \frac{3,000}{273+327} = 5.0\ [kcal/K]$$

$$\therefore \Delta S_{sys} = S_2 + S_1 = 5.0 - 3.0 = 2.0\ [kcal/K]$$

(3) 본래의 유효에너지 : 식 (5−1)에서,

$$Q_a = Q_1 - T_2 \cdot \Delta S_1 = 3,000 - (273+27) \times 3.0 = 2,100\ [kcal/K]$$

(4) 열전달이 일어난 후의 유효에너지 : 식 (5−1)에서,

$$Q_a = Q_1 - T_2 \cdot \Delta S_2 = 3,000 - (273+27) \times 5.0 = 1,500\ [kcal/K]$$

(5) 무효에너지의 증가량

$$\Delta Q_2 = T_2 \cdot \Delta S_{sys} = (273+27) \times 2.0 = 600\ [kcal/K]$$

3 무효에너지 q_u 는

$$q_u = T_2 \cdot \Delta s = 248 \times 0.396 = 98.208\ [kcal/kg]$$

따라서, 유효에너지 q_a 는

$$q_a = q_1 - q_u = 145 - 98.208 = 46.792\ [kcal/kg]$$

이상과 같은 결과를 $T-S$ 선도로 나타내면 그림과 같다.

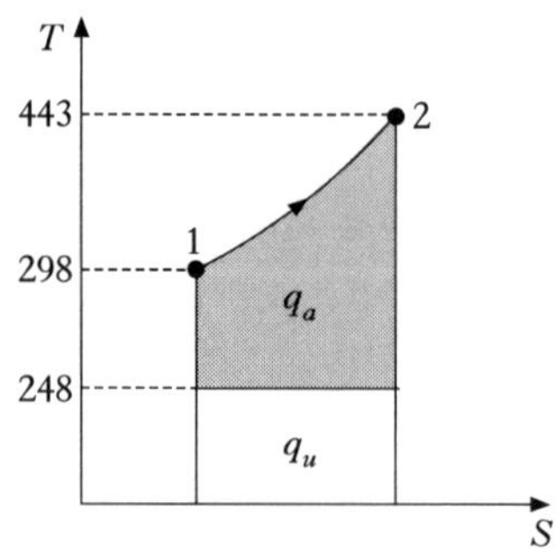

4 $-13\,°C$ 의 얼음 50 kg 이 온도 $27\,°C$ 의 주위 공간으로부터 무지 열을 받아 융해하여 $27\,°C$ 의 물로 되었다.

(1) 이 (비가역)변화에 의한 엔트로피 증가량을 구하라.

(2) 또, 이 변화를 역으로 하기 위한 일량은
즉, 물을 다시 처음의 얼음상태로 되돌리기 위하여 필요로 하는 일은 얼마인가?
(단, 얼음의 비열은 2.0 $kJ/kg \cdot K$, 융해열은 334 kJ/kg 이며,
물의 비열은 4.2 $kJ/kg \cdot K$ 이다.)

[해설]

$$W_{t,\max} = -(E_2 - E_1) + T_0(S_2 - S_1) - p_0(V_2 - V_1)$$

$$E_1 + p_0 \cdot V_1 = H_1, \qquad E_2 + p_0 \cdot V_2 = H_2$$

$$W_{t,\max} = -(H_1 - H_2) + T_{atm}(S_2 - S_1) \quad \cdots\cdots \quad (5-29)$$

4 (1) 얼음이 융해할 때의 엔트로피증가

① $-13\,°C(T_a)$인 얼음으로부터 $0\,°C(T_b)$인 얼음으로 되기까지의 온도상승에 따른 엔트로피 증가 량은

$$\Delta S_{①} = \int_{T_a}^{T_b} \frac{\delta Q}{T} = m \cdot c_p \cdot \int_{T_a}^{T_b} \frac{dT}{T} = m \cdot c_p \cdot \ln \frac{T_b}{T_a}$$

$$= 50 \times 2.0 \times \ln \frac{273}{260} = 4.88\,[kJ/K]$$

② $0\,°C$인 얼음이 $0\,°C$의 물로 융해될 때의 엔트로피 증가량은

$$\Delta S_{②} = \frac{50 \times 334}{273} = 61.17\,[kJ/K]$$

③ $0\,°C$인 물의 $27\,°C(T_c)$까지의 온도상승에 따른 엔트로피 증가량은

$$\Delta S_{③} = m \cdot c_p \cdot \ln \frac{T_c}{T_b} = 50 \times 4.2 \times \ln \frac{300}{273} = 19.80\,[kJ/K]$$

따라서, 얼음의 엔트로피증가 ΔS_{ice}는 다음과 같이 된다.

$$\Delta S_{ice} = \Delta S_{①} + \Delta S_{②} + \Delta S_{③} = 85.85\,[kJ/K]$$

한편, 주위 공간의 엔트로피 감소량 $\Delta S_{sarr.}$은
융해에 필요한 열량 Q가,

$$Q = m \cdot (c_{p얼음} \cdot \Delta t_1 + 융해열 + c_{p물} \cdot \Delta t_2)$$

$$= 50(2.0 \times 13 + 334 + 4.2 \times 27) = 23670\,[kJ]$$

이므로,

$$\Delta S_{surr.} = -\frac{23670}{300} = -78.90\,[kJ/K]$$

따라서,

$$\Delta S = \Delta S_{ice} + \Delta S_{surr.}$$

$$= 85.85 - 78.90 = 6.95\,[kJ/K]$$

(2) 과정이 처음 상태로 되돌아가기 위해 필요한 일은 얼음의 최대일 $W_{\max}$을 소비하지 않으면 안되므로 식(5−29)에서

$$W_{\max} = -(H_{wat} - H_{ice}) - T_{atm}(S_{ice} - S_{wat}) - (H_{wat} - H_{ice}) = -23670\,[kJ]$$

$$(S_{ice} - S_{wat}) = \Delta S_{wat \to ice} = -\Delta S_{ice \to wat} = -85.85\,[kJ/K]$$

$T_{atm} = 300\,K$ 이므로,

$$W_{\max} = -23670 - 300 \times (-85.85) = 2085\,[kJ]$$

5 압력이 10 *ata*, 온도가 15 °C 인 공기 5 *kg* 이 1 *ata*, 15 °C 의 대기 중에 있다. 이 증기의 최대일(maximum work)을 구하라.

[해설]

식 (3−11), $p \cdot V = G \cdot R \cdot T$ 와

식 (3−37), $p_1 \cdot V_1 = p_2 \cdot V_2$ 로부터

$p_1 \cdot V_1 = G \cdot R \cdot T_1 = p_0 \cdot V_0 = G \cdot R \cdot T_1$ 이므로,

$$p_0 \cdot (p_1 \cdot V_1) = (G \cdot R \cdot T_1) \cdot p_0 \quad \cdots\cdots \ ①$$

$$p_1 \cdot (p_0 \cdot V_0) = (G \cdot R \cdot T_1) \cdot p_1 \quad \cdots\cdots \ ②$$

$$p_0 \cdot p_1 \cdot (V_1 - V_0) = G \cdot R \cdot T_1 (p_0 - p_1) \quad \cdots\cdots \ ① - ②$$

$$(V_1 - V_0) = G \cdot R \cdot T_1 \cdot \left(\frac{p_0 - p_1}{p_0 \cdot p_1} \right) = G \cdot R \cdot T_1 \cdot \left(\frac{1}{p_1} - \frac{1}{p_0} \right)$$

6 압력이 1 *ata*, 온도가 15 °C 인 대기 중에서 5 *ata*, 100 °C 의 공기 5 *kg* 이 유동과정에서 대기상태까지 변화할 경우 이때 최대일을 구하라.

[해설]

$$\Delta s = s_1 - s_2 = c_p \cdot \ln\left(\frac{T_2}{T_1}\right) - R \cdot \ln\left(\frac{p_2}{p_1}\right) \quad \cdots\cdots \ (4-53)$$

$$\Delta S = S_1 - S_2 = Cp \cdot \ln\left(\frac{T_2}{T_1}\right) - R \cdot \ln\left(\frac{p_2}{p_1}\right)$$

5 계(system)와 주위(surrounding)는 열적으로 평형상태에 있기 때문에 압력 p_1에서 p_0까지 등온변화를 하는 것으로 하여 최대일이 다음과 같이 얻어진다.

$$S_1 - S_0 = G \cdot A \cdot R \cdot \ln\left(\frac{p_0}{p_1}\right) \quad \cdots\cdots \quad (4-53)$$

$$= 5 \times \frac{1}{427} \times 29.27 \times \ln\left(\frac{1}{10}\right) = -0.789 \ [kcal/kg \cdot K]$$

$$V_1 - V_0 = G \cdot R \cdot T_1\left(\frac{1}{p_1} - \frac{1}{p_0}\right) \quad \cdots\cdots \quad [\text{해설}]$$

$$= 5 \times 29.27 \times 288\left(\frac{1}{10} - \frac{1}{1}\right) \times \frac{1}{10^4} = -3.79 \ [m^3]$$

$$\therefore \ W_m = -T_0(S_1 - S_0) + A \cdot p_0(V_1 - V_0) \quad \cdots\cdots \quad (5-26)$$

$$= -288(-0.789) + \frac{1}{427} \times 1(-3.79) \cdot 10^6 \cdot 10^{-2}$$

$$= 227.23 - 88.76 = 138.47 \ [kcal]$$

$$= 59,127 \ [kg_f \cdot m] = 579.6 \ [kJ]$$

6

$$(S_1 - S_2) = G\left(c_p \cdot \ln\frac{T_1}{T_2} - A \cdot R \cdot \ln\frac{p_1}{p_2}\right)$$

$$= 5\left(0.24 \times \ln\frac{373}{288} - \frac{29.27}{427} \times \ln\frac{5}{1}\right) = -0.245 \ [kcal/K]$$

$$T_{atm}(S_1 - S_2) = 288 \times (-0.245) = -70.5 \ [kcal]$$

한편,

$$H_1 - H_2 = G \cdot c_p(T_1 - T_2) \quad \cdots\cdots \quad (3-21)$$

$$= 5 \times 0.24 \times (100 - 15) = 102 \ [kcal]$$

따라서, 최대일은 (5-29)로부터 다음과 같다.

$$W_{t,\max} = T_{atm} \cdot (S_2 - S_1) - (H_2 - H_1)$$

$$= 288 \cdot (0.245) - (-102)$$

$$= 172.5 \ [kcal]$$

$$= 73,657 \ [kg_f \cdot m]$$

7 그림과 같이 피스톤-실린더 장치에 0.5 kg 의 수증기가 1 MPa, 250 °C 의 상태로 있다가 0.3 MPa, 150 °C 로 팽창하면서 일을 한다.
계로부터 열손실은 1.5 kJ일 때 주위가 20 °C, 0.1 MPa 이면,

(1) 초기상태와 최종상태에서 각각 수증기의 엑서지

(2) 유효(용)일

(3) 비가역 일

을 구하라. (단, 계의 각 상태 및 주위의 상태량은 표와 같다.)

	비내부에너지[kJ/kg]	비체적[m^3/kg]	비엔트로피[$kJ/kg\cdot K$]
상태 1. 1.0 MPa. 250 °C	u_1 = 2709.9	v_1 = 0.2327	s_1 = 6.9247
상태 2. 0.3 MPa. 150 °C	u_2 = 2570.8	v_2 = 0.6339	s_2 = 7.0778
주위. 0.1 MPa. 20 °C	u_0 = 83.99	v_0 = 0.001	s_0 = 0.2901

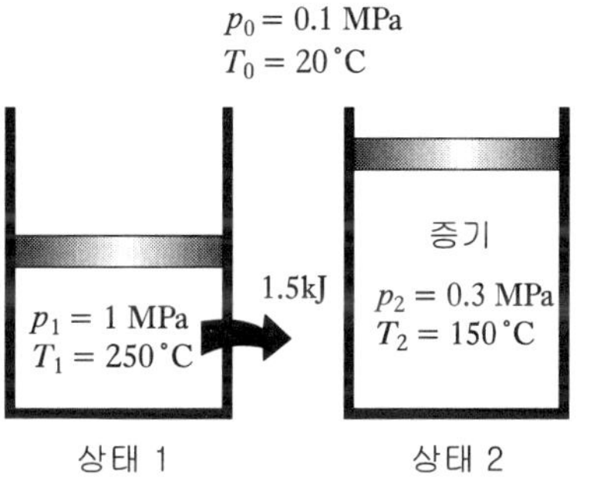

7 (1) 식 (5−26)에서

$$Xerg = E_{a,1} = m[(u_1 - u_0) - T_0(s_1 - s_0) + p_0(v_1 - v_0)]$$

$$E_{a,1} = 0.5[(2709.9 - 83.99) - 293(6.9247 - 0.2901) + 0.1 \times 10^3(0.2327 - 0.001)]$$
$$= 352.08\ [kJ]$$

$$E_{a,2} = 0.5[(2570.8 - 83.99) - 293(7.0778 - 0.2901) + 0.1 \times 10^3(0.6339 - 0.001)]$$
$$= 280.15\ [kJ]$$

(2) 유용일 $W_m = E_{a,1} - E_{a,2} = 352.08 - 280.15 = 71.93\ [kJ]$

(3) 식 (5−46)으로부터

$$Xerg, destroyed = W_{ir12} = m \cdot T_0 \cdot (s_2 - s_1) + \Delta Q_{12} = 0.5 \times 293 \times (7.0778 - 6.9247) + 1.5$$
$$= 23.94\ [kJ]$$

[해설]

엑서지 = 유효(useful)에너지 : 유용(가용, available)에너지
= 가역일(= 잠재일) : 유효(용)일 + 엑서지 소멸/비가역성
= 최대유용일

8 그림(예제 4.34)과 같이 정상유동상태로 터빈에 유입하는 증기의 입구상태는 3 MPa, 500 °C, 10 kg/s, 출구상태는 0.2 MPa, 150 °C 이다. 0.1 MPa, 20 °C 인 주위로 630 kW 의 열손실이 일어날 때, 운동 및 위치에너지를 무시하면

(1) 실제일(출력)

(2) 최대일(가능출력)

(3) 비가역일/(동력)

(4) 입구에서의 유효일(동력)을 구하라.

을 구하라. (단, 입구 출구, 주위의 상태량은 표와 같다.)

	비엔탈피[kJ/kg]	비엔트로피[$kJ/kg\cdot K$]
상태 1. 3.0 MPa. 500 °C	$h_1 = 3456.5$	$s_1 = 7.2338$
상태 2. 0.2 MPa. 150 °C	$h_2 = 2768.8$	$s_2 = 7.2795$
주위. 0.1 MPa. 20 °C	$h_0 - 83.99$	$s_0 = 0.2901$

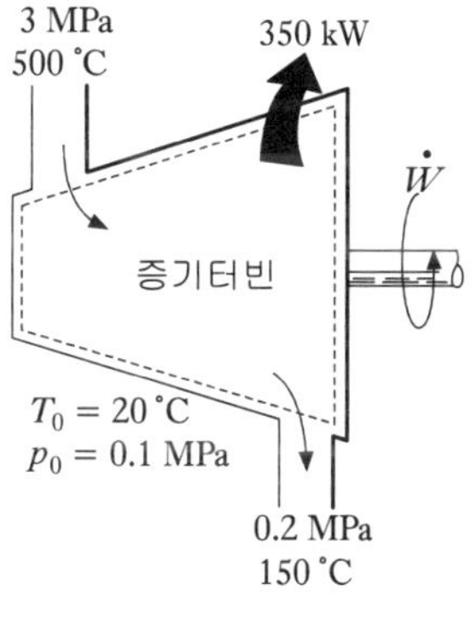

9 태양에너지를 이상적인 반사경으로 모으면, 그 초점에 있는 피조사면의 온도는 점점 상승하여 태양표면의 평균온도 5.770 K 근방에서 평형에 달한다. 태양열 Q의 엑서지(exergy)는 얼마인가?

8 (1) 식 (5−27)을 이용하면

$$W_t = Q - m(h_2 - h_1) = -630 - 10 \times (2768.8 - 34566.5) = 6247 \ [kW]$$

(2) 정상유통과정에서 최대일은 가역일이 되고, 식 (5−29)에서

$$\begin{aligned} W_{t,\ \max} &= m[(h_1 - h_2) - T_0(s_1 - s_2)] \\ &= 10 \times [(3456.5 - 2768.8) - 293 \times (7.2338 - 7.2795)] = 7011 \ [kW] \end{aligned}$$

(3) $W_{t,\ ir} = W_{t,\ \max} - W_t = 7011 - 6247 = 764 \ [kW]$

[별해]

$Xerg,\ destroyed = 10 \times (293.15) \times (7.2338 - 7.2795) + 630 = 764$

(4) 식 (5−24)로부터

$$\begin{aligned} E_a &= m[(h_1 - h_0) - T_0(s_1 - s_0)] \\ &= 10 \times [(3456.5 - 83.99) - 293 \times (7.2338 - 0.2901)] = 13,370 \ [kW] \end{aligned}$$

9

$$X_{erg} = \frac{5,770 - (273 + 25)}{5,770} Q = 0.95 Q$$

10 온도 27 °C 의 환경에서 900 K 의 고온열원으로부터 450 K 의 저온열원으로 열이 이동할 때 엑서지 손실은 얼마인가?

11 상온 25 °C 의 환경에 있는 100 °C 의 물 1 kg 의 엑서지는 얼마인가?

10

$$X_{erg1} = \frac{T_1 - T_0}{T_1} Q$$

$$X_{erg2} = \frac{T_2 - T_0}{T_2} Q$$

$$\Delta X_{erg} = E_2 - E_1 = -\frac{T_0(T_1 - T_2)}{T_1 \cdot T_2} Q$$

$$= \frac{300(900 - 450)}{450 \times 900} Q = 0.33\,Q$$

이것은 처음 엑서지의 약 70 % 가 손실된 것을 의미한다.

11 $\delta Q = C_P \cdot dT$, $X_{erg} = \dfrac{T - T_0}{T} \cdot Q$ 이므로,

$$X_{erg} = \int \frac{T - T_0}{T} \cdot C_P \cdot dT = C_P \cdot \int_{T_2}^{T_1} \left(1 - \frac{T_0}{T}\right) dT$$

$$= C_P \left[T - T_0 \cdot \ln(T) \right]_{T_2}^{T_1}$$

$$= C_P \left[(T_1 - T_2) - T_0 \cdot \ln\left(\frac{T_1}{T_2}\right) \right]$$

$$X_{erg} = 4.18 \times [273 + 100 - (273 + 25) - (273 + 25) \ln\left(\frac{273 + 100}{273 + 25}\right)]$$

$$= 33.9\ [kJ]$$

천둥소리를 내며 하늘에서 떨어지는 불일폭포. 깊은 [illegible] 있어 폭포와 마주하고 있으면 세상 모든 [illegible]이 든다.

Chapter 6

열에너지의 변환

지금까지는 열에너지에 관한 물리량을 설명하였고 이어서 열에너지를 유효하게 이용할 때 어떤 법칙의 제약을 받게 되는가에 관해서 열역학을 지배하는 열역학 제1법칙과 열역학 제2법칙에 관해서 알아보았다.

본 장에서는 열역학의 응용분야로서 에너지 변환을 거쳐 연소에너지를 동력원으로 변환시키는 열기관에 대하여 알아보기로 한다.

열에너지를 이용하는 가장 큰 목적은 열에너지를 동력으로 변환하여 이용하는 데 있다. 연료의 열에너지를 기계적인 일로 변환시키는 열기관은 공업열역학에서 가장 중요한 응용분야이다.[1)]

열기관에서 열에너지를 연속적으로 일로 변환시키기 위해서는 몇 개의 상태변화를 조합시킨 사이클을 행하여야 한다.

본 장에서는 공기표준 사이클로 카르노사이클, Otto사이클, Diesel사이클, Brayton사이클에 대하여 논하기로 한다.

---

1) 열기관은 「열」, 「내부에너지」, 「일」의 관계를 이용해서 움직인다.
가까운 예로, 엔진은 연료와 공기를 폭발적으로 반응시켜 이때에 발생한 대량의 열량을 동작유체에 줌으로써 동작유체의 내부에너지를 소화(단열변화)하여 유효하게 쓰인 일이 많을수록 방열량(배기온도)가 작게 된다.
그러면, 최초에 열을 공급하지 않고 언제까지나 일을 만들어 낼 수는 없을까. 결론부터 말하면 답은 [불가]이다.
내부에너지란 무진장한 에너지가 아니다. 큰 내부에너지를 가지고 있던 물질이라 할지라도 언젠가는 그 에너지를 다 써버리고 말 것이다. 결국 외부로부터 열이나 일 등의 에너지를 공급받지 않고 계속 움직이는 기관은 존재할 수 없다는 것이 된다. 즉 제1종 영구기관은 있을 수 없다.
기관을 움직여 일을 얻기 위해서는 어떠한 형태이건 에너지의 공급이 필요하다.

6.1 공기표준 사이클

열에너지[2])를 일로 변환시키기 위해서는 작동유체를 매개로 하여 몇 개의 상태변화를 조합시킨 사이클을 행하여야 한다.[3])

열기관이란 고온열원으로부터 열을 받아 저온열원으로 열은 전달함에 의해 일이 이루어지도록 열역학적 사이클로 작동되는 기구로서 정의할 수 있다.

열기관의 실제 사이클은 작동유체가 사이클을 이루며, 이 사이클은 밀폐사이클이 아닌 개방사이클이므로 밀폐사이클로는 해석할 수 없다. 그러므로 열기관의 실제사이클을 해석할 경우에는 그 기관의 작동에 근사한 밀폐사이클을 만들고 이를 이상화시킨 이상 사이클에 대해서 해석한 다음 여러 인자나 효율 등을 고려하여 실제 가스동력사이클로 접근시키는 방법이 사용된다. 실제 내연기관의 동작물질은 연소하기 전에는 공기와 연료의 혼합기체이며 연소 후에는 연소생성가스 등으로 상태변화를 하는 동안 화학적 반응에 따른 질량과 물리적 성질이 변하게 되나 이상 사이클에서는 동작물질을 이상기체로 취급할 수 있는 공기를 이용한다.

또한 이상 사이클에서는 연소와 같이 열 이동이 일어나는 구체적인 과정은 다루지 않고 단순히 이동하는 열량의 크기만을 생각한다.

이렇게 작동유체로 공기를 이용하는 이상 사이클을 공기표준 사이클(air standard cycle)[4])이라 하며, 다음과 같은 가정 하에서 가역과정으로 간주한다.[5])

① 상태변화는 준정적 변화이며, 밀폐사이클을 이룬다.
② 동작유체는 공기이며, 이상기체로 간주한다.
③ 동작유체를 공기로 가정하였으므로 연소과정이 없다.
④ 연소과정은 외부로부터 열을 공급받는 것으로 대치한다.
⑤ 열의 이동은 온도차를 동반하지 않는 가역변화로 간주한다.

내연기관은 기관의 내부를 고열원으로 하고 거기서 발생된 연소가스가 직접 작동유체로 이용되며 가솔린기관, 디젤기관 가스터빈 등이 이에 해당한다.

한편, 외연기관은 고온열원인 연소기에 의하여 간접적으로 가열된 작동유체가 기계적인 일을 하는 기관으로 증기기관, 증기터빈 등이 있다.

---

2) 열에너지를 열량이라는 물리량으로 취급하면 편리하다.
3) 사이클의 분류 :
 • 피스톤의 왕복운동을 이용하는 왕복식 내연기관 : Otto사이클, Diesel사이클, Sabathe사이클 등
 • 터어빈의 회전운동을 이용하는 회전식 내연기관 : Brayton사이클(가스터빈의 기본사이클).
4) 동작유체가 가스의 單一 相으로만 이루어지는 사이클을 가스동력 사이클이라 한다.
5) 연소과정 동안에 마찰, 와동 등이 일어나므로 변화의 과정은 비가역변화가 된다.

일을 열로 변환시키기 위해서는 동작유체를 필요로 하지 않는다.

열을 일로 변환시키기 위해서는 동작유체를 필요로 한다.

열을 일로 변환시키기 위해서는 동작유체를 필요로 한다.

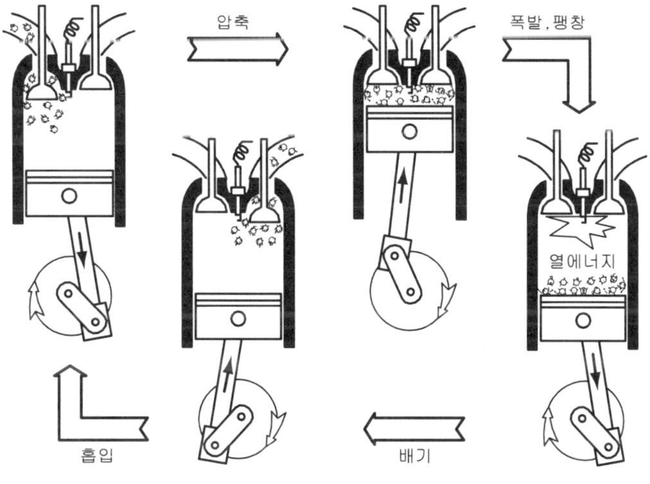

에너지란 외계에 어떠한 효과를 줄 수 있는 능력을 가리킨다

6.2 (공기표준) 카르노사이클

실제의 열기관은 연료를 연소시켜 발생하는 고온의 연소가스에서 열을 얻어 일을 하고 대기 등의 환경에 열을 버린다. 이 과정에서 열기관(엔진)은 피스톤의 마찰이나 실린더로부터의 방열 등 비가역적인 과정이 있지만 이것을 무시한 이상적인 가역변화로 구성된 열기관을 생각해보자.

1824년 카르노는 그림 6-1에 나타낸 것과 같이 압력과 비체적을 축으로 하는 두 개의 등온변화와 두 개의 단열변화로 이루어진 열기관 사이클을 제창하였다.

이 사이클은 이론적으로는 가능하나 엄밀하게는 실현될 수 없는 사이클로서 그의 이름을 따서 카르노사이클이라 부른다.

실제의 열기관이 이루는 사이클을 고찰할 때 그 표준으로 되는 이상적인 공기표준 사이클이 카르노사이클이다.

카르노사이클은 이론 사이클로서, 등온팽창 → 단열팽창 → 등온압축 → 단열압축의 행정을 가역적으로 하면서 외부에 일을 하는 이상적인 사이클이다.

1 → 2 : 온도 T_1인 고열원으로부터 열량 Q_1을 받아 상태 2 까지 팽창하면서 외부에 일을 한다. 이 때 동작유체의 온도는 T_1으로 그대로 유지되므로 고열원으로부터 받은 열량 Q_1은 전부 일로 변환된다.

2 → 3 : 더 이상의 고온열원으로부터의 열전달이 없이 단열적으로 상태 3 까지 팽창하면서 일을 한다. 이 때 동작유체는 지니고 있던 내부에너지를 소모하게 되며 소모된 양만큼 동작유체의 온도는 T_1에서 T_2까지 떨어진다.

3 → 4 : 피스톤을 원래의 위치로 향해서 이동시키기 위해서는 외부로부터 일을 가해 주어야 한다,

외부로부터 일은 등온변화하면서 외부에 열량을 방출함으로써 언어진다.

이 때 동작유체의 온도는 T_2로 변함이 없으므로 내부에너지는 그대로인 채로 저열원으로 방출하는 열량 Q_2가 외부로부터 가해진 일이 된다.

4 → 1 : 외부로부터 가해진 일에 의해 원래의 상태 1 까지 단열 압축된다. 이 때 외부로의 열전달이 없으므로 외부에서 가해진 일은 동작유체의 내부에너지의 증가, 즉 동작유체의 온도가 T_2에서 T_1으로 상승한다.

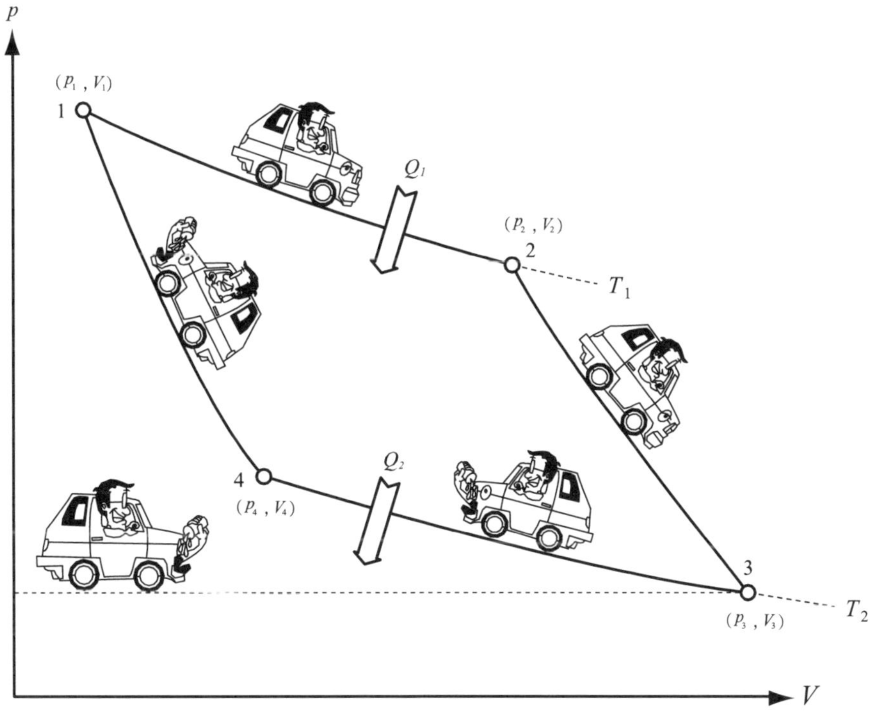

[그림 6-1] (공기표준) 카르노사이클의 $p-V$ 선도

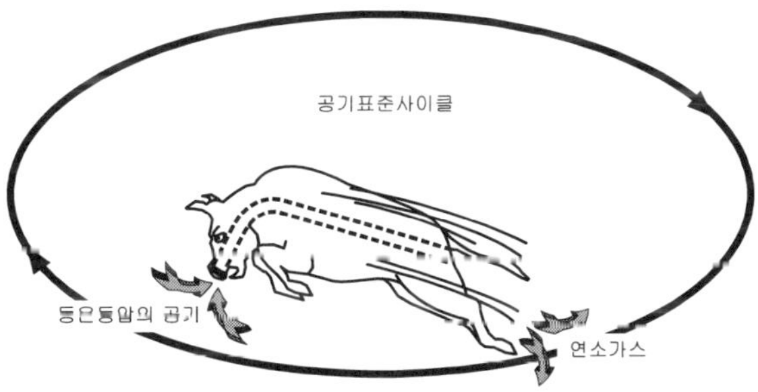

내연기관의 연소가스가 행하는 사이클을 공기표순 사이클로 생각한다.

(1) 카르노사이클의 구성

카르노사이클에서 동작유체의 온도는 열이 유입하거나 유출될 때에는 등온으로 유지되어야 한다. 또한 마찰 등으로 인한 일체의 비가역요소가 있어서는 안 되므로 카르노사이클이 실제로 적용되는 기관은 있을 수가 없다. 그러므로 실제기관의 효율은 가역과정으로 구동되는 카르노기관보다 효율이 낮을 것은 당연하다. 카르노사이클은 공기표준 사이클로 작동하는 열기관의 성능은 실제기관을 비교하는 데 중요한 기준이 되고 있다. 그림 (6-1)에서,

1-2 과정(등온팽창 과정)에서는,

온도가 T_H 인 고열원으로부터 Q_H 의 열량을 흡수하여 팽창일을 한다.

흡수열량 Q_H 는 $T_H =$ 일정. 이므로 식 (3-38)로부터,

$$Q_H = m \cdot R \cdot T_H \cdot \ln\left(\frac{V_2}{V_1}\right) \tag{6-1}$$

2-3 과정(단열팽창 과정)에서는,

동작유체의 내부에너지가 감소한 만큼 외부에 일을 하므로 온도는 T_H 에서 T_L 로 강하한다. T_H 와 T_L 의 비는 식 (3-52)로부터,

$$\frac{T_H}{T_L} = \left(\frac{V_3}{V_2}\right)^{k-1} \tag{6-2}$$

3-4 과정(등온압축 과정)에서는,

외부로부터 외부일을 공급받아 동작유체가 압축되며 온도가 T_L 인 저열원에 Q_L 의 열량을 방출한다. 외부로 방출되는 열량 Q_L은 $T_L =$ 일정. 이므로 식 (3-38)로부터 (- 부호는 방열을 뜻함),

$$-Q_L = m \cdot R \cdot T_L \cdot \ln\left(\frac{V_4}{V_3}\right) \tag{6-3}$$

4-1 과정(단열압축 과정)에서는,

외부로부터 외부일을 공급받아 동작유체를 압축한다. 단열과정이므로 압축 일만큼 내부에너지가 증가하여 동작유체의 온도는 T_L 로부터 T_H 로 상승되고 T_L 과 T_H 의 비는 식 (3-52)로부터

$$\frac{T_L}{T_H} = \left(\frac{V_1}{V_4}\right)^{k-1} \tag{6-4}$$

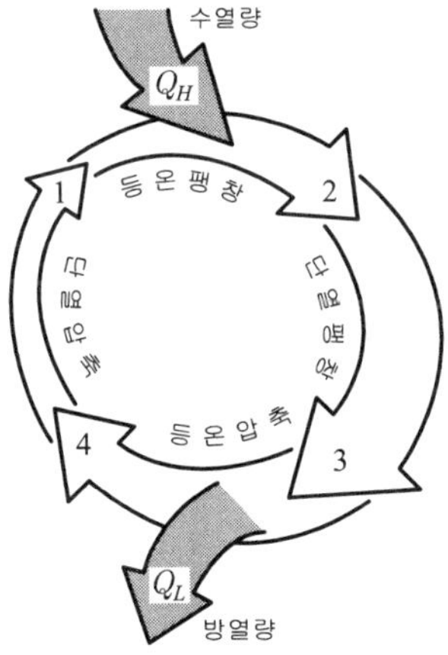
수열량
Q_H
1
등온팽창
2
단열팽창
3
등온압축
4
단열압축
Q_L
방열량

(a)

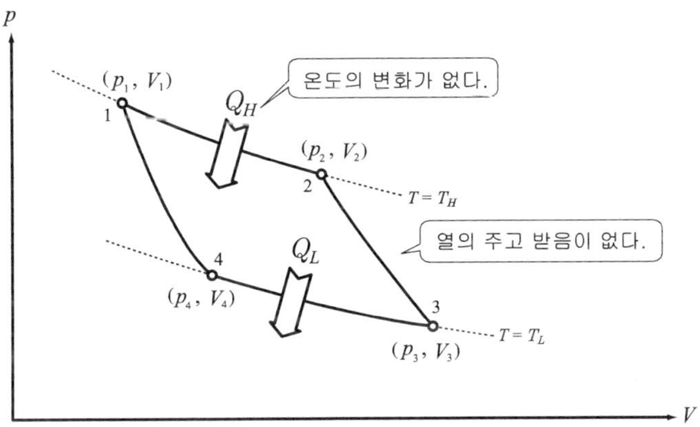
p
(p_1, V_1)
1
Q_H
온도의 변화가 없다.
(p_2, V_2)
2
$T = T_H$
열의 주고 받음이 없다.
4
Q_L
(p_4, V_4)
3
$T = T_L$
(p_3, V_3)
V

(b)

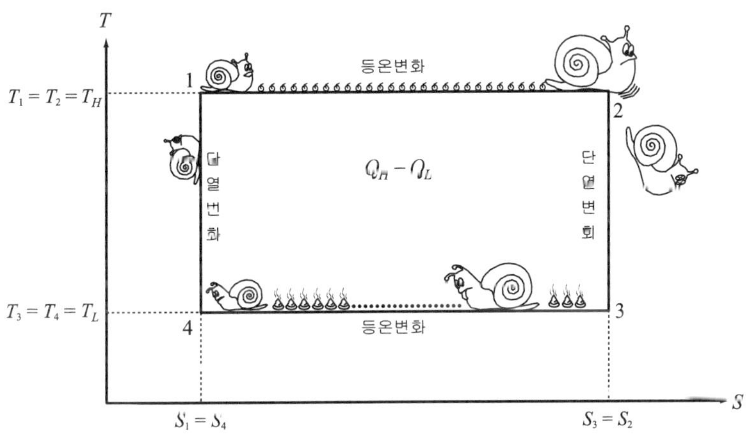
T
1
등온변화
2
$T_1 = T_2 = T_H$
단열변화
$Q_H - Q_L$
단열변화
$T_3 = T_4 = T_L$
3
4
등온변화
S
$S_1 = S_4$
$S_3 = S_2$

(2) 카르노사이클의 열효율

한 사이클이 완성되면 내부에너지는 처음의 상태와 같아지게 되므로 $\Delta U = 0$ 이다. 식 (4−7)에서 $Q_1(Q_H)$에 식 (6−1)을 대입하고 $Q_2(Q_L)$에 식 (6−3)을 대입하면,[6] 카르노사이클의 열효율 η_{Carnot}는

$$\eta_{Carnot} = 1 - \frac{Q_L}{Q_H} = 1 - \frac{m \cdot R \cdot T_L \cdot \ln(V_3/V_4)}{m \cdot R \cdot T_H \cdot \ln(V_2/V_1)} \qquad (6-5)$$

여기서, 식 (6−2)와 (6−4)에서

$$\frac{T_L}{T_H} = \left(\frac{V_2}{V_3}\right)^{k-1} = \left(\frac{V_1}{V_4}\right)^{k-1} \qquad (6-6)$$

즉, $\dfrac{V_2}{V_1} = \dfrac{V_3}{V_4}$ 이므로, 카르노사이클의 열효율은 다음과 같이 고열원과 저열원의 온도만의 함수로 나타낼 수 있다.

$$\eta_{Carnot} = 1 - \frac{Q_L}{Q_H} = 1 - \frac{T_L \cdot \ln \dfrac{V_3}{V_4}}{T_H \cdot \ln \dfrac{V_2}{V_1}} = 1 - \frac{T_L}{T_H} \qquad (6-7)$$

윗식에서 고열원의 온도 T_H가 높을수록, 또 저열원의 온도 T_L이 낮을수록 열효율이 크게 됨을 알 수 있다. 극한의 경우로서 저열원의 온도 T_L이 $T_L = 0$일 때에는 열효율이 1.0으로 되어 수열량의 전부가 일로 변환된다. 그러나 저열원으로 실제이용 가능한 온도범위는 대기나 해수 등 상온부근으로 한정되므로 효율은 1.0보다 작게 되어 수열량의 일부만이 일로 변환된다. 또

$$\frac{Q_L}{Q_H} = \frac{T_L}{T_H}, \text{ 혹은 } \frac{Q}{T} = \text{일정} \qquad (6-8)$$

가 성립하므로, 가역카르노사이클에서 고온열원과 저온열원으로 출입하는 열량은 각각 열원의 절대온도에 비례하며 동작유체가 완전가스이면 그 종류와는 전혀 무관함을 알 수 있다.

실제로는 등온과정으로 열전환이 이루어지지 않으므로 카르노사이클로 작동되는 기관을 만들 수는 없으며 카르노사이클은 효율이 가장 좋은 이상 사이클로서 다른 기관과의 효율을 비교하는 데 표준으로 할 뿐이다.

---

6) $(Q_1 - Q_2 = W)$

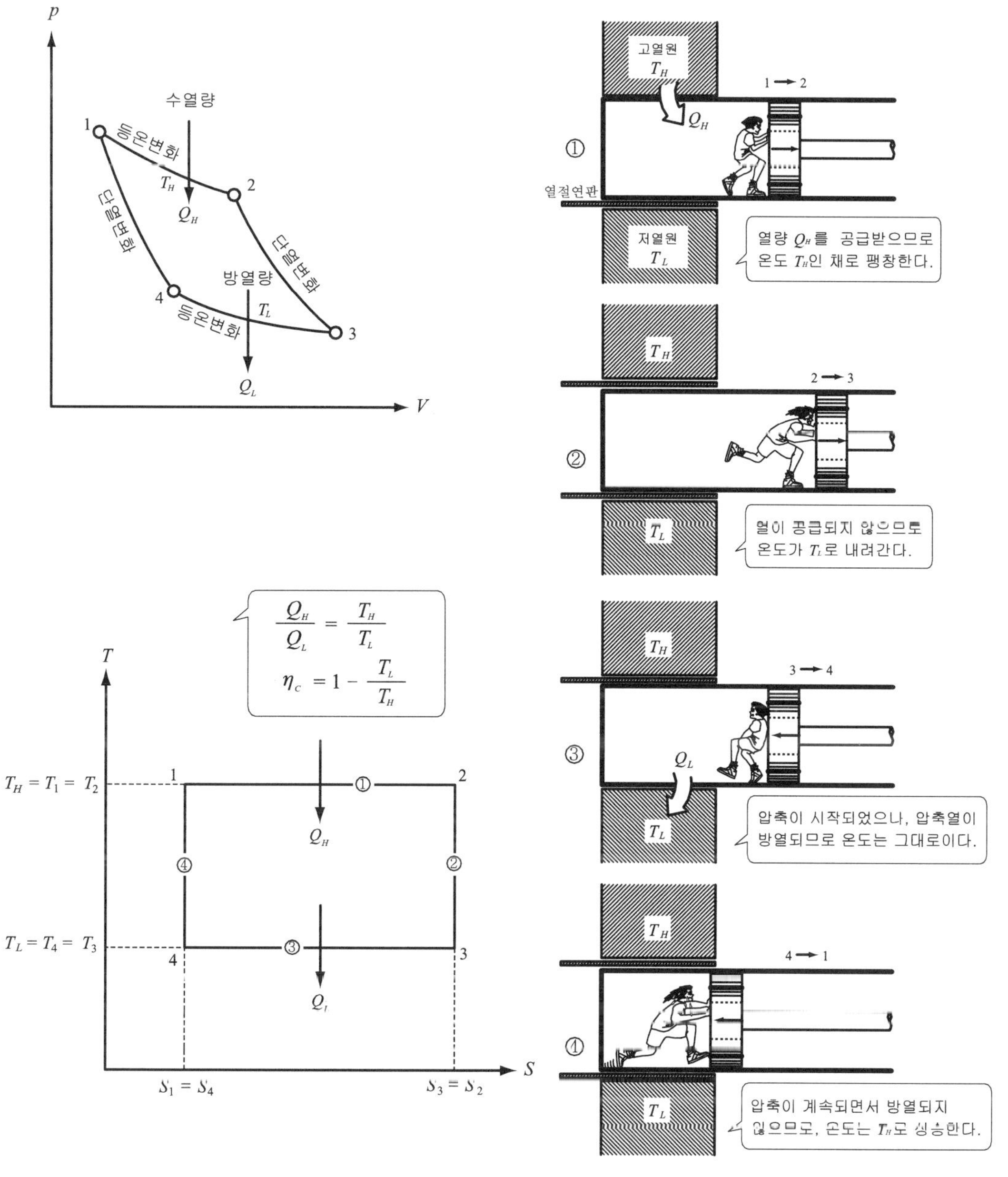
p
V
수열량
등온변화
단열변화
단열변화
방열량
등온변화
T_H
Q_H
T_L
Q_L
1
2
3
4
$\frac{Q_H}{Q_L} = \frac{T_H}{T_L}$
$\eta_c = 1 - \frac{T_L}{T_H}$
T
S
$T_H = T_1 = T_2$
$T_L = T_4 = T_3$
$S_1 = S_4$
$S_3 = S_2$
고열원
저열원
열절연판
1 → 2
2 → 3
3 → 4
4 → 1
열량 Q_H를 공급받으므로 온도 T_H인 채로 팽창한다.
열이 공급되지 않으므로 온도가 T_L로 내려간다.
압축이 시작되었으나, 압축열이 방열되므로 온도는 그대로이다.
압축이 계속되면서 방열되지 않으므로, 온도는 T_H로 상승한다.

(3) 카르노사이클의 공학적 가치

카르노사이클의 특징을 정리하면 다음과 같다.

① (등온−단열−등온−단열)과정을 반복하는 사이클이다. 따라서 사이클의 전 과정은 $T-S$선도 상에서 장방형의 사이클로 표현되므로 해석이 쉽다.

② 가역사이클의 대표적인 사이클이다. 이 때문에 열효율이 다른 어떠한 사이클보다 높다.

③ 열효율은 고열원과 저열원의 온도만으로 나타내어지며, 사용되는 동작물질의 종류에 의존하지 않는다.

④ 수열량과 방열량의 比가 수열 시의 온도와 방열 시의 온도와의 比와 같다.[7)]

카르노사이클은 어디까지나 이상적인 사이클로서 다른 사이클의 구성은 어떻게 하면 카르노사이클에 근접할 수 있을까 하는 데 노력하고 있다.

이러한 카르노사이클은 주어진 열원 온도 사이에서 가장 높은 효율을 갖는데도 불구하고 실용화되지 못하는 이유는 열교환과정이 반드시 등온과정을 전제로 한 과정이어야 하기 때문이다. 그러나 실제에 있어서 완전한 등온과정 하에서 열교환이 이루어지는 것은 불가하다. 이는 실제 열기관에 있어서는 고온열원과 동작유체와의 전열저항이 크므로 등온과정이 되기 위해서는 무한시간 혹은 무한대의 전열면적이 확보되어야 하기 때문이다.

일반적인 열기관의 동력사이클이 일초 당 몇 번의 사이클이 반복되는 것과 비교하면 가역적 등온 열전달은 실제적으로는 실현 불가능한 과정으로 이를 가능하게 하기 위해서는 초대형용량의 열교환기와 매우 오랜 시간에 걸쳐 열교환이 이루어져야 한다. 그러므로 카르노사이클과 거의 근사한 사이클로 작동하는 기관을 제작하는 것은 실용적이지 못하다.

카르노사이클의 공학적 가치는 다른 기관의 실제사이클과 비교할 수 있는 표준이 된다는 데 있다.

---

7) $\frac{Q}{T}$는 엔트로피를 나타낸다.(4−95절 참조)
식 (6−8)은 카르노사이클에서는 엔트로피의 증가가 없다는 것을 나타내고 있다.

이때 효율 η을 다음과 같이 정의한다.

(1)
$$\eta = \frac{\text{일로 바뀐 열량}}{\text{수열량}} = \frac{Q_1 - Q_2}{Q_1} = 1 - \frac{Q_2}{Q_1}$$

(2) 수열량 Q_1 가운데 유효한 일로 바뀐 비율을 η로 표시한다.

(수열량 Q_1) × (η)
‖
유효한 일로 바뀐 비율
‖
효율

(유효한 일로 바뀐 열량 $Q_1 - Q_2$)

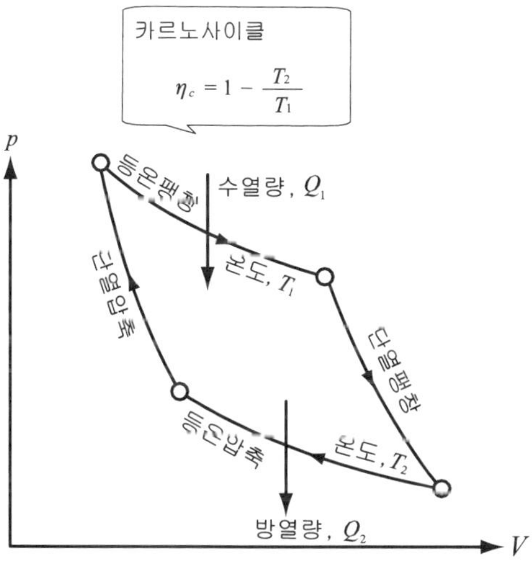

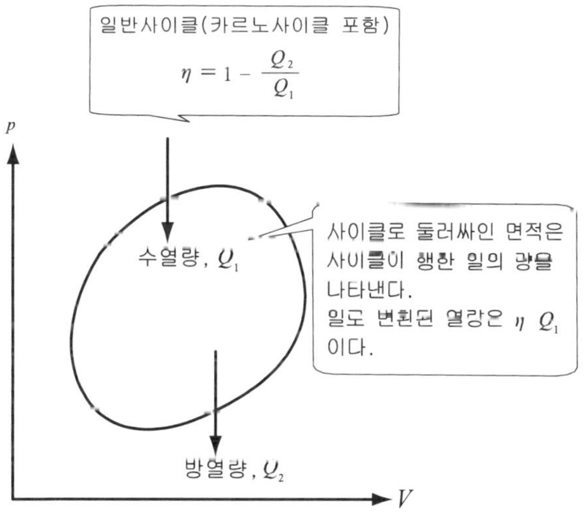

6.3 (공기표준) 피스톤형 열기관 사이클

열역학을 기본으로 하여 해석할 필요가 있는 많은 열기관들은 피스톤형 왕복식기관이다.

이러한 왕복식 피스톤형기관의 열역학적 작동을 이해하기 위해 다음 몇 가지 정의를 먼저 이해할 필요가 있다.

여기서는 그림 6-2의 4사이클 불꽃점화방식의 왕복식 내연기관을 예로 들어 설명하기로 한다.

왕복운동을 하는 피스톤의 운동방향이 바뀌는 점을 사점(Dead Center)이라 하며, 피스톤이 실린더의 헤드부분에 위치할 때를 상사점(Top D. C.)이라 하고, 크랭크축 부분에 위치할 때를 하사점(Bottom D. C.)이라고 한다.

실린더 내에서 피스톤이 이동한 거리, 즉 兩 사점 사이의 거리를 행정이라고 하고, 피스톤이 배제하는 체적을 행정체적(displacement volume, stroke volume, V_d)이라 한다.

피스톤이 한 행정을 할 때마다 크랭크는 180°회전하므로 한 사이클 동안에는 720° 즉, 2회전하게 된다.[8)]

연소실 체적(combustion chamber volume, V_c)[9)] 또는 간극체적(clearance volume)[10)]은 피스톤이 상사점에 있을 때 작동유체가 차지하는 체적을 말한다.

압축비(compression ratio, ε)는 피스톤이 상사점에서와 하사점에서의 체적의 비를 말한다.

$$\varepsilon = \frac{V_{BDC}}{V_{TDC}} = \frac{V_c + V_d}{V_c} = 1 + \frac{V_d}{V_c} = 1 + \frac{1}{\varepsilon_0} \qquad (6-9)$$

*) 참고 : 열역학에서 모든 비는 1.0보다 큰 값을 갖도록 정의되어 있다.

여기서, V_c와 V_d의 비 즉, $\frac{V_c}{V_d}$를 간극체적비(clearance volume ratio, ε_0)라 한다.

왕복식 열기관에서 피스톤이 이룬 실제일을 계산하기 위해서는 각 상태에서의 실린더 내의 실제 압력을 측정하여 그것을 체적의 함수로 하는 $p-V$선도를 그려야 한다.

---

8) 2행정기관에서는 360° 즉, 1회전하게 된다.
9) 압축체적이라고도 함.
10) 통극체적이라고도 함.

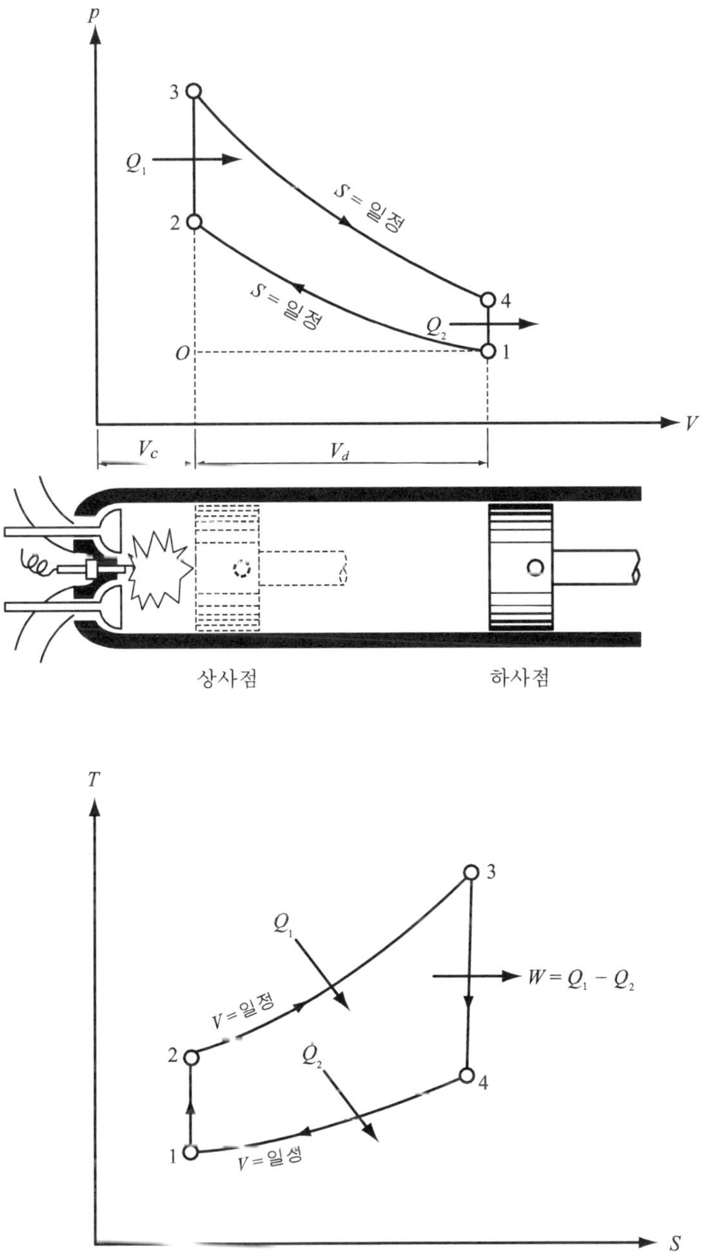

[그림 6-2] 내연기관 용이

(1) 지시계(indicator)

지시계가 그리는 이러한 선도를 지시선도(indicator diagram)라 하며, 그림 6-3은 지시계와 지시선도의 개념에 대한 설명도이다.

그림 6-4에서 면적 1-2-3-4-1 은 한 사이클 동안의 일을 나타내고 있으며 지시선도에서 얻은 일을 지시일(indicated work)[11]이라 한다.

그림에서 면적 1-2-3-4-1 을 행정체적 (V_d)로 나눈 값은 한 사이클 동안의 지시 평균 유효압력(Indicated Mean Effective Pressure)이 된다.

기관의 열효율을 증가시키기 위해서는 실린더의 단위체적 당 출력 즉, 1 사이클 동안의 일의 양을 행정체적으로 나눈 평균유효압력을 증가시켜야 한다.

실제 기관에서는 압축비를 크게 하여 열효율을 증가시키고 있으나 이상폭발의 문제 때문에 압축비의 크기는 제한된다.

공기표준 사이클이 실제기관보다 높은 열효율을 갖는 중요한 원인은 다음과 같다.

- 혼합가스의 흡입 및 연소생성가스의 배출에 소요되는 일을 무시한다.
- 실린더 벽과 실린더 내 기체와의 사이에 일어나는 열전달을 무시한다.
- 압력 및 온도구배로 인한 비가역과정을 가역과정으로 취급한다.

한편, 실제엔진에서는 측정의 위치에 따라 사용되는 용어에는 다음과 같은 차이가 있다.

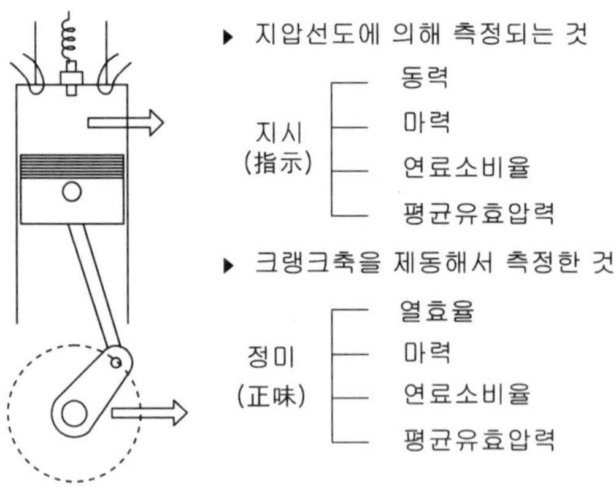

11) 指示(지시)일, 圖示(도시)일이라고도 한다.

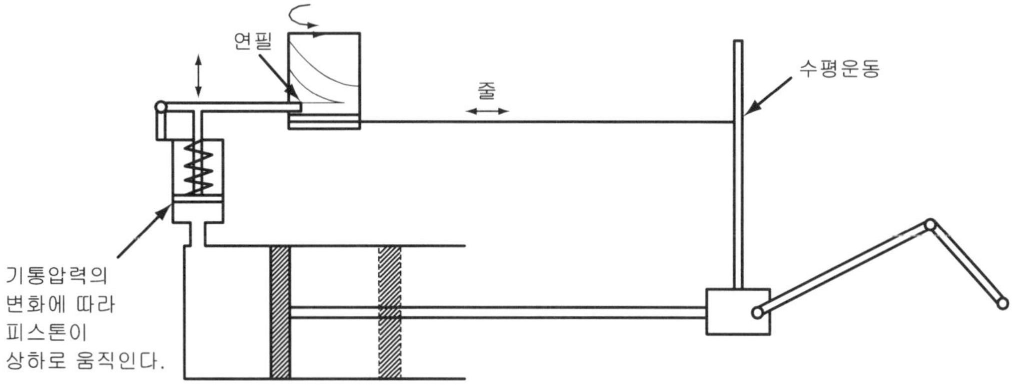

[그림 6-3] 왕복식 피스톤형 기관에 이용되는 지시계의 약도

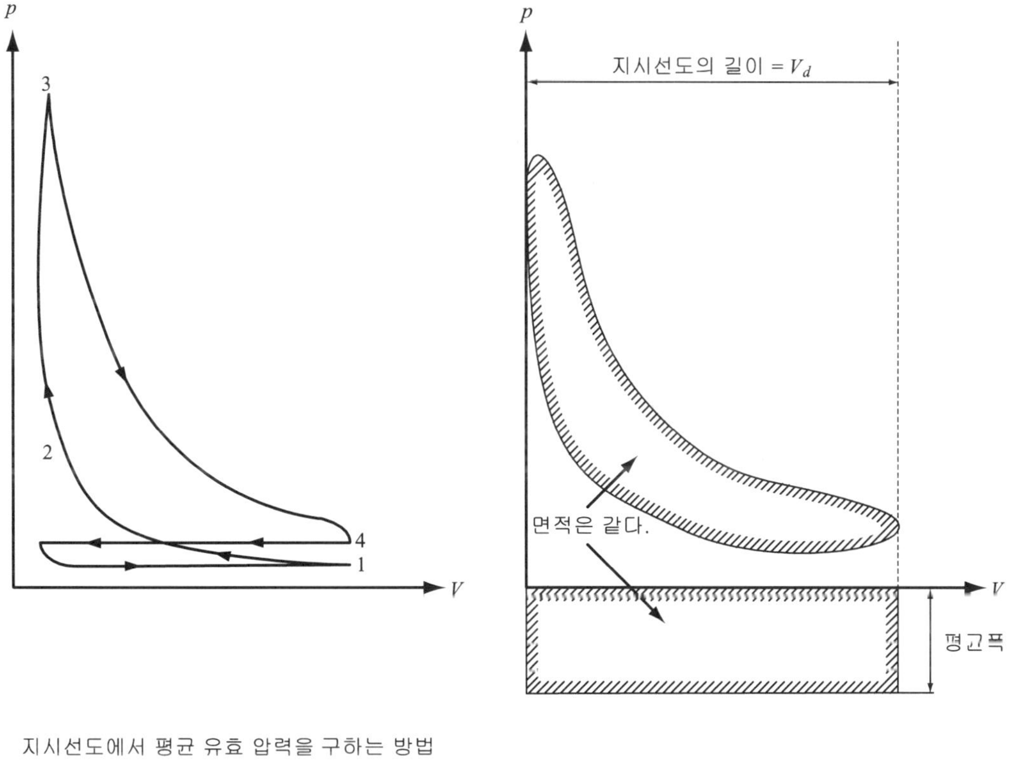

[그림 6-4] 왕복내연 기관의 지시선도

6.4 (공기표준) Otto 사이클

가솔린기관과 같이 연료와 공기의 혼합기를 실린더 내에 흡입하여 이것을 상사점 부근에서 불꽃점화시키는 기관에 있어서는 연소가 급격히 행해지며 단시간 내에 종료된다. Otto 사이클은 그림 6-5 에서와 같이 연료의 연소에 의한 가열이 순간적으로 정적 하에서 이루어지므로 정적사이클이라 한다.

Otto 사이클은 두 개의 정적과정과 두 개의 등엔트로피과정으로 이루어진다.

과정 0-1 을 따라, 공기[12]가 흡입된다.

과정 1-2 를 따라, 흡입된 공기가 가역적으로 단열 압축된다.($p \cdot V^k = C_{onst}.$, $Q = 0$)

- 과정이 가역적이므로 압축과정은 등엔트로피 과정으로 이루어진다.
- 상태점 2 에서 압축이 끝나고 연소가 시작된다.

과정 2-3 을 따라, 열량 Q_1이 공급된다.

- 체적의 변화없이 압력이 상승하여 상태점 3에서 연소가 끝난다.

과정 3-4 를 따라, 연소된 고온, 고압의 공기는 가역적으로 단열팽창한다. ($p \cdot V^k = C_{onst}.$, $Q = 0$)

- 과정이 가역적이므로 팽창압축과정은 등엔트로피 과정으로 이루어진다.

과정 4-1을 따라, 열량 Q_2가 방출된다.

- 상태점 4에서 배기밸브가 열리므로 체적은 변화 없이 동일하다.

과정 1-0 을 따라 실린더 내의 연소가스를 배출한다. 또한, $p-V$ 선도에서 과정 0-1과 과정 0-1 에서의 일은 크기가 같고 부호가 서로 반대이므로 상쇄된다.

따라서 Otto 사이클은 과정 1-2-3-4 만으로 해석해도 된다.

12) 공기표준 사이클이므로 동작유체로서의 '공기'라고 한다. 공기와 연료의 혼합기

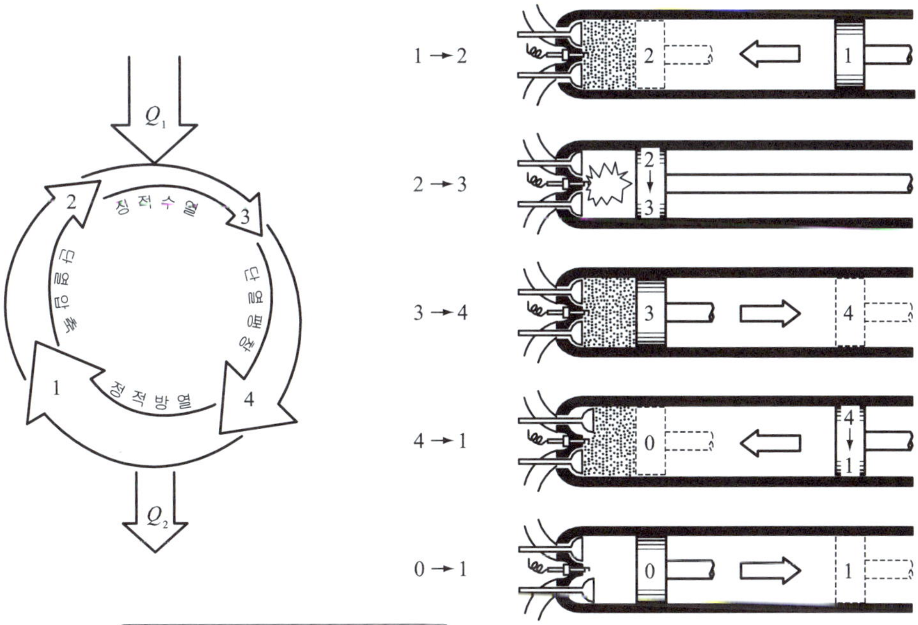

Otto 사이클과 가솔린기관의 행정

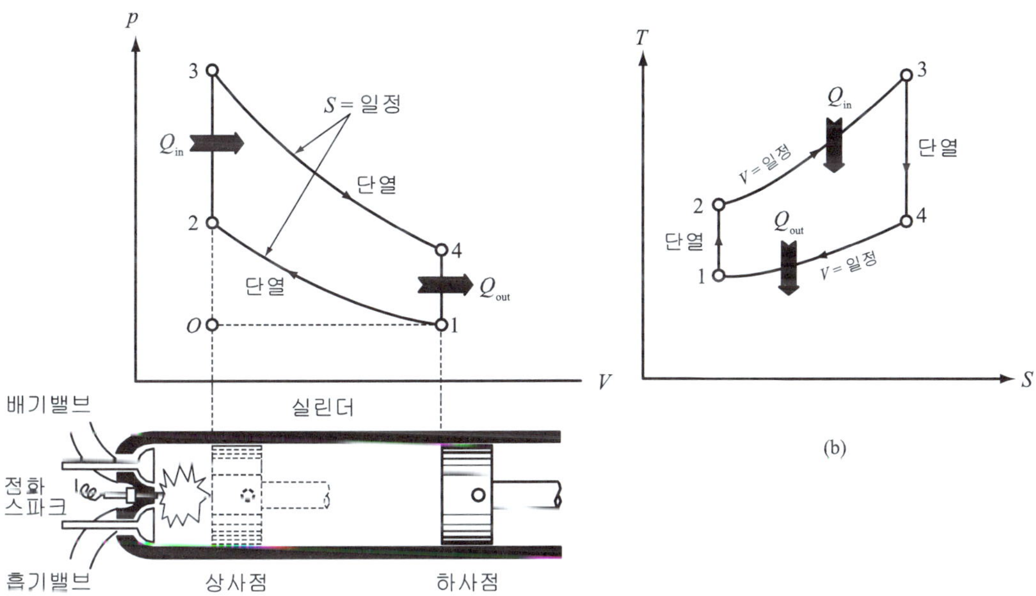

(a) (b)

[그림 6-5] Otto 사이클의 (a) $p-V$선도, (b) $T-S$ 선도

(1) 정적(定積)사이클의 해석

과정	p, V, T 관계	이동열 Q	일 W
1-2 과정 ($p \cdot V^k = C$)	$T_2 / T_1 = (V_1 / V_2)^{(k-1)}$ $= (p_2 / p_1)^{(k-1)/k}$	0	$-m \cdot c_v(T_2 - T_1)$ $= \dfrac{p_2 \cdot V_2 - p_1 \cdot V_1}{1-k}$
2-3 과정 ($V = C$)	$\dfrac{T_3}{T_2} = \left(\dfrac{p_3}{p_2}\right), \quad = \alpha$ *)	$Q_{in} = m \cdot c_v(T_3 - T_2)$	0
3-4 과정 ($p \cdot V^k = C$)	$T_4 / T_3 = (V_3 / V_4)^{(k-1)}$ $= (p_4 / p_3)^{(k-1)/k}$	0	$-m \cdot c_v(T_4 - T_3)$ $= \dfrac{p_4 \cdot V_4 - p_3 \cdot V_3}{1-k}$
4-1 과정 ($V = C$)	$\dfrac{T_1}{T_4} = \left(\dfrac{p_1}{p_4}\right), \quad = \dfrac{1}{\alpha}$	$Q_{out} = m \cdot c_v(T_1 - T_4)$	0

*) α (압력상승비) : 정적연소과정 2-3 에서 연소 전의 압력에 대한 연소 후의 압력비

이론적인 Otto 사이클의 각 과정에서의 p, V, T 관계 및 이동열량과 행해진 일을 가역과정으로 해석해 보기로 한다. 공기가 밀폐계에서 작동하므로 밀폐계에서의 에너지 보존의 법칙[13]이 적용된다.

단열압축과 단열팽창에서 $Q = 0$ 이므로,

$$W = \Delta U$$

가 되고, 정적과정에서의 열의 공급과 방출과정은 $W_{1-2} = 0$ 이므로,

$$Q = \Delta U \text{ }^{14)}$$

가 된다.

13) $\delta q = du + \delta w = du + p \cdot dv$

14) $q_{23} = \int_2^3 dq = \int_2^3 du + \int_2^3 p \cdot dv = \int_2^3 du$

$q_{14} = \int_1^4 dq = \int_1^4 du + \int_1^4 p \cdot dv = \int_1^4 du$

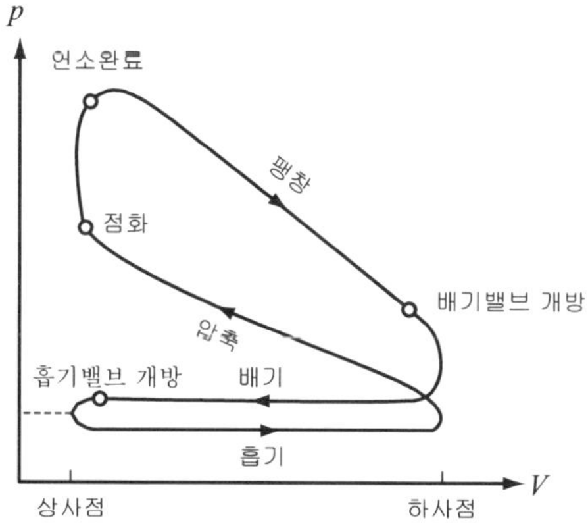

(a) 실제 4행정 전기점화 기관

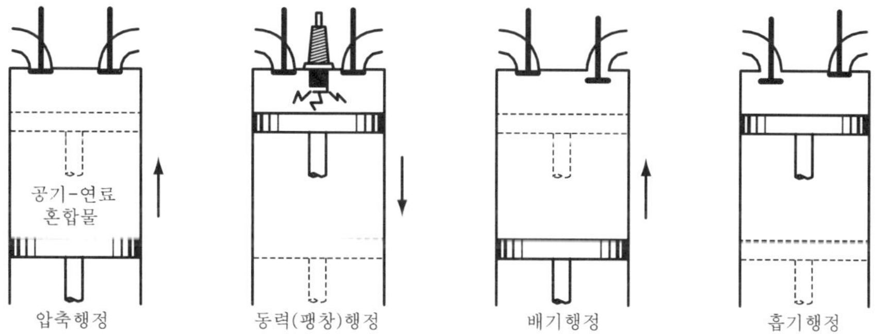

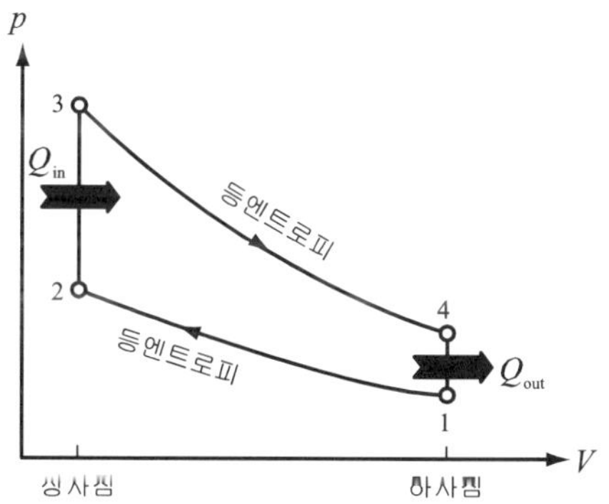

(b) 이상적 Otto 사이클

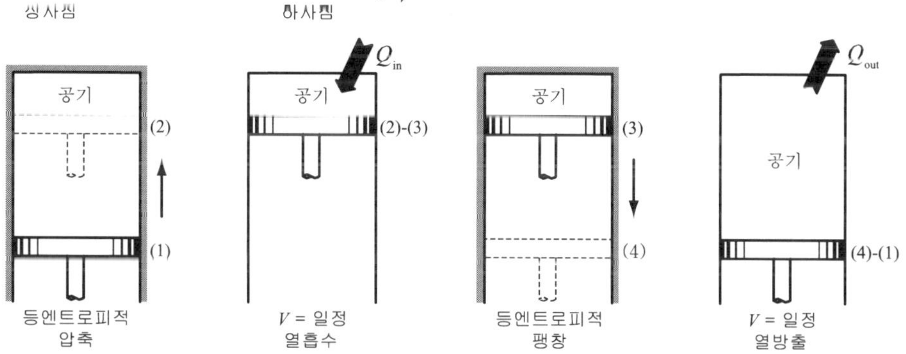

(2) Otto 사이클의 열효율

사이클 중 공급된 열량과 방출된 열량은 다음과 같다.

$$Q_{in} = Q_{2-3} = U_3 - U_2 = m \cdot c_v (T_3 - T_2) \tag{6-10}$$

$$Q_{out} = -Q_{4-1} = U_4 - U_1 = m \cdot c_v (T_4 - T_1) \tag{6-11}$$

사이클의 참 일[15] (W_{net})은 Q_{in}과 Q_{out}의 합이므로,

$$W_{net} = \Sigma Q = m \cdot c_v \cdot (T_3 - T_2) - m \cdot c_v \cdot (T_4 - T_1) \tag{6-12}$$

로 주어진다.

그러므로 열효율(thermal efficiency, η_{th})는,

$$\eta_{th} = \frac{W_{net}}{Q_{in}} = \frac{c_v(T_3 - T_2) - c_v(T_4 - T_1)}{c_v(T_3 - T_2)} = 1 - \frac{T_4 - T_1}{T_3 - T_2} \tag{6-13}$$

여기서, p, V, T 관계에서 1−2와 3−4의 과정이 등엔트로피이면,

$$T_4 = T_3 \left(\frac{V_3}{V_4}\right)^{k-1} = T_3 \left(\frac{V_2}{V_1}\right)^{k-1}, \quad T_1 = T_2 \left(\frac{V_2}{V_1}\right)^{k-1} \tag{6-14}$$

이므로,

Otto 사이클의 효율은

$$\eta_{th,Otto} = 1 - \frac{T_1}{T_2} = 1 - \left(\frac{V_2}{V_1}\right)^{k-1} = 1 - \frac{1}{\varepsilon^{k-1}} \text{[16]} \tag{6-15}$$

로 주어진다.

위 식에서 $\varepsilon = \text{압축비} = \frac{V_1}{V_2} = \frac{V_4}{V_3}$ 는 기관의 압축비로서 식 (6−9)에서 정의한 값이다. 식 (6−15)에서 알 수 있는 바와 같이 Otto 사이클의 열효율은 압축비만의 함수로 비열비에 지배되며, 압축비가 클수록, 비열비가 클수록 열효율은 증가한다. 그러나 기관은 고온상태에서 운전되므로 공기표준 사이클에서도 공기의 비열은 수정되어야 한다.

---

15) '정미 일' 또는 '순수 일'이라고도 함.

16) $\eta_{th,Otto} = 1 - \frac{q_2}{q_1} = 1 - \left(\frac{p_1}{p_2}\right)^{\frac{k-1}{k}}$

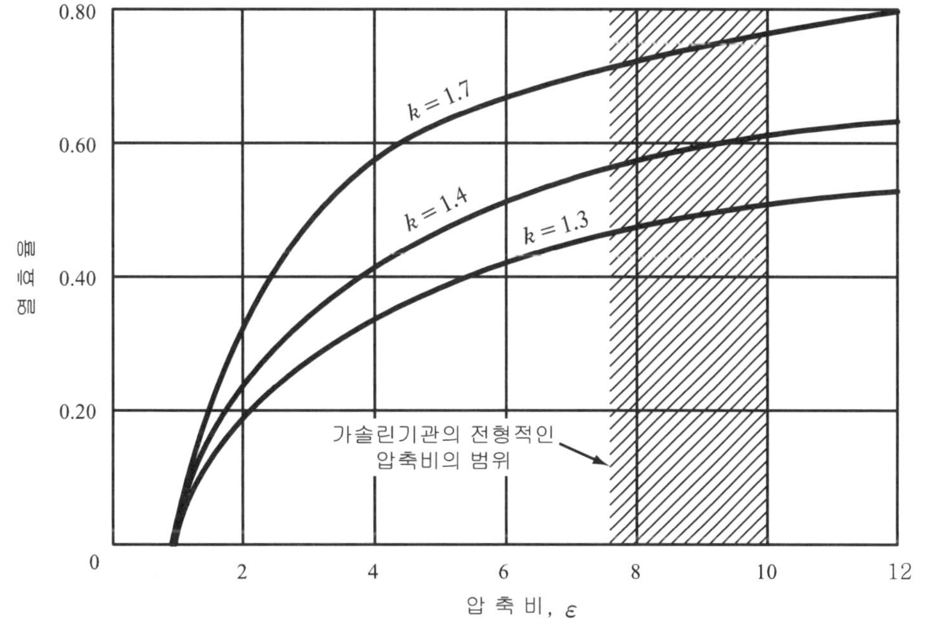

압축비와 비열비를 함수로 한 공기표준 오토사이클의 열효율 관계
(오토사이클의 열효율이 작동유체의 비열비(k)에 따라 증가한다.)

고압축비에서는, 압축과정 동안 공기-연료 혼합물의 온도가 연료의 자동착화온도 이상으로 올라간다.

6.5 (공기표준) Diesel 사이클

디젤엔진은 공기를 고압으로 압축하고 그 압축열로 연료를 연소시켜 동력을 얻는 열기관이다. 흡입행정에서 대기압(1 기압) 20 °C 의 공기를 받아들인 후 체적이 1/15 (15 기압)이 되기까지 단열적으로 압축하면 공기의 온도는 약 600 °C 까지 상승한다. 이 온도는 경유의 자기착화온도(약 250 °C)보다 훨씬 높으므로 연소가 불꽃점화가 없이 연료의 분사에 따라 순차적으로 일어난다.

이론적으로 연소는 정압 하에서 일어나므로 정압사이클이라 한다.

Diesel 사이클은 한 개의 정압과정과 한 개의 정적과정, 그리고 두 개의 등엔트로피 과정으로 이루어진다. 그림 (6−6)에 나타낸 바와 같이,

과정 1−2 를 따라, 흡입된 공기가 가역적으로 단열 압축된다.

($p \cdot V^k =$ 일정., $Q = 0$)

- 과정이 가역적이므로 압축과정은 등엔트로피 과정으로 이루어진다.
- 상태점 2 에서 압축이 끝나고 연료가 분사되면서 연소가 시작된다.

과정 2−3 을 따라, 열량 Q_{in} 이 공급된다.

- 압력의 변화 없이 피스톤이 하강함으로 체적이 상승하고 상태점 3 에서 연소가 끝난다.

과정 3−4 를 따라, 연소된 공기 즉, 고압의 공기는 가역적으로 단열 팽창한다.

($p \cdot V^k =$ 일정., $Q = 0$)

- 과정이 가역적이므로 팽창압축과정은 등엔트로피 과정으로 이루어진다.
- 상태점 4 에서 배기밸브가 열리므로 체적은 변화 없이 동일하다.

과정 4−1 을 따라, 열량 Q_{out} 가 방출된다.

$p-V$ 선도에서 흡입행정(과정 0−1)과 배기행정(과정 4−1)의 일이 상쇄됨은 Otto 사이클에서와 같다. 따라서 Diesel 사이클 역시 과정 1−2−3−4 만으로 해석해도 된다.

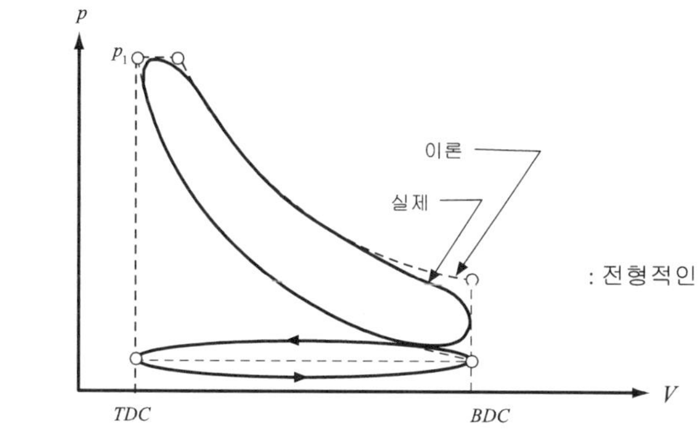

: 전형적인 압축 점화기관의 $p - V$ 선도

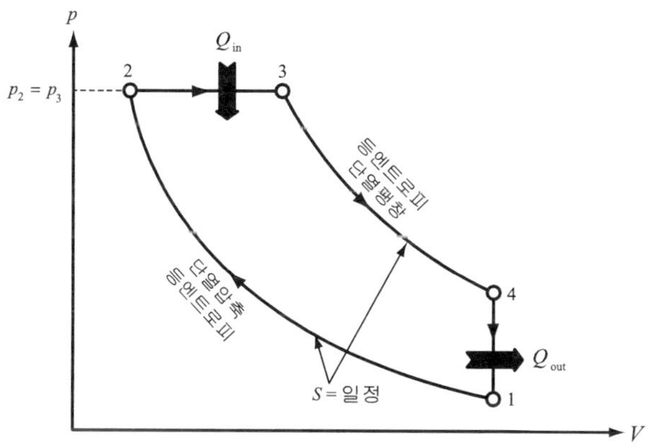

: (a) p - V 선노

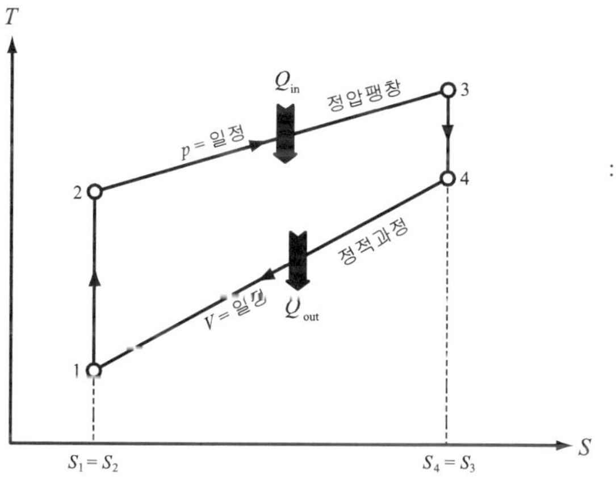

: (b) T - S 선도

[그림 6-6] 공기표준 디셀사이클의 (a) $p - \nu$ 신도 (b) $T - S$ 선도

(1) 정압(定壓)사이클의 해석

과정	p, V, T 관계	이동열 Q	일 W
1-2 과정 ($p \cdot V^k = C$)	$T_2 / T_1 = (V_1 / V_2)^{(k-1)}$ $= (p_2 / p_1)^{(k-1)/k}$	0	$-m \cdot c_v(T_2 - T_1)$ $= \dfrac{p_2 \cdot V_2 - p_1 \cdot V_1}{1-k}$
2-3 과정 ($p = C$)	$\dfrac{T_3}{T_2} = (\dfrac{V_3}{V_2})$	$Q_{in} = m \cdot c_v(T_3 - T_2)$	$p_2(V_3 - V_2)$ $= R(T_3 - T_2)$
3-4 과정 ($p \cdot V^k = C$)	$T_4 / T_3 = (V_3 / V_4)^{(k-1)}$ $= (p_4 / p_3)^{(k-1)/k}$	0	$-m \cdot c_v(T_4 - T_3)$ $= \dfrac{p_4 \cdot V_4 - p_3 \cdot V_3}{1-k}$
4-1 과정 ($V = C$)	$\dfrac{T_1}{T_4} = (\dfrac{p_1}{p_4})$	$Q_{out} = m \cdot c_v(T_1 - T_4)$	0

이론적인 Diesel 사이클의 각 과정에서의 p, V, T 관계 및 이동열량과 행해진 일을 가역과정으로 해석해 보기로 한다.

공기가 Otto 사이클과 마찬가지로 밀폐계에서 작동하므로 밀폐계에서의 에너지 보존의 법칙[17])이 적용된다.

사이클 중 공급된 열량과 방출된 열량은

$$Q_{in} = Q_{2-3} = m \cdot c_p(T_3 - T_2) \quad (6-16)$$

$$Q_{out} = -Q_{4-1} = m \cdot c_v(T_4 - T_1) \quad (6-17)$$

과 같으므로, 사이클의 참 일[18]) (W_{net})은

$$W_{net} = \Sigma Q = Q_{in} + Q_{out} = m \cdot c_p(T_3 - T_2) - m \cdot c_v(T_4 - T_1) \quad (6-18)$$

로 주어진다.

17) $\delta q = du + \delta w = du + p \cdot dv$

18) '정미 일' 또는 '순수 일'이라고도 함.

1 → 2 단열압축(압축행정)

2 → 3 정압수열(연료분사 자연착화에의한 연소폭발행정, 수열량 Q_{in})

3 → 4 단열팽창(팽창행정)

4 → 1 정적방열(배기밸브 열림, 방열량 Q_{out})

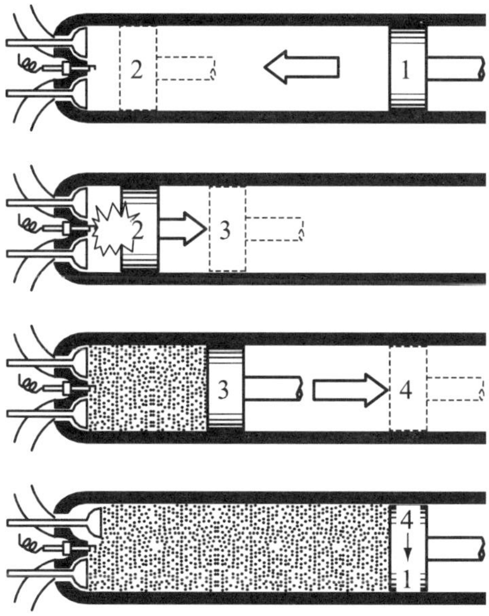

< 디젤사이클과 디젤기관의 행정 >

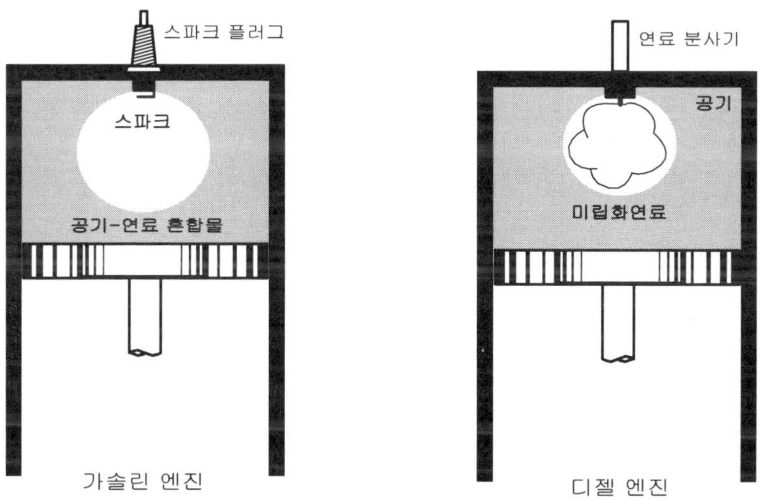

디젤엔진에서는 스파크플러그가 연료분사기로 내체되고
압축과정에서 공기만이 압축된다.

(2) Diesel 사이클의 열효율

Diesel 사이클의 열효율(thermal efficiency, $\eta_{th,\ Diesel}$)은 Otto사이클과 마찬가지로, $\eta_{th,\ Diesel} = \dfrac{W_{net}}{Q_{in}}$ 로 주어지므로,

$$\eta_{th,\ Diesel} = \frac{W_{net}}{Q_{in}} = \frac{c_p(T_3 - T_2) - c_v(T_4 - T_1)}{c_p(T_3 - T_2)}$$

$$= 1 - \frac{T_4 - T_1}{k \cdot (T_3 - T_2)} \qquad (6-19)$$

와 같이 나타낼 수 있다.

과정 1→2는 단열압축 과정이므로 $T \cdot V^{k-1} = C_{onst}$. 에서,

$$\frac{T_2}{T_1} = \left(\frac{V_1}{V_2}\right)^{k-1} = \varepsilon^{k-1} \qquad \therefore\ T_2 = \varepsilon^{k-1} \cdot T_1 \qquad (6-20)$$

로 주어진다.

과정 2→3은 정압과정으로 정압과정에서 정압연소 전후의 체적비 $\dfrac{V_3}{V_2}$ 를 연료단절비(차단비, fuel cut-off ratio / σ)라 정의하면, $\dfrac{V}{T} = C_{onst}$. 에서

$$\frac{T_3}{T_2} = \frac{V_3}{V_2} = \sigma \qquad \therefore\ T_3 = \gamma \cdot T_2 = \sigma \cdot \varepsilon^{k-1} \cdot T_1 \qquad (6-21)$$

과 같이 주어진다. 과정 3→4는 단열팽창축 과정이므로 $T \cdot V^{k-1} = C_{onst}$. 에서,

$$\frac{T_4}{T_3} = \left(\frac{V_3}{V_4}\right)^{k-1} = \left(\frac{V_3}{V_2} \cdot \frac{V_2}{V_4}\right)^{k-1} = \left(\sigma \cdot \frac{1}{\varepsilon}\right)^{k-1} \qquad (6-22)$$

$$\therefore\ T_4 = \left(\sigma \cdot \frac{1}{\varepsilon}\right)^{k-1} \cdot \sigma \cdot \varepsilon^{k-1} \cdot T_1 = \sigma^k \cdot T_1 \qquad (6-23)$$

이상에서 구한 T_2, T_3 및 T_4를 식 (6-19)에 대입하면,

$$\eta_{th,\ Diesel} = 1 - \frac{\sigma^k \cdot T_1 - T_1}{k \cdot (\sigma \cdot \varepsilon^{k-1} \cdot T_1 - \varepsilon^{k-1} \cdot T_1)}$$

$$= 1 - \frac{1}{\varepsilon^{k-1}} \left[\frac{\sigma^k - 1}{k \cdot (\sigma - 1)} \right] \qquad (6-24)$$

와 같이 된다. 위 식 (6-20)에서 σ와 k는 항시 1.0보다 크므로 괄호 [ ]안의 항은 언제나 1.0보다 크다. 그러므로 압축비 ε가 동일할 때에는 Otto 사이클의 효율이 Diesel 사이클의 그것보다 크지만, Diesel 사이클에서는 압축비를 더 크게 하여 열효율을 증가시킬 수 있다.

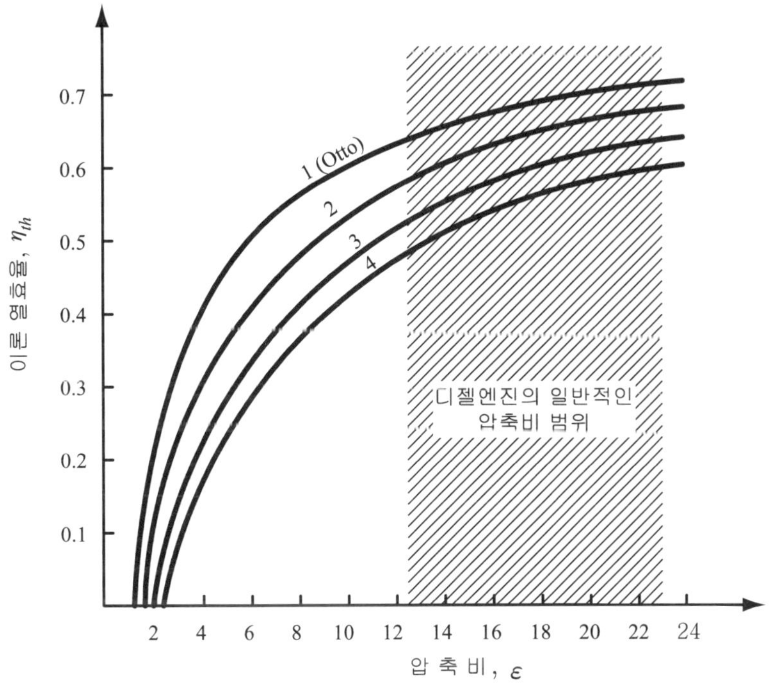

디젤기관에 있어서 이론 열효율과 압축비와 연료단절비와의 관계

6.6 (공기표준) 혼합사이클

연소과정이 정적 하에서 이루어지는 오토사이클이나 정압 하에서 이루어지는 디젤사이클은 그 과정이 지극히 단순한 사이클로서 실제의 압축점화기관의 사이클과는 상당한 차이가 있다.

실제의 압축점화기관의 사이클 모양은 기관이 저속으로 운전할 때에는 디젤사이클의 모양에 가깝고 자동차용 기관과 같이 고속으로 운전할 때에는 혼합사이클의 모양에 가깝다.

이러한 이유로 고속디젤기관의 기준사이클로서 혼합사이클이 채택되고 있다.

고속디젤기관에서는 단시간 내에 연료를 연소시킬 필요가 있으므로 압축이 끝나기 전에 연료분사를 시작하여 압축 말에 착화하도록 하면 그 동안에 주입된 연료는 거의 정적 하에서 연소하고 이어서 계속 분사된 연료는 거의 정압 하에서 연소하게 된다.

혼합사이클은 정적사이클과 정압사이클을 합성한 사이클로 정적−정압사이클, 혹은 복합사이클, 이중연소사이클, 제한압력사이클, 또는 고안자의 이름을 따서 Sabathe 사이클이라고 한다.

그림 6−7은 혼합사이클의 선도이며 각 동작과정을 요약하면 다음과 같다.

0→1 : 흡기(공기)
1→2 : 단열압축(공기)
2→3 : 정적가열(연료분사/연소)
3→4 : 정압가열(연료분사/연소)
4→5 : 단열팽창(연소가스)
5→1 : 정적방열(연소가스)
1→0 : 배기(연소가스)
0→1 : 흡기(공기)

여기서, 각 동작과정에서의 온도 및 압력을 구하면 다음과 같다.

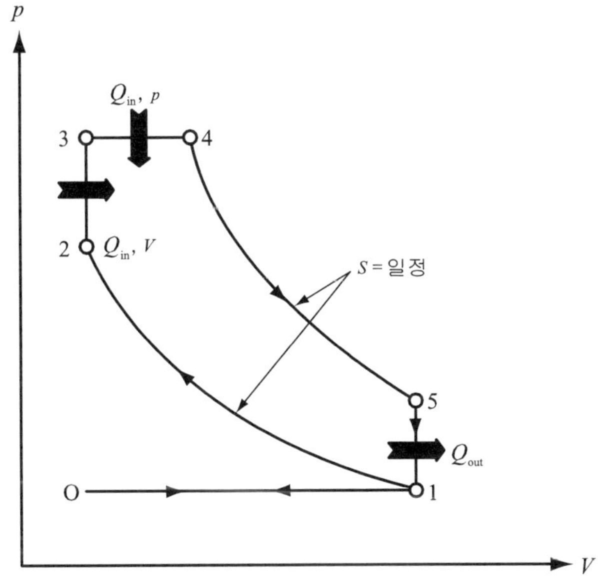

(a) $p-V$ 선도

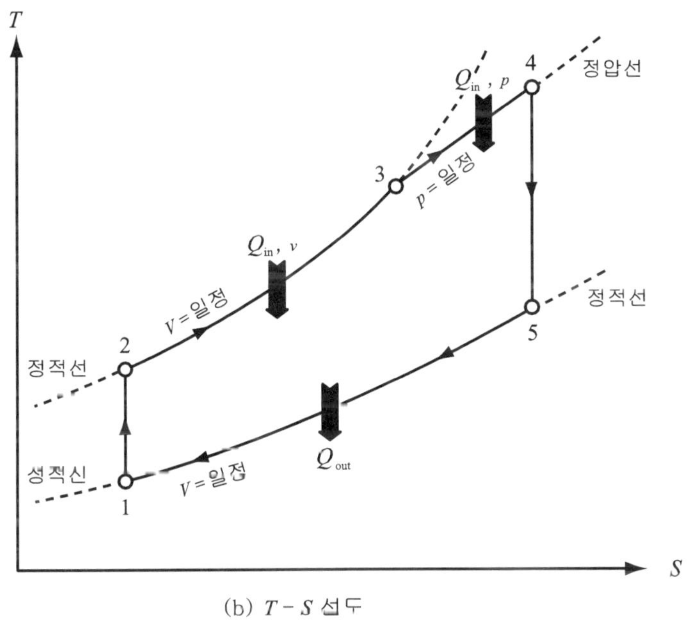

(b) $T-S$ 선도

[그림 6-7] 공기표준 복합사이클의 (a) $p-V$ 선도 (b) $T-S$ 선도

(1) 혼합사이클의 구성

0−1 과정 : 흡기밸브가 열리면서 공기만을 흡입한다.
1−2 과정 : 흡입된 공기를 상태 1 에서 2 까지 가역적으로 단열 압축한다.

$$T \cdot V^{k-1} = C \text{ 에서, } \quad T_2 = (V_1/V_2)^{k-1} \cdot T_1 = \varepsilon^{k-1} \cdot T_1,$$

$$p_2 = p_1 \cdot \varepsilon^k \tag{6-25}$$

2−3 과정 : 상태 2 까지 공기기 압축된 후 연료를 분사하면 정적 하에서 열량 Q_V 가 공급된다.

$$p / T = C \text{ 에서, } \quad T_3 = (p_3 / p_2) \cdot T_2 = \alpha \cdot \varepsilon^{k-1} \cdot T_1$$

$$p_3 = p_2 \cdot \alpha = p_1 \cdot \varepsilon^k \cdot \alpha \tag{6-26}$$

3−4 과정 : 과정 3−4 를 따라 정압 하에서 열량 Q_p 가 2차적으로 공급된다.

$$V / T = C \text{ 에서, } \quad T_4 = (V_4 / V_3) \cdot T_3 = \sigma \cdot \alpha \cdot \varepsilon^{k-1} \cdot T_1$$

$$p_4 = p_3 = p_1 \cdot \varepsilon^k \cdot \alpha \tag{6-27}$$

4−5 과정 : 정적가열과 정압 가열된 상태 4 의 연소가스가 상태 5 까지 단열팽창 한다.

$$T \cdot V^{k-1} = C \text{ 에서, } \quad T_5 = \left(\frac{V_4}{V_5}\right)^{k-1} \cdot T_4 = \left(\frac{V_4}{V_3} \cdot \frac{V_3}{V_5}\right)^{k-1} \cdot T_4$$

$$= \left(\sigma \cdot \frac{1}{\varepsilon}\right)^{k-1} \cdot \sigma \cdot \alpha \cdot \varepsilon^{k-1} \cdot T_1 = \sigma^k \cdot \alpha \cdot T_1,$$

$$p_5 = p_4 \left(\frac{V_4}{V_5}\right)^k = p_4 \left(\frac{\sigma}{\varepsilon}\right)^k = p_1 \cdot \sigma^k \cdot \alpha \tag{6-28}$$

5−1 과정 : 상태 5 에서 배기밸브가 열리고 정적 하에서 연소가스의 열이 방열된다.

1−0 과정 : 배기
/열린 배기밸브를 통하여 연소가스를 배기한다.

Sabathe사이클은 무기분사디젤기관의 기본사이클로서
연소 즉, 열공급이 정적 및 정압의 두 부분에서 행해지므로
정적-정압사이클(constant volume-constant pressure cycle)
또는 2중연소사이클(dual combustion cycle)이라고도 부른다.
또한 이 사이클은 Otto와 Diesel 사이클을 합성한 것이므로
혼합 또는 합성사이클(combined cycle)이라고도 부른다.
압축 점화기관의 실제성능을 비교하는데 있어서는 디젤사이클
보다는 오토사이클과 디젤사이클을 혼합한 사이클과 형태가
유사한 사이클(2중 사이클)이 유용하다.

(2) 혼합사이클의 열효율

공기표준 혼합사이클의 열효율은 공급된 열량과 방출된 열량의 함수로 나타내지며, 정적비열 및 정압비열이 일정하다고 하면 공급열량 Q_{in}과 방출열량 Q_{out}은,

단위중량 당,

$$Q_{in} = Q_v + Q_p = (U_3 - U_2) + (H_4 - H_3) = C_v(T_3 - T_2) + c_p(T_4 - T_3) \quad (6-29)$$

$$Q_{out} = U_2 - U_1 = \quad = C_v(T_5 - T_1) \quad (6-30)$$

따라서 공기표준 혼합사이클의 열효율 η_{th}은

$$\eta_{th} = 1 - \frac{C_v(T_5 - T_1)}{C_v(T_3 - T_2) + C_p(T_4 - T_3)} = 1 - \frac{(T_5 - T_1)}{(T_3 - T_2) + k(T_4 - T_3)} \quad (6-31)$$

로 주어진다. 여기서, 정적과정 2-3 에서의 폭발비(압력상승비, α)는

$$\alpha = p_3 / p_2 = T_3 / T_2$$

이므로, T_2, T_3, T_4, T_5의 관계식 (6-25) ~ (6-28)을 윗식에 대입하면,

$$\eta_{th,\ dual} = 1 - \frac{\sigma^k \cdot \alpha \cdot T_1 - T_1}{(\alpha \cdot \varepsilon^{k-1} \cdot T_1 - \varepsilon^{k-1} \cdot T_1) + k(\sigma \cdot \alpha \cdot \varepsilon^{k-1} \cdot T_1 - \alpha \cdot \varepsilon^{k-1} \cdot T_1)}$$

$$= 1 - \left(\frac{1}{\varepsilon}\right)^{k-1} \cdot \frac{\alpha \cdot \sigma^k - 1}{(\alpha - 1) + k \cdot \alpha(\sigma - 1)} \quad (6-32)$$

동일한 압축비 및 연료단절비에서 혼합사이클의 열효율은 Otto 사이클의 효율보다는 적고 Diesel 사이클의 효율보다는 크다.

즉, Otto 사이클 및 Diesel 사이클은 이 혼합사이클의 특별한 경우라 할 수 있다.

식 (6-32)에서 연료차단비 $\sigma = 1$일 때는

$$\eta_{th,\ dual} = 1 - \frac{1}{\varepsilon^{k-1}}$$

이 되어 식 (6-15)의 Otto 사이클의 열효율과 같게 된다. 이는 그림 (6-7)의 $p-V$ 선도에서도 $\sigma = 1$일 때는 $V_3 = V_4$가 되어 Otto 사이클이 됨을 알 수 있다.

또한, 압력상승비 $\alpha = 1$일 때는

$$\eta_{th,\ dual} = 1 - \frac{1}{\varepsilon^{k-1}} \cdot \left[\frac{\sigma^k - 1}{k(\sigma - 1)}\right]$$

가 되어 식 (6-24)의 Diesel 사이클의 열효율과 같게 된다.

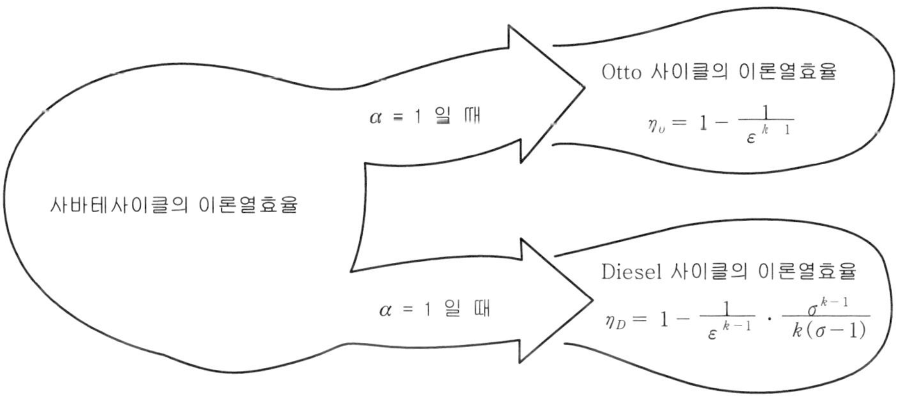

사바테사이클의 이론열효율에는 Otto사이클과 Diesel사이클의 이론열효율이 포함된다.

6.7 각(공기표준) 피스톤형 열기관 사이클의 비교

(1) Carnot 사이클과 Otto 사이클의 비교

Carnot 사이클과 Otto 사이클이 같은 온도범위 즉, 같은 T_1, T_2 사이에서 작동하는 경우 두 사이클을 비교해보자.

그림 6-8에서,
Carnot사이클은 $A'-B-C'-D-A$ 이고 Otto 사이클은 $A-B-C-D-A$ 이다.
따라서 각 사이클의 수열량과 방열량은,

$$Q_1' \ (= \text{면적 } A'-B-B''-A''-A') > Q_1 \ (= \text{면적 } A-B-B''-A''-A)$$
$$Q_2' \ (= \text{면적 } C'-D-A''-B''-C') > Q_2 \ (= \text{면적 } C-D-A''-B''-C)$$

지금, 각 사이클의 수열량과 방열량의 비를 α와 β라고 하면,

$\alpha = \dfrac{q_1'}{q_1} > 1$, $\beta = \dfrac{q_2'}{q_2} < 1$이므로, $\dfrac{\beta}{\alpha} < 1$이 된다.

따라서

$$\eta_{th,\ Otto} = 1 - \frac{Q_2}{Q_1}$$
$$\eta_{th,\ Carnot} = 1 - \frac{Q_2'}{Q_1'} = 1 - \left(\frac{\beta}{\alpha}\right)\left(\frac{Q_2}{Q_1}\right)$$
$$\therefore \ \eta_{th,\ Carnot} > \eta_{th,\ Otto}$$

즉 Carnot 사이클의 열효율이 Otto 사이클보다 높음을 알 수 있다.

▶ 카르노사이클 같은 멋진 사이클을 만들어 보자.

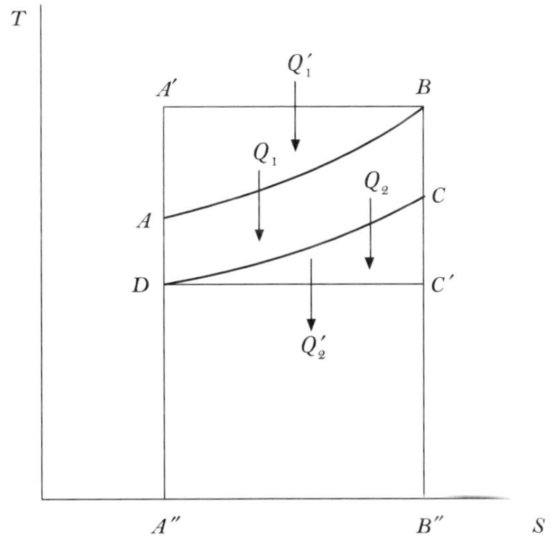

[그림 6-8] Carnot 사이클과 Otto 사이클의 비교

(2) Otto 사이클과 Diesel 사이클의 비교

① 초온(初溫), 초압(初壓), 가열량 그리고 압축비가 같을 때

이 조건을 만족시키는 Otto 사이클과 Diesel 사이클을 $T-S$ 선도 및 $p-V$ 선도 상에서 표시하면 그림 6-9와 같다. 그림 (a)에서,

Otto 사이클은 $A-B-C-D-A$ 이고, Diesel 사이클은 $A-B'-C'-D-A$ 이다.

여기서, 이들 두 사이클의 공급열량이 같다고 하였으므로,[19]

$$Q_1' \;(=\text{면적 } A-B'-B_0'-A_0-A) \;=\; Q_1 \;(=\text{면적 } A-B-B_0-A_0-A)$$

한편, 방열은 두 사이클 모두 정적 하에서 이루어지며 그 최종점은 D 점이 된다.

이 D 점을 $p-V$ 선도 상에 나타내면 그림 (b)와 같다.

따라서, Otto 사이클의 발열량 Q_2와 Diesel 사이클의 발열량 $\acute{Q}_2$ 는 그림에서

$$Q_2' \;(=\text{면적 } C'-D-A_0-B_0'-C') \;>\; Q_2 \;(=\text{면적 } C-D-A_0-B_0-A)$$

$$\therefore\;\; \left(\eta_{th,\ Otto} = 1 - \frac{Q_2}{Q_1}\right) > \left(\eta_{th,\ Diesel} = 1 - \frac{Q_2'}{Q_1}\right)$$

즉, 그림 6-9에서, 같은 열량을 공급받는 Diesel 사이클은 Otto 사이클보다 면적 $C'-C-B_0-B_0'-C'$ 만큼의 열량을 더 방출하므로 Diesel 사이클의 효율은 Otto 사이클의 효율보다 더 낮게 된다.

이상의 조건에 따라 Otto 사이클이 Diesel 사이클보다 열효율이 더 높음을 알 수 있다.

Otto 사이클에서는 실린더 내로 흡입되는 혼합기체(=연료+공기)가 자연폭발을 일으키지 않는 한도로 제한을 받지만 Diesel 사이클에서는 Otto 사이클의 압축비로는 자연착화가 불가능하므로 실제적으로는 Diesel 사이클과 Otto 사이클의 압축비를 같게 할 수 없다.

Diesel 사이클에서는 Otto 사이클에서보다 훨씬 높은 압축비로 압축되어야 하며, 실제의 Diesel 사이클은 Otto 사이클보다 훨씬 높은 압축비를 갖는다.

---

19) $T_1 > T_1'$

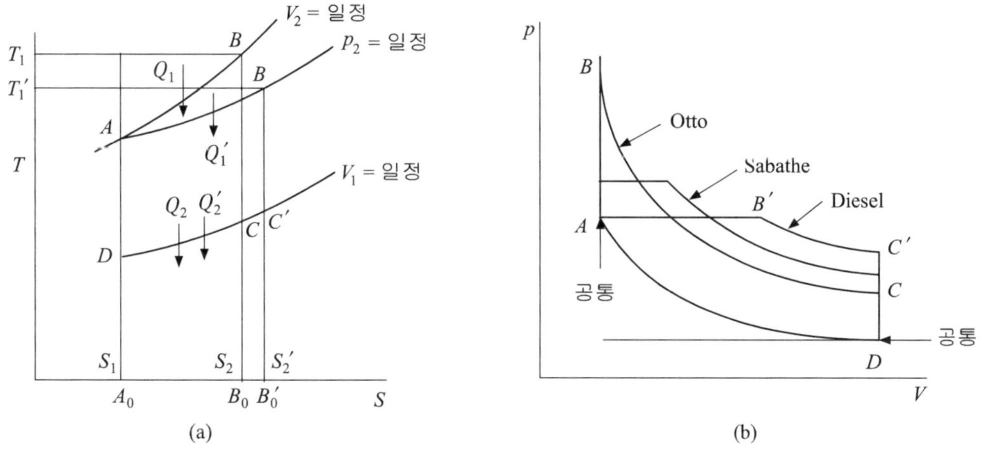

[그림 6-9] 압축비가 같은 경우 Otto사이클과 Diesel사이클의 비교

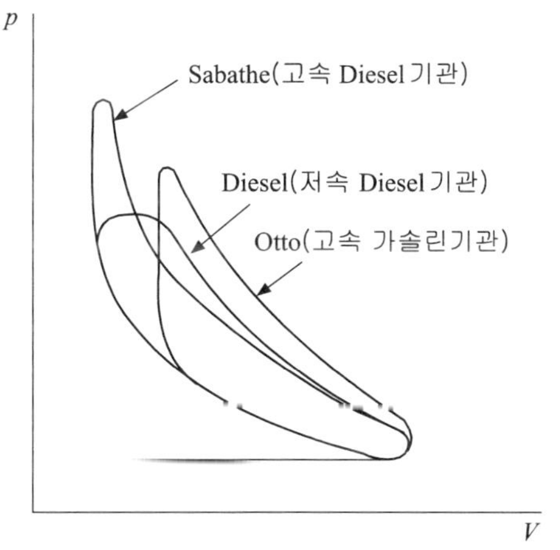

실제사이클끼리의 비교

② 초온(初溫), 초압(初壓), 가열량 그리고 최고압력이 같을 때

이 조건을 만족시키는 Otto 사이클과 Diesel 사이클을 $T-S$ 선도 상에서 표시하면 그림 6－10 과 같다.

그림 (a)에서,

Otto 사이클은 $A-B-C-D-A$ 이고, Diesel 사이클은 $A'-B'-C'-D-A'$ 이다.

여기서, 공급열량이 같다고 하였으므로,

$$Q_1' \ (= \text{면적}\ A'-B'-B_0'-A_0-A') = Q_1 \ (= \text{면적}\ A-B-B_0-A_0-A)$$

한편, 방열량은

$$Q_2' \ (= \text{면적}\ C'-D-A_0-B_0'-C') < Q_2 \ (= \text{면적}\ C-D-A_0-B_0-C)$$

즉, Otto 사이클이 Diesel 사이클보다 면적 $C-C-B_0'-B_0'-C$ 만큼의 열량을 더 방출한다.

지금, 공급열량이 같다고 하였으므로, 방열량이 많은 Otto 사이클의 열효율이 Diesel 사이클보다 낮게 된다.

$$\eta_{th,\ Diesel} > \eta_{th,\ Otto}$$

이상에서와 같이 각 기본사이클을 비교해 볼 때, 압축비가 같을 때에는 Otto 사이클의 효율이 가장 좋으며 최고압력이 같을 때에는 Diesel 사이클의 효율이 가장 높음을 알 수 있다.

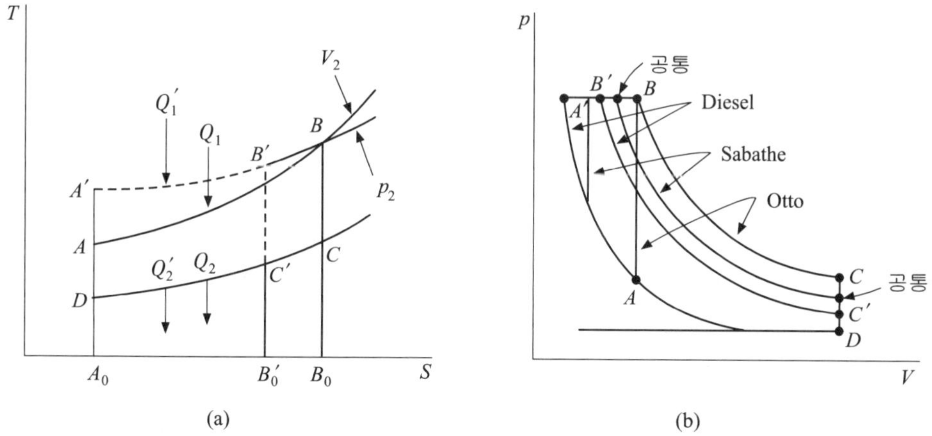

[그림 6-10] 최고압력이 같을 경우 Otto와 Diesel 사이클의 비교

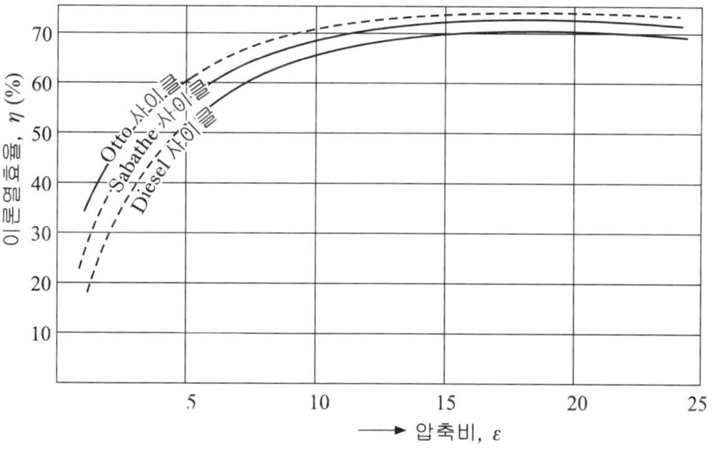

<각 사이클의 비교>

6.8 (공기표준) 회전형 열기관 사이클

공기표준 Brayton 사이클은 회전식 기관인 가스터빈의 공기표준 사이클로서 앞에서 설명한 왕복식 기관과는 다른 방식으로 동력을 얻는다. 이 이상적인 사이클은 1872년 Brayton에 의해 고안된 사이클로서 그림 6.11은 사이클의 작동원리를 나타내는 개략도이다.

터빈은 고온고압의 공기가 노즐로부터 분출하여 단열팽창하면서 터빈 날개차(turbine blade wheel)의 날개에 직접 충돌하여 터빈축이 회전함에 의해 열에너지가 기계적에너지로 변환되므로써 동력을 발생시키는 내연기관이다. 회전형 열기관으로서 Brayton 사이클로 실용되고 있는 것으로는 개방형사이클과 밀폐형사이클이 있다.

그림 (a)는 가스터빈의 동력사이클로서 개방사이클이다.

가스터빈은 압축기, 연소기, 터빈의 3 대 기본요소로 구성되어 있다. 대기는 압축기에서 단열 압축된 다음 연소기로 들어가 계속적으로 분사되는 연료를 연소시켜 가열시키면서 고온고압의 기체가 된다.

이렇게 3 단계로 구성된 사이클을 개방사이클이라 하는데 이는 연소가스를 대기의 임의압력에 도달할 때까지 방출[20]하므로 공기가 계속적으로 공급되어야 하는 형식으로 사이클이 완전한 형태를 갖추고 있지 않기 때문이다.

실제 모든 항공기용 제트기관은 가스터빈의 개방형 사이클로 되어 있다.

그림 (b)는 밀폐사이클로서 터빈에서 팽창된 연소가스가 열교환기를 거쳐 순환되는 형식으로 되어 있다. 실제의 연소과정은 열교환기를 통한 열공급과정으로 대체되며 열의 방출은 열교환기를 통하여 초기온도로 될 때까지 방출하게 된다.

공기표준 Brayton 사이클은 2 개의 단열과정과 2 개의 정압과정 등 모두 4 개의 가역과정으로 이루어져 있다.

과정 1-2 : 압축기에 의한 가역단열압축과정
과정 2-3 : 연소기에 의한 정압가열과정(연료의 분사·연소과정)
과정 3-4 : 터어빈에 의한 가역단열팽창과정
과정 4-1 : 냉각기에 의한 정압냉각과정(배기의 방출)

---

20) 이때 터빈에서 이루어지는 동력의 일부는 압축기를 작동시키는데 소모되고 나머지 일부가 사이클의 참 일로서 실제의 출력으로 된다.

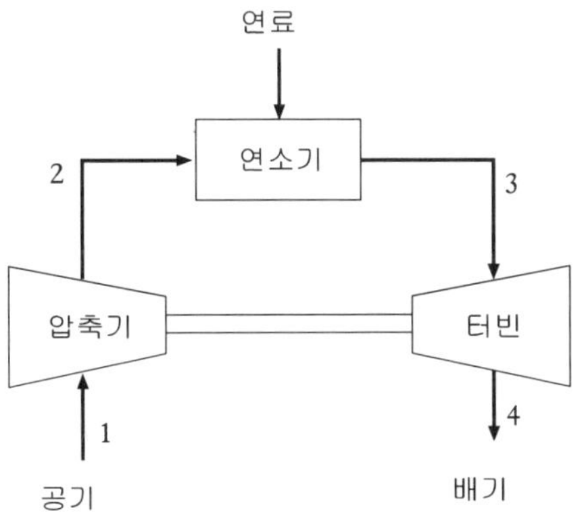

(a) 개방사이클

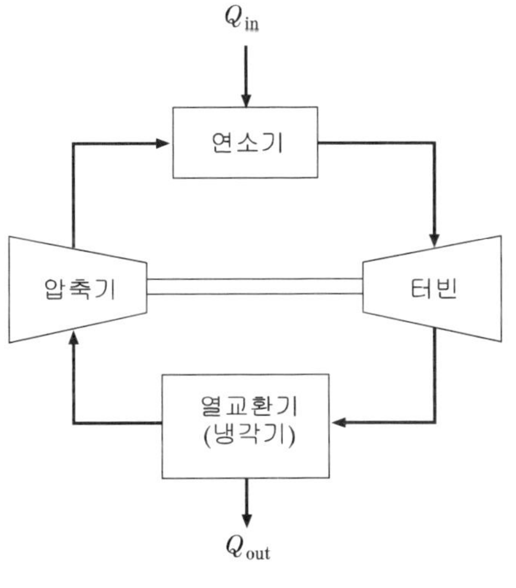

(b) 밀폐사이클

[그림 6-11] 브레이턴 사이클로 작동하는 가스 터빈

(1) 브레이턴사이클의 열효율

이론 사이클에서는 Brayton 사이클을 밀폐사이클로 생각하여 이론 열효율을 구한다.

그림 6-11에서 압축과정 1-2 와 팽창과정 3-4 는 등엔트로피과정이므로 이를 에너지 보존의 법칙을 이용하여 표현하면,

$$W = \varDelta H + \varDelta K.E \quad \cdots\cdots \text{(2-31)}$$

과정 2-3 과 4-1 에서 열교환기에 정상류 에너지방정식을 적용시키면,

$$Q = \varDelta H + \varDelta K.E \quad \cdots\cdots \text{(2-33)}$$

가 된다.

지금, 운동에너지의 변화를 무시한다면,

Brayton 사이클의 이론열효율 $\eta_{th,\ Brayton}$ 은,

$$\eta_{th,\ Brayton} = \frac{W}{Q_{in}} = \frac{Q_{out}}{Q_{in}} = 1 - \frac{Q_{out}}{Q_{in}} = 1 - \frac{H_4 - H_1}{H_3 - H_2} = 1 - \frac{c_p(T_4 - T_1)}{c_p(T_3 - T_2)} \tag{6-33}$$

이 된다.

여기서, 단위질량이 작동한다고 가정하고 각 과정에서의 p, v, T 관계, 이동열 및 일을 구하면 다음과 같다.

과정 1-2 : $$\left(\frac{T_2}{T_1}\right) = \left(\frac{v_1}{v_2}\right)^{k-1} = \left(\frac{p_2}{p_1}\right)^{\frac{k-1}{k}} \tag{6-34}$$

과정 2-3 : $$q_1 = h_3 - h_2 = c_p(T_3 - T_2) \tag{6-35}$$

과정 3-4 : $$\left(\frac{T_4}{T_3}\right) = \left(\frac{v_3}{v_4}\right)^{k-1} = \left(\frac{p_4}{p_3}\right)^{\frac{k-1}{k}} \tag{6-36}$$

과정 4-1 : $$q_2 = h_4 - h_1 = c_p(T_4 - T_1) \tag{6-37}$$

위 식 (6-33)에 따라 브레이턴사이클의 열효율 $\eta_{th,\ Brayton}$ 은 다음과 같이 된다.

$$\eta_{th,\ Brayton} = 1 - \frac{T_4 - T_1}{T_3 - T_2} = 1 - \frac{T_1}{T_2} = 1 - \left(\frac{p_1}{p_2}\right)^{\frac{k-1}{k}} = 1 - \left(\frac{v_2}{v_1}\right)^{k-1} \tag{6-38}$$

즉 Brayton 사이클의 이론 열효율은 Otto 사이클의 정적사이클과 같다.

과정	p, V, T 관계	이동열 Q	일 W
1-2 과정 $(p \cdot V^k = c)$	$T_2 / T_1 = (V_1 / V_2)^{(k-1)}$ $= (p_2 / p_1)^{(k-1)/k}$	0	$-m \cdot c_v(T_2 - T_1)$ $= \dfrac{p_2 \cdot V_2 - p_1 \cdot V_1}{1-k}$
2-3 과정 $(p = c)$	$\dfrac{T_3}{T_2} = (\dfrac{V_3}{V_2})$	$Q_{in} = m \cdot c_p(T_3 - T_2)$	$p_2(V_3 - V_2)$
3-4 과정 $(p \cdot V^k = c)$	$T_4 / T_3 = (V_3 / V_4)^{(k-1)}$ $= (p_4 / p_3)^{(k-1)/k}$	0	$-m \cdot c_v(T_4 - T_3)$ $= \dfrac{p_4 \cdot V_4 - p_3 \cdot V_3}{1-k}$
4-1 과정 $(p = c)$	$\dfrac{T_1}{T_4} = \dfrac{V_1}{V_4}$	$Q_{out} = m \cdot c_p(T_1 - T_4)$	$p_1(V_1 - V_4)$

$$\left(\frac{T_1}{T_2}\right) = \left(\frac{p_1}{p_2}\right)^{\frac{k-1}{k}} = \left(\frac{p_4}{p_3}\right)^{\frac{k-1}{k}} = \left(\frac{T_4}{T_3}\right) = \frac{T_4 - T_1}{T_3 - T_2} \tag{6-39}$$
[21)]

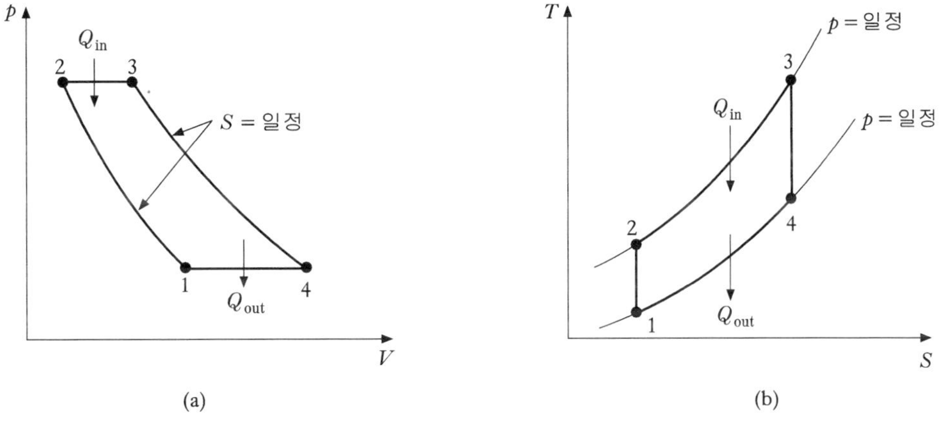

[그림 6-12] 공기표준 브레이턴 사이클의 대표적인 $p-V$ 선도, $T-S$ 선도

21) $\left(\frac{T_4}{T_1}\right) = \left(\frac{T_3}{T_2}\right) = \left(\frac{p_1}{p_2}\right)^{\frac{k-1}{k}}$

$p_1 = p_4$, $p_2 = p_3$ *) p_1은 보통 대기압이다.

(2) 브레이턴사이클의 출력

압축비 ($v_1 / v_2 = \varepsilon$)가 클수록, 그리고 압축압력비 ($p_2/p_1 = \phi$)가 클수록 열효율은 증가한다. 그러나 압축압력비가 너무 크면 출력이 적어진다.

그림 6−13의 $p-V$ 선도에서 만일 사이클이 $1-2'-3'-4'-1$ 과 같다면 압축압력비가 크므로 열효율이 증가되는 것은 분명하나 열효율의 증가가 출력의 증가는 아니다. 출력, 즉 유효일량 W는 압축기에 요하는 일량 W_{COMP} 와 터빈이 하는 일량 W_{TURB} 와의 관계

$$W_{COMP} = \int_1^2 v \cdot dp = \text{면적 } 1-2-m-n-1$$

$$= h_2 - h_1 = c_p(T_2 - T_1) = \frac{k \cdot R}{k-1}(T_2 - T_1) \tag{6-40}$$

$$W_{TURB} = \int_4^3 v \cdot dp = \text{면적 } 3-4-n-m-3$$

$$= h_3 - h_4 = c_p(T_3 - T_4) = \frac{k \cdot R}{k-1}(T_3 - T_4) \tag{6-41}$$

로부터,

$$W = W_{TURB} - W_{COMP} = \int_3^4 v \cdot dp - \int_1^2 v \cdot dp = \text{면적 } 1-2-3-4$$

$$= \frac{k \cdot R}{k-1}[(T_3 - T_4) - (T_2 - T_1)] \tag{6-42}$$

이므로,

압축압력비가 증가한 만큼 온도 T_4 가 저하하므로 사이클이 $1-2'-3'-4'-1$ 로 면적이 작아지므로 출력이 감소됨을 알 수 있다.

반대로 압축압력비가 너무 적어 사이클이 $1-2''-3''-4''-1$ 과 같다면 열효율과 출력이 함께 작아진다.

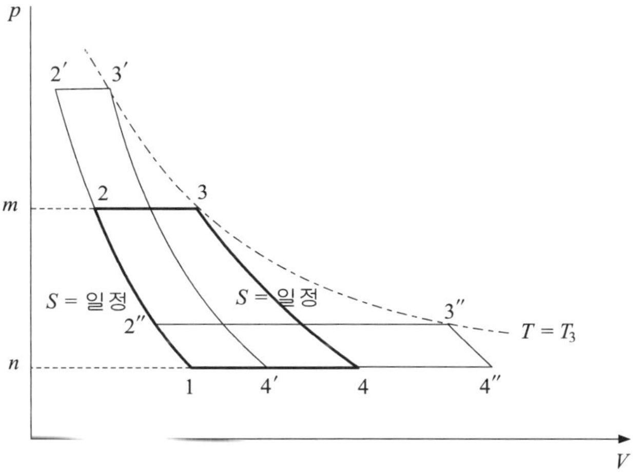

[그림 6-13] 공기표준 Brayton 사이클의 $p-V$ 선도

압축압력비와 출력은 비례하지 않는다.

(3) 브레이턴사이클의 최대일

브레이턴사이클에서 압축압력비가 과도하게 높거나 낮을 경우 즉, 그림 6-14의 $T-S$ 선도에서 T_2의 온도가 지나치게 높거나 낮을 경우, 출력이 저하됨을 알았다. 그러면, T_2'와 T_2'' 사이에서 최대출력을 내는 온도 T_2를 구해보기로 한다.

식 (6-39)로부터,

$$\frac{T_4}{T_1} = \frac{T_3}{T_2}, \qquad T_4 = \frac{T_1 \cdot T_3}{T_2}$$

이므로, 식 (6-42)에 위의 온도 T_4를 대입하고, 온도 T_2에 대한 일 W의 미분값을 0으로 놓으면, 이때 T_1 및 T_4는 값이 정해진 상수이므로

$$\frac{dW}{dT_2} = \frac{k \cdot R}{k-1} \cdot \frac{d(T_3 - T_2 + T_1 - T_1 \cdot T_3 / T_2)}{dT_2} = 0 \tag{6-43}$$

$$-1 + \frac{T_1 \cdot T_3}{T_2^{\;2}} = 0 \tag{6-44}$$

$$\therefore \quad T_2 = \sqrt{T_1 \cdot T_3} \tag{6-45}$$

즉 Brayton 사이클에서 T_2를 최고온도 T_3와 최저온도 T_1의 사이에서 위 식의 온도를 취하면 최대일을 얻을 수 있다.

단열압축 정압연소 Brayton 사이클의 모양은 디젤사이클과 유사하나 디젤사이클이 불완전팽창을 하는데 반하여 Brayton 사이클은 처음의 압력까지 완전팽창 (3-4)하면서 한 사이클을 행한다. 이는 같은 양의 공급열량에 대하여 가스터빈의 유효일이 디젤기관보다 면적 $1-4'-4-1$ 만큼 크므로 그만큼 이론열효율이 높다고 할 수 있다. 그러나 Brayton 사이클에서는 터빈이 발생하는 일의 40-80 %가 압축기의 일에 소요되므로 실제의 효율은 Diesel 기관에 훨씬 못 미치는 경우가 많다.

Brayton 사이클의 이론 열효율을 증대시키는 방법으로 압축기의 일을 감소시키는 방안을 생각할 수 있을 것이다.

과정 1-2의 단열압축을 압축 중에 냉각이 이루어져 방열시킴으로써 등온압축이 되도록 하면 단열압축을 하는 경우보다 열효율을 향상시킬 수 있다. 그러나 압축과정에서 압축열을 냉각시키는 일이 간단하지 않다는 데 어려움이 있다.

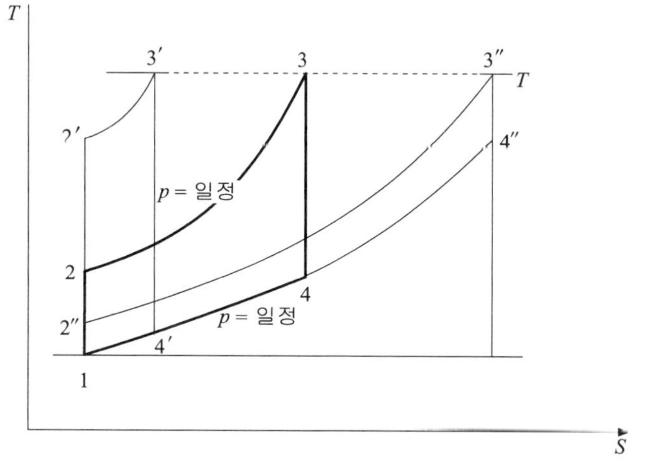

[그림 6-14] 공기표준 Brayton 사이클의 $T-S$ 선도

Brayton 사이클의 열효율을 증대시키는 방법의 하나는 압축기의 일을 감소시키는 것이다.

6.9 브레이턴 재생사이클

기관의 열효율을 향상시키기 위한 방법 중의 하나가 재생(regeneration)의 개념이다.

대개의 단순가스터빈에 있어서는 터빈출구의 배기가스의 온도가 압축기의 출구, 곧 연소실에 들어가는 공기온도보다 높다. 만약 T_4 가 T_2 에 비하여 크게 높으면 배기손실이 커지게 되므로 열효율이 낮게 된다.

지금, 압축기를 나온 공기를 압축기와 연소실사이에 열교환기를 설치하여 배기가스에 의해 예열하면 배기가스의 열에너지를 회수하게 되어 회수된 열량만큼 연료소모량이 감소되므로 열효율을 높일 수 있게 된다. 이러한 열교환기를 재생기라 부른다. 재생기를 장치한 사이클을 재생사이클이라 한다.

그러므로 재생사이클은 그림 6−15와 같이 열교환의 특성을 지닌 구성으로 되어 있다.

과정 1−2 : 압축기 C에 의한 가역단열압축과정
과정 2−2'−3 : 연소기 H에 의한 정압수열과정(연료의 분사 · 연소과정)
과정 3−4 : 터어빈 T에 의한 가역단열팽창과정
과정 4−4'−1 : 교환기 R에 의한 정압방열과정(배기의 방출)

지금, 과정 $2-2'-3$ 및 과정 $4-4'-1$ 의 열 교환 과정이 가역 열 교환이므로 상호 동작유체의 흐름은 그림 6−15와 같이 $T-S$ 선도의 면적으로 나타낼 수 있다.

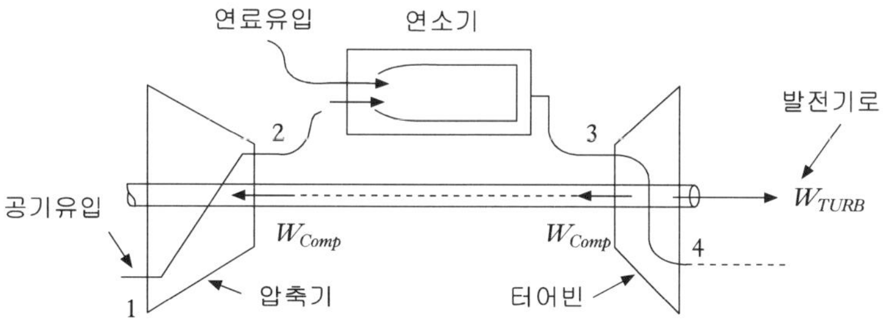

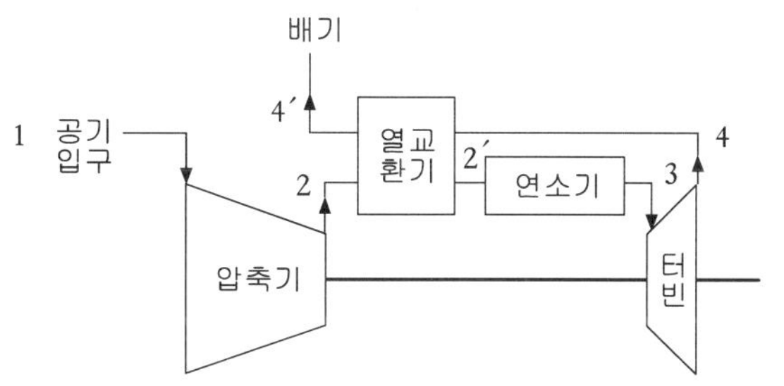

(b)

[그림 6-15] 단순가스터빈의 개략(a)와 브레이턴 재생사이클(b)

(1) 브레이턴 재생사이클의 열효율

열교환기 내에서 배기의 온도가 T_4 로부터 $T_{4'}$ 까지 내려가고 압축공기의 온도는 T_2 로부터 $T_{2'}$ 까지 상승되었다고 한다(그림 6-16).

만약, 열교환이 가역적으로 효율이 100 %이라고 한다면, 작동유체의 흐름은 $T-S$ 선도 상에서 다음 면적으로 나타낼 수 있다.

과정 4-4′에서 배기가스로부터 열량 $q_{44'}$ 이 압축기를 나온 공기에 모두 전달되어 $q_{22'}$ 와 같게 되며, $T_{2'} = T_4$, $T_2 = T_{4'}$ 가 된다.

따라서

$$\text{면적 } S_1-2-2'-S_2 = \text{면적 } S_3-4-4'-S_4$$

또는,

$$h_3 - h_2 = h_{2'} - h_{4'}$$

$$\therefore \quad c_p(T_3 - T_2) = c_p(T_{2'} - T_{4'})$$

만큼의 공급열량 Q_{in} 이나 방출열량 Q_{out} 이 적어진다.

따라서

$$q_{in} = c_p \cdot (T_3 - T_{2'}) = c_p \cdot [(T_3 - T_2) - (T_{2'} - T_2)] = c_p \cdot (T_3 - T_4) \qquad (6-46)$$

$$q_{out} = c_p \cdot (T_{4'} - T_1) = c_p \cdot [(T_4 - T_1) - (T_4 - T_{4'})] = c_p \cdot (T_2 - T_1) \qquad (6-47)$$

그리고 압축기 소요일 W_{COMP} 및 터빈일 W_{TURB} 는 각각 식 (6-40) 및 (6-41)과 같다.
그러므로 재생사이클의 열효율은,

$$\eta_{th,\ regen} = 1 - \frac{q_{out}}{q_{in}} = 1 - \frac{T_2 - T_1}{T_3 - T_4}$$

$$= 1 - \frac{T_1}{T_3}\left(\frac{T_2/T_1 - 1}{1 - T_4/T_3}\right) \qquad (6-48)$$

여기서,

압축압력비 $(p_2/p_1 = \phi)$와 온도비 $\left(\frac{T_3}{T_1} = \tau\right)$는 Brayton 사이클에서와 같다.
따라서 위 식을 다시 정리하면 다음과 같이 된다.

$$\eta_{th,\ regen} = 1 - \frac{1}{\tau} \cdot \phi^{(k-1)/k} \qquad (6-49)$$

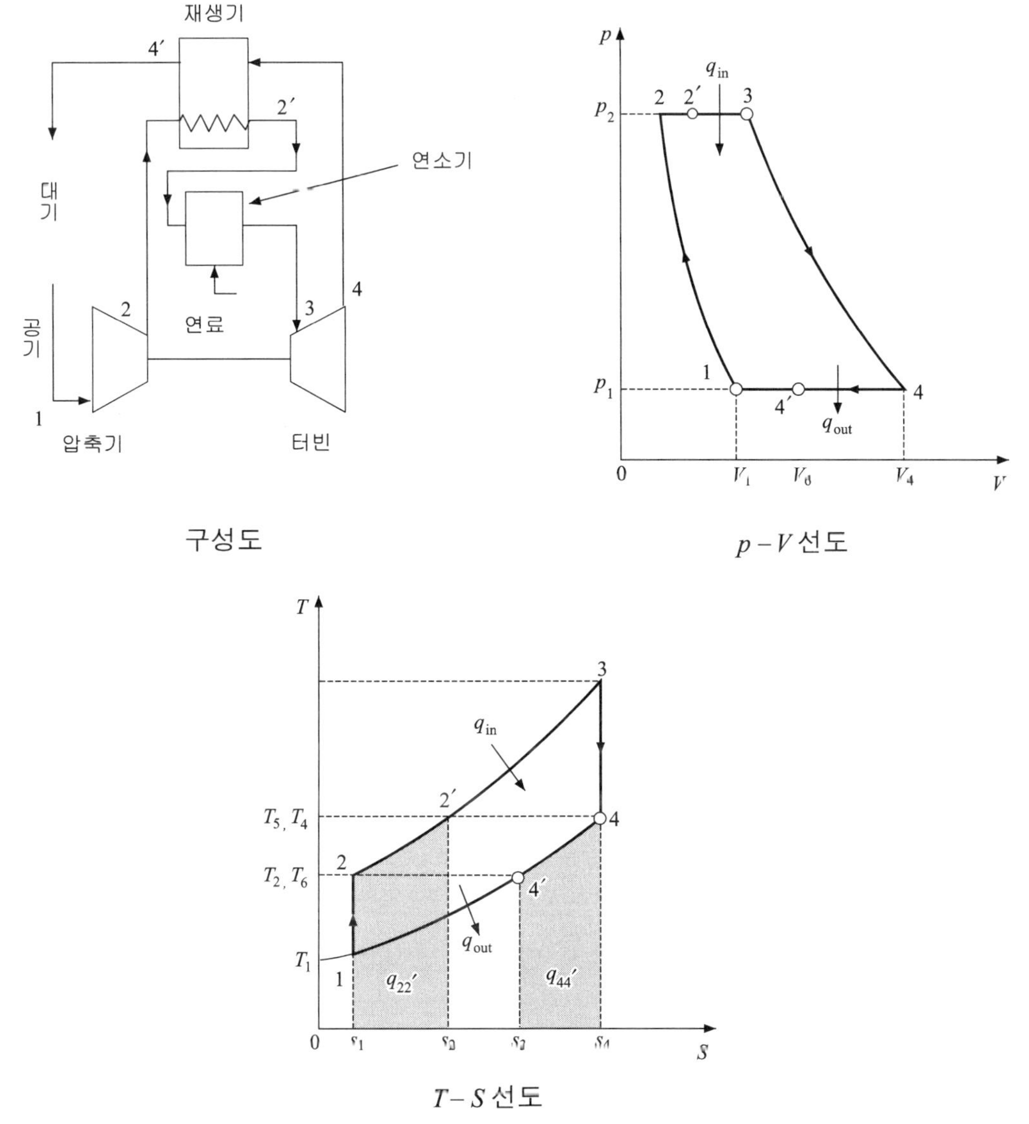

[그림 6-16] 브레이턴 재생사이클

(2) 브레이턴 재생사이클의 해석과 적용(제트기관)

앞 절의 식 (6−49)에서 알 수 있는 바와 같이, 브레이턴 재생사이클의 열효율은 압력비만의 함수가 아니며, 최고 대 최저 온도비의 함수이기도 하다.

온도비 τ가 일정한 경우에는 압력비 ϕ가 작을수록, 또 압력비가 일정한 경우에는 온도비가 클수록 열효율이 높아진다.

그러나 실제기관의 재생기의 열교환은 유체의 마찰 압력강하 등의 열손실로 인하여 100 %가 되지 못하므로 $q_{22'}$는 $q_{44'}$보다 작아서 $T_4 > T_5$가 된다.

열교환기의 효율은 재생기효율(재생률 또는 온도효율)이라고도 하며

$$\text{열교환기효율}, \ \eta_{ex} = \frac{\text{이동된 실제 열량}}{\text{가역적으로 이동될 수 있는 열량}}$$

의 열량비로 정의한다.

$$\eta_{ex} = \frac{h_{2'} - h_2}{h_4 - h_2} = \frac{c_p(T_{2'} - T_2)}{c_p(T_4 - T_2)} < 1$$

그림 6−17에 나타낸 바와 같이, Brayton 사이클이 제트(jet)추진용 기관에 적용되면 터빈일은 압축기만을 돌린다.

즉, 제트기관에서는 터빈출구 압력을 조절함으로써 터빈일과 압축기일이 같게 될 때까지만 터빈에서 작동유체가 팽창하도록 하고, 주위의 압력보다 높은 압력의 터빈 출구의 가스는 노즐을 통과하여 주위의 압력이 될 때까지 팽창한다.

이때 기체의 압력이 감소한 만큼 속도는 증가하므로 기체가 노즐을 고속으로 떠날 때의 운동량변화가 추력을 발생시켜 기관을 장착한 비행체를 추진시킬 수 있다.

그림 (6−18)의 $p-V$, $T-S$ 선도에서 면적 $1'-2-3-3'-1'$는 압축기를 돌리는 일이고 면적 $1-2-3-4-1$이 터빈이므로, 면적 $1-1'-3'-4-1$만큼의 일이 노즐에서 운동에너지로 변환하여 추력을 발생시킨다.

운동량변화에 의한 추력 F_{th}을 1차원 정상류의 운동량방정식에서 구할 수 있다.

$$F_{th} = \rho \cdot L \ (v_j - v_f)$$

여기서, L은 체적유량, v_j는 분출속도, v_f는 항공기 속도이다.

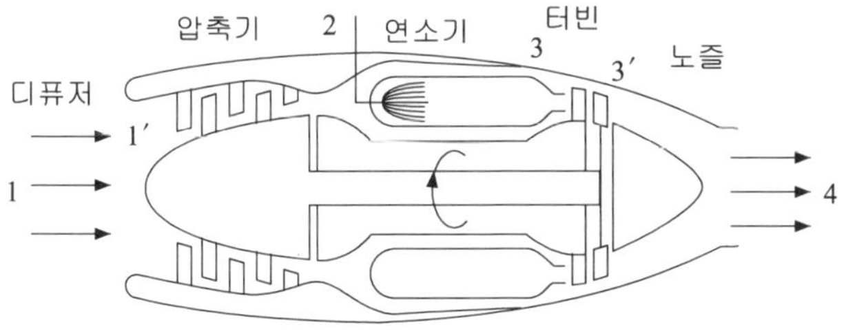

[그림 6-17] 제트엔진의 작동 원리도

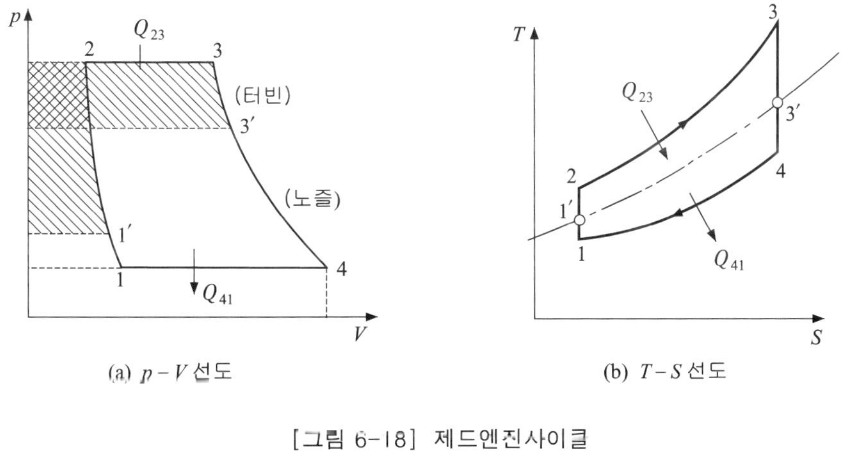

[그림 6-18] 제드엔진사이클

6.10 기타 사이클

(1) Ericsson 사이클

에릭슨사이클은 1853년 John Ericsson이 고안한 정압가열 사이클로서, 브레이턴 사이클의 단열압축과 단열팽창 과정을 등온압축과 등온팽창 과정으로 대체시킨 사이클이다(그림 6-19(b)).

따라서 에릭슨사이클은 등온압축과정 (1 → 2), 정압가열과정 (2 → 3), 등온팽창과정 (3 → 4), 정압방열과정 (4 → 1)의, 2 개의 등온과정과 2 개의 정압과정으로 구성된다. 열교환이 이루어지는 과정 2 → 3 에서의 공급열량과 과정 4 → 1 에서 방출되는 열량은 같고 이 열교환은 내부의 재생기에 의해 이루어진다.

재생기를 갖춘 가스터빈사이클은 에릭슨사이클에 가까워지게 되므로 이 사이클은 가스터빈사이클의 이상 사이클이라 할 수 있으나 실제로 실현은 어렵다.

외계와의 열전달은 등온과정인 1 → 2 와 3 → 4 에서만 이루어지며, 열효율은 같은 온도범위에서 작동하는 카르노사이클과 같다.

(2) Stirling 사이클

스털링사이클은 1827년 Robert Stirling이 고안한 사이클로서, 완전한 단열압축 및 단열팽창과정은 실현성이 없으므로 단열과정을 미소열량의 출입이 허용되는 등온 압축 및 등온팽창 과정으로 대체시킨 사이클이다(그림 6-19(c)).

따라서 스털링사이클은 등온압축과정 (1 → 2), 정적가열과정(2 → 3), 등온팽창과정 (3 → 4), 정적방열과정 (4 → 1) 의, 2 개의 등온과정과 2 개의 정적과정으로 구성된다.

동작물질과 주위와의 열교환은 카르노사이클에서와 마찬가지로 2 개의 등온과정 1 → 2, 3 → 4 에서 이루어지며 열교환에 의하여 압력이 변한다.

스털링사이클은 에릭슨사이클의 정압과정이 정적과정으로 대체되었으나 q_{1v} 와 q_{2v} 는 에릭슨사이클에서와 같으며, 만일 q_{2v} 를 완전히 이용할 수 있다고 하면 열효율은 카르노사이클과 같아진다.

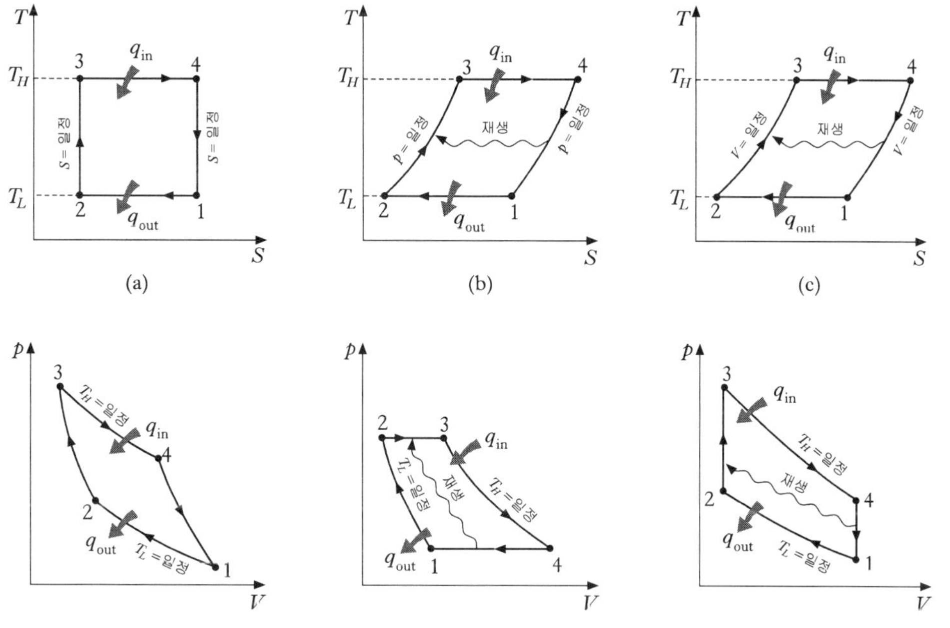

[그림 6-19] (a) Carnot, (b) Ericsson, (c) Stirling 사이클의 $p-V$ 및 $T-S$ 선도

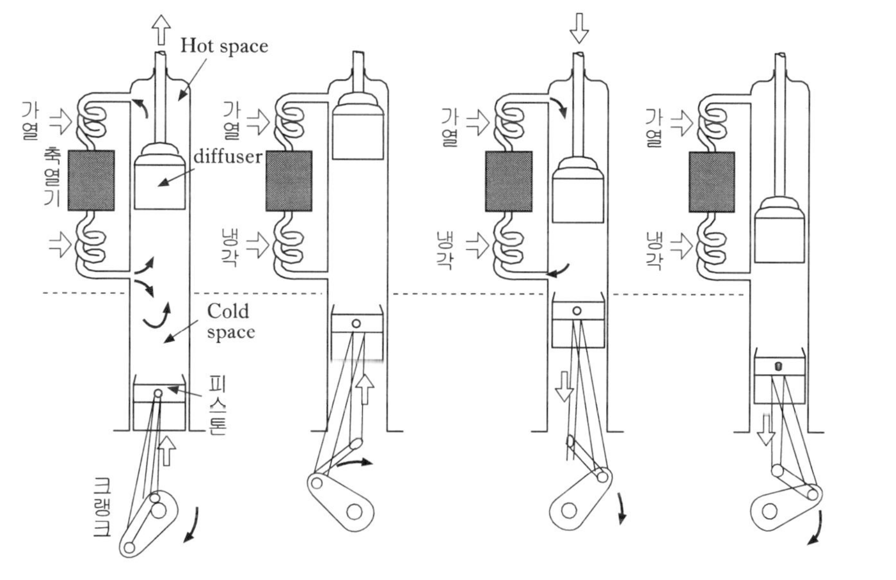

[그림 6-20] Stirling 기관의 동작 모델

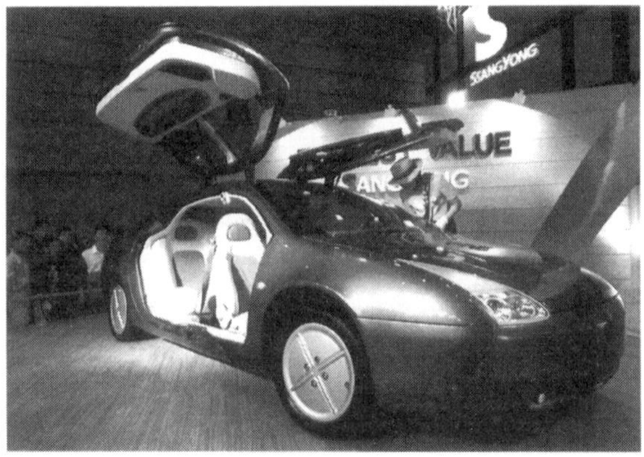

하이브리드카는 실용차로
양산 가능성이 가장 높다.

연습문제

1 그림과 같이 공기표준카르노사이클로 작동되는 열기관이 있다.
이 열기관에서 열이 1,500 K 에서 150 kJ/kg 이 공급되고 300 K 에서 방출된다고 한다.
사이클의 최저압력이 0.1 MPa 이라고 할 때, 각 상태점의
① 압력 ② 사이클의 일 ③ 열효율은 얼마인가?

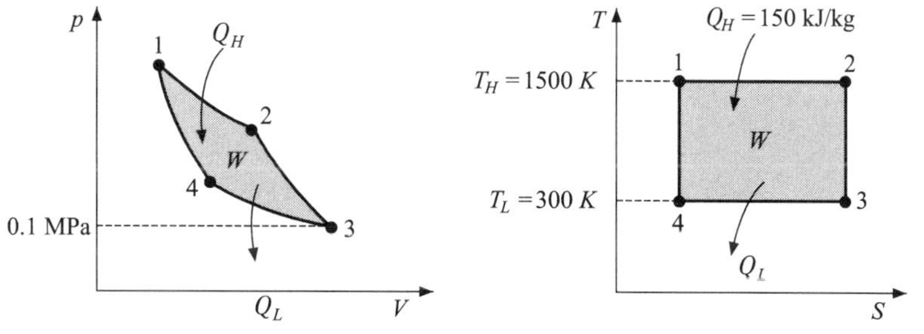

[해설]

문제에서 주어진 각 상태점의 값을 보면 다음과 같이 나타낼 수 있다.

고온저장소의 온도 ; $T_H = T_1 = T_2 = 1,500\ K$

저온저장소의 온도 ; $T_L = T_3 = T_4 = 300\ K$

상태 3의 압력 ; $p_3 = 0.1\ MPa$

각 상태점의 압력 ; 먼저 상태 2 점의 압력은 과정 2−3이 단열과정이므로 다음의 식에 의하여 구할 수 있다.

$$\frac{T_H}{T_L} = \frac{T_2}{T_3} = \left(\frac{p_2}{p_3}\right)^{\frac{k-1}{k}}$$

상태 4 점의 압력은 과정 3−4는 단열압축과정이므로,

$$\frac{T_H}{T_L} = \frac{T_1}{T_4} = \left(\frac{p_1}{p_4}\right)^{\frac{k-1}{k}}$$

의 관계가 성립한다.

1 ① 상태 2 점의 압력, p_2 는

$$p_2 = p_3\left(\frac{T_2}{T_3}\right)^{\frac{k-1}{k}} = 0.1\left(\frac{1,500}{300}\right)^{\frac{1.4}{1.4-1}} = 27.95\ [MPa]$$

또한, 상태 1−2 과정은 등온팽창과정이고 이 과정 중에 열이 공급되므로

$$Q_H = C \cdot \ln\left(\frac{V_2}{V_1}\right) = R \cdot T \cdot \ln\left(\frac{p_1}{p_2}\right) = 0.287 \times 1,500 \times \ln\left(\frac{p_1}{p_2}\right) = 150\ [kJ/kg]$$

그러므로 $\frac{p_1}{p_2} = 1.417$ 이다.

즉, $p_1 = 1.417 \times 27.95 = 39.6\ [MPa]$이다. 따라서,

상태 4 점의 압력, p_4 는

$$p_4 = p_1 / \left(\frac{T_H}{T_L}\right)^{\frac{k-1}{k}} = 39.6 / \left(\frac{1,500}{300}\right)^{\frac{1.4}{0.4}} = 0.142\ [MPa]$$

② 사이클의 효율 ; 고열원의 온도 T_H 와 저열원의 온도 T_L 이 주어져 있으므로 열효율은

$$\eta_c = 1 - \frac{T_L}{T_H} = 1 - \frac{300}{1,500} = 80\ \%$$

③ 사이클의 일 ; 열효율의 식은 다음의 관계가 성립한다.

$$\eta_c = \frac{W}{Q_H} = 1 - \frac{T_L}{T_H}$$

따라서, 사이클의 일은

$$W = \eta_c \cdot Q_H = 0.8 \times 150 = 120\ [kJ/kg]$$

2 압축비가 5인 공기표준 오토사이클기관에서 최저압력이 1 *atm*, 최저온도가 300 *K*이며, 최고온도가 2,500 *K*일 때 다음을 구하시오.

① 간극체적
② 단열압축 후의 온도
③ 단열압축 후의 압력
④ 사이클의 최고압력
⑤ 공급열량
⑥ 열효율

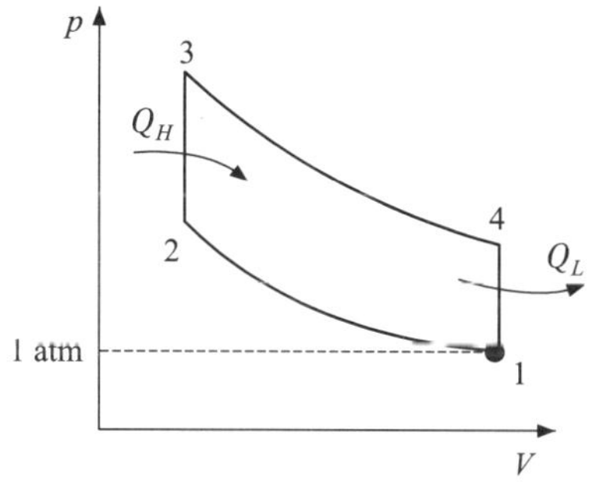

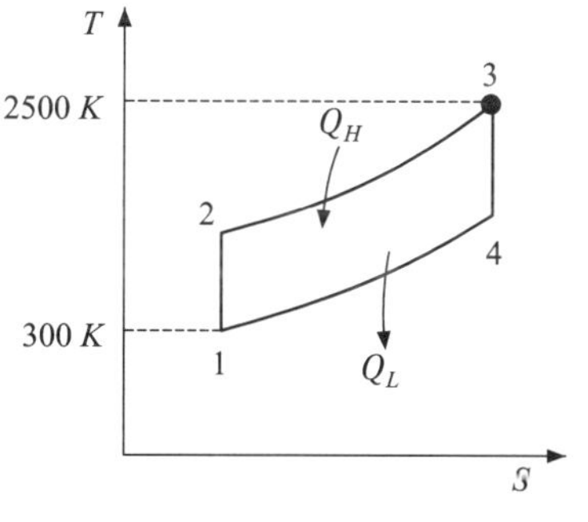

2 ① 간극체적(V_2) ; 간극체적을 구하기 위하여 먼저 처음상태인 압축초기의 체적 V_1 을 기체상태 방정식 $p_1 \cdot V_1 = R \cdot T_1$ 을 이용하여 구한다.

$$V_1 = \frac{R \cdot T_1}{p_1} = \frac{0.287 \times 300}{101.3} = 0.85\ [m^3/kg]$$

압축비가 $\varepsilon = 5$ 이므로, $\varepsilon = \dfrac{V_1}{V_2} = 5$ 에서

$$V_2 = \frac{V_1}{\varepsilon} = \frac{0.85}{5} = 0.17\ [m^3/kg]$$

② 단열압축 후의 온도(T_2) ; 과정 1−2 는 단열압축과정이므로 단열과정에 대한 $p \cdot V \cdot T$ 관계에서 다음과 같이 성립한다.

$$\frac{T_2}{T_1} = \left(\frac{p_2}{p_1}\right)^{\frac{k-1}{k}} = \left(\frac{V_1}{V_2}\right)^{k-1}$$

이때 단열압축 후의 온도 T_2 는

$$T_2 = T_1\left(\frac{V_1}{V_2}\right)^{k-1} = T_1 \cdot \varepsilon^{k-1} = 300 \times 5^{1.4-1} = 571.1\ [K]$$

③ 단열압축 후의 압력(p_2) ; 과정 1−2 의 단열과정에 대한 $p \cdot V \cdot T$ 관계에서

$$p_2 = p_1\left(\frac{V_1}{V_2}\right)^{k} = p_1 \cdot \varepsilon^{k} = 101.3 \times 5^{1.4} = 964.2\ [kPa]$$

④ 사이클의 최고압력(p_3) ; 과정 2−3 은 $V_2 = V_3$ 인 정적과정이므로 샤를의 법칙이 성립한다. 즉, 과정 2−3 에 대한 온도와 압력의 관계는 다음과 같다.

$$\frac{p_2}{T_2} = \frac{p_3}{T_3}$$

결국, 사이클 최고압력은

$$p_3 = p_2 \cdot \frac{T_3}{T_2} = 964.2 \times \frac{2,500}{571.1} = 4,220.8\ [kPa]$$

⑤ 공급열량(Q_H); 열량의 공급은 정적가열과정인 2−3 과정에서 이루어지므로

$$Q_H = C_v(T_3 - T_2) = 0.7071 \times (2,500 - 571.1) = 1,363.92\ [kJ/kg]$$

⑥ 열효율(η_c) ; 공기표준오토사이클의 열효율은 압축비만의 함수로 나타나므로 다음의 식에 의하여 결정할 수 있다.

$$\eta_0 = 1 - \left(\frac{1}{\varepsilon}\right)^{k-1} = 1 - \left(\frac{1}{5}\right)^{1.4-1} = 47.47\ \%$$

3 공기표준 디젤사이클에서 최고온도와 압력이 각각 2,500 K, 40 ata이고, 최저온도와 압력이 300 K, 1 ata이다. 이러한 디젤사이클의 ① 압축비와 ② 단절비 및 ③ 열효율은 얼마인가?

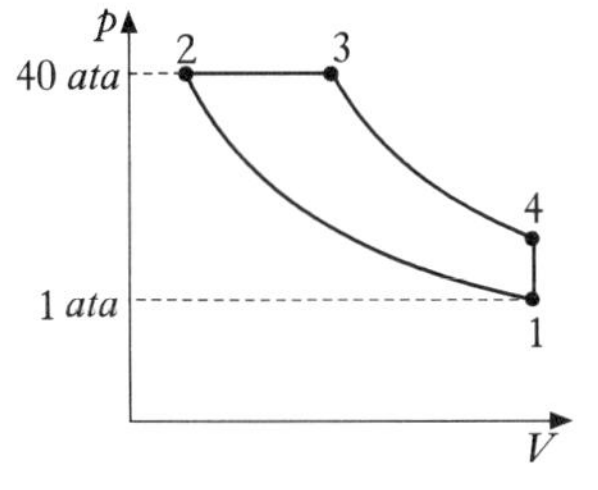

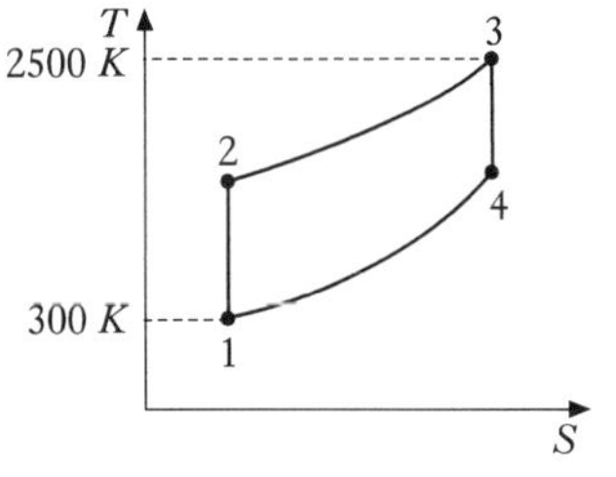

[해설]

주어진 문제에 의하면 최저압력 $p_1 = 1\ ata$, $p_2 = p_3 = 40\ ata$, 최저온도 $T_1 = 300\ K$, 최고온도 $T_3 = 2,500\ K$임을 나타내고 있다.

① 압축비(ε) ; 압축비는 2점의 체적인 상사점에서의 연소실 체적과 1점의 체적인 하사점에서의 체적의 비로 정의하며, 과정 1−2는 단열압축과정이다.

② 단절비(σ) ; 단절비 σ는 디젤사이클의 정압가열과정인 과정 2−3 사이의 체적의 비로 정의되므로, 2점의 온도를 결정한 후 구할 수 있다.

③ 열효율(η_D) ; 디젤사이클의 열효율은 식 (6.24)로부터 구한다.

4 공기표준 사바데사이클에서 최저온도가 27 °C, 압축비 $\varepsilon = 10$, 압력상승비 $\alpha = 2$, 단절비 $\sigma = 1.8$이라고 할 때 최고온도는 얼마인가?

[해설]

압축 초의 온도는 $T_1 = 300\ K$이며, 사바데사이클의 경우 그림과 같이 과정 1−2는 단열압축과정이며, 과정 2−3은 정적연소과정, 과정 3−4는 정압연소과정이다.

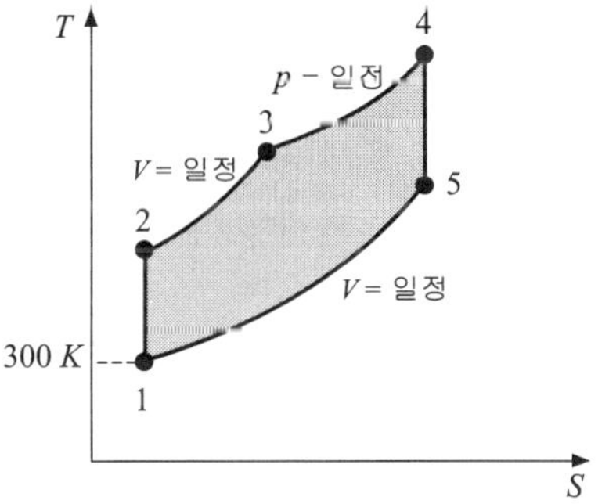

3 ① 압축비, $\varepsilon = \dfrac{V_1}{V_2} = \left(\dfrac{p_2}{p_1}\right)^{1/k} = 40^{1/1.4} = 13.94$

상태 2 에서의 온도 이므로 $T_2 = T_1\left(\dfrac{V_1}{V_2}\right)^{k-1} = T_1 \times \varepsilon^{k-1} = 300 \times 13.94^{1.4-1} = 860\,[K]$

② 단절비, $\sigma = \dfrac{V_3}{V_2} = \dfrac{T_3}{T_2} = \dfrac{2,500}{860} = 2.9$

③ 열효율, $\eta_D = 1 - \dfrac{1}{\varepsilon^{k-1}}\left[\dfrac{\gamma^k - 1}{k(\gamma - 1)}\right] = 1 - \dfrac{1}{13.94^{1.4-1}}\left[\dfrac{2.9^{1.4} - 1}{1.4(2.9 - 1)}\right] = 80.0\,\%$

4

$$T_2 = T_1\left(\frac{V_1}{V_2}\right)^{k-1} = T_1 \cdot \varepsilon^{k-1} = 300 \times 10^{1.4-1} = 753.56\,[K]$$

$$T_3 = T_2 \cdot \frac{p_3}{p_2} = T_2 \cdot \alpha = 753.56 \times 2 = 1,507\,[K]$$

최고온도, $T_4 = T_3 \cdot \dfrac{V_4}{V_3} = T_3 \cdot \sigma = 1,507 \times 1.8 = 2,713\,[K]$

5 공기를 동작유체로 사용하는 브레이톤사이클에서 압축기로 들어가는 공기의 압력과 온도는 100 kPa, 37 °C 이다. 압축기의 압력비 $\phi = 12$ 이고 터어빈 출구의 온도는 497 °C 이다. 이때 다음을 구하시오. (단위질량 당)

(1) 압축기의 일 (W_{COMP})
(2) 터어빈의 일 (W_{TURB})
(3) 연소과정 동안에 사이클에 공급된 열량 (Q_{23})
(4) 열교환기를 통하여 방출된 열량 (Q_{41})
(5) 사이클의 열효율

[해설]

문제에서 주어진 브레이톤사이클에 대한 $p-V$ 선도와 $T-S$ 선도를 보면 그림과 같다. 그림에 나타낸 첨자를 이용하면 문제에서 주어진 각 점의 상태는 다음과 같다.

$$T_1 = 37\,°\mathrm{C} = 310\,K,\ \ p_1 = 100\ kPa,\ \ \phi = 12 = \frac{p_2}{p_1}$$

$$p_2 = \phi \cdot p_1 = 1,200\ kPa \qquad T_4 = 497\,°\mathrm{C} = 770\,K$$

$$C_p = c_p = 1.005\ [kJ/kg \cdot °C]$$ 로 한다.

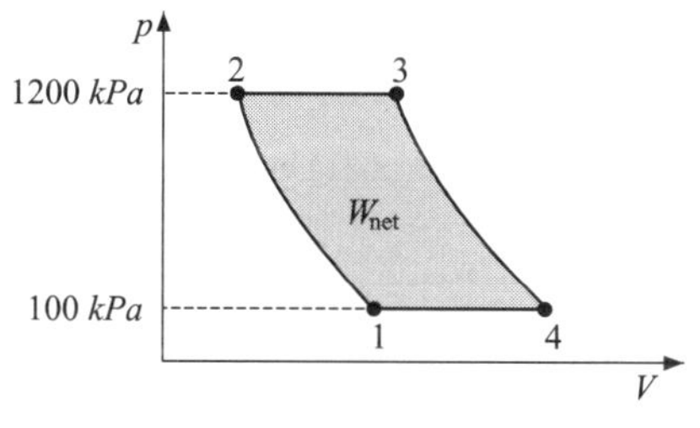

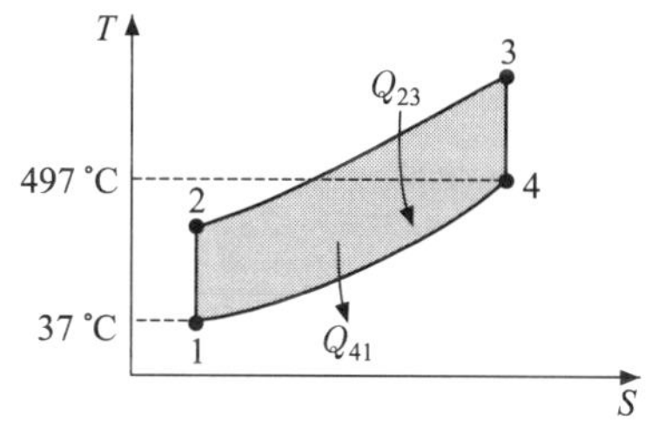

5 ① 압축기의 일 (W_{COMP}) ; 압축기에서의 과정은 단열압축과정이므로 압축기에 대해 열역학 제 1 법칙을 적용하여 구할 수 있다.

$$T_2 = T_1\left(\frac{p_2}{p_1}\right)^{k-1/k} = T_1 \cdot \phi^{k-1/k} = 310 \times 12^{\frac{1.4-1}{1.4}} = 631\ [K]$$

제 1 법칙 : (압축기의 경우) $Q = 0$ 이므로 $0 = (H_2 - H_1) - W_c$ 에서

$$W_{COMP} = H_2 - H_1 = C_P(T_2 - T_1) = 1.005 \times (631 - 310) = 322.61\ [kJ/kg]$$

② 터어빈의 일 (W_{TURB}) ; 터어빈의 과정은 단열팽창과정이므로 터어빈에 대해서도 열역학 제 1 법칙을 적용한다.

$$T_3 = T_4\left(\frac{p_3}{p_4}\right)^{\frac{k-1}{k}} = 770 \times 12^{\frac{0.4}{1.4}} = 1{,}566\ [K]$$

제 1 법칙 : (터어빈의 경우) $Q = 0$ 이므로

$$W_{TURB} = H_3 - H_4 = C_P(T_3 - T_4) = 1.005 \times (1{,}566 - 770) = 800\ [kJ/kg]$$

③ 연소과정 동안에 사이클에 공급된 열량 (Q_{23}) ; 연소기에서 공급된 열량은 정압가열과정 하에서 공급되며, 일이 없으므로 연소기에 열역학 제 1 법칙을 적용하면 다음과 같다.

제 1 법칙 : $W = 0$ 이므로

$$Q_{23} = H_3 - H_2 = C_P(T_3 - T_2) = 1.005 \times (1{,}566 - 631) = 940\ [kJ/kg]$$

④ 열교환기를 통하여 방출된 열량 (Q_{41}) ; 과정 4−1은 열교환기에서 열량이 정압방열되는 과정이다. 이 과정도 일이 없으며, 열역학 제 1 법칙을 적용하면 다음과 같다.

제 1 법칙 : $W = 0$ 이므로

$$Q_{41} = H_4 - H_1 = C_P(T_4 - T_1) = 1.005 \times (770 - 310) = 462\ [kJ/kg]$$

⑤ 사이클의 열효율 (η_B) ; +이상과 같은 공기표준 브레이톤사이클에 대한 열효율은 식 (6−38)에 의하여 결정할 수 있다.

$$\eta_B = 1 - \phi^{\frac{1-k}{k}} = 1 - 12^{\frac{1-1.4}{1.4}} = 50.83\ \%$$

6 그림과 같은 재생브레이톤사이클에 있어서 공기는 0.1 MPa, 15 °C 의 상태로 압축기에 들어가서 0.5 MPa 의 상태로 나온다고 한다. 또한, 사이클의 최고온도는 900 °C 이다. 이때 다음을 구하시오.

(1) 압축기의 일 (W_{COMP})

(2) 터어빈의 일 (W_{TURB})

(3) 사이클의 열효율 (η_{regen})

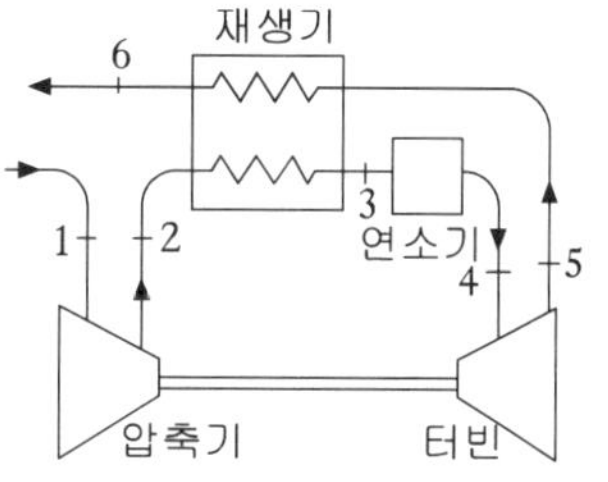

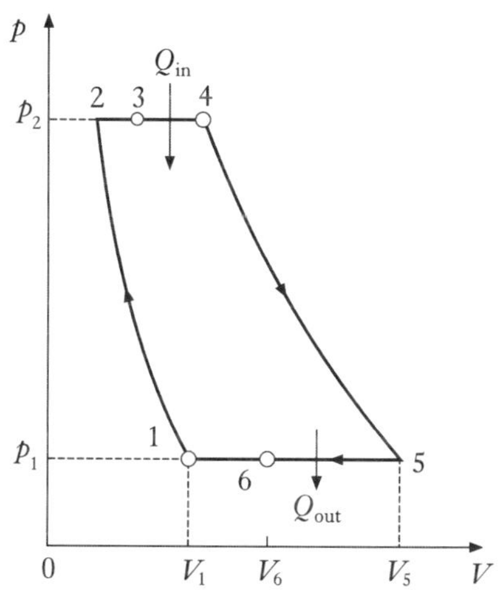

$p-V$ 선도

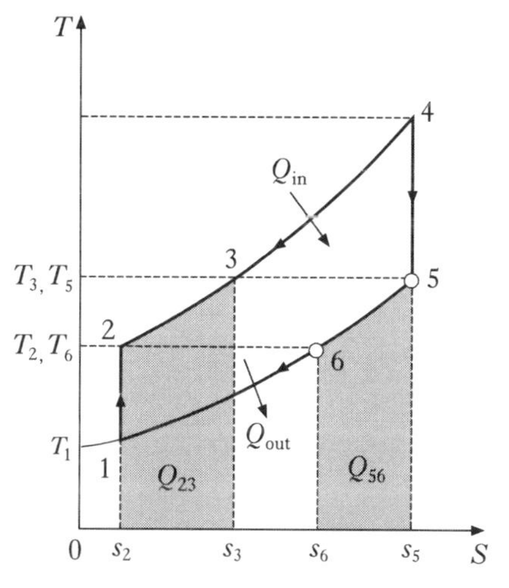

$T-S$ 선도

$T_1 = 15\,°C = 288\,K, \quad p_1 = 100\,kPa, \quad p_2 = 500\,kPa$

$\phi = \dfrac{p_2}{p_1} = 5 \qquad T_4 = 900\,°C = 1,173\,K$

$C_p = c_p = 1.005\ [kJ/kg \cdot °C]$ 로 한다.

6 ① 압축기의 일(W_{COMP}) ; 압축기에 대하여 열역학 제 1 법칙을 적용하면 다음과 같이 표시된다.

$$\text{제 1 법칙 : } W_{COMP} = H_2 - H_1$$

또한, 압축기의 과정은 단열압축과정이므로, 압축 후의 고압가스의 온도는 다음과 같이 구한다.

$$T_2 = T_1\left(\frac{p_2}{p_1}\right)^{(k-1)/k} = 288 \times \left(\frac{0.5}{0.1}\right)^{(1.4-1)/1.4} = 456\ [K]$$

그러므로 압축기의 일은

$$W_{COMP} = H_2 - H_1 = C_P(T_2 - T_1) = 1.005 \times (456 - 288) = 169\ [kJ/kg]$$

② 터어빈의 일(W_{TURB}) ; 터어빈에 대하여 열역학 제 1 법칙을 적용하면 터어빈의 일은 다음과 같이 된다.

$$W_{TURB} = H_5 - H_4 = C_P(T_5 - T_4)$$

또한, 터어빈의 과정은 단열팽창과정이므로 팽창 후의 온도는 다음과 같이 구할 수 있다.

$$T_5 = T_4\left(\frac{p_5}{p_4}\right)^{(k-1)/k} = 1,173 \times \left(\frac{0.1}{0.5}\right)^{(1.4-1)/1.4} = 740.6\ [K]$$

그러므로 터어빈의 일은

$$W_{TURB} = H_4 - H_5 = C_P(T_4 - T_5) = 1.005 \times (1,173 - 740.6) = 434.56\ [kJ/kg]$$

③ 사이클의 열효율(η_{regen}) ; 문제의 재생브레이톤사이클은 압력비가 $\phi = \dfrac{p_2}{p_1} = 5$ 이므로 효율은 식 (6-49)에 의하여 구할 수 있다. 즉, 사이클의 효율은

$$\eta_{regen} = 1 - \frac{T_1}{T_4} \cdot \phi^{(k-1)/k} = 1 - \frac{288}{1,173} \times 5^{(1.4-1)/1.4} = 61.13\ \%$$

참 고 문 헌

- Fundamentals of Thermodymamics, Richard E. Sonntag and Gordon J. Van Wylen, Fifth Edition, John Wiley & Sons, New York, 1998
- Principles of General Thermodynamics, George N. Hatsopoulos and Joseph H.Keenan, John Wiley & Sons, Inc.
- Understanding Engineering Thermo, Octave Levenspiel, Prentice−Hall, Inc. 1998
- Thermodynamics(3rd edition), William Z, Black, James G. Hartley, Addison Wesley, 1996
- Thermodynamics An Engineering Approach, Cengel, McGraw−Hill Companies, Inc. Previous editions, 2004
- 에너지시스템, T. Kashiwagi, 태훈출판사, 1996
- 에너지 변환, 임장순 외 2인, 오토테크, 1998

- 圖解 熱力學の學び方, 北山直方, Ohmsha, 2000
- 繪でわかる熱力學, 小暮陽三, Ohmsha, 2002
- 繪とき 熱力學 早わから, 伊庭數昭, Ohmsha, 2002
- 繪とき 熱力學のやさしい智識, 北山直方, Ohmsha, 2002
- 熱力學の 基礎, 官下精二, サイエンス社 , 2001

부 록

〈부록 1〉 절대 단위계와 중력 단위계의 차원비교

구분	양	절대 단위계	중력 단위계	SI 단위	비 고
		질량(M)		kg	
			힘(F)	N	
	기본차원	실이(L)	길이(L)	m	
		시간(T)	시간(T)	s	
		온도(θ)	온도(θ)	K	
		물질의 양(mol)	물질의 양(mol)	mol	
1	길이	L	L	m	엔탈피, 힘의 모멘트도 차원이 같다.
2	시간	T	T	s	
3	질량	M	$F \cdot T^2 \cdot L^{-1}$	kg	
4	열역학적 온도	θ	θ	K	
6	평면각		무차원	rad	
7	주파수	T^{-1}	T^{-1}	Hz	
8	힘, 역량	$M \cdot L \cdot T^{-2}$	F	N	
9	에너지, 일, 열량	$M \cdot L^2 \cdot T^{-2}$	$F \cdot L$	J	
10	동력, 공률	$M \cdot L^2 \cdot T^{-3}$	$F \cdot L \cdot T^{-1}$	W	중력단위에서는 중량유량(重量流量)
11	각속도	T^{-1}	T^{-1}	rad/s	
12	넓이	L^2	L^2	m^2	
13	부피	L^3	L^3	m^3	
14	면적의 2차 모멘트	L^4	L^4	m^4	
15	속도, 속력	$L \cdot T^{-1}$	$L \cdot T^{-1}$	m/s	
16	가속도	$L \cdot T^{-2}$	$L \cdot T^{-2}$	m/s^2	
17	질량유량	$M \cdot T^{-1}$	$F \cdot T \cdot L^{-1}$	kg/s	
18	(체적)유량	$L^3 \cdot T^{-1}$	$L^3 \cdot T^{-1}$	m^3/s	
19	밀도	$M \cdot L^{-3}$	$F \cdot T^2 \cdot L^{-4}$	kg/m^3	
20	비중량	$M \cdot T^{-2} \cdot L^{-2}$	$F \cdot L^{-3}$	N/m^3	
21	압력	$M \cdot T^{-2} \cdot L^{-1}$	$F \cdot L^{-2}$	Pa	
24	점도(점성계수)	$M \cdot L^{-1} \cdot T^{-1}$	$F \cdot T \cdot L^{-2}$	$Pa \cdot s$	
25	동점도(동점성 계수)	$L^2 \cdot T^{-1}$	$L^2 \cdot T^{-1}$	m^2/s	

〈부록 1〉 절대 단위계와 중력 단위계의 차원비교 (계속)

구분	양	절대 단위계	중력 단위계	SI 단위	비 고
23	열용량	$M \cdot L^2 \cdot T^{-2} \cdot \theta^{-1}$	$F \cdot L \cdot \theta^{-1}$	J/K	엔트로피
24	비열	$L^2 \cdot T^{-2} \cdot \theta^{-1}$	$L^2 \cdot T^{-2} \cdot \theta^{-1}$	$J/(kg \cdot K)$	비엔트로피, 기체상수, 중력 단위계에서는 단위중량 당의 비열
25	비에너지, 비잠열 비엔탈피	$L^2 \cdot T^{-2}$	$L^2 \cdot T^{-2}$	J/kg	중력단위계에서는 단위 중량 당의 에너지 (水頭)
26	열전도 계수	$M \cdot T^{-3} \cdot \theta^{-1}$	$F \cdot T^{-1} \cdot L^{-1} \cdot \theta^{-1}$	$W/(m^2 \cdot K)$	
27	물 질의 양	mol	mol	mol	
28	몰 질량	$M \cdot \mathrm{mol}^{-1}$	$F \cdot T^2 \cdot L^{-1} \mathrm{mol}^{-1}$	kg/mol	중력단위계에서는 몰중량
29	몰 체적	$L^3 \cdot \mathrm{mol}^{-1}$	$L^3 \cdot \mathrm{mol}^{-1}$	$m^3 mol$	
30	몰 에너지	$M \cdot L^2 \cdot T^{-2} \cdot \mathrm{mol}^{-1}$	$F \cdot L \cdot \mathrm{mol}^{-1}$	J/mol	
32	몰 비열, 몰 엔트로피	$M \cdot L^2 \cdot T^{-2} \cdot \theta^{-1} \cdot \mathrm{mol}^{-1}$	$F \cdot L \cdot \theta^{-1} \cdot \mathrm{mol}^{-1}$	$J/(mol \cdot K)$	
33	운동량	$M \cdot L \cdot T^{-1}$	$F \cdot T$	$N \cdot s$	역적(力積)
34	각운동량	$M \cdot L^2 \cdot T^{-1}$	$F \cdot L \cdot T$	$N \cdot m \cdot s$	
35	관성모멘트 (질량)	$M \cdot L^2$	$F \cdot L \cdot T^2$	$kg \cdot m^2$	

〈부록 2〉 열역학에 사용되는 각종 단위 환산표

<table>
<tr><th>명칭</th><th>기호</th><th>차 원</th><th>의 미</th><th colspan="5">단위 사이의 관계</th></tr>
<tr><td rowspan="2">압력</td><td rowspan="2">p</td><td rowspan="2">$G \cdot L^{-2}$
$M \cdot L^{-1} \cdot T^{-2}$</td><td rowspan="2">$\frac{(힘)}{(면적)}$</td><td>$Pa = N/m^2$</td><td>$bar$</td><td>$kg_f/cm^2$</td><td>표준기압
atm</td><td>수은주
$mmHg$</td></tr>
<tr><td>1
10^5
0.9807×10^5
1.0133×10^5
1.332×10^5
0.60895×10^6</td><td>10^{-5}
1
0.9807
1.0133
1.332
0.60895</td><td>1.0197×10^{-5}
1.0197
1
1.0332
1.3595
0.07031</td><td>0.9869×10^{-5}
0.9869
0.9678
1
0.3158
0.0685</td><td>750.1×10^{-5}
750.1
735.6
760
1000
51.71</td></tr>
<tr><td>섭화씨
온도
절대
온도</td><td>t_C
t_F
l_F</td><td>θ</td><td colspan="6">섭씨 $T_C = t_C + 273.15K, \quad t_C = \frac{5}{9}(t_F - 32)$
화씨 $T_F = t_F + 456.7R, \quad t_F = \frac{9}{5} \cdot t_C + 32$
$T_C = \frac{5}{9} \cdot T_F$</td></tr>
<tr><td>비체적</td><td>v</td><td>$L^3 \cdot G^{-1}$
$M^{-1} \cdot L^2 \cdot T^2$</td><td colspan="6">$\frac{(체적)}{(중량)}$
또는
$\frac{1}{(비중량)}$</td></tr>
<tr><td>비중량
(밀도)</td><td>γ
(ρ)</td><td>$G \cdot L^{-3}$
$M \cdot L^{-2} \cdot T^{-2}$
$\left(\begin{matrix} G \cdot L^{-4} \cdot T^2 \\ M \cdot L^{-3} \end{matrix}\right)$</td><td colspan="6">$\frac{(중량)}{(체적)}$
$\frac{1}{(비체적)}$
$\frac{(중량)}{(체적)}$</td></tr>
<tr><td rowspan="2">열량</td><td rowspan="2">Q</td><td rowspan="2">$H(G \cdot L)$</td><td rowspan="2">(중량)×
(온도차)×
(비역)</td><td>J</td><td>$kcal$</td><td>$kW \cdot h$</td><td colspan="2">$PS \cdot h$</td></tr>
<tr><td>1
4186
3.6×10^6
2.648×10^6</td><td>2.389×10^{-4}
1
860.0
632.5</td><td>0.2778×10^{-6}
1.163×10^{-3}
1
0.7355</td><td colspan="2">0.3777×10^{-6}
1.581×10^{-3}
1.3596
1</td></tr>
</table>

주) 1. 단위의 고딕문자는 국제단위(SI 난위)
2. 차원기호 : M=질량, G=중량, L=길이, T=시간, H=열량, θ=온도

〈부록 3〉 기체의 열적 성질

(압력 : 1 kg_f/cm^2)

물질	온도 °C	비중량 γ kg_f/m^3	비열 c_p $kcal/kg_f \cdot °C$	점성계수 μ $kg_f \cdot s/m^2$	동점성계수 ν m^2/s
공기	−50	1.533	0.240	1.49×10^{-6}	0.0953×10^{-4}
	−20	1.348	0.240	1.65	0.120
	0	1.251	0.2401	1.76	0.138
	20	1.166	0.2402	1.86	0.156
	40	1.091	0.2404	1.95	0.175
	60	1.026	0.2407	2.05	0.196
	80	0.968	0.2412	2.14	0.217
	100	0.916	0.2417	2.23	0.239
수소	−50	0.106 4	3.32	0.750×10^{-6}	0.691×10^{-4}
	0	0.086 9	3.41	0.858	0.968
	50	0.073 4	3.43	0.957	1.28
	100	0.063 6	3.45	1.048	1.62
수증기	100	0.578	0.51	1.30×10^{-6}	0.221×10^{-4}
탄산가스	−50	2.373	0.185	1.14	0.047
	0	0.912	0.198	1.40	0.047
	50	1.616	0.209	1.65	0.100
	100	1.400	0.219	1.86	0.130
	200	1.103	0.239	1.28	0.203
Ammomia	0	0.746	0.518	0.95	0.125
	50	0.626	0.525	1.13	0.177
	100	0.540	0.533	1.33	0.241
	200	0.425	0.572	1.69	0.390

물의 열적 성질

(압력 : 1 kg_f/cm^2. 100°C 이상은 포화수)

온도 °C	비중량 γ kg_f/m^3	비열 c_p $kcal/kg_f \cdot °C$	점성계수 μ $kg_f \cdot s/m^2$	동점성계수 ν m^2/s
0	999.9	1.008	1.829×10^{-4}	2.258×10^{-4}
10	999.7	1.002	1.336	1.311
20	998.2	0.999	1.029	1.011
30	995.7	0.998	0.816	0.804
40	992.3	0.998	0.667	0.659
50	988.1	0.999	0.560	0.556
60	983.2	1.000	0.479	0.478
80	971.8	1.003	0.364	0.376
100	958.4	1.007	0.290	0.297
200	894.7	1.076	0.141	0.160
250	799.2	1.157	0.114	0.140

〈부록 4〉 주요 이상가스의 물성치

가스의 종류	분자기호	원자수	분자량 M	가스정수 R		공기에 대한 비중	0℃에서의 값 (760mmHg에서의)					
							정압비열 c_p		정적비열 c_v		$k=\frac{c_p}{c_v}$	밀도 ρ
			$[kg/kmol]$	$\left[\frac{kg_f \cdot m}{kg_f \cdot K}\right]$	$\left[\frac{kJ}{kg \cdot K}\right]$		$\left[\frac{kcal}{kg_f \cdot ℃}\right]$	$\left[\frac{kJ}{kg \cdot k}\right]$	$\left[\frac{kcal}{kg_f \cdot ℃}\right]$	$\left[\frac{kJ}{kg \cdot k}\right]$		$[kg/m^3]$
헬륨	He	1	4.0026	211.8	2.0772	0.1381	1.251	5.238	0.7550	3.160	1.66	0.1786
아르곤	Ar	1	39.943	21.22	0.2081	1.379	0.124	0.520	0.0746	0.31	1.66	1.7821
수소	H_2	2	2.01565	420.62	4.1249	0.0695	3.392	14.200	2.4069	10.0754	1.409	0.08994
질소	N_2	2	28.0134	30.28	0.2969	0.968	0.2482	1.0389	0.1773	0.7421	1.400	1.2499
산소	O_2	2	31.98983	26.49	0.2598	1.105	0.2186	0.9150	0.1565	0.6551	1.397	1.4276
일산화탄소	CO	2	27.994915	30.29	0.2970	0.967	0.2485	1.0403	0.1776	0.7433	1.400	1.2495
일산화질소	NO	2	29.997989	28.27	0.2772	1.037	0.2385	0.9983	0.1723	0.7211	1.384	1.3388
염화수소	HCI	2	36.464825	23.25	0.2280	1.268	0.1910	0.7997	0.1366	0.5717	1.40	1.6265
수증기	H_2O	3	18.010565	47.073	0.46163	0.6220	0.4446	1.861	0.3340	1.398	1.33	1.8036
탄산가스	CO_2	3	43.98983	19.27	0.1890	1.530	0.1952	0.8169	0.1500	0.6279	1.301	1.9634
산화질소	N_2O	3	44.001063	19.27	0.1890	1.538	0.2032	0.8507	0.1581	0.6618	1.285	1.9637
아황산가스	SO_2	3	63.962185	13.26	0.1300	2.264	0.1455	0.6092	0.1145	0.4792	1.271	2.8581
암모니아	NH_3	4	17.026549	49.79	0.4883	0.596	0.4911	2.0557	0.3744	1.5674	1.312	0.7598
아세틸렌	C_2H_2	4	26.01565	32.59	0.3196	0.906	0.3614	1.5127	0.2850	1.1931	1.268	1.1607
메탄	CH_4	5	16.0313	52.89	0.5187	0.554	0.5151	2.1562	0.3912	1.6376	1.317	0.7152
메틸클로르이	CH_3CI	5	50.480475	16.79	0.1647	1.785	0.1760	0.7369	0.1367	0.5722	1.288	2.2522
에틸렌	C_2H_4	6	28.0313	30.25	0.2966	0.975	0.3851	1.612	0.3142	1.3153	1.225	1.2506
에탄	C_2H_6	8	30.04695	28.20	0.2765	1.049	0.4130	1.729	0.3470	1.4524	1.20	1.3406
프로판	C_3H_8	11	44.06	19.24	0.1887	1.521	0.3705	1.551	0.3254	1.362	1.139	2.1002
공기	-	-	28.95	29.29	0.2872	1.000	0.240	1.005	0.1713	0.7171	1.400	1.2922

〈부록 5〉 포화증기표 (온도 기준)

온도	포화 압력	비체적 m^3/kg		내부에너지 kJ/kg			엔탈피 kJ/kg			엔트로피 $kJ/kg\,K$		
°C T	kPa p_{sat}	포화액 v_f	포화증기 v_g	포화액 u_f	증 발 u_{fg}	포화증기 u_g	포화액 h_f	증 발 h_{fg}	포화증기 h_g	포화액 s_f	증 발 s_{fg}	포화증기 s_g
0.01	0.6113	0.001000	206.14	0.00	2375.3	2375.3	0.01	2501.3	2501.4	0.0000	9.1562	9.1562
5	0.8721	0.001000	147.12	20.97	2361.3	2382.3	20.98	2489.6	2510.6	0.0761	8.9496	9.0257
10	1.2276	0.001000	106.38	42.00	2347.2	2389.2	42.01	2477.7	2519.8	0.1510	8.7498	8.9008
15	1.7051	0.001001	77.93	62.99	2333.1	2396.1	62.99	2465.9	2528.9	0.2245	8.5569	8.7814
20	2.339	0.001002	57.79	83.95	2319.0	2402.9	83.96	2454.1	2538.1	0.2966	8.3706	8.6672
25	3.169	0.001003	43.36	104.88	2304.9	2409.8	104.89	2442.3	2547.2	0.3674	8.1905	8.5580
30	4.246	0.001004	32.89	125.78	2290.8	2416.6	125.79	2430.5	2556.3	0.4369	8.0164	8.4533
35	5.628	0.001006	25.22	146.67	2276.7	2423.4	146.68	2418.6	2565.3	0.5053	7.8478	8.3531
40	7.384	0.001008	19.52	167.56	2262.6	2430.1	167.57	2406.7	2574.3	0.5725	7.6845	8.2570
45	9.593	0.001010	15.26	188.44	2248.4	2436.8	188.45	2394.8	2583.2	0.6387	7.5261	8.1648
50	12.349	0.001012	12.03	209.32	2234.2	2443.5	209.33	2382.7	2592.1	0.7038	7.3725	8.0763
55	15.758	0.001015	9.568	230.21	2219.9	2450.1	230.23	2370.7	2600.9	0.7679	7.2234	7.9913
60	19.940	0.001017	7.671	251.11	2205.5	2456.6	251.13	2358.5	2609.6	0.8312	7.0784	7.9096
65	25.03	0.001020	6.197	272.02	2191.1	2463.1	272.06	2346.2	2618.3	0.8935	6.9375	7.8310
70	31.19	0.001023	5.042	292.95	2176.6	2569.6	292.98	2333.8	2626.8	0.9549	6.8004	7.7553
75	38.58	0.001026	4.131	313.90	2162.0	2475.9	313.93	2321.4	2635.3	1.0155	6.6669	7.6824
80	47.39	0.001029	3.407	334.86	2147.4	2482.2	334.91	2308.8	2643.7	1.0753	6.5369	7.6122
85	57.83	0.001033	2.828	355.84	2132.6	2488.4	355.90	2296.0	2651.9	1.1343	6.4102	7.5445
90	70.14	0.001036	2.361	376.85	2117.7	2494.5	376.92	2283.2	2660.1	1.1925	6.2866	7.4791
95	84.55	0.001040	1.982	397.88	2102.7	2500.6	397.96	2270.2	2668.1	1.2500	6.1659	7.4159
	p_{sat} MPa											
100	0.10135	0.001044	1.6729	418.94	2087.6	2506.5	419.04	2257.0	2676.1	1.3069	6.0480	7.3549
105	0.12082	0.001048	1.4194	440.02	2072.3	2512.4	440.15	2243.7	2683.8	1.3630	5.9328	7.2958
110	0.14327	0.001052	1.2102	461.14	2057.0	2518.1	461.30	2230.2	2691.5	1.4185	5.8202	7.2387
115	0.16906	0.001056	1.0366	482.30	2041.4	2523.7	482.48	2216.5	2699.0	1.4734	5.7100	7.1833
120	0.19853	0.001060	0.8919	503.50	2025.8	2529.3	503.71	2202.6	2706.3	1.5276	5.6020	7.1296
125	0.2321	0.001065	0.7706	524.74	2009.9	2534.6	524.99	2188.5	2713.5	1.5813	5.4962	7.0775
130	0.2701	0.001070	0.6685	546.02	1993.9	2539.9	546.31	2174.2	2720.5	1.6344	5.3925	7.0269
135	0.3130	0.001075	0.5822	567.35	1977.7	2545.0	567.69	2159.6	2727.3	1.6870	5.2907	6.9777
140	0.3613	0.001080	0.5089	588.74	1961.3	2550.0	589.13	2144.7	2733.9	1.7391	5.1908	6.9299
145	0.4154	0.001085	0.4463	610.18	1944.7	2554.9	610.63	2129.6	2740.3	1.7907	5.0926	6.8833
150	0.4758	0.001091	0.3928	631.68	1927.9	2559.5	632.20	2114.3	2746.5	1.8418	4.9960	6.8379
155	0.5431	0.001096	0.3468	653.24	1910.8	2564.1	653.84	2098.6	2752.4	1.8925	4.9010	6.7935
160	0.6178	0.001102	0.3071	674.87	1893.5	2568.4	675.55	2082.6	2758.1	1.9427	4.8075	6.7502
165	0.7005	0.001108	0.2727	696.56	1876.0	2572.5	697.34	2066.2	2763.5	1.9925	4.7153	6.7078
170	0.7917	0.001114	0.2428	718.33	1858.1	2576.5	719.21	2049.5	2768.7	2.0419	4.6244	6.6663
175	0.8920	0.001121	0.2168	740.17	1840.0	2580.2	741.17	2032.4	2773.6	2.0909	4.5347	6.6256

〈부록 5〉 포화증기표 (온도 기준, 계속)

온도 °C T	포화 압력 MPa p_{sat}	비체적 m^3/kg 포화액 v_f	포화증기 v_g	내부에너지 kJ/kg 포화액 u_f	증 발 u_{fg}	포화증기 u_g	엔탈피 kJ/kg 포화액 h_f	증 발 h_{fg}	포화증기 h_g	엔트로피 $kJ/kg\,K$ 포화액 s_f	증 발 s_{fg}	포화증기 s_g
180	1.0021	0.001127	0.19405	762.09	1821.6	2583.7	763.22	2015.0	2778.2	2.1396	4.4461	6.5857
185	1.1227	0.001134	0.17409	784.10	1802.9	2587.0	785.37	1997.1	2782.4	2.1879	4.3586	6.5465
190	1.2544	0.001141	0.15654	806.19	1783.8	2590.0	807.62	1978.8	2786.4	2.2359	4.2720	6.5079
195	1.3978	0.001149	0.14105	828.37	1764.4	2592.8	829.98	1960.0	2790.0	2.2835	4.1863	6.4698
200	1.5538	0.001157	0.12736	850.65	1744.7	2595.3	852.45	1940.7	2793.2	2.3309	4.1014	6.4323
205	1.7230	0.001164	0.11521	873.04	1724.5	2597.5	875.04	1921.0	2796.0	2.3780	4.0172	6.3952
210	1.9062	0.001173	0.10441	895.53	1703.9	2599.5	897.76	1900.7	2798.5	2.4248	3.9337	6.3585
215	2.104	0.001181	0.09479	918.14	1682.9	2601.1	920.62	1879.9	2800.5	2.4714	3.8507	6.3221
220	2.318	0.001190	0.08619	940.87	1661.5	2602.4	943.62	1858.5	2802.1	2.5178	3.7683	6.2861
225	2.548	0.001199	0.07849	963.73	1639.6	2603.3	966.78	1836.5	2803.3	2.5639	3.6863	6.2503
230	2.795	0.001209	0.07158	986.74	1617.2	2603.9	990.12	1813.8	2804.0	2.6099	3.6047	6.2146
235	3.060	0.001219	0.06537	1009.89	1594.2	2604.1	1013.62	1790.5	2804.2	2.6558	3.5233	6.1791
240	3.344	0.001229	0.05976	1033.21	1570.8	2604.0	1037.32	1766.5	2803.8	2.7015	3.4422	6.1437
245	3.648	0.001240	0.05471	1056.71	1546.7	2603.4	1061.23	1741.7	2803.0	2.7472	3.3612	6.1083
250	3.973	0.001251	0.05013	1080.39	1522.0	2602.4	1085.36	1716.2	2801.5	2.7927	3.2802	6.0730
255	4.319	0.001263	0.04598	1104.28	1596.7	2600.9	1109.73	1689.8	2799.5	2.8383	3.1992	6.0375
260	4.688	0.001276	0.04221	1128.39	1470.6	2599.0	1134.37	1662.5	2796.9	2.8838	3.1181	6.0019
265	5.081	0.001289	0.03877	1152.74	1443.9	2596.6	1159.28	1634.4	2793.6	2.9294	3.0368	5.9662
270	5.499	0.001302	0.03564	1177.36	1416.3	2593.7	1184.51	1605.2	2789.7	2.9751	2.9551	5.9301
275	5.942	0.001317	0.03279	1202.25	1387.9	2590.2	1210.07	1574.9	2785.0	3.0208	2.8730	5.8938
280	6.412	0.001332	0.03017	1227.46	1358.7	2586.1	1235.99	1543.6	2779.6	3.0668	2.7903	5.8571
285	6.909	0.001348	0.02777	1253.00	1328.4	2581.4	1262.31	1511.0	2773.3	3.1130	2.7070	5.8199
290	7.436	0.001366	0.02557	1278.92	1297.1	2576.0	1289.07	1477.1	2766.2	3.1594	2.6227	5.7821
295	7.993	0.001384	0.02354	1305.2	1264.7	2569.9	1316.3	1441.8	2758.1	3.2062	2.5375	5.7437
300	8.581	0.001404	0.02167	1332.0	1231.0	2563.0	1344.0	1404.9	2749.0	3.2534	2.4511	5.7045
305	9.202	0.001425	0.019948	1359.3	1195.9	2555.2	1372.4	1366.4	2738.7	3.3010	3.3633	5.6643
310	9.856	0.001447	0.018350	1387.1	1159.4	2546.4	1401.3	1326.0	2727.3	3.3493	2.2737	5.6230
315	10.547	0.001472	0.016867	1415.5	1121.1	2536.6	1431.0	1283.5	2714.5	3.3982	2.1821	5.5804
320	11.274	0.001499	0.015488	1444.6	1080.9	2525.5	1461.5	1238.6	2700.1	3.4480	2.0882	5.5362
330	12.845	0.001561	0.012996	1505.3	993.7	2498.9	1525.3	1140.6	2665.9	3.5507	1.8909	5.4417
340	14.586	0.001638	0.010797	1570.3	894.3	2464.6	1594.2	1027.9	2622.0	3.6594	1.6763	5.3357
350	16.513	0.001740	0.008813	1641.9	776.6	2418.4	1670.6	893.4	2563.9	3.7777	1.4335	5.2112
360	18.651	0.001893	0.006945	1725.2	626.3	2351.5	1760.5	720.3	2481.0	3.9147	1.1379	5.0526
370	21.03	0.002213	0.004925	1844.0	384.5	2228.5	1890.5	441.6	2332.1	4.1106	0.6865	4.7971
374.14	22.09	0.003155	0.003155	2029.6	0	2029.6	2099.3	0	2099.3	4.4298	0	4.4298

사료 : Gordon J. Van Wylon and Richard E. Sonntag, *Fundamentals of Classical Thermody-namics*, English/SI Version, 3rd ed., Wiley, New York, 1986, pp. 635 - 637, table A.1.1. Originally published in Joseph H. Keenan, Frederick G. Keyes, Philip G. Hill, and Joan G. Moore, *Steam Tables*, SI Units, Wiley, New York, 1978.

〈부록 6〉 포화증기표 (압력 기준)

압력 kPa p	포화온도 °C T_{sat}	비체적 m^3/kg		내부에너지 kJ/kg			엔탈피 kJ/kg			엔트로피 $kJ/kg\,K$		
		포화액 v_f	포화증기 v_g	포화액 u_f	증 발 u_{fg}	포화증기 u_g	포화액 h_f	증 발 h_{fg}	포화증기 h_g	포화액 s_f	증 발 s_{fg}	포화증기 s_g
0.6113	0.01	0.001000	206.14	0.00	2375.3	2375.3	0.01	2501.3	2501.4	0.0000	9.1562	9.1562
1.0	6.98	0.001000	129.21	29.30	2355.7	2385.0	29.30	2484.9	2514.2	0.1059	8.8697	8.9756
1.5	13.03	0.001001	87.98	54.71	2338.6	2393.3	54.71	2470.6	2525.3	0.1957	8.6322	8.8279
2.0	17.50	0.001001	67.00	73.48	2326.0	2399.5	73.48	2460.0	2533.5	0.2607	8.4629	8.7237
2.5	21.08	0.001002	54.25	88.48	2315.9	2404.4	88.49	2451.6	2540.0	0.3120	8.3311	8.6432
3.0	24.08	0.001003	45.67	101.04	2307.5	2408.5	101.05	2444.5	2545.5	0.3545	8.2231	8.5776
4.0	28.96	0.001004	34.80	121.45	2293.7	2415.2	121.46	2432.9	2554.4	0.4226	8.0520	8.4746
5.0	32.88	0.001005	28.19	137.81	2282.7	2420.5	137.82	2423.7	2561.5	0.4764	7.9187	8.3951
7.5	40.29	0.001008	19.24	168.78	2261.7	2430.5	168.79	2406.0	2574.8	0.5764	7.6750	8.2515
10	45.81	0.001010	14.67	191.82	2246.1	2437.9	191.83	2392.8	2584.7	0.6493	7.5009	8.1502
15	53.97	0.001014	10.02	225.92	2222.8	2448.7	225.94	2373.1	2599.1	0.7549	7.2536	8.0085
20	60.06	0.001017	7.649	251.38	2205.4	2456.7	251.40	2358.3	2609.7	0.8320	7.0766	7.9085
25	64.97	0.001020	6.204	271.90	2191.2	2463.1	271.93	2346.3	2618.2	0.8931	6.9383	7.8314
30	69.10	0.001022	5.229	289.20	2179.2	2468.4	289.23	2336.1	2625.3	0.9439	6.8247	7.7686
40	75.87	0.001027	3.993	317.53	2159.5	2477.0	317.58	2319.2	2636.8	1.0259	6.6441	7.6700
50	81.33	0.001030	3.240	340.44	2143.4	2483.9	340.49	2305.4	2645.9	1.0910	6.5029	7.5939
75	91.78	0.001037	2.217	384.31	2112.4	2496.7	384.39	2278.6	2663.0	1.2130	6.2434	7.4564
MPa p												
0.100	99.63	0.001043	1.6940	417.36	2088.7	2506.1	417.46	2258.0	2675.5	1.3026	6.0568	7.3594
0.125	105.99	0.001048	1.3749	444.19	2069.3	2513.5	444.32	2241.0	2685.4	1.3740	5.9104	7.2844
0.150	111.37	0.001053	1.1593	466.94	2052.7	2519.7	467.11	2226.5	2693.6	1.4336	5.7897	7.2233
0.175	116.06	0.001057	1.0036	486.80	2038.1	2524.9	486.99	2213.6	2700.6	1.4849	5.6868	7.1717
0.200	120.23	0.001061	0.8857	504.49	2025.0	2529.5	504.70	2201.9	2706.7	1.5301	5.5970	7.1271
0.225	124.00	0.001064	0.7933	520.47	2013.1	2533.6	520.72	2191.3	2712.1	1.5706	5.5173	7.0878
0.250	127.44	0.001067	0.7187	535.10	2002.1	2537.2	535.37	2181.5	2716.9	1.6072	5.4455	7.0527
0.275	130.60	0.001070	0.6573	548.59	1991.9	2540.5	548.89	2172.4	2721.3	1.6408	5.3801	7.0209
0.300	133.55	0.001073	0.6058	561.15	1982.4	2543.6	561.47	2163.8	2725.3	1.6718	5.3201	6.9919
0.325	136.30	0.001076	0.5620	572.90	1973.5	2546.4	573.25	2155.8	2729.0	1.7006	5.2646	6.9652
0.350	138.88	0.001079	0.5243	583.95	1965.0	2548.9	584.33	2148.1	2732.4	1.7275	5.2130	6.9405
0.375	141.32	0.001081	0.4914	594.40	1956.9	2551.3	594.81	2140.8	2735.6	1.7528	5.1647	6.9175
0.40	143.63	0.001084	0.4625	604.31	1949.3	2553.6	604.74	2133.8	2738.6	1.7766	5.1193	6.8959
0.45	147.93	0.001088	0.4140	622.77	1934.9	2557.6	623.25	2120.7	2743.9	1.8207	5.0359	6.8565
0.50	151.86	0.001093	0.3749	639.68	1921.6	2561.2	640.23	2108.5	2748.7	1.8607	4.9606	6.8213
0.55	155.48	0.001097	0.3427	655.32	1909.2	2564.5	655.93	2097.0	2753.0	1.8973	4.8920	6.7893
0.60	158.85	0.001101	0.3157	669.90	1897.5	2567.4	670.56	2086.3	2756.8	1.9312	4.8288	6.7600
0.65	162.01	0.001104	0.2927	683.56	1886.5	2570.1	684.28	2076.0	2760.3	1.9627	4.7703	6.7331
0.70	164.97	0.001108	0.2729	696.44	1876.1	2572.5	697.22	2066.3	2763.5	1.9922	4.7158	6.7080
0.75	167.78	0.001112	0.2556	708.64	1866.1	2574.7	709.47	2057.0	2766.4	2.0200	4.6647	6.6847

〈부록 6〉 포화증기표 (압력 기준, 계속)

압력 MPa	포화온도 °C	비체적 m^3/kg		내부에너지 kJ/kg			엔탈피 kJ/kg			엔트로피 $kJ/kg\,K$		
p	T_{sat}	포화액 v_f	포화증기 v_g	포화액 u_f	증 발 u_{fg}	포화증기 u_g	포화액 h_f	증 발 h_{fg}	포화증기 h_g	포화액 s_f	증 발 s_{fg}	포화증기 s_g
0.80	170.43	0.001115	0.2404	720.22	1856.6	2576.8	721.11	2048.0	2769.1	2.0462	4.6166	6.6628
0.85	172.96	0.001118	0.2270	731.27	1847.4	2578.7	732.22	2039.4	2771.6	2.0710	4.5711	6.6421
0.90	175.38	0.001121	0.2150	741.83	1838.6	2580.5	742.83	2031.1	2773.9	2.0946	4.5280	6.6226
0.95	177.69	0.001124	0.2042	751.95	1830.2	2582.1	753.02	2023.1	2776.1	2.1172	4.4869	6.6041
1.00	179.91	0.001127	0.19444	761.68	1822.0	2583.6	762.81	2015.3	2778.1	2.1387	4.4478	6.5865
1.10	184.09	0.001133	0.17753	780.09	1806.3	2586.4	781.34	2000.4	2781.7	2.1792	4.3744	6.5536
1.20	187.99	0.001139	0.16333	797.29	1791.5	2588.8	798.65	1986.2	2784.8	2.2166	4.3067	6.5233
1.30	191.64	0.001144	0.15125	813.44	1777.5	2591.0	814.93	1972.7	2787.6	2.2515	4.2438	6.4953
1.40	195.07	0.001149	0.14084	828.70	1764.1	2592.8	830.30	1959.7	2790.0	2.2842	4.1850	6.4693
1.50	198.32	0.001154	0.13177	843.16	1751.3	2594.5	844.89	1947.3	2792.2	2.3150	4.1298	6.4448
1.75	205.76	0.001166	0.11349	876.46	1721.4	2597.8	878.50	1917.9	2796.4	2.3851	4.0044	6.3896
2.00	212.42	0.001177	0.09963	906.44	1693.8	2600.3	908.79	1890.7	2799.5	2.4474	3.8935	6.3409
2.25	218.45	0.001187	0.08875	933.83	1668.2	2602.0	936.49	1865.2	2801.7	2.5035	3.7937	6.2972
2.5	223.99	0.001197	0.07998	959.11	1644.0	2603.1	962.11	1841.0	2803.1	2.5547	3.7028	6.2575
3.0	233.90	0.001217	0.06668	1004.78	1599.3	2604.1	1008.42	1795.7	2804.2	2.6457	3.5412	6.1869
3.5	242.60	0.001235	0.05707	1045.43	1558.3	2603.7	1049.75	1753.7	2803.4	2.7253	3.4000	6.1253
4	250.40	0.001252	0.04978	1082.31	1520.0	2602.3	1087.31	1714.1	2801.4	2.7964	3.2737	6.0701
5	263.99	0.001286	0.03944	1147.81	1449.3	2597.1	1154.23	1640.1	2794.3	2.9202	3.0532	5.9734
6	275.64	0.001319	0.03244	1205.44	1384.3	2589.7	1213.35	1571.0	2784.3	3.0267	2.8625	5.8892
7	285.88	0.001351	0.02737	1257.55	1323.0	2580.5	1267.00	1505.1	2772.1	3.1211	2.6922	5.8133
8	295.06	0.001384	0.02352	1305.57	1264.2	2569.8	1316.64	1441.3	2758.0	3.2068	2.5364	5.7432
9	303.40	0.001418	0.02048	1350.51	1207.3	2557.8	1363.26	1378.9	2742.1	3.2858	2.3915	5.6722
10	311.06	0.001452	0.018026	1393.04	1151.4	2544.4	1407.56	1317.1	2724.7	3.3596	2.2544	5.6141
11	318.15	0.001489	0.015987	1433.7	1096.0	2529.8	1450.1	1255.5	2705.6	3.4295	2.1233	5.5527
12	324.75	0.001527	0.014263	1473.0	1040.7	2513.7	1491.3	1193.6	2684.9	3.4962	1.9962	5.4924
13	330.93	0.001567	0.012780	1511.1	985.0	2496.1	1531.5	1130.7	2662.2	3.5606	1.8718	5.4323
14	336.75	0.001611	0.011485	1548.6	928.2	2476.8	1571.1	1066.5	2637.6	3.6232	1.7485	5.3717
15	342.24	0.001658	0.010337	1585.6	869.8	2455.5	1610.5	1000.0	2610.5	3.6848	1.6249	5.3098
16	347.44	0.001711	0.009306	1622.7	809.0	2431.7	1650.1	930.6	2580.6	3.7461	1.4994	5.2455
17	352.37	0.001770	0.008364	1660.2	744.8	2405.0	1690.3	856.9	2547.2	3.8079	1.3698	5.1777
18	357.06	0.001840	0.007489	1698.9	675.4	2374.3	1732.0	777.1	2509.1	3.8715	1.2329	5.1044
19	361.54	0.001924	0.006657	1739.9	598.1	2338.1	1776.5	688.0	2464.5	3.9388	1.0839	5.0228
20	365.81	0.002036	0.005834	1785.6	507.5	2293.0	1826.3	583.4	2409.7	4.0139	0.9130	4.9269
21	369.89	0.002207	0.004952	1842.1	388.5	2230.6	1888.4	446.2	2334.6	4.1075	0.6938	4.8013
22	373.80	0.002742	0.003568	1961.9	125.2	2087.1	2022.2	143.4	2165.6	4.3110	0.2216	4.5327
22.09	374.14	0.003155	0.003155	2029.6	0	2029.6	2099.3	0	2099.3	4.4298	0	4.4298

자료 : Gordon J. Wylen and Richard E. Sonntag, *Fundamentals of Classical Thermodynamics*, English/SI Version, 3d ed., Wiley, New York, 1986, pp. 638~640, table A.1.2. Originally published in Joseph H. Keenan, Frederick G. Keyes, Philip G. Hill, and Joan G. Moore, *Steam Tables*, SI Units, Wiley, New York, 1978.

〈부록 7〉 과열증기표

Temp. °C	v m^3/kg	u kJ/kg	h kJ/kg	s $kJ/kg \cdot K$	Temp. °C	v m^3/kg	u kJ/kg	h kJ/kg	s $kJ/kg \cdot K$
	p = 0.010 MPa (45.817°C)					p = 0.050 MPa (81.339°C)			
Sat.	14.674	2437.0	2583.8	8.1482	Sat.	3.241	2483.3	2645.3	7.5928
50	14.869	2443.1	2591.8	8.1731					
100	17.196	2515.0	2687.0	8.4471	100	3.419	2511.2	2682.1	7.6941
150	19.513	2587.4	2782.5	8.6873	150	3.890	2585.2	2779.7	7.9394
200	21.826	2660.8	2879.0	8.9030	200	4.356	2659.4	2877.2	8.1572
250	24.136	2735.5	2976.9	9.0995	250	4.821	2734.5	2975.6	8.3548
300	26.446	2811.7	3076.2	9.2808	300	5.284	2811.0	3075.2	8.5367
400	31.063	2968.8	3279.4	9.6075	400	6.209	2968.3	3278.8	8.8640
500	35.680	3132.4	3489.2	9.8979	500	7.134	3132.0	3488.7	9.1547
600	40.296	3302.8	3705.7	10.1612	600	8.058	3302.5	3705.4	9.4182
700	44.912	3480.2	3929.4	10.4036	700	8.981	3480.1	3929.1	9.6606
800	49.527	3664.8	4160.1	10.6292	800	9.905	3664.7	4159.9	9.8863
900	54.143	3856.4	4397.8	10.8410	900	10.828	3856.3	4397.7	10.0981
1000	58.758	4054.7	4642.3	11.0409	1000	11.751	4054.6	4642.2	10.2981
1100	63.374	4259.5	4893.2	11.2307	1100	12.675	4259.4	4893.1	10.4878
1200	67.989	4470.3	5150.2	11.4113	1200	13.598	4470.2	5150.1	10.6684
1300	72.604	4686.8	5412.9	11.5838	1300	14.521	4686.8	5412.8	10.8409
1400	77.220	4908.6	5680.8	11.7488	1400	15.444	4908.5	5680.7	11.0060
1500	81.835	5135.1	5953.5	11.9071	1500	16.367	5135.0	5953.4	11.1643
	p = 0.010 MPa (99.632°C)					p = 0.2 MPa (120.241°C)			
Sat.	1.6943	2505.7	2675.1	7.3589	Sat.	0.8859	2529.4	2706.5	7.1272
100	1.6961	2506.3	2675.9	7.3609					
150	1.9364	2582.4	2776.1	7.6129	150	0.9597	2576.7	2768.6	7.2793
200	2.172	2657.6	2874.8	7.8335	200	1.0803	2653.9	2870.0	7.5059
250	2.406	2733.3	2973.3	8.0325	250	1.1988	2730.8	2970.5	7.7078
300	2.639	2810.1	3073.9	8.2152	300	1.3162	2808.2	3071.4	7.8920
400	3.103	2967.7	3278.0	8.5432	400	1.5493	2966.6	3276.4	8.2216
500	3.566	3131.6	3488.2	8.8342	500	1.7814	3130.8	3487.1	8.5133
600	4.028	3302.3	3705.0	9.0979	600	2.013	3301.7	3704.3	8.7773
700	4.490	3479.8	3928.8	9.3405	700	2.244	3479.4	3928.3	9.0201
800	4.952	3664.5	4159.7	9.5662	800	2.475	3664.1	4159.2	9.2460
900	5.414	3856.1	4397.5	9.7781	900	2.707	3855.8	4397.1	9.4579
1000	5.875	4054.5	4642.0	9.9781	1000	2.938	4054.2	4641.7	9.6580
1100	6.337	4259.3	4893.0	10.1678	1100	3.168	4259.1	4892.8	9.8477
1200	6.799	4470.1	5150.0	10.3485	1200	3.399	4470.0	5149.8	10.0284
1300	7.260	4686.7	5412.7	10.5210	1300	3.630	4686.5	5412.5	10.2010
1400	7.722	4908.4	5680.6	10.6861	1400	3.861	4908.3	5680.5	10.3661
1500	8.184	5135.0	5953.3	10.8444	1500	4.092	5134.8	5953.2	10.5244

〈부록 7〉 과열증기표 (계속)

Temp. °C	v m^3/kg	u kJ/kg	h kJ/kg	s $kJ/kg \cdot K$	Temp. °C	v m^3/kg	u kJ/kg	h kJ/kg	s $kJ/kg \cdot K$
	p = 0.3 MPa (133.555°C)					p = 0.4 MPa (143.643°C)			
Sat.	0.6059	2543.5	2725.3	6.9921	Sat.	0.4625	2553.5	2738.5	6.8961
150	0.6339	2570.7	2760.9	7.0779	150	0.4708	2564.4	2752.8	6.9300
200	0.7163	2650.2	2865.1	7.3108	200	0.5342	2646.4	2860.1	7.1699
250	0.7963	2728.2	2967.1	7.5157	250	0.5951	2725.6	2963.6	7.3779
300	0.8753	2806.3	3068.9	7.7015	300	0.6548	2804.4	3066.3	7.5654
350	0.9536	2885.3	3171.3	7.8729	350	0.7139	2883.8	3169.4	7.7378
400	1.0315	2965.4	3274.9	8.0327	400	0.7726	2964.3	3273.3	7.8982
500	1.1867	3130.1	3486.1	8.3252	500	0.8894	3129.3	3485.0	8.1913
600	1.3414	3301.1	3703.5	8.5895	600	1.0056	3300.5	3702.7	8.4561
700	1.4958	3478.9	3927.7	8.8325	700	1.1215	3478.5	3927.1	8.6993
800	1.6500	3663.8	4158.8	9.0585	800	1.2373	3663.4	4158.3	8.9251
900	1.8042	3855.5	4396.7	9.2705	900	1.3530	3855.2	4396.4	9.1375
1000	1.9582	4054.0	4641.4	9.4706	1000	1.4686	4053.7	4641.1	9.3377
1100	2.112	4258.8	4892.5	9.6605	1100	1.5841	4258.6	4892.3	9.5275
1200	2.266	4469.8	5149.6	9.8412	1200	1.6997	4469.6	5149.4	9.7083
1300	2.420	4686.3	5412.4	10.0137	1300	1.8152	4686.1	5412.2	9.8808
1400	2.574	4908.1	5680.3	10.1788	1400	1.9307	4907.9	5680.2	10.0460
1500	2.728	5134.7	5953.1	10.3372	1500	2.046	5134.6	5953.0	10.2043
	p = 0.5 MPa (151.866°C)					p = 0.6 MPa (158.863°C)			
Sat.	0.3749	2561.2	2748.6	6.8214	Sat.	0.3156	2567.3	2756.7	6.7601
200	0.4249	2642.5	2854.9	7.0585	200	0.3520	2638.5	2849.7	6.9658
250	0.4743	2723.0	2960.1	7.2699	250	0.3938	2720.3	2956.6	7.1806
300	0.5225	2802.5	3063.7	7.4591	300	0.4344	2800.5	3061.2	7.3716
350	0.5701	2882.3	3167.4	7.6324	350	0.4742	2880.9	3165.4	7.5459
400	0.6173	2963.1	3271.7	7.7935	400	0.5137	2961.9	3270.2	7.7076
450	0.6642	3045.1	3377.2	7.9446	450	0.5529	3044.1	3375.9	7.8591
500	0.7109	3128.5	3483.9	8.0873	500	0.5920	3127.7	3482.9	8.0021
600	0.8041	3299.9	3701.9	8.3524	600	0.6697	3299.3	3701.2	8.2676
700	0.8969	3478.0	3926.5	8.5958	700	0.7472	3477.6	3925.9	8.5112
800	0.9896	3663.0	4157.8	8.8221	800	0.8246	3662.7	4157.4	8.7376
900	1.0822	3854.9	4396.0	9.0342	900	0.9018	3854.6	4395.6	8.9498
1000	1.1748	4053.4	4640.8	9.2345	1000	0.9789	4053.2	4640.5	9.1501
1100	1.2673	4258.4	4892.0	9.4244	1100	1.0560	4258.2	4891.8	9.3401
1200	1.3597	4469.4	5149.2	9.6051	1200	1.1331	4469.2	5149.0	9.5209
1300	1.4521	4686.0	5412.0	9.7777	1300	1.2101	4685.8	5411.9	9.6935
1400	1.5446	4907.8	5680.1	9.9429	1400	1.2872	4907.6	5679.9	9.8587
1500	1.6369	5134.4	5952.9	10.1013	1500	1.3642	5134.3	5952.8	10.0170

〈부록 7〉 과열증기표 (계속)

Temp. °C	v m^3/kg	u kJ/kg	h kJ/kg	s $kJ/kg\cdot K$	Temp. °C	v m^3/kg	u kJ/kg	h kJ/kg	s $kJ/kg\cdot K$
	p = 0.8 MPa (170.444°C)					p = 1.0 MPa (179.916°C)			
Sat.	0.2404	2576.6	2768.9	6.6625	Sat.	0.19438	2583.3	2777.7	6.5859
200	0.2607	2630.2	2838.8	6.8151	200	0.2059	2621.5	2827.4	6.6932
250	0.2931	2714.8	2949.3	7.0373	250	0.2326	2709.2	2941.9	6.9234
300	0.3241	2796.6	3055.9	7.2319	300	0.2579	2792.7	3050.6	7.1219
350	0.3544	2877.9	3161.4	7.4084	350	0.2825	2874.9	3157.3	7.3005
400	0.3843	2959.6	3267.0	7.5713	400	0.3066	2957.2	3263.8	7.4648
450	0.4139	3042.2	3373.3	7.7237	450	0.3304	3040.3	3370.7	7.6180
500	0.4433	3126.1	3480.7	7.8673	500	0.3541	3124.5	3478.6	7.7622
600	0.5018	3298.1	3699.6	8.1335	600	0.4011	3297.0	3698.1	8.0292
700	0.5601	3476.7	3924.7	8.3775	700	0.4478	3475.7	3923.6	8.2336
800	0.6182	3661.9	4156.5	8.6041	800	0.4944	3661.2	4155.5	8.5005
900	0.6762	3854.0	4394.9	8.8165	900	0.5408	3853.4	4394.2	8.7130
1000	0.7341	4052.7	4639.9	9.0169	1000	0.5872	4052.1	4639.3	8.9135
1100	0.7920	4257.7	4891.3	9.2070	1100	0.6335	4257.3	4890.8	9.1037
1200	0.8498	4468.8	5148.6	9.3878	1200	0.6798	4468.4	5148.2	9.2846
1300	0.9076	4685.4	5411.5	9.5605	1300	0.7261	4685.1	5411.2	9.4573
1400	0.9654	4907.3	5679.6	9.7257	1400	0.7724	4907.0	5679.4	9.6225
1500	1.0232	5134.0	5952.5	9.8841	1500	0.8186	5133.7	5952.3	9.7810
	p = 1.2 MPa (187.996°C)					p = 1.4 MPa (195.079°C)			
Sat.	0.16328	2588.4	2784.3	6.5226	Sat.	0.14079	2592.3	2789.4	6.4683
200	0.16925	2612.3	2815.4	6.5890	200	0.14297	2602.6	2802.7	6.4966
250	0.19231	2703.5	2934.3	6.8281	250	0.16347	2697.6	2926.4	6.7454
300	0.2138	2788.6	3045.2	7.0307	300	0.18226	2784.5	3039.7	6.9523
350	0.2345	2871.8	3153.3	7.2115	350	0.2003	2868.8	3149.1	7.1354
400	0.2548	2954.8	3260.6	7.3771	400	0.2178	2952.4	3257.3	7.3024
450	0.2748	3038.3	3368.1	7.5312	450	0.2351	3036.4	3365.5	7.4573
500	0.2946	3122.8	3476.4	7.6760	500	0.2521	3121.2	3474.2	7.6027
600	0.3339	3295.8	3696.5	7.9437	600	0.2860	3294.6	3694.9	7.8712
700	0.3730	3474.8	3922.4	8.1885	700	0.3195	3473.9	3921.2	8.1164
800	0.4118	3660.4	4154.6	8.4156	800	0.3529	3659.7	4153.7	8.3438
900	0.4506	3852.7	4393.4	8.6284	900	0.3861	3852.1	4392.7	8.5567
1000	0.4893	4051.6	4638.7	8.8290	1000	0.4193	4051.1	4638.1	8.7574
1100	0.5279	4256.8	4890.3	9.0192	1100	0.4525	4256.4	4889.8	8.9477
1200	0.5665	4468.0	5147.8	9.2002	1200	0.4856	4467.6	5147.4	9.1288
1300	0.6051	4684.7	5410.9	9.3729	1300	0.5187	4684.4	5410.5	9.3016
1400	0.6437	4906.7	5679.1	9.5382	1400	0.5517	4906.4	5678.8	9.4669
1500	0.6822	5133.4	5952.1	9.6967	1500	0.5848	5133.1	5951.8	9.6254

〈부록 7〉 과열증기표 (계속)

Temp. °C	v m^3/kg	u kJ/kg	h kJ/kg	s $kJ/kg \cdot K$	Temp. °C	v m^3/kg	u kJ/kg	h kJ/kg	s $kJ/kg \cdot K$
	p = 1.6 MPa (201.410°C)					p = 1.8 MPa (207.151°C)			
Sat.	0.12375	2595.3	2793.3	6.4207	Sat.	0.11037	2597.7	2796.4	6.3781
225	0.13283	2644.0	2856.5	6.5506	225	0.11669	2635.9	2846.0	6.4795
250	0.14181	2691.5	2918.4	6.6718	250	0.12493	2685.2	2910.1	6.6052
300	0.15860	2780.4	3034.1	6.8833	300	0.14019	2776.1	3028.5	6.8214
350	0.17456	2865.7	3145.0	7.0688	350	0.15456	2862.6	3140.8	7.0093
400	0.19005	2950.0	3254.1	7.2372	400	0.16846	2947.6	3250.8	7.1792
450	0.2053	3034.4	3362.8	7.3930	450	0.18207	3032.5	3360.2	7.3359
500	0.2203	3119.6	3472.0	7.5390	500	0.19549	3118.0	3469.9	7.4825
600	0.2500	3293.4	3693.4	7.8082	600	0.2220	3292.2	3691.8	7.7524
700	0.2794	3473.0	3920.0	8.0539	700	0.2482	3472.1	3918.8	7.9986
800	0.3086	3659.0	4152.8	8.2815	800	0.2742	3658.2	4151.9	8.2264
900	0.3378	3851.5	4392.0	8.4946	900	0.3002	3850.9	4391.2	8.4397
1000	0.3669	4050.6	4637.6	8.6954	1000	0.3261	4050.1	4637.0	8.6406
1100	0.3959	4255.9	4889.3	8.8858	1100	0.3519	4255.5	4888.8	8.8311
1200	0.4249	4467.2	5147.0	9.0669	1200	0.3777	4466.8	5146.6	9.0122
1300	0.4538	4684.0	5410.2	9.2397	1300	0.4034	4683.7	5409.9	9.1851
1400	0.4828	4906.1	5678.5	9.4051	1400	0.4292	4905.8	5678.2	9.3505
1500	0.5117	5132.9	5951.6	9.5636	1500	0.4549	5132.6	5951.4	9.5090
	p = 2.0 MPa (212.417°C)					p = 2.2 MPa (217.288°C)			
Sat.	0.09959	2599.5	2798.7	6.3396	Sat.	0.09070	2600.9	2800.5	6.3042
225	0.10374	2627.5	2835.0	6.4133	225	0.09309	2618.8	2823.6	6.3509
250	0.11141	2678.8	2901.6	6.5438	250	0.10032	2672.1	2892.8	6.4866
300	0.12545	2771.8	3022.7	6.7651	300	0.11338	2767.5	3016.9	6.7133
350	0.13856	2859.4	3136.6	6.9556	350	0.12547	2856.2	3132.3	6.9064
400	0.15119	2945.1	3247.5	7.1269	400	0.13706	2942.7	3244.2	7.0792
450	0.16352	3030.5	3357.5	7.2845	450	0.14835	3028.5	3354.9	7.2378
500	0.17567	3116.3	3467.7	7.4318	500	0.15944	3114.7	3465.5	7.3857
600	0.19960	3291.0	3690.2	7.7024	600	0.18128	3289.8	3688.6	7.6571
700	0.2232	3471.1	3917.6	7.9490	700	0.2028	3470.2	3916.4	7.9040
800	0.2467	3657.5	4150.9	8.1771	800	0.2242	3656.7	4150.0	8.1325
900	0.2701	3850.3	4390.5	8.3905	900	0.2455	3849.7	4389.8	8.3460
1000	0.2934	4049.5	4636.4	8.5916	1000	0.2667	4049.0	4635.8	8.5472
1100	0.3167	4255.0	4888.4	8.7821	1100	0.2879	4254.6	4887.9	8.7378
1200	0.3399	4466.4	5146.2	8.9633	1200	0.3090	4466.0	5145.8	8.9191
1300	0.3631	4683.3	5409.5	9.1363	1300	0.3301	4683.0	5409.2	9.0921
1400	0.3863	4905.4	5678.0	9.3017	1400	0.3512	4905.1	5677.7	9.2575
1500	0.4094	5132.3	5951.1	9.4603	1500	0.3722	5132.0	5950.9	9.4161

〈부록 7〉 과열증기표 (계속)

Temp. °C	v m^3/kg	u kJ/kg	h kJ/kg	s $kJ/kg \cdot K$	Temp. °C	v m^3/kg	u kJ/kg	h kJ/kg	s $kJ/kg \cdot K$
	$p = 2.5$ MPa (223.989°C)					$p = 3.0$ MPa (233.892°C)			
Sat.	0.07995	2602.3	2802.2	6.2560	Sat.	0.06666	2603.3	2803.3	6.1855
250	0.08698	2661.7	2879.1	6.4069	250	0.07056	2643.1	2854.8	6.2857
300	0.09888	2760.8	3008.0	6.6424	300	0.08113	2749.2	2992.6	6.5375
350	0.10975	2851.4	3125.8	6.8395	350	0.09052	2843.2	3114.8	6.7420
400	0.12009	2938.9	3239.2	7.0146	400	0.09935	2932.7	3230.7	6.9210
450	0.13013	3025.5	3350.9	7.1746	450	0.10787	3020.5	3344.1	7.0835
500	0.13997	3112.2	3462.2	7.3235	500	0.11618	3108.1	3456.6	7.2339
550	0.14968	3199.6	3573.8	7.4634	550	0.12435	3196.1	3569.1	7.3750
600	0.15930	3288.0	3686.3	7.5960	600	0.13243	3285.0	3682.3	7.5084
700	0.17833	3468.8	3914.7	7.8436	700	0.14839	3466.5	3911.7	7.7571
800	0.19720	3655.6	4148.6	8.0724	800	0.16418	3653.8	4146.3	7.9865
900	0.2160	3848.8	4388.7	8.2862	900	0.17987	3847.2	4386.8	8.2008
1000	0.2347	4048.2	4634.9	8.4876	1000	0.19548	4046.9	4633.4	8.4024
1100	0.2533	4253.9	4887.1	8.6783	1100	0.2110	4252.8	4885.9	8.5934
1200	0.2719	4465.4	5145.2	8.8597	1200	0.2266	4464.4	5144.2	8.7749
1300	0.2905	4682.5	5408.7	9.0327	1300	0.2421	4681.6	5407.9	8.9480
1400	0.3090	4904.7	5677.3	9.1982	1400	0.2576	4903.9	5676.6	9.1136
1500	0.3276	5131.6	5950.6	9.3569	1500	0.2730	5130.9	5950.0	9.2723

Temp. °C	v m^3/kg	u kJ/kg	h kJ/kg	s $kJ/kg \cdot K$	Temp. °C	v m^3/kg	u kJ/kg	h kJ/kg	s $kJ/kg \cdot K$
	$p = 4.0$ MPa (250.392°C)					$p = 5.0$ MPa (263.977°C)			
Sat.	0.04977	2601.5	2800.6	6.0689	Sat.	0.03944	2596.5	2793.7	5.9725
275	0.05455	2667.0	2885.2	6.2269	275	0.04140	2630.5	2837.5	6.0532
300	0.05882	2724.4	2959.7	6.3598	300	0.04530	2697.5	2923.5	6.2067
350	0.06644	2826.1	3091.8	6.5811	350	0.05193	2808.0	3067.7	6.4482
400	0.07340	2919.8	3213.4	6.7688	400	0.05781	2906.5	3195.5	6.6456
450	0.08002	3010.3	3330.4	6.9364	450	0.06330	2999.8	3316.3	6.8187
500	0.08642	3099.7	3445.4	7.0902	500	0.06856	3091.1	3433.9	6.9760
550	0.09268	3189.0	3559.7	7.2335	550	0.07367	3181.8	3550.2	7.1218
600	0.09884	3278.9	3674.3	7.3687	600	0.07869	3272.8	3666.2	7.2586
700	0.11096	3461.8	3905.7	7.6195	700	0.08850	3457.1	3899.7	7.5117
800	0.12291	3650.0	4141.7	7.8503	800	0.09815	3646.3	4137.0	7.7438
900	0.13475	3844.1	4383.1	8.0654	900	0.10768	3841.0	4379.4	7.9598
1000	0.14652	4044.3	4630.4	8.2676	1000	0.11715	4041.7	4627.4	8.1626
1100	0.15824	4250.5	4883.5	8.4590	1100	0.12656	4248.3	4881.1	8.3543
1200	0.16993	4462.5	5142.2	8.6408	1200	0.13594	4460.5	5140.2	8.5365
1300	0.18159	4679.9	5406.2	8.8142	1300	0.14529	4678.1	5404.5	8.7101
1400	0.19322	4902.3	5675.2	8.9799	1400	0.15462	4900.8	5673.8	8.8760
1500	0.2048	5129.5	5948.9	9.1388	1500	0.16393	5128.1	5947.7	9.0350

〈부록 7〉 과열증기표 (계속)

Temp. °C	v m^3/kg	u kJ/kg	h kJ/kg	s $kJ/kg \cdot K$	Temp. °C	v m^3/kg	u kJ/kg	h kJ/kg	s $kJ/kg \cdot K$
	p = 6.0 MPa (275.621°C)					p = 7.0 MPa (285.864°C)			
Sat.	0.03244	2589.3	2783.9	5.8886	Sat.	0.02737	2580.2	2771.8	5.8130
300	0.03615	2666.3	2883.2	6.0659	300	0.02946	2631.4	2837.6	5.9293
350	0.04222	2788.9	3042.2	6.3322	350	0.03523	2768.5	3015.1	6.2269
400	0.04739	2892.7	3177.0	6.5404	400	0.03993	2878.4	3157.9	6.4474
450	0.05214	2989.1	3301.9	6.7195	450	0.04416	2978.1	3287.3	6.6329
500	0.05665	3082.4	3422.3	6.8805	500	0.04813	3073.6	3410.5	6.7978
550	0.06100	3174.6	3540.6	7.0287	550	0.05194	3167.2	3530.8	6.9486
600	0.06525	3266.6	3658.1	7.1673	600	0.05565	3260.3	3649.8	7.0889
650	0.06942	3359.1	3775.6	7.2982	650	0.05927	3353.6	3768.5	7.2211
700	0.07353	3452.4	3893.6	7.4227	700	0.06284	3447.6	3887.5	7.3466
800	0.08164	3642.5	4132.3	7.6561	800	0.06985	3638.7	4127.6	7.5815
900	0.08964	3837.9	4375.7	7.8730	900	0.07675	3834.8	4372.0	7.7992
1000	0.09756	4039.1	4624.5	8.0764	1000	0.08358	4036.4	4621.5	8.0032
1100	0.10544	4246.0	4878.6	8.2686	1100	0.09035	4243.7	4876.2	8.1958
1200	0.11328	4458.5	5138.2	8.4510	1200	0.09709	4456.6	5136.2	8.3785
1300	0.12109	4676.4	5402.9	8.6248	1300	0.10381	4674.6	5401.3	8.5526
1400	0.12888	4899.2	5672.5	8.7910	1400	0.11050	4897.6	5671.1	8.7189
1500	0.13666	5126.7	5946.6	8.9501	1500	0.11718	5125.3	5945.5	8.8782
	p = 8.0 MPa (295.042°C)					p = 9.0 MPa (303.379°C)			
Sat.	0.02352	2569.6	2757.8	5.7431	Sat.	0.02049	2557.6	2742.0	5.6772
325	0.02738	2677.2	2896.2	5.9809	325	0.02326	2645.6	2854.9	5.8696
350	0.02995	2746.7	2986.3	6.1286	350	0.02579	2723.4	2955.5	6.0345
400	0.03431	2863.5	3138.0	6.3630	400	0.02993	2848.1	3117.5	6.2848
450	0.03816	2966.9	3272.2	6.5554	450	0.03350	2955.4	3256.9	6.4847
500	0.04174	3064.6	3398.5	6.7243	500	0.03677	3055.5	3386.4	6.6579
550	0.04515	3159.8	3521.0	6.8778	550	0.03986	3152.2	3511.0	6.8141
600	0.04845	3254.0	3641.5	7.0200	600	0.04284	3247.6	3633.2	6.9583
650	0.05166	3348.1	3761.4	7.1535	650	0.04574	3342.6	3754.3	7.0932
700	0.05482	3442.8	3881.4	7.2800	700	0.04858	3438.0	3875.2	7.2207
800	0.06101	3634.9	4122.9	7.5163	800	0.05413	3631.0	4118.2	7.4584
900	0.06708	3831.6	4368.3	7.7349	900	0.05957	3828.5	4364.6	7.6779
1000	0.07309	4033.8	4618.5	7.9395	1000	0.06493	4031.2	4615.5	7.8831
1100	0.07904	4241.5	4873.8	8.1325	1100	0.07024	4239.2	4871.4	8.0765
1200	0.08496	4454.6	5134.2	8.3156	1200	0.07552	4452.6	5132.2	8.2599
1300	0.09084	4672.9	5399.6	8.4899	1300	0.08076	4671.1	5398.0	8.4344
1400	0.09671	4896.1	5669.8	8.6564	1400	0.08599	4894.5	5668.5	8.6011
1500	0.10257	5123.9	5944.4	8.8158	1500	0.09120	5122.5	5943.3	8.7606

〈부록 7〉 과열증기표 (계속)

Temp. °C	v m^3/kg	u kJ/kg	h kJ/kg	s $kJ/kg \cdot K$	Temp. °C	v m^3/kg	u kJ/kg	h kJ/kg	s $kJ/kg \cdot K$
	p = 10.0 MPa (311.031°C)					p = 12.5 MPa (327.847°C)			
Sat.	0.018026	2544.3	2724.5	5.6140	Sat.	0.013495	2504.8	2673.5	5.4621
350	0.02242	2698.1	2922.2	5.9425	350	0.016121	2623.3	2824.8	5.7097
400	0.02641	2832.0	3096.1	6.2114	400	0.02001	2788.7	3038.8	6.0409
450	0.02975	2943.6	3241.1	6.4193	450	0.02299	2912.8	3200.2	6.2724
500	0.03278	3046.2	3374.0	6.5971	500	0.02560	3022.2	3342.2	6.4625
550	0.03563	3144.6	3500.9	6.7561	550	0.02801	3125.0	3475.2	6.6291
600	0.03836	3241.1	3624.7	6.9022	600	0.03029	3224.7	3603.3	6.7802
650	0.04101	3337.1	3747.1	7.0385	650	0.03248	3322.9	3728.9	6.9202
700	0.04359	3433.1	3869.0	7.1671	700	0.03461	3420.8	3853.4	7.0514
750	0.04613	3529.7	3991.0	7.2893	750	0.03669	3518.8	3977.4	7.1757
800	0.04863	3627.2	4113.5	7.4062	800	0.03873	3617.4	4101.5	7.2942
900	0.05355	3825.3	4360.9	7.6266	900	0.04273	3817.4	4351.6	7.5169
1000	0.05840	4028.5	4612.5	7.8324	1000	0.04666	4021.9	4605.1	7.7243
1100	0.06320	4236.9	4869.0	8.0263	1100	0.05054	4231.3	4863.0	7.9192
1200	0.06796	4450.6	5130.3	8.2100	1200	0.05437	4445.7	5125.4	8.1037
1300	0.07270	4669.4	5396.4	8.3847	1300	0.05819	4665.1	5392.4	8.2790
1400	0.07741	4893.0	5667.1	8.5516	1400	0.06198	4889.1	5663.8	8.4463
1500	0.08211	5121.1	5942.2	8.7112	1500	0.06575	5117.6	5939.5	8.6063
	p = 15.0 MPa (342.192°C)					p = 17.5 MPa (354.715°C)			
Sat.	0.010340	2455.0	2610.1	5.3092	Sat.	0.007931	2390.2	2529.0	5.1422
350	0.011469	2519.3	2691.3	5.4404					
400	0.015652	2739.9	2974.7	5.8799	400	0.012452	2684.0	2901.9	5.7198
450	0.018450	2879.9	3156.6	6.1410	450	0.015180	2844.7	3110.3	6.0191
500	0.02080	2997.3	3309.3	6.3452	500	0.017359	2971.2	3275.0	6.2395
550	0.02292	3104.9	3448.8	6.5201	550	0.019282	3084.2	3421.7	6.4234
600	0.02490	3207.9	3581.5	6.6767	600	0.02106	3190.8	3559.3	6.5857
650	0.02679	3308.6	3710.5	6.8204	650	0.02273	3294.0	3691.8	6.7334
700	0.02862	3408.3	3837.6	6.9544	700	0.02434	3395.6	3821.6	6.8703
750	0.03039	3507.8	3963.7	7.0808	750	0.02590	3496.7	3949.9	6.9989
800	0.03213	3607.6	4089.6	7.2009	800	0.02742	3597.7	4077.5	7.1206
900	0.03552	3809.4	4342.2	7.4260	900	0.03037	3801.4	4332.9	7.3481
1000	0.03883	4015.2	4597.7	7.6350	1000	0.03324	4008.5	4590.3	7.5587
1100	0.04209	4225.6	4857.0	7.8310	1100	0.03606	4219.9	4851.0	7.7558
1200	0.04532	4440.8	5120.5	8.0163	1200	0.03885	4435.8	5115.7	7.9418
1300	0.04851	4660.7	5388.4	8.1922	1300	0.04160	4656.4	5384.5	8.1184
1400	0.05169	4885.3	5660.6	8.3599	1400	0.04434	4881.4	5657.3	8.2865
1500	0.05485	5114.1	5936.8	8.5203	1500	0.04706	5110.7	5934.2	8.4472

〈부록 7〉 과열증기표 (계속)

Temp. °C	v m^3/kg	u kJ/kg	h kJ/kg	s $kJ/kg \cdot K$	Temp. °C	v m^3/kg	u kJ/kg	h kJ/kg	s $kJ/kg \cdot K$
	p = 20.0 MPa (365.800°C)					p = 25.0 MPa			
Sat.	0.005870	2295.8	2413.2	4.9323					
375	0.007668	2447.6	2601.0	5.2246	375	0.0019794	1799.8	1849.3	4.0340
400	0.009946	2617.9	2816.9	5.5521	400	0.006001	2428.1	2578.1	5.1388
450	0.012701	2806.8	3060.8	5.9026	450	0.009167	2721.5	2950.6	5.6755
500	0.014769	2944.1	3239.4	6.1417	500	0.011123	2886.1	3164.2	5.9616
550	0.016549	3036.0	3393.9	6.3355	550	0.012716	3018.6	3336.5	6.1778
600	0.018169	3173.3	3536.7	6.5039	600	0.014126	3137.3	3490.4	6.3593
650	0.019687	3279.2	3672.9	6.6556	650	0.015423	3249.0	3634.5	6.5198
700	0.02113	3382.8	3805.5	6.7955	700	0.016644	3356.8	3773.0	6.6659
750	0.02253	3485.4	3936.0	6.9263	750	0.017812	3462.7	3908.0	6.8012
800	0.02388	3587.8	4065.4	7.0498	800	0.018938	3567.6	4041.1	6.9282
900	0.02651	3793.3	4323.5	7.2797	900	0.02110	3777.1	4304.7	7.1631
1000	0.02905	4001.8	4582.8	7.4919	1000	0.02319	3988.3	4568.0	7.3785
1100	0.03154	4214.2	4845.0	7.6901	1100	0.02522	4202.8	4833.2	7.5790
1200	0.03400	4430.9	5110.9	7.8769	1200	0.02721	4421.1	5101.3	7.7674
1300	0.03642	4652.1	5380.5	8.0540	1300	0.02917	4643.5	5372.8	7.9457
1400	0.03883	4877.6	5654.2	8.2227	1400	0.03112	4870.0	5647.9	8.1152
1500	0.04122	5107.3	5931.6	8.3837	1500	0.03304	5100.4	5926.5	8.2770
	p = 30.0 MPa					p = 35.0 MPa			
375	0.0017913	1737.7	1791.4	3.9303	375	0.0017007	1702.4	1761.9	3.8714
400	0.002793	2066.9	2150.7	4.4723	400	0.002106	1914.6	1988.3	4.2136
450	0.006736	2620.2	2822.3	5.4435	450	0.004960	2499.4	2672.9	5.1969
500	0.008676	2823.2	3083.5	5.7936	500	0.006924	2755.0	2997.3	5.6320
550	0.010158	2972.0	3276.8	6.0361	550	0.008333	2923.3	3215.0	5.9052
600	0.011431	3100.1	3443.1	6.2324	600	0.009511	3061.9	3394.7	6.1174
650	0.012583	3218.0	3595.5	6.4022	650	0.010558	3186.5	3556.0	6.2971
700	0.013655	3330.4	3740.1	6.5547	700	0.011523	3303.6	3706.9	6.4546
750	0.014671	3439.7	3879.8	6.6948	750	0.012431	3416.5	3851.6	6.6012
800	0.015645	3547.3	4016.7	6.8254	800	0.013295	3526.9	3992.2	6.7355
900	0.017504	3760.8	4285.9	7.0653	900	0.014935	3744.4	4267.2	6.9804
1000	0.019281	3974.8	4553.3	7.2840	1000	0.016491	3961.3	4538.5	7.2025
1100	0.02100	4191.4	4821.4	7.4867	1100	0.017993	4180.0	4809.7	7.4075
1200	0.02269	4411.2	5091.8	7.6768	1200	0.019456	4401.5	5082.4	7.5992
1300	0.02434	4634.9	5365.1	7.8563	1300	0.02089	4626.4	5357.6	7.7799
1400	0.02598	4862.4	5641.7	8.0267	1400	0.02231	4854.9	5635.6	7.9512
1500	0.02759	5093.7	5921.5	8.1891	1500	0.02370	5087.0	5916.6	8.1143

〈부록 7〉 과열증기표 (계속)

Temp. °C	v m^3/kg	u kJ/kg	h kJ/kg	s $kJ/kg \cdot K$	Temp. °C	v m^3/kg	u kJ/kg	h kJ/kg	s $kJ/kg \cdot K$
	p = 40.0 MPa					p = 50.0 MPa			
375	0.0016405	1676.5	1742.2	3.8280	375	0.0015593	1638.2	1716.1	3.7632
400	0.0019096	1854.5	1930.8	4.1134	400	0.0017301	1787.6	1874.1	4.0022
450	0.003691	2365.5	2513.1	4.9463	450	0.002486	2160.4	2284.7	4.5894
500	0.005619	2681.9	2906.7	5.4745	500	0.003892	2529.6	2724.2	5.1780
550	0.006973	2872.6	3151.6	5.7819	550	0.005111	2767.7	3023.3	5.5535
600	0.008077	3022.7	3345.8	6.0111	600	0.006098	2942.7	3247.7	5.8184
650	0.009046	3154.5	3516.3	6.2011	650	0.006949	3089.7	3437.2	6.0296
700	0.009930	3276.6	3673.8	6.3673	700	0.007713	3222.1	3607.8	6.2097
750	0.010754	3393.1	3823.3	6.5171	750	0.008420	3346.2	3767.2	6.3695
800	0.011536	3506.4	3967.8	6.6551	800	0.009083	3465.3	3919.5	6.5148
900	0.013010	3728.1	4248.5	6.9052	900	0.010322	3695.4	4211.5	6.7751
1000	0.014401	3947.9	4523.9	7.1305	1000	0.011479	3921.1	4495.0	7.0070
1100	0.015737	4168.6	4798.1	7.3378	1100	0.012582	4146.1	4775.2	7.2188
1200	0.017035	4391.7	5073.1	7.5311	1200	0.013647	4372.4	5054.7	7.4154
1300	0.018304	4617.9	5350.1	7.7130	1300	0.014684	4601.1	5335.3	7.5996
1400	0.019553	4847.4	5629.5	7.8852	1400	0.015702	4832.6	5617.7	7.7736
1500	0.02079	5080.3	5911.8	8.0491	1500	0.016703	5067.2	5902.3	7.9389
	p = 60.0 MPa					p = 70.0 MPa			
375	0.0015034	1609.3	1699.5	3.7139	375	0.0014608	1585.8	1688.0	3.6734
400	0.0016328	1745.1	1843.0	3.9312	400	0.0015667	1713.1	1822.8	3.8774
450	0.002084	2055.0	2180.0	4.4134	450	0.0018917	1991.2	2123.6	4.3081
500	0.002955	2394.6	2571.9	4.9373	500	0.002464	2294.4	2466.9	4.7669
550	0.003955	2663.7	2901.0	5.3505	550	0.003227	2569.1	2795.0	5.1784
600	0.004826	2862.7	3152.3	5.6471	600	0.003972	2785.7	3063.8	5.4957
650	0.005582	3025.0	3359.9	5.8786	650	0.004642	2961.9	3286.8	5.7442
700	0.006259	3167.9	3543.5	6.0723	700	0.005245	3114.7	3481.9	5.9502
750	0.006880	3299.7	3712.5	6.2417	750	0.005800	3253.9	3659.9	6.1286
800	0.007461	3424.6	3872.3	6.3942	800	0.006317	3384.5	3826.7	6.2878
900	0.008538	3663.1	4175.4	6.6643	900	0.007272	3631.3	4140.3	6.5674
1000	0.009536	3894.5	4466.7	6.9027	1000	0.008153	3868.4	4439.1	6.8118
1100	0.010482	4123.7	4752.6	7.1189	1100	0.008985	4101.8	4730.7	7.0323
1200	0.011391	4353.3	5036.7	7.3186	1200	0.009781	4334.5	5019.1	7.2351
1300	0.012273	4584.5	5320.8	7.5052	1300	0.010551	4568.1	5306.7	7.4240
1400	0.013135	4818.0	5606.1	7.6810	1400	0.011302	4803.6	5594.8	7.6015
1500	0.013981	5054.2	5893.0	7.8476	1500	0.012037	5041.4	5884.0	7.7694

Values generated from property formulation given in *NBS/NRC Steam Tables: Thermodynamic and Transport Properties and Computer Programs for Vapor and Liquid States of Water in SI Units*, Lester Haar, John S. Gallagher and George S. Kell, Hemisphere Publishing Corp., Washington, 1984.

〈부록 8〉 압축액

Temp. °C	v m^3/kg	u kJ/kg	h kJ/kg	s $kJ/kg \cdot K$	Temp. °C	v m^3/kg	u kJ/kg	h kJ/kg	s $kJ/kg \cdot K$
	p = 5.0 MPa (263.977°C)					p = 10.0 MPa (311.031°C)			
0	0.0009977	0.06	5.05	0.0002	0	0.0009952	0.15	10.10	0.0004
20	0.0009995	83.53	88.52	0.2951	20	0.0009973	83.22	93.20	0.2940
40	0.0010057	166.89	171.92	0.5703	40	0.0010035	166.30	176.33	0.5684
60	0.0010149	250.26	255.34	0.8285	60	0.0010127	249.40	259.53	0.8259
80	0.0010267	333.74	338.87	1.0720	80	0.0010244	332.61	342.85	1.0688
100	0.0010409	417.54	422.75	1.3031	100	0.0010384	416.13	426.52	1.2992
120	0.0010576	501.87	507.16	1.5234	120	0.0010549	500.15	510.70	1.5190
140	0.0010768	586.88	592.26	1.7346	140	0.0010737	584.80	595.53	1.7295
160	0.0010988	672.73	678.22	1.9377	160	0.0010953	670.24	681.19	1.9319
180	0.0011240	759.66	765.28	2.1342	180	0.0011199	756.68	767.88	2.1276
200	0.0011529	848.03	853.79	2.3253	200	0.0011481	844.43	855.91	2.3177
220	0.0011867	938.32	944.25	2.5126	220	0.0011807	933.95	945.75	2.5036
240	0.0012266	1031.3	1037.4	2.6977	240	0.0012190	1025.8	1038.0	2.6870
260	0.0012751	1128.0	1134.3	2.8830	260	0.0012650	1121.0	1133.7	2.8699
Sat.	0.0012861	1147.8	1154.2	2.9201	280	0.0013222	1221.0	1234.2	3.0550
					300	0.0013975	1328.4	1342.4	3.2470
					Sat.	0.0014522	1392.8	1407.3	3.3592
	p = 15.0 MPa (342.192°C)					p = 20.0 MPa (365.800°C)			
0	0.0009928	0.22	15.11	0.0006	0	0.0009904	0.28	20.08	0.0007
20	0.0009951	82.92	97.85	0.2929	20	0.0009929	82.62	102.48	0.2918
40	0.0010014	165.72	180.74	0.5664	40	0.0009992	165.14	185.13	0.5645
60	0.0010105	248.56	263.72	0.8233	60	0.0010084	247.73	267.90	0.8207
80	0.0010221	331.50	346.84	1.0656	80	0.0010199	330.42	350.82	1.0624
100	0.0010360	414.75	430.29	1.2955	100	0.0010336	413.40	434.07	1.2917
120	0.0010522	498.46	514.24	1.5146	120	0.0010496	496.81	517.81	1.5103
140	0.0010708	582.77	598.83	1.7245	140	0.0010678	580.79	602.15	1.7196
160	0.0010919	667.81	684.19	1.9262	160	0.0010886	665.46	687.23	1.9207
180	0.0011159	753.79	770.53	2.1211	180	0.0011121	750.98	773.22	2.1147
200	0.0011434	840.97	858.12	2.3102	200	0.0011389	837.62	860.40	2.3030
220	0.0011750	929.75	947.38	2.4950	220	0.0011695	925.72	949.12	2.4866
240	0.0012118	1020.7	1038.9	2.6768	240	0.0012051	1015.8	1039.9	2.6670
260	0.0012556	1114.6	1133.4	2.8575	260	0.0012469	1108.5	1133.4	2.8458
280	0.0013092	1212.6	1232.2	3.0394	280	0.0012974	1204.8	1230.7	3.0250
300	0.0013777	1316.7	1337.4	3.2261	300	0.0013605	1306.2	1333.4	3.2073
320	0.0014725	1431.0	1453.0	3.4244	320	0.0014442	1415.6	1444.5	3.3978
340	0.0016307	1567.1	1591.6	3.6540	340	0.0015685	1539.4	1570.7	3.6070
Sat.	0.0016571	1585.0	1609.8	3.6837	360	0.0018248	1703.2	1739.7	3.8778
					Sat.	0.002035	1785.8	1826.5	4.0142

〈부록 8〉 압축액 (계속)

Temp. °C	v m^3/kg	u kJ/kg	h kJ/kg	s $kJ/kg \cdot K$	Temp. °C	v m^3/kg	u kJ/kg	h kJ/kg	s $kJ/kg \cdot K$
	$p = 30.0$ MPa					$p = 50.0$ MPa			
0	0.0009857	0.35	29.92	0.0005	0	0.0009767	0.36	49.20	−0.0008
20	0.0009887	82.02	111.68	0.2893	20	0.0009805	80.83	129.85	0.2842
40	0.0009951	164.02	193.87	0.5606	40	0.0009872	161.87	211.23	0.5527
60	0.0010042	246.12	276.25	0.8156	60	0.0009962	243.07	292.88	0.8054
80	0.0010155	328.32	358.79	1.0562	80	0.0010072	324.35	374.71	1.0440
100	0.0010290	410.78	441.64	1.2844	100	0.0010201	405.84	456.84	1.2702
120	0.0010445	493.63	524.96	1.5019	120	0.0010349	487.65	539.40	1.4857
140	0.0010622	576.98	608.85	1.7100	140	0.0010517	569.86	622.44	1.6917
160	0.0010822	660.93	693.39	1.9098	160	0.0010704	652.51	706.04	1.8893
180	0.0011048	745.61	778.76	2.1025	180	0.0010914	735.71	790.28	2.0795
200	0.0011303	831.24	865.15	2.2890	200	0.0011148	819.60	875.34	2.2631
220	0.0011593	918.11	952.89	2.4707	220	0.0011411	904.38	961.44	2.4413
240	0.0011925	1006.6	1042.4	2.6485	240	0.0011706	990.3	1048.9	2.6151
260	0.0012311	1097.3	1134.2	2.8240	260	0.0012042	1077.7	1137.9	2.7854
280	0.0012766	1190.7	1229.0	2.9986	280	0.0012428	1167.0	1229.2	2.9534
300	0.0013317	1288.0	1328.0	3.1743	300	0.0012876	1258.7	1323.1	3.1201
320	0.0014008	1390.7	1432.8	3.3540	320	0.0013406	1353.4	1420.5	3.2871
340	0.0014925	1501.5	1546.3	3.5422	340	0.0014046	1452.1	1522.3	3.4559
360	0.0016269	1626.1	1674.9	3.7486	360	0.0014845	1555.8	1630.1	3.6289

Values generated from property formulation given in *NBS/NRC Steam Tables: Thermodynamic and Transport Properties and Computer Programs for Vapor and Liquid States of Water in SI Units,* Lester Haar, John S. Gallagher and George S. Kell, Hemisphere Publishing Corp., Washington, 1984.

〈부록 9〉 증기의 온도(T)-엔트로피(s) 선도

자료 : Joseph, H. Keenan, Frederick G. Keys, Philp S. Hill, and Joan S. Moore, Steam Tables (International System of Units - S. I.) Copyright ⓒ 1969, John Wiley & Sons, Inc.

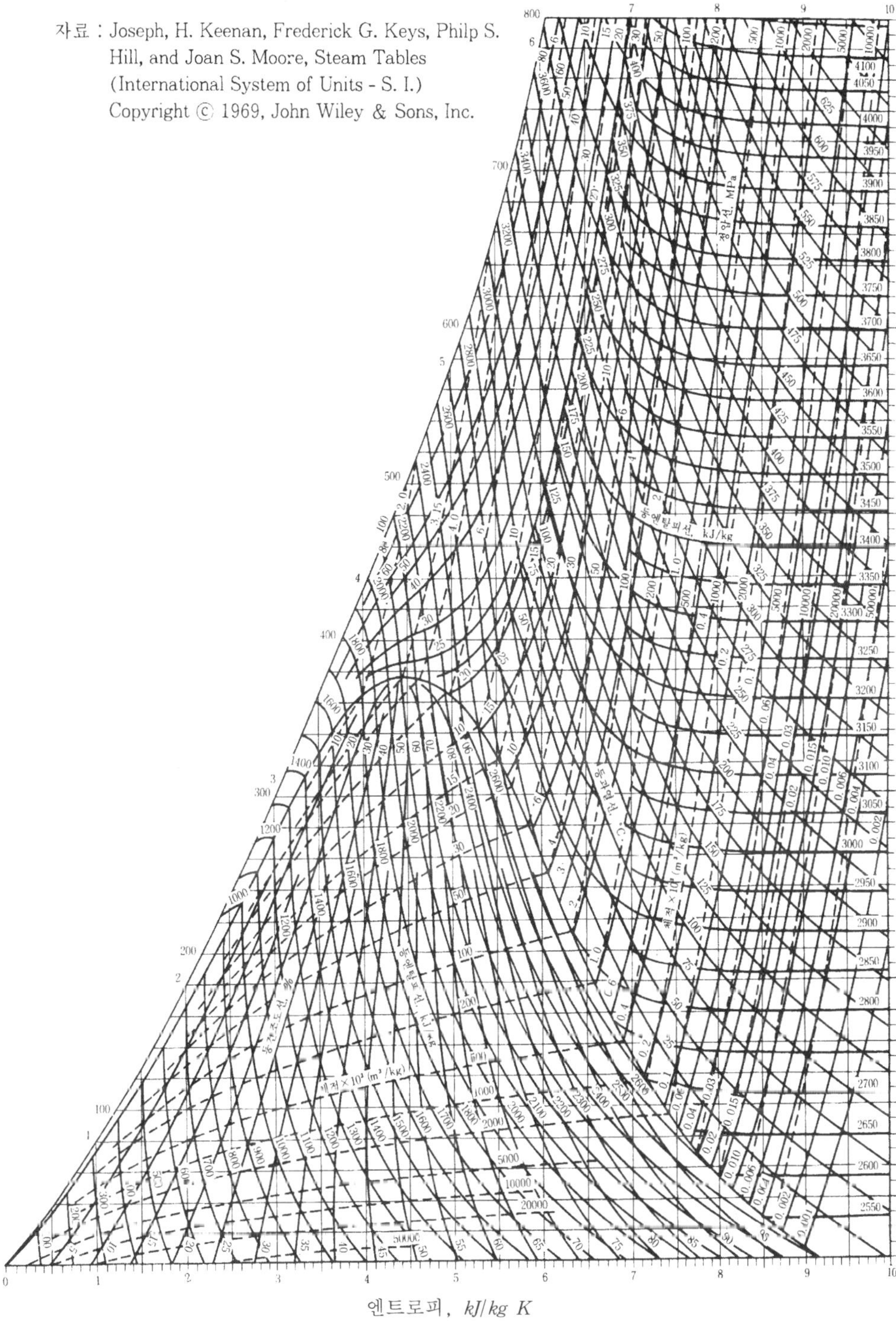

〈부록 9〉 증기의 온도(T)-엔트로피(s) 선도 (계속)

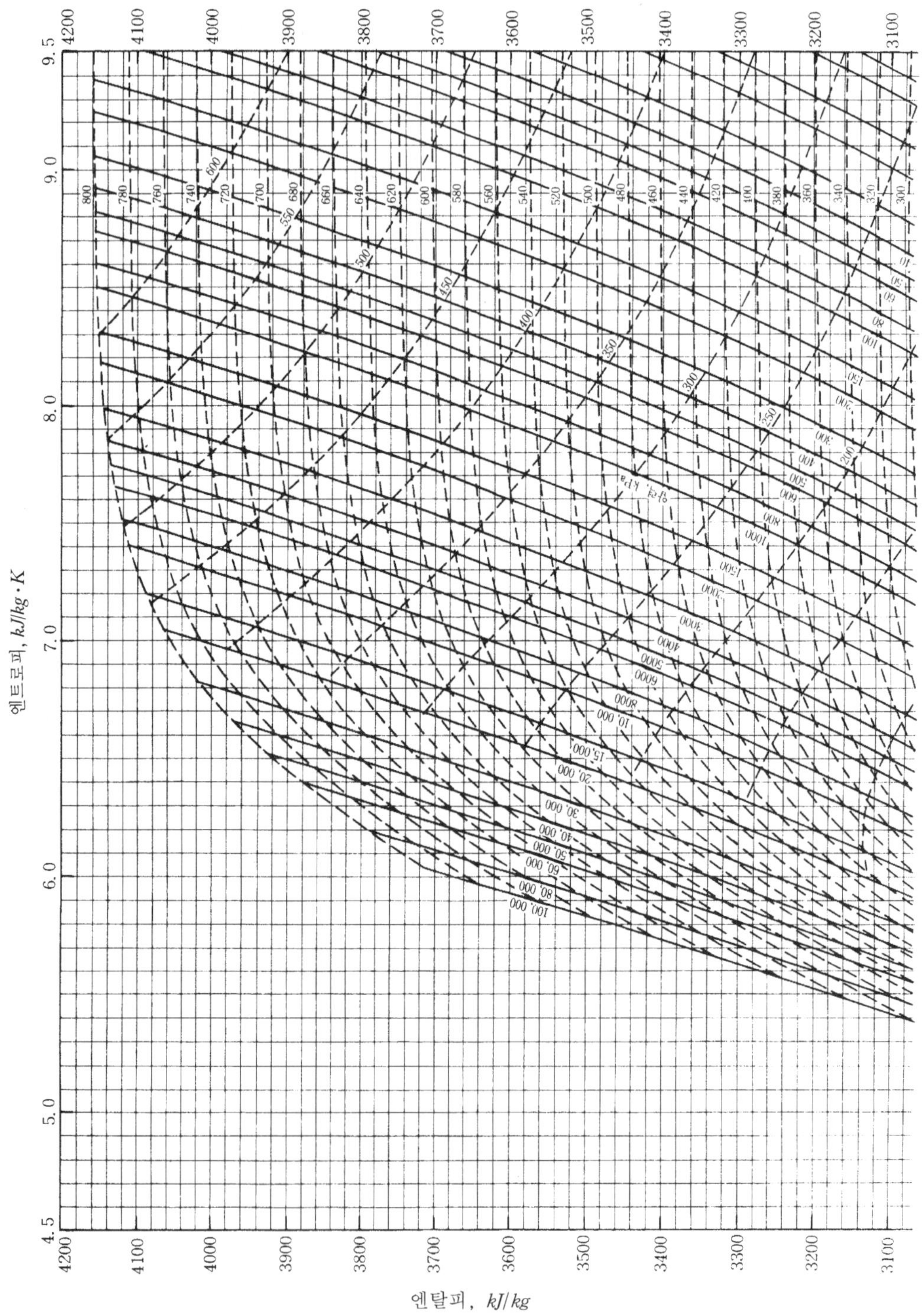

〈부록 9〉 증기의 온도(T)-엔트로피(s) (계속)

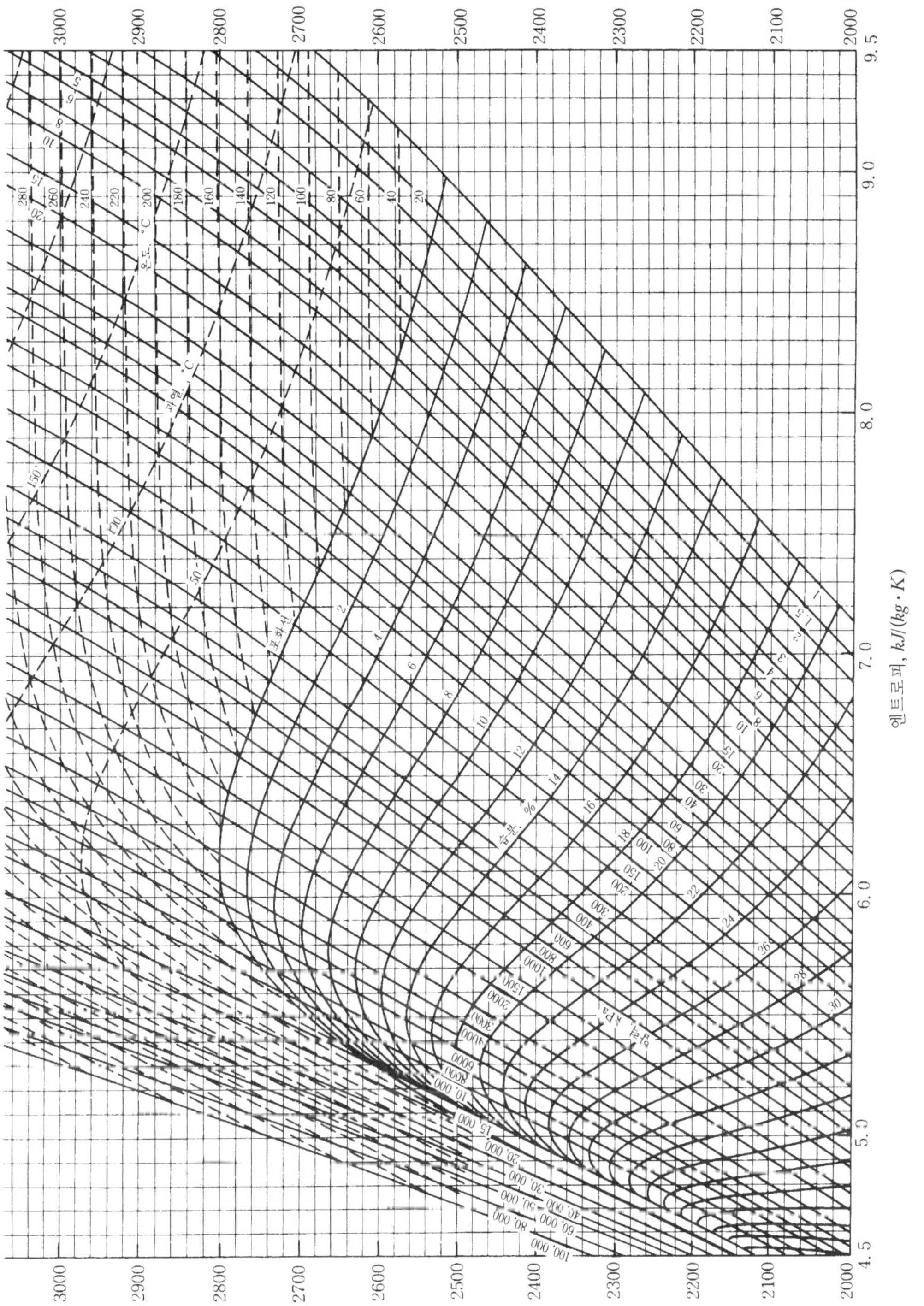

찾아보기

■ 영 문 ■

■ 한 글 ■

(ㅈ)

■ 기 타 ■

김동진

부산대학교 조선공학과 졸업
히로시마대학원 설계공학
현대중공업, 선박해양연구소
현 : 한라대학교 응용설계학과 교수

그림으로 쉽게 이해하는
열역학 강좌

2007년 3월 5일 초판 인쇄
2007년 3월 10일 초판 발행

저 자 / 김동진
발행자 / 오판근
발행처 / 교우사

주 소 / 서울 동대문구 제기2동 148-19
전 화 / 925-2861, 929-4865
팩 스 / 925-2860
E-mail / kw2861 @ chollian. net
http: // www. kyowoo. co. kr
등록 / 1994. 3. 24 제6-0256호

ISBN 978-89-8172-664-5 (93550)

값 **27,000**원